移动机器人导航定位技术

赵红梅　王云飞　焦玉召　丁国强　娄泰山　王晓雷　著

U0526449

電子工業出版社
Publishing House of Electronics Industry
北京·BEIJING

内容简介

本书针对移动机器人中涉及的主要无线导航定位技术的最新研究成果进行了论述，涵盖了近年来作者团队在无线导航定位技术路径规划、定位算法及系统构架等方面取得的成果。全书共 6 章，第 1 章从移动机器人的概念入手，回顾了其发展历程和关键技术，深入探讨了导航定位的概念、分类及发展趋势；第 2 章详细介绍了移动机器人涉及的各种导航定位技术；第 3 章详细介绍了 UWB 定位技术的特点、应用及系统构成，深入介绍了 UWB 脉冲的产生、调制技术及 UWB 接收机设计、UWB 室内定位算法等；第 4 章从惯性导航技术的基本概念和发展状况出发，介绍了惯性导航的基础理论、捷联惯性导航方法及其在各领域的应用，并对惯性导航定位技术的进展及未来发展趋势进行了介绍；第 5 章介绍了 SLAM 系统的各种算法、发展中存在的问题与对策，并为读者展示了 SLAM 技术的最新研究方向和应用前景；第 6 章详细论述了多源信息融合算法及其在组合导航中的应用。

本书不仅适合从事移动机器人和导航定位技术研究的专业人员，也为相关领域的学生和技术爱好者提供了宝贵的学习资源。

图书在版编目（CIP）数据

移动机器人导航定位技术 / 赵红梅等著. -- 北京 ：
电子工业出版社，2025. 5. -- ISBN 978-7-121-49926-5

Ⅰ. TP242

中国国家版本馆 CIP 数据核字第 2025AW8859 号

责任编辑：米俊萍
印　　刷：三河市良远印务有限公司
装　　订：三河市良远印务有限公司
出版发行：电子工业出版社
　　　　　北京市海淀区万寿路 173 信箱　　邮编：100036
开　　本：720×1000　1/16　印张：24.25　字数：590 千字
版　　次：2025 年 5 月第 1 版
印　　次：2025 年 5 月第 1 次印刷
定　　价：148.00 元

凡所购买电子工业出版社图书有缺损问题，请向购买书店调换。若书店售缺，请与本社发行部联系，联系及邮购电话：（010）88254888，88258888。

质量投诉请发邮件至 zlts@phei.com.cn，盗版侵权举报请发邮件至 dbqq@phei.com.cn。

本书咨询联系方式：mijp@phei.com.cn。

前　言

随着科技的飞速发展，移动机器人已经广泛应用于工业、农业、军事、医疗等多个领域，成为现代科技的重要组成部分。移动机器人的自主导航与定位技术是实现其智能化和自动化的关键，如何在复杂环境中实现精确的导航与定位，成了当前机器人研究的热点和难点问题。本书旨在系统地总结和介绍移动机器人在无线导航与定位技术方面的最新研究成果及应用经验，以便为读者提供全面、深入的技术参考。

全书共 6 章，各章节内容概述如下：

第 1 章从移动机器人概念出发，介绍了移动机器人发展的历史和现状。移动机器人是指能够在不依赖外部环境的情况下，通过自身携带的传感器和控制系统，实现自主移动和操作的机器人系统。随着传感器技术、计算机技术和人工智能技术的进步，移动机器人技术得到了迅速的发展和广泛应用。本章详细讨论了移动机器人的关键技术，包括传感器技术、控制技术、路径规划技术和导航定位技术。特别是介绍了导航定位技术的概念、分类及发展趋势，帮助读者建立对导航定位技术的整体认识。

导航定位技术是移动机器人实现自主导航的核心技术之一。第 2 章详细介绍了几种常用的导航定位技术，包括卫星导航定位技术、同步定位与地图构建（SLAM）技术、Wi-Fi 定位技术、蓝牙定位技术、ZigBee 定位技术、RFID 定位技术、地磁定位技术、智能天线定位技术、超声波导航定位技术和红外线定位技术。对每种技术的工作原理、系统组成、优缺点及在实际应用中的表现都进行了深入剖析，为读者提供了全面的技术参考。

超宽带（UWB）技术是近年来在室内定位领域兴起的一种高精度定位技术。第 3 章详细介绍了 UWB 技术的定义、特点及在室内定位中的应用。通过对 UWB 脉冲的产生和调制技术、UWB 接收机设计、UWB 室内定位算法等内容的深入介绍，读者可以系统了解 UWB 技术的实现方法和应用场景。本章特别对基于 UWB 信道模型的定位算法、非视距环境下的定位算法及移动目标的定位跟踪算法进行了详细探讨，展示了 UWB 技术在复杂环境中的应用潜力。

惯性导航技术是利用惯性传感器（加速度计和陀螺仪）测量机器人运动状态，实现自主导航的一种技术。第 4 章从惯性导航的基本概念和发展状况出发，详细介绍了惯性导航的基础理论，包括地球形状和重力模型、哥氏力和比力、常用坐标系及坐标变换与姿态等内容。捷联惯性导航方法是本章的重点，读者可以通过了解捷联惯性导航系统的工作原理和初始定向工作原理，掌握惯性导航技术的实现方法。本章还介绍了惯性导航技术在舰船导航、行人定位、航空、导弹制导及电子行业中的应用，最后介绍了惯性导航技术的最新进展及未来发展趋势。

SLAM 技术是移动机器人实现自主导航与定位的核心技术之一。第 5 章详细介绍了

SLAM 系统的基本状况、常用 SLAM 算法及其发展中存在的问题与对策。基于特征点法的 SLAM 算法、基于直接法的 SLAM 算法及融合视觉和 IMU 的 SLAM 算法是本章的重点内容。语义 SLAM 技术是 SLAM 研究的前沿领域，本章详细讨论了语义信息在 SLAM 中的应用，包括用于特征选择、动态 SLAM、单目 SLAM 的尺度恢复及 long-term 定位等方面。本章还介绍了点线 SLAM 系统算法，展示了 SLAM 技术在提升定位精度方面的最新研究进展。

多源信息融合算法是提升导航定位精度和鲁棒性的有效方法。第 6 章详细介绍了基于卡尔曼滤波的状态估计、多种弱敏卡尔曼滤波算法、Consider 卡尔曼滤波算法及其在组合导航中的应用。通过对这些算法的深入分析，读者可以了解如何在复杂环境中，通过融合多源信息实现高精度、高可靠性的导航定位。本章还探讨了不确定系统下的卡尔曼滤波及其应用，为读者展示了多源信息融合算法在应对导航定位挑战中的重要作用。

本书不仅涵盖了当前主流的导航定位技术，还深入探讨了新兴技术和前沿研究，力求为读者提供最新的技术发展状况和趋势。通过阅读本书，读者可以全面掌握移动机器人无线导航定位技术的理论基础和前沿技术，为未来的研究与开发工作打下坚实的基础。

本书由赵红梅负责组织，其主要撰写了第 1 章、第 3 章、第 6 章的部分内容，王云飞参与了第 3 章内容的撰写，焦玉召参与了第 2 章内容的撰写，王晓雷参与了第 4 章内容的撰写，丁国强参与了第 5 章内容的撰写，娄泰山参与了第 6 章内容的撰写，并得到了郑州轻工业大学无线导航定位技术与装备团队和河南省“超宽带无线通信技术”院士工作站研究团队各位老师及研究生的大力支持。书中也引用了一些作者的论著及研究成果，在此对他们表示深深的谢意。本书由中国工程科技发展战略河南研究院重点咨询项目——“新一代信息技术对河南省机器人产业发展支撑与推进战略研究”项目资助，项目编号 2021HENZDB01，在此对项目管理方的支持表示感谢。

在本书的撰写过程中，我们尽力做到内容翔实、结构清晰，但由于导航定位技术发展迅速，书中难免存在不足之处，恳请读者批评指正。我们希望本书能够对读者有所帮助，从而为推动移动机器人技术的发展贡献一份力量。

著　者

2024 年 6 月

目　　录

第 1 章 绪　论

1.1 移动机器人的概念

随着科学技术的发展，诞生了机器人。机器人的出现与发展，不仅使传统的工业生产发生了根本性变化，而且对人类社会产生了深远的影响。机器人技术综合了多学科的发展成果，代表了一些技术的发展前沿。移动机器人是机器人技术的一个重要研究领域，也是机器人学的一个重要分支，其研究始于 20 世纪 60 年代。它是一个集环境感知、动态决策与规划、行为控制与执行等多种功能于一体的综合系统[1-3]，是电子技术、信息技术、计算机技术、自动化控制及人工智能等多学科交叉研究的成果，是目前科学技术发展极为活跃的一个领域。移动机器人能够通过传感器感知自身状态和外界环境信息，具有在环境中四处移动的能力，并且不会固定在一个物理位置。移动机器人可以是“自主的”——自主可移动机器人（Autonomous Mobile Robots，AMR），这意味着它们可以在不受控的环境中导航，而无须物理或机电引导设备。移动机器人也可以依靠引导设备，该引导设备允许它们在相对受控的空间中按预定的导航路线行驶。相对于传统的固定式工业机器人，移动机器人引入了更多的智能性，集中体现了计算机技术和人工智能的最新成果。

移动机器人按工作环境可分为室内移动机器人和室外移动机器人；按移动方式可分为轮式移动机器人、步行移动机器人、蛇形机器人、履带式机器人、爬行机器人等；按控制体系结构可分为功能式（水平式）结构机器人、行为式（垂直式）结构机器人和混合式机器人；按功能和用途可分为医疗机器人、军用机器人、助残机器人、清洁机器人等；按作业空间可分为陆地移动机器人、水下机器人、无人飞机和空间机器人。

随着传感器技术、智能技术和计算机技术等的不断提高，以及工业化进程的不断加快，智能化机器人取代人工进行简单和重复性的劳动也成为降低成本、提高效率、保证产品质量等的重要途径，AMR 作为众多机器人类别中的一类，具有自主移动的能力，极大地扩展了机器人的应用场合。例如：搬运物流机器人，可用于智能仓储、智能工厂等，典型的有用于亚马逊仓库的 Kiva 机器人、淘宝菜鸟仓库机器人等；扫地机器人，典型的有科沃斯扫地机、小米扫地机等；引导机器人，可用于园区、餐厅、展厅、博物馆等行人导引服务。

目前，移动机器人不仅在农业、工业领域应用广泛，在航天、医学领域，甚至在人类日常生活中都展现出了广泛的应用前景，得到了世界各国的普遍关注。

1.2 移动机器人的发展

20 世纪 60 年代，美国斯坦福大学研制了室内自主轮式移动机器人 Shakey。其目的是研究应用人工智能技术，在复杂环境中实现机器人系统的自主推理、规划和控制，为智能机器人的研究开创了先河。20 世纪 70 年代，随着计算机技术和传感器技术的快速发展，人们开始将传感器技术应用于移动机器人，这一时期的代表作是美国斯坦福大学研制的 Cart 机器人和法国图卢兹 LAAS 实验室研制的 HILARE 移动机器人。20 世纪 80 年代，移动机器人的研究快速发展，设计与制造机器人的浪潮席卷全世界。智能移动机器人开始出现，瑞士联邦理工学院的苏黎世机器人研究所开发的 MoPS 服务机器人，具有良好的人机交互与智能导航功能，能够在室内分送邮件、文件和资料等。

进入 20 世纪 90 年代，随着技术的进步，移动机器人开始向各个应用领域进军。美国麻省理工学院于 1993 年开始开发仿人机器人 Cog，借以考察和理解人类感知。该机器人能与人类交流，能对周围环境做出反应，并具有分辨不同人类面孔的能力，可以协助人类完成多种工作。美国 NASA 研制的“丹蒂Ⅱ”八足行走机器人，是一个能高速移动的机器人和能远程探险的行走机器人，它于 1994 年在斯珀火山的火山口进行了成功的演示，虽然在返回时，在一条陡峭的、泥泞的路上，它失去了稳定性，倒向了一边，但早已完成指定的探险任务。丹蒂计划主要是为在充满碎片的月球或其他星球的表面进行探索而提供一种机器人解决方案[4]。美国 NASA 研制的火星探测机器人索杰那于 1997 年登上火星，这一事件被全世界报道。为了在火星上进行长距离探险，NASA 又开始了新一代样机的研制，命名为 Rocky 7，并在湖的岩溶流上和干枯的湖床上进行了成功的实验。德国研制了一种轮椅机器人，并在乌尔姆市中心车站的客流高峰期和 1998 年汉诺威工业博览会的展览大厅进行了实地现场演示。该轮椅机器人在公共场所拥挤的、有大量乘客的环境中经历了超过 36 个小时的考验，所表现出的性能是当时其他轮椅机器人或移动机器人所不可比的。这种轮椅机器人是在一个商业轮椅的基础上实现的。2000 年[5]，日本本田公司研制了双足机器人 ASIMO 系列，它可以实现“8”字形行走、下台阶、弯腰、握手、挥手及跳舞等各项“复杂”动作。另外，它具备基本的记忆与辨识能力，可以依据人类的声音、手势等指令做出反应。2002 年，美国 iRobot 公司推出了吸尘器机器人 Roomba，它能避开障碍物，自动设计行进路线，还能在电量不足时自动驶向充电座。“大狗”（Big Dog）机器人由美国波士顿动力公司于 2008 年研制。这种机器人的体型与大型犬相当，能够在战场上发挥非常重要的作用：在交通不便的地区为士兵运送弹药、食物和其他物品。它不但能够行走和奔跑，还能跨越一定高度的障碍物。这种机器人的行进速度可达到 7km/h，能够攀越 35° 的斜坡。它可携带质量超过 150kg 的武器或其他物资。“大狗”既可以自行沿着预先设定的简单路线行走，又可以被远程控制。

国内在移动机器人的研究方面起步较晚，在“八五”期间，浙江大学等国内六所大学联合研制了我国第一代地面自主车 ALVLABⅠ，其总体性能达到当时国际先进水平。“九五”期间，南京理工大学等学校联合研制了第二代地面自主车 ALVLABⅡ，相比第一代，第二代在自主驾驶、最高速度、正常行驶速度等方面的性能都有了很大提升。清华大学智能技术与系统国家重点实验室自 1988 年开始研制 THMR 系列机器人，THMR-Ⅲ自主道路跟踪速度达 5～10km/h，避障速度达 5km/h。改进后的 THMR-Ⅴ在高速公路上的速度达 80km/h，在一般道路上的速度为 20km/h。2000 年，国防科技大学成功独立研制了我国第一台具有人类结构特征的仿人机器人“先行者”，其可以像人类一样完成各种行走动作，并且具有一定的语言功能。2002 年，我国真正意义上的仿人机器人 BHR-01 诞生了，它行动灵活，具有 32 个关节手，脚可以完成 360° 的旋转，可稳步行走并且能够完成蹲起、原地踏步、打太极拳等各种复杂动作。2004 年，中国科学院沈阳自动化研究所自行研制了“灵蜥”系列反恐防暴机器人。2005 年，中国科学院合肥智能所研制了具有十二自由度的力传感器，大大提高了机器人操作的灵巧性。2011 年，一汽集团推出的红旗 HQ3 首次完成从长沙到武汉的高速全程无人驾驶实验，标志着我国无人驾驶汽车在复杂环境识别、智能行为决策和控制等方面实现了新的技术突破，达到了世界先进水平。2014 年，哈尔滨工业大学研制出迎宾机器人“威尔”，其具有人机交互、自主导航避障、安防监控等功能，可分担客服人员、迎宾人员的工作，主要用于银行、营业厅等人流量大的场所。2015 年，中国兵器装备集团公司展示了国产“大狗”机器人。这款机器人总重 250kg，负重能力为 160kg，垂直越障能力为 20cm，爬坡角度为 30°，最高速度为 1.4m/s，续航时间为 2h。这款机器人可用于陆军班组作战、抢险救灾、战场侦察、矿山运输、地质勘探等复杂崎岖路面的物资搬运。百度在 2017 年正式发布了 Apollo 计划，该计划向汽车行业及自动驾驶领域的合作伙伴提供了一个开放、完整、安全的软件平台，帮助它们结合车辆和硬件系统，快速搭建一套属于自己的、完整的自动驾驶系统。百度 Apollo 是一个开放的数据及软件平台，将汽车、IT 和电子产业连接在一起，整合了自动驾驶所需的各个方面，该套件涵盖硬件研发、软件和云端数据服务等几大部分。2019 年，百度推出了 Apollo 3.5 版本，支持包括市中心和住宅场景等在内的复杂城市道路自动驾驶，包含窄车道、无信号灯路口通行、借道错车行驶等多种路况。2019 年，在南海进行首次海试的“潜龙三号”是中国科学院沈阳自动化研究所研发的 4500m 级自主潜水器，实现了我国自主无人潜水器的首次大西洋科考应用，是我国目前最先进的自主深海潜水器。2021 年，在新冠疫情影响及外部环境持续震荡的情况下，移动机器人产品仍然呈现百花齐放的繁荣景象，具备自主避障、自主导航定位、自主充电、跨楼层等智能化功能。目前，在智能制造各个领域，移动机器人已经成为标配，成为不可或缺的关键一环。2022 年，受劳动力稀缺及生产持续向柔性制造转型等因素的影响，全球移动机器人市场出现了强劲增长。

随着生物基因技术和人工智能技术的发展，高智能的机器人将会产生，机器人会越来越聪明。随着新兴产业的发展，机器人的种类也将越来越多。

1.3 移动机器人的关键技术

移动机器人需要解决“我在哪里”“我要到哪里去”“我该如何过去”这三大问题。为使机器人具有自主移动能力，机器人必须具备感知自身位置和规划行进路线的能力，这是反映机器人自主性和智能性的关键。

1. 环境感知

感知是一种局部的交互，是机器人获取信息的一种重要途径，对于保障系统在部分未知或完全未知工作环境下的动态运行至关重要。环境信息获取的精确与否将直接影响机器人决策的好坏。为了独立完成某一个任务，移动机器人需要在未知环境中，通过配备在本体或外部的传感器来感知外部环境。这类传感器主要包括声呐系统、激光测距仪（激光雷达）、机器视觉系统、机器嗅觉系统等[3]。

2. 感知信息融合

多传感器融合是人类和其他生物系统普遍具有的一种基本功能。多传感器融合是指通过对多种不同类型、不同来源的传感器及其观测信息的合理支配和使用，把多个传感器在时间和空间上的冗余或互补信息依据某种准则进行组合，以获取被观测对象的一致性解释或描述。信息融合技术是针对具有多个或多类传感器的系统的一种信息处理方法，数据融合是一种多层次、多方面的处理过程，这个过程是对多源数据进行检测、结合、相关、估计与组合，以达到精确的状态估计和身份估计，以及完整及时的态势评估和威胁评估的过程[5]。

3. 路径规划

路径规划是移动机器人研究领域的一项重要内容，也是移动机器人实现智能化及自主工作的关键技术，其旨在找到一条满足路径短、耗时少、无碰撞等要求，并且从起点到目标点的路径。移动机器人路径规划可以使其在复杂的环境中完成运动、避障、作业等烦琐的工程任务。路径规划研究始于 20 世纪 70 年代，传统的路径规划算法一般采用搜索方式，最新的路径规划算法常采用生物学仿真方法。

4. 机器人定位技术

机器人定位技术是移动机器人的核心基础，是赋予移动机器人操作能力的关键，机器人定位技术可以使能众多基于位置的应用需求。移动机器人的定位是利用先验的地图信息、机器人位置的当前估计及传感器的观测值等输入信息，经过一定的处理和变换，对机器人在导航环境中所处的当前地理位置估计的过程。

在大多数移动机器人的定位应用中，有两种基本的位置估计方法：相对定位和绝对定位。相对定位又称局部位置跟踪，是指机器人在给定初始位置的情况下确定自己的位置，是机器人定位处理过程中应用最广泛的方法。相对定位主要包括惯性导航和测程法。绝对定位又称全局定位，要求机器人在不指定初始位置的情况下确定自己的位置。绝对定位经常依赖以下几种实现技术：①导航信标（Navigation Beacon）；②主动或被动标识；③图形匹配；④基于卫星的导航信号（GPS 或北斗）；⑤概率定位。基于导航信标的绝对定位经常采用三边定位法或三角定位法。

1.4　导航定位的概念和分类

AMR 作为众多机器人中的一类，通过感知环境和自身状态，实现在有障碍物的环境中面向目标自主运动，极大地扩展了机器人的应用场合。为了具有自主移动的能力，机器人必须具备感知自身位置和规划路径的能力。能够随时感知自身时空位置信息是移动机器人智能化的前提和基础。

移动机器人导航定位技术是机器人实现自主运动的关键。它主要包括两部分：导航和定位。导航：通过预设的地图信息和传感器实时获取的环境信息，机器人能够规划从起点到目标点的最优路径，实现自主导航，通常采用激光扫描，利用即时定位与建图（Simultaneous Localization and Mapping，SLAM）技术实现。定位：通过 GPS、激光雷达、超声波、视觉等各种传感器，机器人能够实时获取自身在环境中的位置信息，实现精准定位。

目前应用于机器人的导航定位技术多种多样，主要有全球卫星导航系统（Global Navigation Satellite System，GNSS）、计算机视觉、SLAM、激光雷达、地磁地形、惯性、无线电定位等技术。根据场景，导航定位技术可分为室外和室内两种：室外导航定位主要采用基于 GNSS 和惯导的组合导航定位技术；室内导航定位依据其所依托的定位技术和传感器的不同，可分为地图匹配定位、信标定位、可见光定位和航迹推算等。

1.5 导航定位技术的发展趋势

随着计算机技术、传感器技术等的发展，人们对机器人导航定位自主性的要求越来越高。未来机器人导航定位技术的发展趋势主要表现为三个方面：①更高的智能化水平；②更高的导航精度和实时性；③更高的导航可靠性。通常情况下，机器人通过一个传感器并不能获得完整的环境信息，多传感器融合技术综合多个传感器的感知数据信息，产生更可靠、更准确或更精确的导航定位信息。目前，导航定位技术的发展主要集中在以下几个方面。

（1）发展以北斗为主的国家综合定位导航授时（Positioning, Navigation and Timing，PNT）体系。国家综合 PNT 是未来定位导航授时的发展方向，也是未来我国信息基础设施的重要组成部分，时间与空间位置服务是未来发展和应用的重要领域及方向[6]。

PNT 用户数每五年翻一番。由于机器人和其他移动载体的定位导航授时需求，今后 5～10 年，PNT 用户数可能每两年翻一番。尤其是无人机、物联网、移动通信、自动驾驶、移动机器人等加速了 PNT 应用领域的拓展，比如用于综合 PNT 服务终端技术和多源信息融合技术等。随着应用需求的增加与细分，移动机器人需要在室内、地下、隧道、对抗干扰等复杂、随机、多变的环境下进行自主作业，实现多环境的无缝切换。移动机器人急需应用国家综合 PNT 体系，实现对未知复杂环境的自主感知与导航。

（2）发展基于多源融合、全源感知的室内导航定位技术。室内信道环境和空间拓扑关系复杂，由于各类室内定位技术的局限性，将两种以上具备互补特性的定位技术组合使用，以获得优于单一技术的定位性能，是目前实现室内定位的主流方法。在选择定位技术的基础上，需设计高效的信息融合方案，以提高系统的定位性能。多传感器及智能感知算法是移动机器人具有高度灵活性和实现精准定位的关键。多传感器数据集成和融合技术涉及传感器、信号处理、机器人学、控制理论、系统分析、概率统计、计算机科学、仿生学等方面的知识，是信息融合的基础。

（3）建立室内定位技术标准体系。目前国内外室内导航定位技术存在多方面的差异，室内定位技术数据来源五花八门，且表现形式、信息量和精度等有所不同。目前室内定位技术缺乏统一的标准规范，应建立一套完整的室内空间数据采集、处理、编码、更新、集成、应用和服务标准与技术规范体系，对室内数据的采集、处理与集成过程中的元数据信息、数据模型、交换格式、数据精度等具体细节进行统一规定，使得室内导航服务的生产、更新、维护和数据共享成为可能。

（4）发展通信导航，实现通信导航一体化。我国经济在快速发展，社会在不断进步，大众对泛在位置服务的需求不断增长，卫星导航在室内等场景下覆盖能力不足，已无法满足人们的需求。通信信号覆盖范围广、用户数量大、信号频带宽，将通信信号用于定位，可作为卫星导航的有效补充。在此背景下，随着通信和定位技术的快速发展，通信和导航的耦合程度不断加深，产生了通信导航一体化技术，并成为国内外研究的热点。

参考文献

[1] 李俊学, 张国良, 陈钰婕. 移动机器人 VSLAM 和 VISLAM 技术综述[J]. 四川轻化工大学学报: 自然科学版, 2021, 34(3):77-86.

[2] 乔大雷, 吕太之, 张娟. 移动机器人自主导航关键技术及应用[M]. 长春: 吉林大学出版社, 2022.

[3] 程磊. 移动机器人系统及其协调控制[M]. 武汉: 华中科技大学出版社, 2014.

[4] 徐国华, 谭民. 移动机器人的发展现状及趋势[J]. 机器人技术与应用, 2001(3):7-15.

[5] 康健. 多传感器信息融合技术研究与应用[D]. 哈尔滨: 哈尔滨工程大学, 2011.

[6] 谢军, 刘庆军, 边朗. 基于北斗系统的国家综合定位导航授时（PNT）体系发展设想[J]. 空间电子技术, 2017(5):1-6.

第 2 章　常用的导航定位技术

2.1　卫星导航定位技术

目前常用的导航定位技术从场景来说可分为室外导航定位技术和室内导航定位技术，室外导航定位技术主要以卫星导航定位技术为主。

2.1.1　卫星导航定位系统的发展

导航与定位技术对于人类的许多活动都非常重要。随着通信技术、计算机技术、信息论及航天与空间技术的迅猛发展，导航与定位技术、无线电导航设备及导航系统日新月异。卫星导航定位系统提供了全球、全天候、高精度、快速响应的连续导航定位服务，越来越受到人们的青睐。目前，卫星导航定位技术已基本取代了无线电导航、天文测量、传统大地测量等技术，成为人类活动中普遍采用的导航定位技术[1]。

卫星导航定位系统是一个庞大且复杂的系统。在一定的空间轨道上配置一定数量的卫星，就可实现从地面、近地空间并延至外层空间的全球性连续导航服务，且不受气象条件、昼夜和地形地物的影响。

1957 年 10 月，在苏联成功发射第一颗人造地球卫星后，美国霍普金斯大学应用物理实验室的研究人员在对其发射的无线电信号进行监听时发现，当地面接收站的位置一定时，若卫星在其视野内，所接收信号的多普勒频移曲线与卫星轨道有一一对应关系。这意味着只要通过固定于地面的接收站测得卫星在其视野内时生成的多普勒频移曲线，就可确定卫星的轨道。若卫星运行轨道是已知的，那么根据接收站测到的多普勒频移曲线，便能确定接收站在地面的位置。于是，研究人员提出了研制卫星导航定位系统的建议。

1958 年 12 月，美国海军武器实验室开始研制海军卫星导航系统。该系统于 1964 年 9 月研制成功并投入使用。1967 年 7 月，美国政府宣布该系统兼供民用，该系统的卫星网由 6 颗低轨道（1075km）卫星组成，其轨道通过地球南北极上空，与地球子午线一致，因此也称子午仪卫星导航系统。该系统能在全球范围内全天候提供二维（经度、纬度）定位，但因不能给出高度，也不能连续定位，使用受到限制。自从子午仪卫星导航系统应用以来，卫星导航定位显示出巨大优越性，促使世界各航天大国都积极参与卫星导航定位系统的研究和发展工作，各国间也进行广泛的国际合作，联合研制各种卫星导航定位系统。

卫星定位是指通过卫星和接收机的双向通信来确定接收机的位置，可以实现全球范围内实时为用户提供准确的位置坐标及相关的属性特征。围绕地球运转的人造卫星连续向地球表面发射经过编码调制的连续波无线电信号，其中载有卫星信号准确的发射时间，以及不同时间卫星在空间的准确位置（星历）。载于海陆空各类运载体上的卫星导航接收机在接收到卫星发出的无线电信号后，如果它们有与卫星钟准确同步的时钟，便能测量出信号的到达时间，从而能计算出信号在空间的传播时间。用这个传播时间乘以信号在空间的传播速度，便能求出接收机与卫星之间的距离。以全球定位系统（GPS）为例，这是一个由覆盖全球的 24 颗卫星组成的卫星系统。这个系统可以保证在任意时刻、在地球上任意一点都能同时观测到 4 颗卫星，以保证卫星可以采集到该观测点的经纬度和高度，从而利用导航卫星对地面静止或者运动的物体进行测距和测时，以便实现导航、定位、授时等功能。

卫星导航定位系统是以卫星为导航台的无线电导航系统，通常由空间部分、地面控制系统和用户设备部分组成。

（1）空间部分：作为空间导航台，它接收和存储地面站制备的导航信息，再向用户发射。它还接收来自地面站的控制指令并向地面站发射卫星遥测数据，以便地面站了解卫星状况。GPS 的空间部分由 24 颗卫星组成（21 颗工作卫星；3 颗备用卫星），它位于距地表 20200km 的上空，运行周期为 12h。

（2）地面控制系统：由多种地面站和计算中心组成，其功能是收集来自卫星及与系统工作有关的信息数据并进行处理，产生导航信号和控制指令，再由地面注入站发射给卫星。GPS 的地面控制系统由监测站、主控站、地面天线组成，主控站位于美国科罗拉多州春田市。主控站负责收集由卫星传回的信息，并计算卫星星历、相对距离、大气校正等数据。

（3）用户设备部分：接收和处理卫星发射的导航信号，进行定位计算，为用户提供高精度、连续的三维位置（经度、纬度、高度）、三维速度和时间等信息。GPS 的用户设备部分即 GPS 信号接收机。其主要功能是捕获按一定卫星截止角所选择的待测卫星，并跟踪这些卫星的运行。

2.1.2　国内外卫星导航定位系统介绍

近年来，基于卫星导航定位系统的应用日益广泛，主要的卫星导航定位系统有美国的 GPS、俄罗斯的 GLONASS、欧盟的 GLILEO、中国的北斗卫星导航系统等。

2.1.2.1　美国 GPS

GPS 是指利用 GPS 卫星，向全球各地全天候、实时性地提供三维位置、三维速度等信息的一种无线电导航定位系统。GPS 的前身是 1958 年美国军方研制的子午仪卫星导航系统，其于 1964 年正式投入使用。该系统用由 6 颗卫星组成的星网工作，每天最多绕地球 13 圈，并且无法给出高度信息，在定位精度方面也不尽如人意。然而，子午仪卫星导航系统使得研发部门对卫星定位有了初步的经验，并验证了由卫星系统进行定位的可行性，为 GPS 的研制做了铺垫。由于卫星定位显示出在导航方面的巨大优越性，以及子午仪卫星导航系统在潜艇和舰船导航方面存在巨大缺陷，美国陆、海、空三军及民用部门都感到迫切需要一种新的卫星导航系统。

20 世纪 70 年代，美国国防部为了给陆、海、空三大领域提供实时、全天候和全球性的导航服务，并进行情报收集、核爆监测和应急通信等一些军事活动，开始研制“导航卫星定时和测距全球定位系统”，简称全球定位系统。1973 年，美国国防部开始设计、试验。2007 年，美军决定对 GPS 进行有史以来最大规模的升级。升级后的美军第三代 GPS（GPSⅢ）的传输量是之前的 500 倍，且抗干扰能力翻倍。

GPS 卫星的主体呈圆柱形，两侧有太阳能帆板，能自动对日定向。太阳能电池为卫星提供工作用电。每颗卫星都配备有多台原子钟，可为卫星提供高精度的时间标准。卫星带有燃料和喷管，可在地面控制系统的控制下调整自己的运行轨道。GPS 卫星的基本功能是：接收并存储来自地面控制系统的导航电文；在原子钟的控制下自动生成测距码和载波，并将测距码和导航电文调制在载波上播发给用户；按照地面控制系统的命令调整轨道，调整卫星钟，修复故障或启用备用件以维护整个系统的正常工作。不同型号的卫星的外形也不相同。

2.1.2.2　俄罗斯 GLONASS

GLONASS 的研制始于 20 世纪 70 年代中期，历经 20 多年，虽然遭遇了苏联解体、俄罗斯经济不景气，但始终没有中断过，终于在 1996 年 1 月 18 日实现了空间满星座 24 颗工作卫星正常地播发导航信号，使系统达到了一个重要的里程碑。

GLONASS 工作测试始于苏联于 1982 年 10 月 12 日发射的第一颗试验卫星，整个测试计划分两个阶段完成。

第一阶段（1982—1990 年）：1984—1985 年，由 4 颗卫星组成的试验系统可验证系统的基本性能指标。空间星座从 1986 年开始逐步扩展，到 1990 年，系统第一阶段的测试计划已经完成，当时空间星座已有 10 颗卫星，布置在轨道平面 1（6 颗）和轨道平面 3（4 颗）上。该星座每天至少能提供 15h 的二维定位覆盖，而三维覆盖至少可达 8h。

第二阶段（1990—1995 年）：主要完成对用户设备的测试，随着空间星座于 1996 年 1 月 18 日最终布满 24 颗工作卫星而告结束。随后系统开始进入完全工作阶段。

GLONASS 由空间卫星系统（空间部分）、地面监测与控制子系统（地面控制系统）、用户设备（用户设备部分）3 个基本部分组成。

该系统于 1996 年完成了 3 个轨道的 21 颗中高度轨道卫星加 3 颗备用卫星的组网，由此打破了由美国 GPS 一统天下的局面，形成多系统兼容共用的新格局。GLONASS 空间星座由 24 颗卫星组成，卫星有六种类型：BlockⅠ、BlockⅡA、BlockⅡB、BlockⅡ，以及下一代改进型卫星 GLONASS-MⅠ和 GLONASS-MⅡ。

GLONASS 起步虽早，但受政治格局影响，在 20 世纪发展相当缓慢，与同期的 GPS 拉开较大差距。但是，基于俄罗斯经济情况逐渐好转，21 世纪初，俄罗斯开启了 GLONASS 的重建计划。近几年，随着 GLONASS-M 和更现代化的 GLONASS-K 卫星相继被推出，GLONASS 的空间星座已逐渐更新。

每颗 GLONASS 卫星都在 L 波段发射 2 个载波信号 L1 和 L2，民用码仅调制在 L1

上，而军用码调制在（L1 和 L2）双频上，GLONASS 采用频分多址（FDMA）区分卫星信号。

GLONASS 可为全球海陆空，以及近地空间的各种军、民用户全天候、连续地提供高精度的三维位置、三维速度和时间信息。GLONASS 在定位、测速及定时精度上优于施加 SA 之后的 GPS，俄罗斯向国际民航和海事组织承诺将向全球用户提供民用导航服务。

2.1.2.3 欧盟 GALILEO

早期全世界使用的卫星导航定位系统主要是美国的 GPS，欧洲人认为这并不安全。为了建立欧洲自己控制的民用全球卫星导航定位系统，欧洲人决定实施 GALILEO 计划。GALILEO 计划最早在 1999 年欧洲委员会的一份报告中提出，其目的是摆脱欧洲对美国 GPS 的依赖，打破其垄断。该项目总共将发射 32 颗卫星，总投入达 34 亿欧元，经过多方论证后，于 2002 年 3 月正式启动。系统建成的最初目标是 2008 年，但由于技术等问题，延长到了 2011 年。2010 年年初，欧盟委员会再次宣布，GALILEO 将推迟到 2014 年投入运营。与美国的 GPS 相比，GALILEO 更先进。美国 GPS 向别国提供的卫星信号，只能发现地面大约 10m 长的物体，而 GALILEO 的卫星则能发现 1m 长的目标。

作为欧盟主导项目，GALILEO 并没有排斥外国的参与，中国、韩国、日本、阿根廷、澳大利亚、俄罗斯等国也参与了该项目，并向其提供资金和技术支持。GALILEO 与美国 GPS、俄罗斯 GLONASS、中国北斗卫星导航系统共同构成全球四大卫星导航系统，为用户提供更加高效和精确的服务。

2023 年 1 月 27 日，欧空局在第 15 届欧洲太空会议上宣布，经过工程师在 ESTEC 技术中心几个月的测试，由 28 颗卫星组成的 GALILEO 的高精度定位服务（HAS）已启用，其水平和垂直导航精度分别可达到 20cm 和 40cm。这也代表着欧洲的 GALILEO 已经可以提供世界上最精确的卫星导航服务，目前已经服务全球超过 30 亿用户。

2.1.2.4 中国北斗卫星导航系统

北斗卫星导航系统（BDS，以下简称北斗系统）是中国自行研制的全球卫星导航系统，也是继 GPS、GLONASS 之后的第三个成熟的卫星导航系统。北斗系统和美国 GPS、俄罗斯 GLONASS、欧盟 GALILEO，是联合国卫星导航委员会认定的供应商。

北斗系统的成功研制，填补了中国自主卫星导航定位系统的空白。它是一个成功的、实用的、投资少的初级起步系统。2000 年 10 月 31 日和 12 月 21 日，中国相继成功发射了第一颗和第二颗导航定位试验卫星，自行组建起中国第一代卫星导航定位系统——北斗系统，成为世界上第三个拥有自主卫星导航定位系统的国家。

北斗系统由空间段、地面段和用户段组成，可在全球范围内全天候、全天时为各类用户提供高精度、高可靠的定位、导航、授时服务，并且具备短报文通信能力，已经初步具备区域导航、定位和授时能力，定位精度为分米、厘米级别，测速精度为 0.2m/s，授时精度为 10ns。

中国高度重视北斗系统的建设发展，自 20 世纪 80 年代开始探索适合国情的卫星导航系统发展道路，形成了“三步走”的发展战略：2000 年年底，建成北斗一号系统，向中国提供服务；2012 年年底，建成北斗二号系统，向亚太地区提供服务；2020 年，建成北斗三号系统，向全球提供服务。

第一步，建设北斗一号系统：1994 年，启动北斗一号系统工程建设；2000 年，发射两颗地球静止轨道卫星，建成系统并投入使用，采用有源定位体制，为中国用户提供定位、授时、广域差分和短报文通信服务；2003 年，发射第三颗地球静止轨道卫星，进一步增强系统性能。

第二步，建设北斗二号系统：2004 年，启动北斗二号系统工程建设；2012 年年底，完成 14 颗卫星（5 颗地球静止轨道卫星、5 颗倾斜地球同步轨道卫星和 4 颗中圆地球轨道卫星）发射组网。北斗二号系统在兼容北斗一号系统技术体制的基础上，增加了无源定位体制，为亚太地区用户提供定位、测速、授时和短报文通信服务。

第三步，建设北斗三号系统：2009 年，启动北斗三号系统建设；2018 年年底，完成 19 颗卫星发射组网，完成基本系统建设，向全球提供服务；2020 年年底前，完成 30 颗卫星发射组网，全面建成北斗三号系统。北斗三号系统继承北斗有源服务和无源服务两种技术体制，能够为全球用户提供基本导航（定位、测速、授时）、全球短报文通信、国际搜救服务，中国及周边地区用户还享有区域短报文通信、星基增强、精密单点定位等服务。

从 2017 年年底开始，北斗三号系统建设进入了超高密度发射阶段。截至 2019 年 9 月，北斗系统在轨卫星已达 39 颗。北斗系统正式向全球提供 RNSS 服务。

2020 年 6 月 23 日 9 时 43 分，中国在西昌卫星发射中心用长征三号乙运载火箭，成功发射北斗系统第五十五颗导航卫星，暨北斗三号最后一颗全球组网卫星，至此北斗三号系统星座部署比原计划提前半年全面完成。

2020 年 7 月 31 日，北斗三号系统正式开通，标志着北斗系统进入全球化发展阶段。

2022 年 3 月 16 日至 25 日，国际搜救卫星组织第 66 届理事会（CSC-66）确认北斗系统搭载的 6 颗搜救载荷符合全球中轨卫星搜救系统空间段标准要求，标志着北斗系统加入国际搜救卫星组织的技术审核工作全部完成，这是北斗国际化工作取得的又一次重要进展，将有助于中国履行国际海上人命安全公约，提升全球遇险与安全报警效率。

2022 年 12 月 15 日，中国工程院院刊 *Engineering* 发布“2022 全球十大工程成就”，包括北斗系统在内的全球十项工程成就入选。

2035 年前，中国将建成以北斗系统为核心，更加泛在、更加融合、更加智能的国家综合 PNT 体系，为未来智能化、无人化发展提供核心支撑。届时，从室内到室外、从深海到深空，用户均可享受全覆盖、高可靠的导航定位授时服务，北斗系统将更好地服务全球、造福人类。

2.1.3　卫星导航定位系统的组成

2.1.3.1　GPS

GPS 主要由空间部分、地面控制系统和用户设备部分组成[2]。GPS 具有精度高、全天候、使用广泛等特点。

GPS 卫星可连续向用户播发用于导航定位的测距信号和导航电文，并接收来自地面控制系统的各种信息和命令，以维持系统的正常运转。地面控制系统的主要功能是：跟踪 GPS 卫星，对其进行距离测量，确定卫星的运行轨道及卫星钟差改正数，进行预报后，再按规定格式编制成导航电文，并通过注入站送往卫星。地面控制系统还能通过注入站向卫星发布各种指令，调整卫星的轨道及时钟，修复故障或启用备用件等。用户则用 GPS 接收机来测定从接收机至 GPS 卫星的距离，并根据卫星星历所给出的观测瞬间卫星在空间的位置等信息得出自己的三维位置、三维速度和钟差等参数。美国正致力于进一步改善整个系统的功能，如通过卫星间的相互跟踪来确定卫星轨道，以减少对地面控制系统的依赖程度，增强系统的自主性。

地面控制系统是由分布在世界各地的 5 个地面站组成的，按功能地面站可分为监测站、主控站和注入站三种。监测站内设有双频 GPS 接收机、高精度原子钟、气象参数测试仪和计算机等设备，主要任务是完成对 GPS 卫星信号的连续观测，并将收集的数据和当地气象观测资料经过处理后传送到主控站。主控站除了协调管理地面控制系统，还负责将监测站的观测资料做联合处理，推算卫星星历、卫星钟差和大气校正参数，并将这些数据编制成导航电文送到注入站；它可以调整偏离轨道的卫星，使之沿预定轨道运行，还可以调度备用卫星，以替代失效的卫星开展工作。注入站的主要任务是将主控站编制的导航电文、计算出的卫星星历和卫星钟差的改正数等，通过直径为 3.6m 的天线注入相应的卫星。

用户设备主要由 GPS 接收机、硬件和数据处理软件、微处理机及终端设备组成。GPS 接收机由主机、天线和电源组成。其主要任务是捕获、跟踪并锁定卫星信号；对接收的卫星信号进行处理，测量 GPS 信号从卫星到接收机天线的传播时间；译出 GPS 卫星发射的导航电文，实时计算接收机天线的三维位置、三维速度和时间。GPS 接收机是一种被动式无线电定位设备，按不同用途分为导航型接收机、测地型接收机、授时型接收机和姿态测量型接收机；按接收机的通道数可以分为多通道接收机、序贯通道接收机和多路复用通道接收机。

GPS 是最成功的卫星导航定位系统，被誉为人类定位技术的一个里程碑。归纳起来，其具有以下特点。

（1）全球、全天候连续不断的导航定位能力。GPS 能为全球任何地点或近地空间的各类用户提供连续的、全天候的导航定位能力，用户不用发射信号，因而能满足多用户使用需求。

（2）实时导航，定位精度高，观测时间短。利用 GPS 定位时，在 1s 内可以取得几次位置数据，这种近乎实时的导航能力对于高动态用户具有很大的意义。GPS 还能为用户提供连续的三维位置、三维速度和精确的时间信息。其利用 C/A 码的实时定位精度可达 20～50m，速度精度为 0.1m/s，经过特殊处理后可达 0.005m/s，相对定位精度可达毫米级。

随着 GPS 系统的不断完善和软件的不断更新，20km 以内相对静态定位仅需 15～20min。当进行快速相对静态定位测量时，若流动站与基准站的距离在 15km 以内，流动站观测只需 1～2min，然后可随时定位，每站观测只需几秒。

（3）测量站间无须通视。GPS 测量只要求测量站上空开阔，不要求测量站之间互相通视，因此可节省大量的造标费用（一般造标费用占总经费的 30%～50%）。由于无须点间通视，点位位置根据需要可疏可密，这样就使选点工作变得非常灵活，也可省去经典测量中的传算点、过渡点的测量工作。

（4）可提供全球统一的三维地心坐标。GPS 测量可同时精确测定测量站平面位置和大地高程。GPS 可满足四等水准测量的精度要求。另外，GPS 定位是在全球统一的世界大地坐标系中计算的，因此全球不同地点的测量结果是相互关联的。

（5）仪器操作简便。随着 GPS 接收机的不断改进，GPS 测量的自动化程度越来越高。测量员只需安置仪器，连接电缆线，量取天线高，监视仪器的工作状态，而其他观测工作均由仪器自动完成。结束测量时，测量员仅需关闭电源，收好接收机，便完成了野外数据采集任务。

同时，测量员可以通过数据通信方式将所采集的数据传送到数据处理中心，实现全自动化的数据采集与处理。另外，接收机也越来越小，越来越轻，极大地减小了测量员的劳动强度，使野外工作变得更为轻松。

（6）抗干扰能力强、保密性好。GPS 采用扩频技术和伪码技术，用户只需接收 GPS 信号，自身不会发射信号，从而不会受到外界其他信号源的干扰。

（7）功能多、应用广泛。GPS 是军民两用系统，其应用范围十分广泛。具体的应用实例包括：汽车导航和交通管理、巡线车辆管理、道路工程、个人定位及导航仪等。

2.1.3.2　GLONASS

GLONASS 是由苏联（现俄罗斯）国防部独立研制和控制的第二代军用卫星导航系统，与美国 GPS 相似，该系统也开设民用窗口。GLONASS 星座由 21 颗工作卫星和 3 颗备用卫星组成，所以 GLONASS 星座由 24 颗卫星组成。24 颗卫星均匀地分布在三个近圆形的轨道平面上，这三个轨道平面两两相隔 120°，每个轨道平面上有 8 颗卫星，同平面内的卫星之间相隔 45°，轨道高度为 23600km，运行周期为 11h15min，轨道倾角为 64.8°。

其地面控制系统由系统控制中心、中央同步处理器、遥测遥控站（含激光跟踪站）和外场导航控制设备组成。地面控制系统的功能由苏联境内的许多场地来完成。苏联解体后，GLONASS 由俄罗斯航天局管理，其地面控制段已经减少到只包含俄罗斯境内的场地了，系统控制中心和中央同步处理器位于莫斯科，遥测遥控站位于圣彼得堡、捷尔诺波尔、埃尼谢斯克和共青城。

GLONASS 用户设备（接收机）能接收卫星发射的导航信号，并测量其伪距和伪距变化率，同时从卫星信号中提取并处理导航电文。接收机处理器对上述数据进行处理并计算用户所在的位置、速度和时间信息。GLONASS 提供军用和民用两种服务。GLONASS 的绝对定位精度在水平方向为 16m，在垂直方向为 25m。GLONASS 的主要用途是导航定位，当然与 GPS 一样，也可以广泛应用于各种等级和种类的定位、导航及授时。

与 GPS 不同的是，GLONASS 采用频分多址（FDMA）方式，根据载波频率来区分不同卫星［GPS 采用码分多址（CDMA），根据调制码来区分不同卫星］。每颗 GLONASS 卫星广播的两种载波的频率分别为 $L1=1602+0.5625K$（MHz）和 $L2=1246+0.4375K$（MHz），其中 $K=1\sim24$，为每颗卫星的频率编号。所有 GPS 卫星的载波频率是相同，均为 L1=1575.42MHz 和 L2=1227.6MHz。

为了提高系统完全工作阶段的效率和精度性能，增强系统工作的完善性，俄罗斯已经开始了 GLONASS 的现代化计划，主要包括改善 GLONASS 与其他无线电系统的兼容性，改进卫星子系统，改进地面控制系统。

GLONASS 与 GPS 主要有如下不同。

一是卫星发射频率不同。GPS 的卫星信号采用码分多址体制，每颗卫星的信号频率和调制方式相同，不同卫星的信号靠不同的伪码区分。而 GLONASS 采用频分多址体制，卫星靠不同频率来区分，每组频率的伪随机码相同。由于卫星发射的载波频率不同，GLONASS 可以防止整个卫星导航定位系统被敌方干扰，因而，具有更强的抗干扰能力。

二是坐标系不同。GPS 使用世界大地坐标系（WGS-84），而 GLONASS 使用苏联地心坐标系（PE-90）。

三是时间标准不同。GPS 与世界协调时相关联，而 GLONASS 则与莫斯科标准时相关联。

2.1.3.3　GALILEO

GALILEO 全球设施部分由空间段和地面段组成。空间段的 28 颗卫星均匀分布在三个中高度圆形地球轨道上，轨道高度为 23616km，轨道倾角为 56°，轨道升交点在赤道上相隔 120°，卫星运行周期为 14h，每个轨道平面上有一颗备用卫星。某颗工作卫星失效后，备用卫星将迅速进入工作位置，替代其工作，而失效卫星将被转移到高于正常轨道 300km 的轨道上。这样的星座可为全球提供足够的覆盖范围。地面段由完好性监控系统、轨道测控系统、时间同步系统和系统管理中心组成。

GALILEO 的地面段主要由 2 个位于欧洲的伽利略控制中心（GCC）和 29 个分布于全球的伽利略传感器站（GSS）组成，还有分布于全球的 5 个 S 波段上行站和 10 个 C 波段上行站，用于控制中心与卫星之间的数据交换。控制中心与传感器站之间通过冗余通信网络相连。其全球地面部分还提供与服务中心的接口、增值商业服务，以及与“科斯帕斯-萨尔萨特”（COSPAS-SARSAT）的地面部分一起提供搜救服务。

GALILEO 区域性地面设施由监测台提供区域完好性数据，由完好性上行数据链直接或经全球设施地面部分，连同搜救服务商提供的数据，上行传送到卫星。全球最多可设 8 个区域性地面设施。

有些用户对局部地区的定位精度、完好性报警时间、信号捕获/重捕等性能有更高的要求，如机场、港口、铁路、公路及市区等。局域设施采用增强措施来满足这些要求。除了提供差分校正量与完好性报警（≤1s），局域设施还能提供下列各项服务：商业数据（地图和数据库）；附加导航信息（伪卫星）；在接收 GSM 和 UMTS 基站计算位置信号不良的地区（如地下停车场和车库），增强定位数据信号；移动通信信道。

用户端主要是用户接收机及其等同产品，GALILEO 考虑与 GPS、GLONASS 的导航信号一起组成复合型卫星导航定位系统，因此其用户接收机将是多用途、兼容的接收机。

GALILEO 是世界上第一个基于民用的全球卫星导航定位系统，在投入运行后，全球的用户使用多制式的接收机，获得更多的导航定位卫星的信号，无形中极大地提高了导航定位的精度，这是 GALILEO 计划给用户带来的直接好处。另外，由于全球出现了多套全球卫星导航定位系统，从市场的发展来看，会出现 GPS 与 GALILEO 竞争的局面，竞争会使用户得到更稳定的信号、更优质的服务。世界上多套全球卫星导航定位系统并存，相互之间的制约和互补将是各国大力发展全球卫星导航定位产业的根本保证。

GALILEO 是欧洲自主、独立的全球多模式卫星导航定位系统，提供覆盖全球的高精度、高可靠性的导航和定位服务。GALILEO 还能够和美国的 GPS、俄罗斯的 GLONASS 实现多系统内的相互合作，任何用户都可以用一个多系统接收机采集各个系统的数据或者组合各系统数据来实现定位导航的目标。

GALILEO 可以发送实时的高精度定位信息，同时 GALILEO 能够保证在许多特殊情况下提供服务，如果失败也能在几秒钟内通知客户。

GALILEO 不仅能使人们的生活更加方便，还将为欧盟的工业和商业带来可观的经济效益。更为重要的是，欧盟从此拥有自己的全球卫星导航定位系统，这有助于打破美国 GPS 的垄断地位，从而在全球高科技竞争浪潮中获取有利地位，更可为将来建设欧洲独立防务创造条件。

2.1.3.4　北斗系统

北斗系统基本组成包括空间段、地面段和用户段[3]。

空间段：由若干地球静止轨道卫星、倾斜地球同步轨道卫星和中圆地球轨道卫星组成。

地面段：包括主控站、时间同步/注入站和监测站等若干地面站，以及星间链路运行管理设施。

用户段：包括用于北斗系统及兼容其他卫星导航定位系统的芯片、模块、天线等基础产品，以及终端设备、应用系统与应用服务等。

北斗系统增强系统包括地基增强系统与星基增强系统。

北斗地基增强系统是北斗系统的重要组成部分，按照“统一规划、统一标准、共建共享”的原则，整合国内地基增强资源，建立以北斗为主、兼容其他卫星导航定位系统的高精度卫星导航服务体系。其利用北斗/GNSS 高精度接收机，通过地面基准站网，利用卫星、移动通信、数字广播等播发手段，在服务区域内提供 1～2m、分米级和厘米级的实时高精度导航定位服务。

该系统建设分两个阶段实施：一期为 2014 年到 2016 年年底，主要完成框架网基准站、区域加强密度网基准站、国家数据综合处理系统，以及国土资源、交通运输、中国科学院、地震、气象、测绘地理信息等 6 个行业数据处理中心等建设任务，建成基本系统，在全国范围提供基本服务；二期为 2017 年至 2018 年年底，主要完成区域加强密度网基准站补充建设，进一步提升系统服务性能和运行连续性、稳定性、可靠性，从而具备全面服务能力。

北斗星基增强系统是北斗系统的重要组成部分，其通过地球静止轨道卫星搭载卫星导航增强信号转发器，向用户播发星历误差、卫星钟差、电离层延迟等多种修正信息，实现对原有卫星导航定位系统定位精度的改进。按照国际民航组织标准，我国开展了北斗星基增强系统的设计、试验与建设，已完成了系统实施方案论证，固化了系统在下一代双频多星座（DFMC）SBAS 标准中的技术状态，进一步巩固了北斗星基增强系统作为星基增强服务供应商的地位。

北斗系统的建设实践，实现了在区域快速形成服务能力，逐步扩展为全球服务的发展路径，丰富了世界卫星导航定位事业的发展模式。北斗系统具有以下特点。

一是北斗系统空间段采用由 3 种轨道卫星组成的混合星座，与其他卫星导航定位系统相比，高轨卫星更多，抗遮挡能力更强，尤其在低纬度地区性能特点更为明显。

二是北斗系统提供多个频点的导航信号，能够通过多频信号组合使用等方式提高服务精度。

三是北斗系统创新融合了导航与通信能力，具有实时导航、快速定位、精确授时、位置报告和短报文通信服务五大功能。

2018 年年底，北斗三号基本系统建成并提供如下全球服务，包括"一带一路"国家和地区在内的世界各地均可享受北斗系统的服务。

基本导航服务：为全球用户提供服务，空间信号精度将优于 0.5m；全球定位精度将优于 10m，测速精度优于 0.2m/s，授时精度优于 20ns；亚太地区的定位精度将优于 5m，测速精度优于 0.1m/s，授时精度优于 10ns。

短报文通信服务：对于中国及周边地区的短报文通信服务，服务容量提高 10 倍，用户机发射功率降到原来的 1/10，单次通信能力达 1000 个汉字（14000 比特）；对于全球短报文通信服务，单次通信能力达 40 个汉字（560 比特）。

星基增强服务：按照国际民航组织标准，服务中国及周边地区用户，支持单频及双频多星座两种增强服务模式，满足国际民航组织的相关性能要求。

国际搜救服务：按照国际海事组织及国际搜索和救援卫星系统标准，服务全球用户。与其他卫星导航定位系统共同组成全球中轨搜救系统，同时提供反向链路，极大提升了搜救效率和能力。

精密单点定位服务：服务中国及周边地区用户，具备动态分米级、静态厘米级的精密定位服务能力。

北斗产品已在全球一半以上的国家和地区应用，服务当地经济社会发展，成为中国以实际行动积极推动构建人类命运共同体的生动案例。

2.1.4 卫星导航定位技术简介

2.1.4.1 RTK技术

实时动态（Real Time Kinematic，RTK）载波相位差分技术（简称 RTK 技术）利用载波相位观测值进行实时动态相对定位，能够在较短时间内获得厘米级定位。其中，单频 RTK 技术在射频、基带处理及系统实现方面具有优势，且以其低成本、小型化、低功耗等优势在越来越多的场景得到应用[4]，有助于确保智慧城市体系内的海量终端在统一的时空基准下实现交互。RTK 技术是利用 GNSS 进行实时动态相对定位的技术，由于具有实时性好、位置精度高等优点，它是地形测图、施工放样等领域不可缺少的技术[5]。

RTK 技术是建立在实时处理两个测量站的载波相位基础上的。首先基准站通过数据链实时将观测到的载波相位测量值和自身的坐标信息一起发送给流动站。流动站接收 GPS 卫星信号的载波相位和来自基准站的载波相位测量值，利用基准站与流动站之间观测误差的空间相关性，通过差分方式减少流动站观测数据中的大部分误差，组成相位差分观测值并进行实时处理，从而解算出观测点的坐标[6]。

在 RTK 作业模式下，基准站通过数据链将其观测值和观测站的坐标信息一起传送给流动站。流动站不仅通过数据链接收来自基准站的数据，还要采集 GPS 观测数据，并在系统内组成差分观测值进行实时处理，同时给出厘米级的定位结果，历时不足 1s。流动站可处于静止状态，也可处于运动状态；可在固定点上先进行初始化后再进入动态作业，也可在动态条件下直接开机，并在动态环境下完成整周模糊度的搜索求解。只要能保持四颗以上卫星相位观测值的跟踪和必要的几何图形，流动站可随时给出厘米级的定位结果。

RTK 技术的高精度应用较容易实现，需要注意的具体问题如下。常规大地测量和工程控制测量利用三角网及导线网的测量方法，不仅需要时间和工作量，还需要点间通视，而且精度分布不均匀，在野外的测量精度也不可控。传统的 GPS 静态测量和快速伪动态测量方法不能用于现场测量过程中的实时定位，测量完成后的定位精度不高。若精度不达标，必须重新测量。RTK 技术是用来控制测量的，不能实时获得定位精度，在充分满足精度要求后，用户就可以停止观测，这样能显著提高操作效率。

2.1.4.2　PPK技术

PPK（Post Processing Kinematic）技术不需要基准站和流动站之间进行数据通信，利用 OTF（On The Fly）对整周模糊度及相关问题进行求解，作业范围可达 50km 以上。在 RTK 通信信号不稳定的测绘环境下，PPK 技术是一种对于 RTK 技术来说十分重要的补充作业方式。

PPK 技术的工作原理是，利用一台同步观测的基准站及至少一台流动站对最少两个历元的观测时间进行采集，解析基准站和流动站的基准线数据。然而，这些需要进行后续处理，才能确保获得的数据在处理时达到精度要求。采用 PPK 技术可以获得厘米级的三维坐标信息，观测时间较短，且只需要两个观测历元，不需要电台连接，地形环境因素不会影响应用，操作也比较简便。

采用 PPK 技术开展测绘工作，首先需要完成对基准站的架设及对流动站的设置，要注意的是：如果流动站使用了 Trimble 模式的接收机，则需要设置为 PPK 模式；如果使用的是其他接收机，则设置为常规静态测量模式即可。另外，流动站和基准站的采样率相同，可以设为 1s、2s 或 5s。同时，通过 PPK 技术进行观测作业时，必须进行初始化操作。首先是测量前初始化。对于使用了 Trimble 模式的接收机，观测 8～15min 后，即可等待初始化完成。对于其他的接收机，在连续观测 15～20min 后，紧接着按照动态测量模式进行观测，根据不同的精度要求采集 5～180 个历元的数据。整个观测过程必须保持流动站处于开机状态，保证接收机能够持续对 GPS 卫星进行追踪。一旦出现卫星中途失锁的情况，必须重新初始化。其次是测量中的初始化。如果测量前没有完成初始化就直接开始观测，那么观测过程中要始终保持开机，保证接收机能够持续地对 GPS 卫星进行跟踪，对每个观测点要采集 5～180 个历元的数据，观测的同时，等待初始化完成。若出现卫星中途失锁的情况，必须重新初始化。若卫星失锁的情况出现在初始化完成之前，则必须重新测量初始化完成之前测量的全部观测点。

2.1.4.3　RTK技术与PPK技术对比分析

RTK 技术与 PPK 技术的相同点如下。

（1）两种技术的定位精度相同，都能够获取厘米级的三维坐标信息，水平精度可以达到 1cm+1ppm（ppm 为百分之一），垂直精度可以达到 2cm+1ppm。

（2）这两种技术在进行观测作业时都需要进行初始化操作。

（3）两种技术都采用了基准站与流动站配合的作业模式。

RTK 技术与 PPK 技术的不同点如下。

（1）两种技术的初始化时间不同。相比而言，PPK 技术的初始化时间比 RTK 技术的初始化时间更长。RTK 技术的最小初始化时间是 10s+(0.5×S)s，其中 S 为基线的长度（km）。而 PPK 技术在有 6 颗卫星的情况下，初始化时间需要 8min 以上。

（2）RTK 技术需要电台通信支持，而 PPK 技术不需要。

（3）作业的方式不同，RTK 技术属于实时定位，PPK 技术属于事后定位。

（4）作业范围不同，RTK 技术由于需要数据通信支持，限制了作业范围，其作业距离一般在 10km 以内，而 PPK 技术的作业范围可以达到 50km。

（5）卫星信号对两种技术的影响程度不同，卫星信号对于 RTK 技术的影响要大于对 PPK 技术的影响。使用 RTK 技术时，靠近有大型障碍物的地方，接收机非常容易出现卫星失锁情况，而 PPK 技术在经过初始化之后，通常不会出现失锁情况。

2.2　SLAM导航定位技术

SLAM 自 1988 年被提出以来，主要用于研究机器人移动的智能化。对于完全未知的室内环境，在机器人配备激光雷达等核心传感器后，SLAM 技术可以帮助机器人构建室内环境地图，助力机器人自主行走。

SLAM 问题可以描述为：机器人在未知环境中从一个未知位置开始移动，在移动过程中根据位置估计和传感器数据进行自身定位，同时根据识别的环境特征实时构建环境地图，并通过增量式构建环境地图的反馈调整机器人的位姿。

机器人在处于未知环境中，自身的位姿不可知（或部分可知）的情况下，通过自身携带的传感器对周围环境信息进行特征观测和提取，并利用这些信息增量式构建环境地图，同时运用构建的环境地图信息和前后验估计残差值来实时修正估计位姿。机器人定位的准确性是环境地图构建的基础，同时地图构建的准确性又是机器人精确定位的前提。

概括下来，SLAM 就是一个包含“预测估计”“数据关联”“观测更新”“系统扩展”的求解相关概率的过程。因此，在进行 SLAM 算法更新的过程中，必须要消除移动机器人导航系统中运动学模型和观测模型的偏差，以达到提高导航精度的目的。

2.2.1　SLAM 常用传感器概述

SLAM 中应用的主流传感器包括相机与激光雷达。相机包括单目相机、双目相机、深度相机等[7]。相机的操作简单，可以捕获物体的色彩和深度信息，采集速度快，获取数据丰富，但过于依赖光线条件，同时相机的标定过程较为复杂。利用相机建图的主要流程是对前后帧的相机图像配准，从而获得估计的位姿，最终构建环境地图。

单目相机从多组拍摄图片中获取场景的深度信息，根据特征点在多组拍摄图片中的不同坐标值，使用几何方法得到特征点在一个固定世界坐标系中的坐标。单目相机的结构简单、价格低廉，但是单目相机采集的图片实质上是三维（3D）环境在相机的成像平面上的一个投影，利用二维（2D）图像来表示 3D 环境。单目相机会通过移动位置得到图像之间的视差，从而得到物体与相机之间的相对位姿，但这只是一个相对值，因此所得相机位姿与真实值之间会出现尺度不确定的现象。

双目相机用两个相机来定位。对物体上的一个特征点，用两个固定于不同位置的相机摄得物体的像，分别获得该特征点在两个相机成像平面上的坐标。只要知道两个相机精确的相对位置，就可用几何方法得到该特征点在固定一个相机的坐标系中的坐标，即确定了特征点的位置。双目相机的定位精度较高，优于单目相机，可以很好地解决尺度不确定的问题，但是双目基线与分辨率对结果有一定的影响，同时需要大量的计算才能估算出单个像素的深度。在相机标定和配置时，经常需要利用 GPU 或 FPGA 等加快处理过程。因此，对于实时监测的环境，不推荐使用双目相机。

深度相机通过主动的方式向目标物体发射光，并利用接收器接收返回的光，进而计算目标物体和相机的距离。深度相机可以有效克服单/双目相机的缺点，利用红外结构光或飞行时间法来计算物体的位置，所需计算量相对较少。常用的深度相机有 Kinect、RealSense 等。但深度相机检测方位角相对较小，视野有限，容易受到光线影响，不适合用于检测透光物体等。

激光雷达包括二维和三维形式，常用的有机械激光雷达与固态激光雷达。机械激光雷达的价格昂贵，扫描方式为线束扫描。固态激光雷达[8]价格低廉，扫描方式为非重复扫描。目前许多无人驾驶公司采用 Livox 固态激光雷达，其采用无重复路径的花朵式扫描方式。相比于机械激光雷达的重复线束扫描方式，五台 Livox 雷达即可达到 64 线机械激光雷达的 360° 扫描视场范围，但是总成本低于 64 线的机械激光雷达，大大降低了成本，提高了点云密度与建图精度。

根据获取数据的传感器类型不同，可将 SLAM 系统分为视觉 SLAM（VSLAM）和激光雷达 SLAM（LidarSLAM）。

2.2.2　VSLAM

VSLAM 指在室内环境下，用摄像机、Kinect 等深度相机来做导航和探索。其工作原理是，先对机器人周边的环境进行光学处理，用摄像头采集图像信息，然后将采集的信息压缩后反馈到一个由神经网络和统计学方法构成的学习子系统中，再由学习子系统将采集的图像信息与机器人的实际位置联系起来，完成机器人的自主导航定位功能。

VSLAM 主要由机器人携带的视觉传感器实现。机器人通过对采集的图像数据进行处理，实现自身位姿估计并同步构建环境地图。VSLAM 具有应用场景广泛、获取的信息丰富等优势。近年来，基于视觉的导航定位技术受到了各个领域专家的广泛关注，该技术来源于基于机器人的导航定位领域，也是 VSLAM 中的一个重要环节。

可用于实现基于视觉的导航定位的视觉传感器种类众多，如单目相机、双目相机、RGB-D 相机等。其中，单目相机成本最低，但是由于无法获取与空间中障碍物的距离，存在尺度不确定的问题；双目相机可通过两帧图像间的视差计算深度，但是需要大量的运算；而 RGB-D 相机可以直接获得准确的深度信息，因此在室内移动机器人自主导航系统中被广泛使用。

基于视觉的导航定位系统主要包括：摄像机（或 CCD 图像传感器）、视频信号数字化设备、基于 DSP 的快速信号处理器、计算机及其外设等。现在很多机器人系统采用 CCD 图像传感器，其基本元件是一行硅成像元素，在一个衬底上配置光敏元件和电荷转移器件，通过电荷的依次转移，将多个像素的视频信号分时、顺序地取出来，如面阵 CCD 图像传感器采集的图像的分辨率可以从 32 像素×32 像素到 1024 像素×1024 像素等。

总体而言，VSLAM 主要利用单目相机、双目相机或 RGB-D 相机等实时构建环境地图，但是由于局限于光线等环境条件，必须借助其他的传感器完成轨迹的正确推算[9]。VSLAM 所需成本较低，识别的图像带有特征信息，因此许多公司采用 VSLAM 方案。但 VSLAM 有很多缺点，比如对计算机性能有一定的要求，对算法有一定的优化要求，因此需要研究者耗费较高的时间成本，同时需要满足一定的环境要求。

2.2.3 LidarSLAM

LidarSLAM 指利用激光雷达作为传感器获取地图数据，使机器人实现同步定位与地图构建。就技术本身而言，经过多年验证，其已相当成熟，但雷达成本昂贵这一瓶颈问题亟待解决。

激光雷达是一种可以通过发射高频激光束来探测目标状态信息的传感设备。激光测距技术实际上就是传统雷达技术与现代激光技术的结合。激光雷达工作时，对目标发射特定功率的高频激光束，然后对反射到接收装置的激光信号与发射信号进行处理，通过计算发射激光与反射激光之间的时间差和光速的乘积得到特定目标的位置、速度相关的信息。

LidarSLAM 不易受光线的影响，同时激光雷达的分辨率比较高，因此 LidarSLAM 在室内和室外都有广泛的应用。在室内情况下，仅仅使用单线激光雷达就可以生成二维地图，根据二维地图及单线激光雷达扫描的环境信息就可以进行路径规划和避障绕障等功能。在室外情况下，机械激光雷达或固态激光雷达在识别分析环境信息时，不受光线影响，可以在黑暗条件下构建环境地图，但机械激光雷达进行定位与建图的成本较高、扫描路径重复，线束之间会出现盲点；固态激光雷达价格低廉，点云数量密集，在视场角范围内盲点区域小。因此，利用 3D 固态激光雷达进行定位与建图的方式逐步占据市场[10]。

由于激光雷达能够实现远距离测距，且在远距离测量过程中具有较高的精度，相比较视觉传感器具有分辨率高和抗干扰能力强等优点，因此在实际的导航定位中使用较为普遍。另外，激光雷达具有指向性强的特点，使得导航的精度得到有效保障，能很好地适应环境。

近几年，无人驾驶汽车市场发展较快，在谷歌之后，百度、Uber 等主流无人驾驶汽车研发团队都使用激光雷达作为传感器之一，与图像识别等技术搭配使用，实现汽车对路况的判断。传统的汽车厂商也纷纷开始研发无人驾驶汽车，包括大众、日产、丰田等在内的公司都在研发和测试无人驾驶汽车技术，它们也都采用了激光雷达。激光雷达可以达到比较高的定位精度，误差基本在厘米级，有的甚至可以达到 5cm 的精度。其主要缺点是易受外界环境干扰且价格比较昂贵。谷歌无人驾驶汽车车顶安装的激光雷达来自美国 Velodyne 公司，售价高达 7 万多美元。这款激光雷达可以在高速旋转时向周围发射 64 束激光，激光碰到周围物体并返回，这样便可计算出车体与周边物体的距离；计算机系统再根据这些数据描绘出精细的三维地形图，然后与高分辨率地图相结合，生成不同的数据模型供车载计算机系统使用。

2.3　其他导航定位技术

目前地图软件基本都具备导航定位功能，且大部分采用的是卫星导航定位技术，在室外可以提供良好的定位服务，但并没提供室内定位服务，因为 GPS 信号在传输过程中会受到墙体的阻碍，从而无法对室内物体进行准确定位。随着互联网技术的快速发展，人们对室内定位数据的需求急剧增加，尤其是仓库货物定位、大型场所人员跟踪等应用。

针对未知环境下机器人在室内的定位和跟踪，目前最常采用的是依赖相机、激光雷达或里程计等进行定位和建图。采用无线定位技术进行定位还是一个较新的研究。室内定位方法根据定位方式的不同可分为绝对定位方法和相对定位方法，根据定位机制可分为非测距的定位方法和测距的定位方法，主要使用的定位算法包括三角法、多边定位法、质心推断法、极点测量法、指纹匹配法和航位推算法。

2.3.1　Wi-Fi 定位技术

Wi-Fi 是基于 IEEE 802.11 标准的无线局域网（Wireless Local Area Network，WLAN）技术，具有传输距离远、传输速度快、成本低廉等优点，被广泛部署于室内环境，如商场、医院、学校、酒店等公共场所，而且几乎所有的智能手机和笔记本电脑都支持 Wi-Fi 功能。在现有 Wi-Fi 网络基础上，无须额外部署其他设备，就可以实现 Wi-Fi 定位，方便推广和使用。因此，基于 Wi-Fi 的室内定位技术拥有广阔的应用前景，引起了越来越多研究机构和学者的关注。

Wi-Fi 实时定位系统（Wi-Fi Real Time Location System，Wi-Fi RTLS）结合了 WLAN、射频识别（Radio Frequency Identification，RFID）和实时定位等多种技术，广泛地应用在有 WLAN 覆盖的区域，可实现复杂的人员定位、监测和追踪任务，并可准确搜寻到目标对象，从而实现对人员和物品的实时定位及监控管理。

近几年，无线技术迅速发展，Wi-Fi 网络的覆盖率越来越高。基于 Wi-Fi 的室内定位技术能够弥补在室内环境下 GPS 技术无法定位或定位不准确的缺点，其采用无线接入点（Access Point，AP）方式，改变了传统的依赖基站获取 Wi-Fi 位置信息的方式，使得资源的获取变得更加方便且不受限制，同时其利用现有 Wi-Fi 网络，大大减少了室内定位所需的成本，提高了定位精度[11]。

2.3.1.1　Wi-Fi相关知识

Wi-Fi 设备包括无线网卡及无线 AP，通过无线方式接入互联网，完全不需要布线，部署的复杂程度及所需费用均远远低于传统的有线方式。最基础的具有单个 AP 的网络系统包括以下几部分[12]。

（1）站点（Station，STA）：所谓站点，通俗地说就是具有 Wi-Fi 通信功能的各种终端设备，是对手机、平板电脑，笔记本电脑等连接到无线网络之后的称呼。

（2）无线 AP：无线 AP 是整个无线网络结构的核心。无线 AP 是移动终端进入有线网络的门户，是搭建 WLAN 所需的核心设备，主要用于家庭、商场、医院等各种室内场景。广义上来看，无线 AP 是无线路由器等设备的统称。平常所说的 Wi-Fi 热点也可以认为是 AP。

（3）服务集标识（Service Set Identifier，SSID）：通俗地说，SSID 就是日常生活中经常提到的 Wi-Fi 账号。SSID 是通过 AP 广播出来的。同时，在部署无线路由器时，可根据需要自定义 SSID 的名称。

（4）基本服务集（Basic Service Set，BSS）：BSS 一般分为以下两种组成情况。一种情况只包含若干个站点，且站点不少于两个，这种服务集称为独立型 BSS（Independent BSS，IBSS）。IBSS 也可称为 Ad-hoc 网络。在这种服务集下，每个站点可以与同一 IBSS 下的任何其余站点建立通信连接，而且不需要连接 AP，但是两个站点间的物理距离要求在可以直接进行通信的范围内。一般情况下，IBSS 作为一种临时性网络来达到特定目的，这种结构有时会被称作特设网络。另一种情况除了包括若干个站点，还包括一个 AP。这种服务集称为基础结构型 BSS（Infrastructure BSS）。这种网络结构的判断也很简单，只需要确定网络中是否包含 AP。

与基站类似，AP 负责基础结构型 BSS 全部的信息传输，包括在同一个服务区域的所有工作站点之间的通信。在这种基础结构型 BSS 下的所有工作站点，若是两两之间需要通信，一般需要经过两个步骤：首先由通信发起方将信息帧发送给 AP，然后由 AP 将此信息帧传递至目的站点。所有站点间的通信都必须由 AP 进行中转，所以 AP 的覆盖范围就决定了基础结构型 BSS 的基本服务区域的范围。这种必须有中转的结构显然比直接进行传输消耗的资源更多，但是其有两个显著的优点：第一个是对在基站传输范围内的所有工作站点之间的物理距离没有限制；第二个是可以辅助站点节约电能。

Wi-Fi 技术的广泛使用使基于 Wi-Fi 的室内定位研究成为近年来的研究热点之一，研究的核心问题是如何利用 Wi-Fi 信号中蕴含的信息特征对目标进行精确定位。用于通信的 Wi-Fi 信号特征一般有两种：接收信号强度指示（Received Signal Strength Indication，RSSI）和信道状态信息（Channel State Information，CSI）。

2.3.1.2　Wi-Fi室内定位技术特征

除了成本低和实用性高，与其他短距离无线传输技术相比，Wi-Fi 网络的覆盖范围比较大，通信距离一般在 50～100m，在有障碍物如墙壁阻挡的情况下，信号强度会有所降低，有效距离也会随之缩短，但是在各种室内场景中足以满足日常需要。通过已经部署在各大场景中的 Wi-Fi 设备进行室内定位，不用对 Wi-Fi 设备进行任何改动，使用成本极低。包括 Wi-Fi 室内定位技术在内的众多 WLAN 定位技术的基本原理是，通过对天线阵列接收的无线电信号的多种特征信息进行分析，使用现有的定位算法来估计待定位目标的位置[13]。

Wi-Fi 技术也有不足之处：首先它的通信距离有限，一般的 Wi-Fi 网络覆盖面直径只有 100m 左右；其次它的移动性不佳，只有在静止或者步行的情况下使用才能保证其通信质量。为了克服 Wi-Fi 网络通信距离有限和低移动性的缺点，802.11n 协议草案被提出。802.11n 相比之前的标准技术优势明显：在传输速率方面，802.11n 可以将 WLAN 的传输速率由目前 802.11b/g 提供的 54Mbps 提高到 300Mbps 甚至 600Mbps；在通信技术方面，802.11n 采用智能天线技术，可以动态调整波束，保证让 WLAN 用户接收稳定的信号，并可以减少其他信号的干扰，因此它的通信范围可扩大到几平方千米。这使原来需要多台 802.11b/g 设备的地方，只需要一台 802.11n 设备就可以了，不仅方便了使用，还减少了原来多台 802.11b/g 设备互联时可能出现的盲点，使得终端的移动性得到了一定的提升。

虽然 Wi-Fi 信号的传播受环境的影响，但是 Wi-Fi 信号强度在空间中的分布相对稳定。因此，同一位置的接收信号强度（Received Signal Strength，RSS）值相对稳定且与其他位置的 RSS 值有所区别。将多个 AP 的 RSS 值构成一个向量，在不考虑误差等因素的影响下，这个向量可以唯一确定空间中的一个位置。这种 Wi-Fi 信号强度值与位置之间的对应关系，可以形象地称为位置指纹。通过比较位置指纹之间的相似性，可以估计未知节点的位置。总体而言，Wi-Fi 室内定位技术的特征如下。

优点：应用成熟，可利用已有的硬件设施，成本低廉，便于扩展。

缺点：Wi-Fi 信号强度易受周围环境影响，定位精度较低。

定位精度：2～50m。

适用场景：景区公园、医疗机构、公司、工厂、商场。

工作原理：邻近探测法、三角测量法、位置指纹（特征）定位法等。

2.3.1.3　Wi-Fi 室内定位技术现状

相较于其他无线射频定位技术，Wi-Fi 室内定位技术具有成本低、精度较高、定位覆盖范围较大、室内普及率高、具备通信能力等优点。常用于室内定位的可以表征 Wi-Fi 信号特性的指标有 RSS、信道冲激响应（Channel Impulse Response，CIR）、CSI 等[14]。

罗宇锋等人[15]提出了一种基于 Wi-Fi 信号强度值来计算移动终端与 Wi-Fi 设备间距离的定位方法，该方法在定位精度和稳定性方面都有不错的表现。文献[16]也进行了基于 Wi-Fi 信号强度值测距的研究，采用卡尔曼滤波对测量的信号强度值进行预处理，然后用最小二乘法拟合出最优传播距离-信号强度值方程，最后利用三边定位算法得到待定位点的位置坐标。该方法有效提高了定位精度。杨立身等人[17]基于 Wi-Fi 技术提出了一种用四边测距修正加权质心的定位算法，该算法采用卡尔曼滤波算法和近高斯拟合算法剔除偏差较大的信号强度值，然后基于剩下的信号强度值，根据路径损耗模型计算移动终端和 Wi-Fi

设备间的距离，最后将质心定位算法与四边测距法相结合来计算待定位点的坐标。文献[15-17]均采用信号强度-距离模型和几何算法相结合的方式进行定位，由于信号的衰减程度易受环境的干扰，不管是哪种信号强度-距离模型都存在较大误差，因此基于 Wi-Fi 的测距模型定位算法的定位精度难以满足机器人室内定位精度的要求。

随着人工智能、深度学习的发展，人们尝试将深度学习算法与 Wi-Fi 室内定位技术相结合。文献[18]根据 Wi-Fi 室内定位技术提出一种局部特征深度长短时记忆方法，通过该方法可以有效降低噪声的影响，从而提取鲁棒的局部特征，该方法与同类最优秀的方法相比，性能提升了 53.46%。来自埃及的学者为了处理 Wi-Fi 信号噪声，采用了深度学习模型和贝叶斯概论框架相结合的方法[19]，该方法还可以获取 Wi-Fi 信号强度值与距离的复杂关系。实验结果表明，该方法获得的最大平均定位精度是 1.21m。文献[20]对 Wi-Fi 信号强度数据集进行了分析，首先对信号强度数据集进行归一化处理，然后采用深度学习方法进行定位。实验结果表明，该方法的准确率是 95.95%，但是由于深度学习方法比较复杂、计算量大，因此该方法无法直接应用于机器人室内定位。

此外，朱正伟等人[21]针对 Wi-Fi 信号强度易受室内环境影响的问题，采用奇异谱分析法去除 Wi-Fi 信号强度噪声的干扰，并利用高斯过程回归算法进行建模，建立了 Wi-Fi 位置指纹与位置坐标的映射关系。实验结果表明，该方法有效提高了定位精度。文献[22]利用指纹数据位置关系对指纹数据分级，并采用双重滤波处理 Wi-Fi 信号，通过网格化来实现室内高精度定位。文献[21]和文献[22]均采用传统位置指纹定位法进行室内定位，平均定位精度为 1.5～3m，这样的精度难以满足机器人对室内定位精度的要求。针对该问题，文献[23]对影响传统位置指纹定位法定位精度的因素进行了研究，对传统 Wi-Fi 位置指纹定位法做了改进，从而提高了定位精度[20]。

2.3.2 蓝牙定位技术

2.3.2.1 蓝牙定位系统的特点

蓝牙是公共领域常见的短距离无线通信技术。基于蓝牙的室内定位（以下简称蓝牙定位）是一种很有前景的定位服务技术，因为它具有成本低、扫描响应快、功耗低、易于部署的优点，并且可以在移动电话中使用。因此，蓝牙定位系统也引起了研究人员的关注[24]。

蓝牙定位的基本原理是：在待测环境下事先布置好蓝牙局域网接入点，然后配置好相应的网络连接模式，这样就能在网络中得到各个节点的位置信息，从而达到定位的效果。

蓝牙具有更好的电源效率和更快的扫描响应；可以实现 30～50Hz 的更新。假设定位的计算时间小于扫描时间，则蓝牙定位系统的响应时间等于扫描时间。蓝牙设备的低功耗使频率为 10Hz 的蓝牙信标可以使用纽扣电池运行超过一年。在定位精度方面，与其他技术相比，蓝牙定位系统的精度仍然较低。文献[25]的实验结果表明，蓝牙定位系统的最大定位误差为 8m，平均定位误差为 3.8m，但是由于蓝牙信标价格便宜且易于部署，因此可以密集部署以提高定位精度。

蓝牙技术最初的目标是取代手机、笔记本电脑等数字设备上的有线连接方式，实现短距离无线通信。但随着版本的更迭，蓝牙体积小、功耗低的特点已使其不再只用于移动终端的外设，它几乎可以集成到任何数字设备中，如蓝牙耳机、运动手环等[26]。蓝牙技术的特点可归纳为以下几项。

（1）全球通用。蓝牙工作在 2.4GHz 的 ISM（工业、科学、医学）频段[27]，全球大多数国家的 ISM 频段范围为 2.4～2.4835GHz，使用该频段无须申请许可证，且无须频段费用。

（2）安全性高。蓝牙协议将设备的鉴权及链路数据流加密所需的安全算法与处理过程定义在基带部分。蓝牙设备的鉴权过程是强制的，而链路数据流的加密则可以选择。蓝牙 4.0 版本使用了 AES-128 加密算法，通过对数据包进行严格的加密和认证，充分提高了设备通信的安全性。

（3）抗干扰能力强。ISM 频段对所有无线电系统都开放，因此微波炉、WLAN 等都可能成为干扰源。为此，蓝牙设计了跳频技术（Frequency-Hopping Spread Spectrum，FHSS）方案以确保链路稳定[28]。该方案将 2.402～2.48GHz 的频段分成 79 个间隔 1MHz 的频点，正常状态下的跳频速率为 1600 次/s，频点的排列顺序是伪随机的，查询状态下的跳频速率为 3200 次/s。

此外，基带采用了三种检纠错方式来进行差错控制：1/3 前向纠错编码，2/3 前向纠错编码与自动重传机制。

（4）功耗低。蓝牙主要采用了两种方式来实现功率控制：调整基带链接模式及自适应发射功率控制。蓝牙基带共有四种链接模式：活跃（Active）模式、呼吸（Sniff）模式、保持（Hold）模式和休眠（Park）模式。以上四种模式消耗的功率依次减小，而设备响应时间依次增加。通过调整蓝牙设备的基带链接模式，可以降低功耗。自适应发射功率控制是指通过从属设备来检测接收信号的强度，当其小于最低阈值时，从属设备可请求主控设备增大发射功率；反之，当其大于某个标定的阈值时，从属设备同样向主控设备发出请求，要求减小发射功率。

因此，蓝牙定位的特点如下。

优点：结构简单，设备体积小，易集成、推广，功耗低，成本低。

缺点：传输距离有限，节点较少。

定位精度：2～10m。

适用场景：蓝牙的终端以蓝牙手环居多，蓝牙定位主要用于商城定位、医院定位、物品防丢、娱乐场所定位、微信摇一摇等，还可基于蓝牙安装 App，通过相对定位实现疫情下的接触跟踪。

2.3.2.2　蓝牙定位系统的相关协议

蓝牙定位系统的协议体系结构由蓝牙底层模块、中间协议层和高端应用层构成。

1. 蓝牙底层模块

蓝牙底层模块包含在使用蓝牙技术的设备中，主要由链路管理层、基带层和蓝牙射频组成。蓝牙射频通过 2.4GHz 的 ISM 频段实现数据流的过滤及传输；基带层提供了同步面向连接的链路和异步无连接链路，负责跳频和蓝牙数据的传输，并为数据包提供前向纠错码或循环冗余校验；链路管理层主要实现设备间链路的建立与拆除，同时负责链路的安全和控制。蓝牙定位系统协议中软硬件的接口为蓝牙主机控制器接口，通过它才能实现上下两个模块之间的消息与数据传递。

2. 中间协议层

中间协议层由逻辑链路控制和适配协议、服务发现协议、串口仿真协议及电话控制协议组成[29]。其中，逻辑链路控制和适配协议是蓝牙定位系统协议的可信组成部分，主要完成数据拆装、服务质量控制及协议复用等功能；服务发现协议基于客户机/服务器结构，负责为上层应用程序提供一种机制，从而发现可用的服务及其相应属性；串口仿真协议提供 RS-232 的控制和状态信号，为上层业务提供传送能力；电话控制协议属于控制信令，帮助蓝牙设备之间建立语音与数据呼叫。

3. 高端应用层

高端应用层由选用协议层组成，对应了各种应用模型的剖面，属于剖面的一部分。

2.3.2.3　蓝牙定位技术现状

目前蓝牙定位方法总体分为两类：基于位置几何关系的定位与基于场景特征分析的定位。

基于位置几何关系的定位主要依靠三角函数与数学算法，先通过测量获得用户终端与信标之间的位置关系，以及无线信号传输过程中的相关参数，然后通过几何计算构建函数模型，最终获得用户位置。

基于场景特征分析的定位一般分为两个阶段：离线阶段与在线阶段。离线阶段将整体定位区域均匀划分为数个网格点。每个网格点均收集该点特有的场景特征，如 RSS，将其作为该点独一无二的“指纹”。将定位区域内所有点的指纹收集起来建立指纹库。在线阶段将用户终端在随机位置采集的 RSS 值与指纹库进行比对，再根据一定的匹配算法计算用户的实际位置。

如今，许多智能手机、平板电脑内都装有蓝牙芯片，在使用时操作简单快捷，使蓝牙定位技术更容易实现和推广。蓝牙 5.0 版本在信号的传输距离、传输速率、稳定性方面都有了可观的提升，同时，蓝牙定位的损耗、成本进一步降低。即使遇到突发大面积停电的状况，蓝牙信标仍可正常工作，且电池寿命很长[30]，因此，蓝牙定位技术可为一些有风险的场所如井下区域提供定位服务。

针对蓝牙定位方法，国内外学者进行了大量研究。文献[31]将接收信号强度、接收信号错误率及蜂窝信号质量作为评估指标，采用基于位置几何关系的三角测量法进行定位。针对信号传输中的噪声问题，文献[32]利用高斯滤波对环境干扰系数进行优化，建立自适应信号强度校准器，进一步提升定位稳定性。文献[33]利用最小二乘法构建路径损耗模型，利用距离参数取代接收的 RSS 值，对蓝牙信标位置进行几何优化，从而更准确地筛选信标进行室内定位。其提出通过最小二乘法增强位置区域的方案，结合高斯滤波提升蓝牙定位的准确性。文献[34]提出一种自适应带宽均值转换法，进一步识别加权 K 近邻（Weighted K-Nearest Neighbor，WKNN）算法获取的位置，从而更准确地获取定位信息。文献[35]利用卡尔曼滤波对三角测量法进行改进，有效降低了行人障碍及多路径效应带来的信号误差。文献[36]为蓝牙信号建立了三个独立的信号衰减模型，并根据距离进行重新信号组装，利用加权三角测量法进行定位，有效提升了蓝牙定位的普适性。

针对基于场景特征分析的定位方法中传统匹配算法的不足，文献[37]利用行人移动扩大了指纹匹配范围，生成自适应动态指纹窗口并以此对 WKNN 算法进行了改进，极大提高了定位精度与效率。文献[38]利用贝叶斯算法筛选定位信标，结合 RSS 先验信息最终确定将置信度最高的定位区域作为预测位置。文献[39]提出了一种基于 Isomap 的 WKNN 算法，利用 Isomap 结合欧氏距离降低不同 RSS 的维度，并采用 WKNN 算法估计实际位置，提高了定位精度。文献[40]利用融合 K-means 聚类算法对蓝牙指纹库进行多次聚类迭代，通过误差平方及轮廓系数等参数确定 K-means 聚类的中心，从而提升算法的稳定性，进而提高定位精度。

2.3.3　ZigBee定位技术

ZigBee 是 IEEE 802.15.4 协议的代名词，属于近距离、低功耗无线通信技术。它对簇间传输采用基于地理位置的路由算法，具有低复杂度、自组织、低功耗、低速率和低成本的特点。其在许多工业现场都有应用，如车间监控等，具有广阔的应用前景，主要适用于自动控制、远程控制等领域。ZigBee 可搭载多种传感器，是一种功能丰富的近距离无线通信技术[41]。

2.3.3.1　ZigBee网络构成

ZigBee 网络中的逻辑设备有三种：协调器（Coordinator）、路由器（Router）与终端设备（End-Device）。它利用无线射频方式进行信息交换与传输，通过协调器对节点间的通信状态进行管理和调度。协调器负责发起网络，是网络中的第一装置。每个协调器都具有不同的网络协议栈，涉及物理地址分配、数据帧格式和传输机制等方面的内容，以适应不同的应用场合。协调器选择一个信道和一个网络 ID 后启动网络。协调器还可用于在网络上设置安全层与应用层之间的捆绑。路由器的作用是让其他设备加入网络，多跳路由及辅助终端设备进行通信。当网络设备处于休眠状态时，其自身就会停止工作。终端设备并不负责维护网络结构，既可以处于休眠状态，也可以处于唤醒状态，或者仅为电池供电。

按照节点的功能，ZigBee 网络中的设备可划分为全功能设备（Full Function Device，FFD）和精简功能设备（Reduced Function Device，RFD）。FFD 可以充当网络中的协调器和路由器，而 RFD 只能作为终端设备，并且只能与主设备进行通信。一个网络中至少含有一个 FFD，也只能存在一个协调器。

ZigBee 支持三种网络拓扑结构，分别是星形（Star）网络、树状（Tree）网络与网状（Mesh）网络，一般预设为网状网络。

星形网络最为简单，它由一个协调器与一系列终端设备组成，每个终端设备仅能与协调器进行通信。若两个终端设备通信，须通过协调器转发消息。

树状网络由一个协调器及一系列路由器与终端设备组成。协调器通过路由协议与各路由器相连，在网络中建立起一条路径来实现对整个网络应用系统的控制。协调器将相关路由器与数量众多的终端设备连接起来，子节点所在路由器还可将一系列路由器与终端设备相连。每棵树都有两个或更多的分支点，它们通过各自独立的路径来实现自身功能。

网状网络由一个协调器及与终端设备连接的一系列路由器组成。协调器通过路由协议与各路由器相连，在网络中建立起一条路径来实现对整个网络应用系统的控制。网状网络与树状网络拓扑形式一样，但网状网络有更灵活的信息路由规则，从某种角度来看，路由节点间可直接通信，这样还可以提高通信效率。一般情况下，当网络中存在一些异常或故障时，这些路由路径会被阻塞，导致部分数据包不能及时到达目的地，从而造成系统瘫痪。而在网状网络中，某条路由路径发生了问题，信息可沿其他路由路径自动传送。

2.3.3.2　ZigeBee定位技术特征

ZigBee 是近年来发展迅速的新兴无线网络技术，ZigBee 是专为小型区域的个人区域网络设计的。ZigBee 无线网络的低成本、高可扩展性、高可用性及对动态路由拓扑的支持等优点使 ZigBee 更适用于室内定位系统[42-44]。ZigBee 使用 2.4GHz、868MHz、915MHz 和其他频率，这些频率都是免费的[43]。ZigBee 协议很简单，不需要专利费，从而大大降低了成本。它支持星形、树状和网状等网络拓扑结构。ZigBee 的网状拓扑结构使其成为一种可扩展的技术。在 ZigBee 网状网络中，一个称为 ZigBee 协调器的特殊节点负责启动网络并选择关键网络参数。ZigBee 网络容量大，可以容纳 254 个从设备和 1 个主设备，最多可容纳 65000 个设备[45]。另外，ZigBee 定位系统接收和发送消息的功耗非常低，工作周期很短，并且可以使用睡眠模式。

ZigBee 定位系统采用了避免冲突的机制，可以在发送数据时有效地避免竞争和冲突[45]，因此具有很高的可靠性。但是，ZigBee 定位的精度仅在米级水平。另外，ZigBee 接口在智能手机上并不常见，因此无法与手机融合。此外，ZigBee 定位技术需要根据室内环境特点安装设备，并且安装数量也不少，因此该技术的总成本相对较高。

ZigBee 定位技术的特征如下。

优点：功耗低，通信效率高。其最突出的特点是复杂度不高。ZigBee 定位技术可以通过网络内传感器之间的通信传递信息。

缺点：信号传输受多径效应和移动的影响很大，而且定位精度取决于信道物理品质、信号源密度、环境和算法的准确性，定位软件的成本较高。

定位精度：1～2m。

适用场景：工厂、车间人员的在岗管理与定位。

工作原理：邻近探测法、多边定位法。

2.3.3.3　ZigBee网络路由协议

ZigBee 网络在网络层采用 2 种互补路由协议，实现路由发现和数据转发。这 2 种路由协议分别是按需距离向量路由（Ad-hoc On-Demand Distance Vector Routing，AODV）协议和基于分簇的簇树（Cluster-tree）协议。

1．AODV 协议

在无线网状网络中，AODV 协议作为一种平面路由协议，被用于网络的路由选择，具体分为路由发现与路由维护两大流程。当源节点要和目标节点进行通信，但本身并未包含目标节点的路由信息时，路由请求（Route Rquest，RREQ）分组将被发送到所有邻近节点，路由发现进程启动。相邻节点先确认 RREQ 分组是否是由其本身产生的，即判断先前是否接收到分组信息，若有，直接弃用；否则，这个 RREQ 分组就会被中继节点转发出去并建立反向的路由。在 RREQ 分组沿着反向路径被中继到源节点的过程中，路径中间的节点会一直刷新节点的信息，包括节点的生存时间和序号，其他的反向路由信息会因超时而自动删除。源节点在收到 RREQ 分组之后，路由发现的过程就结束了。AODV 协议仅在活动状态下保持路由。在保持正常通信的状态下，当源节点运动至周围节点的通信范围外时，通信链路将中断，源节点需要重新发送路由请求。当动态路由中的中间节点检测到它与下一相邻节点之间的链路中断时，则将 RREQ 分组发送到它上端的活跃节点上。源节点接收 RREQ 分组时，若还需要和目的节点进行通信，那么就需要重新启动路由发现过程。AODV 协议主要适用于动态变化的网络环境，通过路由请求和路由回复等机制发现最新的路由路径。其优点如下。

（1）能够实现单播路由和多播路由。

（2）适用于特定网络中的移动节点。

（3）接入速度高、计算量小、内存占用少、网络负荷较轻。

（4）使用目的序列号来避免出现回环。

但是它的缺点也很明显，它是网络层协议，每次寻找路由都要触发应用层协议，增加了算法的复杂度；目前很多无线传感器网络节点是静止不动的，拓扑结构变化很缓慢，在这种情况下，AODV 协议过于复杂；AODV 协议没有考虑能耗问题，不利于无线传感器长期运行。

2. 簇树协议

簇树算法是 ZigBee 网络中最基本的算法之一，网络内各节点在接收到转发数据报文的任务后，仅将该报文转发到其子节点或者父节点。这种路由策略能够有效地避免单个数据包丢失造成的网络故障。但简单地将数据报文转发到子节点或者父节点，并不是最优路由，在传感器网络有多种通信任务时，越靠近协调器的节点，就会承担越多数据报文的转发工作。在 ZigBee 网络里，节点通常都通过电池来提供电力，节点的能量是有限的，因此靠近协调器的节点能量消耗比其他节点要快。此时传感器网络中的节点能量消耗是不均匀的，长此以往会造成部分节点过早消耗完自身能量，从而影响网络整体的寿命。

2.3.4　RFID 定位技术

RFID 技术利用反向散射通信方式建立阅读器和标签之间的无线通信链路。无源的 RFID 标签将接收到的阅读器发射的问询信号中携带的能量供给其内部电路，并将自身信息调制到入射的连续波上，从而实现与阅读器之间的信息传输[46]。相比前述几种技术，RFID 技术具有信号穿透力强、价格低廉、体积小、低功耗、无源、非视距传播、可重复使用等优点，目前已被应用于物流追踪、仓储管理、工业自动化等领域。利用 RFID 技术所提供的位置信息，能够有效提高工业自动化的效率，减少人力成本。

2.3.4.1 RFID系统构成

1. 典型的 RFID 系统架构

RFID 技术通过非接触的方式对附有标签的物体进行识别。一个典型的 RFID 系统主要由阅读器（Reader）、天线（Antenna）、标签（Tag）及计算机组成。

阅读器是 RFID 系统最核心也是最复杂的一个组件，其读取和写入标签内存信息，控制通信信号的解析。它一方面通过标准网口、RS232 串口或 USB 接口同计算机相连，另一方面通过天线与 RFID 标签进行通信。天线与阅读器相连，帮助在标签与阅读器之间建立无线通信。天线按照方向性可分为定向天线和全向天线。天线波瓣宽度越窄，天线的方向性越好，增益越大，作用距离越远，但覆盖范围也越小。阅读器可以同时连接一个或多个天线，但每次使用时只能激活一个天线。RFID 标签由耦合元件、电子芯片及微型天线组成，每个标签内部存储了唯一的电子标识符（Electronic Product Code，EPC）。标签附着在被管理的物品上，用于标识目标对象。目前，标签工艺已经非常成熟，可支持内存反复擦写 10000 次以上，有效使用寿命可达十年以上。根据标签供电方式的不同，可将标签分为有源标签、半有源标签和无源标签。根据通信频率的不同，其又可以分为低频标签、高频标签、超高频标签和微波标签，不同频段的标签的穿透能力不同。此外，各类定制化的标签也越来越多，如陶瓷标签、贴纸标签、易碎纸标签等。

2. 反向散射通信机制

目前，市面上商用的阅读器一般都集成了信号分析模块，能够对标签反射的信号进行解调，获取信号中携带的标签电子编码数据，同时通过分析接收到的信号，获得 RSSI 和到达天线的信号相位。

RFID 系统工作时，阅读器与 RFID 标签通过反向散射通信机制建立通信链路。计算机系统控制阅读器的天线向空间某处发送一定频率的“问询”信号，该空间内的标签通过电磁耦合的方式接收空间中的电磁波能量，当照射标签的电磁波功率达到一定的门限功率时，标签内部设计的电路将产生感应电流，激活标签。在“应答”阶段，标签通过调整天线的阻抗来反射一部分入射的连续波。反射波的相位和幅度由天线的阻抗决定。通过调节天线的阻抗，RFID 标签可以将自身的数字信息调制到入射连续波上再反射。阅读器内部的接收器通过解调分析接收到的电磁波，获得标签的 EPC、RSSI 及信号相位等信息。

2.3.4.2 RFID定位技术的特征

RFID 定位技术是通过无线电信号识别标签来进行身份自动辨认的技术。RFID 定位技术可以采用位置感知和基于 RSSI 的方式来定位。在位置感知方式下，可以为跟踪对象安装 RFID 标签，然后部署 RFID 标签阅读器的位置，当跟踪对象进入感知范围内时，即可检测到跟踪对象的位置。基于 RSSI 的方式通过接收到的信号强弱测定信号点与接收点的距离，然后根据相应数据进行定位计算。RFID 标签成本低，目前 RFID 定位技术广泛应用在商品物流、人员定位及物联网领域。但 RFID 定位技术需要部署多个阅读器来构建定位基础设施，标签、部署方式及参考标签数量都会影响定位精度，因此很难大规模部署。

RFID 定位技术通常用于定位动物[47]或物体。文献[48]中提到将其应用于图书馆以跟踪和定位书籍。从理论上讲，所有常用测量定位方法都可以应用于 RFID 定位技术，如室内 RFID 定位技术可以根据信号测量技术的不同进行不同的实现[49]。另外，RFID 定位技术方便灵活，对环境适应性强，抗干扰能力强。但是，RFID 定位系统只能在几十厘米的半径内提供定位，因此不适合在大范围内进行高精度跟踪。

总的来说，RFID 定位技术的主要特征如下。

优点：耗时短，应用范围广，标签成本较低，非接触，非视距。

缺点：作用距离短，易受干扰，安全隐私难保障，不便整合兼容其他系统，标准化不够完善。

定位精度：5cm～5m。

适用场景：仓库、工厂、商场，广泛用于货物、商品的流转定位及博物馆藏品的出入库管理。

工作原理：邻近探测法、多边定位法等。

2.3.4.3　RFID 定位技术发展现状概述

1948 年，H. Stockman 提出了一种利用调制的反射器将信息加载到信号接收机所发射的载波信号上，从而实现无线通信的方法，为 RFID 技术的发展奠定了理论基础。由此演化的 RFID 技术利用阅读器设备，通过非接触式的电磁耦合技术读取存储在标签芯片中的电子编码，从而识别标签附着的目标对象。

随着 RFID 技术的发展，研究者发现，阅读器接收的标签信号中携带了标签的距离信息。文献[50]中解释说明了接收信号的 RSSI 和相位的产生机理，提出了一种存在于墙和地面等非自由空间场景下的 RSSI 模型，同时也说明了基于相位模型的标签速度、距离和方向角的常见计算方法。标签信号的能量随在空间中传播距离的扩大而不断衰减，文献[51]根据阅读器报告的多个标签的 RSSI，利用最大似然进行位置估计，定位精度有限，且一般 RSSI 模型与实际环境中的信道条件适配得并不好。由于位置相近的标签的信号将经过相似的信道被阅读器天线接收，因此具有相似的信号衰减特征，目标标签应该与其附近的参考标签具有相似的指纹特征。文献[52]采用 K 近邻（K-Nearest Neighbors，KNN）算法将目标标签的 RSSI 与参考标签的 RSSI 进行比对，找到与目标标签位置相近的参考标签，再根据这些参考标签的位置得到目标标签的位置。文献[53]采用了合成孔径雷达（Synthetic Aperture Radar，SAR）的采样方式，考察标签信号在雷达轨迹各个方向上的分布指纹，通过 DTW（Dynamic Time Warping）算法查找与目标标签具有相似分布指纹的参考标签，进而定位目标标签。文献[54]将参考标签的技术应用到机器人上，提出一种空间划分的算法来帮助机器人在自身移动过程中越来越明确目标标签的位置。参考标签是一种极佳的解决复杂信道建模的思想。根据经验，参考标签布置得越密集，定位精度越高。然而，实际上，标签靠得太近，标签之间的信号调制会互相干扰，对算法有害，同时标签的布置工作也非常繁重。针对 RSSI 容易受到多径干扰而失效的问题，文献[55]提出一种基于贝叶斯滤波和可变功率的 RSSI 模型，其允许阅读器在不同位置问询标签时从高到低地调节自身信号的发射功率。一方面，低功率的信号有利于降低多径效应；另一方面，如果在低功率的条件下标签依然能够被读取，说明该标签离阅读器的位置较近。通过综合考察不同发射功率水平下标签信号的响应，进行高精度的定位。然而，该方法需要控制阅读器在多个已知位置点采样，带来了较大的延时和较高的部署成本。

近几年，基于相位的定位方法也开始渐渐受到人们的关注，其不需要过多地考虑无线信号强度的衰减且具有更高的精度，但是存在“2π 混淆”现象，即相位值会以半波长的距离为周期不断重复。为了解决“2π 混淆”带来的指向不明问题，文献[56]采用双曲线定位的思想，用两个以上的天线同时对目标标签进行问询，则标签到两个天线的相位差会将标签的位置反映在以这两个天线为焦点的双曲线上。根据三角形边长定理，当两个天线的距离足够近时，两个标签的相位差不会发生“2π 混淆”，由此考察多个采样天线对，就会有多个双曲线相交，根据其交点便可估计目标标签的位置。

全息图也是一类受欢迎的基于相位的定位方法[57]，它要求在场景中布置尽可能多的阅读器，之后综合考虑各个位置的阅读器报告的 RSSI、相位数据，对空间中的每个位置点的理想信号进行逆相关滤波，取相关度最高的位置点作为目标标签的位置估计。

2.3.5　地磁定位技术

2.3.5.1　地磁定位相关知识

地球的磁场特性最先被广泛用于航海和军事等室外定位[58]。地磁定位同样可以采用指纹匹配的方法：事先采集并构建精确的地磁指纹数据库，利用传感器获取人员当前位置的磁场数据，将实时数据与地磁指纹数据库的基准数据精确匹配，获得最佳估测值，从而实现人员在指定区域的定位[59]。由于地磁分布方向的影响，室内采集的地磁三轴数据本质上只具备两个维度的指纹信息，且大型建筑物的室内地磁特征差异不明显[60]，导致传统的室内区域栅格化指纹匹配方法在定位精度上表现不佳，因此室内地磁信息多用于室内定位的多源信息融合，与惯性导航系统组合使用，起到辅助和纠正误差的作用。

地磁定位是采用生物仿生学的定位方式，利用建筑内独特的地磁来作为信号源进行定位，相比于 Wi-Fi、蓝牙等[61]，地磁天然存在且较为稳定，如果建筑结构不发生大的改变，地磁分布也不会发生改变。建筑内的钢筋结构不同，为每个区域形成了独特的磁场分布，地磁定位正是利用了这种分布来测算位置[62]。地磁定位技术通常可以达到 2m 左右的精度。但其获取初始位置时，需要持续行走 5～8m，这给部分场景带来了一些限制。另外，地磁易受到带磁性设备的干扰[63]。地磁定位技术的特点如下。

优点：不依赖额外设备、成本低。

缺点：需要前期采集，稳定性差，导航过程稍显麻烦。

定位精度：1～5m。

适用场景：地下停车场的车辆检测、车型识别。

地磁是地球的固有资源，具有不受时间和空间影响的特征。与射频信号或声波相比，地磁信号在时域上非常稳定[64]。因此，地磁定位在首次生成数据库时，就能标识特定位置的信息。相比于传统基于无线电的室内定位方法需要额外的设备（如 AP 和 RFID 标签），其节省了成本[65]。建筑物的内部结构会干扰电磁波，因此室内环境中不同位置的地磁波形是唯一的。当使用地磁波进行定位或姿态确定时，只需考虑稳定可靠的室内内部磁场[66]。地磁定位系统的主要优点是它不需要 AP，即不需要基础设施。因此，地磁定位系统具有低成本和高可扩展性。另外，由于惯性测量设备仅消耗很少的电池电量，地磁定位系统的功耗非常低。但是，开发高精度地磁室内定位系统非常具有挑战性。地磁波形的可辨性较低[67]，这使得地磁指纹不够独特，不利于准确确定目标的位置。另外，地磁可以水平或垂直变化[68]。因此，除了磁力计，也需其他惯性测量设备（如加速度计和陀螺仪）来提供其他定位特征信息。基于智能手机的地磁定位系统的精度仅在亚米级别，部分原因是智能手机上使用的惯性测量设备价格便宜且质量较差。

2.3.5.2 影响地磁定位的关键因素

1. 导航区域的地磁模型

地磁模型主要由空间位置与时间函数组成。电磁包括三部分：地球主磁场、地壳磁场及地球瞬时磁场。实现地磁定位的主要依据是地球主磁场，其约占地磁的 95%。为精确逼近或描述地球主磁场，人们建立了全球地磁模型或地磁图。为满足现代国防与经济建设的需要，各个国家都在积极开展区域的地磁模型研究。而要想实现全球性的导航定位，各国需要紧密合作，这样才能快速有效地完成地磁数据的采集及建模。国际上已经被广泛研究的地磁定位主要应用于室外活动区域，这种情况下的地磁模型可以分为区域地磁模型和国际地磁参考场模型。区域地磁场模型采用来自地面、海洋或岛屿的磁测数据，包括源于地壳的磁异常源与源于地核和上地幔的主磁场源。国际地磁参考场模型所用的磁测数据来源于高度为 400km 的卫星测试数据，主要表征地核和上地幔的主磁场，并且已经滤掉了源于地壳中的中小尺度的地磁异常。

地磁建模技术在近年来得到不断的发展与完善，常见的地磁建模方法有：多项式拟合法、现代国际地磁分析采用的矩谐分析法、加拿大 Haines 提出的球冠谐分析法及 Redge 等人提出的球谐分析法，目前应用较广泛的是最早被提出的多项式拟合法。

由于边界效应与测试点稀少，人们尝试建立的地磁模型精度还不是很高，很大程度上还不能满足地磁匹配导航的需要。目前利用区域地磁异常的变化信息来实现地磁匹配导航是近地空间地磁匹配导航的主要方式，其研究的热点和难点在于如何建立高精度的区域地磁模型及如何排除其他环境因素的干扰。

2. 载体上磁场信号的实时测量

在地磁定位过程中，需要载体在航行中采集数据并将其构成实时图，为匹配算法提供匹配依据。所以，影响定位精度的主要因素是载体测量的数据精度。通常情况下，载体磁场、变化磁场、传感器本身的测量误差、传感器的安装误差、人为操作失误、测量仪器产生的误差等都会影响测量数据的精度，其中不可避免的因素是传感器本身的测量误差。但是目前影响较大的因素是载体磁场、变化磁场及测量仪器产生的误差[62]。

载体的材料能够对地磁信号测量产生影响，物体的结构材料按照被磁化后消磁的难易程度分为硬磁材料及软磁材料。一些材料如电气线路及钢铁结构称为硬磁材料，其形成的磁场为固定值，其对附近的地磁测量仪器的影响比较容易消除。实际上对地磁测量造成复杂影响的主要是软磁材料建立的磁场，这是由于软磁材料对地磁测量的影响需要考虑载体的姿态。目前，用于载体磁性干扰补偿的方法主要有被动补偿和计算机补偿。被动补偿（又称为硬补偿）采用三轴线圈或者固定磁铁、坡莫合金的感应场来补偿，以及采用导电板的电气线路涡流场来补偿。其过程复杂、成本较高，且在实际中不易控制，因此应用较少。计算机补偿通过在计算机中建立载体软磁场数学模型，实时计算干扰大小并去除干扰，以达到补偿目的。这种方法方便快捷，适用范围比较广[63]。

地磁也包含短周期变化的干扰磁场，这种干扰磁场一般认为具有扰动变化和平静变化两种。太阳扰日变化、磁暴、地磁亚暴等会产生磁场扰动变化，磁暴产生的变化幅度可以达到几十到几百纳特斯拉，这种强烈的磁场扰动一般持续 1～3 天，在全球范围内几乎同时发生。地磁亚暴产生的波动幅度能够达到几百到几千纳特斯拉，但是它持续的时间较短，为 1～3h。还有一种磁场扰动变化为地磁脉动，它由多种短周期的地磁变化组成，周期从几秒到几十分钟，在极光区变化幅度最大，可达几百纳特斯拉[60]。这种变化的地磁是没有规律的非周期性的短期变化场，这种变化场导致的地磁场测量误差是无法忽略的，地磁匹配定位的定位精度被大大影响。目前，为应对这种变化场的干扰，学者认为最实际的方法是不断更新采集的地磁场数据，所以需要在不同纬度区域建立人类的地磁场数据观测站点，这样可以减小测量误差。航行的载体，如搭载地磁场方位指示的远行船只，为减小测量误差，需要采用无线信号不断接收来自地磁场数据观测站点的数据并进行自身数据校准。如果不需要对实时测量的地磁信号进行磁场测试干扰消除的话，采用测量的数据进行事后处理也是一种误差校正方法。但这些通过收集实时干扰信息对误差进行校准的方法无法应用在潜艇或其他自主导航设备上，因为这些载体需要保持自身的隐蔽性，无法使用无线接收装置收集实时的干扰信息。所以，如何利用载体自身的设备测量系统来消除变化场的干扰也是一个重要的研究方向[58]。

2.3.5.3 室内地磁的特点

由于现代建筑大多由钢筋混凝土建成，建筑中的金属结构会形成磁场干扰，使每一个楼层、通道和隔离的空间产生一种独特的地磁异常场。人们通过采集室内的地磁场数据，对提取的信号特点进行实验分析，从而研究室内地磁定位的可行性。

工字钢梁结构建筑的磁场变化速度相对于钢筋混凝土建筑要快，而钢筋混凝土建筑中走廊内的磁场变化率最大，这是由于墙壁、柱子和门窗等含金属材料的结构的影响。在没有金属干扰的空旷大厅，磁场变化速度较慢，约为 1.15μT/m。有学者研究了电子设备对室内地磁测量的影响，通过统计分析不同距离处电子设备对测量结果影响的均方根误差，发现电子设备对磁场测量设备测量的影响与其相对距离成反比。当手机、笔记本电脑等与测量设备的距离大于 12.5cm 时，测量均方根误差小于 1μT。在此研究基础上，Jaewoo 团队开发了相关的硬件系统，通过携带其硬件设备在室内区域进行磁场数据采集，并将采集的数据用于地磁定位，实现了精度为 0.7m 左右的室内定位效果。

一些动态因素也可能影响室内地磁信号的分布，其中较多发生的情况如下。

（1）室内较多的设施位置发生改变，会在一定程度上影响某区域的地磁信号分布，导致测量出来的地磁信号不稳定，指纹地图的基准性较差。这是指纹地图匹配法误差的主要来源之一，对应的减小误差的方法为增加地图数据库中地磁数据的更新频率。

（2）分布在室内的计算机、手机、空调等电子设备会产生不同频率的电磁波，这些电磁波也会影响室内地磁信号的分布。对于这种情况，只能尽量远离各种电子设备。

2.3.6 智能天线定位技术

2.3.6.1 智能天线的概念

智能天线（Smart Antenna）也称自适应天线阵列（Adaptive Antenna Array，AAA），最初应用于雷达、声呐等方面，主要用来完成空间滤波和定位。大家熟悉的相控阵雷达就是一种较简单的自适应天线阵列。移动通信研究者给应用于移动通信的自适应天线阵列取了一个吸引人的名字——智能天线，其通常是指切换多天线和自适应天线[69]。智能天线根据最大输出准则，能够实时自动调整加权向量，以优化主波束和方向图零陷点。

智能天线由多个天线单元组成，布阵方式一般有直线阵、圆阵和平面阵，每一个天线单元后接一个加权器（乘以某一个系数，这个系数通常是复数，既调节幅度又调节相位），最后用相加器进行合并。这种结构的智能天线只能进行空域处理，同时具有空域、时域处理能力的智能天线在结构上相对复杂些，其每个天线单元后接的是一个延时抽头加权网（结构上与时域 FIR 均衡器相同）。自适应或智能的主要含义是加权系数可以根据环境变化自适应地调整。上述介绍的是智能天线用作接收天线时的结构，当它用作发射天线时，结构稍有变化，加权器或加权网置于天线单元之前，也没有相加器。

智能天线使用多个高增益窄波束动态地跟踪多个期望用户。接收模式下，来自窄波束之外的信号被抑制；发射模式下，期望用户接收的信号功率最大，同时窄波束照射范围以外的非期望用户受到的干扰最小。智能天线利用用户空间位置的不同来区分不同的用户。不同于传统的频分多址、时分多址和码分多址，智能天线引入了第四种多址方式：空分多址（SDMA），即在相同时隙、相同频率或相同地址码的情况下，仍然根据信号不同的传播路径来区分。空分多址是一种信道增容方式，与其他多址方式完全兼容，可实现多址方式的组合，如空分—码分多址。智能天线与传统天线的概念有本质的区别，其理论支撑是信号统计检测与估计理论、信号处理及最优控制理论，其技术基础是自适应天线和高分辨阵列信号处理。

智能天线由于价格等因素一直未能普及。近年来，随着现代数字信号处理技术的迅速发展，利用数字技术在基带形成天线波束成为可能，从而大大提高了天线系统的可靠性与灵活性[70]。另外，移动通信用户数量迅速增加，人们对移动通信质量的要求也越来越高。在不增加系统复杂度的情况下，使用智能天线既可满足用户的服务质量要求，又可实现网络扩容。实际上，它使通信资源不再局限于时间域、频率域和码域，而是拓展到了空间域。智能天线利用数字信号处理技术产生空间定向波束，使天线主波束对准用户信号到达的方向，旁瓣或零陷点对准干扰信号到达的方向，以充分高效地利用移动用户的有用信号并抑制干扰信号。应用智能天线的无线通信系统能够降低多址干扰，提高系统的信噪比。

2.3.6.2 智能天线的分类

智能天线以多个高增益的动态窄波束分别跟踪多个期望信号，来自窄波束以外的信号被抑制，但智能天线的波束跟踪并不意味着一定要将高增益的窄波束指向期望用户的物理方向。事实上，在随机多径信道上，移动用户的物理方向是难以确定的，特别是在发射台至接收机的直射路径上存在阻挡物时，用户的物理方向并不一定是理想的波束方向。智能天线波束跟踪的真正含义是在最佳路径方向形成高增益窄波束并跟踪最佳路径的变化，充分利用信号的有效发送功率以减少电磁干扰。在结构上，智能天线可以分为两大类：多波束切换型智能天线和自适应型智能天线。

1. 多波束切换型智能天线

多波束切换型智能天线具有有限数目的、固定的、预定义的方向图，通过阵列天线技术在同一信道利用多个波束同时给多个用户发送不同的信号，它从几个预定义的、固定波束中选择其一，检测信号强度，当移动台越过扇区时，从一个波束切换到另一个波束。其在特定的方向上提高灵敏度，从而提高通信容量和质量。

对于多波束切换型智能天线，为保证共享同一信道的各移动用户只接收到发给自己的信号而不发生串话，要求基站天线阵列产生多个波束来分别照射不同用户，特别是要求每个波束中发送的信息不同，而且不能相互干扰。

每个波束的方向是固定的，并且其宽度随天线阵元数的变化而变化。对于移动用户，基站选择不同的对应波束，使接收的信号强度最大[71]。但用户信号未必在固定波束中心，当用户信号在波束边缘，干扰信号在波束中心时，接收效果最差。因此，与自适应型智能天线相比，多波束切换型智能天线不能实现最佳的信号接收，并且由于扇形失真，其增益在方位角上呈不均匀分布；但它具有结构简单、不需要判断用户信号方向（DOA）、成本比较低等优势。现在工程上多采用多波束切换型智能天线。

2. 自适应型智能天线

自适应型智能天线是由天线阵列和实时自适应信号接收处理器组成的一个闭环反馈控制系统，它用反馈控制方法自动调整天线阵列的方向图，使它在干扰方向上形成零陷，将干扰信号抵消，而且可以加强有用信号，从而达到抗干扰的目的。

自适应型智能天线前端通常采用 4～16 个天线阵元结构，相邻阵元间距一般为接收信号中心频率对应的波长的 1/2[72]。阵元间距过大，接收信号的相关度降低；阵元间距过小，将在方向图上引起不必要的波瓣，因此，阵元间距为半波长通常是优选。自适应型智能天线后端利用数字信号处理技术，根据某种准则，产生空间定向波束，使天线主波束对准期望用户信号到达的方向，对干扰信号到达的方向形成零陷，实现期望信号的最佳接收。采用 M 个阵元的智能天线，理论上能产生 M 倍的天线放大，可带来 $10\lg M$ 的 SNR 改善。对相同的通信质量要求，移动台的发射功率可以减小 $10\lg M$。这不但表明可以延长移动台电池的寿命或可以采用体积更小的电池，也意味着基站可以和信号微弱的用户建立正常的通信链路。对基站发射而言，总功率被分配到 M 个阵元上，又由于采用数字波束形成，总功率下降，因此每个阵元通道的发射功率大大降低，进而可使用低功率器件。

自适应型智能天线通过牺牲阵列天线的处理复杂度，获得了比多波束切换型智能天线更好的系统性能。但自适应型智能天线的各种算法均存在所需数据量大、计算量大、信道模型简单、收敛速度较慢，在某些情况下甚至可能出现错误收敛等缺点。在实际信道情况下，当干扰较多、多径严重，特别是信道快速时变时，很难对某一用户进行实时跟踪。不过从长远的观点和理论角度来看，自适应型智能天线能够实现系统的最佳性能，是未来无线通信的理想选择。寻找快速、有效的自适应波束形成算法和开发高速数字信号处理器是自适应型智能天线实用化的关键[73]。

2.3.6.3　智能天线定位的优势

智能天线采用空分多址方式，它也可以等效为时空滤波器，即在相同时隙、相同频率或相同地址码的情况下，仍可以根据信号不同的空间传播路径来区分用户，从而显著降低用户信号间的干扰。因此，智能天线可以在以下方面提高未来移动通信系统的性能。

（1）提高抗衰落、抗干扰能力，扩大系统的覆盖区域，改善通信质量，降低基站发射功率。

抗衰落：在陆地移动通信中，电波传播路径由反射、折射及散射的多径组成，随着移动台移动及环境变化，信号瞬时值及延迟失真的变化非常迅速且不规则，造成信号衰落[1]。采用全向天线接收所有方向的信号或采用定向天线接收某个固定方向的信号，都会因衰落产生较大的信号失真。采用智能天线控制信号接收方向，可使天线自适应地构成波束的方向性，从而使延迟波方向的增益最小，进而减小信号衰落的影响。

抗干扰：抗干扰应用的是智能天线空间滤波的特性。由于智能天线的波束具有方向性，因而其可区别具有不同入射角的无线电波，调整控制天线阵列单元的激励“权值”，以便自适应电波传播环境的变化，优化天线阵列的方向图，将其零陷点自动对准干扰方向，从而大大提高阵列的输出信噪比，提高系统的可靠性[74]。

（2）利用空分多址技术可以减少信号之间的干扰，提高频谱利用效率，增加系统容量。采用智能天线技术以后，天线波束变窄，提高了天线增益，减少了移动通信系统的同频干扰，降低了频率复用系数，提高了频谱利用效率。这样，不需要增加新的基站就可以改善系统覆盖质量，扩大系统容量，增强现有移动通信网络基础设施的性能。

（3）实现移动台定位。目前蜂窝移动通信系统只能确定移动台所处的小区，如果增加定位业务，则可随时确定持机者所处的位置，这样不但给用户和网络管理者提供了很大方便，还便于开发更多的新业务[75]。

在陆地移动通信中，如果基站采用智能天线，一旦收到信号即对每个天线阵元所连的接收机产生的响应做相应处理，获得该信号的空间特征矢量及矩阵，由此获得信号的功率估值和到达方向，这样就可以得到移动用户终端的方位。

（4）减少电磁污染。不同于常规的扇区天线和天线分集方法，智能天线可以为每个用户提供一个窄定向波束，使信号在有限的方向区域发送和接收，从而充分利用信号发射功率，降低信号全向发射带来的电磁污染和相互干扰。

总之，智能天线系统能提高移动通信系统的系统容量，还能提高移动通信系统的通信质量，是一种具有良好的应用前景，但还没有被人们充分开发的新技术方案。相比其他技术方案，其具有投资小、见效快等优点。而且智能天线被认为是具有测向和波束形成功能的阵列天线。如果能够充分利用智能天线的这些特点，并结合具有良好性能的定位算法，智能天线定位技术较其他传统技术具有更大的理论价值和实际意义[72]。

2.3.7　超声波定位技术

2.3.7.1　超声波定位技术的特征

由于超声波信号具有较好的反射性质，而且声波信号的传播在相同媒介中变化很小，因此超声波在空气中的传播速率被认为是定值，可以将它的速度固定性和反射性质作为定位的研究基础[76]。当发射的超声波遇到障碍物被反射后，超声波接收器就可以接收到反射回来的信号。当超声波发射器发射信号时，电路芯片开始计时，直到超声波接收器收到信号为止，这样就能计算出发射器到障碍物的位移，对多个超声波传感器进行计算就可实现物体的精确定位。

超声波定位系统可由若干个应答器和一个主测距器组成，其主要采用基于到达时间差（TDOA）的定位方法，精度可达厘米级。基于 TDOA 的定位方法通过检测信号到达两个基站的时间差来确定移动台的位置。若有三个不同的基站可以测到两个 TDOA，则需分别建立两个以基站位置为焦点的双曲线方程，求解双曲线的交点即可得知移动台的位置。倒车雷达使用的就是超声波定位技术，其需要专有设备，且受多径效应和非视距传播影响很大，在室内应用受限。

由于超声波传感器具有成本低廉、采集信息快、距离分辨率高等优点，长期以来被广泛地应用于移动机器人的导航定位。而且它采集环境信息时不需要复杂的图像处理技术，因此测距速度快、实时性好[77]。同时超声波传感器也不易受如天气条件、环境光照及障碍物阴影、表面粗糙度等外界环境的影响。超声波定位技术已经被广泛应用到各种移动机器人的感知系统中。

近年来，国内外很多学者借鉴水声学原理，利用波束形成技术对超声波传感器阵列信号进行处理，使之具备多障碍物测向能力[78]。波束形成技术通过对发射信号或回波信号进行适当的延时或相移，使信号相干叠加，从而具有空间指向性。数字波束形成技术可以灵活控制超声波信号的空间指向性，但其依赖大量的数字信号处理运算，对硬件设备有较高要求，此外还需要修正阵列中各传感器的幅相不一致引起的误差。

在移动机器人的导航定位中，超声波传感器自身的缺陷，如镜面反射、有限的波束角等，给充分获得周边环境信息造成了困难。因此，通常采用多传感器组成的超声波传感系统来建立相应的环境模型，通过串行通信把传感器采集的信息传递给移动机器人的控制系统，控制系统再根据采集的信号和建立的数学模型采取一定的算法进行对应数据的处理，从而得到机器人的位置环境信息。综上，超声波定位技术具有如下特征。

优点：定位精度较高，结构简单，抗干扰性强，可以解决室内机器人迷路问题。

缺点：受多径效应和非视距传播影响大，需大量基础硬件，在传输过程中衰减明显，从而影响其定位的有效范围。

定位精度：可达厘米级。

适用场景：移动机器人、无人车间。

工作原理：多边定位法。

2.3.7.2　超声波传感器

超声波传感器是一种利用超声波在声场中的物理特性及各种效应研制的装置，又称为超声波换能器或超声波探测器。根据工作原理，超声波传感器主要分为以下几类：压电式、磁致伸缩式、电磁式等。在这几种超声波传感器类型中，最常用的是压电式超声波传感器。

压电式超声波传感器主要利用材料的压电效应来工作，常用的压电材料是压电晶体和压电陶瓷。压电效应又分为正压电效应和逆压电效应。正压电效应是指在压电元件上施加电压，元件会根据电压变化产生应变，从而引起空气振动，产生超声波，超声波则以疏密波形式在空气中传播。超声波发射器就是基于正压电效应制成的。逆压电效应是指超声波传感器的振子随着相应频率进行振动，压电材料受到压力并产生电极化现象，即产生与超声波频率相同的高频电压（超声波信号），但这种信号非常微弱，必须采用放大器进行放大。

另外，根据所使用材料的不同，超声波传感器可以分为电致伸缩式和磁致伸缩式。其中，电致伸缩式超声波传感器应用比较普遍。电致伸缩式超声波传感器主要由压电晶片构成，是一种可逆传感器。也就是说，它既可将电能转变成超声波发射出去，也可以接收超声波，将其转变成电能。压电晶片的直径和厚度各异，因此不同的电致伸缩式超声波传感器具有不同的性能。超声波传感器的性能可以从以下几个方面来衡量：工作频率、波束角、可检测距离、额定电压、灵敏度、工作湿度等。工作频率决定了超声波传感器能产生或者接收的超声波的频率，它的大小指的是压电晶片的共振频率。波束角则指超声波传感器所能检测的范围大小。超声波传感器发射的超声波是以圆锥体的形式向外扩散的。可检测距离指超声波传感器发射的超声波有效传输的最远距离，它的大小取决于超声波传感器的功率和压电晶片材料的属性。额定电压指超声波传感器的最大工作电压。灵敏度分为发射灵敏度和接收灵敏度，分别指加在超声波传感器上 1V 电压在距其 1m 处产生的升压和把超声波传感器放在 1μPa 声压处在压电晶片上产生的电压，其大小取决于压电晶片本身。

2.3.7.3　超声波定位的误差分析

在自然界中，超声波被动物用于导航或交流[79]。因此，研究人员将成熟的超声波技术用于开发超声波定位系统。超声波定位系统可以分为宽带系统和窄带系统。宽带系统需要更多的功耗，但可以实现更高的精度。在低噪声干扰的环境中，超声波定位系统可以实现亚毫米级别的定位精度[80]。但是，由于存在噪声，其准确性和性能会大大降低。超声波定位系统最严重的局限性是超声波无法穿透墙壁且覆盖范围小。因此，必须在环境中部署大量的超声波设备，导致超声波定位系统的可扩展性低。就成本而言，超声波硬件设备通常比较便宜且功耗低，因此被用于各种室内定位系统[81]。另外，典型的超声波定位系统的响应时间短，约 70ms。通过宽带系统和精心设计的调制方案，超声波定位系统的响应时间甚至可以缩短到 25ms。超声波定位系统通常使用超声波到达的时间差来计算两点之间的距离，然后采用三边测量法来计算待测物体的位置。另外，超声波定位系统容易受到多种室内环境因素的影响，文献[82]中提到超声波定位系统的准确性受周围物品（如墙壁和家具）所传播的反射信号的影响，这导致系统定位误差变化大，不够稳定。

超声波定位的误差主要包括：由温度、湿度等因素引起的声速误差；回波信号衰减导致的误差；波束特性导致的误差。此外，对于分体式超声波测距电路来说，还有发射信号和接收信号间夹角导致的误差。

声速误差：在对声速产生影响的众多因素中，温度是影响最大的一个，已知空气中声速与温度的关系为$c = 331.45 + 0.607T$。

温度$T = 0$时，声速$c = 331.45\text{m/s}$；温度$T = 20$时，声速$c = 343.59\text{m/s}$，因此温度对声速的影响不能忽略，需要通过温度补偿的方式对声速进行修正，进而提高定位的精度。

回波信号衰减导致的误差：此误差可以通过采用较好的滤波电路及较大的放大倍数来减小。

波束特性导致的误差：超声波传感器具有指向性，波束一般在 0° 及其周围一定相位角范围内的指向性最强，其他的则为无效信号，但无效信号依然会不可避免地对传感器造成干扰，引起误差。采用渡越时间法进行测距时，激励信号触发超声波传感器发出超声波，当激励信号关闭时，由于惯性的影响，此时振子依然会产生余震，使接收信号出现“拖尾”现象。

2.3.8 红外线定位技术

2.3.8.1 红外线定位的原理与误差分析

红外线定位的基本原理：红外线定位模块利用红外线的反射原理，通过分析不同 ID 的被动路标反射回来的红外线，确定其与各个被动路标的相对位置。红外线定位系统主要由定位传感器、待定位标签和定位服务器组成。红外线定位技术首先要求发射器在一定的时间间隔内发射红外线信号，然后根据红外线信号的接收时间测量目标与发射机的距离，最后采用三边测量法计算目标的位置。

红外线定位模块的定位误差主要受两个因素的影响：被动路标的密集程度和目标的移动速度。被动路标越密集，定位模块的平均测量距离越近，数据更新的频率越高，误差就越小；但被动路标越多，成本越高，局部地图的复杂度越高。对此，应合理分布被动路标，针对目标定位任务，选择仅在目标附近放置密集的被动路标，对于其余范围，只在目标经过频率较高的某些空间，如拐角、交叉点等放置少量被动路标。另外，目标的移动速度越快，红外线定位模块的误差就越大，这是由其采用的红外线定位原理决定的。

2.3.8.2 红外线定位的分类

红外线定位有两种：一种是被定位目标使用红外线标识作为移动点，发射调制的红外线，并由安装在室内的光学传感器接收以进行定位；另一种是通过多对发射器和接收器编织红外线网来覆盖待测空间，直接对运动目标进行定位。

红外线技术又可以分为点辐射型红外线技术和有线红外线技术。点辐射型红外线技术由狭窄的被称为“脉冲辐射”的红外线组成。有线红外线技术是一种定向传输信号的技术，其通过投射一个以红外线为代表的空间图案来发送信号，从而可以使设备间的远程操作更加轻松方便。

点辐射型红外线技术的最大特点是简单易用，只要设备间足够接近，就可以成功传输信号。它在家庭设备上有广泛的应用，如远程控制电视机、机顶盒、游戏机等。此外，它也被用于自动化控制、远程操作等。

有线红外线技术是一种用于精确定位的信号传输技术，可以确保从 A 发送到 B 的信号被准确送达。有线红外线技术主要用于机器人运动控制、无线射频通信、室内定位和视觉决策等多个领域。

2.3.8.3　红外线定位的研究现状

红外线技术是一种非常重要的技术，它既简单易用，又能用于精确定位和监控，使无线传输或远程操控设备更加方便。目前国内对红外线定位的研究众多。

机载光电成像平台是一种用于航空侦察、目标定位等的全天候光电设备，如何利用机载光电成像平台实现目标的快速定位，是航空光电领域的新课题。

随着科技的不断发展，红外线定位技术被广泛用于无人机、机器人等。此外，随着生活水平的提高，人们对智能家居、智能安防等领域的需求也不断增加，这些都为红外线定位技术的发展提供了广阔的市场空间。在智能家居方面，红外线定位技术可以用于智能家电控制；在智能安防方面，红外线定位技术可以用于人脸识别、智能门禁等，从而提升安防系统的智能化水平。

参考文献

[1] 张志方. 全球主要卫星导航定位系统的发展与比较[J]. 厦门科技, 2003(3):41-44.
[2] 郝蓉. 浅析全球卫星导航定位系统[J]. 内燃机与配件, 2017(21):143-144.
[3] 赵龙. 北斗导航定位系统关键技术研究[D]. 西安：西安电子科技大学, 2014.
[4] 彭旭飞，侣荣，李立功，等. 导航与定位中 RTK 技术研究[J]. 测绘与空间地理信息，2019, 42(1):116-118, 122.
[5] 邹璇，李宗楠，唐卫明，等. 一种适用于大规模用户的非差网络 RTK 服务新方法[J]. 武汉大学学报（信息科学版）, 2015, 40(9):1242-1246.
[6] 毛琪，潘树国，高旺，等. RTK 终端实时动态检测技术研究[J]. 测绘工程, 2015(3):47-52.
[7] 高翔，张涛，刘毅，等. 视觉 SLAM 十四讲：从理论到实践[M]. 北京：电子工业出版社, 2017.
[8] VAN N D, GON-WOO K. Solid-state LiDAR based-SLAM: a concise review and application[C]. 2021 IEEE International Conference on Big Data and Smart Computing (BigComp). IEEE, 2021:302-305.

[9] LABBÉ M, MICHAUD F. RTAB-map as an open-source lidar and visual simultaneous localization and mapping library for large-scale and long-term online operation[J]. Journal of field robotics, 2019, 36(2):416-446.
[10] 朱雅萌. 基于固态 3D 激光雷达的 SLAM 技术研究[D]. 北京: 北方工业大学, 2022.
[11] 李佳. 基于 GPS/WiFi 蜂窝的室内外无缝定位技术研究及定位系统设计[D]. 成都: 西南交通大学, 2016.
[12] 宋万达. 基于神经网络的 WiFi 室内定位研究[D]. 南京: 南京邮电大学, 2023.
[13] 王鲁佳, 田龙强, 胡超. 无线定位技术综述[J]. 先进技术研究通报, 2010, 4(3):2-7.
[14] 马文丽. 基于 WIFI 的室内定位技术研究[D]. 青岛: 中国石油大学(华东), 2018.
[15] 罗宇锋, 王鹏飞, 陈彦峰. 基于 RSSI 测距的 WiFi 室内定位算法研究[J]. 测控技术, 2017, 36(10):28-32.
[16] 邹胜男. 基于 RSSI 测距的室内定位算法研究与实现[D]. 南京: 南京信息工程大学, 2017.
[17] 杨立身, 魏兰, 贺军义. 基于 WiFi 的四边测距修正加权质心定位算法[J]. 测控技术, 2016, 35(03):152-156.
[18] CHEN Z, ZOU H, YANG J F, et al. WiFi fingerprinting indoor localization using local feature-based deep LSTM[J]. IEEE Systems Journal, 2019, 14(2):3001-3010.
[19] ABBAS M, ELHAMSHARY M, RIZK H, et al. WiDeep: WiFi-based accurate and robust indoor localization system using deep learning[C]. IEEE International Conference on Pervasive Computing and Communications. IEEE, 2019:1-10.
[20] TURGUT Z, ÜSTEBAY S, AYDIN G Z G, et al. Deep learning in indoor localization using WiFi[C]. In: International Telecommunications Conference, Springer, Singapore, 2019:101-110.
[21] 朱正伟, 蒋威, 张贵玲, 等. 基于 RSSI 的室内 WiFi 定位算法[J]. 计算机工程与设计, 2020, 41(10):2958-2962.
[22] 田家英, 张志华. 基于近邻法的 WiFi 室内定位改进算法研究[J]. 测绘工程, 2018, 27(12):31-36.
[23] 叶和敏. 基于 WiFi 的机器人室内定位技术研究[D]. 桂林: 广西师范大学, 2021.
[24] LI C T, CHENG J C P, CHEN K. Top 10 technologies for indoor positioning on construction sites[J]. Automation in Construction, 2020, 118:103309.
[25] ZHAO X, XIAO Z, MARKHAM A, et al. Does BTLE measure up against WiFi: a comparison of indoor location performance[C]. 20th European Wireless Conference, VDE, 2014:1-6.
[26] 李想. 基于蓝牙定位和惯性导航技术的室内定位导航研究[D]. 上海: 华东师范大学, 2023.
[27] 钱志鸿, 刘丹. 蓝牙技术数据传输综述[J]. 通信学报, 2012, 33(4):143-151.
[28] JOHANSSON P, KAZANTZIDIS M, KAPOOR R, et al. Bluetooth: an enabler for personal area networking[J].IEEE Network, 2001, 15(5):28-37.
[29] HAARTSEN J C. Bluetooth radio system[M]. Atlanta: American Cancer Society, 2003.
[30] 江聪世, 刘佳兴. 一种基于智能手机的室内地磁定位系统[J]. 全球定位系统, 2018, 43(5):9-16.
[31] WU Q, HE Y X. Indoor location technology based on LED visible light and QR code[J]. Applied Optics,2021,60 (16):4606-4612.
[32] ZHOU Q, LI X. Visual positioning of distant wall-Climbing robots using convolutional neural networks[J]. Journal of Intelligent & Robotic Systems,2020, 98:1-11.
[33] 程俊. 基于 RSSI 滤波的三边室内定位算法[J]. 科技风, 2019(28):115-122.

[34] 韩非，千博. 一种基于 iBeacon 的改进型 KNN 位置指纹室内定位算法[J]. 无线互联科技，2018,15(6):113-115.

[35] MUÑOZ-ORGANERO M, MUÑOZ-MERINO P J, DELGADO-KLOOS C. Using bluetooth to implement a pervasive indoor positioning system with minimal requirements at the application level[J]. Mobile Information Systems, 2012, 8(1):73-82.

[36] LUO H, NIU X, LI J, et al. Research on an adaptive algorithm for indoor bluetooth positioning[J]. International Journal of Pattern Recognition and Artificial Intelligence, 2018, 32(6):1854014-1854035.

[37] 毕京学，汪云甲，宁一鹏，等. 顾及 BLE 信标几何优化的室内测距定位方法[J]. 中国矿业大学学报，2021,50(2):411-416.

[38] WANG Q, SUN R, ZHANG X, et al. Bluetooth positioning based on weighted K-nearest neighbors and adaptive bandwidth mean shift[J]. International Journal of Distributed Sensor Networks,2017, 13(5):689-719.

[39] CANTÓN-PATERNA V, CALVERAS-AUGE A, PARADELLS-ASPAS J, et al. A bluetooth low energy indoor positioning system with channel diversity, weighted trilateration and kalman filtering[J]. Sensors, 2017, 17(12):2927-2937.

[40] HUANG B, LIU J, SUN W, et al. A robust indoor positioning method based on bluetooth low energy with separate channel information[J]. Sensors, 2019, 19(16):3487-3497.

[41] 时浩. ZigBee 网络中能量均衡路由和节点定位的研究[D]. 扬州：扬州大学, 2023.

[42] DONG Z Y, XU W M, ZHUANG H. Research on ZigBee indoor technology positioning based on RSSI[J]. Procedia Computer Science, 2019, 154:424-429.

[43] ZHENG J, LEE M J. Will IEEE 802.15.4 make ubiquitous networking a reality? A discussion on a potential low power, low bit rate standard[J]. IEEE Communications magazine, 2004, 42(6):140-146.

[44] HUANG C N, CHAN C T. ZigBee-based indoor location system by K-nearest neighbor algorithm with weighted RSSI[J]. Procedia Computer Science, 2011, 5:58-65.

[45] LONGKANG W, BAISHENG N, RUMING Z, et al. ZigBee-based positioning system for coal miners[J]. Procedia Engineering, 2011, 26:2406-2414.

[46] 程慈航. 基于双无源 RFID 标签的室内定位方法[D]. 北京：北京交通大学, 2023.

[47] ZHUANG S, MASELYNE J, VAN-NUFFEL A, et al. Tracking group housed sows with an ultra-wideband indoor positioning system: a feasibility study[J]. Biosystems Engineering, 2020, 200:176-187.

[48] 刘琪，冯毅，邱佳慧. 无线定位原理与技术[M]. 北京：人民邮电出版社, 2019.

[49] OMER M, TIAN G Y. Indoor distance estimation for passive UHF RFID tag based on RSSI and RCS[J]. Measurement, 2018, 127:425-430.

[50] NIKITIN P V, MARTINEZ R, RAMAMURTHY S, et al. Phase based spatial identification of UHF RFID tags[C]. IEEE International Conference on RFID, 2010:102-109.

[51] SUBEDI S, PAULS E, ZHANG Y D. Accurate localization and tracking of a passive RFID reader based on RSSI measurements[J]. IEEE Journal of Radio Frequency Identification, 2017, 1 (2):144-154.

[52] XU H, DING Y, LI P, et al. An RFID indoor positioning algorithm based on Bayesian probability and

K-nearest neighbor[J]. IEEE Sensors Journal, 2017, 17 (8):1806-1812.

[53] WANG J, KATABI D. Dude, where's my card? RFID positioning that works with multipath and non-line of sight[C]. Proceedings of the ACM SIGCOMM 2013 conference on SIGCOMM. 2013:51-62.

[54] WANG J, ADIB F, KNEPPER R, et al. RF-compass: robot object manipulation using RFIDs[C]. The 19th Annual International Conference on Mobile Computing and Networking, 2013.

[55] ZHANG J, LYU Y, PATTON J, et al. BFVP: a probabilistic UHF RFID tag localization algorithm using Bayesian filter and a variable power RFID model[J]. IEEE Transactions on Industrial Electronics, 2018, 65 (10):8250-8259.

[56] MA H, WANG Y, WANG K, et al. The optimization for hyperbolic positioning of UHF passive RFID tags[J]. IEEE Transactions on Automation Science and Engineering, 2017, 14 (4):1590-1600.

[57] YANG L, CHEN Y, LI X-Y, et al. Tagoram: real-time tracking of mobile RFID tags to high precision using COTS devices[C]. The 20th Annual International Conference on Mobile Computing and Networking, 2014:237-248.

[58] 徐亮. 基于地磁导航的室内定位算法研究与实现[D]. 南京: 南京邮电大学, 2016.

[59] LIU F, ZHOU X, YANG Y, et al. Geomagnetic matching location using correlative method[J]. Journal of Chinese inertial technology, 2007, 15(1):59-62.

[60] ZHANG X, KANG X, CHEN X, et al. Experimental study on the aperture of geomagnetic location arrays[J]. Journal of Sensors, 2019, 2019(1):7491871.

[61] LEE J G, LEE S H, LEE J K. Positioning model design using beacon and geomagnetic sensor of smartphone[C]. Advances in Computer Science and Ubiquitous Computing: CSA-CUTE 17. Springer Singapore, 2018:192-197.

[62] SPASOJEVI M, GOLDSTEIN J, CARPENTER D L,et al. Global response of the plasmasphere to a geomagnetic disturbance[J].Journal of Geophysical Research Atmospheres, 2003, 108(A9).

[63] YUE X, LIU L, WAN W, et al. Modeling the effects of secular variation of geomagnetic field orientation on the ionospheric long term trend over the past century[J].Journal of Geophysical Research Space Physics, 2008,113(A10).

[64] JANG H J, SHIN J M, CHOI L. Geomagnetic field based indoor localization using recurrent neural networks[C]. GLOBECOM 2017 IEEE Global Communications Conference. IEEE, 2017:1-6.

[65] SONG J, HUR S, PARK Y, et al. An improved RSSI of geomagnetic field-based indoor positioning method involving efficient database generation by building materials[C]. International Conference on Indoor Positioning and Indoor Navigation (IPIN). IEEE, 2016:1-8.

[66] HE Z, BU X, YANG H, et al. Interacting multiple model cubature Kalman filter for geomagnetic infrared projectile attitude measurement[J]. Measurement, 2021, 174:109077.

[67] SHU Y, BO C, SHEN G, et al. Magicol: indoor localization using pervasive magnetic field and opportunistic WiFi sensing[J]. IEEE Journal on Selected Areas in Communications, 2015, 33(7):1443-1457.

[68] LI B, GALLAGHER T, DEMPSTER A G, et al. How feasible is the use of magnetic field alone for indoor positioning [C]. 2012 International Conference on Indoor Positioning and Indoor Navigation (IPIN), IEEE, 2012.

[69] WINTERS J H. Smart antenna techniques and their application to wireless ad hoc networks[J]. IEEE

wireless communications, 2006, 13(4):77-83.

[70] KISHORE N, SENAPATI A. 5G smart antenna for IoT application: a review[J]. International Journal of Communication Systems, 2022, 35(13):5241.

[71] BOUKALOV, ADRIAN O, HAGGMAN, et al. System aspects of smart-antenna technology in cellular wireless communications-an overview.[J].IEEE Transactions on Microwave Theory & Techniques, 2000, 48(6):919-929.

[72] MOHAMMAD T I, ZAINOL A A R. MI-NLMS adaptive beamforming algorithm for smart antenna system applications[J]. Journal of Zhejiang University-SCIENCE A, 2006, 7(10):1709-1716.

[73] CHOI J. Optimal combining and detection: statistical signal processing for communications[M]. Cambridge University Press, 2010.

[74] THOMPSON J S, GRANT P M, MULGREW B. Smart antenna arrays for CDMA systems[J]. IEEE Personal Communications, 1996, 3(5):16-25.

[75] YAN C. Smart antenna for wireless communication [J].Telecommunications Science, 2002, 5:5-10.

[76] MINAMI M, FUKUJU Y, HIRASAWA K, et al. DOLPHIN: A practical approach for implementing a fully distributed indoor ultrasonic positioning system[C]. Ubiquitous Computing: 6th International Conference, Nottingham, UK, 2004:347-365.

[77] ALY O A M, OMAR A S .Spread spectrum ultrasonic positioning system[C]. Workshop on Positioning and Communication.2005, 109-114.

[78] SAKPERE W, ADEYEYE-OSHIN M, MLITWA N B W. A state-of-the-art survey of indoor positioning and navigation systems and technologies[J]. South African Computer Journal, 2017, 29(3):145-197.

[79] XU R, CHEN W, XU Y, et al. A new indoor positioning system architecture using GPS signals[J]. Sensors, 2015, 15(5):10074-10087.

[80] MEDINA C, SEGURA J C, Torre A D L. Ultrasound indoor positioning system based on a low-power wireless sensor network providing sub-centimeter accuracy[J]. Sensors, 2013, 13(3):3501-3526.

[81] SANCHEZ A, De CASTRO A, ELVIRA S, et al. Autonomous indoor ultrasonic positioning system based on a low-cost conditioning circuit[J]. Measurement, 2012, 45(3):276-283.

[82] DIALLO A, LU Z, ZHAO X. Wireless indoor localization using passive RFID tags[J]. Procedia Computer Science, 2019, 155:210-217.

第 3 章　UWB 室内定位技术

随着定位技术的飞速发展，目标跟踪、环境检测、医疗保健、空间探索等各种基于移动定位的应用迎来新的发展契机，GPS 已经广泛应用在人们的生活中，中国自行研制的北斗系统也于 2019 年 9 月正式向全球提供服务，全天候为各类用户提供高精度导航定位授时服务，并具有短报文通信功能。据统计，人类大约 80%的时间在室内活动，而在室内场景下，卫星导航定位系统无法提供精准定位服务，因此精准的室内定位服务是实现室内外无缝导航定位所必需的。目前，基于蓝牙、Wi-Fi、超宽带（Ultra Wideband，UWB）等的各种无线定位技术在室内获得了较好的应用。其中，在高精度的室内定位技术中，UWB 技术具有极大的优势，可提供 0.1m 的定位精度，已经成功应用于智能制造、仓储物流、电力能源、司法公安、智慧家庭、智慧城市等各个行业，用于提供人员、车辆等的精确位置。

目前，室内移动机器人的定位主要通过惯性导航、激光雷达、视觉定位等多种手段来实现，但是单一的定位方式并不能实现机器人的自主导航定位。对于机器人的导航定位，很多学者提出并验证了采用 UWB 对其他传感器的定位信息进行修正，以互相补充的方式来获得精准的位置信息，如定位视觉与 UWB 融合，UWB 与里程计、SLAM 融合，UWB 与激光雷达、惯性导航融合等。在算法上，常采用各种卡尔曼滤波或人工智能算法来实现。此外，随着 AOA 定位的 UWB 单基站定位系统的发展，UWB 技术在跟随机器人方面的应用也逐渐呈现。

3.1　UWB 技术概述

3.1.1　UWB 技术定义

UWB 技术最早用在包括军用雷达和遥感等军事领域。21 世纪初，美国联邦通信委员会（FCC）批准 UWB 技术可以运用到民用领域，并定义相对带宽大于 20%或者绝对带宽大于 500MHz 的信号为 UWB 信号。为了避免对其他通信系统的干扰，FCC 将 UWB 的发射功率限定在一定范围内[1-2]，即在 UWB 3.1～10.6GHz 多达 7.5GHz 的通信频率范围内的每个频率上都规定一个最大的允许功率，这个功率值一般通过辐射掩蔽来决定。

3.1.2 UWB技术特点

UWB 技术是利用纳秒甚至皮秒级的极窄脉冲来实现信息传输的。由于是在较宽的频谱上传送极低功率的信号，UWB 技术可以在 10m 左右的范围内实现每秒数百兆比特甚至数吉比特的数据传输速率[3-10]。

现将 UWB 技术的特点总结如下。

（1）抗干扰性能强。在 UWB 技术常用的跳时系统中，由于 UWB 信号本身的频谱特性，再加上跳时扩频，频谱可以达到几千兆赫兹，是一般扩频系统的一百多倍，抗干扰性更强。

（2）多径分辨能力强。UWB 技术是利用极窄的脉冲进行信息传输的。由于其占空比低，在多径的情况下可以实现时间上的分离，能够充分利用发射信号的能量。相关实验表明，对常规无线电多径衰落深达 10～30dB 的多径环境，UWB 无线电信号的衰落最多不到 5dB。

（3）系统容量大。随着无线通信系统技术的不断发展，频谱资源变得越来越紧张，而 UWB 技术的通信空间容量具有相当的优势。根据 Intel 公司的研究报告，IEEE802.11b、蓝牙、IEEE802.11a 的空间容量分别约为 1kbps/m^2、30kbps/m^2、83kbps/m^2，而 UWB 技术的空间容量可达 1000kbps/m^2。

（4）传输速率高。UWB 的数据传输速率可以达到每秒数百兆比特，理论上传输速率甚至可以达到每秒数吉比特。

（5）安全性高。由于 UWB 信号拥有 7.5GHz 的频带，而且 FCC 限制其功率谱密度低于环境噪声电平，因此很难被基于频谱搜索的电子侦测设备截获。

（6）低成本、低功耗。基于 UWB 技术的发射端可以完全由易于集成的数字电路来实现，因此可以极大降低生产成本。同时，由于 UWB 信号拥有非常宽的频带，为了避免对其他窄带系统产生干扰，UWB 信号发射的功率谱密度受到 FCC 的严格限制，发射功率非常低。

3.1.3 UWB技术的应用

最初，UWB 技术起源于军事领域，多年来美国也一直将 UWB 技术作为军事作战的技术之一，这在一定程度上限制了 UWB 技术在商用方面的发展。随着无线频谱资源日益紧缺，UWB 技术开始在民用领域蓬勃发展。由于其功率谱密度低、抗多径衰落能力好，UWB 技术被越来越多地应用于室内短距离的保密通信。此外，UWB 技术精确的定位能力也促进了一系列精度高的 UWB 雷达和定位器落地。就目前的发展来说，UWB 技术的应用主要分为军用和民用两个方面。

在军用方面，UWB 技术主要应用于 UWB 雷达、UWB 低截获率（LPI/D）的无线内部通信系统（如预警机、舰船等）、警戒雷达、战术手持和网络 LPI/D 电台、地波通信、无线标签、探测地雷、无人驾驶飞行器以及检测地下埋藏的军事目标或以叶簇伪装的物体等[11]。

在民用方面，自 2002 年 2 月 14 日 FCC 批准将 UWB 用于民用产品以来，凭借短距离范围内高速传输的巨大优势，UWB 技术主要的应用锁定在无线局域网（WLAN）及无线个域网（WPAN）上。通常短距离、小范围内的高速通信主要靠有线连接完成，而 UWB 技术的应用可以使这种通信变为无线，从而使人们摆脱线缆的束缚，使通信变得简洁方便。人们也可以利用 UWB 技术的成像定位功能，协助警察搜寻室内逃犯，以及搜寻被困在坍塌物下面的人员，甚至可以开发汽车防撞系统。相信在不久的将来，类似这样的应用将层出不穷，大大超过人们的想象。而就目前的发展趋势来看，UWB 技术的应用主要集中在以下几个方面。

（1）家庭无线多媒体网络。在家庭无线多媒体网络中，各种数字家用多媒体设备，如数码摄像机、数字电视、MP3/MP4 播放器、计算机、数字机顶盒及各种智能家电等，可以根据各自的需要在短距离、小范围内组成一个 Ad-hoc 网络，从而相互之间传送多媒体数据，并且可通过家中的宽带网关接入互联网，构成一个智能的家庭网络，使一些相互独立的多媒体设备有机地结合起来。现有的各种短距离的无线通信技术（如 ZigBee、蓝牙等）中，仅有 UWB 技术能够满足多种无线多媒体传输速率的要求。

（2）无线传感网络。在无线传感网络中，常常要求传感器的功耗较小，要能够连续工作数个月甚至数年且无须经常充电。现有的做法是通过媒体接入控制层和网络层的协议设计，尽量减少不必要的传输，进而有效利用无线信道的能量资源。无线传感网络在此基础上，采用超低功耗的 UWB 物理层，可大大简化控制层和网络层的复杂度，从而使系统的总功耗进一步降低。

（3）智能交通系统。UWB 系统同时具有无线定位和通信的功能，能够方便地应用于智能交通系统中，为汽车测速、防撞系统、监视系统、智能收费系统等提供低成本、高性能的解决方案。此外，如果在驾车的过程中遇到紧急情况，司机可以利用车载的 UWB 系统向外界发送求助和报警信息。另外，近几年来，基于 UWB 技术的数字车钥匙在各大汽车厂商获得应用。

（4）室内定位系统。UWB 系统，特别是采用基带窄脉冲方式的 UWB 系统，具有较强的穿透障碍物能力，能够满足室内复杂环境下无线定位的要求。同时，由于 UWB 系统具有小于 1ns 的时间分辨率，可以在保持通信的同时实现厘米级的定位精度。

（5）UWB 雷达。UWB 雷达是一种基于无线电的技术，可以在 3.1～10.6GHz 的频谱范围内以时域脉冲发送数据。其最早被美国陆军用来探底地下物体，用于目标成像、丛林透视等方面，如今有了新的应用场景。近几年来，UWB 雷达在汽车领域、医疗康养领域的应用成为研究热点。在汽车领域，其用来监测车内人或宠物等的安全，防止婴儿和宠物被锁在车内。据 Market Reserch Future 发布的研究报告，“儿童在场检测系统”市场预计将以 51%的复合年增长率不断扩大，2030 年将达 30 亿美元。与激光探测、红外线探测技术相比，利用 UWB 雷达检测人体的生命信号不受环境温度、热物的影响，能有效穿透介质，较好地解决了激光探测、红外线探测受温度影响严重、遇物体阻挡失效及误报率高的问题。目前，UWB 雷达在医疗康养领域开始应用在人体的呼吸和心跳监测方面。

近几年来，随着无线通信技术的快速发展，移动计算设备与人们的日常生活联系越来越密切，这大大增加了与无线定位相关的应用场景，引起了室内定位的研究热潮。UWB

技术以其独特的优势成了开发室内定位系统的最佳选择。未来，UWB 室内定位系统将会在军事、商业及公共安全等领域广泛应用。在公共安全和军事方面，UWB 室内定位系统将用于跟踪监狱里的犯人，还可以给消防员、士兵导航，方便他们快捷、安全地完成任务。在商业方面，UWB 室内定位系统可以方便地追踪一些特殊的人群，如离开看护人员的老人、儿童，或者给盲人导航。除此之外，UWB 室内定位系统还可以定位医院的病人、仪器等。一些商场或仓库也可以应用 UWB 室内定位系统来定位特殊的商品和货物。因此，UWB 室内定位技术在未来有广阔的发展空间和巨大的商业价值。

3.1.4　UWB 室内定位原理及系统构成

无线定位系统要实现精确定位，首先要获取定位解算所需的参数信息，然后构建相应的解算模型，根据这些参数信息和解算模型求解定位目标的准确位置。UWB 室内定位技术具有超高的时间和空间分辨率，保证其可以准确获得待定位目标的时间和角度信息，并将时间信息转化为距离信息，最终求得待定位目标的位置。

UWB 室内定位技术通常采用测向和测距来实现定位[11]。按照测量参数的不同，其定位方法可以分为三种：接收信号强度（Received Signal Strength，RSS）分析法、到达角度（Angle of Arrival，AOA）定位法、到达时间（Time of Arrival，TOA）/到达时间差（Time Difference of Arrival，TDOA）定位法。

在三种常用的 UWB 定位方法中，AOA 定位法属于测向技术，需要多阵列天线或波束赋形技术等，增加了系统成本，而且定位的精度也取决于对波到达角度的估计；RSS 分析法则依赖线路损耗模型，精度和节点间的间距密切相关，对信道的环境极为敏感，鲁棒性较低；和前两种方法相比，TOA/TDOA 定位法通过估计信号到达延时或延时差来计算发射与接收两端的距离或距离差，这种方法充分利用了 UWB 信号高的时间分辨率，能体现 UWB 技术在精确定位方面的优势，也是目前最典型的应用。

1. 典型的基于 TOA/TDOA 定位法的 UWB 定位

典型的 UWB 室内定位系统框图如图 3-1 所示，该系统采用 TDOA 定位法。系统主要由标签、接收机和中心处理器三部分构成，每个接收机都与中心处理器相连，它们都被固定在已知位置，并且接收机到中心处理器的传输延时已知。标签在空间的位置是未知的，每隔一段时间，标签就发送一次定位信号。系统简化的工作流程如下。

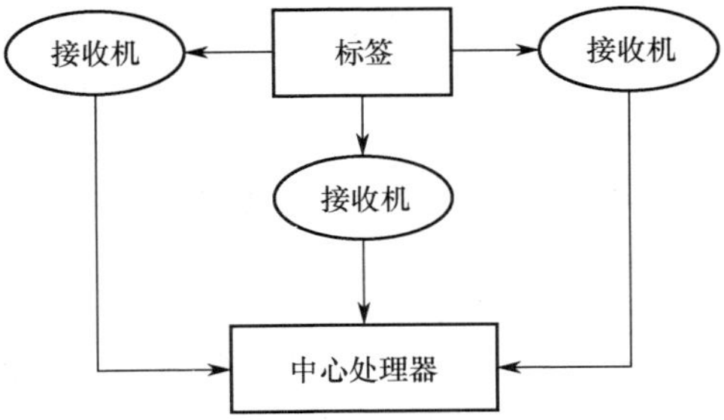

图 3-1　UWB 室内定位系统框图

（1）标签向接收机发送定位信号。

（2）各个接收机检测到标签发送的定位信号并将其发送给中心处理器。

（3）中心处理器收到传输的时间差，通过某种特定的算法就可推算出标签的位置。

整个系统的数据信息处理过程如图 3-2 所示。首先，标签发射电路的时钟读出存储器中的伪随机调制编码信息，用来控制调制电路中脉冲间隔的变换。经过伪随机码调制的时钟序列激励窄脉冲产生电路产生窄脉冲，然后通过天线发射出去。若某些特殊的场合要求较高的探测距离，则需要在窄脉冲产生电路的后端连接脉冲放大电路，对脉冲进行放大，之后利用天线辐射向室内空间。UWB 接收机在系统时钟的控制下接收标签电路发射的 UWB 信号。电磁波在辐射的过程中会混入各种噪声和其他干扰信号，所以必须将无用信号过滤出去，得到包含有用信息的信号。其次，因为脉冲的宽度极窄，必须先对接收的信号等效采样，然后进行筛选以提取有效信息。最后，经过中心处理单元特定的定位算法得到精确的标签位置信息。简言之，UWB 室内定位系统就是产生、发射、接收和处理极窄脉冲信号的无线电系统，而定位标签在整个系统中的功能是产生和发射定位信号，是 UWB 室内定位系统的基础，在整个系统中占有举足轻重的地位，因此研究和设计性能良好的 UWB 定位标签对 UWB 室内定位系统的发展具有重要意义。

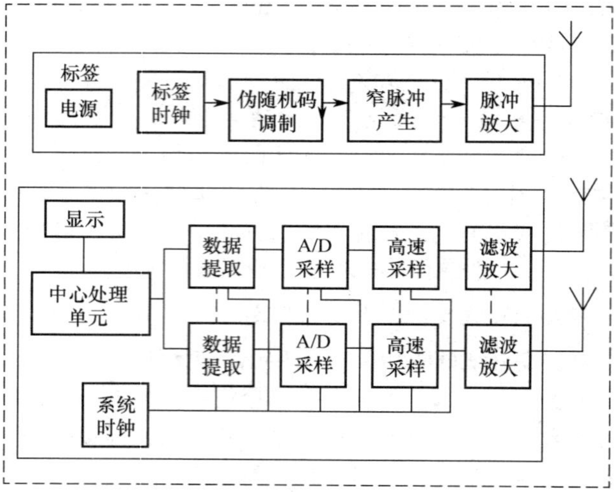

图 3-2　UWB室内定位系统的数据信息处理过程

2. 基于 AOA 定位法的 UWB 单基站室内定位

在监狱、宿舍等多小房间场景的定位中，为了获得高性价比、高精度的定位性能，常采用基于 AOA 定位法的 UWB 单基站室内定位方案。AOA 通过测量定位标签发射脉冲到达两个天线的事件来获得，基于单基站方案，两个天线将不会距离太远，相应脉冲到达时间差将非常小。AOA 定位法一般基于相位差的方式计算到达角度，一般不单独使用，常常结合 AOA 和 TOF 技术，利用角度和距离相配合进行定位。文献[12]提出一种基于单基站六角单极定向天线阵列的 AOA 估计方法，用于 UWB 室内精确定位。该方法通过测量天线接收的脉冲幅度信息，并结合动态参数的天线阵列的波束方向图来获得 AOA 估计值。该方法避免了多基站定位系统中采用的脉冲到达时间差测量带来的部署困难及精度不足问题。文献中提出的 AOA 估计方法，在 IEEE802.15.4a CM3 信道下，当定位距离为 10m 时，定位误差小于 15cm 的概率可达 80%，且 AOA 估计误差小于 1° 的概率可达 96%。另外，Byung Gyu Yu 等利用阵列天线技术来进行 AOA 估计。通过接收信号的时间差获得角度估计信息，测量误差小于±1°。文献[14]采用加权平均基估计技术对 AOA 进行估计，该方法在低速率的超宽带定位系统中表现出较好的性能。

3.2 UWB脉冲的产生和调制

3.2.1 UWB信号的实现方法

UWB 信号的实现可以分为脉冲无线电方式和载波调制方式。前者为传统的 UWB 通信方式，后者是 FCC 规定了通信频谱的使用范围和功率限制后，在 UWB 无线通信标准化过程中逐渐提出来的，是目前主流 UWB 技术的延伸。常见的 UWB 系统有 3 种：脉冲无线电超宽带（Impulse Radio Ultra Wideband，IR-UWB）系统、直接序列超宽带（Direct Sequence Ultra Wideband，DS-UWB）系统[15]及多频带复用超宽带（Multi-Band Multiplexing Ultra Wideband，MB-UWB）系统。

3.2.1.1 IR-UWB系统

脉冲无线电技术就是直接以占空比很低的、脉冲宽度为纳秒级甚至亚纳秒级的基带窄脉冲作为信息载体的无线电技术。窄脉冲序列携带信息，无须本地振荡器、混频器、滤波器等，直接通过天线传输，所以实现起来比较简单。在用信息数据符号直接对窄脉冲进行调制时，其调制方式有许多种，最常用的是脉冲幅度调制（Pulse Amplitude Modulation，PAM）和脉冲位置调制（Pulse Position Modulation，PPM）。TH-SS PPM 系统结构框图如图 3-3 所示。

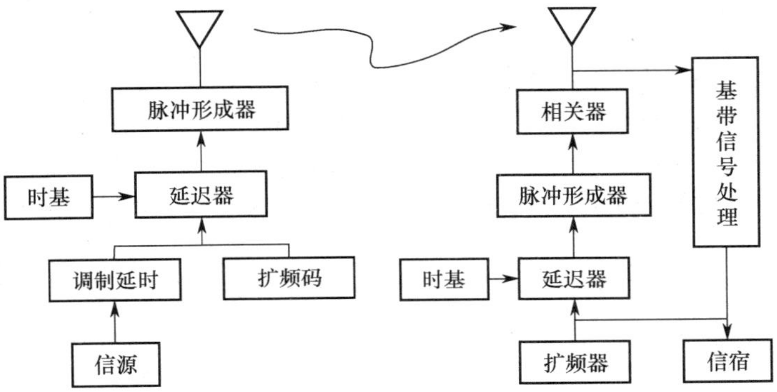

图 3-3　TH-SS PPM 系统结构框图

IR-UWB 系统的特点如下。

（1）传输速度方面：理论上，一个宽度为 0 的脉冲具有无限的带宽，因此脉冲信号要想发射出去并有足够的带宽，必须具有陡峭的上升沿和下降沿及足够窄的脉冲宽度。UWB 脉冲宽度一般在纳秒级，这意味着信息的传递速率在 1Gbps 左右。

（2）功耗方面：UWB 因不使用载波，仅在发射窄脉冲时消耗少量能量，避免了发射连续载波的大量能量消耗。IR-UWB 系统的这一特点可以使 UWB 通过缩短脉冲的宽度来提高带宽，却不会增加功耗，特别是针对室内定位的手持设备，UWB 还可以通过大幅降低脉冲的占空比使功耗大幅度降低。

（3）成本方面：由于 IR-UWB 系统不需要对载波信号进行调制和解调，所以不需要混频器、本地振荡器等一些复杂的元件，同时更容易集成到 CMOS 电路中，这就降低了整个系统的成本。

另外，IR-UWB 系统的信号频谱宽，含有低频成分，而低频成分具有穿透性，所以 IR-UWB 系统的信号有穿透性。同时其还具有抗多径干扰能力强、定位精度高等优点。但是 IR-UWB 系统用于高速通信的脉冲波形很难符合 FCC 的功率辐射限制[16-17]。

3.2.1.2　DS-UWB

DS-UWB 系统是在 FCC 制定了民用 UWB 系统的功率辐射限制后对传统的 IR-UWB 系统的改进，是在 DS-SS 系统的基础上，增加了频移措施之后发展而来的，最初的版本称为 DS-CDMA 系统，后改进形成现在的 DS-UWB 系统。DS-UWB 发射系统的原理框图如图 3-4 所示。

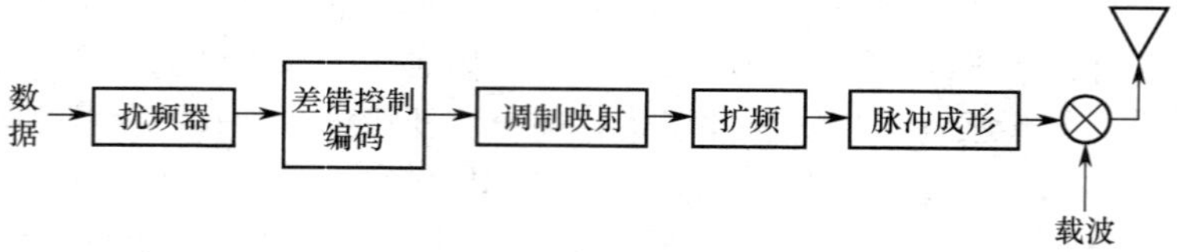

图 3-4　DS-UWB 发射系统的原理框图

DS-UWB 系统的主要特点如下。

（1）频带划分。DS-UWB 系统属于 DS-CDMA 系统，使用了载波调制，将窄脉冲的频谱搬移到 FCC 规定的范围。该方案将 3.1～10.6GHz 共 7.5GHz 的频谱分成两个频带，一个在 802.11a 频带的上面，一个在 802.11a 频带的下面，如图 3-5 所示。两个频带之间的部分没有利用，这是为了避免美国非特许的国家信息基础设施（UNⅡ）频段和 IEEE 802.11a 系统的干扰。

低频带适合相对较长距离、较低数据速率的应用，而高频带适合相对较短距离，较高数据速率的传输，通过选择不同的频带组合方式，可以得到 3 种不同的工作模式。如果同时使用两个频带，总的数据速率可望达到 1.2Gbps。此外，为了适应不同地区频谱的规定，中心频率和带宽还可以修改。此外，由于 DS-UWB 系统发射的脉冲信号是经过频移之后的，不存在低频分量，容易满足 FCC 的频谱限制，与其他无线通信系统共存性较好。

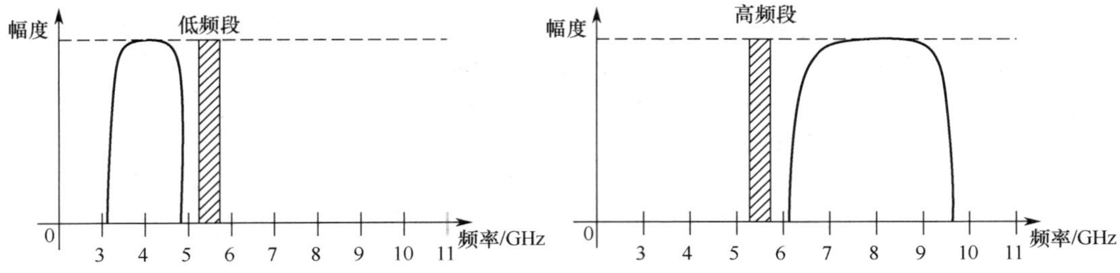

图 3-5 DS-UWB的工作频段示意图

（2）采用直扩 CDMA。扩频技术提供了 14dB 的增益，有助于抑制窄带干扰。为了获得更好的抗窄带干扰性能，还可以进一步使用可调的陷波滤波器，在每个抑制频率上提供 20～40dB 的保护。

（3）纠错编码。前向纠错编码采用卷积码，辅助以交织措施分散突发性错误，卷积编码时使用打孔（Puncturing）来增大编码速率。

综上所述，DS-UWB 先用待传输的数据调制极窄脉冲来获得超宽的频带，然后通过频移将频谱搬移到规定的传输频带上，在无线信道上传输的仍然是极窄脉冲，所以 DS-UWB 系统仍然可以看作一种 IR-UWB 系统[18-19]。

3.2.1.3 MB-UWB系统

MB-UWB 技术将应用于无线局域网中的正交频分复用（Orthogonal Frequency Division Multiplexing，OFDM）技术与多频带技术相结合，是一种纯粹的载波调制技术。MB-UWB 系统特点如下。

（1）多频带划分。MB-UWB 系统的频带划分如图 3-6 所示，它将 3.1～10.6GHz 的整个频带划分为几个 528MHz 的频带。每个 528 MHz 的频带使用 OFDM 方式传输信息，一共有 128 个子载波，其中 100 个用于传输信息，使用 QPSK 调制，12 个用于载波和相位跟踪，10 个用于用户自定义的导频，剩下 6 个备用。OFDM 子载波的信号可以通过 128 点的快速傅里叶正、反变换（IFFT/FFT）产生。

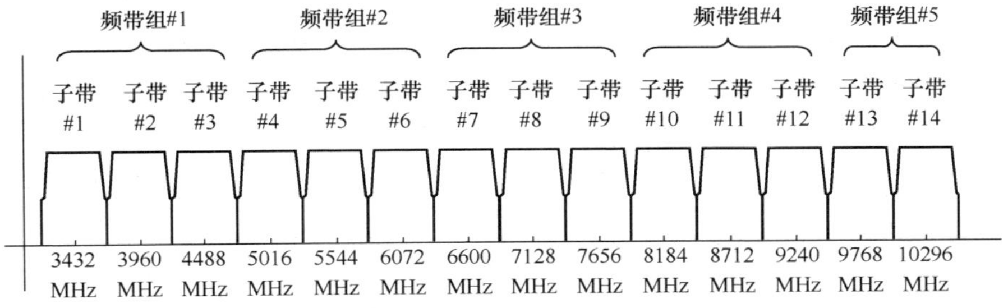

图 3-6 MB-UWB系统的频带划分

（2）调制与编码。MB-UWB 系统采用多位二进制正交键控（M-ary Binary Orthogonal Keying，MBOK）+QPSK 调制，然后进行 OFDM 调制。

MB-UWB 系统的纠错编码采用外部里德-所罗门码（Outer Reed-Solomon Code，ORSC）系统，也接纳穿孔卷积码（Punctured Convolutional Codes，PCC）、串联卷积码加里德-所罗门码（Concatenated Convolutional + Reed-Solomon Code CC-RSC）、涡轮码（Turbo Codes TC）、低密度校验码（LDPC）这些纠错码。

（3）多址通信。MB-UWB 系统采用时频码实现多址通信。表 3-1 为频带组 1～频带组 4 分别定义了 4 个时频码，为频带组 5 定义了 2 个时频码，一个时频码对应一个逻辑信道，故 MB-UWB 系统有 18 个潜在的逻辑信道。

表 3-1 MB-UWB 系统的时频码

频带组	序号	时频码长度	时频码					
1，2，3，4	1	6	1	2	3	1	2	3
	2	6	1	3	2	1	3	2
	3	6	1	1	2	2	3	3
	4	6	1	1	3	3	2	2
5	1	4	1	2	1	2	—	—
	2	4	1	1	2	2	—	—

另外，MB-UWB 系统还采用了扰频和插入导频信号保证接收端正确接收信号。MB-UWB 发射系统的结构框图如图 3-7 所示。

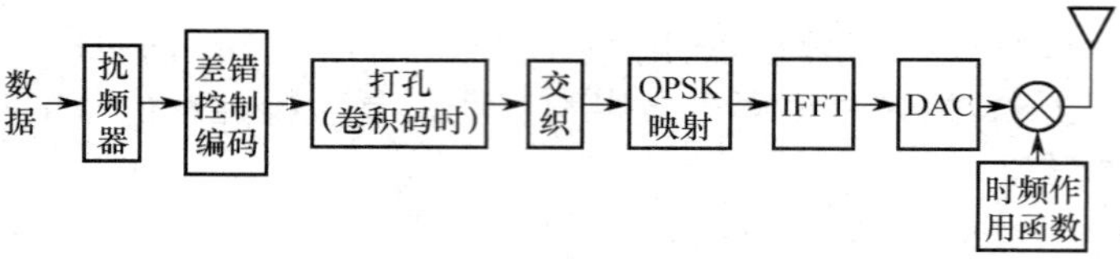

图 3-7 MB-UWB 发射系统的结构框图

MB-UWB 系统运用 OFDM 技术使信号带宽大于 500MHz，从而实现高速通信，同时其对民用的超宽带频谱进行了合理规划，运用时频码实现多址通信。除此之外，其还具有很高的频谱灵活性，避免了对一些已有的通信系统的干扰。MB-UWB 系统使用的是 OFDM 技术，各子载波的信号是正交的，在载波复用的时候各子载波的频谱可以重叠，因此 MB-UWB 系统具有很高的频谱利用率。但是其需要快速跳频的本地振荡器来实现多址通信，实现的复杂度较高。另外，由于 MB-UWB 系统采用连续的载波调制，相比脉冲调制功耗较高[20-21]。

3.2.2 常用的脉冲模板

不同于传统的正弦载波通信系统，UWB 系统作为一种全新的通信体制，其标签的设计和实现存在很多技术上的挑战，窄脉冲的产生和控制就是其中两个关键的难点，也是领域内备受关注的问题。由于 UWB 系统的瞬时工作带宽大于 500MHz 或者相对带宽大于 20%，因此不可避免地与现有的无线电通信系统如蓝牙、无线局域网等产生相互干扰。为了减少与现有窄带系统的相互干扰，FCC 严格规定了 UWB 系统的工作频段及频谱掩蔽。为了满足 FCC 的频谱掩蔽设计，UWB 脉冲在频域上必须是一个带限信号。同时，为了实现高速率和低符号间干扰，脉冲的持续时间也要尽可能短，所以 UWB 脉冲在时域上必须是一个时限信号。

综上所述，UWB 脉冲的设计规则如下。

（1）脉冲宽度窄，以确保占用超宽的频谱，典型的脉冲宽度为 1ns 以下。

（2）频谱利用率高。要求所设计的脉冲能够充分利用 FCC 给定的频率范围（3.1～10.6GHz），频域越宽，相应的时域就越窄，信号在传输过程中就能够携带更多的信息。

（3）高效的天线辐射功率要求脉冲具有较小的直流分量，因此，实现零直流分量的脉冲也是设计中需要考虑的因素，可将微分电路作为设计参考。

（4）提高脉冲重复频率，以实现高速率的数据传输。

（5）满足 FCC 的频谱掩蔽要求。由于 UWB 通信占用很宽的频带，对辐射功率的限制必须严格，以免对其他系统造成干扰，这也是隐藏自身传递的信息的方式。

（6）稳定性。UWB 技术不仅能实现高速率的数据通信，还能实现高精度的定位。传输信号的稳定性为整个系统的收发提供了重要保证，避免了信号不稳定时带来的误码率，从而确保信号的同步和解调的正确性。

（7）所设计的 UWB 脉冲信号应该容易实现、可控制。

3.2.2.1　高斯脉冲及其各阶导函数

目前，用于 UWB 无线通信系统的脉冲波形主要包括：高斯脉冲及其各阶导函数、基于正弦载波调制的脉冲、正交 Hermite 脉冲等。由于高斯脉冲的时域波形及频谱形状类似于钟形，符合 UWB 脉冲时限和带限的要求，而且容易实现，因此高斯脉冲及其各阶导函数成为 UWB 无线通信系统应用最广泛的脉冲波形[22]。

1. 高斯脉冲的时域分析

高斯函数的时域表达式如下：

$$p(t) = \pm \frac{1}{\sqrt{2\pi\delta^2}} e^{-\frac{t^2}{2\delta^2}} \tag{3-1}$$

令 $\delta^2 = \alpha^2 / 4\pi$，则高斯函数的表达式变为

$$p(t) = \pm \frac{\sqrt{2}}{\alpha} e^{-\frac{2\pi t^2}{\alpha^2}} = \pm A_p e^{-\frac{2\pi t^2}{\alpha^2}} \tag{3-2}$$

适当地改变式中参数 α， $p(t)$ 的宽度也随之发生变化。因此，通过选取合适的 α 值，就可以得到一个合适脉宽的高斯窄脉冲。由于参数 α 决定了高斯脉冲的宽度和幅度，通常将 α 称为高斯脉冲的成形因子。图 3-8 显示了 α 取 0.5ns、1ns、2ns 所对应的高斯脉冲波形。从图 3-8 中可以看出，随着 α 减小，脉冲的幅度增大，脉冲的宽度逐渐变窄。

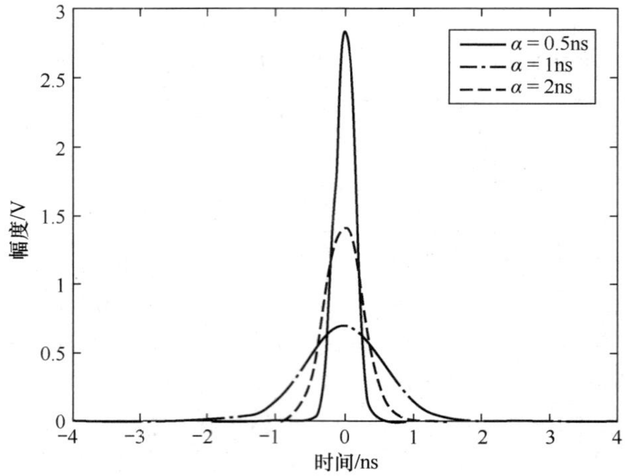

图 3-8　α 取不同值时高斯脉冲的波形

2. 高斯脉冲的频域分析

设基本高斯脉冲的傅里叶变换为

$$p(\omega) \leftrightarrow \pm A_p \frac{\alpha}{\sqrt{2}} \mathrm{e}^{-\frac{\alpha^2 \omega^2}{8\pi}} \tag{3-3}$$

为了便于分析，将式（3-3）改为

$$p(f) \leftrightarrow \pm A_p' \mathrm{e}^{-\frac{\pi \alpha^2 f^2}{2}} \tag{3-4}$$

将式（3-4）中的 α 分别取 0.5ns、1ns、2ns，得到的高斯脉冲的频谱如图 3-9 所示。

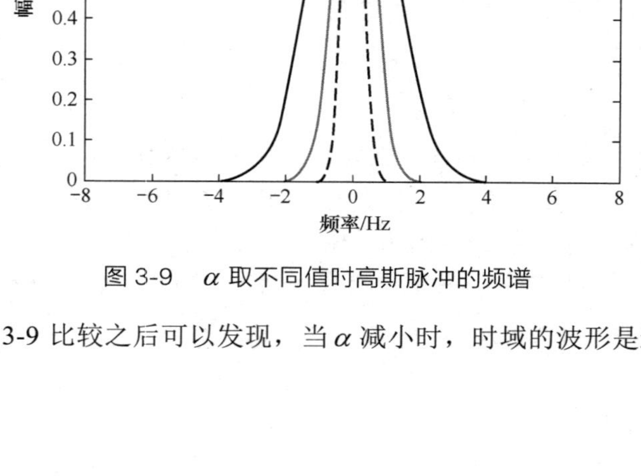

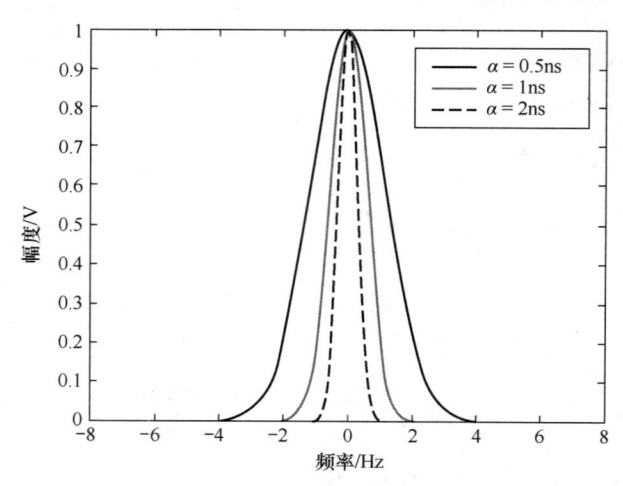

图 3-9　α 取不同值时高斯脉冲的频谱

将图 3-8 与图 3-9 比较之后可以发现，当 α 减小时，时域的波形是逐渐变窄的，相对应的频域带宽却变宽了。这是因为脉冲变窄，信号的上升沿和下降沿变得更加陡峭，信号变化快，脉冲中所含的频谱分量增多。信号时域的宽度与频域的宽度成反比。

从高斯脉冲的时域及频域波形来看，高斯脉冲的能量聚集在低频端。而为了有效辐射，馈送给天线发送的脉冲应该满足一个基本要求，即无直流分量，因此有人又提出利用高斯函数的各阶导函数作为发送的基本脉冲。

3.2.2.2　高斯脉冲导函数的时域及频域分析

1. 高斯脉冲导函数的时域分析

将高斯脉冲归一化处理后得

$$p(t)=\mathrm{e}^{-\frac{2\pi t^2}{\alpha^2}} \tag{3-5}$$

通过计算可以得到归一化处理后的高斯脉冲的各阶导函数：

$$p'(t)=-\frac{4\pi t}{\alpha^2}\mathrm{e}^{-\frac{2\pi t^2}{\alpha^2}} \tag{3-6}$$

$$p''(t)=\frac{4\pi}{\alpha^4}(-\alpha^2+4\pi t^2)\mathrm{e}^{-\frac{2\pi t^2}{\alpha^2}} \tag{3-7}$$

$$p^{(3)}(t)=\frac{(4\pi)^2}{\alpha^6}(3\alpha^2 t-4\pi t^3)\mathrm{e}^{-\frac{2\pi t^2}{\alpha^2}} \tag{3-8}$$

$$p^{(4)}(t)=-\frac{(4\pi)^2}{\alpha^6}\left[3\alpha^2-24\pi t^2+\frac{(4\pi)^2}{\alpha^2}t^4\right]\mathrm{e}^{-\frac{2\pi t^2}{\alpha^2}} \tag{3-9}$$

$$p^{(5)}(t)=-\frac{(4\pi)^3}{\alpha^{10}}(-15\alpha^4 t+40\pi\alpha^2 t^3-16\pi^2 t^5)\mathrm{e}^{-\frac{2\pi t^2}{\alpha^2}} \tag{3-10}$$

图 3-10 展示了 α 取值 0.5ns 时，高斯脉冲 0 到 5 阶导函数的时域波形。

从图 3-10 中可以看出，高斯脉冲导数的阶数越高，脉冲的峰值越多，可是峰值多不利于信号的检测和捕获。因此，从时域角度来说，导函数的阶数越小，脉冲波形越好，并且实现更容易。

另外，从时域波形可以看出，基本高斯脉冲的 $2k+1$ 阶导函数直流分量趋于零。另外，基本高斯脉冲的 $2k$ 阶导函数的直流分量远比基本高斯脉冲小。因此，用高斯脉冲的导函数作发射脉冲，信号能够有效辐射[22]。

2. 高斯脉冲导函数的频域分析

$f(t)$ 的 k 阶导函数为 $f^{(k)}(t)$，如果 $|t|\to+\infty$，$f^{(k)}(t)\to 0$，只有有限个可去间断点，则 $f^{(k)}(t)$ 的傅里叶变换为

$$F[f^{(k)}(t)]=(\mathrm{j}\omega)^2 F[f(t)] \tag{3-11}$$

式中，$F[f^{(k)}(t)]$ 为 $f(t)$ 的傅里叶变换。显然，对于上述条件，满足要求的 $p(t)$ 使高斯脉冲的 k 次微分的傅里叶变换为

$$p^{(k)}(t) \leftrightarrow \pm A_p \frac{\alpha}{\sqrt{2}} e^{-\frac{\alpha^2\omega^2}{8\pi}} (j\omega)^k \tag{3-12}$$

可得

$$F(\omega) = \left|F[p^{(k)}(t)]\right| = A_p \frac{\alpha}{\sqrt{2}} e^{-\frac{\alpha^2\omega^2}{8\pi}} \omega^k \tag{3-13}$$

$$F'(\omega) = A_p \frac{\alpha}{\sqrt{2}} k\omega^{k-1} e^{-\frac{\alpha^2\omega^2}{8\pi}} - A_p \frac{\alpha}{\sqrt{2}} \frac{2\alpha^2\omega}{8\pi} \omega^k e^{-\frac{\alpha^2\omega^2}{8\pi}} \tag{3-14}$$

由 $F'(\omega)=0$ 可求得对应幅度谱的峰值频率：

$$f_0 = \frac{\omega}{2\pi} = \frac{\sqrt{k}}{\alpha\sqrt{\pi}} \tag{3-15}$$

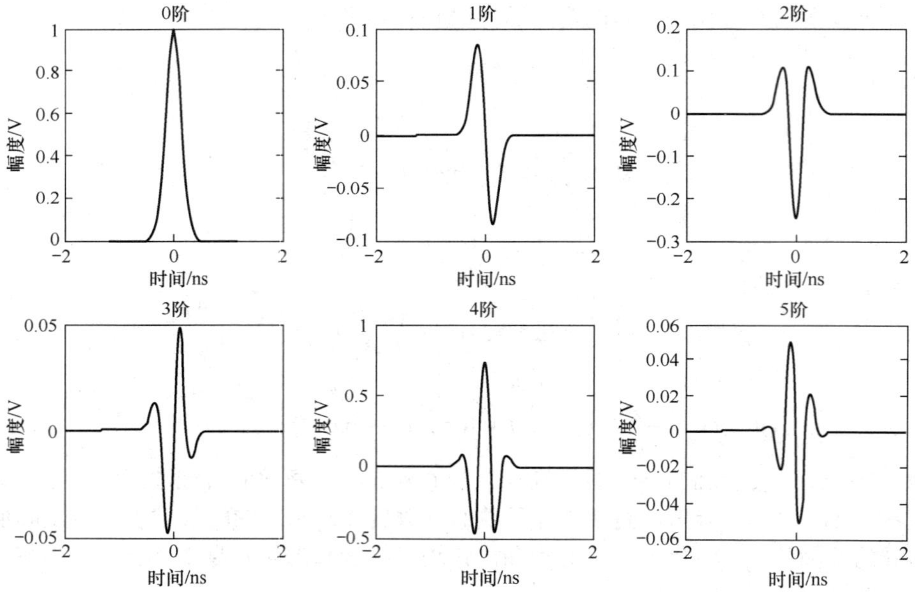

图 3-10　高斯脉冲和它的前 5 阶导函数的时域波形

当脉冲成形因子 α 一定时，高斯脉冲 k 阶导函数的峰值频率会随阶数 k 的增大而增大，即信号的频谱会向高频移动，如图 3-11 所示。通过改变脉冲成形因子 α 和阶数 k，就能得到满足 FCC 频谱要求的 UWB 脉冲信号，无须频移（载波调制）。图 3-12（a）和图 3-12（b）表示脉冲成形因子 α 分别等于 0.4ns 和 0.5ns 时，k 阶高斯脉冲的能量谱密度曲线，其中 k=0, 1, 2, 3,4,5。

图 3-11 和图 3-12 表明，阶数 k 越大，峰值频率越高，脉冲的频谱越向高频端移动，使得系统发射信号的功率谱密度能够满足 FCC 对 UWB 设备的辐射限制。从图中可以看出，高斯脉冲 5 阶导函数的功率谱密度已经基本满足 FCC 的频谱规范。同时，当脉冲成形因子 α 减小时，各阶脉冲频谱的覆盖范围将变宽。

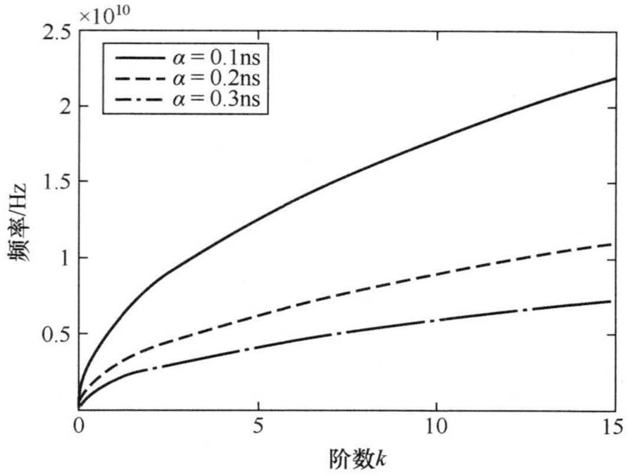

图 3-11　脉冲峰值频率与不同的 α 和 k的关系

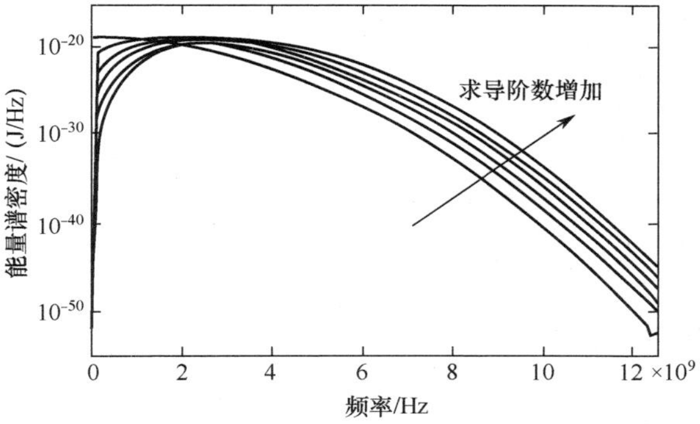

(a)　α =0.4

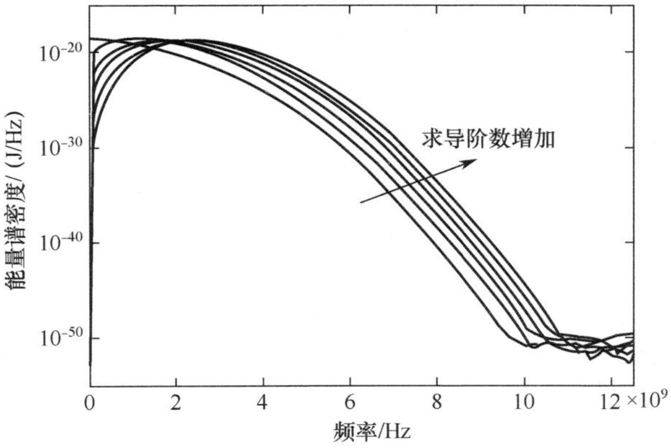

(b)　α =0.5

图 3-12　k阶高斯脉冲的能量谱密度曲线

通过对高斯脉冲及其导函数的分析，可以得出以下结论[22-24]。

（1）可通过改变脉冲成形因子 α 来控制高斯脉冲及其导函数波形的脉冲宽度和频谱宽度。

（2）可通过改变求导阶数 k 来控制脉冲频谱的峰值频率。k 越大，得到的脉冲频谱的峰值频率就越高。

（3）从频域上来说，求导阶数 k 越大，得到的脉冲信号就越容易满足 FCC 对 UWB 的辐射掩蔽要求。但是从时域上来说，求导阶数 k 越大，脉冲时域波形的主峰就越不明显，越不易捕获，导致整个系统的误码率提高。此外，从工程实现上来说，求导阶数 k 越大，电路就越复杂，越不容易实现，同时对信号功率的衰减也越大[25]。

3.2.2.3 正交 Hermite 脉冲

正交 Hermite 脉冲是 UWB 系统中一种常见的正交波形集合，由 Hermite 多项式和高斯函数的乘积构成，有些文献也称之为 Hermite-Gaussian 函数。下面，首先介绍 Hermite 多项式。

Hermite 多项式可以表示为

$$\begin{cases} h_{e_0}(t)=1 \\ h_{e_n}(t)=(-1)^n \mathrm{e}^{\frac{t^2}{2}} \dfrac{\mathrm{d}^n}{\mathrm{d}t^n}(\mathrm{e}^{-\frac{t^2}{2}}),\ n=1,2,\cdots;-\infty<t<+\infty \end{cases} \tag{3-16}$$

由于普通的 Hermite 多项式并不具有正交性，需要对其进行修正，得到正交 Hermite 脉冲（Orthogonal Hermite Pulse，OHP）。

正交 Hermite 脉冲的表达式为

$$h_n(t)=\mathrm{e}^{-\frac{t^2}{4}} h_{e_n}(t)=(-1)^n \mathrm{e}^{\frac{t^2}{4}} \frac{\mathrm{d}^n}{\mathrm{d}t^n}(\mathrm{e}^{-\frac{t^2}{2}}) \tag{3-17}$$

因为存在

$$\int_{-\infty}^{\infty} h_n(t)h_m(t)\mathrm{d}t=\begin{cases} \delta_{nm} 2^n n!\sqrt{2\pi},\ n=m \\ 0,\ n\neq m \end{cases} \tag{3-18}$$

所以，修正的 Hermite 多项式构成正交的函数集。

正交 Hermite 脉冲满足下面的微分方程：

$$h_{n+1}(t)=\frac{t}{2}h_n(t)-h_n'(t) \tag{3-19}$$

式中，“′”代表微分运算。将 n 取不同的值（1, 2, 3, ⋯）可以得到一组相互正交的脉冲，如式（3-20）所示。

$$\begin{cases} h_0(t) = \mathrm{e}^{-t^2/4} \\ h_1(t) = t\mathrm{e}^{-t^2/4} \\ h_2(t) = (t^2 - 1)\mathrm{e}^{-t^2/4} \\ h_3(t) = (t^3 - 3t)\mathrm{e}^{-t^2/4} \\ h_4(t) = (t^4 - 6t^2 + 3)\mathrm{e}^{-t^2/4} \\ h_5(t) = (t^5 - 10t^3 + 15t)\mathrm{e}^{-t^2/4} \end{cases} \tag{3-20}$$

图 3-13 为 0～5 阶修正 Hermite 多项式的时域波形图。

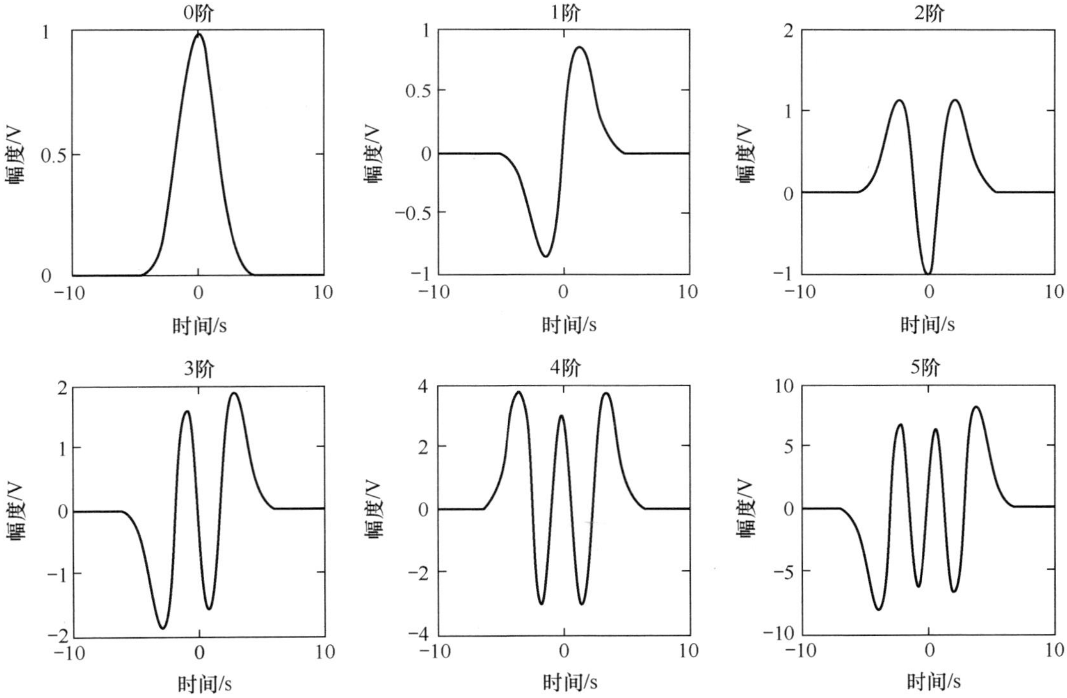

图 3-13　0～5 阶修正 Hermite 多项式的时域波形图

如果 $h_n(t)$ 的傅里叶变换是 $H_n(f)$，则频域形式的微分方程可以表述为

$$H_{n+1}(f) = \mathrm{j}\left[\frac{1}{4\pi}H_n'(f) - 2\pi f H_n(f)\right] \tag{3-21}$$

可以得到式（3-20）相应的傅里叶变换：

$$
\begin{cases}
H_0(f)=2\sqrt{\pi}\mathrm{e}^{-4\pi^2 f^2}\\
H_1(f)=(-\mathrm{j}4\pi f)2\sqrt{\pi}\mathrm{e}^{-4\pi^2 f^2}\\
H_2(f)=(1-16\pi^2 f^2)2\sqrt{\pi}\mathrm{e}^{-4\pi^2 f^2}\\
H_3(f)=(-\mathrm{j}12\pi f+\mathrm{j}64\pi^3 f^3)2\sqrt{\pi}\mathrm{e}^{-4\pi^2 f^2}\\
H_4(f)=(256\pi^4 f^4-96\pi^2 f^2-3)2\sqrt{\pi}\mathrm{e}^{-4\pi^2 f^2}\\
H_5(f)=(-\mathrm{j}1024\pi^5 f^5+\mathrm{j}640\pi^3 f^3-\mathrm{j}36\pi f)2\sqrt{\pi}\mathrm{e}^{-4\pi^2 f^2}
\end{cases}
\tag{3-22}
$$

图 3-14 为 0～5 阶修正 Hermite 多项式的频域波形图。

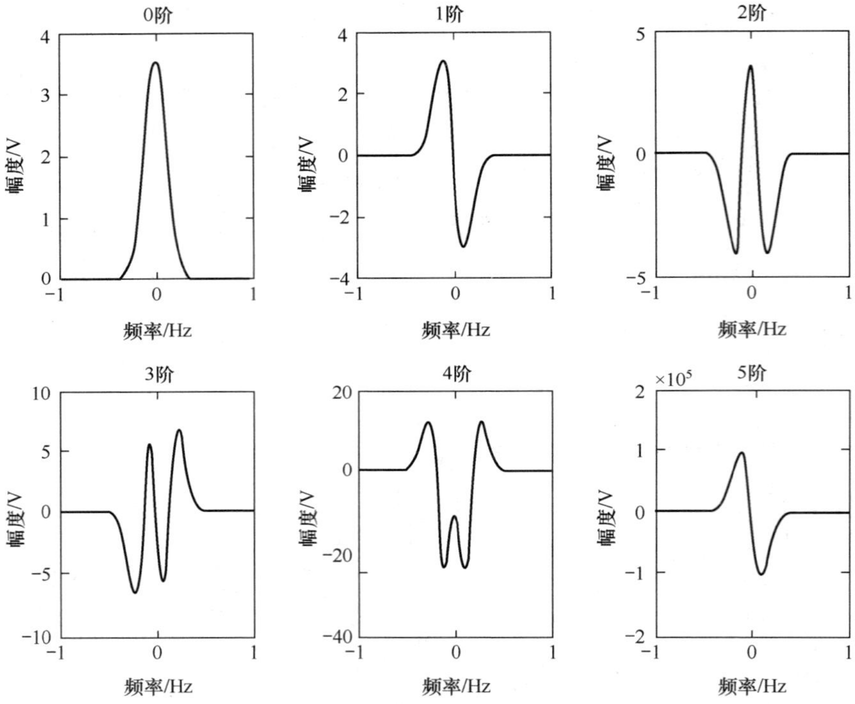

图 3-14 0～5 阶修正 Hermite 多项式的频域波形图

从图 3-13 及图 3-14 可以发现，正交 Hermite 脉冲具有如下特性[26]。

（1）修正后的时域 Hermite 脉冲的过零点数等于阶数。

（2）各阶函数的时域持续时间随着阶数的增加而增大，其中心频率和占用的频谱带宽也随着阶数的增加而增加。

（3）修正后的 Hermite 多项式的 0 阶和 1 阶的波形类似高斯脉冲的波形。与高斯函数不同，由于增加了固定的衰减因子 $\exp(-t^2/4)$，修正 Hermite 多项式的衰减速度大幅提高，收敛速度加快。

图 3-13 及图 3-14 中的 Hermite 多项式脉冲时域的单位为 s，频域单位为 Hz，无法满

足超宽带脉冲的需要。因此，我们将式（3-21）进行了尺度变换，也就是把 t 改为 t/a，然后通过选择合适的 a，就能得到脉冲宽度为纳秒级的正交 Hermite 脉冲，同时脉冲的频域宽度也相应地变为 GHz 了。图 3-15 为 $a=0.5\times10^{-9}$ 所对应的修正 Hermite 多项式的时域波形，很显然脉冲宽度变成了纳秒级。

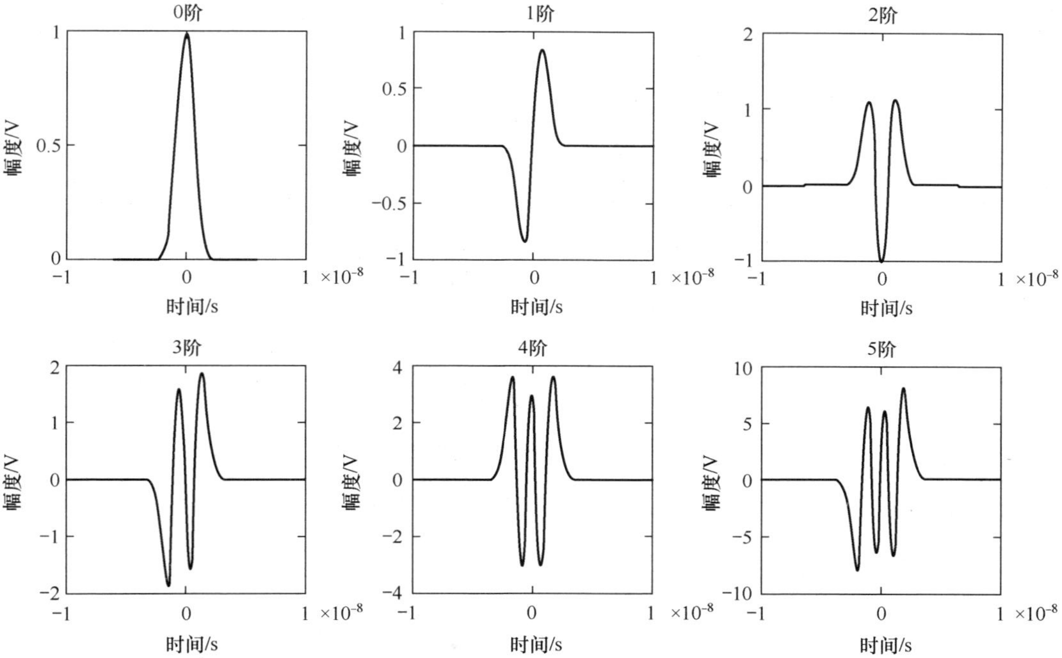

图 3-15　尺度变换后的修正 Hermite 多项式的时域波形图

因为不同阶的修正 Hermite 脉冲具有正交性，因此该脉冲可用于多用户的 UWB 系统中，可以将不同阶数的 Hermite 脉冲分配给不同的用户，以便有效抑制多径干扰。然而，如果将修正 Hermite 脉冲作为 UWB 室内定位系统的发射信号，从图 3-16 中可以看出，其功率谱密度不能满足 FCC 的辐射掩蔽规定。因此，修正 Hermite 脉冲不能用于 IR-UWB 系统。不过从其时域波形来看，该波形可以作为 DS-UWB 的基脉冲。

3.2.2.4　升余弦脉冲

由于 UWB 脉冲是从频域上定义的，所以可以先把满足定义的频谱表示出来，再将其用傅里叶反变换转换到时域上观察其波形。满足 UWB 频谱的频域表达式表示如下：

$$H(f)=\begin{cases}1, & |f|<f_{\text{roll}}\\ \dfrac{1}{2}\left\{1+\cos\left[\dfrac{\pi(|f|-f_1)x}{2f_\Delta}\right]\right\}, & f_{\text{roll}}<|f|<B\\ 0, & |f|>B\end{cases} \tag{3-23}$$

式中，B 是脉冲宽度；$f_{\Delta}=B-f_{6\text{dB}}$，$f_1=f_{6\text{dB}}-f_{\Delta}$，$f_{6\text{dB}}$ 是−6dB 频率点。理想的 UWB 频谱形状为阶跃式，难以实现，所以需要加上过渡带。式（3-23）的过渡带即第二行的升余弦频谱表达式，式（3-23）表示的升余弦脉冲的频谱接近理想的超宽带频谱，并且增加了接近实际的过渡带。其对应的频域波形如图 3-17 所示。

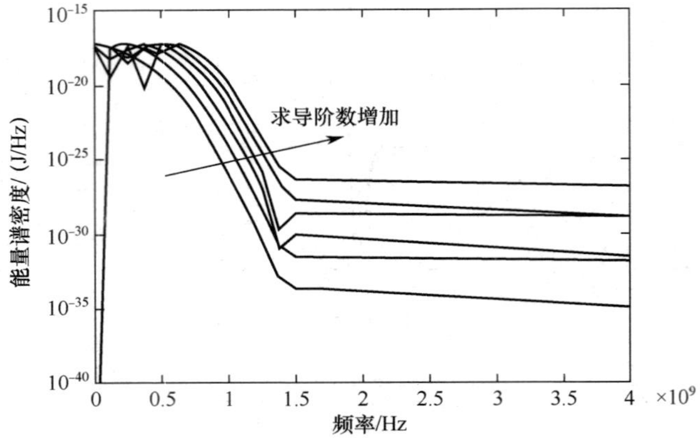

图 3-16　修正 Hermite脉冲的能量谱密度

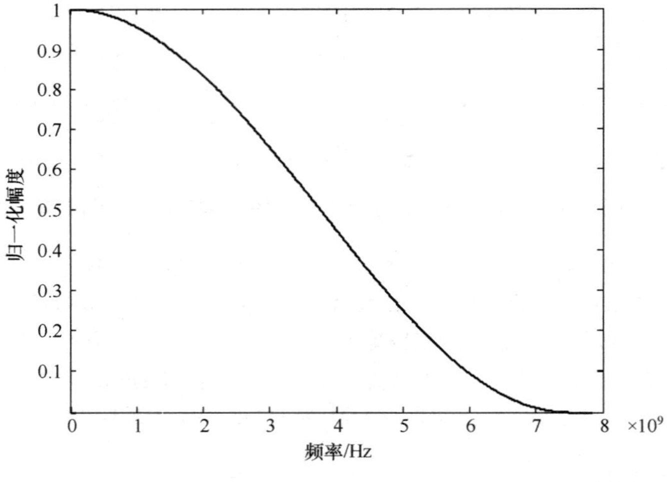

图 3-17　升余弦脉冲的频域波形

已知频域表达式就可通过傅里叶反变换得到相应的时域表达式。从图 3-17 所示的升余弦脉冲的频域波形可以看出，该信号是一个低通信号，所以需再加上一个载频信号，使其频谱搬移到要求的频带上，最终得到该信号的时域表达式如下：

$$
\begin{aligned}
h(t) &= F^{-1}[H(f)]\cos(2\pi f_c t) \\
&= 2f_{6\text{dB}}\left(\frac{\sin 2\pi f_{6\text{dB}}t}{2\pi f_{6\text{dB}}t}\right)\left[\frac{\cos 2\pi f_{\Delta}t}{1-(4f_{\Delta}t)^2}\right]\cos(2\pi f_c t)
\end{aligned}
\tag{3-24}
$$

图 3-18 为升余弦脉冲的时域波形。

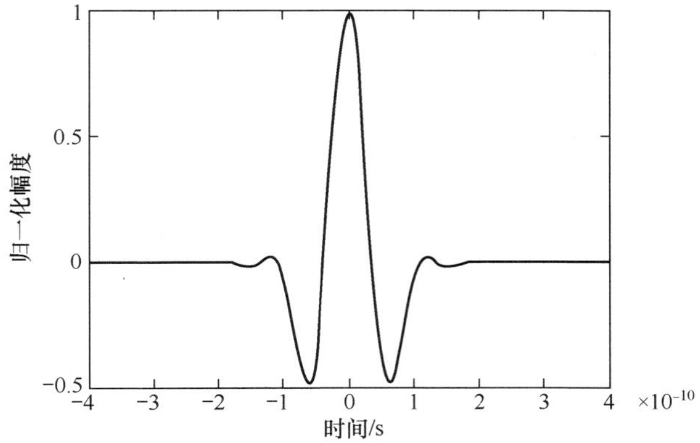

图 3-18　升余弦脉冲的时域波形

升余弦脉冲是根据 UWB 脉冲必须满足的频域特性，反傅里叶变换后得到的时域信号。通过 MATLAB 观察其时域波形可知，该信号的时域宽度在亚纳秒级，比高斯脉冲更适合 IR-UWB 系统。但是该信号有旁瓣信号，同时需要调制，工程实现上的电路设计相对比较复杂。因此，这种方法虽然能满足频谱上的要求，但是受到时域信号的产生电路的实现限制，相对于其他的脉冲来讲，并不具有全面的优势。

3.2.2.5　基于窗函数调制载波产生的脉冲

基于窗函数调制载波的方式产生的脉冲信号，相当于取数个周期的正弦（或余弦）信号，加上适当的包络（Envelope）或窗函数调制形成[27]。

比如高斯窗函数（包络）调制载波的方式：

$$g(t) = A_t \exp\left[-2\pi\left(\frac{t}{\alpha}\right)^2\right] \times \sin(2\pi f_c t) \tag{3-25}$$

式中，f_c 是调制载波的中心频率。其产生的脉冲时域波形和频域波形如图 3-19 所示。选择 (α^2, f_c) 的不同组合，就可以灵活地调整 UWB 信号，使其满足特定的要求。

在符合频谱规划条件下，为了尽可能地利用频谱模板所允许的带宽与功率来提高系统的接收性能，克服已有的脉冲设计算法所设计的脉冲存在频谱利用率低的弊端，我们对 (α^2, f_c) 进行仿真优化选取。

同时，包络形状（Type-envelop）的选取对于信号设计也有很重要的影响，所以窗函数的选取是我们在进行信号设计时必须考虑的问题。下面就几种常见的包络形状的脉冲信号进行比较分析。

余弦包络正余弦脉冲时域表达式为

$$g(t) = \begin{cases} A\sin(2\pi f_c t)\cos(\pi t/\tau), & -\tau/2 < t < \tau/2 \\ 0, & \text{其他} \end{cases} \tag{3-26}$$

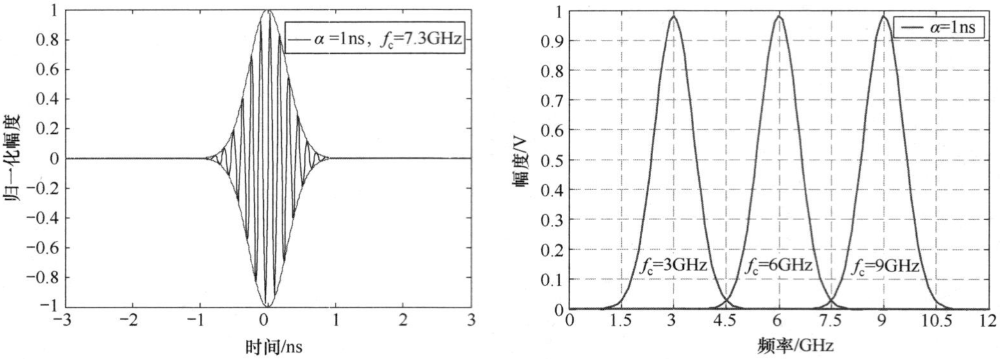

(a) 时域波形　　(b) f_c 取不同值时对应的频域波形

图 3-19　基于高斯窗函数调制载波产生的脉冲时域波形和频域波形

三角包络正余弦脉冲时域表达式为

$$g(t)=\begin{cases}A\sin(2\pi f_c t)\left(1-\dfrac{|2t|}{\tau}\right),-\tau/2<t<\tau/2\\0,\text{其他}\end{cases}\tag{3-27}$$

高斯包络正余弦脉冲时域表达式为

$$g(t)=A\exp\left[-2\pi\left(\frac{t}{\alpha}\right)^2\right]\times\sin(2\pi f_c t)\tag{3-28}$$

指数包络正余弦脉冲时域表达式为

$$g(t)=A\exp\left(-\frac{|t|}{\alpha}\right)\times\sin(2\pi f_c t)\tag{3-29}$$

以上表达式中，t 为时间，A 为载波峰值幅度，τ 为脉冲宽度参数，α 为脉冲形成因子，f_c 为正余弦信号的中心频率[27]。图 3-20、图 3-21 给出了上述四种包络形状的脉冲信号的时域和频域波形。

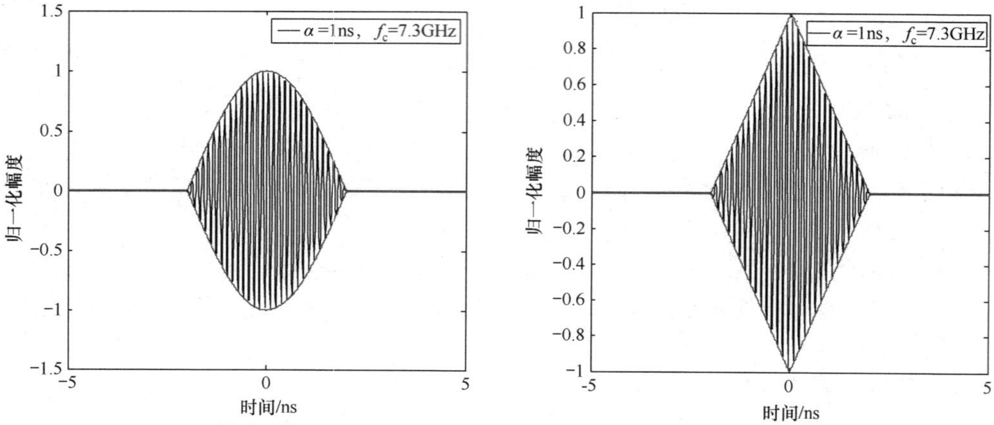

(a) 余弦包络正余弦脉冲　　(b) 三角包络正余弦脉冲

图 3-20　四种包络形状的脉冲信号的时域波形

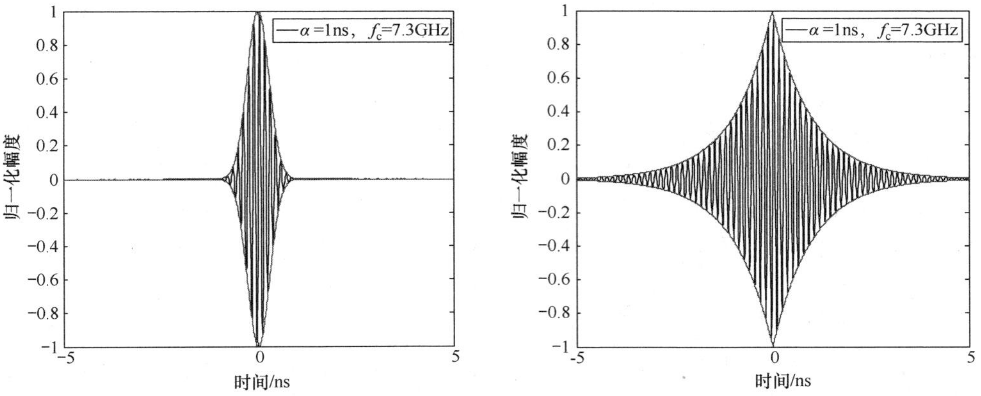

（c）高斯包络正余弦脉冲　　（d）指数包络正余弦脉冲

图 3-20　四种包络形状的脉冲信号的时域波形（续）

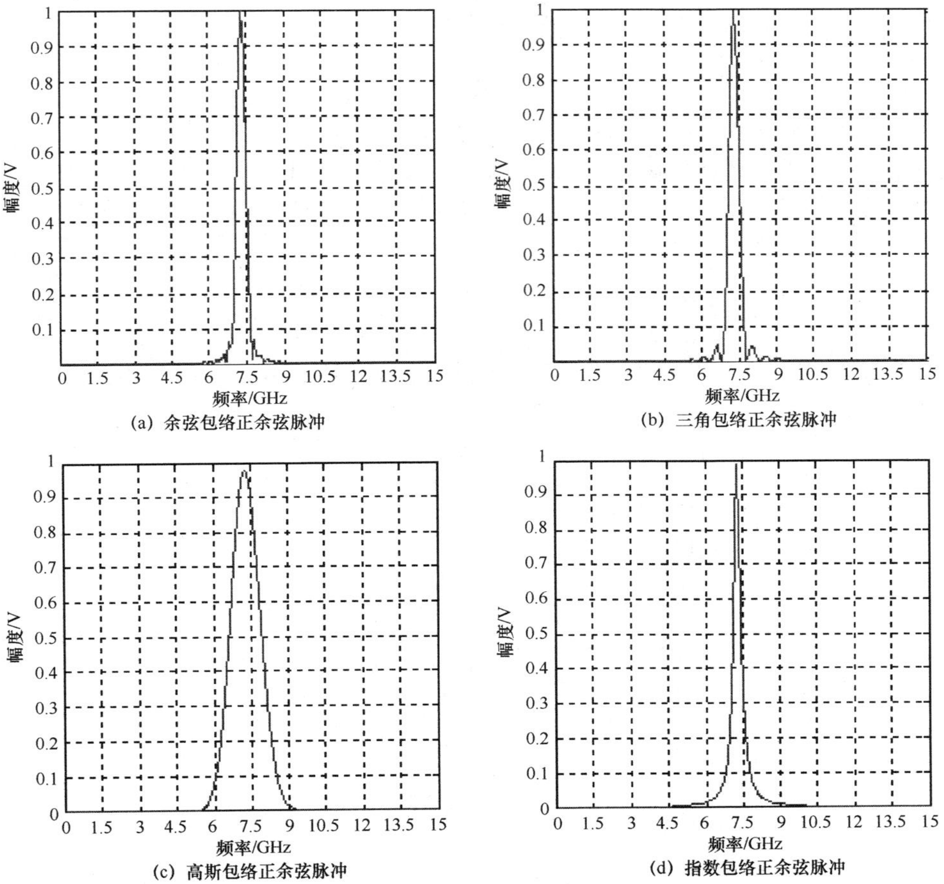

（a）余弦包络正余弦脉冲　　（b）三角包络正余弦脉冲

（c）高斯包络正余弦脉冲　　（d）指数包络正余弦脉冲

图 3-21　四种包络形状的脉冲信号的频域波形

通过前述的分析可以看出，这种方法可以精确地得到 UWB 信号波形，并能够将脉冲频谱准确搬移至所需的中心频率上。这种思路要求我们选择能更好地满足带宽要求的信号形状。从图 3-21 所示的四种包络形状的脉冲信号的频域波形可知，信号在时域的上升沿和下降沿越平滑，对应频域中落在旁瓣内的能量越少。很明显，高斯脉冲对应的旁瓣最小，也就是说落在主瓣带外的能量最少。而在我们实际的电路设计中，产生的信号一般也是类似高斯（钟形）的包络信号。因此，通过这种特殊的方式，选用高斯包络脉冲信号，选择 (α^2, f_c) 不同组合，就可以灵活地调整 UWB 信号，使其满足特定的要求。

3.2.2.6 小波脉冲

小波函数 $\psi_{a,b}(t)$ 是母小波函数 $\psi(t) \in L^2(R)$ 经过平移和伸缩形成的。其中，a 为尺度因子，b 为平移因子。

$$\psi_{a,b}(t) = \frac{1}{\sqrt{a}}\psi\left(\frac{t-b}{a}\right), \quad a \neq 0 \tag{3-30}$$

母小波函数 $\psi(t)$ 必须满足式（3-31）表示的全局积分为零的条件，即波的特性。

$$\int_{-\infty}^{\infty} \psi(t)\mathrm{d}t = 0 \tag{3-31}$$

由于小波具有有限的持续时间和零直流分量等特性，选择合适的尺度因子 a，就可以得到持续时间为纳秒级的窄脉冲。如果小波脉冲在频域是带限的，或者其频谱满足 FCC 的频谱限制，则该小波脉冲就可以设计成超宽带脉冲。下面对常见的小波函数进行分析。

1. Morlet 小波

Morlet 小波函数的表达式为

$$\mathrm{Morl}(t) = \exp(-t^2/2)\cos(\omega_0 t), \quad \omega_0 \geqslant 5 \tag{3-32}$$

从表达式上看，Morlet 小波是使用了载波的指数信号，取 $\omega_0 = 5$，对应的 Morlet 小波的时域波形如图 3-22 所示。

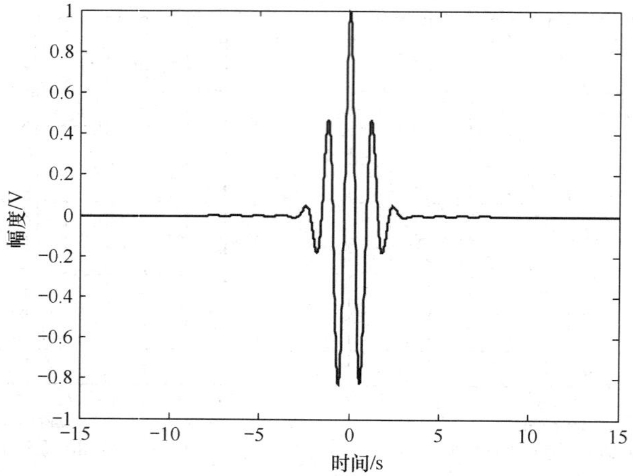

图 3-22 Morlet小波的时域波形

图 3-22 是 Morlet 小波的时域波形，令尺度因子 a 分别为 3×10^{-10} 、 5×10^{-10} 、 7×10^{-10} 、 9×10^{-10} ，得到相应的 Morlet 小波如图 3-23 所示。从图 3-23 中可以看出，通过控制尺度因子，可以得到纳秒级的窄脉冲，尺度因子减小，则脉冲宽度变小。

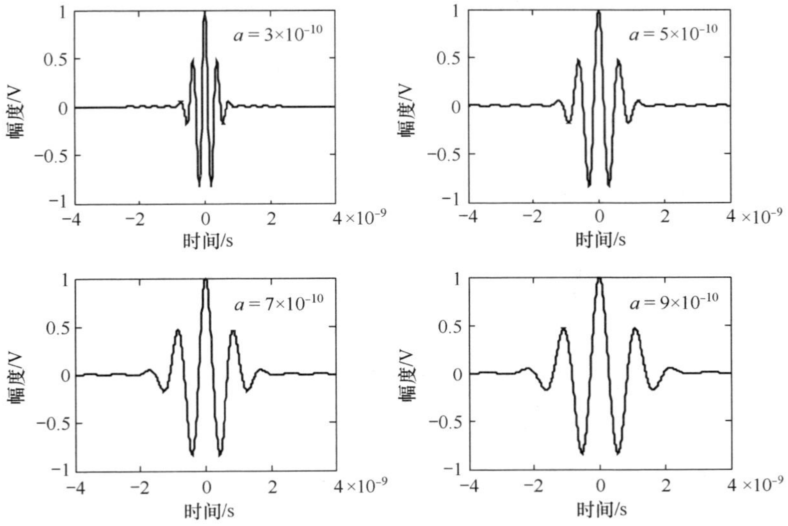

图 3-23　不同尺度因子下的 Morlet 小波

Morlet 小波的傅里叶变换为

$$\psi(\omega)=\sqrt{2\pi}\exp[-(\omega-\omega_0)^2/2] \tag{3-33}$$

Morlet 小波的频谱图如图 3-24 所示。

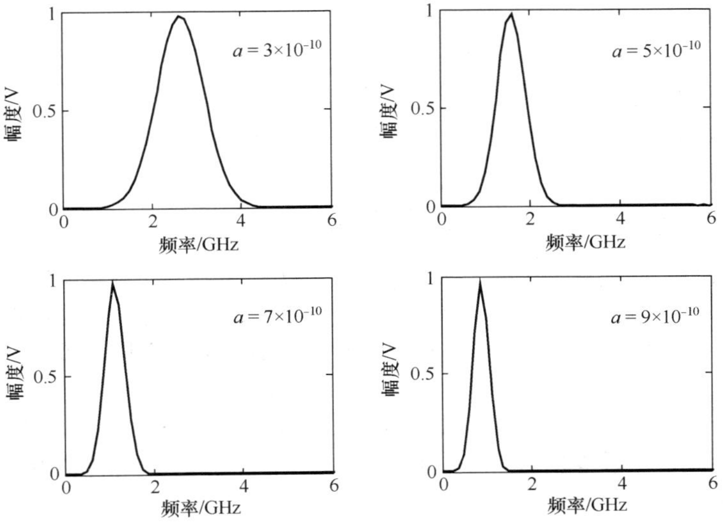

图 3-24　不同尺度因子下的 Morlet 小波的频谱图

从图 3-24 中可以看出，Morlet 小波也可以看作带限信号，当尺度因子 a 增大时，信号带宽减小，同时由于载波项 $\cos(\omega_0 / a)$ 的作用，信号的中心频率随尺度因子的增大而减小。

下面分析 Morlet 小波对 FCC 的辐射限制的适应性。选取不同的尺度因子 a，仿真计算得到以相应 Morlet 小波作为 UWB 脉冲的系统发射信号的功率谱密度如图 3-25 所示。

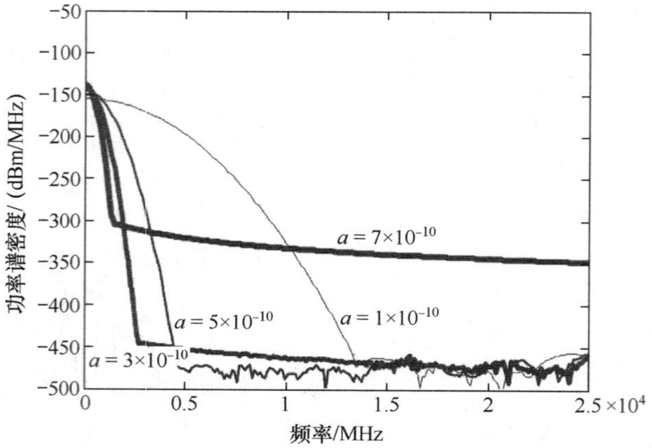

图 3-25 不同尺度因子下以 Morlet 小波作为 UWB 脉冲的系统发射信号的功率谱密度

从图 3-25 中可以看出，尺度因子为 1×10^{-10} 的 Morlet 小波作为 UWB 脉冲时，UWB 系统发射信号的功率谱密度能够很好地满足 FCC 对通信应用的 UWB 设备的辐射限制。综合 Morlet 小波的时域和频域特性，Morlet 小波适合作为 UWB 脉冲。

2. Mexican hat 小波

Mexican hat 小波的表达式为

$$\mathrm{Mexh}(t) = \frac{2}{\sqrt{3}\pi^{\frac{1}{4}}} \exp\left(-\frac{t^2}{2}\right)(1-t^2) \tag{3-34}$$

Mexican hat 小波的傅里叶变换为

$$\psi(\omega) = \sqrt{2\pi}\omega^2 \exp\left(-\frac{\omega^2}{2}\right) \tag{3-35}$$

令尺度因子 a 分别为 3×10^{-10}、5×10^{-10}、7×10^{-10}、9×10^{-10}，得到相应的 Mexican hat 小波如图 3-26 所示。从图 3-26 中可以看出，Mexican hat 小波可以看成时限信号，减小尺度因子，则 Mexican hat 小波脉冲的宽度减小，选择合适的尺度因子，可以得到纳秒级的窄脉冲。

不同尺度因子下 Mexican hat 小波的频谱图如图 3-27 所示。从图 3-27 中可以看出，Mexican hat 小波可以看成带限信号，当尺度因子增大时，小波脉冲的宽度减小，同时信号的中心频率减小。

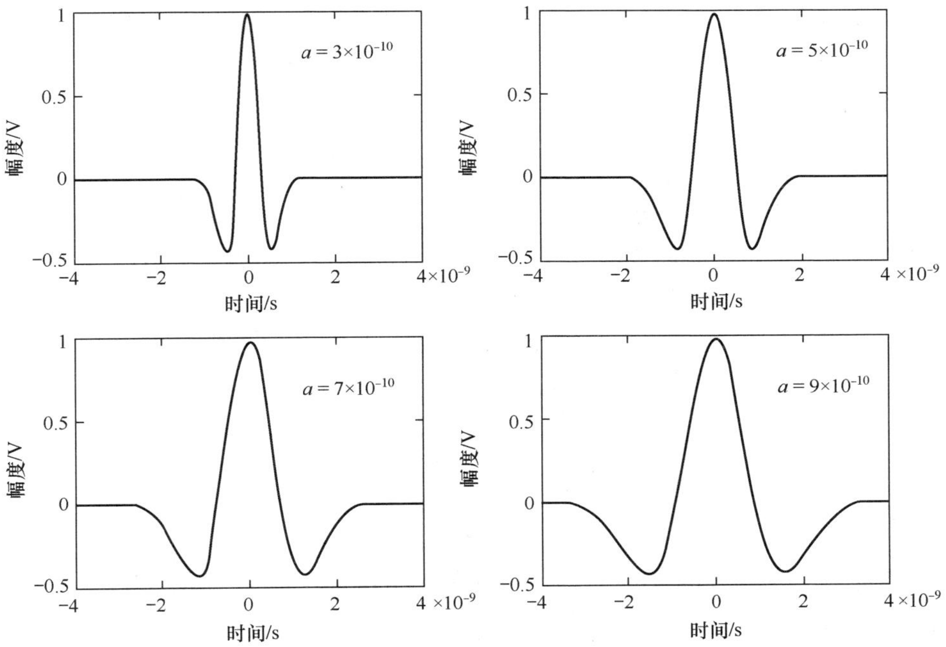

图 3-26　不同尺度因子下 Mexican hat 小波的时域波形

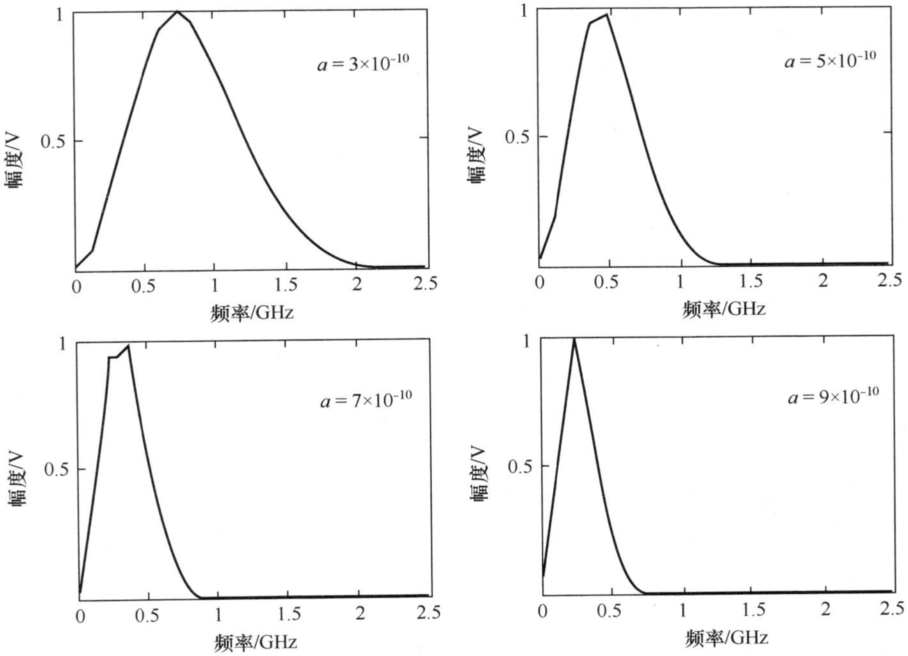

图 3-27　不同尺度因子下 Mexican hat 小波的频谱图

下面分析 Mexican hat 小波对 FCC 的辐射限制的适应性。选取不同的尺度因子 a，仿真计算得到相应的 Mexican hat 小波作为 UWB 脉冲的系统发射信号的功率谱密度如图 3-28 所示。

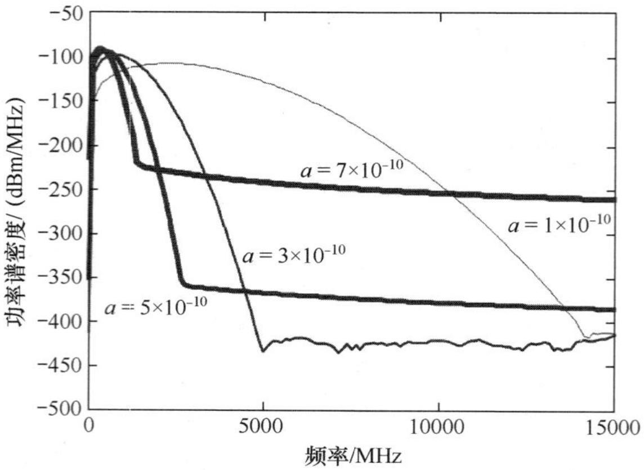

图 3-28 不同尺度因子下 Mexican hat 小波的功率谱密度

从图 3-28 中可以看出，Mexican hat 小波的功率谱密度虽然能够满足 FCC 规定的 UWB 的辐射限制，但是选择的尺度因子除了1×10^{-9}，其余尺度因子下的 Mexican hat 小波占用的频带较窄，不在超宽带的频谱范围内，所以该波形不适合用于 UWB 室内定位系统。

由于小波的直流分量为零，因此作为发射脉冲可以有效辐射，而且通过尺度因子拉伸小波，可以得到任意宽度的小波脉冲；同时，小波具有较好的时频局域性，能够符合超宽带脉冲的时限和频限要求。通过对 Morlet 小波和 Mexican hat 小波的时域及频域分析可知，只要选择合适的尺度因子，Morlet 小波和 Mexican hat 小波都能够作为 UWB 室内定位系统的理想脉冲。

3.2.3 基于数字逻辑电路的窄脉冲设计

UWB 通常利用宽度在纳秒级甚至亚纳秒级的脉冲信号来实现高速率的数据传输。发送的脉冲要具有高的重复频率、合适的波形、良好的上升和下降沿、较高的功率利用率，同时要求脉冲产生电路具有结构简单、功耗低、体积小等特点[28]。因此，高速窄脉冲的产生是 UWB 室内定位技术中的一项关键技术。

目前产生窄脉冲的方法大致可以分为以下三类。

第一类是将各种高速器件等效成开关，利用储能元件的充放电得到短持续时间的信号，再将其经过脉冲成形网络整形成满足要求的波形和电压足够高的脉冲[28]。

第二类是采用数字电路中的竞争冒险现象产生窄脉冲，这种方法能够产生类似高斯函数的窄脉冲。

第三类是利用波形合成技术，利用几种简单易控制的波形来合成窄脉冲，比如傅里叶系数合成技术、小波合成技术等。利用此种方法虽然能克服基于电器件特性产生的窄脉冲形状不易控制、能量效率低、难以保持精确的脉冲重复频率等缺点，但其考虑更多的是数学方面的问题，电路较为复杂，实现较难。

为了得到适用于工程的窄脉冲的产生方法，下面主要分析前两类实现方法。

1. 利用模拟器件的特性产生窄脉冲

采用这种方法的核心是各种高速器件的选择和使用，包括光电器件和高速的电子器件。光导开关是半导体光电技术和超短激光脉冲技术相结合发展起来的新型高功率开关，通过光控实现对半导体材料电导率的控制，从而切换开关的导通和关断状态。其具有闭合时间短（皮秒量级）、时间抖动小、重复频率高、功率容量大等诸多优点，但产生的脉冲重复频率太低，而且工作时需要几百至几千伏的电源电压，体积庞大，不满足小型化的设计要求。

高速电子器件主要包括隧道二极管、雪崩晶体管、阶跃恢复二极管等。下面分析比较这几种器件的脉冲产生电路。

1）隧道二极管脉冲产生电路

隧道二极管 PN 结两侧的杂质浓度较一般晶体管高很多，其伏安特性曲线如图 3-29 所示。由图可见，它与普通二极管的特性曲线有很大不同，表现在：在很小的正向电压时，电流就开始剧增，直到出现峰值电流 I_{P}（对应的电压为峰点电压 U_{P}），此时若继续增大电压，电流反而减小，出现负阻效应。当电压增加到 U_{V} 时，电流达到极小值 I_{V}。当外加电压 $U < U_{\mathrm{V}}$ 时，流过隧道二极管的电流主要是隧道电流。此后随着电压的继续增加，电流又迅速增大，这一段是和普通二极管一样的，流过隧道二极管的电流主要是扩散电流。此外，隧道二极管的反向特性也和普通二极管不同，当反向电压从零略微增大时，电流就很剧烈地增大。

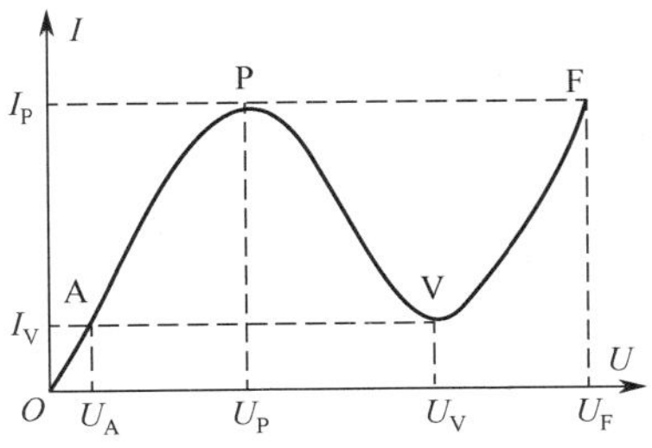

图 3-29　隧道二极管的伏安特性曲线

隧道二极管具有良好的隧道效应，能够产生上升时间为几十到几百皮秒的极窄的 UWB 脉冲。但是产生的脉冲幅度比较小，一般仅为毫伏级；同时，隧道二极管的低阻抗、低电压输出及它的两个终端给脉冲产生电路的设计增加了复杂度[29-30]。

2）雪崩晶体管脉冲产生电路

雪崩晶体管脉冲产生电路结构比较简单，脉冲幅度相对较大，曾被认为是 UWB 发射机理想的发射元件，其实现电路主要利用晶体管的雪崩击穿特性。图 3-30 为典型的雪崩晶体管脉冲产生电路。

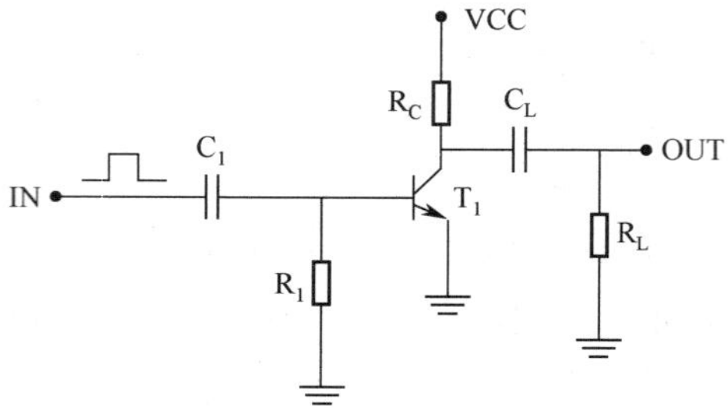

图 3-30 雪崩晶体管脉冲产生电路

输入端 IN 无脉冲输入时，晶体管处于截止状态，偏置电压通过集电极电阻 R_C 对电容 C_L 充电，储能电容 C_L 进入稳态后两端电压约为 VCC，输出端 OUT 电压为 0，同时晶体管处于雪崩临界状态。当正极性脉冲到来时，输入信号经过由 C_1 和 R_1 组成的微分网络后形成尖脉冲，加到晶体管的基极，基极的反向偏置电流减小，之后晶体管发生雪崩效应，强烈的正反馈在三极管内部产生负阻效应，使晶体管迅速导通，电容 C_L 上的电荷则通过晶体管和电阻 R_L 迅速放电；由于基极输入触发脉冲的宽度比较大，上升时间比较长，当 C_L 的放电电流不足以维持雪崩效应的时候，晶体管进入饱和状态；当输入触发脉冲结束后，晶体管又回到截止区，此时偏置电压再次对电容 C_L 充电，为下次触发做好准备。

通过选择合适功率的雪崩晶体管可以得到脉宽在 1ns 左右、幅值为十几伏的窄脉冲。通过合理搭建晶体管电路，采取级联方式也可以得到幅值为上千伏的脉冲。这种电路需要提供足以使晶体管产生雪崩的高达几十伏的电压，一般应用于雷达信号和较大功率的脉冲电路。

3）阶跃恢复二极管脉冲产生电路

阶跃恢复二极管（Step Recovery Diode，SRD）是一种理想的超宽带脉冲产生元件。这种元件是在高掺杂的硅衬底上外延一层杂质浓度很低的硅单晶，作为 P^+NN^+结构，这种 PN 结比普通二极管有更快的转换速度。PN 结正向偏置时，位于 PN 结附近的少数载流子被储存，因为此时结间的阻抗由储存的电荷所决定，所以可以产生快速的上升沿。在高频或突变电压激励下，正向导通时储存着的大量电荷迅速返回原处，形成很大的反向电流，直到储存的电荷将要耗尽时，反向电流才迅速减小并立即恢复到反向截止状态，这种现象称为阶跃恢复。

SRD 的直流伏安特性和一般二极管相同，但当偏置正电压迅速跳变至负电压时，反向电流恢复至截止时的电流过程极其迅速。SRD 脉冲产生电路就是利用 SRD 在负半周某时刻产生的电流跳变，在外电路中形成窄脉冲的。图 3-31 给出了普通二极管与 SRD 对输入正弦信号的响应。

文献[30]中采用了如图 3-32 所示的电路产生 UWB 高斯单周期脉冲。此脉冲发生器分为三部分：脉冲产生、脉冲整形、微分电路。其中，脉冲产生电路为脉冲源提供的方波信号经过 SRD 后产生一个跳变沿很陡峭的阶跃信号 i_+，在结点处该信号一路继续往前传输，另一路信号则沿短路短截线 A 传输，并在短路短截线 A 的末端反相成为 i_- 后反射回结点（短路线的特性），与原信号 i_+ 叠加成脉冲信号，脉冲的持续时间完全由短路短截线 A 的长度决定。图 3-33 为脉冲信号形成示意图[30]。

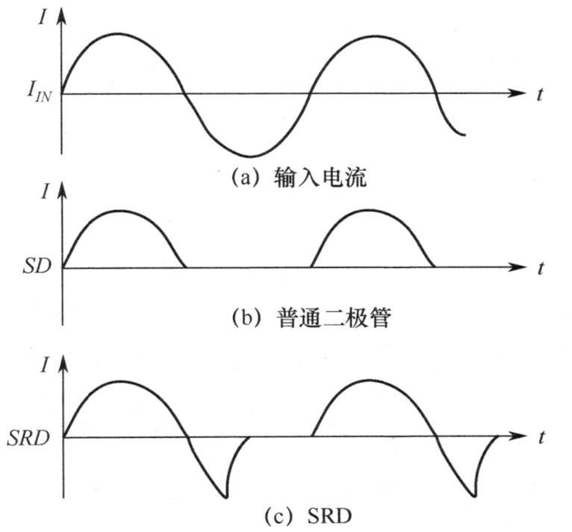

图 3-31　普通二极管与 SRD 对输入正弦信号的响应

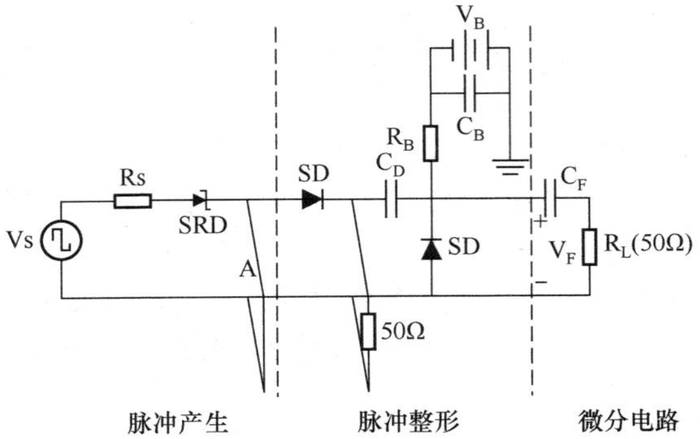

图 3-32　基于 SRD 的脉冲发生器

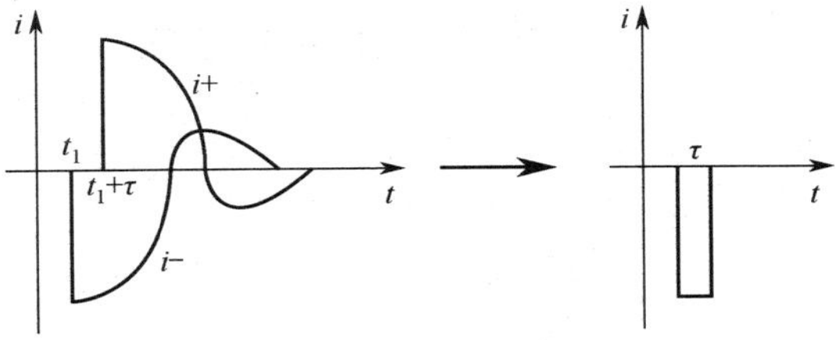

图 3-33　脉冲信号形成示意图

脉冲整形网络采用了电阻电路和前面电路匹配，用来抑制脉冲拖尾，同时对脉冲起到了整流的作用，此处的开关二极管进一步抑制了脉冲的振铃。微分电路用于得到高斯单周期脉冲，此处电容的值是由负载和所需要的时间常数决定的，而时间常数则是由前级电路所得的高斯脉冲的持续时间得到的。此电路得到了持续时间为300ps的高斯单周期脉冲。

此外，还可以利用脉冲放电管产生UWB脉冲，它利用高压电将火花隙击穿后产生电离，可以产生幅度超过几百伏的亚纳秒脉冲，这种电路存在重复频率较低和波形不稳定的问题。

2. 利用数字电路产生窄脉冲

采用隧道二极管、雪崩晶体管、阶跃恢复二极管产生UWB脉冲信号的方法均利用了模拟器件的特性，产生的均为模拟信号。UWB脉冲的各种调制方式如DS-BPSK、TH-PPM、TH-BPSK等都需要对数字信号进行处理和加工，如果脉冲发射是模拟电路而脉冲调制采用数字方式，模拟信号与数字信号间不免会有较大的干扰。必须对模拟信号与数字信号进行隔离，或者将脉冲产生与调制分别设计在不同的电路板上，否则会产生严重的信号失真问题。这就增加了发射系统设计的复杂程度，并且不利于UWB信号发射电路的小型化设计。另外，在通信系统中，对于超宽带信号的功率谱有着严格的限制，要求脉冲发生器产生的脉冲幅度要小。同时，出于对电路集成成本的考虑，需要有更简单、更兼容数字电路系统的超宽带信号产生办法。

采用数字电路产生窄脉冲，主要利用的是数字电路中的竞争冒险现象，而数字电路中的竞争冒险现象分为两种：一种是组合逻辑电路中的竞争冒险现象；另一种是时序逻辑电路中的竞争冒险现象。下面将分别介绍这两种现象对应的窄脉冲产生方法。

1）利用数字组合逻辑电路中的竞争冒险现象产生窄脉冲

利用数字组合逻辑电路中的竞争冒险现象产生窄脉冲的方法主要有两种：一种是采用两输入端与非门（NAND）产生窄脉冲，如图3-34所示，其逻辑表达式为$F=\overline{AB}$；另一种是采用两输入端或非门（OR）产生窄脉冲，如图3-35所示，其逻辑表达式为$F=\overline{A+B}$。这两种方法产生的窄脉冲近似钟形，类似于高斯脉冲。由于高斯脉冲具有较大的直流分量，因此可以在电路的后端采用微分电路得到无直流分量的高斯单周期脉冲。

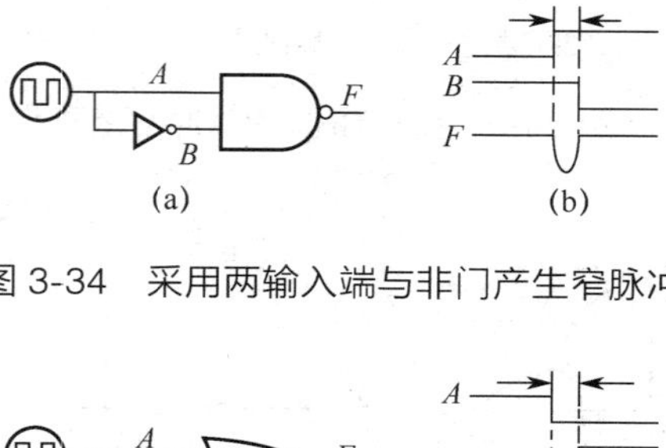

图3-34 采用两输入端与非门产生窄脉冲

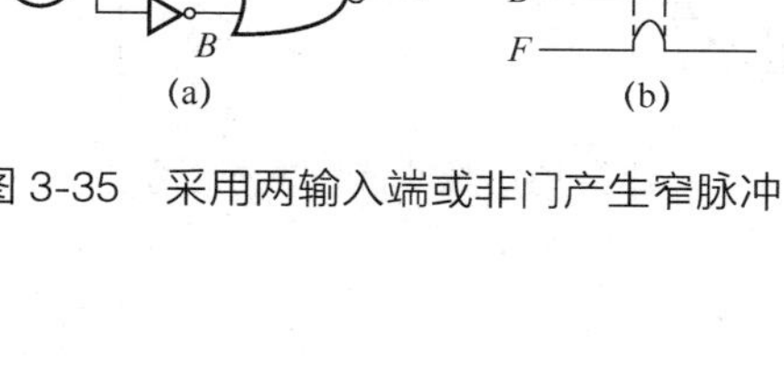

图3-35 采用两输入端或非门产生窄脉冲

2）利用数字时序逻辑电路中的竞争冒险现象产生窄脉冲

数字时序逻辑电路通常包含组合逻辑电路和存储电路两个部分，所以它的竞争冒险现象也包含两个方面：一方面是组合逻辑电路部分可能发生的竞争冒险现象；另一方面是存储电路（或触发器）工作过程中发生的竞争冒险现象。

为了保证触发器可靠地翻转，输入信号和时钟信号在时间配合上应满足一定的要求。然而，当输入信号和时钟信号同时改变，而且通过不同路径到达同一触发器时，便产生了竞争。竞争的结果有可能导致触发器误动作，这种现象称为存储电路（或触发器）的竞争冒险现象[31]。因为此种现象一般只发生在异步时序电路中，所以可以采用异步时序电路来产生窄脉冲，其实现方法如图 3-36 所示。

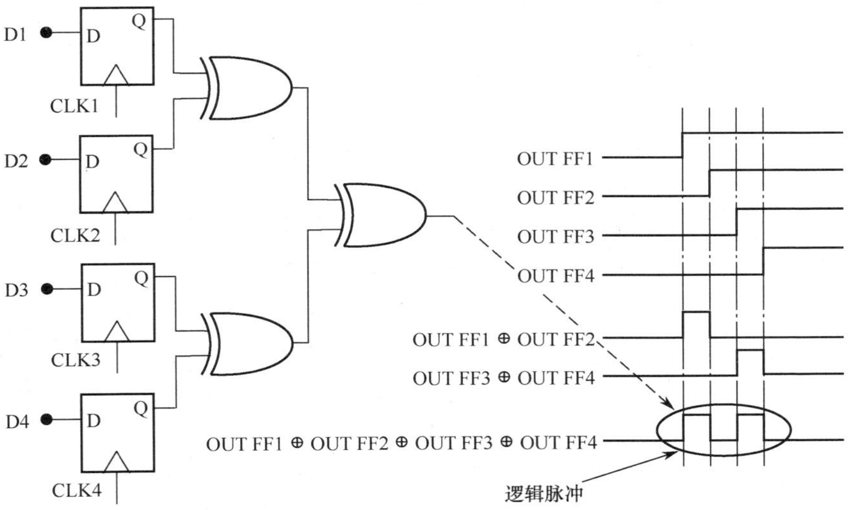

图 3-36　利用异步时序电路竞争冒险现象产生窄脉冲

上述方法中的电路采用多相时钟来控制 D 触发器，使 D 触发器输出脉冲的上升沿的到达时间有了不同的延迟。对于异或门，当两个输入不同时，输出才为“1”，其逻辑表达式为 $F = A \oplus B = A \cdot B' + A' \cdot B$（$\oplus$为异或运算符），所以 D 触发器的输出经过异或门之后，就产生了一个窄脉冲[31]。由图 3-36 可以看出，产生窄脉冲的宽度完全是由时钟的延时来决定的，时钟的延时是由多相时钟来控制的。其中，多相时钟的逻辑图如图 3-37 所示，由于 CLK1、CLK2、CLK3、CLK4 之间的延时均为τ，所以图 3-37 所示的电路中产生的窄脉冲的宽度为τ。如果想得到满足 FCC 频谱规定的 UWB 窄脉冲，还需要在电路的后端进行滤波整形。

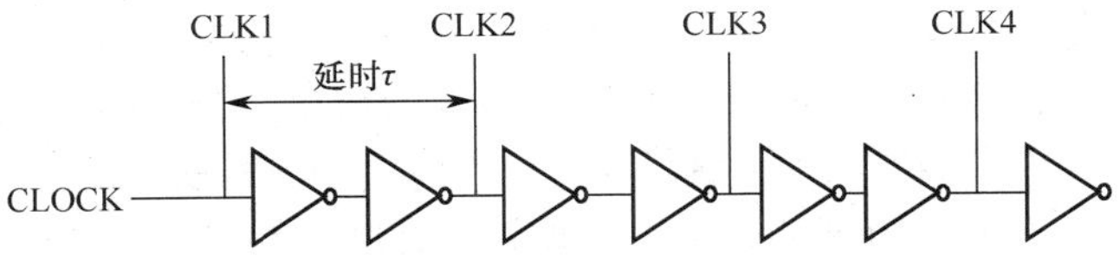

图 3-37　多相时钟的逻辑图

图 3-37 中的延时 τ 一般是通过压控延时线或者 FPGA 控制的延时芯片来实现的。可以利用非门 74S04、74F04、NC7SZ04 之间不同的延时，实现延迟同步时钟。通过分析四路输出脉冲的波形，选择合适的逻辑门芯片组合，产生持续时间为 2.569ns、重复频率为 10MHz 的窄脉冲。利用时序逻辑电路中的竞争冒险现象产生窄脉冲的电路图如图 3-38 所示，仿真结果如图 3-39 所示。

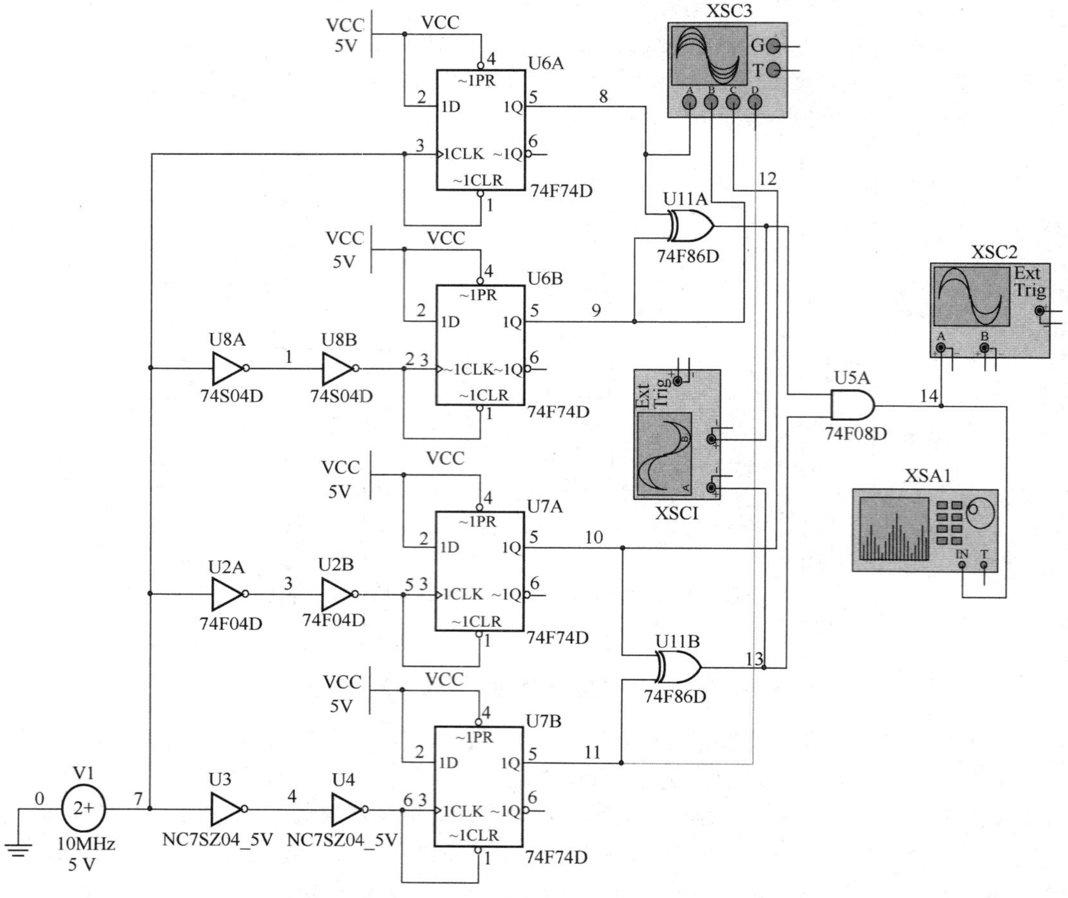

图 3-38　利用时序逻辑电路中的竞争冒险现象产生窄脉冲的电路图

通过选择合适的逻辑芯片，还可以得到不同宽度的脉冲，这等同于改变了延迟同步时钟的延时 τ。所以利用时序逻辑电路的竞争冒险现象产生窄脉冲，同样能够实现脉冲宽度可控。由于 D 触发器是输入方波上升沿触发的，所以这种方法非常适合应用到跳时脉冲位置的 UWB 通信系统中。但是如果要产生精确的延时，还是要通过压控延时线或者 FPGA 控制的延时芯片来实现，不过这将在一定程度上增加系统的复杂度及集成成本。

在数字电路产生窄脉冲方法的基础上，设计一种脉冲发生器，其电路图如图 3-40 所示。该电路采用两输入端或非门产生窄脉冲，所选用的高速逻辑器件 NC7SZ02 或非门和

NC7SZ04 非门是飞兆/仙童半导体公司（Fairchild Semiconductor）的低 ICCT 逻辑门 TinyLogic 器件。低 ICCT 逻辑门 TinyLogic 器件相比标准 CMOS 产品，静态功耗减少多达 99%，所选器件的超高速体现为在 5V 电源电压的驱动下，典型延时为 2.4ns[32]，比 TTL 逻辑门的 74F 系列的延时还要小。

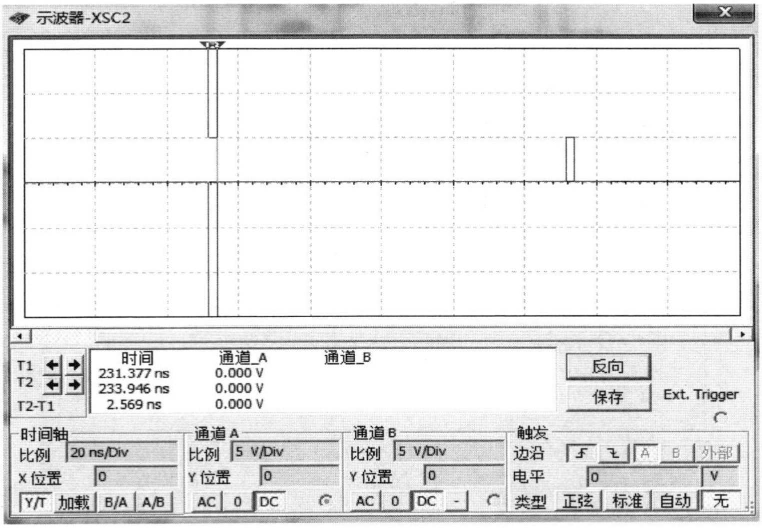

图 3-39 时序逻辑电路脉冲发生器仿真结果

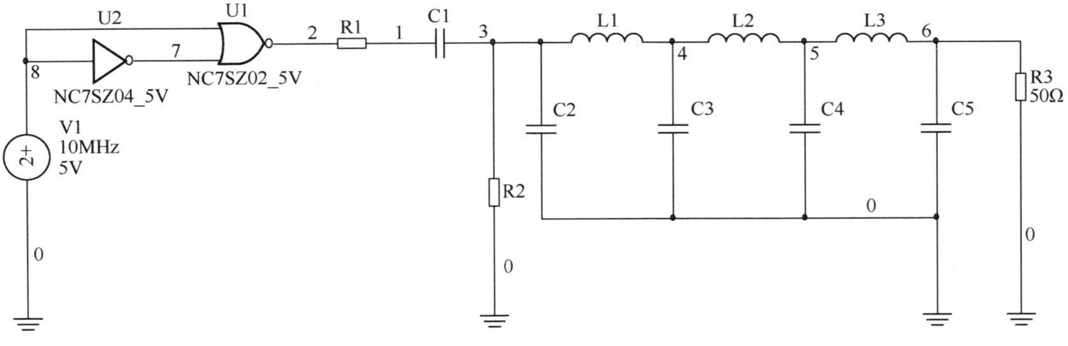

图 3-40 脉冲发生器电路图

该脉冲发生器的输入信号采用的是 10MHz 的晶振提供的基带方波信号。虽然理论上激励时钟信号的上升时间对脉冲的宽度没有影响，但是考虑到器件的非理想性，应选择上升时间尽量短的时钟信号作为激励源。所以在实际电路制作时，时钟信号应先经过两个非门，以使输入的激励信号具有足够陡峭的上升沿和幅度，之后再分为两路分别输入非门 NC7SZ04 和或非门 NC7SZ02 的一个输入端。时钟信号经过非门 NC7SZ04 后会产生一个极性相反、有足够陡峭的上升沿和幅度的信号，该信号和时钟信号经过或非门 NC7SZ02

后产生一个窄脉冲。此窄脉冲的宽度是由非门的延时来决定的。电路后端的微分滤波电路主要用于脉冲成形，通过调整 RLC 的参数，就可以得到适合 UWB 传输的高斯单周期脉冲。另外，在实际电路制作中，由于传输的是高速的脉冲信号，所以电路的布线也会对脉冲的延时造成影响[33]。

利用 Multisim10.0 仿真软件对设计的脉冲发生器进行仿真，仿真结果如图 3-41 所示。采用该脉冲发生器得到了脉冲持续时间为 857ps、幅度为 3.1V、重复频率为 10MHz 的高斯单周期脉冲。

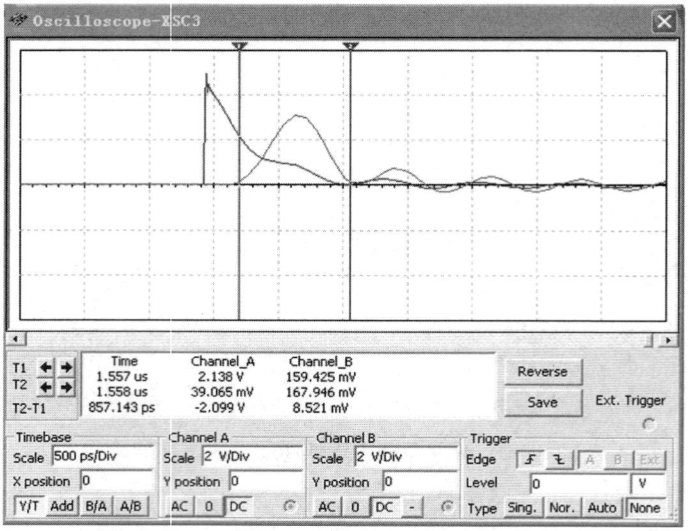

图 3-41 脉冲信号的仿真波形

由以上设计的脉冲发生器可知，利用数字逻辑电路中的竞争冒险现象来产生 UWB 窄脉冲结构简单，成本低廉，易于集成。但是，此种电路脉冲宽度完全由非门的延时来决定，脉冲宽度不可控。如果要得到极窄的脉冲，必须选择延时极小的逻辑器件。若采用可编程延时芯片来替代电路中的非门，能够实现产生的窄脉冲宽度可控。可以采用 FPGA 或者 DSP 来控制电路中的脉冲延时[34-35]。

3.2.4 基于双非门结构的窄脉冲设计

利用数字器件的竞争冒险现象产生窄脉冲，脉冲的持续时间完全由非门的延时决定，选择合适的非门延时芯片，就能得到不同宽度的窄脉冲，脉冲的宽度受非门的延时控制。目前使用的高速逻辑器件的非门大部分的延时都在纳秒级，如在 5V 电源电压驱动下，74S04 的典型延时为 3ns，74F04 的典型延时为 3.7ns，NC7SZ04 的典型延时为 2.4ns，74HC04 的典型延时为 7ns，这大大限制了极窄脉冲的产生，而利用几个延时相近的高速逻辑器件得到的延时差却远远小于单个器件的延时。因此，下面在已经设计的脉冲发生器的基础上，提出了一种利用延时差极小的两个逻辑非门产生皮秒级脉冲的方法，该方法由于利用了两个逻辑非门的延时差，对器件的要求不高。图 3-42 为所提出的双非门结构的脉冲发生器的电路设计图。

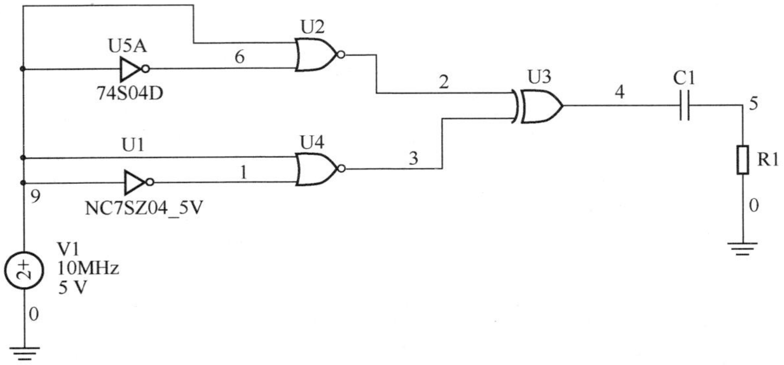

图 3-42　双非门结构的脉冲发生器的电路设计图

图 3-42 中，首先 74S04D 和 NC7SZ04 分别和时钟信号经过或非门之后，得到两个不同宽度的窄脉冲，如图 3-43 所示。得到的两个窄脉冲宽度之差为 587ps，这就是所选择的两个非门的延时差。然后将这两个脉冲分别输入异或门，得到最后的窄脉冲。得到的窄脉冲含有丰富的低频和直流分量，不适合天线辐射。为了有效传输，UWB 信号应含有尽可能多的高频分量，所以在经过逻辑电路之后，通过微分电路对脉冲进行整形，以获得适合 UWB 传输的高斯单周期脉冲。经过微分电路之后得到的脉冲波形如图 3-44 所示。

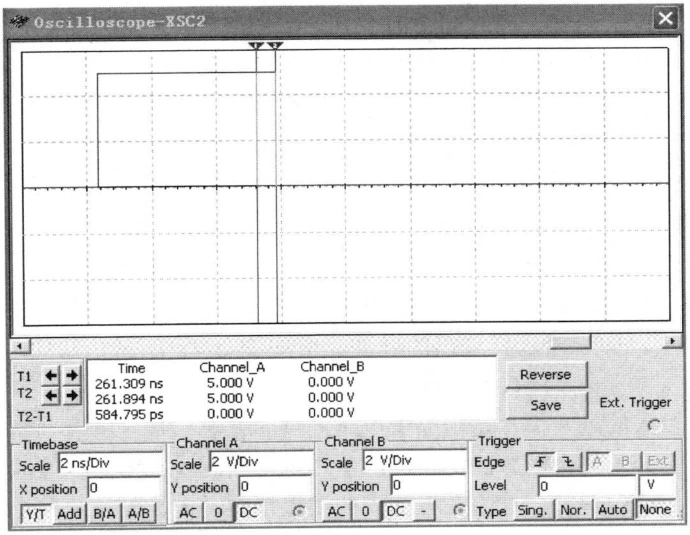

图 3-43　脉冲发生器仿真结果 1

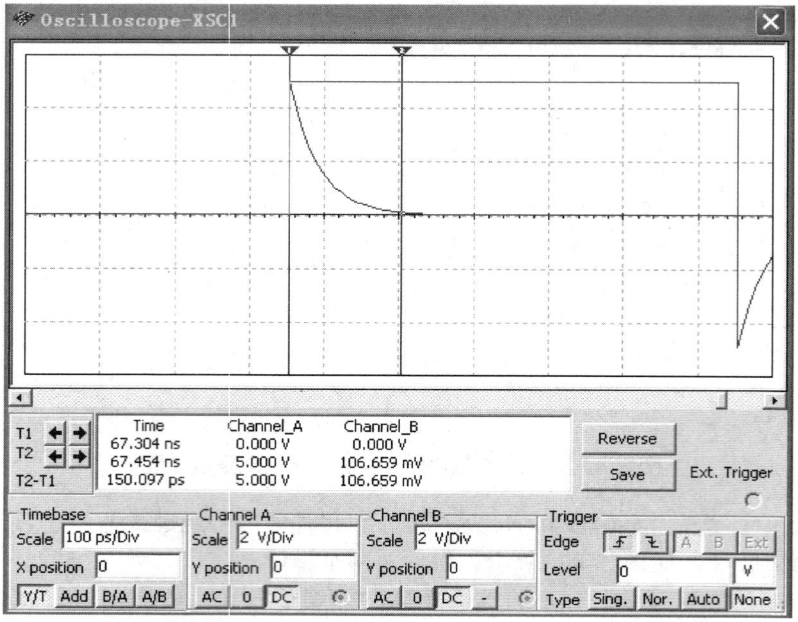

图 3-44　脉冲发生器仿真结果 2

从图 3-44 中可以看到，经过微分整形电路之后得到的脉冲宽度为 150ps。将该结果与图 3-43 中的仿真结果进行比较分析，发现脉冲的宽度明显变窄。时域脉冲的宽度变窄，频域的频谱宽度也随之增加，而且频带的中心频率也随着脉冲的变窄而升高。同时，由于采用了两级电路，严格抑制了之前脉冲的拖尾和抖动现象。

根据双非门结构的脉冲发生器的原理图，制作了相应的实物，如图 3-45 所示。电路仿真时，采用 10MHz 的时钟信号源作为触发源输入，但在实际的测试时，在脉冲发生器的前端采用了 10MHz 的晶振电路作为触发码源。输出波形采用 AgilentMSO9404A 高宽带数字示波器（带宽为 4GHz，最高采样速率达 25GHz/s）测量。在非门 74S04D 和 NC7SZ04 作用后，两路产生的脉冲测试结果如图 3-46 所示。结果测得两路脉冲之间的延时差为 1.05ns，经过异或门之后的脉冲测试结果如图 3-47 所示，测得的脉冲宽度约为 1.47ns，幅度约为 1.6V。经过异或门的脉冲频谱如图 3-48 所示，从图 3-48 的脉冲频谱可以得到高斯脉冲的带宽为 1GHz，满足带宽设计要求。

在测试时，输入的触发信号是由晶振电路提供的方波信号。考虑到器件的非理想性，激励时钟信号的上升时间会对脉冲的宽度产生影响。同时，电路布线等因素会使实测结果与仿真结果产生一定的偏差，这都在可接受的误差范围之内。而且从整个电路的制作成本及体积方面考虑，基于双非门结构的脉冲发生器结构简单，成本低，易于制作，符合超宽带发射机小型化的设计要求，工程实用性较强。

图 3-45　双非门结构的脉冲发生器实物

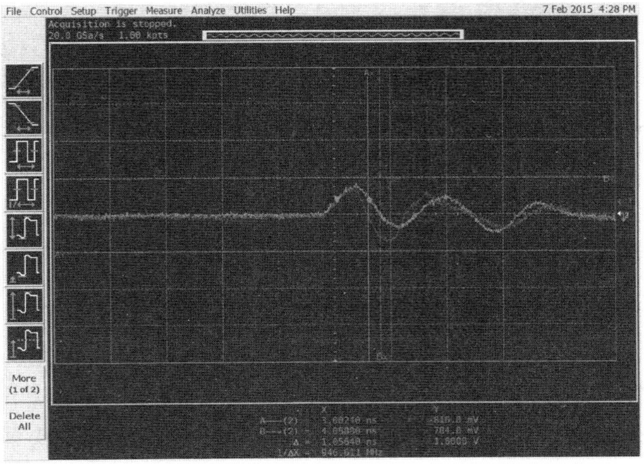

图 3-46　未经过异或门的两路脉冲波形

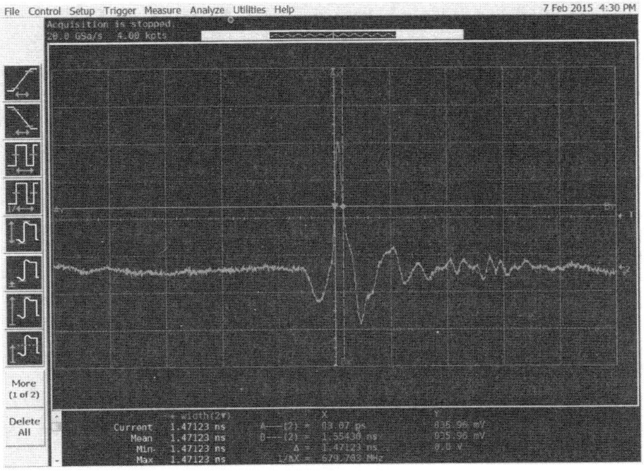

图 3-47　经过异或门的时域脉冲

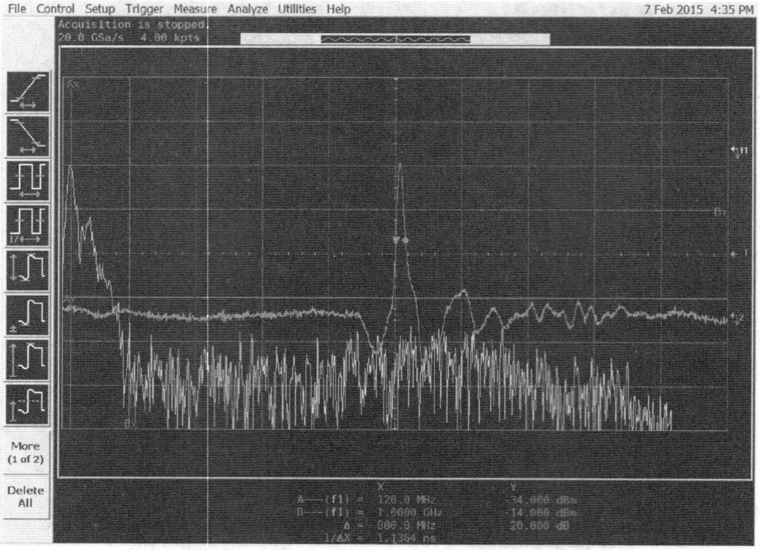

图 3-48　经过异或门的脉冲频谱

3.2.5　UWB脉冲信号的调制

调制是通过调整信号的某些参数（如幅度、极性、频率、相位等）使该信号携带信息的过程，在接收端调制后的信号必须能够被准确地辨别出来。发射信号的调制方式不仅决定了整个系统的可靠性和有效性，也影响了信号的频谱特性及后端接收机的复杂度等。因此，为了保证 UWB 无线通信系统的可靠性，必须要对发射的 UWB 信号进行适当的、高效的调制[36]。目前常用的调制方法有二进制振幅键控（OOK）[37]、二进制移相键控（BPSK）[38]、脉冲幅度调制（PAM）和脉冲位置调制（PPM）等[39]。另外，还有用于多址技术的跳时脉冲位置调制（Time-Hopping PPM，TH-PPM）和直接序列扩频调制（Direct-Sequence Spread Spectrum，DS-SS）[40-41]等。

3.2.5.1　PAM

PAM 是将信息调制到脉冲幅度上的一种调制方式，是数字通信系统中比较常用的调制方式之一。典型的PAM 调制信号的表达式如下：

$$p(t)=\sum_{j=-\infty}^{+\infty}a_j w(t-jT_f) \tag{3-36}$$

式中，$w(t)$ 代表基本脉冲信号，T_f 代表脉冲周期，则 $\sum_{j=-\infty}^{+\infty}w(t-jT_f)$ 代表脉冲序列；a_j 代表调制数据。设发送序列 $\{a_j\}$ 为独立同分布的随机变量，可以推算出 PAM 的功率谱密度为

$$P(f)=\frac{\sigma_a^2}{T_f}|W(f)|^2+\frac{\mu_a^2}{T_f^2}\sum_{j=-\infty}^{+\infty}\left|W\left(\frac{j}{T_f}\right)\right|^2\sigma\left(f-\frac{j}{T_f}\right) \tag{3-37}$$

式中，σ_a^2 和 μ_a 分别是序列 $\{a_j\}$ 的方差和均值，$|W(f)|^2$ 是基本脉冲信号的功率谱密度。由于调制信号 $\{a_j\}$ 是一个随机变量，故经过 PAM 的 UWB 信号功率谱包含了连续谱和离散谱两个部分。

设调制信号为 a_1、a_2，即采用二进制 PAM，PAM 后的波形如图 3-49（a）所示。在 AWGN 信道下相干接收的误码率如下：

$$P_\mathrm{e}=Q\left(\sqrt{\frac{(a_2-a_1)^2E_b}{2(\sigma_a^2+\mu_a^2)N_0}}\right) \tag{3-38}$$

式中，E_b 为比特平均能量，N_0 为噪声功率谱密度，$Q(\cdot)$ 为误差函数，定义如下：

$$Q(x)=\int_x^{\infty}\frac{1}{\sqrt{2\pi}}\mathrm{e}^{\frac{-s^2}{2}}\mathrm{d}s \tag{3-39}$$

PAM 的优点在于硬件的实现简单，仅需要一个脉冲发生器和一个匹配滤波器，而且可以灵活地采用多进制进行调制，方便改变数据的传输速率。但 PAM 的误码率不是最好的，并且在室内复杂的环境下，UWB 信号会受到多径衰落的影响，PAM 就不太适合在这样的场合下使用。

通过改变序列 $\{a_j\}$ 的值，可以得到 PAM 的两种简化形式：OOK 调制和 BPSK 调制。

1. OOK 调制

OOK 调制是 PAM 的一种极限，通过脉冲的有无来传递信息。OOK 调制的表达式为

$$p(t)=\sum_{-\infty}^{\infty}b_n w(t-nT_f) \tag{3-40}$$

式中，b_n 代表调制数据“0”或“1”。当 b_n=1 时，发送脉冲信号；当 b_n=0 时，不发送脉冲信号。OOK 调制后的波形如图 3-49（b）所示。AWGN 信道下接收的误码率为

$$P_\mathrm{e}=Q\left(\sqrt{\frac{E_b}{N_0}}\right) \tag{3-41}$$

OOK 调制的物理实现简单，只需要利用一个简单的射频开关就可以控制脉冲发生器的开和关，实现“0”和“1”的发送。而它的误码率性能明显不如其他幅度调制技术。

2. BPSK 调制

在无线通信技术中，BPSK 调制利用脉冲的极性进行信息的调制。当调制信息为“1”时，发送一个正极性的脉冲；当调制信息为“0”时，发送一个负极性的脉冲，如图 3-49（c）所示。BPSK 调制的表达式为

$$p(t)=\sum_{-\infty}^{\infty}b_n w(t-nT_f) \tag{3-42}$$

式中，b_n 代表数据“0”或“1”。

BPSK 调制与前两种调制方式相比，优点是它的误码率性能比较理想。在 AWGN 信

道下接收的误码率为

$$P_e = Q\left(\sqrt{\frac{2E_b}{N_0}}\right) \tag{3-43}$$

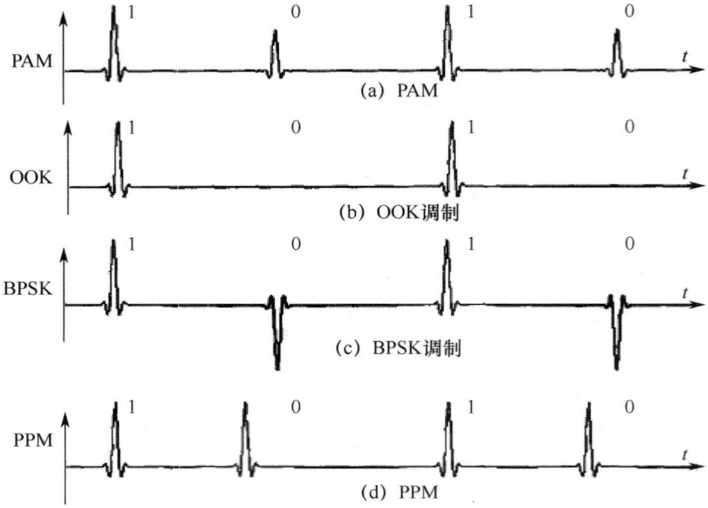

图 3-49 UWB的调制方式

BPSK 调制的物理实现较难。例如，采用 BPSK 调制的系统需要两个分别产生相反极性脉冲的脉冲发生器，系统比较复杂，但由于它的误码率比较理想，该调制方式在 UWB 系统中仍有应用。

3.2.5.2 PPM

在 PAM、OOK 调制和 BPSK 调制中，发射脉冲的时间间隔是不变的。实际过程中，可以通过改变发射脉冲的时间间隔或发射脉冲相对于基准脉冲的位置来传递消息，基于这样的原理出现了 PPM。在 PPM 的过程中，脉冲的幅度及极性是固定不变的。以二进制 PPM 为例，当调制数据为“1”时，这个脉冲就出现一个时间的偏移量 δ；当调制数据为“0”时，脉冲的位置就保持不变，如图 3-49（d）所示。二进制 PPM 的表达式如下：

$$p(t) = \sum_{n=-\infty}^{+\infty} w(t - nT_f - \delta b_n) \tag{3-44}$$

式中，b_n 为调制数据“0”或“1”，δ 为时间偏移量。

设调制数据“0”和“1”是等概率出现的，则 PPM 的功率谱密度为

$$\begin{aligned} P(f) = {} & \frac{1}{2T_f}|W(f)|^2[1-\cos(2\pi f\delta)] + \\ & \frac{1}{2T_f^2}\sum_{n=-\infty}^{+\infty}\left|W\left(\frac{n}{T_f}\right)\right|^2\left[1+\cos\left(\frac{2\pi n\delta}{T_f}\right)\right]\delta\left(f-\frac{n}{T_f}\right) \end{aligned} \tag{3-45}$$

在 AWGN 信道下接收的误码率为

$$P_e = Q\left(\sqrt{\frac{E_b}{N_0}}\right) \tag{3-46}$$

PPM 的优点是它的每个脉冲相对于其他脉冲都独立，容易实现信号的正交性，适合用于多进制和多址调制。PPM 最主要的缺点是在平均能量相同的情况下，它的误码率和 OOK 调制相同，明显不如 BPSK 调制。另外，在多进制 PPM 中，为了得到高速的数据传输速率，需要用多个脉冲来发送位置信息，脉冲之间的间隙比较小，这样就容易产生符号间的干扰问题。为了减少符号间的干扰问题，在 PPM 中，对数据的传输速率会有一个限制，从而导致在同样的条件下，PPM 的速率要比 PAM 低。如果在室内多径的条件下，相邻符号间的干扰会更严重。

3.2.5.3　多址技术

UWB 无线系统通常采用 TH 技术和 DS 技术作为多址接入技术。跳时技术最早是由 Scholtz 提出的。前面提到的几种调制技术都可以采用跳时技术实现多址接入，其中最常用的是对 PPM 和 PAM 进行调制，即 TH-PPM 和 DS-SS。

1. TH-PPM

由于 UWB 脉冲信号的持续时间可以达到纳秒级甚至皮秒级，利用这个特点，可以用某种方式从时间上来区分多个不同的用户。TH-UWB 采用 TH 序列作为各个用户的标识码，从而允许多个用户接入系统。结合二进制 PPM 的跳时 UWB 调制信号的产生可以系统地描述如下（见图 3-50）。

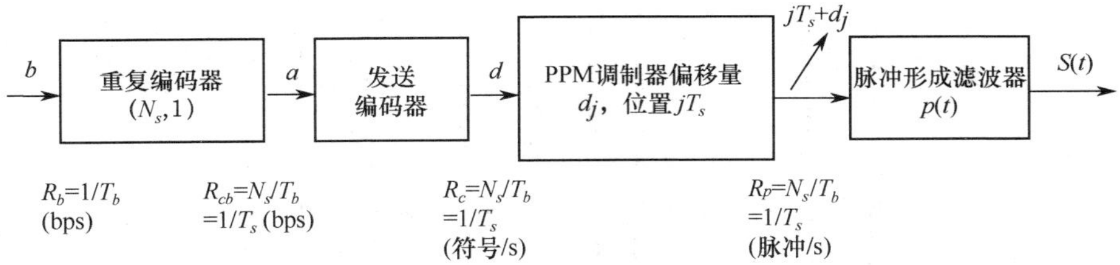

图 3-50　TH-PPM信号的发射方案

给定等待发射的二进制序列 $b=(\cdots,b_0,b_1,\cdots b_j,b_{j+1},\cdots)$，其速率 $R_b=1/T_b$（bps），图 3-50 中的第一个模块将每个比特重复 N_s 次，产生一个新的二进制序列：

$$\begin{aligned}&(\cdots,b_0,b_0,\cdots b_0,b_1,b_1,\cdots b_1,\cdots b_k,b_k,\cdots b_k,b_{k+1},b_{k+1},\cdots b_{k+1},\cdots)\\&=(\cdots,a_0,a_1,\cdots,a_j,a_{j+1},\cdots)=a\end{aligned}$$

新序列的比特速率 $R_{cb}=N_s/T_b=1/T_s$（bps）。这个模块被称为重复码的 $(N_s,1)$ 分组编码器。上述过程通常被称为信道编码。

第二个模块完成传输编码，即应用整数序列 $c=(\cdots,c_0,c_1,\cdots c_j,c_{j+1},\cdots)$ 和二进制序列 $a=(\cdots,a_0,a_1,\cdots a_j,a_{j+1},\cdots)$，产生一个新的序列 d，序列 d 中元素的表达式如下：

$$d_j = c_j T_c + a_j \varepsilon \tag{3-47}$$

式中，T_c 和 ε 都是常量，对所有的 c_j，需满足条件 $c_j T_c + \varepsilon < T_s$，一般 $\varepsilon < T_c$。

考虑到 d 是一个实数序列，而 a 是一个二进制序列，c 是一个整数序列。在此，假定 c 是一个伪随机码序列，其中的元素 c_j 是整数，并且满足 $0 \leqslant c_j \leqslant N_h - 1$。设码序列 c 为周期序列，它的周期为 N_p，取 $N_p = N_s$。

实数序列 d 输入到第三个模块完成 PPM，产生一个速率为 $R_p = N_s / T_b = 1/T_s$（脉冲/s）的单位脉冲序列。这些脉冲在时间轴上的位置为 $jT_s + d_j$，即脉冲的位置在 jT_s 基础上偏移了 d_j，则脉冲的发生时间可以表示为 $(jT_s + c_j T_c + a_j \varepsilon)$。显然，码序列 c 对信号加入了 TH 偏移，故 c 又被称为 TH 码。

最后一个模块为脉冲形成滤波器，它的冲激响应可表示为 $p(t)$。要求 $p(t)$ 必须能保证脉冲形成滤波器输出的脉冲序列不存在任何重叠。综合以上所有的处理过程，可得典型的 TH-PPM 信号，其表达式如下：

$$s(t) = \sum_{j=-\infty}^{+\infty} p(t - jT_s - c_j T_c - a_j \varepsilon) \tag{3-48}$$

利用 MATLAB 平台仿真得到典型的 TH-PPM 信号波形如图 3-51 所示。发送信息序列为（10），每个信息比特重复了 5 次，TH 码采用（1 1 2 2 1）。

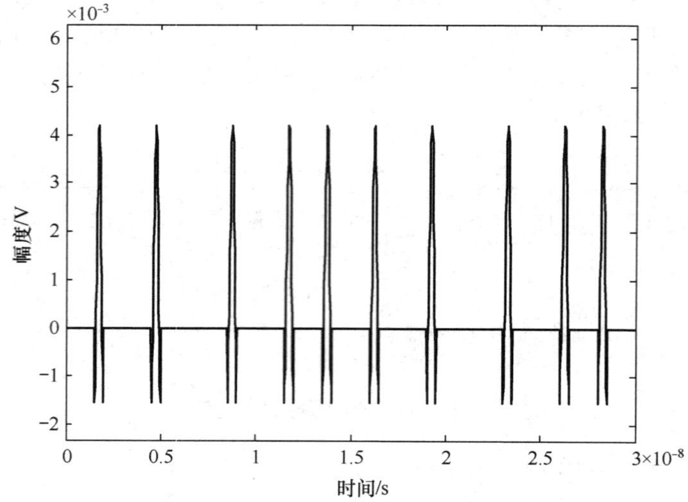

图 3-51 TH-PPM 信号波形

定义一个信号，其表达式如下：

$$v(t) = \sum_{j=1}^{N_s} p(t - jT_s - \eta_j) \tag{3-49}$$

将式（3-49）进行傅里叶变换得

$$P_v(f)=P(f)\sum_{m=1}^{N_s}\mathrm{e}^{-\mathrm{j}[2\pi f(mT_s+\eta_m)]} \tag{3-50}$$

给定多个脉冲的重复率为 T_b，假设 a 是一个严格平稳离散随机过程，由其抽取的不同随机变量 a_j 统计独立并具有相同的概率密度函数 w，则可得 TH-PPM UWB 信号的频谱如下：

$$P_s(f)=\frac{\left|P_v(f)\right|^2}{T_b}\left[1-\left|W(f)\right|^2+\frac{\left|W(f)\right|^2}{T_b}\sum_{n=-\infty}^{+\infty}\delta\left(f-\frac{n}{T_b}\right)\right] \tag{3-51}$$

从式（3-51）可以看出，TH-PPM UWB 信号的频谱受到了两方面的影响：一方面是 TH 码通过 $P_v(f)$ 的影响；另一方面是 PPM 调制器对时间偏移的影响，并且 PPM 调制器影响的特征取决于信号源的统计特性。同时，频谱的离散部分在 $1/T_b$ 处存在谱线，且谱线幅度的大小受信号源统计特性的加权，即 $\left|W(f)\right|^2$ 加权。

2. DS-SS

DS-SS 又称直扩—脉冲幅度调制（Direct Sequence Pulse Amplitude Modulation，DS-PAM），是一种常见的数字调制方式。DS-PAM 可以用如图 3-52 所示的方案产生。

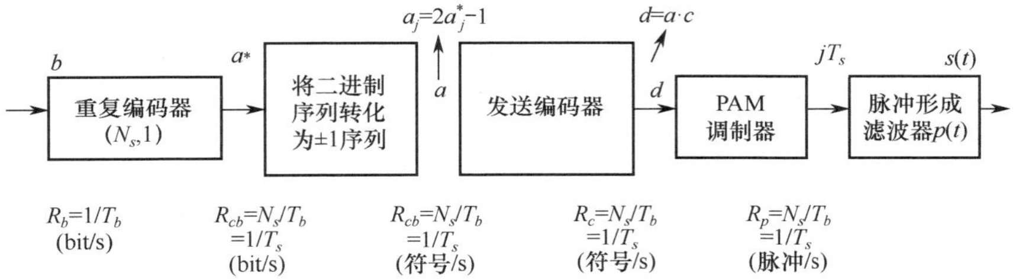

图 3-52　DS-PAM调制信号的发射方案

第一个模块与 TH 方式相似，系统引入的冗余相当于一个参数为 $(N_s,1)$ 的重复编码器。第二个模块将 a^* 序列转换为只含正值和负值元素的序列 $a=(\cdots,a_0,\cdots a_1,\cdots a_j,a_{j+1},\cdots)$，转换公式为 $a_j=2a_j^*-1$，$-\infty<j<+\infty$。发送编码器将一个由±1 组成、周期为 N_p 的二进制码序列 $c=(\cdots,c_0,c_1,\cdots,c_j,c_{j+1},\cdots)$ 应用到序列 $a=(\cdots,a_0,\cdots a_1,\cdots,a_j,a_{j+1},\cdots)$，产生一个新序列 $d=a\cdot c$，其组成元素 $d_j=a_jc_j$。假定 N_p 等于 N_s。序列 d 进入第三个系统 PAM 调制器，产生一个速率为 $R_p=N_s/T_b=1/T_s$（脉冲/s）的单位脉冲序列，其位置在 jT_s 处。调制器输出的信号进入冲激响应为 $p(t)$的脉冲形成滤波器，输出的 DS-PAM 信号 $s(t)$可以表示为

$$s(t)=\sum_{j=-\infty}^{+\infty}d_jp(t-jT_s) \tag{3-52}$$

利用 MATLAB 平台仿真得到典型的 DS-PAM 信号波形如图 3-53 所示。

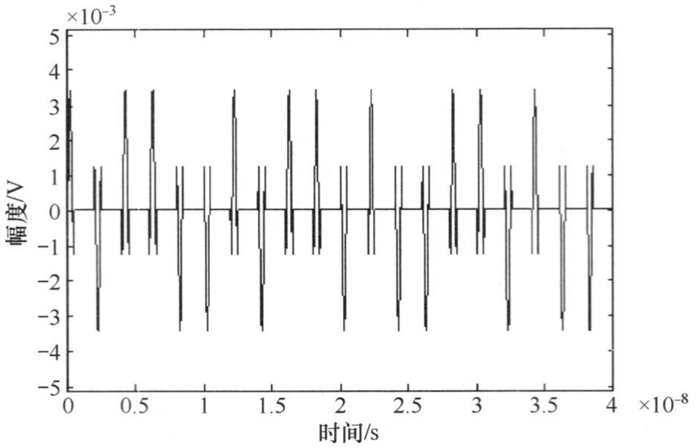

图 3-53 DS-PAM 信号波形

3.2.5.4 TH-PPM 脉冲序列的电路实现

对于 UWB 标签电路，信息的调制方式是非常重要的。UWB 标签电路可以用不同的伪随机码（PN 码）来区分每个标签。UWB 通信系统最常用的多址调制技术是 TH-PPM，其中跳时序列是 UWB 系统实现多址通信的根本来源，跳时序列中序列的数目将决定 UWB 无线通信系统中用户的数目，即定位跟踪标签的数量，其跳时调制性能的优劣将直接影响整个 UWB 无线通信系统性能的优劣。典型的 TH-PPM-UWB 信号波形的表达式为

$$s(t)=\sum_{j=-\infty}^{+\infty}p(t-jT_s-c_jT_c-a_j\varepsilon) \tag{3-53}$$

式中涉及的整数序列 $c=(\cdots,c_0,c_1,\cdots c_j,c_{j+1},\cdots)$、二进制序列 $a=(\cdots,a_0,a_1,\cdots a_j,a_{j+1},\cdots)$、$T_c$ 和 ε 是常量，对所有的 $c_jT_c+\varepsilon<T_s$，通常 $\varepsilon<T_c$。

采用 PIC18F242 单片机来完成 TH-PPM。TH-PPM 脉冲序列产生模块的结构框图如图 3-54 所示。

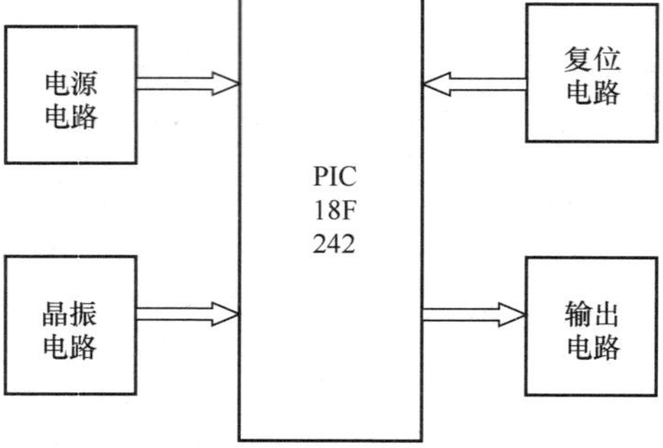

图 3-54 TH-PPM 脉冲序列产生模块的结构框图

PIC18F242 是一种高性能、低功耗、高速的增强型带有 10 位 A/D 的 FLASH 单片微

型处理器。其具有如下特点：28 个引脚，16KB 程序存储器和 8K 指令存储器，768 字节 RAM，256 字节 EEPROM，3 个并行端口，4 个定时器/计数器，2 个捕捉/比较/PWM 模块，2 个串行通信模块，5 个 10 位 ADC 通道。中央处理单元（CPU）包含 8 位 ALU（算术逻辑单元）、工作寄存器和 8 位×8 位的硬件乘法单元。PIC18F242 的指令集由 75 条指令构成，时钟晶振可以工作在 DC 到 40MHz 的频率范围。

PIC18F242 的主要作用是从存储器中取出标签的数据信息，并对数据信息进行 TH-PPM 编码，得到每位数据特定的位置信息，然后利用单片机内部的定时器/计数器在特定的位置输出基带脉冲。图 3-55 给出了 TH-PPM 脉冲序列产生的程序流程图。首先进行程序初始化，定义输出端口，设定定时器/计数器的工作模式；其次设定标签数据信息、跳时码序列、码元时间和 PPM 偏移量，根据 TH-PPM 表达式计算每位数据信息的偏移位置并将其存入特定的存储器中；最后从存储器中读取数据，利用定时器/计数器的定时功能完成特定时间的延时，当定时器溢出时，在特定的输出端口输出一个脉冲。

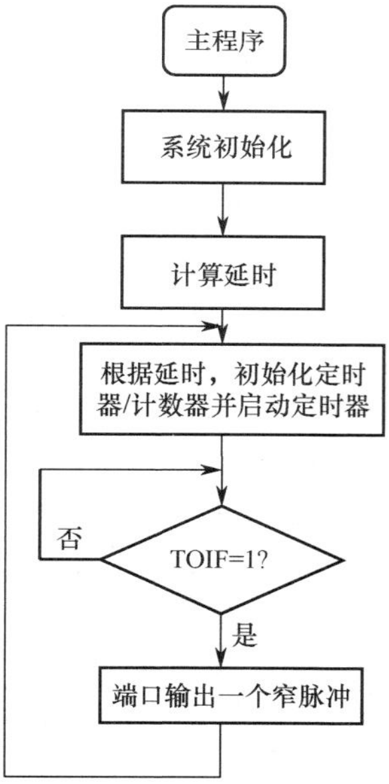

图 3-55　TH-PPM 脉冲序列产生的程序流程图

单片机实现 TH-PPM 的具体步骤如下。

（1）设置数据码信息。N 为一个二进制序列，在此将其设为 b。

（2）设置 TH 码序列。设伪随机码序列为 c，它的元素 c_j 为整数，满足 $0 \leqslant c_j \leqslant N_h - 1$。

（3）计算相应脉冲的位置。首先根据均匀脉冲的重复周期来确定脉冲的位置，然后加上 TH 码所引起的脉冲时间偏移，最后加上输入信息码所引起的 PPM 脉冲偏移。具体算法如下：①将数据码重复编码，重复次数为 N_s，从而生成一个新的序列 a，此时数据信息序列的长度为 $N \times N_s$。②取 TH 码的长度为 N_p，N_p 满足 $N_p = N_s$，然后将 TH 码序列按周期延扩，使其序列长度等于重复编码后数据码的长度。③对每次输入的一个信息码，根据 TH 码和信息码计算相应脉冲的位置 S_k：

$$S_k=(k-1)T_s+C_kT_c+a_k\varepsilon\text{，}\quad k=1,2,3,\cdots \tag{3-54}$$

式中，T_s 为均匀脉冲重复周期，T_c 为跳时码片周期，ε 为 PPM 偏移量，所有的 c_k 必须满足条件 $c_kT_c+\varepsilon<T_s$。

（4）根据 S_k 计算定时器/计数器初值。

对定时器依次赋初值，定时完成后在设定的端口输出一个窄脉冲。

设计标签的参数信息如下。

TH-PPM 调制参数：均匀脉冲重复周期 $T_s=5\mu s$，跳时码片周期 $T_c=2\mu s$，PPM 偏移量 $\varepsilon=1\mu s$，数据码重复次数 $N_s=5$。

编码前：DataBits = (10110)；THcodes = (11221)。

编码处理后：DATA = (11111 00000 11111 11111 00000)；CODE = (11221 11221 11221 11221 11221)。

延时计算：$\text{Delay}(f)=k\times T_s+\text{CODE}[J]\times T_c+\text{DATA}[d]\times\varepsilon$。

定时器/计数器的初值设定：Num = 255 −（Delay / 一个机器周期）。

表 3-2 列出了计算所得脉冲位置信息。

表 3-2　计算所得脉冲位置信息

脉冲编号 k	相对起始脉冲的延时/ μs	相对于前一个脉冲的延时/ μs	定时器/计数器初值（十六进制）
0	3	3	E2
1	8	5	CE
2	15	7	BA
3	20	5	CE
4	23	3	E2
5	27	4	D8
6	32	5	CE
7	39	7	BA
8	44	5	CE
9	47	3	E2
10	53	6	C4
11	58	5	CE
12	65	7	BA
13	70	5	CE
14	73	3	E2
15	78	5	CE
16	83	5	CE
17	90	7	BA

（续表）

脉冲编号 *k*	相对起始脉冲的延时/ μs	相对于前一个脉冲的延时/ μs	定时器/计数器初值（十六进制）
18	95	5	CE
19	98	3	E2
20	102	4	D8
21	107	5	CE
22	114	7	BA
23	119	5	CE
24	122	3	E2

程序经过软件调试和硬件测试无误后，利用单片机烧写器将调试好的程序烧写进单片机，以供后面电路设计与测试使用。

图 3-56 为 TH-PPM 脉冲序列产生的电路图。外加 5V 电源经过电源耦合电路，滤除低频和高频的杂波，然后给单片机上电。晶振电路采用 HS+PLL（锁相环的高速晶体/谐振器），在 OSC1、OSC2 引脚外接 10MHz 晶振，经过内部 PLL 电路将振荡频率倍增到 40MHz。除此之外，单片机还外接了上电复位电路。

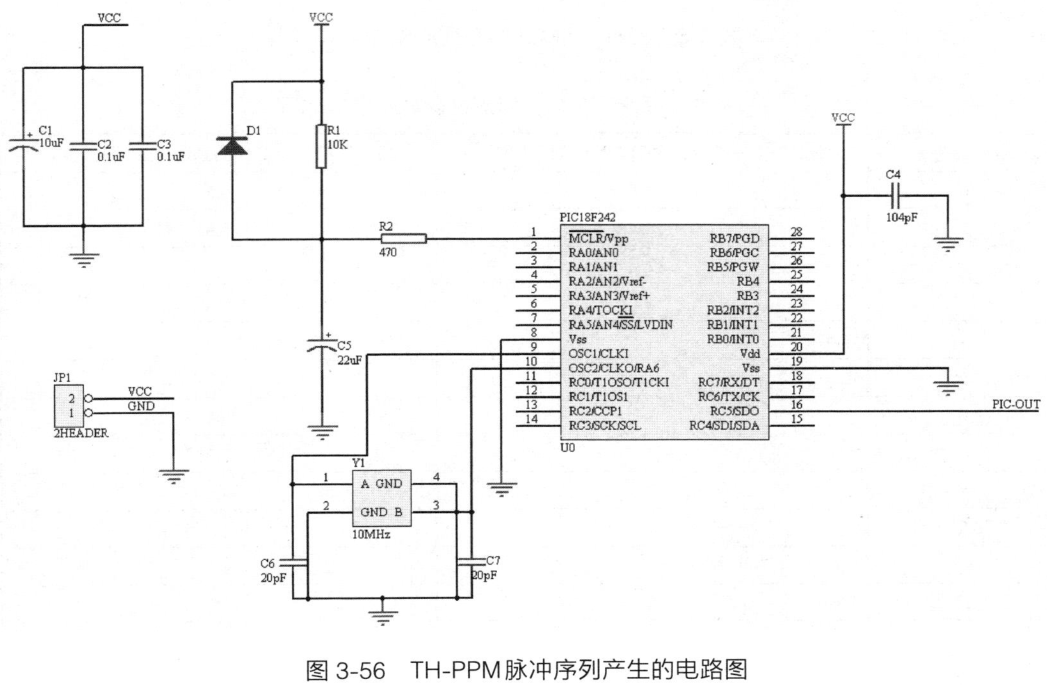

图 3-56　TH-PPM 脉冲序列产生的电路图

在单片机的输出端采用安捷伦公司的高速采样示波器 MSO9404A 来观察脉冲序列，示波器的带宽为 4GHz，采样率为 20GSa/s。如图 3-57 所示，由 TH-PPM 脉冲序列产生电路得到了比较准确的 TH-PPM 基带脉冲序列。每个脉冲的理论计算与实际测试脉冲位置信息如表 3-3 所示，其差异是由于在实际测试的过程中，导线的长度对信号的传输有一定的延时，这些都在可以接受的误差范围内。综合考虑，实际测试与理论计算的脉冲位置还是比较一致的，验证了电路设计的正确性。

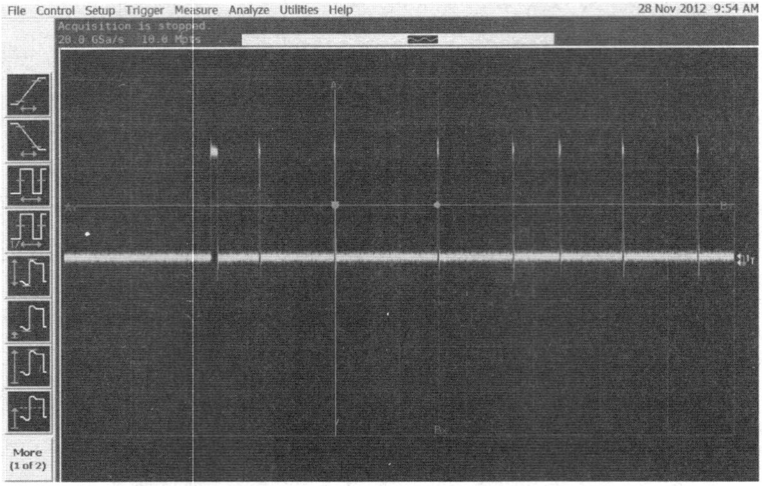

图 3-57　TH-PPM脉冲序列的测试结果

表 3-3　理论计算与实际测试脉冲位置信息

脉冲编号 k	相对于前一个脉冲的延时/ μs（理论值）	相对于前一个脉冲的延时/ μs（测试值）
0	3	3.6
1	5	5.6
2	7	7.7
3	5	5.6
4	3	3.5
5	4	4.7
6	5	5.6
7	7	7.7
8	5	5.6
9	3	3.5
10	6	6.5
11	5	5.6
12	7	7.7
13	5	5.6
14	3	3.5
15	5	5.6

（续表）

脉冲编号 *k*	相对于前一个脉冲的延时/μs（理论值）	相对于前一个脉冲的延时/μs（测试值）
16	5	5.6
17	7	7.7
18	5	5.6
19	3	3.5
20	4	4.7
21	5	5.6
22	7	7.7
23	5	5.6
24	3	3.5

3.3 UWB 接收机设计

作为定位系统的信息接收与处理单元，UWB 接收机性能的好坏直接影响定位的精度。本节针对 UWB 室内定位系统中接收机的实现展开研究，基于 TDOA 定位技术，设计了非相干检测的数模混合接收方案。在射频端对接收信号进行去噪、放大、检测、采样等处理，处理后的信号在数字端实现信号同步、数据解调、定时信息的提取。该方案有效地降低了采用全模拟接收系统电路的复杂度，避免了采用全数字技术的 UWB 接收机需要采样率极高的模拟/数字转换器件（ADC）这一难题。

针对接收方案中射频电路的研究，通过对射频前端常用的结构进行分析与比较，选定直接数字化接收前端结构。该结构将天线接收的信号放大、滤波后直接送入所设计的可控积分检测电路处理，无须混频、振荡、差分放大等电路，结构简单，便于集成。然后，根据指标要求和直接数字化结构选定合适的芯片，使用 ADS 软件建立系统仿真模型，依据芯片的实际性能设置各仿真模块的参数。通过频带选择性仿真与系统链路预算分析验证设计方案的可行性。最后，对可控积分检测电路的仿真结果与实测结果进行比较与分析，证实了该电路的可行性，其能够实现信号的检测与数字化。

针对数字端电路的研究，对比了常用的接收机同步捕获方法，选取了有数据辅助的导频同步机制，设计了三路串并行结合、解调定位分离的步进搜索方案。系统利用一条支路捕获的同步时钟进行数据解调，并在此基础上利用另两条支路实现并行搜索，以达到更精细的时钟同步，实现精确的定位。最后，采用 VHDL 语言设计同步电路的各个模块，并进行相关模块与同步系统顶层电路的时序仿真，通过对时序波形的分析达到验证方案正确性的目的。

自 2002 年 UWB 技术在民用领域普及至今，UWB 无线通信技术的研究同传统的窄波通信一样也逐步走向成熟，而作为通信系统中不可或缺的重要组成部分，UWB 接收机也受到了各界广泛的关注，许多研究机构及高等院校也都设立了相关课题，针对其接收系统及相关技术进行探讨与研究。迄今为止，UWB 接收机按照检测方式大体可以分为相干与非相干两种。相干接收机的代表有 RAKE 接收机与传输参考（Transmitted Reference，

TR）接收机；非相干接收机的研究重点则集中在能量检测、门限检测、包络检测等方法上。而按接收信号处理形式来分，UWB 接收机又分为数字接收机与模拟接收机。

UWB 通信系统一般多工作在信道复杂的室内环境，具有严重的多径效应，在发射端与接收设备之间会有多条传输路径。在这样的信道环境下采用相干接收，需要事先对信道特性进行预估，且为了尽可能收集多条路径中的信号能量，还需要多组相关器对不同路径中的信号做相关运算，只有在此基础上，相干接收机才能体现出其优良的接收性能。但无论是信道的估算还是多组相关器的设计，都无疑增加了设计的难度，耗费了较多的资源。因此，相干接收机多侧重于理论方向的研究，很少有文献涉及工程实现。与此相对的非相干接收机则结构简单，没有信道特性预估这一烦琐过程，设计复杂度低。所以，从工程实现的难易度来讲，绝大部分接收机都采用了非相干接收机。例如，Zhi Tian 等研究了基于 OOK 调制的 UWB 能量检测接收机，采用多个并行积分器同时对不同时间窗口的信号能量进行收集，然后根据信号中噪声含量的不同对收集的信号能量加权，采用这样的方式降低了噪声的影响，提高了系统的信噪比[42]。Kim Sekwon 等提出了基于 2PPM 调制的 UWB 非相干接收机信号选择性合并方案，采用类似 RAKE 接收机选择性合并信号的方式，将收集的多径能量按其值大小排序，然后进行合并，从而提高信噪比，最后采用最大似然准则判决。仿真结果表明，性能的优良与能量区间的划分关系密切，成正相关[43]。Yeqiu Ying 等提出了一种新的非相干检测接收机解调方法，该方法用于 UWB 能量检测接收系统中，有效地降低了系统噪声，提高了抗干扰性。同时，利用发射端块编码匹配的调制也可减少多用户干扰[44]。Thiasiriphet T 等人采用单位增益的模拟延时反馈电路来平均噪声和干扰，利用模拟延时环路多通道的特性让相应频带的信号无失真通过；而对于带内的干扰信号，则利用扩频展开的原理进行滤除，从而降低带内干扰能量，提高信干比[45]。

UWB 室内定位系统由于以极窄脉冲传输，其数字化的实现非常困难，极高的采样率及一定的转换精度对数字化芯片提出了很高的要求[46-47]。就目前的 A/D 芯片工艺来讲，很难满足如此高的采样率要求，即便满足，成本也会很高，与 UWB 低成本化的要求相矛盾。众多学者对 UWB 的数字采样进行研究，提出了一些新的采样方式，如 ADC 的 Dither 技术、多路 ADC 并行采样及 1bit 的 ADC 采样等，这些方式都在现有的工艺上使 UWB 的数字化接收变得可能，还降低了 ADC 的成本。

3.3.1 接收机同步原理

接收机都存在同步问题，UWB 接收系统也不例外。由于 UWB 接收系统以纳秒级的极窄脉冲进行传输，传输速率高，可达到每秒上百兆比特，因此，UWB 接收系统对同步捕获提出了更高要求。下面对 TH-PPM UWB 同步技术进行介绍。

3.3.1.1 基于检测理论的同步方法

滑动相关理论在 DS-SS 系统中受到了广泛的应用，这种方法也可直接应用到 TH-UWB 系统中。其基本思想是：在全部可能出现的不定相位的某一处进行相关检测，将积分器的输出结果与设定的判决门限进行比较，当结果大于门限值时，就认定此时的相位正确，捕获成功；反之，当结果小于门限值时，则判定相位不正确，跳转到下一相位再次进行相关检测，如此循环，一直到捕获成功[48-49]。滑动相关检测系统框图如图 3-58 所示。

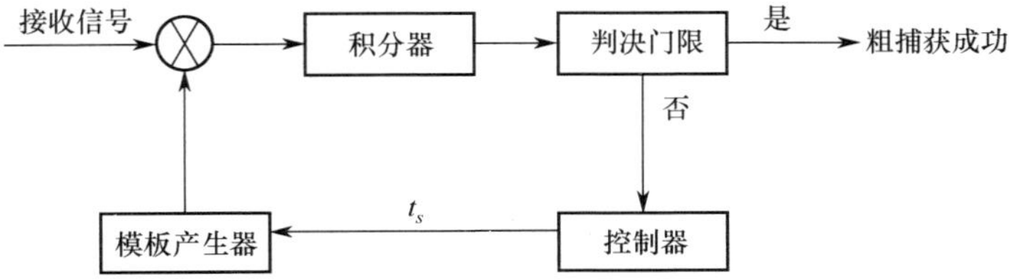

图 3-58　滑动相关检测系统框图

针对 TH-PPM，脉冲在发射时产生的延时与传播过程中经历的延时将会给接收端接收信号带来不确定性。发射延时主要包括伪随机跳时码的相对偏移及脉冲在自身发射周期内的延时。设脉冲的发射周期为 T_f ，相位间隔为 Δt ，记该脉冲在一个发射周期内的不定相位为 N_1，则 $N_1 = T_f / \Delta t$ ，源自 TH 码的不确定相位个数为 N_2，那么在滑动相关检测的整个过程中，就有 $N_1 \times N_2$ 个不定相位需要捕捉[50-51]。由于 UWB 信号的脉冲极窄，当对可能的不定相位进行捕捉时，若仍采用图 3-58 中的方法，将会耗费大量的时间。

因此，为了减少捕获时间，通常采用一种改进的滑动相关检测，如图 3-59 所示。这是一种并行结构，所以也称并行滑动相关检测。这种方法通过并行的方式检测可能出现的相位，极大地缩减了捕获时间，非常适用于 TH-UWB 系统。

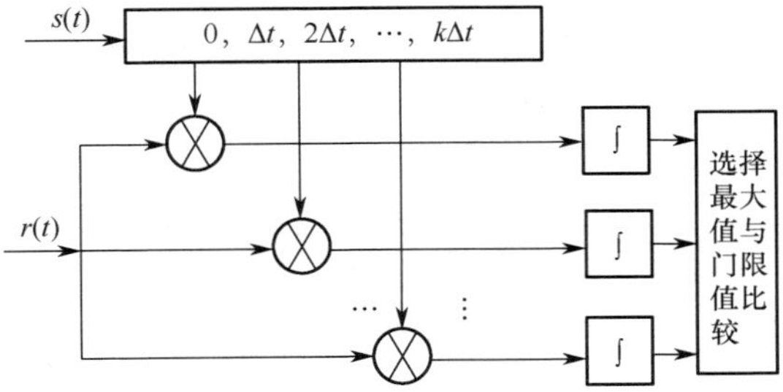

图 3-59　并行滑动相关检测系统框图

3.3.1.2　基于估计理论的同步方法

基于估计理论的同步方法采用的是数据统计的方式。该方法首先计算本地模板信号和接收信号的卷积，然后在所有可能的延时中，采用最大似然准则，选择使统计量达到最大值的延时作为同步结果输出，将获得的统计量最大值作为结果输出。基于估计理论的同步方法包含有数据辅助的和无数据辅助的两种。有数据辅助的方法是在发送端先发送一系列事先设计好的导频序列，接收端根据接收的导频信息采用最大似然准则来判断是否同步；而无数据辅助的方法就不需要采用任何预知的序列，利用 UWB 信号内在的循环平稳来进行捕捉和跟随 [52-55]。

1. 最大似然估计方法

有数据辅助的最大似然估计方法利用的是 RAKE 接收机模型，其结构有固定的抽头延迟 L_c，假设在接收信号相同时，定时偏移小于一个符号间隔的时间[56]，即

$$J(N_\varepsilon;lN_c)=\sum_{k=0}^{M-1}\int_{-\infty}^{\infty}r(t)b_k\psi(t-kN_bT_f-N_\varepsilon T_f-lT_c)\mathrm{d}t\;,\quad \psi_k(t)=\psi(t) \tag{3-55}$$

当 $k=0,1,\cdots,N_{\text{tap}}-1$ 时，接收信号可表示为

$$r_s(t)=\sum_{l=0}^{L_c-1}\gamma_l x(t-N_\varepsilon T_f-lT_c) \tag{3-56}$$

式中，γ_l 代表码片增益。对 M 个符号进行观察，可得出帧级定时偏移 N_ε 的估计 $\hat{N}_\varepsilon$ 如式（3-57）所示。

$$\hat{N}_\varepsilon=\arg\max\sum_{l=0}^{L\varepsilon-1}J^2(N_\varepsilon;lT_c)\;,\quad N_\varepsilon\in[0,1,\cdots,N_f-1] \tag{3-57}$$

式中，$J(N_\varepsilon;lT_c)=\sum_{k=0}^{M-1}\int_{-\infty}^{\infty}r(t)bk\psi(t-kN_bT_f-N_\varepsilon T_f-lT_c)\mathrm{d}t$ 为 RAKE 接收机中第一个相关器脉冲频率的抽样输出和。

2. 循环平稳的同步方法

循环平稳的同步方法利用的是 TH-UWB 脉冲的重复特性，可以很大程度上降低符号估计的复杂度，非常适用于 TH-UWB 系统。

该方法有以下几个假设：符号的宽度与跳时序列的宽度一致，定时偏移保证在一个符号时间间隔内，通过对跳时序列宽度的估计获得帧级的时间偏移，通过对符号延时的估计获得脉冲级的偏移。将接收信号和模板信号在滑动相关器中相关，然后按照帧传输速率采样可得到

$$z(n)=\int_{nT_f}^{(n+1)T_f}r(t)v(t-nT_f)\mathrm{d}t \tag{3-58}$$

式中，T_f 为脉冲重复周期，$z(n)$ 为循环平稳过程。自相关 $R(n,v)=E\{z(n)z(n+v)\}$，是关于 n 的函数，周期为 N_{th}，$\hat{R}(n,v)$ 是 $R(n,v)$ 的无偏估计。

帧级的定时偏差估计如式（3-59）所示，其中 round{}为取整函数[57]。

$$\hat{N}_\varepsilon=\text{round}\{[\arg\max\hat{R}(n,v)+n]_{N_{\text{th}}}\} \tag{3-59}$$

3.3.2 UWB接收机原理及结构

传统载波通信系统的接收机一般采用低中频结构、超外差式结构及零中频结构，其先将信号通过混频器进行频谱搬移，然后在基带上解调数据。而 UWB 接收机结构相对简单，图 3-60 为其典型结构[58]，可以看到结构中没有复杂的电路模块。

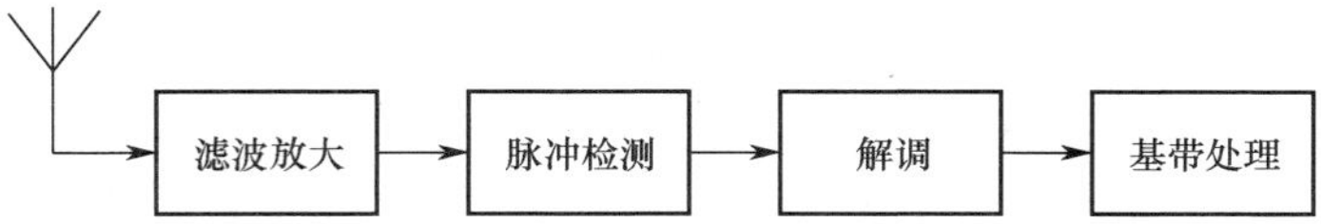

图 3-60　UWB 接收机典型结构

从图 3-60 中可以看出，UWB 信号的解调是针对接收的脉冲检测进行的。然而，由于 UWB 系统传输的是纳秒级或者亚纳秒级的极窄脉冲，如何有效实现脉冲检测就成了接收的关键问题。按照脉冲检测电路处理的信号形式，UWB 接收机可分为数字接收机、模拟接收机及数模混合接收机。数字 UWB 接收机对 ADC 的采样率提出了极高的要求，本节接收机的设计基于 7.3GHz 的工作频段，带宽在 500MHz 以上，根据奈奎斯特采样率可知，ADC 的采样率要高达十几甚至几十吉赫兹。如此高的采样率对目前的 CMOS 工艺来讲实现难度大，电路结构复杂；而利用超高速 A/D 转换芯片，除了具有很高的成本，其功耗也很高，这会限制 UWB 在低成本、低功耗的无线通信领域的应用。数字 UWB 接收机除了采样率高，采样后的数据存储及处理也是需要考虑与解决的问题，因为采样后的数据量会很大。例如，采用常用的 8bit 位宽的 ADC，对于 500MHz 的 UWB 信号，至少要 1GHz 的采样率，经过 ADC 后，会有 8Gbps 的数据量，这要求系统有很强的存储和数据处理能力。为了解决此类问题，工程实现上多采用模拟接收机或者数模混合接收机。

同窄带接收系统一样，依据检测方式的不同，UWB 接收机也可分为非相干接收方式、相干接收方式及自相干接收方式[59-62]。以下分别介绍三种接收方式，并分析其原理。

3.3.2.1　相干接收原理和结构

UWB 相干接收机的基本框图如图 3-61 所示，主要由放大器件、滤波器件、积分模块、本地振荡模块等电路组成。

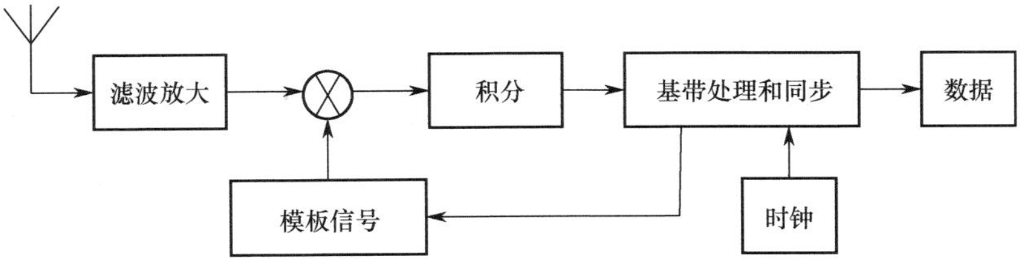

图 3-61　UWB 相干接收机的基本框图

其工作原理为：接收机先将天线接收的微弱信号滤波放大，然后与本地模板信号进行相关运算，运算后的结果通过积分器采样判决，最后由基带电路进行信号的同步、解调等后续处理。针对 UWB 信号的接收，由于受到多径传播的影响，信号能量会分散在多条路径中。为了提高接收信号的能量，现在多采用分集接收技术。RAKE 接收就利用了该技术，其是 UWB 系统常用的相干接收方式。如图 3-62 所示为 RAKE 接收机结构框图。

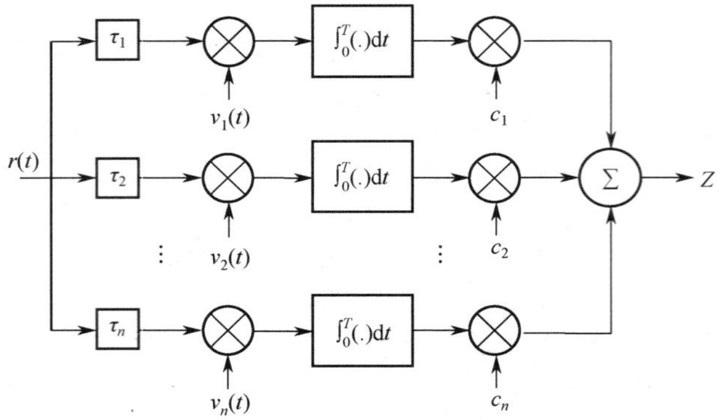

图 3-62 RAKE 接收机结构框图

RAKE 接收机利用的是一组相关器的组合，各个相关器都采用相同的模板，每个模板具有不同的延时，这些延时是通过对信道中的多径延时的估计而选取的，分别对应着不同的多径分量。首先，针对接收信号，通过相关器将多径分量提取出来，然后根据相关器的输出信号强度进行加权，最后将多径分量合并处理为一个输出信号。这样能有效降低单一路径受到严重衰落时对接收端信噪比的影响，从而提高整个系统的性能。

3.3.2.2 自相干接收原理和结构

众所周知，UWB 通信系统的传输信道一般为室内多径信道，多径数目很多，想要充分收集多径能量，就需要多支路的 RAKE 接收机，这使接收机复杂度增加。此外，RAKE 接收机对定时和同步要求苛刻。因此，另一种可行的方法是采用自相干接收方案，它利用自身的接收信号，通过一定的延时作为模板信号，不需要再设计专门的本地模板产生电路，其结构的基本框图如图 3-63 所示。

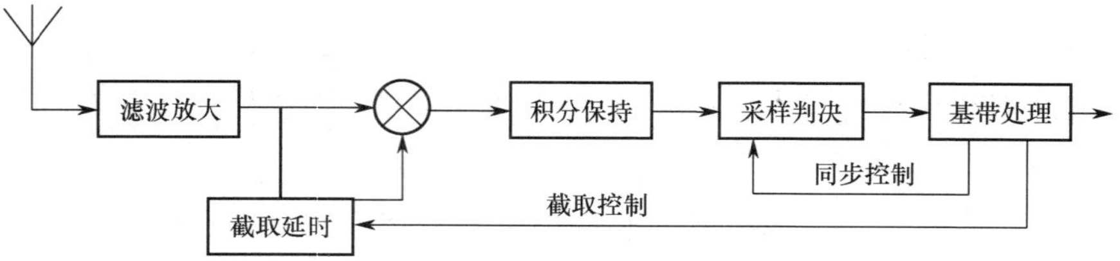

图 3-63 自相干接收结构的基本框图

同相干接收机比较，自相干接收机是利用自身信号的性质实现接收的方式，无须本地振荡电路产生模板信号，对定时的要求低。在 UWB 通信系统中，研究最多的采用自相干接收方式的接收机是 TR 接收机[63]，如图 3-64 所示为其结构框图。

TR 接收机指通过发送由已知参考信号与调制信号组成的信号集，经过信道传输后，利用参考信号作为模板来解调数据信息[64-66]。用这种接收机结构可以省去信道信息估计，从而降低系统复杂度，并且对同步的要求也相对较低。然而，由于参考脉冲中不包含我们所需要的数据信息，那么利用这样的方式就需要额外的发射功率和数据传输速率，增加了系统功耗，降低了传输速率。

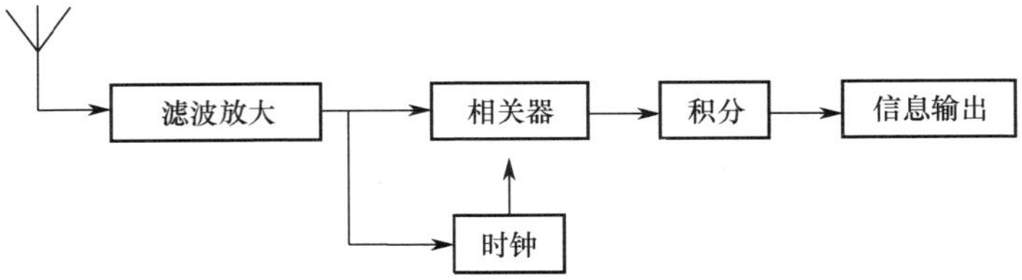

图 3-64　TR 接收机结构框图

3.3.2.3　非相干接收原理和结构

相对于相干接收，非相干接收虽然接收性能会下降，但结构简单，容易实现，是工程上经常采用的结构，这种结构避免了信道估计这一难题，只需简单的定时同步。

UWB 系统主要应用在密集多变的室内环境下，这样的背景要求接收结构简单、易实现、体积小。与前面提到的相干接收比较，基于能量检测的非相干结构能够满足这些要求，与 UWB 技术低复杂度、低成本的优势相吻合。非相干能量检测接收机的组成包括滤波放大、平方检波、积分保持及基带处理部分[67-69]，如图 3-65 所示。

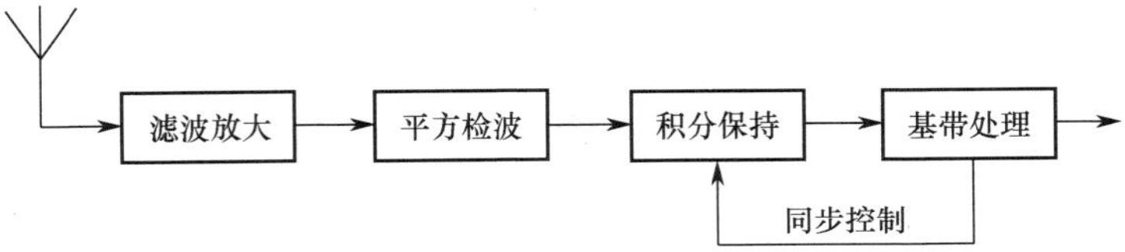

图 3-65　非相干能量检测接收机框图

天线接收下来的信号通过滤波放大后进入平方律器件，检波后的信号在基带处理模块的同步控制下积分得到其能量，采集的能量在基带处理单元中判决，然后进行数据解调。同 RAKE 接收机和 TR 接收机相比较，非相干能量检测接收机具有以下两个特点。

1. 硬件结构简单，所用资源较少

RAKE 接收机需要使用多个相关器，接收机的硬件结构复杂，需要占用大量的资源。除此之外，由于脉冲信号的积分容易受定时误差与时钟抖动的影响，系统需要精度相对高的同步电路，这也增加了系统实现的成本与设计的难度。TR 接收机实现的难度在于要弥补延时电路硬件带来的信号损耗，这样必然提高了系统的复杂度。而非相干能量检测接收机结构中没有相关器，对能量的采集只需要根据信号传播周期设定合适的积分时间即可，对定时误差和定时的要求不高，结构相对简单。

2. 与信道的关联性小，不易受信道变化的影响

RAKE 接收机需要对信道多径分量的幅度、延时等参数进行估计，而 TR 接收机假设接收的信号脉冲与已知参考脉冲经历的是特性一样的信道，它们与信道的时变特性都关系

紧密。相反，非相干能量检测接收机仅仅对当前信道的样本进行处理，对信道的时不变性要求低，相对稳定。

3.3.3　方案设计

1. UWB 室内定位方案

根据 UWB 室内定位原理可知，用于 UWB 室内定位的方案有多种，采用不同的定位方案，所设计的接收系统会有一定的差距，所要处理与得到的信息也不尽相同。因此，在分析本章设计的 UWB 室内定位接收系统前，首先简要介绍本章采用的 UWB 室内定位方案，即基于 TDOA 的定位方案。

基于 TDOA 的定位方案也称为双曲定位，其原理如图 3-66 所示。式（3-60）为 TDOA 二维平面坐标计算公式，i、j 指不同的接收点。分别以两个不同的接收点为焦点做双曲线，它们的交点就是我们所要定位的目标。

$$R_{ij}=\sqrt{(x_i-x)^2+(y_i-y)^2}-\sqrt{(x_j-x)^2+(y_j-y)^2}\ (i,j=1,2,\cdots,N) \tag{3-60}$$

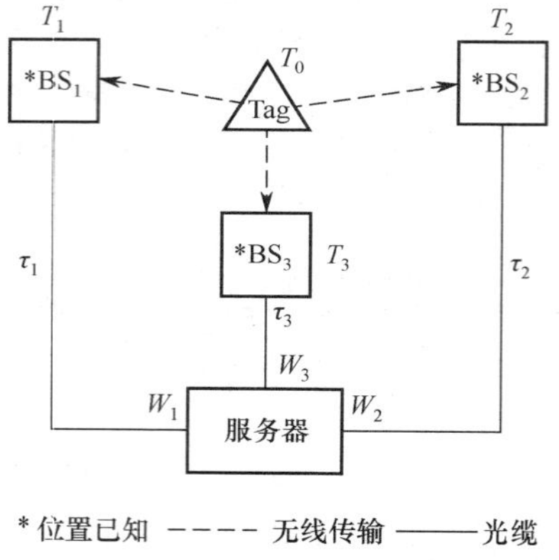

图 3-66　基于 TDOA 的定位方案的原理

图 3-66 为本章所设计的基于 TDOA 的定位方案，BS_1、BS_2、BS_3 为位置已知的接收基站，Tag 为我们所要定位的标签。假设在 T_0 时刻标签同时向 3 个基站发送信息，3 个基站接收到该信息的时刻分别为 T_1、T_2、T_3。3 个基站接收到信息后向服务器发送确认通知，服务器收到该通知的时刻分别为 W_1、W_2、W_3。而 τ_1、τ_2、τ_3 为基站到服务器的线上传输的延时，由于基站到服务器传输采用的是有线通信（光缆），这个时间我们可以提前估算出来。由上述时间便可以得到到达时间差（TDOA）。

本方案中 TDOA 的计算采用的是间接的方法，即先获得 TOA，然后由不同基站的 TOA 作差得到 TDOA。计算过程如下。

（1）由服务器收到通知的时刻 W_1、W_2、W_3 和各个基站到服务器的线上传输延时 τ_1、τ_2、τ_3 推算各个基站接收到信号的时刻 T_1、T_2、T_3：

$$T_1=W_1-\tau_1,\quad T_2=W_2-\tau_2,\quad T_3=W_3-\tau_3 \tag{3-61}$$

（2）由各个基站接收到信号的时刻计算不同的 TOA：

$$T_{01}=T_1-T_0，\quad T_{02}=T_2-T_0，\quad T_{03}=T_3-T_0 \tag{3-62}$$

（3）根据不同基站的 TOA 求出两个基站间的 TDOA：

$$T_{12}=T_{01}-T_{02}，\quad T_{23}=T_{02}-T_{03}，\quad T_{13}=T_{01}-T_{03} \tag{3-63}$$

最后将获得的 TDOA 值代入相应的算法，再参考已知基站的位置就可以得到待定位标签的位置。

由上述获得 TDOA 值的过程可以看出，TDOA 值与标签发送消息的时刻无关，因此不需要各个基站都与标签有共同的时钟，而当各个基站之间都同步时，通过两个基站的 TOA 相减获得 TDOA，可以抵消信号在基站中的传输延时，提高精度。而且时钟的同步越精确，这种误差抵消的精度也越高。由于从基站到服务器的传输采用的是光缆，线上的误差都可以精确估算出来，这样在处理中就可以消除。所以，对定位影响最大的是基站内接收信号的同步及基站之间的同步。由于本节主要研究的是单个基站的接收问题，因此除了研究接收机的系统设计，还将接收机的信号同步与信号到达检测作为研究的重点，这些都将在后续章节中详细分析，以下仅对本章设计的接收方案进行介绍。

2. UWB 接收方案

UWB 定位系统中多径信号的检测与接收技术主要有相干和非相干两大类。相干检测与接收技术虽可提供一定的性能优势，但需要精确的信道估计和极高的采样率来获取本地信号模板，对硬件实现提出了很高的要求，实现难度较大。非相干接收机结构简单，成本低，易集成，在工程实现中很常用。UWB 的数字化接收方案由于采样率高，对于现在的 A/D 来说是个很大的挑战，实现较为困难且成本高。

基于此，本节提出了一种非相干检测数模混合接收方案。本方案采用非相干检测方式，不需要混频器、相关器等器件，电路结构简单；针对 UWB 信号采样率高的难题，设计了可控积分检测电路，用于实现信号的检测与数字化，该电路采用三极管开关管与射极跟随电路级联的方式实现信号积分的可控，采用运算放大电路组成判决电路对信号进行判决，从而实现电平的转化；对转化后的信号采用 FPGA 数字芯片进行基带处理，较采用模拟的方法，实现难度大大降低。图 3-67 为本节设计的 UWB 室内定位接收机框图。

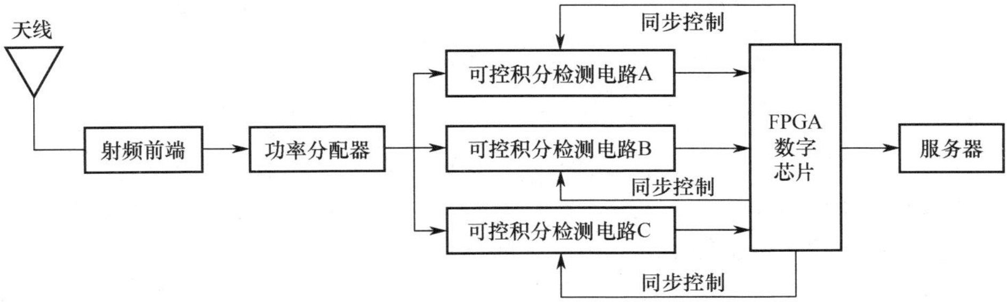

图 3-67　UWB 室内定位接收机框图

天线接收的信号经过射频前端处理后，由功率分配器均匀地分入 A、B、C 三路可控积分检测电路进行积分，积分结果通过高速判决电路送入 FPGA 数字芯片进行基带数字信号处理，分别获取数据信息及定位信息。在捕获时间内，FPGA 数字芯片根据 A 支路的积分结果对可控积分检测电路的积分区域进行调整，通过对判决电路输出脉冲个数的统计获取同步定时信息；捕获同步时钟后，A 支路开始解调数据，同时触发 B、C 支路工作，这两路积分检测电路通过积分窗门控信号对接收的 UWB 信号（脉冲簇）进行细同步，输出定位信息，从而完成整个系统的通信与定位的功能。该方案通过一路可控积分检测电路的积分结果获取系统同步时钟，并把捕获算法放到基带电路中，减少了电路捕获所花费的时间，降低了捕获方案的实现难度；同时，在同步完成后，用两路积分检测电路做细测量，实现了 UWB 室内精确定位。FPGA 数字芯片（数字端）产生各路积分检测电路的积分窗门控信号。下面分别介绍接收机射频前端的设计与数字端的设计。

3.3.3.1　UWB 室内定位接收机射频前端设计

接收机作为无线通信的关键组成部分，主要工作在系统链路的信宿端。接收机射频前端作为接收机处理模拟信号的电路，主要作用是接收信号并对信号进行滤波、放大、变频和增益控制，将微弱的射频信号变换成适合数字端处理的基带或中频信号，以便进行后续的同步、数据解调等处理。

在进行接收机射频前端结构设计时，应当先对接收机射频前端所要求的参数指标、实现复杂度、功耗及成本进行综合分析、评估，然后根据分析的结果将各项指标分配到不同的电路模块中，最后利用 ADS 仿真软件搭建结构仿真模型，以验证方案的可行性。

1. 接收机射频前端的结构与原理

1）超外差式射频前端

作为最常用、最经典的射频前端，超外差式射频前端有着成熟的理论支撑与广泛的实践，其结构框图如图 3-68 所示。

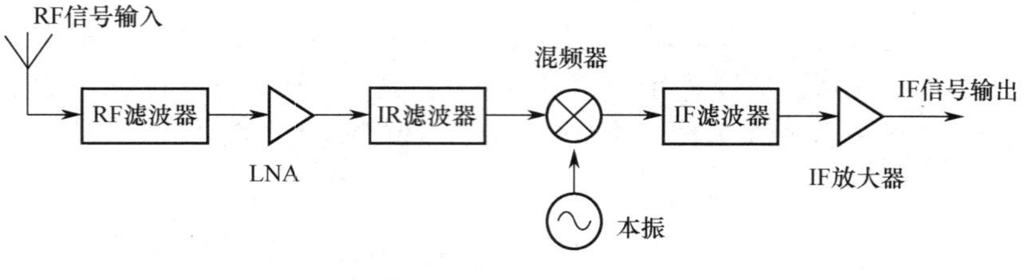

图 3-68　超外差式射频前端结构框图

超外差式射频前端采用二次变频的方式，将处在高频的射频信号“搬移”到固定的中频上。将频谱搬移到中频处理的方式可使接收机具有很好的选择性及灵敏度，这是由于中频电路具有固定的频率与选频特性。另外，超外差式结构也是稳定性最好的一种结构，因为通过调节本振信号的频率，可使输入信号的频率始终稳定在特定的中频上。由于超外差式结构中含有混频器等非线性器件，因此会产生许多组合频率，这些频率对于我们所需的频率来说都是干扰。此外，该结构还有严重的镜像干扰，想要去除这种干扰就需要用到镜像滤波器，但采用外部无源器件很难实现镜像滤波，还要考虑与后级器件的匹配问题。因此，该结构集成困难，电路复杂，体积和功耗大。

2）零中频式射频前端

零中频式结构又称直接下变频式结构，其采用与载波频率相同的本振频率将高频信号通过频谱变换搬移到零频附近，没有镜像干扰，与超外差式结构相比结构简单、易集成。零中频式射频前端结构框图如图 3-69 所示。

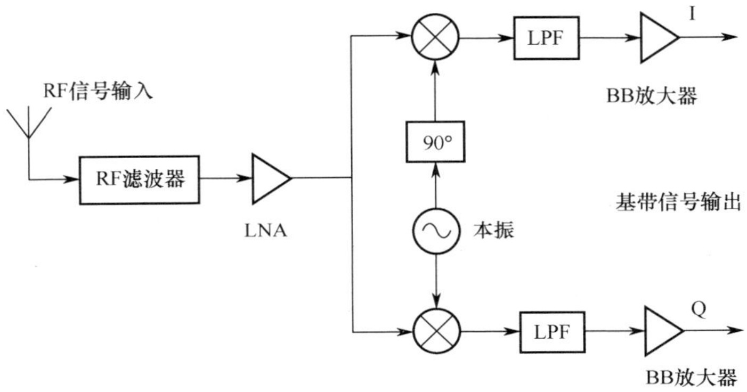

图 3-69 零中频式射频前端结构框图

零中频式结构采用直接下变频的方式将接收的高频信号变换成两路正交的基带信号，采用此结构只需要一个本振（用于下变频）即可，无须镜像滤波器或中频滤波器，易集成，结构简单，且功耗低，成本低[70-71]。然而，由于本振与信号频率相同，因此会产生本振泄漏、直流漂移及闪烁噪声等问题。此外，正交下变频的方式需要 I、Q 两路本振信号具有严格正交的相位与相等的幅度，否则就会出现 I/Q 失配问题，破坏基带信号的星座分布图，增加误比特率。

3）数字中频射频前端

图 3-70 所示为数字中频射频前端的结构框图，天线接收的射频信号经过滤波放大后进行下变频，下变频后的信号为满足频谱要求的中频信号，将此中频信号经过功率放大后便可进行 A/D 采样，采样后的信号由后续相应的数字处理器件再进行一次变频，从而得到基带信号，最后在数字端对得到的基带数字信号进行处理。

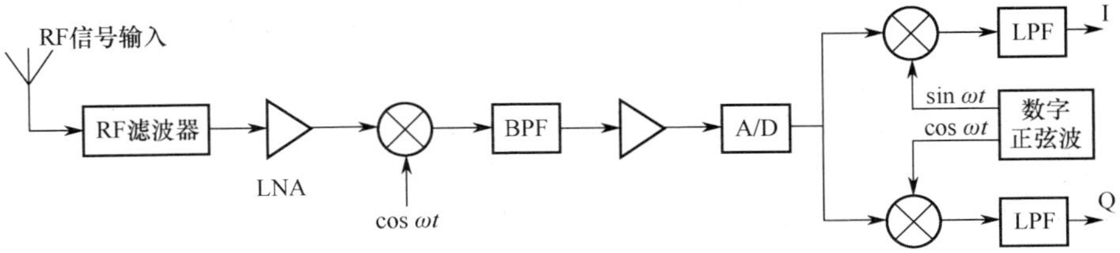

图 3-70 数字中频射频前端的结构框图

利用数字解调器解调数据可以很好地保持两路正交信号的一致性，但数字中频结构对A/D采样器的频率、带宽、噪声、线性度等关键性能指标的要求都非常高。

4）直接数字化射频前端

直接数字化射频前端的结构框图如图 3-71 所示，可以看出，直接数字化射频前端的结构同数字中频射频前端的结构相似，直接数字化射频前端针对射频信号直接进行数字化处理，可以把它看成数字中频射频前端的一个特例[69,71-72]。

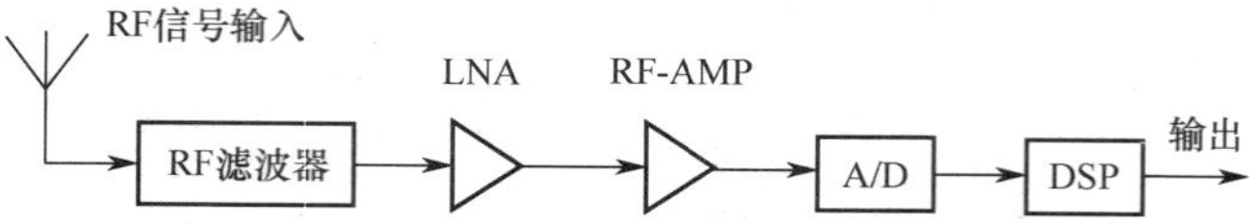

图 3-71　直接数字化射频前端的结构框图

直接数字化射频前端的原理是，天线接收的射频信号经过射频滤波后，由 LNA 及射频放大器（RF-AMP）放大，并进行功率控制，放大后的信号直接进入 A/D 采样器进行采样，以将信号数字化，最后数字化后的信号由数字处理器件进行处理。该结构的优点是系统结构简单、信号失真度较小，但对 A/D 采样器的性能要求严格。

2. 接收机射频前端结构设计

本节设计的接收机射频前端没有采用常用的超外差式结构，也没采用零中频式结构，采用的是一种结构更加简便的直接数字化结构。包含射频前端结构的 UWB 室内定位接收机框图如图 3-72 所示。

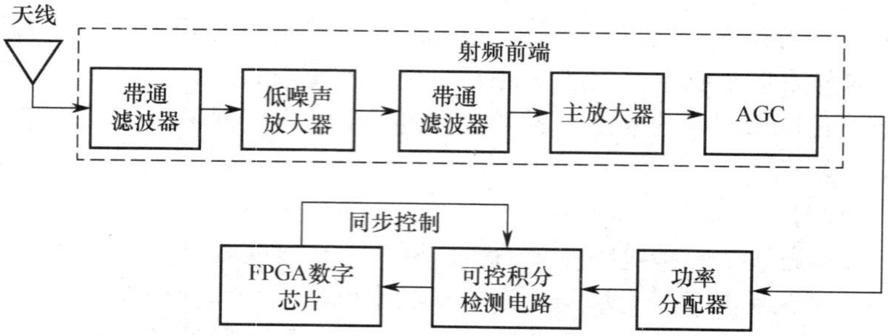

图 3-72　包含射频前端结构的 UWB 室内定位接收机框图

图 3-72 中，由带通滤波器、低噪声放大器、主放大器及自动增益控制放大器（AGC）构成的射频前端结构是一种直接数字化射频前端拓扑结构，主要功能是处理天线接收的信号，使接收的信号适合后级电路处理。其中，AGC 可以根据信号强度的变化调节电路增益的大小，从而保持信号幅度平稳[72]。经由前端处理后的 UWB 信号经过功率分配器后进入可控积分检测电路，该电路在数字端产生的门控信号的控制下，对输入的信号进行脉冲检测、降基及数字化，数字化后的信号送入 FPGA 数字芯片进行同步、数据解调等处理。

3. 接收机射频前端设计指标

针对不同的通信任务，接收机射频前端的性能也不尽相同。为此，设计人员制定了一系列技术参数，主要的技术参数有：工作频段、频段选择性、系统增益、噪声系数、灵敏度及动态范围等[73-76]。通过这些参数，设计人员可以客观准确地分析不同结构的接收机射频前端的性能差异，从而设计出最符合要求的射频前端结构。

本节设计的接收机射频前端针对的是 UWB 室内定位系统，其设计指标如表 3-4 所示。

表 3-4　接收机射频前端设计指标

编　号	参　数	数　值
1	中心频率	7.3GHZ
2	带宽	1.2GHZ
3	定位距离	2～10m
4	噪声系数	4dB
5	输入/输出阻抗	50Ω
6	接收机灵敏度	−110dBm
7	输出幅度	−10～1dBm
8	电源电压	3.3V
9	动态范围	−80～−60dBm

4. 接收机射频前端仿真

接收机射频前端的结构和设计指标确定之后，就要根据结构将指标分配到不同的模块上，然后选取合适的器件，利用 ADS 软件搭建电路进行仿真。本节按照图 3-72 中的射频前端结构，利用 ADS 搭建了射频前端结构仿真图，主要进行电路频带选择性仿真及系统链路预算分析。仿真模型如图 3-73 所示。

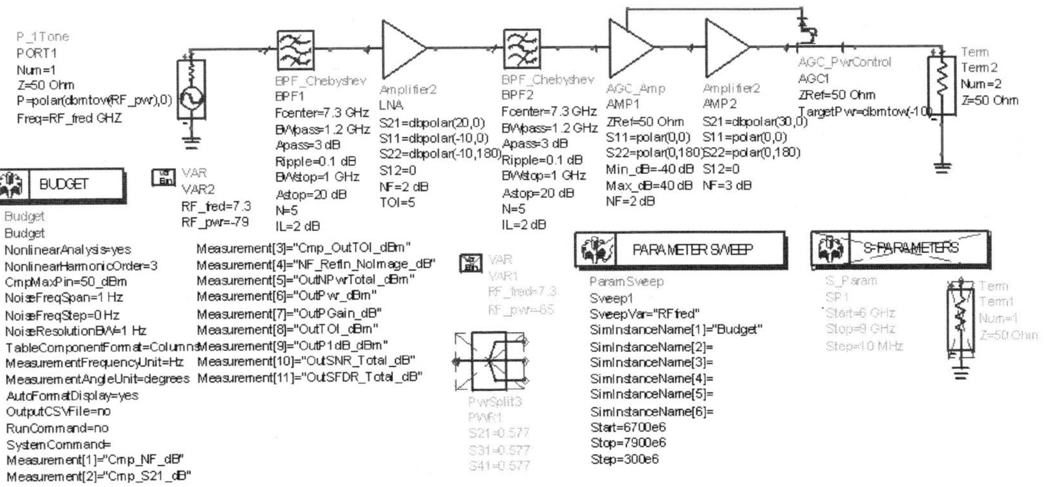

图 3-73　接收机射频前端仿真模型

图 3-73 中，BUDGET 为链路预算控件，可以对系统进行链路预算仿真，分析不同器件的性能；S-PARAMETERS 为 S 参数控件，功能是分析电路的 S 参数；PARAMETER SWEEP 为参数扫描控件，可以针对输入信号的功率、频率等某个参数在特定的范围内进行扫描，以测试各个器件及系统能否在一定的参数变化范围内保持稳定可靠。

1）频带选择性仿真

频带选择性仿真，是为了分析接收机射频前端的射频部分选择有用信号、抑制带外干扰的能力[75]。利用 S 参数，得到的仿真结果如图 3-74 所示。

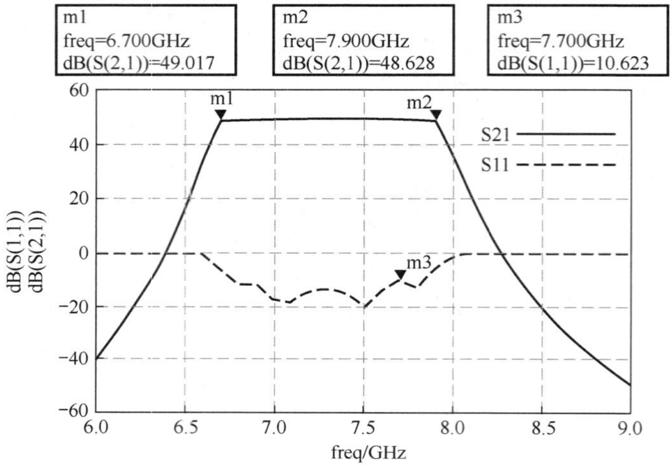

图 3-74　频带选择性仿真结果

由仿真结果可以看出，所设计的电路在 6.7～7.9GHz 有一个稳定的放大，其带宽可以达到 1.2GHz。输入回波损耗要求 S11< −10dB，从图 3-74 中可以看出，在中心频率附近的 1.2GHz 带宽范围内，其参数都低于−10dB。

仿真结果和以上分析表明，理论上本节所设计的接收机射频前端的性能优于系统的指标要求，这是因为仿真是在理想情况下进行的，没有考虑实际存在的反射、干扰等因素，为了保证实际系统可以满足系统各项指标要求，仿真得到的各参数值都需要留有一定的裕量。

2）系统链路预算分析

ADS 软件中的链路预算控件 BUDGET 提供了大量的链路预算函数，方便用户分析和测试；支持对参数的调谐、优化、扫描和统计分析；支持 AGC 环路预算，可方便、精确地得到参数的预算结果。下面选取了几个与电路关系密切的参数进行系统链路预算，选取的参数及其意义如表 3-5 所示。

表 3-5　选取的参数及其意义

参　数	意　义	单　位
Cmp_NF_dB	元器件的噪声系数	dB
Cmp_S21_dB	元器件的 S21	dB

（续表）

参　　数	意　　义	单　　位
Cmp_OutTOI_dBm	元器件的输出三阶交截点	dBm
NF_RefIn_NoImage_dB	从系统输入到元器件输出的噪声系数	dB
OutNPwrTotal_dBm	从系统输入到元器件输出的噪声总功率	dBm
OutPwr_dBm	从系统输入到元器件输出的功率	dBm
OutPGain_dBm	从系统输入到元器件输出的增益大小	dB
OutSNR_Total_dB	从系统输入到元器件输出的信噪比	dB
OuTOI_dBm	从系统输入到元器件输出的三阶交截点	dBm
OutP1dB_dBm	从系统输入到元器件输出的 1dB 压缩点	dBm
OutSFDR_Total_dB	从系统输入到元器件输出的无杂散动态范围	dB

图 3-75 为功率扫描下系统链路预算分析结果，扫描范围为−80～−60dBm。从图中可以看出不同器件的各个参数值及其对输出信号产生的影响。例如，BPF1 这一列表示第一级带通滤波器的参数值，噪声系数为 2dB，与我们选取的带通滤波器的插入损耗吻合；LNA 这一列表示低噪声放大器的输出端的性能，噪声系数为 4.002dB，增益为 20dB。

Meas_Index	Meas_Name	BPF1	LNA	BPF2	AMP1	AMP2
Power_RF=-80.000						
0	Cmp_NF_dB	2.007	2.175	2.007	2.000	3.000
1	Cmp_S21_dB	-2.005	20.000	-2.005	24.012	30.000
2	Cmp_OutTOI_dBm	1000.000	5.000	1000.000	30.600	1000.000
3	NF_RefIn_NoIma...	2.000	4.002	4.019	4.044	4.044
4	OutNPwrTotal_dBm	-174.346	-151.937	-153.920	-129.883	-99.883
5	OutPwr_dBm	-82.448	-62.012	-64.012	-40.000	-10.000
6	OutPGain_dB	-2.448	17.988	15.988	40.000	70.000
7	OutTOI_dBm	1000.000	5.000	2.521	25.096	55.096
8	OutP1dB_dBm	1000.000	-5.699	-7.699	15.063	45.063
9	OutSNR_Total_dB	91.899	89.925	89.908	89.883	89.883
10	OutSFDR_Total_dB	1000.000	104.624	104.294	103.319	103.319
Power_RF=-75.000						
0	Cmp_NF_dB	2.007	2.175	2.007	2.000	3.000
1	Cmp_S21_dB	-2.005	20.000	-2.005	19.012	30.000
2	Cmp_OutTOI_dBm	1000.000	5.000	1000.000	30.600	1000.000
3	NF_RefIn_NoIma...	2.000	4.002	4.019	4.044	4.045
4	OutNPwrTotal_dBm	-174.346	-151.937	-153.920	-134.883	-104.882
5	OutPwr_dBm	-77.448	-57.012	-59.012	-40.000	-10.000
6	OutPGain_dB	-2.448	17.988	15.988	35.000	65.000
7	OutTOI_dBm	1000.000	5.000	2.521	21.025	51.025
8	OutP1dB_dBm	1000.000	-5.699	-7.699	10.938	40.938
9	OutSNR_Total_dB	96.899	94.925	94.908	94.883	94.882
10	OutSFDR_Total_dB	1000.000	104.624	104.294	103.939	103.938
Power_RF=-70.000						
0	Cmp_NF_dB	2.007	2.175	2.007	2.000	3.000
1	Cmp_S21_dB	-2.005	20.000	-2.005	14.012	30.000
2	Cmp_OutTOI_dBm	1000.000	5.000	1000.000	30.600	1000.000
3	NF_RefIn_NoIma...	2.000	4.002	4.019	4.044	4.046
4	OutNPwrTotal_dBm	-174.346	-151.937	-153.920	-139.883	-109.881
5	OutPwr_dBm	-72.448	-52.012	-54.012	-40.000	-10.000
6	OutPGain_dB	-2.448	17.988	15.988	30.000	60.000
7	OutTOI_dBm	1000.000	5.000	2.521	16.366	46.366
8	OutP1dB_dBm	1000.000	-5.699	-7.699	6.188	36.188
9	OutSNR_Total_dB	101.899	99.925	99.908	99.883	99.881
10	OutSFDR_Total_dB	1000.000	104.624	104.294	104.166	104.165
Power_RF=-65.000						
0	Cmp_NF_dB	2.007	2.175	2.007	2.000	3.000
1	Cmp_S21_dB	-2.005	20.000	-2.005	9.012	30.000
2	Cmp_OutTOI_dBm	1000.000	5.000	1000.000	30.600	1000.000
3	NF_RefIn_NoIma...	2.000	4.002	4.019	4.044	4.050
4	OutNPwrTotal_dBm	-174.346	-151.937	-153.920	-144.883	-114.878
5	OutPwr_dBm	-67.448	-47.012	-49.012	-40.000	-10.000
6	OutPGain_dB	-2.448	17.988	15.988	25.000	55.000
7	OutTOI_dBm	1000.000	5.000	2.521	11.479	41.479
8	OutP1dB_dBm	1000.000	-5.699	-7.699	1.281	31.281
9	OutSNR_Total_dB	106.899	104.925	104.908	104.883	104.878
10	OutSFDR_Total_dB	1000.000	104.624	104.294	104.241	104.238

图 3-75　功率扫描下系统链路预算分析结果

从图 3-75 中也可以看出，无论输入功率多大，通过这两个器件前后的信号功率都相差 20dB。观察图 3-75 中最后一栏的结果可发现，在输入信号功率大小不同的情况下，通过射频前端处理后得到的输出信号的功率一直为−10dBm，这是因为加入了 AGC 电路。图 3-75 中的 AMP1 代表 AGC 的性能参数，该器件的增益随着输入信号的强弱不同而改变，信号微弱，增益就大；反之，增益就小。最终，系统的噪声系数为 4.044dB，与由系统噪声级联公式［见式（3-64）］计算的结果（4.019dB）大致相同。综上分析，该电路结构性能可以满足要求。

$$
\begin{aligned}
\mathrm{NF} &= F_1 + \frac{F_2-1}{G_1} + \frac{F_3-1}{G_1G_2} + \frac{F_4-1}{G_1G_2G_3} + \frac{F_5-1}{G_1G_2G_3G_4} \\
&= 10^{0.2} + \frac{10^{0.2}-1}{10^{0.2}} + \frac{10^{0.2}}{10^{-0.2}\times 10^{2}} + \frac{10^{0.2}-1}{10^{-0.2}\times 10^{2}\times 10^{-0.2}} + \frac{10^{0.3}-1}{10^{-0.2}\times 10^{2}\times 10^{-0.2}\times 10^{3}} \\
&\approx 1.585 + \frac{1.585-1}{0.631} + \frac{1.585-1}{63.1} + \frac{1.585-1}{39.8} + \frac{1.995-1}{39800} \\
&\approx 2.523 \approx 4.019\mathrm{dB}
\end{aligned} \tag{3-64}
$$

图 3-76 为频率扫描下的系统链路预算分析结果，扫描范围为 6.7～7.9GHz，与设计指标中所要求的接收机工作频段范围一致。

Meas_Index	Meas_Name	BPF1	LNA	BPF2	AMP1	AMP2
RFfred=6.700 E9						
0	Cmp_NF_dB	2.538	2.175	2.538	2.000	3.000
1	Cmp_S21_dB	-5.000	20.000	-5.000	14.684	30.000
2	Cmp_OutTOI_...	1000.000	5.000	1000.000	30.600	1000.000
3	NF_RefIn_NoT...	2.000	5.359	5.381	5.449	5.463
4	OutNPwrTotal_...	-179.015	-156.265	-158.243	-143.491	-113.487
5	OutPwr_dBm	-72.116	-52.684	-54.684	-40.000	-10.000
6	OutPGain_dB	-7.116	12.316	10.316	25.000	55.000
7	OutTOI_dBm	1000.000	5.000	1.517	16.046	46.046
8	OutP1dB_dBm	1000.000	-6.684	-8.684	5.875	35.875
9	OutSNR_Total...	106.899	103.581	103.558	103.491	103.487
10	OutSFDR_Tota...	1000.000	107.510	106.506	106.358	106.356
RFfred=7.000 E9						
0	Cmp_NF_dB	2.000	2.175	2.000	2.000	3.000
1	Cmp_S21_dB	-2.011	20.000	-2.011	9.021	30.000
2	Cmp_OutTOI_...	1000.000	5.000	1000.000	30.600	1000.000
3	NF_RefIn_NoT...	2.000	4.004	4.021	4.047	4.052
4	OutNPwrTotal_...	-174.233	-151.944	-153.927	-144.881	-114.875
5	OutPwr_dBm	-67.334	-47.021	-49.021	-40.000	-10.000
6	OutPGain_dB	-2.334	17.979	15.979	25.000	55.000
7	OutTOI_dBm	1000.000	5.000	2.398	11.367	41.367
8	OutP1dB_dBm	1000.000	-5.802	-7.802	1.188	31.188
9	OutSNR_Total...	106.899	104.922	104.906	104.881	104.875
10	OutSFDR_Tota...	1000.000	104.629	104.216	104.165	104.161
RFfred=7.300 E9						
0	Cmp_NF_dB	2.007	2.175	2.007	2.000	3.000
1	Cmp_S21_dB	-2.005	20.000	-2.005	9.012	30.000
2	Cmp_OutTOI_...	1000.000	5.000	1000.000	30.600	1000.000
3	NF_RefIn_NoT...	2.000	4.002	4.019	4.044	4.050
4	OutNPwrTotal_...	-174.346	-151.937	-153.920	-144.883	-114.878
5	OutPwr_dBm	-67.448	-47.012	-49.012	-40.000	-10.000
6	OutPGain_dB	-2.448	17.988	15.988	25.000	55.000
7	OutTOI_dBm	1000.000	5.000	2.521	11.479	41.479
8	OutP1dB_dBm	1000.000	-5.699	-7.699	1.281	31.281
9	OutSNR_Total...	106.899	104.925	104.908	104.883	104.878
10	OutSFDR_Tota...	1000.000	104.624	104.294	104.241	104.238
RFfred=7.600 E9						
0	Cmp_NF_dB	2.000	2.175	2.000	2.000	3.000
1	Cmp_S21_dB	-2.001	20.000	-2.001	9.001	30.000
2	Cmp_OutTOI_...	1000.000	5.000	1000.000	30.600	1000.000
3	NF_RefIn_NoT...	2.000	4.000	4.017	4.042	4.048
4	OutNPwrTotal_...	-174.385	-151.928	-153.911	-144.885	-114.879
5	OutPwr_dBm	-67.486	-47.001	-49.001	-40.000	-10.000
6	OutPGain_dB	-2.486	17.999	15.999	25.000	55.000
7	OutTOI_dBm	1000.000	5.000	2.570	11.517	41.517
8	OutP1dB_dBm	1000.000	-5.626	-7.626	1.313	31.313
9	OutSNR_Total...	106.899	104.926	104.910	104.885	104.879
10	OutSFDR_Tota...	1000.000	104.618	104.321	104.268	104.264
RFfred=7.900 E9						
0	Cmp_NF_dB	2.538	2.175	2.538	2.000	3.000
1	Cmp_S21_dB	-5.000	20.000	-5.000	14.684	30.000
2	Cmp_OutTOI_...	1000.000	5.000	1000.000	30.600	1000.000
3	NF_RefIn_NoT...	2.000	5.359	5.381	5.449	5.463
4	OutNPwrTotal_...	-179.015	-156.265	-158.243	-143.491	-113.487
5	OutPwr_dBm	-72.116	-52.684	-54.684	-40.000	-10.000
6	OutPGain_dB	-7.116	12.316	10.316	25.000	55.000
7	OutTOI_dBm	1000.000	5.000	1.517	16.046	46.046
8	OutP1dB_dBm	1000.000	-6.684	-8.684	5.875	35.875
9	OutSNR_Total...	106.899	103.581	103.558	103.491	103.487

图 3-76　频率扫描下的系统链路预算分析结果

从图 3-76 中的仿真数据可以看出，在 6.7～7.9GHz 的频率扫描范围内，电路结构中各个器件的各参数基本上都稳定在一定的数值附近，无论是增益还是噪声系数都保持在一定的范围，而不会随频率的变化有大的起伏。通过图 3-76 中的最后一列分析系统整体的性能，可发现除了在 6.7GHz 和 7.9GHz 的边缘部分，系统的各项指标都处于稳定状态，没有大的浮动，这与前面频带选择性仿真结果吻合，系统在所要求的频段内有稳定的放大能力及良好的平坦性。而在边缘部分，观察图 3-76 中最后一列在 6.7GHz 和 7.9GHz 的数据，与其他频段相比较，主要是电路的噪声系数受到了严重的影响，从而影响到了系统的信噪比、三阶交截点及 1dB 压缩点。这主要是器件的边缘特性影响的，从数据结果中也可以看出：滤波器件在频带边缘的插入损耗（2.538dB）明显大于带内的损耗（2dB）。所以，在设计之初留出的裕量正是为了解决不可避免的器件边缘特性造成的影响。

3）AGC 电路测试

在无线通信中，针对不同的情况，接收机与发射机间的距离不固定，且无线信号多为时变的，再加上各种噪声的干扰，导致信号在传输过程中有不同程度的衰减，使得接收的信号时强时弱，幅值变化很大。为了解决这一难题，无线通信系统中通常引入了 AGC[77-78]。

图 3-72 中的 AGC 的主要作用是：根据输入信号的强弱自动调节系统的增益大小，当输入信号较强时，减小系统增益，反之增加增益，这样便可保证输出信号维持在要求的特定功率范围内。针对我们所研究的 UWB 室内定位系统，由于其采用的是无载波的极窄脉冲，功率低，带宽宽，极易受到多径干扰，且纳秒级的窄脉冲很容易产生定位误差，所以在接收机中加入 AGC 可以有效地保持信号幅度平稳。下面对所引入的 AGC 电路进行测试，看其增益控制能力能否满足指标要求。图 3-77 为利用 ADS 搭建的 AGC 电路测试仿真图，利用的是包络仿真控件（ENVELOPE）。

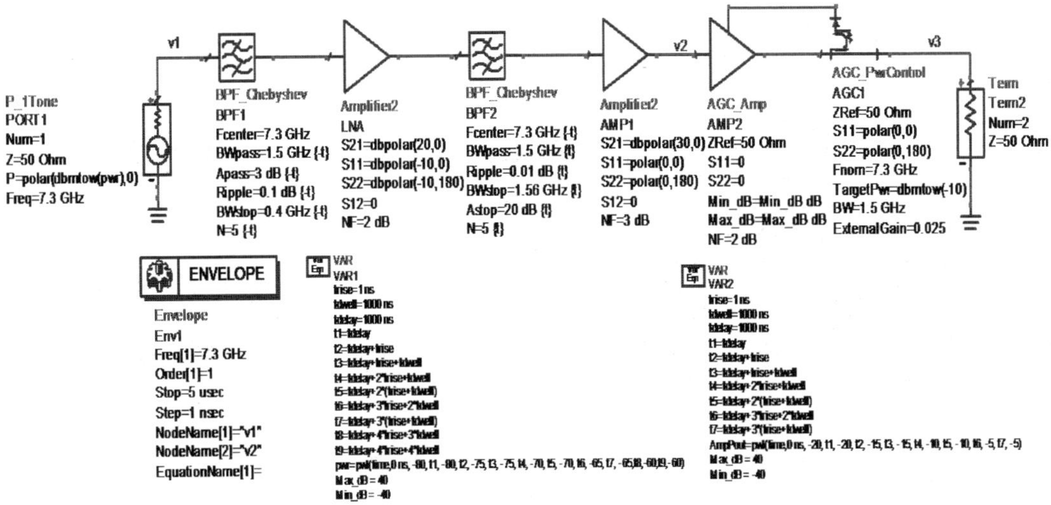

图 3-77　AGC 电路测试仿真图

在测试仿真中，我们设定了三个测试点：v1、v2、v3。其中，v1 为输入点处的信号；v2 为经过滤波与放大后输入 AGC 的信号；v3 为经过 AGC 处理后的输出信号。通过三处测试点信号幅度的变化，我们可以直观地看出 AGC 电路的性能。在仿真过程中，我们通过两种变量的设置，从不同的角度验证 AGC 电路的性能：第一种是在目标功率确定的情况下，设定不同时段内输入信号的功率不同，如图 3-78 中所示，设定的功率变化范围为−80～−60dBm；第二种是在输入信号不变的情况下，调节目标功率的大小，观察 AGC 电路对增益的控制情况，如图 3-79 所示，调节的范围为−20～−5dBm。

```
Var
Eqn  VAR
     VAR1
     trise=1 ns
     tdwell=1000 ns
     tdelay=1000 ns
     t1=tdelay
     t2=tdelay+trise
     t3=tdelay+trise+tdwell
     t4=tdelay+2*trise+tdwell
     t5=tdelay+2*(trise+tdwell)
     t6=tdelay+3*trise+2*tdwell
     t7=tdelay+3*(trise+tdwell)
     t8=tdelay+4*trise+3*tdwell
     t9=tdelay+4*trise+4*tdwell
     pwr=pwl(time,0 ns, -80, t1, -80, t2, -75, t3, -75, t4, -70, t5, -70, t6, -65, t7, -65,t8,-60,t9,-60)
     Max_dB = 40
     Min_dB = -40
```

图 3-78　输入信号功率变量设置

```
Var
Eqn  VAR
     VAR2
     trise=1 ns
     tdwell=1000 ns
     tdelay=1000 ns
     t1=tdelay
     t2=tdelay+trise
     t3=tdelay+trise+tdwell
     t4=tdelay+2*trise+tdwell
     t5=tdelay+2*(trise+tdwell)
     t6=tdelay+3*trise+2*tdwell
     t7=tdelay+3*(trise+tdwell)
     AmpPout=pwl(time,0 ns, -20, t1, -20, t2, -15, t3, -15, t4, -10, t5, -10, t6, -5, t7, -5)
     Max_dB = 40
     Min_dB = -40
```

图 3-79　目标功率变量设置

在两种变量的控制下，得到的测试结果分别如图 3-80 和图 3-81 所示。从图 3-80 中三个测试点的结果可以看出，在仿真的整个时段内，输入信号的功率按照变量 1 中的设定变化，但由于已经将目标功率固定为−10dBm，所以最后输出信号的功率幅度恒定在这附近，图中 v3 的曲线也正好验证了这一点，比较 v2 与 v3 的曲线可以明显地看出 AGC 增益的变化。而在图 3-81 中，v1 测试点的结果为一直线，与我们将输入信号的功率固定相吻合，v3 的曲线变化完全符合变量 2 中对目标功率的设定，这也是由于 AGC 的作用。再比较 v2 和 v3 的曲线，其中有一部分 v3 的曲线低于 v2，这部分说明输入 AGC 的信号过强，高于我们所要求的目标功率，此时 AGC 就会调节表现出负的增益，使信号衰减，最后输出我们所要求的目标功率幅度。从以上的分析与仿真结果可以确定我们所引入的 AGC 电路很好地实现了增益控制的功能，能够应用于我们设计的 UWB 室内定位接收机中。

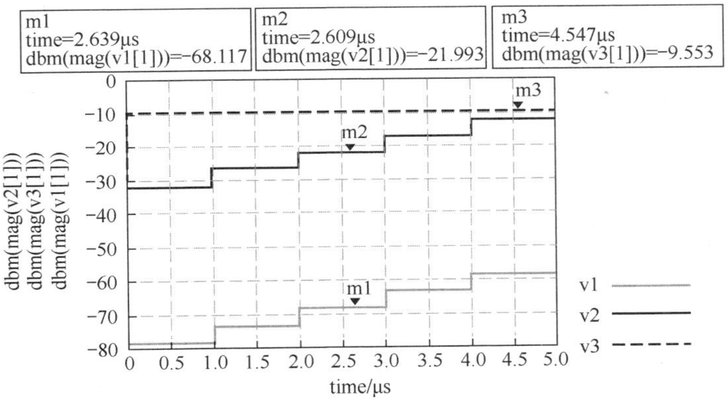

图 3-80　不同输入信号功率下的 AGC 电路测试结果

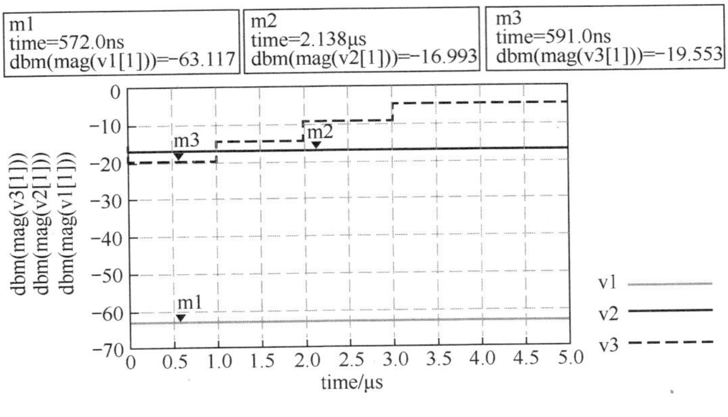

图 3-81　不同目标功率下的 AGC 电路测试结果

2. 可控积分检测电路设计

以上电路对应射频信号的一些基本处理，如选取合适的频带，去除噪声，达到一定的输出功率等，而这些处理过的信号仍然是模拟信号，无法送往数字端进行处理。要想送往数字端进行处理，必须进行数字化处理，这就涉及采样。由采样定律可知，想要对符合系统指标要求的 UWB 信号采样，至少需要吉赫兹级的采样率，这对 A/D 采样器的要求很高，这样的采样器在市场上很难找到，即使存在，价格也很昂贵，不利于成本控制，也不利于后期产品的大规模推广。因此，针对本节设计所采用的非相干检测数模混合接收方案，对 UWB 信号的数字化处理采用如下方法：先在模拟端进行检测和判决，然后通过高速判决电路的比较将信号数字化后送入数字端进行处理。

具体来说，接收的 UWB 信号由可控积分检测电路实现信号的检测，然后由高速判决电路对积分后的信号进行判决，此时的高速判决电路相当于一位的 A/D 采样器，从而实现了信号的数字化，解决了 UWB 信号数字化需要极高采样率这一难题，数字化后的信号送入后续数字端电路实现信号的同步、定时信息提取、数据解调等功能。采用这样的结构较采用模拟电路实现这一系列功能降低了电路实现的复杂度。由此可以看出，可控积分检测电路是连接射频前端与数字端的枢纽，是实现数模混合接收方案不可缺少的核心器件。图 3-82 所示为所设计的基于可控积分检测的数模转化电路结构框图，该电路用于 UWB 信号的检测和的数字化。

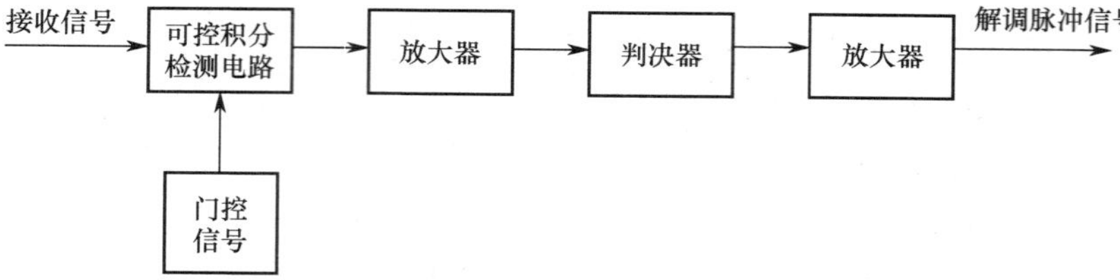

图 3-82　基于可控积分检测的数模转化电路结构框图

如图 3-82 所示，在门控信号的控制下，可控积分检测电路对射频前端处理过的信号进行检测，门控信号由数字端产生，检测后的信号经过适当的放大后由判决器实现信号的判决，以达到数字化的目的。使用放大器是为了确保判决后的信号能达到 FPGA 数字芯片能够识别的 TTL 电平级别。

设计的可控积分检测电路如图 3-83 所示。图中积分控制信号与 Q1 门控信号为同一信号，图中是从整个电路的角度来描述的。可控是靠三极管的级联来实现的：电路中采用的三极管为 BFP420 和 BFP450，其特征频率为 25GHz，可以满足中心频率为 7.3GHz 的 UWB 信号的工作要求。三极管 Q1 工作于饱和状态或截止状态，构成一个开关电路，电路的通断受 Q1 基极输入的由 FPGA 产生的门控信号的控制，从而控制积分时间的长短。三极管 Q2 为射极跟随电路，该电路对信号的电压没有放大能力，可以将输入信号幅度不变地从发射极输出。C2 积分电容与电阻 R7 构成 RC 积分电路，其工作原理为：当 Q1 的输入为高电平时，Q1 导通，处于饱和状态，相当于开关闭合，与 Q2 形成回路，Q2 的基极一直处于导通状态，当集电极导通后，电路形成射极跟随器，输入信号由发射极输出，通过 RC 积分电路对电容充电，从而实现信号的积分；当 Q1 的输入为低电平时，Q1 工作于截止状态，相当于开关断开，Q2 不导通，这时 RC 积分电路放电，相当于对上一次积分结果清零，以便下一次信号到来时积分。因此，门控信号的低电平为清零信号，高电平为积分信号。

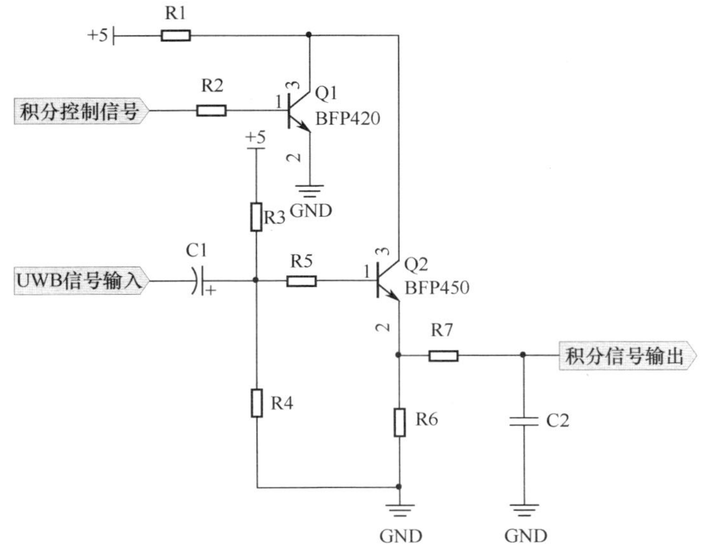

图 3-83　设计的可控积分检测电路

为了满足判决电路的要求，需要对积分后的信号进行一定的放大，这也可以使判决输出的电压幅度达到 FPGA 数字芯片可以识别的信号幅度。设计的运算放大电路如图 3-84 所示，高速判决电路如图 3-85 所示。

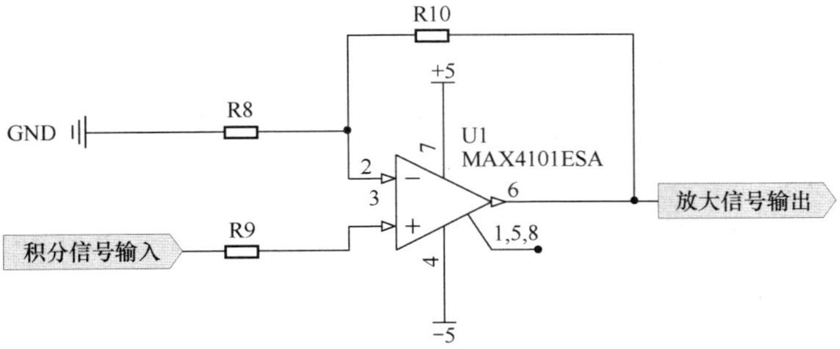

图 3-84　设计的运算放大电路

发射端发送的数据为全“1”时，假定接收机接收的 UWB 信号正好落入可控积分检测电路的积分区域，运用 Multisim 对图 3-86 所示的可控能量积分器进行仿真，得到仿真结果如图 3-87～图 3-90 所示。

图 3-87 为模拟的由天线接收后经过射频前端处理的 UWB 信号，其重复频率为 10MHz，包络为 50ns，由此可以确定门控信号的占空比和周期。图 3-88 为 UWB 信号经过可控积分检测电路后的结果，从结果中可以看出，积分电路的充放电时间都比较短，因此在选择芯片时，需要选择一些高速处理芯片。积分后的信号幅度只有十几毫伏，信号幅度非常小，将这么小的信号直接送入高速判决器进行判决，如果判决电路的灵敏度不高，

将会影响判决结果。因此，先对信号进行放大，如图 3-89 所示。放大后的信号幅度可以达到 200mV 左右。图 3-90 为判决后的 UWB 信号，电压幅度在 3V 左右，可以达到 FPGA 数字芯片可识别的电平级别，因此可以直接输入 FPGA 数字芯片中处理。另外，电路中设计的高速判决电路实际上相当于一个一位的高速采样电路，其将信号数字化后送入数字端处理，在成本和结构上明显有优势。

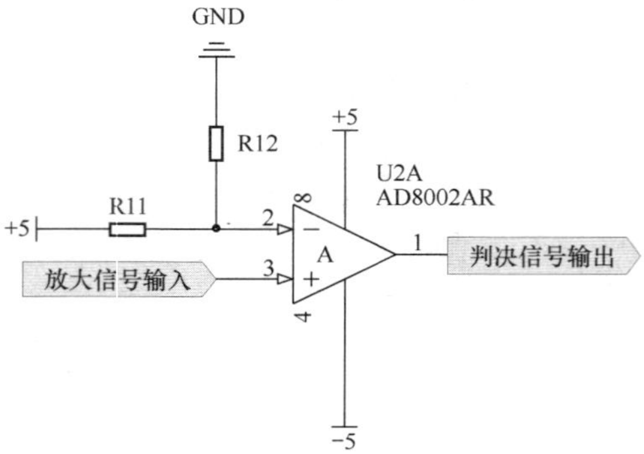

图 3-85　设计的高速判决电路

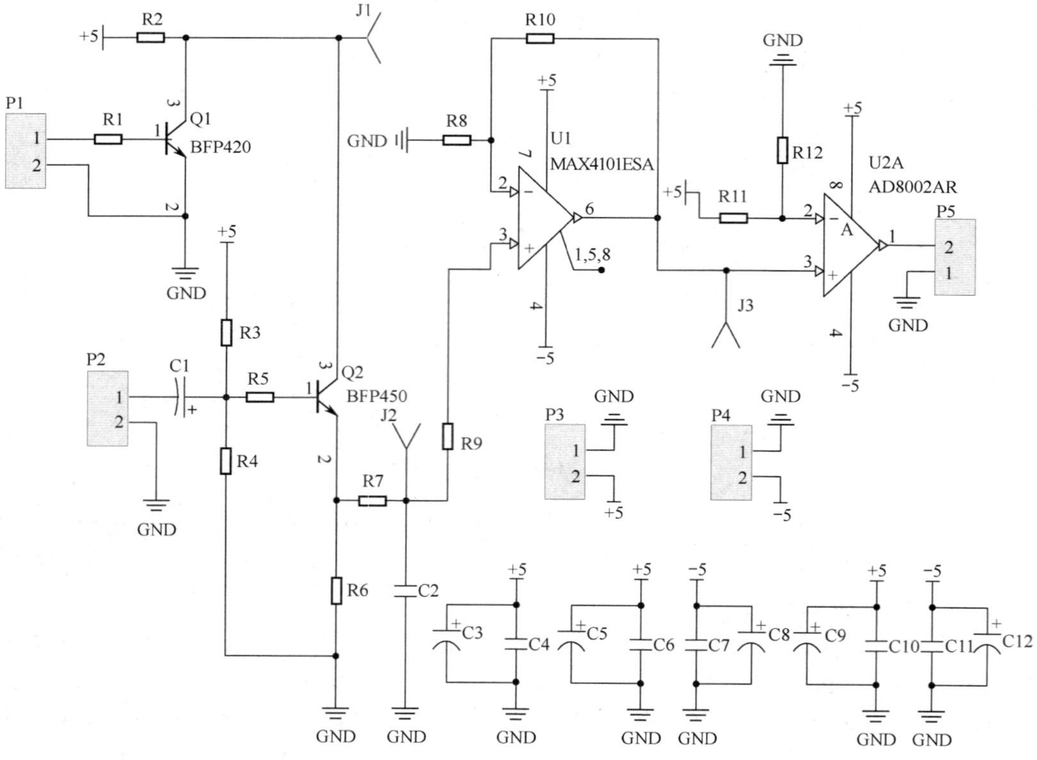

图 3-86　可控能量积分器原理图

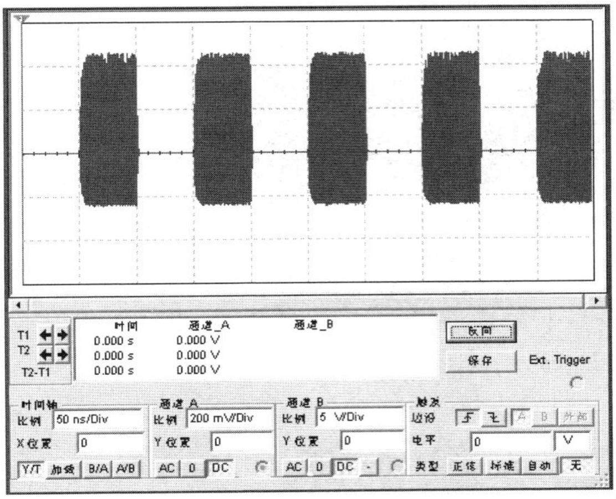

图 3-87　重复频率为 10MHz 的 UWB 信号

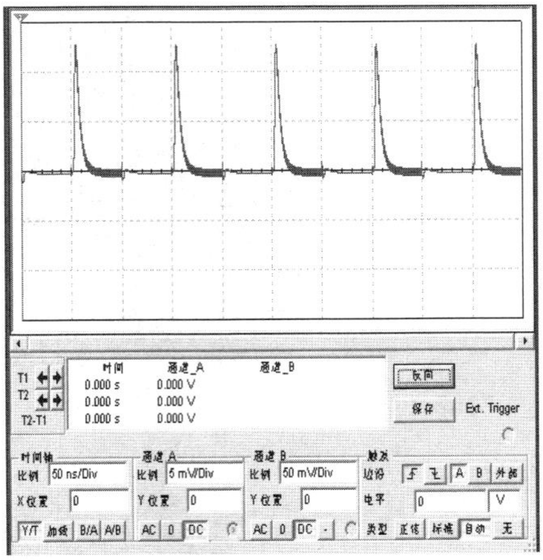

图 3-88　积分后的 UWB 信号

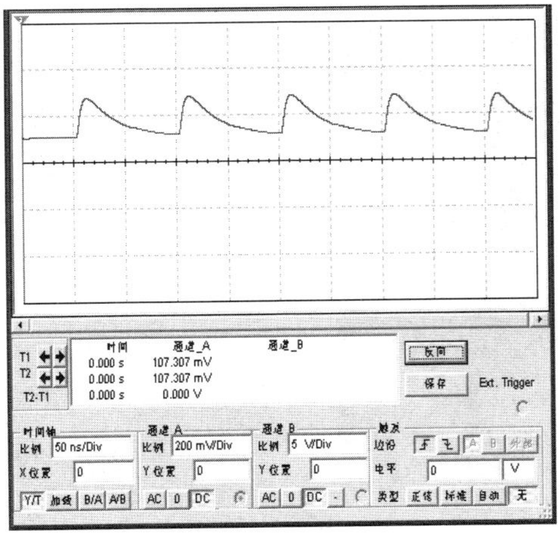

图 3-89　运算放大后的 UWB 信号

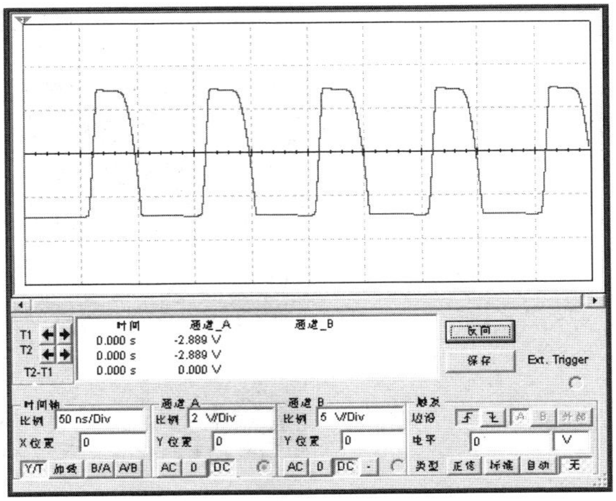

图 3-90　判决后的 UWB 信号

图 3-91 和图 3-92 为可控积分检测电路的实物图及实测结果。实物大小只有 5.1cm×2.2cm，且结构简单，成本低，能够满足 UWB 室内定位设施小型化、低成本的需求。对比图 3-90 的仿真结果与图 3-92 的实测结果发现，除了电压幅度有一定的差距，其余基本一致，都能够实现信号的数字化。实测结果中判决后的信号幅度为 4V 左右，与 FPGA 数字芯片所能识别的 3.3V 高电平有一定的偏差，但可以通过在电路中加入分压电路来达到所需的电平级别，所以实测结果中判决后的信号完全能够满足数字端 TTL 输入电平的需求。因此，所设计的可控积分检测电路可以应用于接收方案，作为连接射频前端与数字端的核心器件。

图 3-91　可控积分检测电路实物

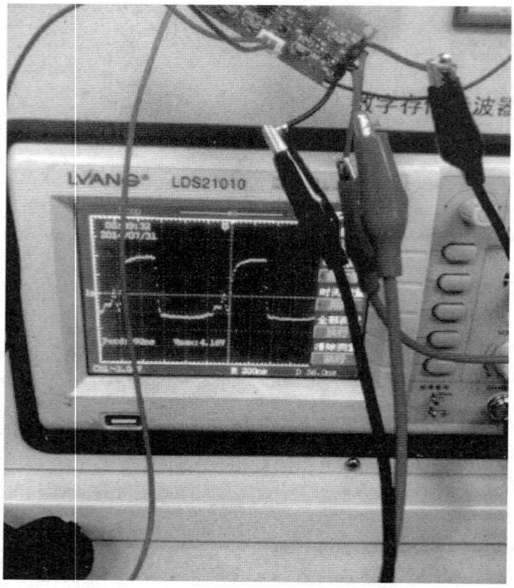

图 3-92　可控积分检测电路实测结果

3.3.3.2　UWB 室内定位接收机数字端设计

前述射频前端电路和可控积分检测电路的设计均是为了后续信号的基带处理，将信号转换成可以在 FPGA 数字芯片内处理的数字形式，并且从前述仿真结果与实测结果可以看出，射频前端电路的设计可以满足要求。将信号送入数字端后，无论是解调还是提取定位信息，首先要做的是同步，稳定、可靠、精确的同步是通信系统间确保信息正确传输的前提，对通信至关重要，尤其是针对本次研究的重点——定位，更加需要精确的时钟同步。UWB 信号同步捕获方案的设计与同步电路的实现是我们研究的重点。

1. UWB 室内定位系统数字端结构

图 3-93 为包含数字端具体结构的 UWB 室内定位系统框图。

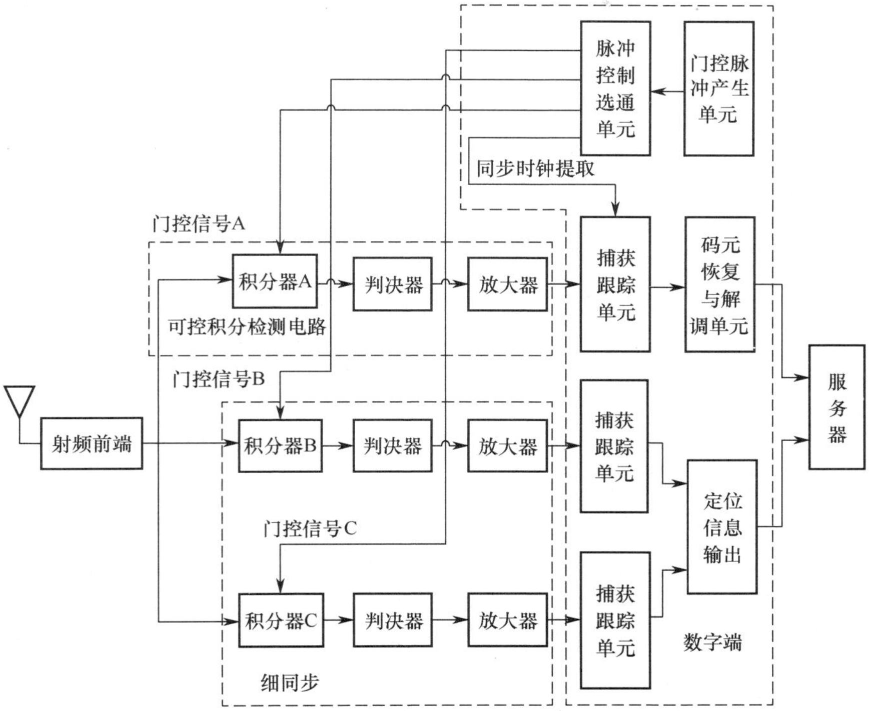

图 3-93　包含数字端具体结构的 UWB 室内定位系统框图

从图 3-93 中可以看出，接收机数字端的设计采用了三支路、串并结合的同步思路，同时分离数据解调与定位信息提取。为此，在数字端对应不同的支路分别采用了不同的模块，门控脉冲产生单元用来提供积分电路所需的一系列步进门控信号；脉冲控制选通单元则用来控制不同支路门控信号的输出与步进，最终确定由哪一时刻的步进信号作为积分电路的门控信号；捕获跟踪单元是实现系统同步的模块；码元恢复与解调单元是解调接收数据的单元，以上模块构成了系统方案中的 A 支路，用来实现系统的粗同步与数据的解调；而 B、C 支路是在 A 支路同步的情况下触发工作的，用来实现更为精确的细同步，提取定位信息，主要由捕获跟踪单元与定位信息输出模块组成。

2. 接收机同步捕获方案设计

由于 UWB 信号以极窄的脉冲传输，时间短，且工作在低功率频谱密度下，与噪声混合，因此 UWB 信号的检测与捕获一直是一个难题。目前，针对这方面的研究，主要采用相干捕获算法与非相干捕获算法。

相干捕获算法的实现是以相干接收机为基础的，相干捕获算法虽然具有良好的性能，但对应的接收机结构复杂，且算法运算时间长，不利于处理系统突发情况。为了解决此类问题，研究人员提出了非相干捕获算法，如利用传输信息的二阶周期平稳性进行延时估计，但这些算法也因 UWB 信号极窄脉冲、低功率的传输特性，很难由硬件电路实现。本节设计的非相干检测捕获方案，利用可控积分检测电路完成输入信号的检测并利用 FPGA 设计捕获电路来完成同步捕获。

同步捕获的方法很多，按照信息传输方式的不同，可以分为导频辅助同步发和盲同步发两种[79-83]。

所设计接收方案中的同步捕获是由 FPGA 完成的，可控积分检测电路在基带电路的控制下完成全时域内分段 UWB 信号的检测，即通过 FPGA 控制积分器以步进的方式搜索捕获，实现系统同步。本次采用的是串行步进控制方式，当然也可以采用并行方式，但采用并行方式时需要多路可控积分检测电路同时工作，这样虽然能够缩短搜索捕获的时间，却增加了硬件电路资源，提高了设计成本。而串行步进控制方式只要一路可控积分检测电路，只要确保步进控制能够覆盖整个信号的持续时间，便可无遗漏地完成信号的检测，但这样的方式需要的搜索时间也较长，因此其是以搜索时间的消耗来换取成本的降低的。基于以上分析，下面采用有导频辅助的线性步进串行搜索方式实现系统同步，设计过程如下。

设定系统的传输速率为 10Mbps，这样的设定与图 3-87 中模拟的重复频率为 10MHz 的 UWB 信号对应。通信系统在传输数据时是以帧为单元一帧一帧地传输的，假定本次传输的信号格式如下：一帧的长度为 1024bit，最前端的 300 个连“1”为导频码，作为导频辅助数据来确定接收机的同步时刻并提取定位同步时钟，然后以此时刻作为后续帧头、帧尾的检测及数据解调的标准时钟，同时作为服务器提取定位时间信息的标志。帧头设定为 11 位的巴克码“11100010010”，数据信息为 706bit，帧尾为 7 位的巴克码，其值是“1110010”。在接收机依据接收的导频码确定同步后，若数字端基带解调模块检测到帧尾数据，说明此时一帧的数据传输完毕，然后，接收机自动复位，重复以上步骤，继续下一帧数据的检测。

在捕获阶段，如图 3-93 所示，脉冲控制选通单元在门控脉冲产生单元的驱动下，从产生的门控信号中选取一路作为 A 支路工作的开启信号，此时 B、C 支路暂不工作。A 支路在该脉冲的控制下对接收的 UWB 信号做积分运算，门控信号的周期 T=100ns，占空比为 1∶1，这样的设定是参考了前面提到的重复频率为 10MHz、脉冲持续时间为 50ns 的 UWB 信号。A 支路可控积分检测电路在门控信号高电平期间做信号积分，在低电平期间做清零运算。假设门控信号每次步进的时间长度 t_{step}=5ns，则在 T=100ns 的情况下，门控信号只要经过 20 次步进便可交叉覆盖整个码元持续时间，如图 3-94 所示。采用此类步进控制交错积分的方式，实现了积分领域对全时域信号的检测，避免了遗漏。

接收机数字端同步捕获工作流程如图 3-95 所示。首先，初始门控信号 step0 控制积分器对接收的导频 UWB 信号进行积分，当积分能量值超过门限值时，输出一个判决脉冲至 FPGA。FPGA 在设定的时间内对该输出脉冲统计计数，当计数值超过设定的脉冲个数门限值时，认为系统同步，此时的同步门控信号即同步时钟；否则门控信号变为 step1，继续对接收的信号积分，重复上一步，直到计数值超过设定的脉冲门限值，停止步进。若搜索完一帧的同步导频码，仍然没有出现大于门限值的计数值，则选择对应最大计数值的门

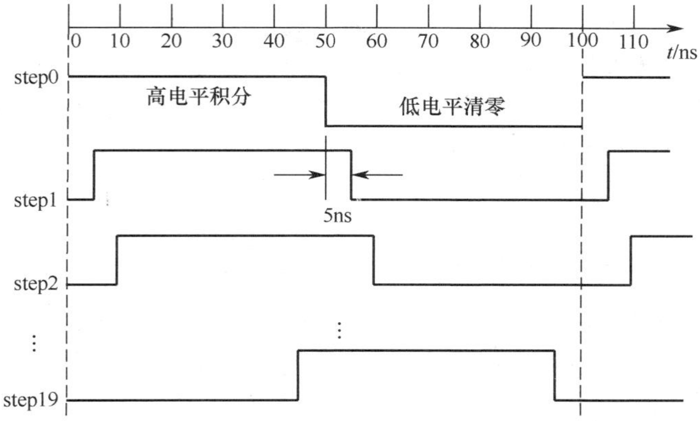

图 3-94　A 支路门控信号步进图

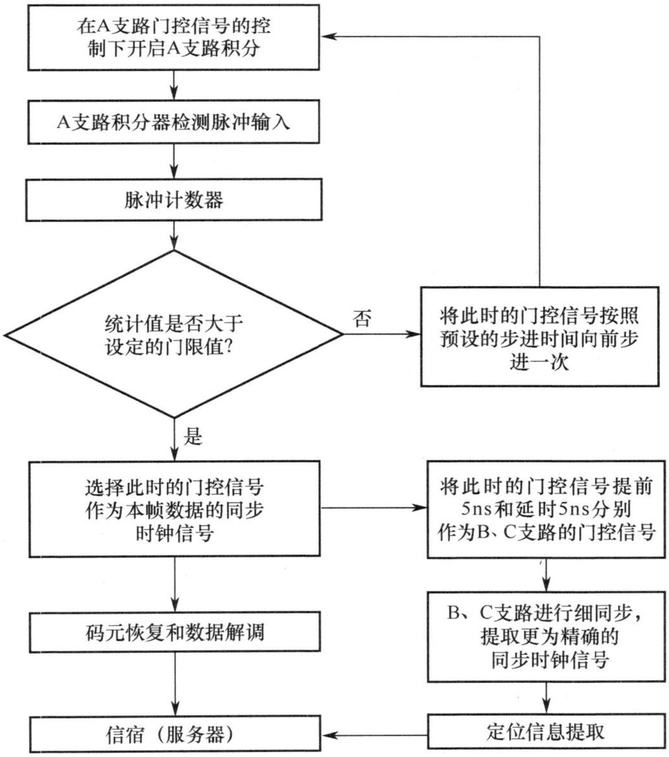

图 3-95　接收机数字端同步捕获工作流程

控信号作为同步时钟。当 A 支路同步后，通过逻辑控制模块将 A 支路此时的同步时钟信号分别延时 5ns 和提前 5ns 作为 B、C 两支路的门控脉冲，开启 B、C 两支路的积分器，按照 A 支路的步进过程进行 0.5ns 的步进，从而进行更精确的同步搜索。然后从 B、C 支路中选取最精确的一路作为细同步信号，从而完成定位信息提取。当基带电路检测到帧尾时，表示一帧数据已传输完毕，开始接收下一帧数据，此时基带电路产生一个复位脉冲信号，对系统进行复位，同时保持门控信号步进值不变，重新进行下一帧数据的同步捕获、时钟提取、数据解调及定位信息提取。当数据传输完毕且未检测到帧尾时，表示同步失调，此时在产生一个系统复位脉冲信号的同时，逻辑控制模块需调整 A 支路门控信号，步进一个 t_{step}，然后重复前一帧的搜索工作。

3. 基于 FPGA 的同步电路设计与仿真

根据图 3-93，可以确定数字端同步电路的组成模块及各个模块的功能，同时由图 3-95 可确定数字端同步电路工作的时序。下面根据以上分析结果设计各个模块，实现电路同步功能。图 3-96 为本节设计的同步电路总体模块框图。

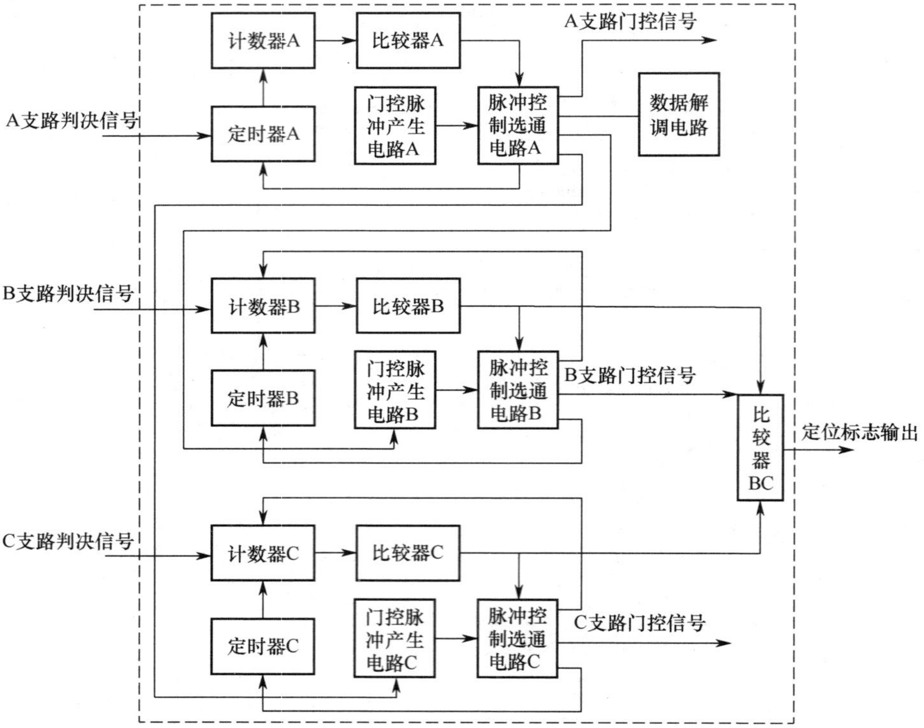

图 3-96　同步电路总体模块框图

从图 3-96 中可以看出同步电路的模块组成及连接关系。该模块组成也可以体现本节设计的三路串并行步进搜索方案的优势：只需要针对一个支路进行模块设计，其余两个支路的模块与其大致相同，只需要改变一些参数即可，如步进间隔或端口定义。这样充分减少了设计的工作量，简化了设计结构，能够突出采用数字电路设计的优越性。按照图 3-96 所示，利用 VHDL 语言编写同步电路的各个组成模块，运用 EDA 设计软件 QuartusII 7.2 产生同步捕获各组成模块与同步电路顶层模块的电路图，并进行时序仿真，给出时序仿真波形图。以下针对几个重要的模块进行设计与分析。

1）锁相环电路模块

本节同步电路采用的信号频率有 1MHz、100MHz、1GHz，对于 FPGA，常用 Altera 公司的开发板，其主板频率为 50MHz，不能满足我们的设计要求，因此需要对其进行倍频及分频。FPGA 中的倍频、分频除了采用 VHDL 编写硬件电路实现，还可以直接调用芯片内部的锁相环实现。本次设计采用锁相环电路实现倍频及分频，产生设计所需要的信号频率，这样就不需要编写专门的倍频、分频电路了，简化了设计。图 3-97 为调用内部锁相环产生的倍频分频电路模块。

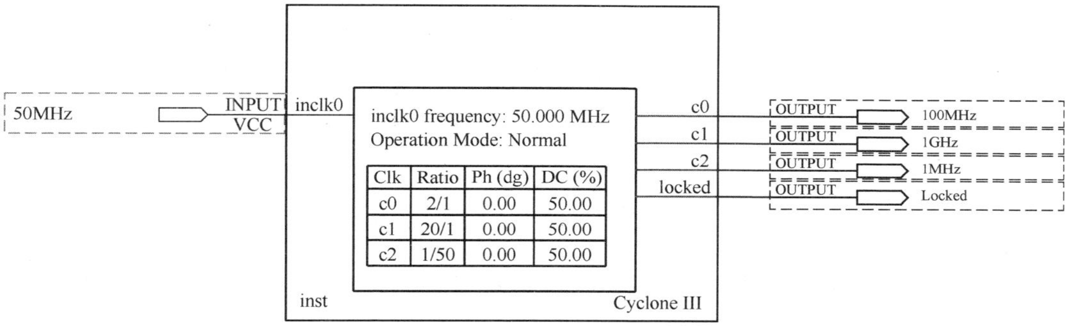

图 3-97　调用内部锁相环产生倍频、分频的电路模块

从图 3-97 可以看出我们所设计的电路功能，在输入信号为 50MHz 的情况下，锁相环设定的内部倍率决定了信号的倍频数及分频数，图中设定了三路信号的倍率，即 c0 为 2，c1 为 20，c3 为 1/50，c0、c1 的设定实现了 50MHz 信号的 2 倍频与 20 倍频，输出的信号应为 100MHz 与 1GHz，c3 的设定实现是基准信号的 50 分频，输出的信号频率为 1MHz，三路信号的输出频率满足我们设计所需要的信号频率。下面使用 QuartusII 7.2 中的时序仿真进行电路功能的验证。

图 3-98 的时序仿真波形是在输入设定为 50MHz 的条件下进行的，比较三个输出波形，c0 的波形周期是输入波形的一半，频率为 50MHz，符合 c0 的 2 倍频设置。从 c1 的波形可以看出，c1 的频率为 1GHz，观察图中设置的标签，显示为“+1.001492μs”，其表示与基准标签之间的时间差。而基准标签的位置在 c2 的一个周期的上升沿，所以可以看出，c2 的周期为 1μs，满足我们所需要的 1MHz 信号输出的要求。

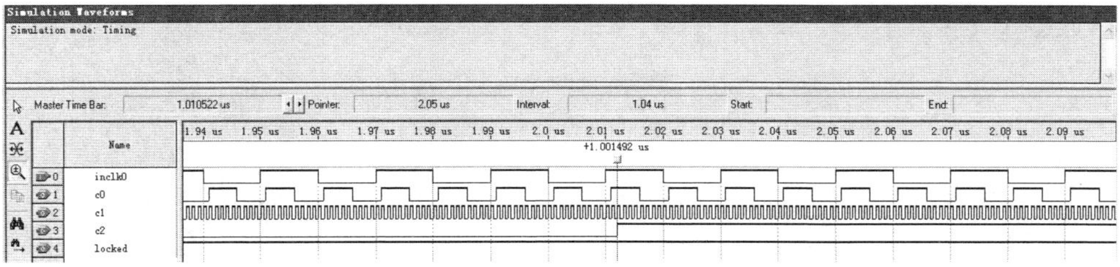

图 3-98　锁相环倍频、分频电路时序仿真波形

2）门控脉冲产生电路模块

由图 3-96 与 A 支路步进原理可知，门控信号是周期为 10MHz、占空比为 1∶1 的方波信号，且每一次步进的间隔为 5ns，共 20 次步进，所以设计的门控脉冲产生电路模块要实现的功能就是，产生 20 路周期为 100ns，且每一路较前一路都有 5ns 延时的方波。图 3-99 是利用 VHDL 编写、由 QuartusII 7.2 生成的门控脉冲产生电路模块，图 3-100 为所对应的时序仿真波形。

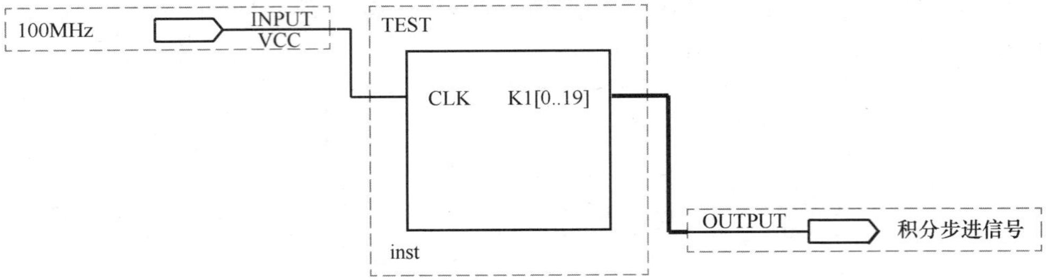

图 3-99　门控脉冲产生电路模块

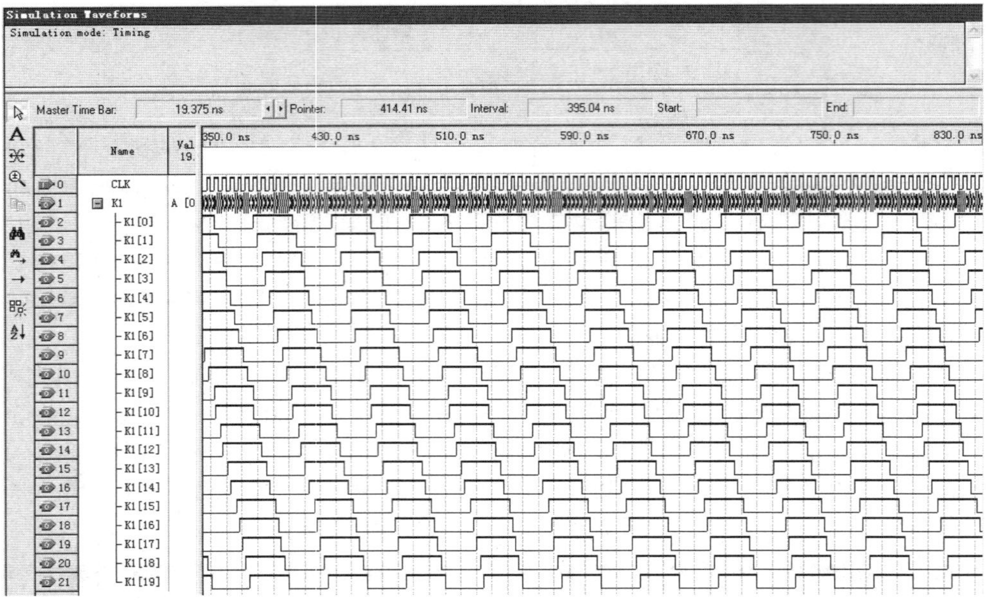

图 3-100　门控脉冲产生电路时序仿真波形

在图 3-99 和图 3-100 中，输出信号 K1 为设计的步进信号组，该矢量信号组由 20 路信号组成，分别为 K1[0]～K1[19]。从仿真结果可以看出，K1 的每一路输出信号较前一路都有半个输入信号周期的延时，输入信号周期为 10ns，那么每一路半个周期的延时刚好是 5ns，满足我们设定的需求。

3）脉冲控制选通电路模块

脉冲控制选通电路的作用是根据脉冲计数的结果来控制门控信号的步进，选取最佳控制信号，确定电路同步的时刻及当前的控制脉冲。而 A 支路的脉冲控制选通电路除了具备以上功能，还要在确定 A 支路同步的时刻选取 B、C 支路的控制信号，用于 B、C 支路的细同步。脉冲控制选通电路模块如图 3-101 所示。

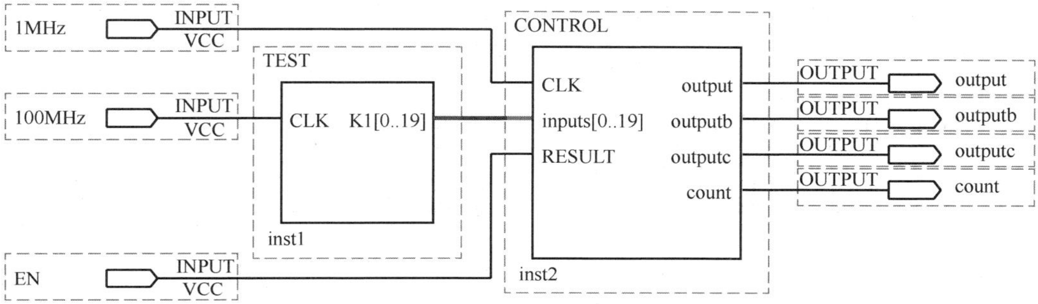

图 3-101　脉冲控制选通电路模块

图 3-101 中，CONTROL 模块为设计的 A 支路脉冲控制选通电路，RESULT 端口连接的是脉冲计数比较的结果，作为该电路控制信号步进的使能信号。该端口为高电平时，说明计数值大于预设值，此时 A 支路完成初步同步，然后按照设定的要求输出 B、C 支路的门控脉冲，B、C 支路开始同步进行工作；反之，电路控制信号步进，继续进行同步捕获，直至达到同步。从图 3-102 的时序仿真波形中也可以看出相应的结果：当使能信号 EN 设定为高电平时，除了端口 output 输出 A 支路的门控信号，端口 outputb 和 outputc 也输出相应的脉冲作为 B、C 支路开始工作的门控信号，且两路信号具有一定的延时。当 EN 设定为低电平时，此时端口 outputb 和 outputc 无信号输出，处于低电平状态，B、C 支路不工作。并且在低电平的初始时刻，输出新的一路步进控制信号的同时，端口 count 输出一个大约 1us 的高电平，此高电平作为定时电路复位信号，使得定时器置初值，重新倒计时。该模块中一个 1MHz 的信号输入端口正是为此设定的。

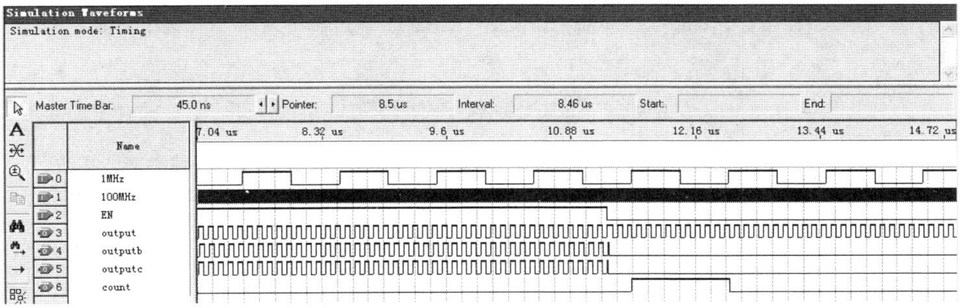

图 3-102　脉冲控制选通电路时序仿真波形

此处只介绍与分析了 A 支路的脉冲控制选通电路模块与其时序仿真结果，B、C 支路的该模块与 A 支路的功能基本相似，只是不需要输出额外的两路信号，也就不需要设置 outputb 和 outputc 这样的输出端口。因此，这里不再介绍 B、C 支路的该模块。

4）定时器模块

脉冲计数器对输入脉冲的计数是在特定的时间内进行的，根据本节所设定的数据格式及模拟的重复频率为 10MHz 的 UWB 信号，将这一时间设定为 30μs，这样就可以设计对应的电路模块来控制脉冲计数器的计数时长。设计的定时器模块如图 3-103 所示。

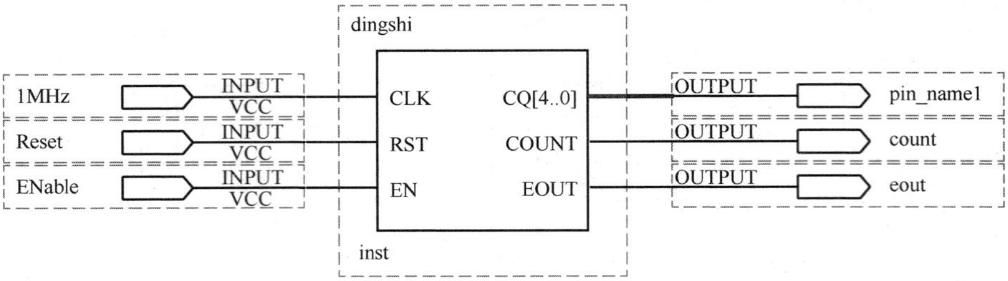

图 3-103　定时器模块

图 3-104 为定时器时序仿真波形。图中的端口 EN 为定时器的工作使能信号，只有当 EN 为高电平时，定时器才开始工作。该端口连接的是锁相环电路中的输出端口 locked，始终处于高电平状态，那么定时器持续工作是不是意味着脉冲计数器也时刻在其控制下进行计数呢？从图 3-104 中的结果可以看出并非如此。图 3-104 中的 EOUT 端口为脉冲计数器的控制信号，该端口并非一直为高电平。只有当一个复位信号使脉冲计数器置初值后，在之后的 30μs 倒计时期间，EOUT 才为高电平，此时脉冲计数器才处于对输入脉冲的计数状态。若无此复位信号，即 EOUT 一直为低电平状态，脉冲计数器不工作。复位信号由脉冲控制选通电路提供，在每次输出新的一路步进控制信号时，输出一段这样的复位信号。同样，该模块中的端口 COUNT 作为脉冲计数器的初始复位信号，与 EOUT 一样也受到 RST 信号的控制。

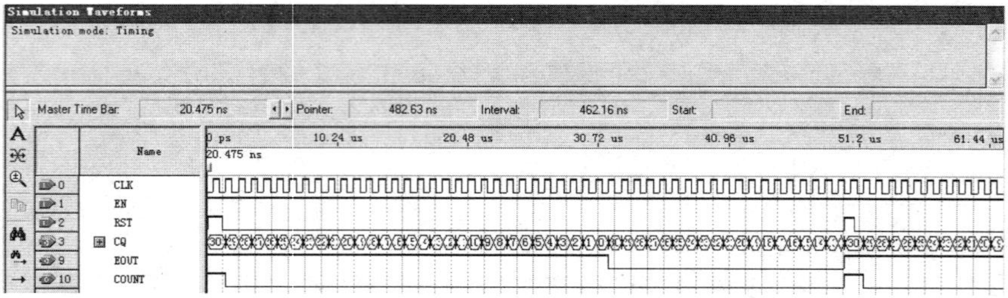

图 3-104　定时器时序仿真波形

5）脉冲计数器模块

可控积分检测电路采样后的信号送入数字端进行处理。在数字端，首先对接收的信号在设定的时间内计数，根据计数的结果来判断是否同步。如图 3-105 所示为所设计的脉冲计数器模块。

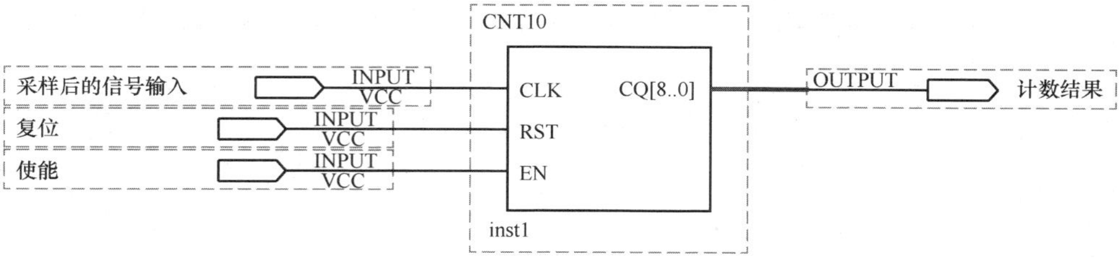

图 3-105　脉冲计数器模块

图 3-106 为脉冲计数器的时序仿真波形。从图中可以看出，脉冲计数器在电平为高时工作，为低时不计数，当有复位信号到来时，计数值置为 0，该电路所表现的功能符合设计要求。

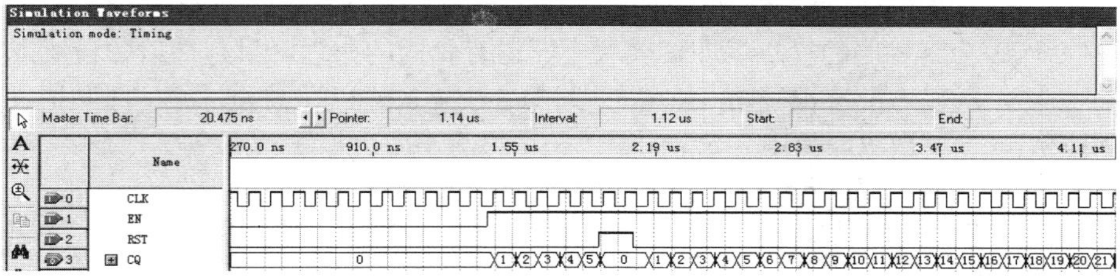

图 3-106　脉冲计数器时序仿真波形

6）比较器模块

脉冲计数器对输入脉冲计数完毕后，将计数值送入比较器与我们设定的数值进行比较，比较器根据比较后的结果来控制脉冲控制选通电路的工作，判断是否达到同步，是否需要步进控制信号。A 支路比较器模块如图 3-107 所示。

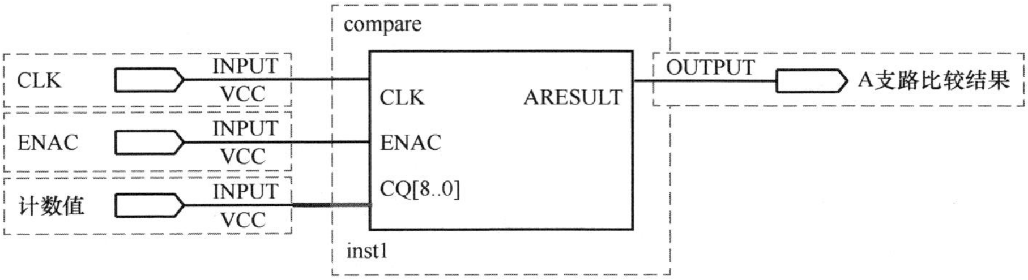

图 3-107　A 支路比较器模块

A 支路比较器的时序仿真波形如图 3-108 所示。图中端口 CQ 为脉冲计数器的计数值，ENAC 为 A 支路比较器的使能信号，只有在低电平时才触发比较器工作，高电平时比较器不工作，比较结果 ARESULT 处于高阻态。该端口的信号与脉冲计数器的使能信号一致，都由定时器提供；不同的是，在使能信号的高电平期间，脉冲计数器工作，比较器不工作；反之，比较器工作，脉冲计数器不工作。这样的设置可以保证在计数结束时才将计数值赋给比较器。在比较器工作期间，比较结果 ARESULT 根据计数值与预设值的大小进行高低电平转换，此端口的输出信号作为脉冲控制选通电路工作的标志。

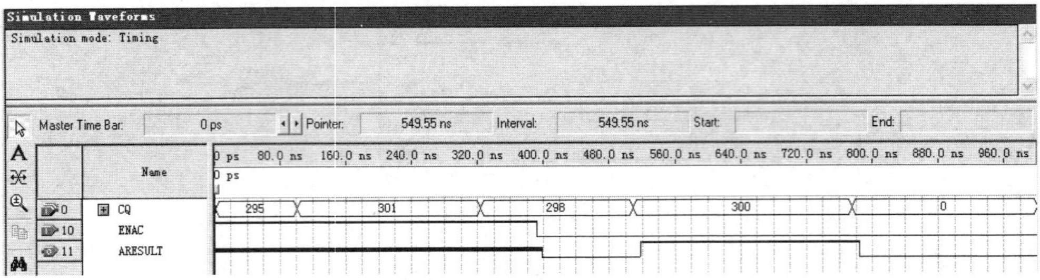

图 3-108　A 支路比较器时序仿真波形

7）同步电路顶层模块

以上模块的分析主要针对 A 支路，由于 B、C 支路的同步捕获原理与 A 支路的一样，因此在电路设计中会有相同的模块，即使模块不同也有相同的原理，只是端口的设置或者频率的设置不一样，所以本节不再针对 B、C 支路的各个模块进行详细分析。下面利用设计的各个电路模块组成顶层模块，如图 3-109 所示，从中可看出各个模块的电路及其连接。

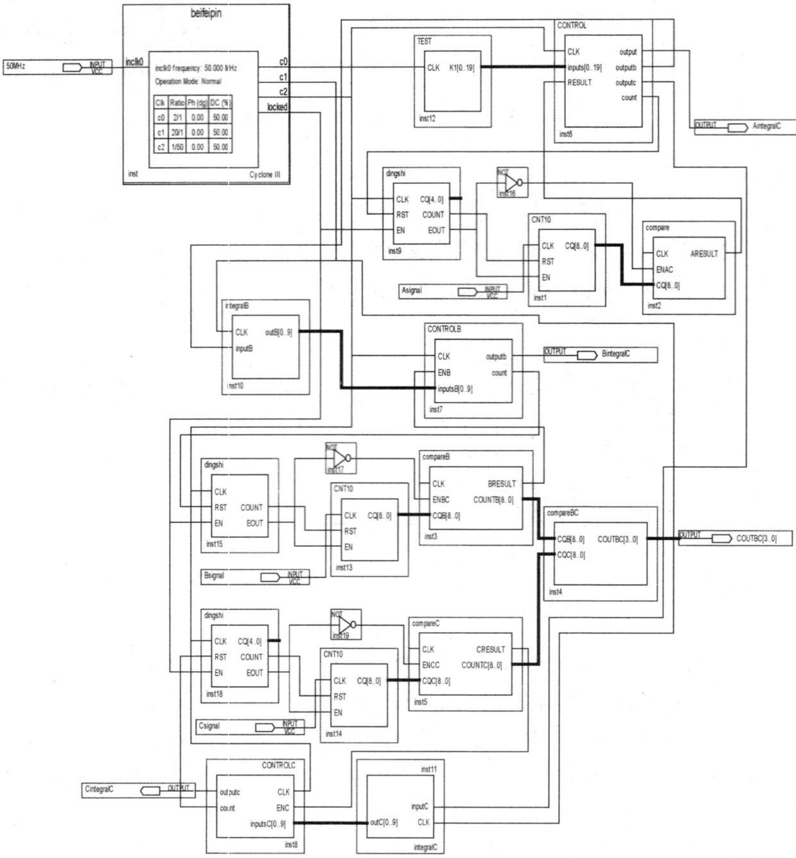

图 3-109　数字端同步电路顶层模块

同步电路顶层模块的时序仿真波形如图 3-110 所示。系统工作频率设定为 50MHz，图中的三个端口 Asignal、Bsignal、Csignal 为 A、B、C 三路采样后的信号输入端。仿真过程中设定了几个时间段，时长为 30μs，对应定时器的 30μs 计数限制，在每个时间段，分别设置 Asignal、Bsignal、Csignal 三个端口输入不同周期的信号。在 0～30μs，设定 Asignal 端口的信号周期为 120ns，那么在 30μs 的时间内，计数值不会大于设定值，A 支路不同步，B、C 支路不工作，进入下一次计数判断过程。在 30～90μs，设定端口 Asignal 的信号周期为 90μs，此时 A 支路完成同步，B、C 支路开启，B、C 支路按照流程中的设定进行系统细同步。在 30～60μs，B 支路的信号周期为 90μs，C 支路为 120μs，那么 B 支路的计数值大于 C 支路的且大于设定值 300，此时同步电路输出“1010”作为标志，由服务器提取当前时间作为定位时间信息；反之，在 60～90μs，C 支路完成细同步工作，输出标志信息“0101”。以上仿真结果及分析与预期一致，证实了设计的可行性。

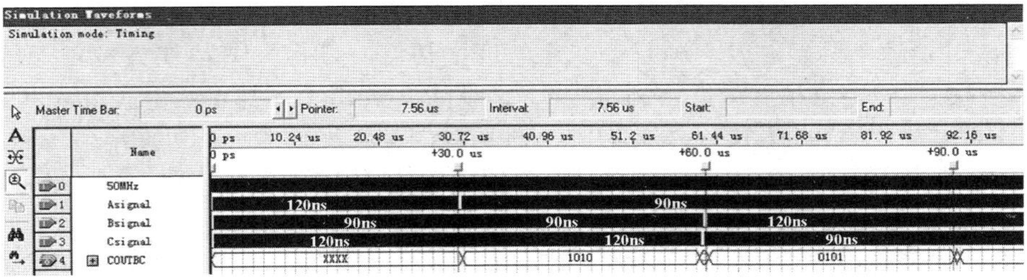

图 3-110　同步电路顶层模块时序仿真波形

3.4　UWB 室内定位算法研究

3.4.1　研究现状

近年来，国内外学者针对 UWB 室内定位进行了很多研究。Stoica 等人提出了一个名为 UWEN 的 UWB 传感器网络系统，该系统的一次跳转定位跟踪精度为±1.5m，最大测距范围可达 50m[84]。文献[85-89]介绍了几种标签定位技术，主要通过计算信号在标签和基站之间的到达时间或到达时间差来实现定位。Fang 算法给出了双曲线的简单解决方案和相关位置修正方法，但是这个算法没有充分利用多余的测量值来改善定位性能[90]。CHAN 算法提供了基于近似实现最大似然估计量的双曲线交叉点的位置估计，但只有在 TDOA 测量误差非常小时才具有最优估计效果，随着 TDOA 测量误差的增加，该算法的性能迅速下降[91]。Sun[92]、Ge[93]、Yu[94]等都提出了基于 LS-SVM 的定位求解方法，但他们给出的是次最优解。Al-Qahtani 的主要思想是计算参考节点形成不同的亚群的残差，并通过对这些残差的倒数加权求和来获得最终估计，以消除噪声的影响[95]。

同济大学的张洁颖通过数据库来估计标签的位置坐标，在收集信号强度信息建立数据库的基础上，开展了场景指纹定位算法的研究工作[96]。哈尔滨工业大学的徐玉滨等人指出，通过在接入点中智能选择并结合正交局部保持投影（OLPP）技术，与目前广泛使用的 WKNN 算法和最大似然估计方法相比，定位精度提高了 0.49m[97]。西安电子科技大学的沈冬冬等利用多层神经网络技术对 TDOA 和 AOA 混合算法进行了改进，从而进行精确位置的估计[98]。武汉大学的蔡朝晖等提出了改进的基于区域划分的定位算法，在定位阶段为了避免各种外在因素降低定位精度，首先对接收信号的强度进行补偿和滤波处理，在划分定位区域后挑选主要的参考节点，并根据 WKNN 匹配信息来确定需要的信号强度指纹[99]。北京交通大学的朱明强等针对接收信号强度存在较大噪声的复杂室内环境，提出了基于卡尔曼滤波（Kalman Filter，KF）和最小二乘法的定位算法，该算法采用 KF 对数据信息进行平滑预处理，随即通过分段曲线拟合来定位[100]。郑飞将矫正因子加入经典的 CHAN 算法中，但误差较大时系统的精度还有待提高[101]。张瑞峰等通过仿真分析得出 TAYLOR 算法在 UWB 定位系统中的有效性，但是 TAYLOR 算法需要精确的初始值，否则不收敛[102]。林国军等将遗传算法与 TAYLOR 算法级联，但没有利用 TDOA 测量值，没有解决实际应用中接收机和发射机不同步的问题[103]。学者们分别利用残差加权算法、Fang 算法、最速下降算法及总体最小二乘法产生初值，将此值作为 TAYLOR 级数展开点[104-106]，得到的定位精度最高达到 1.6m。文献[107]提出了一种将基于 Chirp 扩频技术的 UWB 信号用于室内定位的方案，这是一种新颖的 UWB 技术，其仿真结果表明，在室内办公非视距传播环境下，采用峰值检测法得到的结果平均误差为 19.46cm，采用门限检测法得到的结果平均误差为 18.72cm。

随着超宽带应用的推广，球形插值、两阶段最大似然函数法、线性校正最小二乘法、TAYLOR 级数展开、梯度算法、牛顿算法、高斯–牛顿算法、粒子群优化算法等已被用于室内定位研究[108-116]。以上这些算法在测量误差服从零均值高斯分布的时候，能够得到良好的定位效果。但是在实际信道下，不存在绝对理想的环境。这些算法在较大遮挡的复杂环境中的性能不能保证。Sibille 和杨辉等也曾致力于 UWB 室内定位系统的建模和分析[117-122]。由于室内环境的复杂性，非视距（Non Line of Sight，NLOS）误差成为影响定位精度的主要因素。某些研究通过计算波达时间和波达角相对于移动标签参考位置的残差来对 NLOS 误差进行鉴别，以便找出含有 NLOS 误差的基站，然后利用所得的关于 NLOS 的信息对算法进行加权处理，从而消除 NLOS 的影响[123]。而有些研究采用 TOA/AOA 定位法，利用径向基函数（Radial Basis Function，RBF）神经网络较快的学习特性和逼近任意非线性映射的能力，对 NLOS 误差进行修正，以减小 NLOS 传播的影响，再利用传统的定位算法解算定位，从而提高系统的定位精度[124-125]。

为了避免使用 TDOA 定位法所带来的基站间的同步问题，当前常使用飞行时间（Time of Flight，TOF）定位法获取定位信息。有研究通过在定位标签与基站硬件上等间距使用三个天线来实现 UWB 信号的全向覆盖，虽然提高了通信质量，降低了 NLOS 环境的影响，但使用时需要不断切换天线，使得测距协议无比繁杂，一次测距至少需要 30 次通信，系统复杂度较高，同时增加了时间成本[126]。

实际应用中，定位基站往往被投放在三维空间，并不处在同一水平面上。三维空间有其独有的特点，定位算法比二维平面的更加复杂。这就需要定位技术能在三维立体空间内实现移动节点的定位。在现有的平台下，三维定位精度不高、速度较慢，在改善算法设计收效甚微的情况下，有些研究增加辅助传感器来改善硬件平台的实现方案，一定程度上提高了定位精度[127-130]。然而，由于引入了第三方传感器，系统的复杂度也随之提升。此外，还有研究指出，可以通过改进传统 TDOA 定位模型来降低定位误差，其改变了传统 TDOA 定位法中时间差的获取方法，创造性地提出利用 UWB 信号从某个基站到标签前后两个接收位置之间的距离差来构建双曲线方程，有效地解决了传统 TDOA 定位法中不同基站之间时间不同步引起的误差问题[131]。

随着人们对室内定位技术的需求日益增加，抗多径干扰能力强、定位性能优良的室内定位系统将是 UWB 室内定位系统研究未来的发展方向。推出新的、更高精度的定位算法，让 UWB 室内定位系统产业化，具有重要的意义。

3.4.2　常用定位算法简介

UWB 室内定位系统根据信号特征设定技术参数，然后建立恰当的数学模型，求出所设定的参数，最后确定坐标，获得目标位置。其通常采用基于测距的定位技术并辅以跟踪滤波算法。

1. TOA 定位法

TOA 定位法主要通过测量 UWB 信号在移动标签与排布于定位场景四周的 UWB 基站之间的通信时间来获取二者之间的距离，并以此实现定位。假设基站与标签时间同步，标签发送 UWB 信号的时间为 t_0，基站接收信号的时间为 t_1，则根据这个时间差，可将标签与基站之间的距离表示为

$$d = c \times (t_1 - t_0) \tag{3-65}$$

式中，c 为光速，即 UWB 信号在介质中的传播速度。

以二维定位为例，假设基站 A 的坐标为（X_1, Y_1），基站 B 的坐标为（X_2, Y_2），基站 C 的坐标为（X_3, Y_3），移动标签坐标为（x, y），则 TOA 定位法示意图如图 3-111 所示。

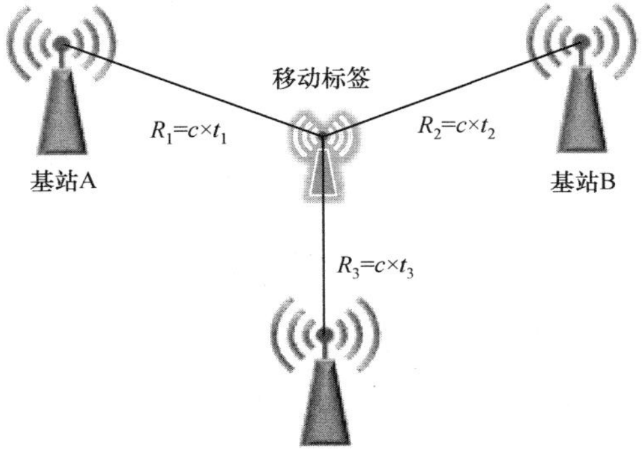

图 3-111　TOA定位法示意图

图 3-111 中，R_1、R_2、R_3 分别为基站 A、B、C 与移动标签之间的直线距离，t_1、t_2、t_3 分别为 UWB 信号从各基站到移动标签的传播时间。根据上述信息可得出以下定位方程组：

$$\begin{cases}(X_1-x)^2+(Y_1-y)^2=R_1^2\\(X_2-x)^2+(Y_2-y)^2=R_2^2\\(X_3-x)^2+(Y_3-y)^2=R_3^2\end{cases} \tag{3-66}$$

求解式（3-66），即可得出移动标签的位置坐标。

$$\begin{bmatrix}x\\y\end{bmatrix}=\frac{1}{2}\begin{bmatrix}(X_1-X_3) & (Y_1-Y_3)\\(X_2-X_3) & (Y_2-Y_3)\end{bmatrix}^{-1}\begin{bmatrix}X_1^2-X_3^2+Y_1^2-Y_3^2+R_3^2-R_1^2\\X_1^2-X_3^2+Y_2^2-Y_3^2+R_3^2-R_2^2\end{bmatrix} \tag{3-67}$$

TOA 定位法的定位精度严格依赖时间分辨率。使用 CHAN 算法等经典的定位算法求解式（3-66），其定位精度虽然可以在一定场合下满足室内定位的应用需求，但是由于测得的时间受环境因素或时钟精度等影响，会出现较大偏差，使得方程组无法求解，定位算法的性能显著下降，因此 TOA 定位法的定位精度还有待进一步提升。此外，根据时间建立的距离方程存在非线性问题，为方便求解，通常需要引入额外的变量将之线性化，这样也会产生一定的误差。

2. TDOA 定位法

TDOA 定位法的原理是测量两个不同基站与移动标签之间的到达时间的差值，再乘以速度 c 就可得出一个固定的距离差值[132]。根据移动标签到两个基站的距离差能建立唯一一条双曲线，然后凭借多基站建立双曲线方程组来求解移动标签的坐标。TDOA 定位法如图 3-112 所示。

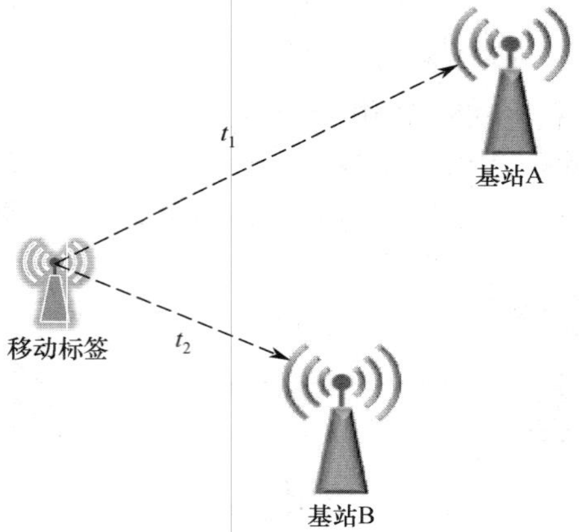

图 3-112　TDOA定位法示意图

其中，t_1、t_2 分别为 UWB 信号自移动标签到基站 A、B 的传播时间，设移动标签坐标为（x, y），基站 A 的坐标为（X_1, Y_1），基站 B 的坐标为（X_2, Y_2），则可构建以两个基站所在坐标为焦点，以 UWB 信号从移动标签到两个基站的传输距离差为长轴的双曲线方程：

$$\sqrt{(X_1-x)^2+(Y_1-y)^2}-\sqrt{(X_2-x)^2+(Y_2-y)^2}=c\times(t_1-t_2) \tag{3-68}$$

假设空间有 N 个基站，同时利用多个 TDOA 测量值可以构成关于移动标签位置的双曲线方程组，求解此方程组即可得到移动标签的坐标。

$$\begin{cases}\sqrt{(X_2-x)^2+(Y_2-y)^2}-\sqrt{(X_1-x)^2+(Y_1-y)^2}=R_{2,1}\\ \sqrt{(X_3-x)^2+(Y_3-y)^2}-\sqrt{(X_1-x)^2+(Y_1-y)^2}=R_{3,1}\\ \qquad\vdots\\ \sqrt{(X_i-x)^2+(Y_i-y)^2}-\sqrt{(X_1-x)^2+(Y_1-y)^2}=R_{i,1}\end{cases} \tag{3-69}$$

为了简化计算，选择一个基站作为参考，$R_{i,1}(i=1\cdots N)$代表某一个基站到移动标签的距离与参考基站到移动标签的距离之差。对方程组求解，即可得到移动标签的位置坐标。

TDOA 定位法本质上属于求解双曲线、双曲面方程的数学问题。与 TOA 定位法不同的是，在测量过程中，TDOA 定位法通过添加额外的基站使移动标签与基站之间无须严格的时钟同步，但基站与基站之间的时钟同步必不可少。因此，使用 TDOA 定位法的 UWB 室内定位系统为了保证足够的定位精度，必须在各基站之间做到严格的时钟同步。

3. AOA 定位法

AOA 定位法通过参考基站的天线阵列获取移动标签携带的发射信号的到达方向，然后计算移动标签与参考基站之间的角度，求出的方位线的交点就是移动标签的估计位置。AOA 定位法是一种测向技术[133]。其示意图如图 3-113 所示。

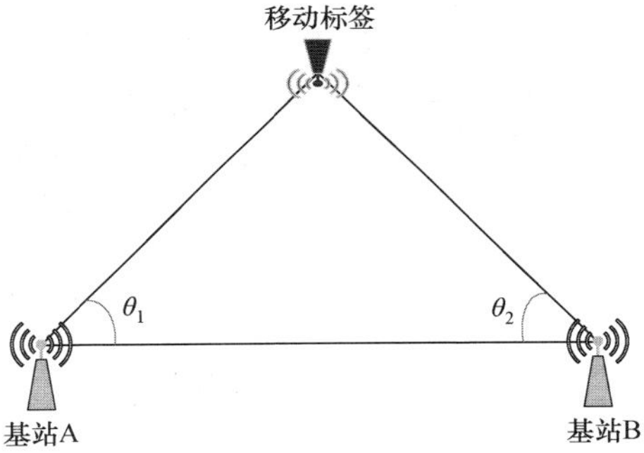

图 3-113 AOA定位法示意图

图 3-113 中，θ_1为移动标签发射的 UWB 信号到达基站 A 的角度，θ_2 为移动标签发射的 UWB 信号到达基站 B 的角度。假设基站 A、B 的坐标分别为（X_1, Y_1）、（X_1, Y_2），移动标签的坐标为（x, y）。则有：

$$\tan(\theta_i)=\frac{y-Y_i}{x-X_i},\ i=1,2 \tag{3-70}$$

解算式（3-70），即可得出移动标签的位置坐标。

4. RSS 定位法

RSS 定位法根据接收信号的强度，利用发射信号的强度值和室内外的信道衰落模型，得出移动标签与定位基站的距离，进而得出移动标签的位置[134]。RSS 定位法示意图如图 3-114 所示。

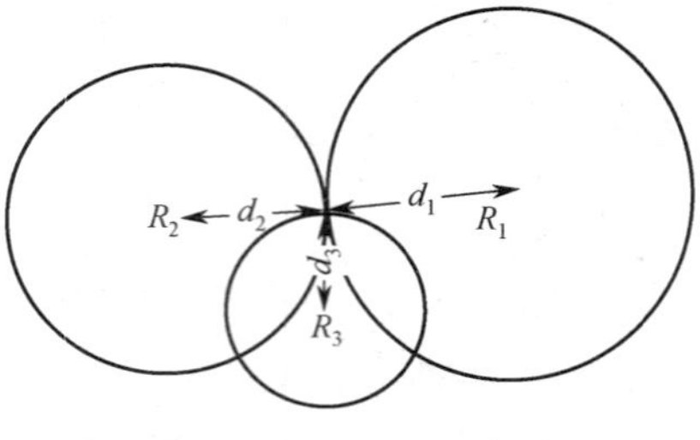

图 3-114 RSS定位法示意图

RSS 定位法的信号路径损耗模型如下：

$$\bar{P}(d) = P_0 - 10n\log_{10}\left(\frac{d_i}{d_0}\right) \tag{3-71}$$

式中，n 是路径损耗指数；$\bar{P}(d)$ 是距离发射信号 d_i 处接收信号的平均功率，单位为 dBm；P_0 是距离发射信号 d_0 处接收信号的平均功率；d_0 是参考距离。该技术采用三角定位法，至少使用三个参考基站来实现定位。由于信号路径损耗模型是确定的，所以，三圆交会处产生的路径损耗也是已知的。根据三角定位法，以每个参考基站为圆心，d_i 为半径，计算得出移动标签的位置，也就是待测目标的位置。相比其他定位算法，RSS 定位法实现成本较低，可满足理想环境下的定位应用。然而，在较为复杂的室内环境下，RSS 定位法易受阴影衰落、多径效应等多种因素影响。虽然可用极大似然估计、加权质心等多种定位算法进行误差修正，但在实际应用中，其结果仍有较大的不稳定性。

5. TOF 定位法

TOF 定位法采用测距的方式，移动标签向每个基站发起测距请求，测距完成后进行位置计算。TOF 测距原理如图 3-115 所示。

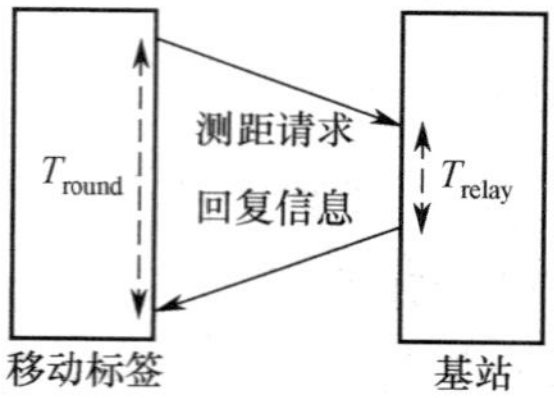

图 3-115 TOF测距原理

零维模式下，移动标签只需要和一个基站测距即可；一维模式下，移动标签至少需要和一个基站测距；二维模式下，移动标签至少要和三个基站测距，特殊模式下可以和两个基站测距；三维模式下，移动标签需要和四个基站测距。

移动标签首先向基站发送一帧 UWB 测距请求信号，基站收到测距请求信号后，经过一小段的处理时间后向移动标签回复确认信息。分别记录 UWB 信号发送和接收的时间戳，由此可计算信号总的飞行时间 T_{round} 和处理时间 T_{relay}。那么标签与基站之间的距离可以表示为

$$d = \frac{T_{\text{round}} - T_{\text{relay}}}{2} \times c \tag{3-72}$$

依据移动标签与不同基站之间的距离方程，可得到标签的位置坐标。TOF 定位法与 TOA 定位法在本质上是相同的，TOF 定位法由 TOA 定位法演化而来，TOA 定位法使用的是时间戳，而 TOF 定位法则使用时间段，避免了对不同设备之间的时钟同步的严格要求。二者只在获取距离的方式上不一样，一个是单向测距，一个是双向测距，但其他操作流程是一致的。

6. 联合定位法

在定位过程中，随着信道环境的变化，定位的精度和性能会发生巨大变化，因此以上任何一种定位算法，都很难应用于全部信道环境，当然更无法保证移动目标在无线网络覆盖区域内的不同位置都有较好的定位精度。为了有效提高定位精度，多基站协同、多种定位算法联合是目前定位算法发展的主要趋势。这些联合的定位算法包括 TOA-AOA、TDOA-AOA/TOA、TDOA-AOA 等。考虑 UWB 系统采用纳秒级宽的极窄脉冲进行通信时具有很高的时间分辨率，因此 TOA 定位法要优于其他方法。尤其在室内多径密集的环境下，TOA 定位法是最常被使用的定位算法。RSS 定位法的算法简单，成本较低，便于实现，所以适合室内定位。因此本章采用 TOA 和 RSS 联合定位的方式。

3.4.3 UWB 室内定位算法的数学模型

UWB 室内定位系统要实现定位，需要在获得与移动标签位置相关的信息后，构建相应的定位模型，然后利用这些参数和相关的数学模型来确定移动标签的位置坐标。

3.4.3.1 TOA 定位数学模型

TOA 定位法俗称圆周定位法，其基本原理是得到 UWB 信号到达各个基站的时间，然后根据 $R_i = t_i \times c$（$c = 3\times10^8\,\text{m/s}$；$i = 1,2,3,\cdots$）得到移动标签到基站的距离，以若干个 UWB 基站已知的位置坐标为圆心，以其各自与移动标签的距离 R_i 为半径作圆，三个圆的交会处就是移动标签的所在地。TOA 定位法的几何原理如图 3-116 所示。根据几何原理建立方程组并求解，就可得到移动标签的位置信息，计算过程如下。

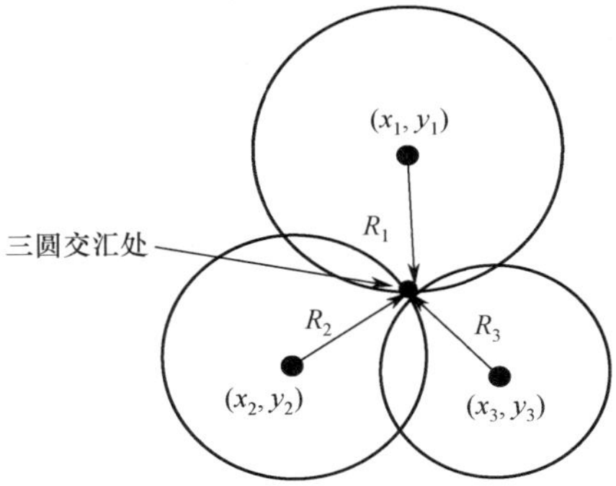

图 3-116　TOA 定位法的几何原理

图 3-116 中，(x_1,y_1)，(x_2,y_2)，(x_3,y_3) 分别为三个位置确定的基站的坐标，移动标签（位置未知）的坐标为 (x_0,y_0)，各个基站到移动标签的距离为 R_1、R_2、R_3，根据 TOA 定位法的几何原理可得到如下方程组：

$$\begin{cases}(x_1-x_0)^2+(y_1-y_0)^2=R_1^{\ 2}\\(x_2-x_0)^2+(y_2-y_0)^2=R_2^{\ 2}\\(x_3-x_0)^2+(y_3-y_0)^2=R_3^{\ 2}\end{cases} \tag{3-73}$$

可转换为

$$R_i=\sqrt{(x_i-x_0)^2+(y_i-y_0)^2} \tag{3-74}$$

将式（3-74）整理得：

$$x_i x_0+y_i y_0=\frac{1}{2}(x_i^2+y_i^2+x_0^2+y_0^2+R_i^2) \tag{3-75}$$

将 x_0、y_0 看作未知量，对上述方程求解，就可得到移动标签的位置（x_0,y_0）。

影响 TOA 定位法精度的主要因素是时钟同步误差和 UWB 信号到达各个接收机的时间的测量误差。如果基站和移动标签无法做到精确的时钟同步，获得的到达时间会有误差，进而得到的 R_i 也存在偏差，使得图 3-116 中的圆没有交会点，而是形成一片区域，从而无法精确获得移动标签的位置。

3.4.3.2　AOA定位数学模型

AOA 定位法是利用接收信号的天线具有方向性，基于信号的入射角度进行定位的。其原理是：待移动标签发出信号后，通过测得移动标签发射的脉冲信号到达各个基站的角度，解算出移动标签的位置坐标。如图 3-117 所示，两点的连线称为方位线。在有多个基站的条件下，测量它们与移动标签的 AOA 值，然后根据 AOA 值得到多条方位线，它们的交会点就是移动标签的位置。

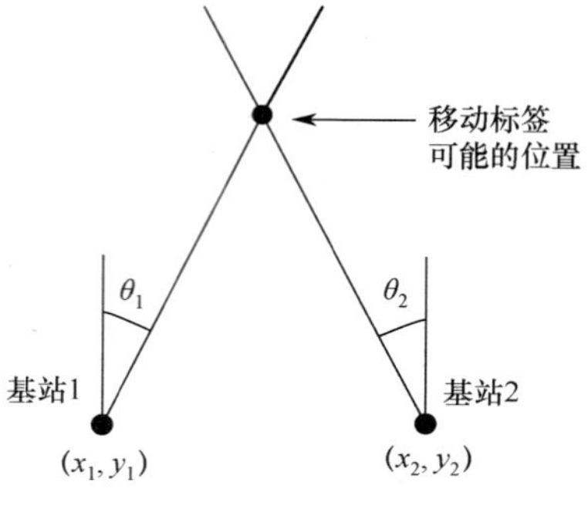

图 3-117　AOA定位法的几何原理

假设基站 1 和基站 2 的位置坐标为（x_1,y_1）和（x_2,y_2），分别测得移动标签发射信号到达基站的入射角度 θ_1 和 θ_2，解算式（3-76），即可得到移动标签的位置（x_0,y_0）。

$$\tan(\theta_i) = \frac{x_0 - x_i}{y_0 - y_i}, \quad i = 1,2 \tag{3-76}$$

求解式（3-76）可得：

$$\begin{bmatrix} x_0 \\ y_0 \end{bmatrix} = \boldsymbol{A}^{-1}\boldsymbol{H}; \boldsymbol{A} = \begin{bmatrix} \arctan(\theta_1) - 1 \\ \arctan(\theta_2) - 1 \end{bmatrix}; \boldsymbol{H} = \begin{bmatrix} \arctan(\theta_1)x_1 - y_1 \\ \arctan(\theta_2)x_2 - y_2 \end{bmatrix} \tag{3-77}$$

AOA 定位法也称 DOA 定位法，是通过计算两条直线的交点来确定移动标签的位置的，两条线相交有且只有一个交点，避免了定位的笼统性。但是为了测得 UWB 脉冲信号的入射角度，基站必须装备方向敏感的天线阵列。另外，测得 AOA 值的极小偏差可能引起定位较大的误差，加之 AOA 定位法不适合 NLOS 传播的情况，大大限制了该算法在 UWB 室内定位系统中的应用。

3.4.3.3　RSS定位数学模型

RSS 定位法通过测量 UWB 脉冲信号的信号场强，依照信道衰落模型及得到的发射信号的 RSS 值，计算移动标签和基站之间的距离。在发射端以已知的固定能量发射信号，然后遵照现有的室内外信道传播模型，根据接收端接收的信号能量与已知的发射信号的能量来计算收发端的距离，计算方法如下。

假设发射功率 P_t 已知，根据接收端测得的接收功率 P_r 计算传播损耗，接收功率 P_r 如式（3-78）所示。

$$P_r = \frac{P_t G_t P_r k \lambda^2}{(4\pi d)^2} \tag{3-78}$$

式中，P_t 为发射功率；P_r 为接收功率；G_t 为发射天线增益；d 为距离；k 为损耗因子；λ 为波长。

通过测量 RSS 值，然后结合已知的 P_t、G_t、G_r 得到路径损耗，最后由式（3-78）就可计算出距离 d。得到移动标签和基站之间的距离后，通过常用的三边测量法就能确定移动标签的位置坐标。

RSS 定位法的数学模型与 TOA 定位法相近，只是获取距离的方式存在差异。RSS 定位法虽然简单，但由于多径效应，定位精度较差。

3.4.3.4　TDOA定位数学模型

TDOA 定位法又称为双曲线定位法，它的原理是，测量两个不同基站与移动标签之间的到达时间的差值，再辅以速度 c，便可得到一个固定的距离差值。与 TOA 定位法相比，其不需要得到绝对时间，大大降低了对时间同步的要求，系统复杂度降低。其几何原理如图 3-118 所示。

根据双曲线的数学原理，以基站 1 和基站 2 的已知坐标为焦点，以二者的距离差为长轴作一条双曲线，同样根据基站 1 和基站 3 的已知坐标也可作双曲线，它们的交点即移动标签的位置，即图 3-118 中点 X 的位置。

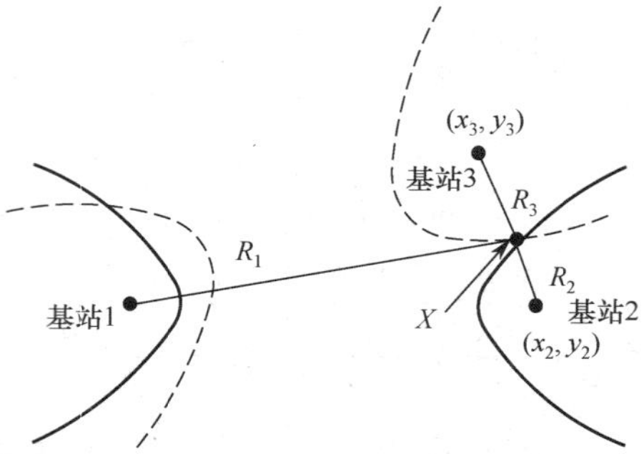

图 3-118 TDOA定位法的几何原理

以基站 1 为基准，根据图 3-118，建立如下方程：

$$R_{i,1} + R_1 = R_i = \sqrt{(x_i - x_0)^2 + (y_i - y_0)^2} \tag{3-79}$$

式中，(x_0, y_0) 就是移动标签的位置坐标，$R_{i,1}$ 代表移动标签到其他基站的距离与到基站 1 的距离差值。将式（3-79）等号两边分别平方，做变换得：

$$R_{i,1}^2 + 2R_{i,1}R_1 = K_i - 2x_{i,1}x_0 - 2y_{i,1}y_0 - K_1 \tag{3-80}$$

式中，x_0, y_0, R_1 为未知量，$K_i = x_i^2 + y_i^2$，$K_1 = x_1^2 + y_1^2$，$x_{i,1} = x_i - x_1$，$y_{i,1} = y_i - y_1$。对式（3-80）进行线性化处理，求解该式即可得到移动标签的位置坐标。TDOA 值的获取通常有两种方法：一种是互相关法，另一种是间接计算法。采用间接计算法，即通过不同基站的 TOA 值差得到 TDOA 值，这要求各个基站之间有精确的参考时钟。TOA 值的误差很相像，转变成 TDOA 值时，这部分误差可以被除去，因而采用 TDOA 定位法的误差要比直接用 TOA 定位法小。

3.4.3.5 基于 TDOA 的 UWB 室内定位方案

综上所述，UWB 室内定位系统可以采用不同的定位方案，涉及的定位算法会有一定的差别，所要处理与得到的参数也不尽相同。TOA 定位法对同步技术要求比较高，实现难度大，设备硬件尺寸、功耗等不适合用于室内定位；DOA 定位法的硬件系统设备复杂，需要视距传输，也不适合用于室内定位；RSS 定位法虽然算法简单，定位成本低，但是容易受到多径衰落及阴影效应影响，定位精度一般，不适合用于高精度室内定位系统。TDOA 定位法降低了对时间精度的要求，系统更加简单，成本低；其设备的复杂度低于 DOA 定位法的；脉冲信号带宽越大，时间测量误差越小。因此，TDOA 定位法尤其适用于 UWB 室内定位系统。

1. TDOA 值的获取

本节中 TDOA 值的计算采用间接计算法，即先获得 TOA 值，然后由不同的 UWB 基站的 TOA 值相减获得 TDOA 值。由标签 (x_0, y_0) 向三个 UWB 基站发射脉冲信号，接收点根据信号不同的到达时间计算差值，辅以已知的信号传播速度，构建一组关于移动标签位置的双曲线方程，求解该方程可得到移动标签的估计位置。TDOA 值的估计方法如图 3-119 所示。

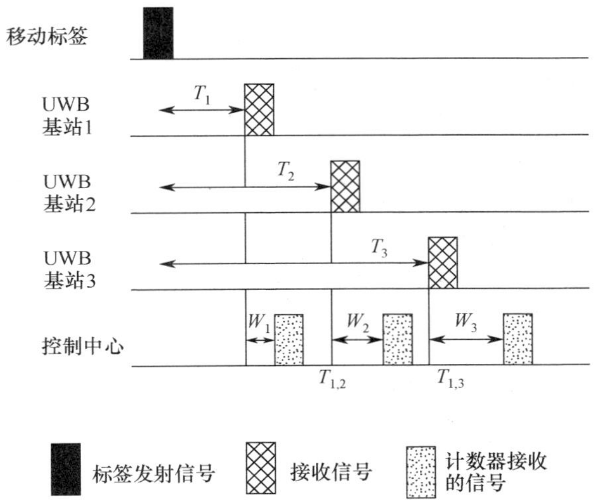

图 3-119　TDOA 值的估计方法

计算过程如下。

（1）控制中心单元收到信息通知的时刻分别为 W_1、W_2、W_3，根据各个 UWB 基站到控制中心的线上延时 τ_1、τ_2、τ_3，推出各个 UWB 基站接收信号的时刻 T_1、T_2、T_3：

$$T_1 = W_1 - \tau_1, \quad T_2 = W_2 - \tau_2, \quad T_3 = W_3 - \tau_3 \tag{3-81}$$

（2）移动标签同时向三个 UWB 基站发射脉冲信号的时刻为 T_0，由各个 UWB 基站接收信号的时刻计算出不同的 TOA 值：

$$t_1 = T_1 - T_0, \quad t_2 = T_2 - T_0, \quad t_3 = T_3 - T_0 \tag{3-82}$$

（3）根据不同 UWB 基站的 TOA 值计算两个 UWB 基站间的 TDOA 值：

$$T_{12} = t_1 - t_2, \quad T_{23} = t_2 - t_3, \quad T_{13} = t_1 - t_3 \tag{3-83}$$

最后将获得的 TDOA 值代入相应的算法，再参考已知 UWB 基站的位置就可以得到移动标签的位置。

由上述获取 TDOA 值的过程可以看出，最后 TDOA 值与移动标签发射的时刻无关，因此不需要各个 UWB 基站都与用户有共同的时钟。而当各个 UWB 基站之间都同步时，通过两个 UWB 基站的 TOA 值相减获得 TDOA 值，可以抵消信号在 UWB 基站处的传输延时，提高精度。而且时钟的同步越精确，这种误差抵消的精度也越高。时钟同步方法有两种：一种是采用有线方式，有线时钟同步精度可以控制在 0.1ns 以内，同步精度非常高，但需要专用的同步设备，且由于采用中心网络方式或者级联方式，增加了维护和施工的复杂度，成本较高；另一种是采用无线方式，无线时钟同步精度一般可以达到 0.25ns，精度比有线方式稍低，但系统相对来说比较简单，定位基站只需要供电，数据回传采用 Wi-Fi 方式，有效降低了成本，这也是目前 UWB 室内定位系统的首选方式。基站时钟同步后，移动标签发射带有时间戳的报文信息，基站收到后，标记接收此报文的时间戳，将信息发送到计算平台，计算平台收到来自多个 UWB 基站的时间戳后，计算目标的位置。

2. 评估标准

为了准确评估各种定位算法在 UWB 室内定位系统中的定位性能，需要首先明确评估定位精度的标准。常见的标准是定位值均方差（Mean Squared Error，MSE）、均方根误差（Root Mean Square Error，RMSE）、克拉美罗下界（Cramer-Rao Lower Bound，CRLB）、圆误差概率（Circular Error Probability，CEP）等。后面主要依据 RMSE 指标对算法的定位精度进行探讨和评估。

基于 RMSE 的评估方法是判断待测用户真实位置与估计位置误差的标准，RMSE 的表达式如下：

$$\mathrm{RMSE}=\sqrt{E[(x-x_0)^2+(y-y_0)^2]} \tag{3-84}$$

式中，(x,y)为用户的真实位置，(x_0,y_0)为用户的估计位置。

MSE 也常用于评估定位精度，其表达式为

$$\mathrm{MSE}=E[(x-x_0)^2+(y-y_0)^2] \tag{3-85}$$

CRLB 给所有无偏差参数估计的方差确定了一个下限，并为比较无偏差估计量的性能提供了一个标准。其一般在带有平稳高斯噪声的平稳高斯信号的情况下，计算 TDOA 定位误差时使用，表达式如下：

$$\boldsymbol{\Phi}=c^2(\boldsymbol{F}_{\mathrm{t}}^{\mathrm{T}}\boldsymbol{Q}^{-1}\boldsymbol{F}_{\mathrm{t}})^{-1} \tag{3-86}$$

式中，

$$\boldsymbol{F}_{\mathrm{t}}=\begin{bmatrix} \dfrac{x_1-x_0}{R_1}-\dfrac{x_2-x_0}{R_2} & \dfrac{y_1-y_0}{R_1}-\dfrac{y_2-y_0}{R_2} \\ \dfrac{x_1-x_0}{R_1}-\dfrac{x_3-x_0}{R_3} & \dfrac{y_1-y_0}{R_1}-\dfrac{y_3-y_0}{R_3} \\ \vdots & \vdots \\ \dfrac{x_1-x_0}{R_1}-\dfrac{x_k-x_0}{R_k} & \dfrac{y_1-y_0}{R_1}-\dfrac{y_k-y_0}{R_k} \end{bmatrix} \tag{3-87}$$

式中，R_i（$i=1,2,\cdots$）为移动标签与基站位置(x_i,y_i)之间的距离；矩阵 $\boldsymbol{Q}$ 为 TDOA 协方差矩阵；矩阵 $\boldsymbol{\Phi}$ 的对角线元素之和给出了估计算法的理论下限；c 为光传播速度。

CEP 是一种不确定性度量（定位估计相对于均值）。倘若定位估计无偏差，CEP 即移动标签相对真实位置的不确定性度量，如图 3-120 所示。倘若定位估计有偏差，且以偏差为界，则在 50%的概率下，移动标签的估计位置与真实位置之间的距离不会超过 CEP。此时，CEP 是一个复杂函数，对于 TDOA 定位法，其通常近似表示为

$$\mathrm{CEP}=0.75\sqrt{\sigma_x^2+\sigma_y^2} \tag{3-88}$$

式中，σ_x^2、σ_y^2 为平面上 X、Y 方向估计位置的方差。

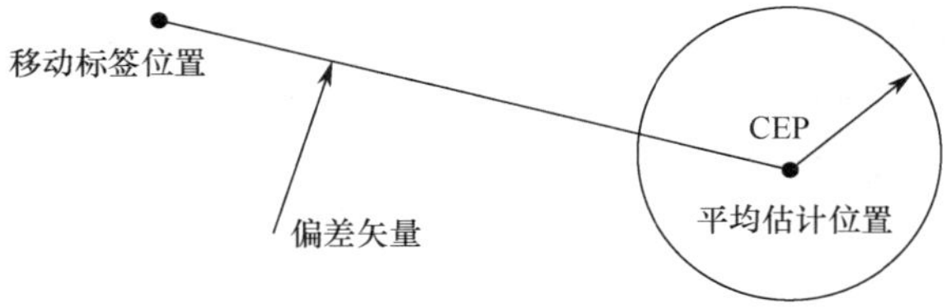

图 3-120　CEP示意

3.4.4　UWB厘米级室内定位算法设计

UWB 室内定位技术的重点是计算各个移动标签（以下简称标签）在平面和空间的位置信息，精确室内定位算法是其中的一项关键技术。

3.4.4.1　CHAN-TAYLOR级联定位算法

标签的定位精度与定位算法密切相关。UWB 室内定位算法包括 CHAN 方法、Fang 方法、SI 方法、最小二乘法等。它们对 TDOA 值的误差要求不同，算法的计算复杂度也各不相同。但是，这些算法都有一个不足，即定位精度受信道环境的影响比较大。

本节采用 CHAN-TAYLOR 级联定位算法，实验仿真结果证明，该算法的定位精度大大提高，可达到厘米级。其流程如图 3-121 所示。

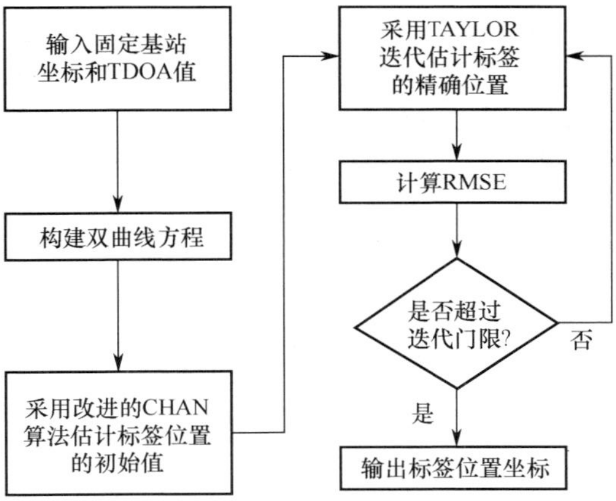

图 3-121　CHAN-TAYLOR级联定位算法流程

1. *改进的 CHAN 算法*

实际应用中，TOA 定位法对设备要求很高，实现代价太大，所以通常根据 TDOA 值构建双曲线方程来计算标签的位置。根据一个 TDOA 值可以得到标签到两个 UWB 基站的距离差，一系列 TDOA 值的数据信息构成一组关于标签位置的双曲线方程组，求该方程组的解即可得到标签的估计位置。TDOA 定位法需要无错测距信息，热噪声引起的测距误差将导致非理想的定位估计。所以，定位难点就由非线性方程求解问题转换成了非线性优化的最优估计问题。CHAN 算法是一种依据 TDOA 值估计标签位置的可行办法。下面具体分析改进的 CHAN 算法在 UWB 室内定位系统的具体运用。

第 k 个基站和第一个基站到标签的距离表示如下：

$$\begin{cases} R_k = \sqrt{(x_k - x_0)^2 + (y_k - y_0)^2} \\ R_1 = \sqrt{(x_1 - x_0)^2 + (y_1 - y_0)^2} \end{cases} \tag{3-89}$$

假设 $R_{k,1}$ 表示标签到第 k 个 UWB 基站与到第一个 UWB 基站的距离差值，则有：

$$\begin{cases} R_{k,1} = R_k - R_1 \\ R_k^2 = (R_{k,1} + R_1)^2 \end{cases} \tag{3-90}$$

为计算非线性方程，需要先将该方程进行线性化处理，将式（3-89）代入式（3-90）得到：

$$\begin{cases} R_{k,1}^2 + R_1^2 + 2R_{k,1}R_1 = x_k^2 + x_0^2 - 2x_k x_1 + y_k^2 + y_0^2 - 2y_k y_1 \\ R_1^2 = x_1^2 + x_0^2 - 2x_1 x_0 + y_1^2 + y_0^2 - 2y_1 y_0 \end{cases} \tag{3-91}$$

将式（3-91）中的两个式子作差，得到：

$$\begin{cases} R_{k,1}^2 + 2R_{k,1}R_1 = U_1 - 2x_1 x_{k,0} + U_2 - 2y_1 y_{k,0} \\ U_1 = x_k^2 - x_1^2;\ x_{k,0} = x_k - x_0 \\ U_2 = y_k^2 - y_1^2;\ y_{k,0} = y_k - y_0 \end{cases} \tag{3-92}$$

在式（3-92）中，将 x_0、y_0、R_1 当作已知变量，那么式（3-92）中的第一个式子成为线性方程组，求解该方程组即可得标签的估计位置。本节采用改进的 CHAN 算法得到标签位置的估计值，并以此值作为 TAYLOR 算法的初始值，得到更加精确的估计结果。当标签远离各个 UWB 基站时，采用最小二乘法计算第一次估计结果：

$$\boldsymbol{Z}_a = [x_0, y_0, R_1]^{\mathrm{T}} \approx (\boldsymbol{G}_1^{\mathrm{T}}\boldsymbol{Q}^{-1}\boldsymbol{G}_1)^{-1}\boldsymbol{G}_1^{\mathrm{T}}\boldsymbol{Q}^{-1}\boldsymbol{H}_a$$

式中：

$$\boldsymbol{G}_1 = \begin{bmatrix} x_2 - x_1 & y_2 - y_1 & R_2 - R_1 \\ x_3 - x_1 & y_3 - y_1 & R_3 - R_1 \\ \vdots & \vdots & \vdots \\ x_k - x_1 & y_k - y_1 & R_k - R_1 \end{bmatrix} \tag{3-93}$$

$$\boldsymbol{H}_a = 0.5 \times \begin{bmatrix} (R_2 - R_1)^2 - (x_2^2 + y_2^2) + (x_1^2 + y_1^2) \\ (R_3 - R_1)^2 - (x_3^2 + y_3^2) + (x_1^2 + y_1^2) \\ \vdots \\ (R_k - R_1)^2 - (x_k^2 + y_k^2) + (x_1^2 + y_1^2) \end{bmatrix} \tag{3-94}$$

$$\boldsymbol{Q} = \mathrm{de} \times \left\{ 0.5 \times \begin{bmatrix} 1 & & & \\ & 1 & & \\ & & \ddots & \\ & & & 1 \end{bmatrix}_{k-1} + 0.5 \times \begin{bmatrix} 1 & 1 & \cdots & 1 \\ 1 & 1 & \cdots & 1 \\ \vdots & \vdots & \ddots & \vdots \\ 1 & 1 & \cdots & 1 \end{bmatrix}_{k-1} \right\} \tag{3-95}$$

矩阵 $\boldsymbol{Q}$ 是由 TDOA 计算误差的标准差产生的。$\boldsymbol{Z}_a$ 只是模糊估计，利用这次结果校正矩阵 $\boldsymbol{Q}$ 得到另一个矩阵 $\boldsymbol{Q}_1$，运用最小二乘法对标签位置进行进一步估计，表达式如下：

$$\begin{cases} \boldsymbol{B}_a = \mathrm{diag}(\boldsymbol{Z}_a(3)+R_1,\cdots,\boldsymbol{Z}_a(3)+R_{k-1}) \\ \boldsymbol{Q}_1 = \boldsymbol{B}_a\boldsymbol{Q}\boldsymbol{B}_a \\ \boldsymbol{Z}_1 = (\boldsymbol{G}_1^{\mathrm{T}}\boldsymbol{Q}_1\boldsymbol{G}_1)^{-1}\boldsymbol{G}_1^{\mathrm{T}}\boldsymbol{Q}_1^{-1}\boldsymbol{H}_a \end{cases} \tag{3-96}$$

在式（3-96）估计结果的基础上，对 CHAN 算法进行改进。利用附加变量等约束条件构建一组新的误差矩阵 $\boldsymbol{Q}_2$，再次进行标签位置估计，表达式如下：

$$\begin{cases} \boldsymbol{B}'_a = \mathrm{diag}\left(\sqrt{(\boldsymbol{Z}_1(1)-x_2)^2+(\boldsymbol{Z}_2(1)-y_2)^2},\cdots,\sqrt{(\boldsymbol{Z}_1(1)-x_{k-1})^2+(\boldsymbol{Z}_2(1)-y_{k-1})^2}\right) \\ \boldsymbol{Q}_2 = \boldsymbol{B}'_a\boldsymbol{Q}\boldsymbol{B}'_a \\ \boldsymbol{Z}_2 = (\boldsymbol{G}_1^{\mathrm{T}}\boldsymbol{Q}_2\boldsymbol{G}_1)^{-1}\boldsymbol{G}_1^{\mathrm{T}}\boldsymbol{Q}_2^{-1}\boldsymbol{H}_a \end{cases} \tag{3-97}$$

利用式（3-97）得到的位置估计结果和主基站位置坐标 (x_1, y_1) 对结果进行修正，进而得到：

$$\begin{cases} \boldsymbol{G}'_1 = \begin{bmatrix} 1 & 0 \\ 0 & 1 \\ 1 & 1 \end{bmatrix} \\ \boldsymbol{B}' = \begin{bmatrix} \boldsymbol{Z}_2(1)-x_1 & 0 & 0 \\ 0 & \boldsymbol{Z}_2(2)-y_1 & 0 \\ 0 & 0 & \sqrt{(\boldsymbol{Z}_2(1)-x_1)^2+(\boldsymbol{Z}_2(2)-y_1)^2} \end{bmatrix} \\ \boldsymbol{H}'_a = \begin{bmatrix} (\boldsymbol{Z}_2(1)-x_1)^2 \\ (\boldsymbol{Z}_2(2)-y_1)^2 \\ \boldsymbol{Z}_2^2(3) \end{bmatrix} \end{cases} \tag{3-98}$$

最终，标签位置估计的表达式为

$$\boldsymbol{Z}'_a \approx (\boldsymbol{G}_1'^{\mathrm{T}}\boldsymbol{B}'^{-1}\boldsymbol{G}_1^{\mathrm{T}}\boldsymbol{Q}_2^{-1}\boldsymbol{G}_1\boldsymbol{B}'^{-1}\boldsymbol{G}'_1)^{-1} \times (\boldsymbol{G}_1'^{\mathrm{T}}\boldsymbol{B}'^{-1}\boldsymbol{G}_1^{\mathrm{T}}\boldsymbol{Q}_2^{-1}\boldsymbol{G}_1\boldsymbol{B}'^{-1}\boldsymbol{G}'_1)\boldsymbol{H}'_a \tag{3-99}$$

以上改进的 CHAN 算法是以 TDOA 计算误差服从零均值的高斯分布为前提的，否则将会使定位误差增大。另外，以上分析并没有规定误差为何种误差，所以只要误差服从高斯分布，就能发挥出改进的 CHAN 算法的优良性能。

2. TAYLOR 算法

在 UWB 室内定位系统中，只要获得 TDOA 值，即可求得标签和两个 UWB 基站的距离差，一系列 TDOA 计算值组成一组双曲线方程组，该方程组的解就是标签的估计位置。经典 CHAN 算法是基于最大似然估计求解双曲线方程组的，在 TDOA 计算误差比较小时，估计性能良好；一旦 TDOA 计算误差变大，该算法的性能也随之迅速下降。本节利用约束条件等对经典 CHAN 算法进行了改进，保证了该算法的正确性和稳定性。

TAYLOR 算法具有精度高、健壮性强等优点，在每次递归中通过求解 TDOA 计算误差的局部最小二乘法来更新标签的估计位置。但是该算法需要以接近于真实标签位置坐标的值作为初始值，如果该值的选取不合适，误差较大，TAYLOR 算法将可能不收敛，难以定位标签。

为了得到精确的标签估计位置，同时保证 TAYLOR 算法的收敛性，可以采用改进的 CHAN 算法对计算数据进行初步处理，将此估计结果作为 TAYLOR 算法的展开点。

根据 TDOA 值建立非线性观测方程，定义如下函数：

$$
\begin{aligned}
f(x,y) &= c(t_i - t_j) \\
&= R_i - R_j \\
&= \sqrt{(x_i - x)^2 + (y_i - y)^2} - \sqrt{(x_j - x)^2 + (y_j - y)^2}
\end{aligned} \tag{3-100}
$$

式中，c 为光传播速度，t_i、t_j 分别为标签发射的信号到达第 i 个基站和第 j 个基站所用的时间，R_i、R_j 分别为标签与两个不同基站的距离。

设 $Z = F(x,y)$ 在点 (x_a, y_a) 的某个邻域内有 $n+1$ 阶连续偏导，$(x_a + \gamma_x, y_a + \gamma_y)$ 为此邻域内的一点，则 TAYLOR 级数展开式的二元一次项为

$$
F(x_a + \gamma_x, y_a + \gamma_y) = F(x_a, y_a) + \gamma_x \frac{\partial F(x_a, y_a)}{x} + \gamma_y \frac{\partial F(x_a, y_a)}{y} + \cdots \tag{3-101}
$$

以改进的 CHAN 算法得到的初始位置估计 (x_0, y_0) 为参考点，对式（3-101）在该点处进行 TAYLOR 级数展开，不计二阶及以上的余项分量，该式转变成：

$$
\boldsymbol{\Gamma\zeta} = \boldsymbol{A} + \boldsymbol{\Psi} \tag{3-102}
$$

式中：

$$
\begin{cases}
\boldsymbol{\Gamma} = \begin{bmatrix}
\dfrac{x_1 - x_0}{R_1} - \dfrac{x_2 - x_0}{R_2} & \dfrac{y_1 - y_0}{R_1} - \dfrac{y_2 - y_0}{R_2} \\
\dfrac{x_1 - x_0}{R_1} - \dfrac{x_3 - x_0}{R_3} & \dfrac{y_1 - y_0}{R_1} - \dfrac{y_3 - y_0}{R_3} \\
\vdots & \vdots \\
\dfrac{x_1 - x_0}{R_1} - \dfrac{x_{k-1} - x_0}{R_{k-1}} & \dfrac{y_1 - y_0}{R_1} - \dfrac{y_{k-1} - y_0}{R_{k-1}}
\end{bmatrix} \\
\boldsymbol{\zeta} = \begin{bmatrix} \Delta x \\ \Delta y \end{bmatrix} \\
\boldsymbol{A} = \begin{bmatrix}
R_{2,1} - R_2 + R_1 \\
R_{3,1} - R_3 + R_1 \\
\vdots \\
R_{k-1,1} - R_{k-1} + R_1
\end{bmatrix}
\end{cases} \tag{3-103}
$$

式（3-102）中的 $\boldsymbol{\zeta}$ 为误差矢量，采用加权最小二乘（Weighted Least Square，WLS）估计得到：

$$
\boldsymbol{\zeta} = \begin{bmatrix} \Delta x \\ \Delta y \end{bmatrix} = (\boldsymbol{\Gamma}^{\mathrm{T}} \boldsymbol{K}^{-1} \boldsymbol{\Gamma})^{-1} \boldsymbol{\Gamma}^{\mathrm{T}} \boldsymbol{K}^{-1} \boldsymbol{A} \tag{3-104}
$$

式中，矩阵 $\boldsymbol{K}$ 为 TDOA 值的协方差。在迭代中，令 $x_0 = x_0 + \Delta x$， $y_0 = y_0 + \Delta y$，重复以上过程逐步减小误差，直到 Δx 、 Δy 足够小，符合预设门限：

$$|\Delta x| + |\Delta y| < \varepsilon \tag{3-105}$$

3. 算法分析

在通信领域，不管采用哪一种定位算法，都不能适应所有的评估标准。定位精度是衡量 UWB 室内定位系统运行性能的一种重要的技术指标，具体通过误差累计分布函数、标准差及 RMSE 等表征。通过这些参数，设计人员可以客观准确地分析不同算法的定位性能差异，从而设计具有更高精度的室内定位算法。本节针对 UWB 室内定位系统设计精确的室内定位算法，其系统指标如表 3-6 所示。

表 3-6　系统指标

序　号	名　称	数　值
1	中心频率	7.3GHz
2	噪声系数	4dB
3	定位距离	2～10m
4	带宽	1.2GHz

本节选择 RMSE 作为评估定位算法优劣的标准。RMSE 可以很好地体现定位精度，公式如下：

$$\text{RMSE} = \sqrt{\frac{\sum_{i=1}^{n}\{(x - X_{\text{real}})^2 + (y - Y_{\text{real}})^2\}}{n}} \tag{3-106}$$

4. 仿真结果

为了验证 CHAN-TAYLOR 级联定位算法的性能，仿真时 UWB 基站分布在 10m×10m 的范围内，四个 UWB 基站分别安置在房间的四个位置。TDOA 计算值的误差服从均值为零、方差为 σ^2 的正态分布。由于实际环境中的 TOA 测量值会受到环境的影响，因此在仿真时，改变环境中的信噪比来观察信噪比对 TOA 值的影响。选取高斯信道进行仿真，首先挑选测距区间为 0～4m，然后采用实际的 TOA 间隔值[1,2,3,4]，将其中的信噪比设置为[−10,−5,0,5,10]（dB），进行 1000 次仿真并求平均值，结果如图 3-122 所示。

从图 3-122 中的数据分析可以得到：当信噪比从−5dB 降到−10dB 时，信号受到严重的噪声影响，TOA 估计值的精度也随之降低，测量误差越来越大；当信噪比超过 0dB 以后，可以看出误差显著变小；而伴随距离的增加，误差也会变大，当信噪比达到一定值时，误差的变化趋于平缓。因而可以得出结论：信噪比越大，所得 TOA 的估计值越稳定和越精确。

对经典 CHAN 算法和 CHAN-TAYLOR 级联定位算法进行比较分析，如图 3-123 所示。为了保证精确性和稳定性，实验都取 1000 次仿真的平均值，并且求出定位 RMSE。由图 3-123 可以看出，当 TDOA 值误差的标准差为 0.1～0.5ns 时，经典 CHAN 算法所得结果的 RMSE 在 20cm 以下，而所设计的 CHAN-TAYLOR 级联定位算法的 RMSE 保持在 10cm 以下；当 TDOA 值误差的标准差为 0.5～0.9ns 时，经典 CHAN 算法的 RMSE 较大，而所设计算法的 RMSE 仍保持在 10cm 以下。

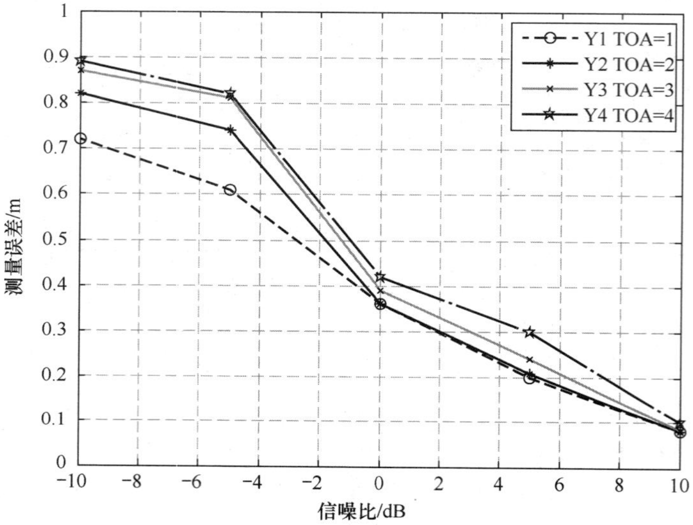

图 3-122　信噪比对 TOA 值的影响

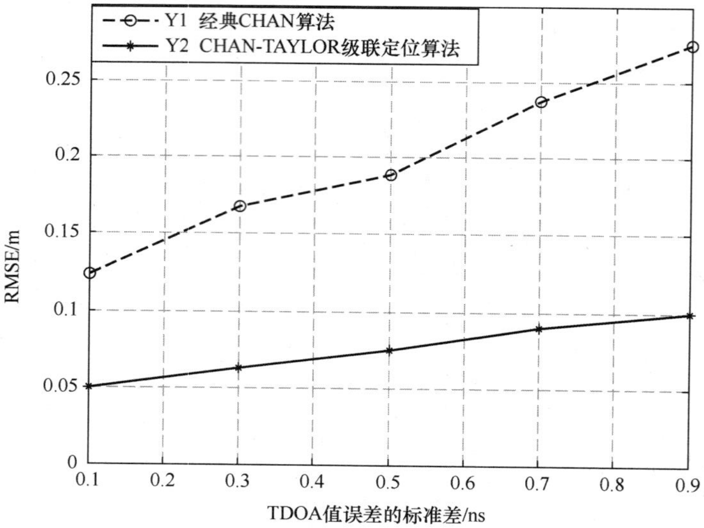

图 3-123　定位性能评估图

3.4.4.2　PLS-PSO 混合定位算法

为了实现室内环境下更高精度的 UWB 定位，本节设计了一种基于偏最小二乘（Partial Least Square，PLS）算法和粒子群优化（Particle Swarm Optimization，PSO）算法的室内定位方案。如图 3-124 所示，该方案借助 PLS 算法对定位数据进行建模分析，采用 PSO 算法实现定位。仿真结果显示，该方案定位的 RMSE 可达厘米级，且对复杂部署环境具有较强的适应性，性能较稳定，健壮性强。

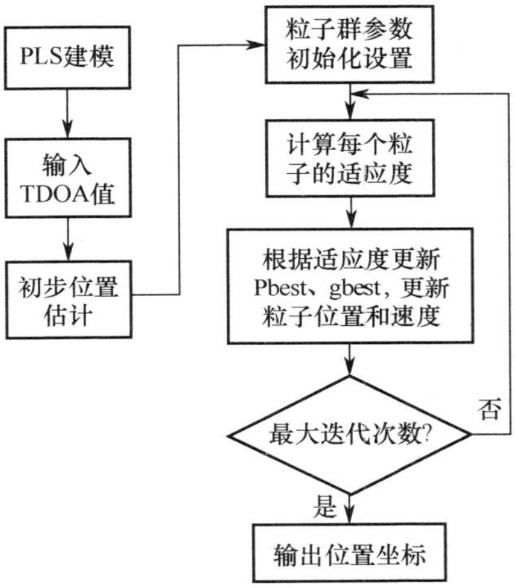

图 3-124　PLS-PSO 混合定位算法流程

1. PLS 算法

PLS 算法是 S.Wold 和 C.Albano 等人于 1983 年首先推出的，该算法通过对系统中的数据信息进行分化和挑拣，提炼与因变量关联性最强的综合变量，辨识系统中的信息和噪声。PLS 算法是由最小二乘回归扩展而来的，最初在化学领域得到了关注。近年来，PLS 算法在经济、水利、环保和电力等领域都得到了广泛的应用，并取得了良好的效果。Bineng Zhong 等人将 PLS 算法用在目标跟踪与分割中，产生的视觉效果和定量测量表明，该算法能完成准确的目标跟踪和分割。这些研究表明了 PLS 算法在定位系统中具有较好的适用性。PSO 算法具有程序易于理解、便于实现、复杂度低、后期维护简便等优点，但 PSO 算法在优化后期存在诸多问题，这些问题对定位精度产生了不利的影响，因此本节提出 PLS-PSO 混合定位算法。

首先，假设待测区域为一个二维平面，其中存在 k 个 UWB 基站，并且这些基站的坐标信息已知。UWB 基站所采集的测量数据包括 TDOA 值和基站之间的距离，这些数据可以表示成两组矢量：$\boldsymbol{T}_i=[T_{i1},T_{i2},\cdots,T_{ik}]^{\mathrm{T}}$（到 k 个已知位置基站的 TDOA 值）和 $\boldsymbol{R}_i=[R_{i1},R_{i2},\cdots R_{ik}]^{\mathrm{T}}$（相应基站间的距离）。此时，得到：

$$\boldsymbol{R}=\boldsymbol{T\eta}+\boldsymbol{\varepsilon} \tag{3-107}$$

式中，$\boldsymbol{\eta}=(\eta_1,\eta_2,\cdots,\eta_k)^{\mathrm{T}}$ 是回归系数，$\boldsymbol{\varepsilon}$ 是随机误差。为了获得 TDOA 值与真实距离之间

的最优线性关系，方程需要获得 $\boldsymbol{\eta}$ 的最优估计值 $\hat{\boldsymbol{\eta}}$ 。这就需要使 $\|\boldsymbol{\varepsilon}\|^2$ 最小。当 $\|\boldsymbol{\varepsilon}\|^2$ 最小时，可以得：

$$\boldsymbol{T}^{\mathrm{T}}\boldsymbol{T}\hat{\boldsymbol{\eta}}=\boldsymbol{T}^{\mathrm{T}}\boldsymbol{R} \tag{3-108}$$

由式（3-107）知，$\boldsymbol{T}$ 中的变量间也存在严重的多重相关性，此时对式（3-108）直接计算，将导致估计结果失效。与此同时，估计值 $\hat{\boldsymbol{\eta}}$ 的精度不只与输入变量相关，还与输出变量 $\boldsymbol{R}$ 有关，两者共同决定 $\hat{\boldsymbol{\eta}}$ 的预测方向。

对式（3-108）和式（3-109）做初步处理，具体如下。

（1）初始化 $\boldsymbol{u}$： $\boldsymbol{u}=\boldsymbol{r}_i$ ，其中 $\boldsymbol{r}_i$ 是 $\boldsymbol{R}$ 中的任意一个列向量。

（2）计算 $\boldsymbol{T}$ 的权值向量 $\boldsymbol{w}$： $\boldsymbol{w}=(\boldsymbol{T}*\boldsymbol{T}_u)/(\boldsymbol{u}*\boldsymbol{T}_u)$ 。

（3）归一化 $\boldsymbol{w}$： $\boldsymbol{w}=\boldsymbol{w}/\|\boldsymbol{w}\|$ 。

（4） $\boldsymbol{t}=(\boldsymbol{X}*\boldsymbol{w})/(\boldsymbol{w}^{\mathrm{T}}\boldsymbol{w})$ ， $\boldsymbol{t}\leftarrow\boldsymbol{t}/\|\boldsymbol{t}\|$ 。

（5）检验收敛性，若收敛转步骤（6），否则转步骤（2）。

（6）推算 $\boldsymbol{R}$ 的权值向量 $\boldsymbol{c}$： $\boldsymbol{c}=(\boldsymbol{R}*\boldsymbol{T}_t)/(\boldsymbol{t}*\boldsymbol{T}_t)$ 。

（7）归一化 $\boldsymbol{u}$： $\boldsymbol{u}=\boldsymbol{u}/\|\boldsymbol{u}\|$ 。

（8） $\boldsymbol{u}=\boldsymbol{R}*\boldsymbol{c}$ ， $\boldsymbol{u}\leftarrow\boldsymbol{u}/\|\boldsymbol{u}\|$ 。

2. PLS-PSO 定位模型构建

PLS-PSO 混合定位算法分两个阶段：训练阶段和定位阶段。在训练阶段，根据 PLS 算法构建定位模型；在定位阶段，运用训练的映射模型对未知标签进行位置估计。PLS-PSO 混合定位算法的大致流程如图 3-125 所示。

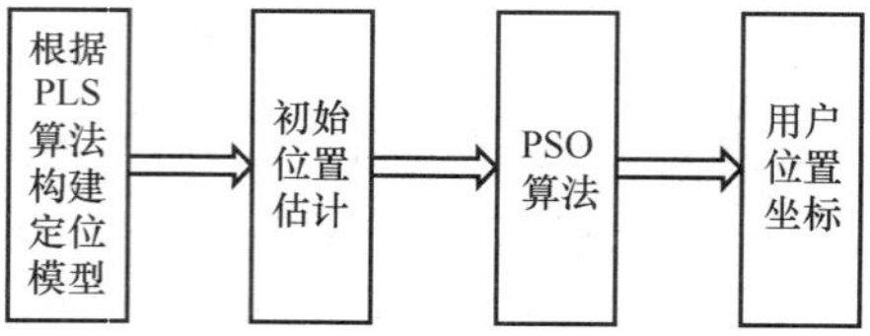

图 3-125 PLS-PSO混合定位算法的大致流程

PSO 算法是一种进化计算方法，同遗传算法类似，都是一种基于群体迭代的优化算法。其初始化一群随机粒子，然后通过迭代计算寻找最优解。但它比遗传算法更简单，无须遗传算法的交叉和变异计算，它依据当前搜索到的最优值来确定全局最优解。

本节所设计的 PLS-PSO 混合定位算法的主要思想是：根据 PLS 算法构建的定位模型，采用 PSO 算法进行位置估计，通过迭代寻找最优解，直到达到满意的结果为止。具体步骤如下。

（1）通过建立的 PLS 回归方程，把未标准化的回归系数作为目标变量进行优化，输入一组新的 TDOA 值，构建定位模型。

（2）对速度值进行初始设定，适应度函数为要优化的目标函数。本节选取定位标准差作为适应度函数，如下：

$$\begin{cases} f_1(x)=\dfrac{1}{m}\sum\limits_{i=1}^{m}\left[\dfrac{|x_{mi}-x_i|}{y_i}\right] \\ f_2(x)=\dfrac{1}{n}\sum\limits_{i=1}^{n}\left[\dfrac{|x_{ni}-x_i|}{x_i}\right] \end{cases} \tag{3-109}$$

式中，$f_1(x)$是样本数据的拟合误差；$f_2(x)$是保留的用于验证模型数的预测误差；m是样本的数量；n 是用于预测的样本数量；x_{mi}是第 m 次观测的拟合值；x_{ni}是用于预测的第 n 次观测的预测值；x_i是第 i 次观测的观测值。为了找到最优的解，需要式（3-109）均达到最小，即最终的适应度函数为

$$\min f(x)=\alpha_1 f_1(x)+\alpha_2 f_2(x) \tag{3-110}$$

式中，α_1和α_2是权重，且$\alpha_1+\alpha_2=1$。

（3）对于每一个粒子，将其适应度与所到达的最优位置 P_i 的适应度进行对比，若该适应度更好，则令其成为当前最好的位置。

（4）对于每一个粒子，将其适应度与全局经历过的最优位置 P_{g} 的适应度进行比较，若该适应度更好，则将其作为当前全局最好的位置。

（5）遵照下面两个式子对粒子的速度和位置进行更新；

$$\begin{cases} \boldsymbol{V}_{ik}=\begin{cases} W(\boldsymbol{v}_{ik}+c_1\boldsymbol{g}_1(\boldsymbol{P}_{ik}-\boldsymbol{x}_{ik})+c_2\boldsymbol{g}_2(\boldsymbol{P}_{\mathrm{g}k}-\boldsymbol{x}_{ik})), \boldsymbol{X}_{\min}<\boldsymbol{x}_{ik}<\boldsymbol{X}_{\max} \\ \boldsymbol{0}, \text{其他} \end{cases} \\ \boldsymbol{x}_{ik}=\begin{cases} \boldsymbol{x}_{ik}+\boldsymbol{V}_{ik}, & \boldsymbol{X}_{\min}<\boldsymbol{x}_{ik}<\boldsymbol{X}_{\max} \\ \boldsymbol{X}_{\max}, & \boldsymbol{x}_{ik}+\boldsymbol{V}_{ik}>\boldsymbol{X}_{\max} \\ \boldsymbol{X}_{\min}, & \boldsymbol{x}_{ik}+\boldsymbol{V}_{ik}<\boldsymbol{X}_{\min} \end{cases} \end{cases} \tag{3-111}$$

式中，$\boldsymbol{v}_{ik}$表示第 i 个粒子在第 k 次迭代时的速度，c_1、c_2表示学习因子，$\boldsymbol{g}_1$、$\boldsymbol{g}_2$表示对角元素由均匀分布在[0,1]的随机数组成的对角线矩阵，W 表示加权因子，一般为 0.1～0.9，$\boldsymbol{x}_{ik}$表示第 i 个粒子在第 k 次迭代的粒子坐标，$\boldsymbol{X}_{\max}$、$\boldsymbol{X}_{\min}$表示粒子所能到达的范围。

（6）若达到了足够好的适应度，则执行步骤（7）；否则转到步骤（2）。

（7）给出最终结果。

3．仿真结果

通常采用软件仿真的方式来评估定位算法的优劣。本节通过仿真实验来分析和评估 PLS-PSO 混合定位算法在 UWB 室内定位系统中的性能。仿真在 MATLAB 平台上进行，所有的编码都选用 MATLAB 语言编译。实验考虑在 10m×10m 的空间进行仿真，四个 UWB 基站分布在房间的四个角，坐标分别为(0,1)，(0,10)，(10,0)，(10,10)。PSO 算法的参数选取如下：粒子更新速率最大值为$V_{\max}=2.5$，学习因子c_1和c_2为 1.5，最大加权因子$W_{\max}=0.7368$，最小加权因子$W_{\min}=0$，粒子群的种群大小为 200。为了降低一次实验结果的片面性，每种部署实验都进行了 1000 次仿真，以每次结果的 RMSE 为评估依据。

仿真对 PLS-PSO 混合定位算法与 PSO 算法进行了比较，如图 3-126 所示。实线显示，干扰误差对 PSO 算法的定位结果影响不大。但是，要实现高精度的位置估计，单独使用 PSO 算法的效果不太理想。

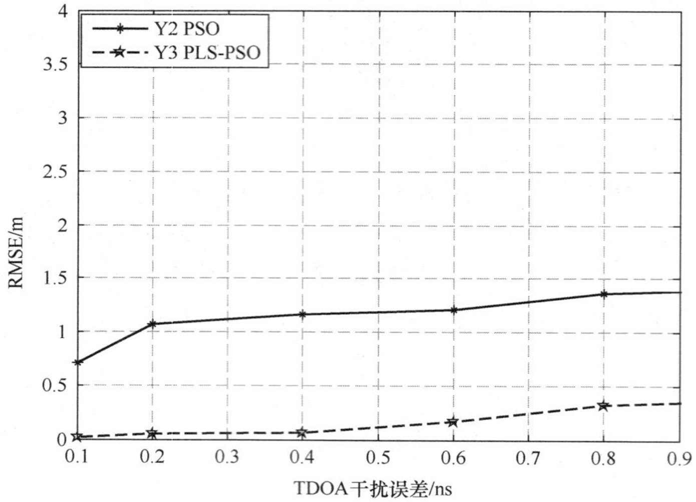

图 3-126　PLS-PSO混合定位算法性能评估

3.4.5　基于实际UWB信道模型的定位算法设计

在已经建立的室内信道模型的基础上，采用基于修正S-V模型的IEEE 802.15.3a标准信道模型（又称修正S-V信道模型），而非仅高斯白噪声信道对所提定位算法的定位精度进行分析，并进一步改进所提的PLS-PSO混合定位算法。

为了进一步提高定位精度，本节提出了一种基于UWB定位系统的两步最小二乘粒子群优化（Two Step Least Square Particle Swarm Optimization，2LS-PSO）算法，采用有导频辅助的搜索方式，减少UWB信号的获取时间，允许更精确的时间测量。为提高PSO算法的收敛速度，本节选取两步最小二乘法来做初始位置估计。仿真结果证明了2LS-PSO算法在IEEE 802.15.3a信道下的有效性和健壮性。定位系统模型和2LS-PSO算法流程图如图3-127所示。

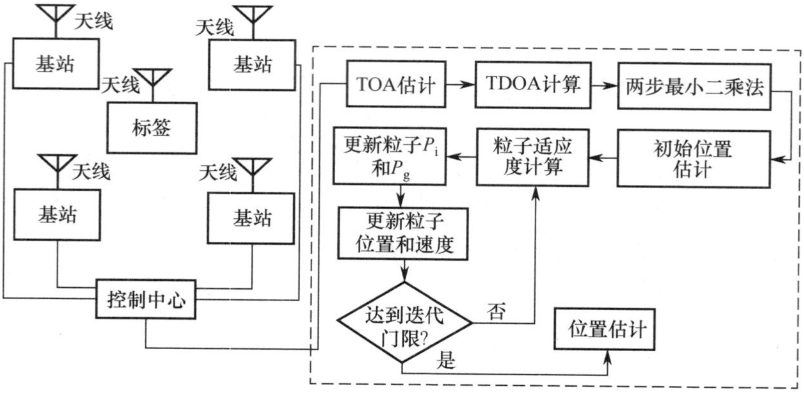

图 3-127　定位系统模型和2LS-PSO算法流程

3.4.5.1　修正 S-V 信道模型

修正 S-V 信道模型描述了多径按簇分布的情况，一般情形下，能够比较好地拟合 UWB 信道中的数据信息。IEEE 工作组对 S-V 信道模型进行了一些完善，用对数正态分布代表多径增益幅度，用一个对数正态随机变量阐释总多径增益的波动，避免了传统信道模型的幅度衰落不再表现为瑞利衰落、可能在多径延迟内没有多径成分等问题，使得修正 S-V 信道模型更加接近实测数据，更加契合 UWB 通信系统中的实际信道。

修正 S-V 信道模型的冲击响应函数为

$$h(t)=X\sum_{m=1}^{M}\sum_{j=1}^{K(m)}\alpha_{mj}\delta(t-T_m-\tau_{mj}) \tag{3-112}$$

式中，X 是对数正态随机变量，表示信道的幅度增益；m 是观测到的簇的个数；$K(m)$是第 m 簇中接收的多径数量；α_{mj} 是第 m 簇中的第 j 条路径的系数；T_m 是第 m 簇到达的时间，τ_{mj} 是第 m 簇中的第 j 条路径的延时。

式（3-112）中的信道系数 α_{mj} 可表示为

$$\alpha_{mj}=q_{mj}\varphi_{mj} \tag{3-113}$$

式中，q_{mj} 是均等概率取+1、−1 的离散随机变量；φ_{mj} 是第 m 簇中的第 j 条路径服从正态分布的信道系数。φ_{mj} 可表示为

$$\varphi_{mj}=10^{\frac{x_{mj}}{20}} \tag{3-114}$$

式（3-114）中的 x_{mj} 是服从 (u_{mj}^2,θ_{mj}^2) 分布的高斯随机变量。另外，x_{mj} 进一步分解为

$$x_{mj}=u_{mj}+\chi_{mj}+\lambda_{mj} \tag{3-115}$$

式中，χ_{mj} 和 λ_{mj} 是两个高斯随机变量，分别代表每簇和每个多径分量的信道系数波动。运用每簇幅度和簇内每个多径分量的幅度都服从指数衰减的特征，可得到 u_{mj}：

$$\begin{aligned}\left\langle\left|\varphi_{mj}\right|^2\right\rangle&=\left\langle\left|10^{\frac{u_{mj}+\chi_{mj}+\lambda_{mj}}{20}}\right|\right\rangle\\&=\left\langle\left|\varphi_0\right|^2\right\rangle\mathrm{e}^{\frac{T_m}{\Omega}}\mathrm{e}^{\frac{\tau_{mj}}{\Upsilon}}\\\Rightarrow u_{mj}&=\frac{10\ln\left(\left\langle\left|\varphi_0\right|^2\right\rangle\right)-10\dfrac{T_m}{\Omega}-10\dfrac{\tau_{mj}}{\Upsilon}}{\ln 10}-\frac{(\sigma_{\mathrm{a}}^2+\sigma_{\mathrm{b}}^2)\ln 10}{20}\end{aligned} \tag{3-116}$$

在修正 S-V 信道模型中，第 j 簇第 m 条路径的增益是复随机变量，它的模为 φ_{mj}，$\left\langle\left|\varphi_0\right|^2\right\rangle$ 代表 $\left|\varphi_0\right|^2$ 的期望值，φ_0 指第 1 簇第 1 条路径的平均能量。式（3-116）中，Ω 和 Υ 分别表示簇和多径的功率衰减因子；到达时间变量 T_m 和 τ_{mj} 分别为到达率 Λ 和 λ 的泊松过程；σ_{a}^2 和 σ_{b}^2 为 χ_{mj} 和 λ_{mj} 的方差。

幅度增益 X 是对数正态随机变量，表达式如下：

$$X = 10^{\frac{p}{20}} \tag{3-117}$$

式中，p 是服从 (p_0^2, σ_p^2) 分布的高斯随机变量，p_0 的值由总多径增益 L 决定，有：

$$p_0 = \frac{10\ln L}{\ln 10} - \frac{\sigma_p^2 \ln 10}{20} \tag{3-118}$$

总多径增益 L 表示发送一个单位能量的脉冲时，接收的 m 个脉冲的总能量，其与发射脉冲在传播过程中的衰减有关。在多径环境下，L 随着距离的增加而减小，可以通过式（3-119）得到。

$$L = \frac{L_0}{D^{\varsigma}} \tag{3-119}$$

式中，L_0 是参考距离 $D = 1\text{m}$ 时的参考功率增益；ς 是能量或功率的衰减指数。L_0 的值可以采用式（3-120）得到。

$$L_0 = 10^{\frac{-A_0}{10}} \tag{3-120}$$

式中，A_0 表示参考距离 $D = 1\text{m}$ 时的路径损耗。

IEEE 工作组给出了修正 S-V 信道模型在不同环境下的信道参数，如表 3-7 所示。

式（3-112）表示的信道模型可以表征为下列参数：

（1）簇平均到达率 Λ；

（2）脉冲平均到达率 λ；

（3）簇的功率衰减因子 Ω；

（4）簇内脉冲的功率衰减因子 γ；

（5）簇的信道系数标准差 σ_{a}；

（6）簇内脉冲的信道系数标准差 σ_{b}；

（7）信道幅度增益的标准差 σ_p。

表 3-7 修正 S-V 信道模型在不同环境下的信道参数

信道环境	Λ(1/ns)	λ(1/ns)	Ω	γ	σ_{a}	σ_{b}	σ_p
CM1:LOS（0～4m）	0.0233	2.5	7.1	4.3	3.3941	3.3941	3
CM2:NLOS（0～4m）	0.4	0.5	5.5	6.7	3.3941	3.3941	3
CM3:NLOS（4～10m）	0.0667	2.1	14	7.9	3.3941	3.3941	3
CM4:极限 NLOS 多径信道	0.0667	2.1	24	12	3.3941	3.3941	3

3.4.5.2 2LS-PSO算法分析

UWB 基站测得的脉冲信号可以表示为

$$\gamma(t) = s(t) * h(t) + n(t) \tag{3-121}$$

式中，$\gamma(t)$ 是第 i 个 UWB 基站处的信号；$s(t)$ 是标签发射的脉冲信号；$h(t)$ 是信道模型的冲激响应函数，这里指式（3-112）所示的函数；$n(t)$是热噪声。

将式（3-112）代入式（3-121）得：

$$\gamma(t)=s(t)*X\sum_{m=1}^{M}\sum_{j=1}^{K(m)}\alpha_{mj}\delta(t-T_m-\tau_{mj})+n(t) \tag{3-122}$$

标签发射的信号可表示为

$$s(t)=\sum_i\sqrt{E_i}\sum_{j=1}^{N}p(t-(j-1)T_s-c_j(j)T_c-a_j\theta) \tag{3-123}$$

通过分析接收的信号的峰值来估计 TOA 值，进而间接获得 TDOA 值。具体分析如下：

$$\begin{aligned}\hat{\tau}&=\arg\max_\tau\int r(t)s(t-\tau)\mathrm{d}t\\&=\arg\max_\tau\int\big(s(t)*h(t)+n(t)\big)s(t-\tau)\mathrm{d}t\\&=\arg\max_\tau\int\left(\sum_i\sqrt{E_i}\sum_{j=1}^{N}p(t-(j-1)T_s-c_j(j)T_c-a_j\theta)*h(t)+n(t)\right)*\\&\quad\left(\sum_i\sqrt{E_i}\sum_{j=1}^{N}p((t-\tau)-(j-1)T_s-c_j(j)T_c-a_j\theta)\right)\mathrm{d}t\end{aligned} \tag{3-124}$$

PSO 算法是一种基于群集智能（Swarm Intelligence，SI）的优化技术，由仿效鸟群捕食的社会行为抽象而来。鸟群之间通过集体协作达到最优目的（找到食物）。鸟被抽象为粒子群中的一个个粒子，每个粒子都有一个被目标函数决定的适应度，依据自身飞行经历和其他粒子的飞行经历，不断更新自身最好的位置，向最优解位置靠近。同遗传算法（Genetic Algorithm，GA）类似，PSO 算法也采用群体迭代来实现，但不需要变异、交叉运算。

PSO 算法的基本思想是：通过群体中个体之间的互助和信息共享来确定最优解。每个粒子都是由鸟群中的一只鸟抽象而来的，所有粒子位置的优劣由适应度函数决定，每个粒子都有记忆功能，根据适应度函数，将搜索到的最佳位置记录下来。如果该粒子的位置不是最优位置，该粒子将会参考自身及其他粒子的飞行经历动态调整未来的飞行距离和方向。PSO 算法的主要步骤如表 3-8 所示。

表 3-8　PSO算法的主要步骤

算　法	经典 PSO 伪编码
第一步	设置参数：c_1,c_2,r_1,r_2,w 等
第二步	对每一个粒子 i: 初始化 $\boldsymbol{P}_i(0)$； 初始化 $\boldsymbol{V}_i(0)$； 初始化 $\boldsymbol{P}_\mathrm{g}(0)$
第三步	估计每次粒子滤波时的适应度函数 $f(\boldsymbol{x})$
第四步	对群体中的每个粒子 i 循环迭代； 根据以下式子更新粒子 i:

（续表）

算　法	经典 PSO 伪编码
第四步	$\boldsymbol{V}_{ik}=\begin{cases}W(\boldsymbol{v}_{ik}+c_1\boldsymbol{g}_1(\boldsymbol{P}_{ik}-\boldsymbol{x}_{ik})+c_2\boldsymbol{g}_2(\boldsymbol{P}_{gk}-\boldsymbol{x}_{ik})),\boldsymbol{X}_{\min}<\boldsymbol{x}_{ik}<\boldsymbol{X}_{\max}\\0,其他\end{cases}$ $\boldsymbol{x}_{ik}=\begin{cases}\boldsymbol{x}_{ik}+\boldsymbol{V}_{ik}, & \boldsymbol{X}_{\min}<\boldsymbol{x}_{ik}<\boldsymbol{X}_{\max}\\\boldsymbol{X}_{\min}, & \boldsymbol{x}_{ik}+\boldsymbol{V}_{ik}>\boldsymbol{X}_{\max}\\\boldsymbol{X}_{\min}, & \boldsymbol{x}_{ik}+\boldsymbol{V}_{ik}<\boldsymbol{X}_{\min}\end{cases}$ If $f(P_i(\tau))<f(P_i(0))$ Then $P_i(0)=P_i(\tau)$ End If $f(P_i(\tau))<f(P_g(\tau))$ Then $P_g(\tau)=P_i(\tau)$ End 选择最小的 P_g 对群体中的每个粒子 i： 更新 $\boldsymbol{V}_{ik}$ 和 $\boldsymbol{x}_{ik}$
第五步	得到最大迭代次数，输出最优解

本节在采用两步最小二乘法得到的定位估计结果的基础上，结合 PSO 算法的优化，提出 2LS-PSO 算法。

2LS-PSO 算法首先采用两步最小二乘法对定位数据信息进行初步处理，以两步最小二乘法进行初始标签位置估计，然后引入 PSO 算法，结合 PSO 算法得到更加精确的位置估计结果，其流程如图 3-128 所示。

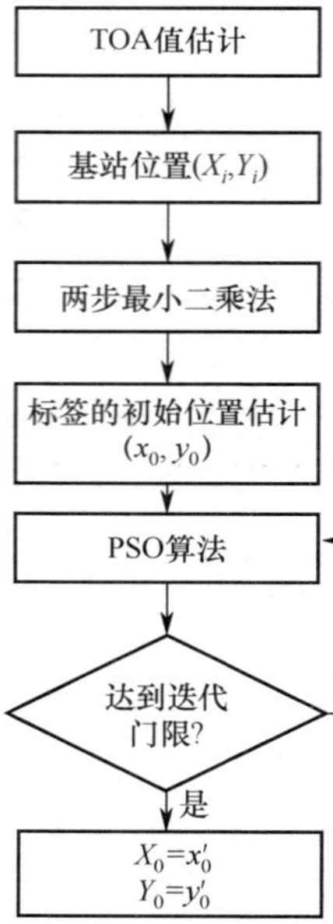

图 3-128　2LS-PSO 算法流程

3.4.5.3 仿真结果

本节通过比较 2LS-PSO 算法与两步最小二乘法的定位结果，分析 2LS-PSO 算法的性能。2LS-PSO 算法参数设置如表 3-9 所示。

表 3-9 2LS-PSO 算法的参数设置

名 称	数 值
学习因子 c_1	1.4862
学习因子 c_2	1.4862
粒子的最大速度 V_{max}	2.5
惯性因子	0.7368
群体规模	100
迭代次数	75

四个 UWB 基站的位置坐标分别为(10,10)、(0,10)、(10,0)、(0,0)，标签在此区域内随机分布。为了保证实验结果的稳定性和准确性，所有仿真结果是 1000 次独立运行的平均水平。采用误码率（比特误码率，BER）作为信道的性能指标，图 3-129 表示不同的信道下的 BER。随着信噪比的增加，AWGN 信道和 IEEE 805.15.3a 的 CM1、CM2 信道的性能均提升。可以看出，UWB 信号在 AWGN 信道下的性能优于 IEEE 802 15.3a 信道。但是，AWGN 信道没有考虑路径损耗和阴影的影响。因此，修正 S-V 信道模型对 UWB 系统性能的评估变得十分重要。

图 3-130 显示了各算法的性能。对于最小二乘法，当 TDOA 值的标准差较小时，定位性能良好，但随着标准差变大，定位误差也增加。2LS-PSO 算法受噪声影响较小。仿真结果表明，在 IEEE 802.15.3a 信道环境下，本节提出的算法表现稳定，定位精度高，尤其在噪声比较大的情况下，其性能明显优于最小二乘法。

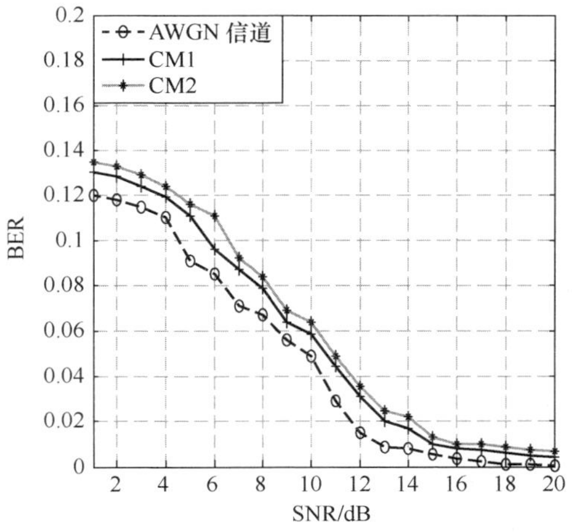

图 3-129 不同信道的 BER

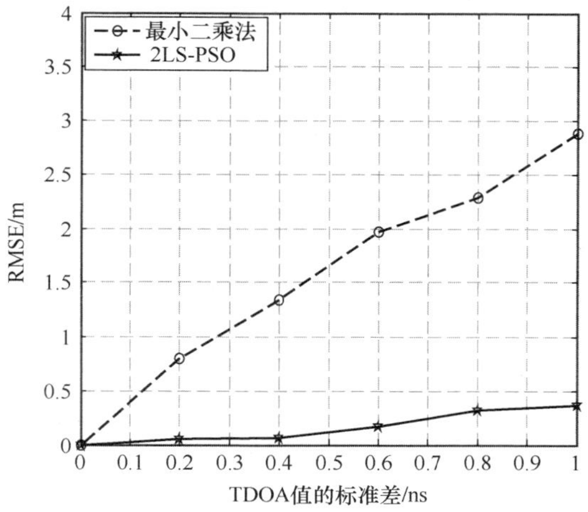

图 3-130 不同算法的比较

3.4.6 干扰对定位精度的影响分析

多用户干扰显著影响 UWB 系统的性能。在多用户系统中，待定位用户的信号会受到其他用户的干扰，使定位精度变差。Yamen Issa 等在考虑多用户干扰（MUI）的前提下，基于 IR-UWB 研究跳时脉冲位置调制系统[135]。Ranjay Hazra 等将双跳合作策略应用于 IR-UWB 系统的误码率分析[136]。Sunyoung Baek 等采用多个接收天线，对不同数量的天线和 MP（Multipaths）评估二进制 PPM，分析系统性能[137]。Hai Bo Yin 等结合稀疏变换和最小化算法重构 UWB-2PPM 信号，理论分析和仿真表明，该算法可以重构原传输信号且不依赖导频信号[138]。Hui Bin Xu 等基于 SGA 仿真结果揭示了反向极性 PAM 抵抗 MUI 的性能优于正交 PPM[139]。Anis Naanaa 分析了基于 TH-CDMA 的 UWB 系统的误码率性能，研究了碰撞时间和其他用户多路访问对系统性能的影响[140]。Vinod Kristem 等研究 MUI 和多路径传播对 UWB 系统性能的抑制，并提出 TH-IR 非线性处理方案，研究结果表明该方案对应的算法优于阈值和中值滤波算法[141]。Yanf Chen 等考虑 TH-PPM 信号，评估基于 SGA 和 MUI 的 UWB 系统的误码率[142]。Yu Hong Li 等对 DS-PAM、TH-PPM 和 MB-OFDM UWB 系统进行了性能比较[143]。

GPS 和 E-911 在室外通信与定位领域发挥着举足轻重的作用，而在室内定位技术中，UWB 正成为促进社会和生活改变的新动力。本节针对多用户 UWB 无线通信，分析在 MUI 情况下的 UWB 系统的性能，重点介绍了最佳二进制正交脉冲相位调制（2PPM）和二进制反极性脉冲幅度调制（2PAM）多用户通信的基本原理，从理论和仿真上对 THMA-UWB 系统性能进行了分析，包括几种调制方式和参数对系统抗干扰性能的影响分析，最终对系统的误码率进行了仿真分析。

3.4.6.1 信号模型

UWB 信号是极窄的脉冲信号，在本节中，接收信号建模为高斯函数的二阶导数形式，其时域和频域表达式分别为

$$\begin{aligned}p_0(t)&=A\left[1-4\pi\left(\frac{t}{T_{\text{tau}}}\right)^2\right]\exp\left[-2\pi\left(\frac{t}{T_{\text{tau}}}\right)^2\right]\\ p_0(f)&=\frac{A\pi}{\sqrt{2}}T_{\text{tau}}(fT_{\text{tau}})^2\exp\left[-\frac{\pi(fT_{\text{tau}})^2}{2}\right]\end{aligned}\tag{3-125}$$

式中，T_{tau} 为高斯脉冲成形因子，也是脉冲宽度值；A 为脉冲的峰值幅度。

3.4.6.2 2PPM-THMA

在 UWB 通信系统中，选用 2PPM 和 TH 扩频。此时，第 k 个用户传输的 2PPM-THMA 信号的表达式为

$$f_{\text{TX}}^{(k)}(t)=\sum_{j=-\infty}^{+\infty}A^{(k)}s(t-jT_{\text{s}}-c_j^{(k)}T_{\text{c}}-\alpha_j^{(k)}\varepsilon)\tag{3-126}$$

式中，$s(t)$ 是能量归一化的脉冲信号，$A^{(k)}$ 是每个脉冲的传输能量，T_{s} 是平均脉冲重复时间；$c_j^{(k)}T_{\mathrm{c}}$ 是 TH 码引起的时移；$c_j^{(k)}$ 是第 k 个标签采用的 TH 码的第 j 个系数；T_{c} 是切普宽度；$a_j^{(k)}\varepsilon$ 是调制引起的延时；$a_j^{(k)}$ 是第 k 个标签的第 j 个脉冲传输的二进制数值；ε 是 PPM 偏移。

一般而言，用 $N_{\mathrm{s}} \geqslant 1$ 个脉冲传输一个比特信息。其对平均脉冲重复时间 T_{s} 有如下约束：

$$T_{\mathrm{s}} \leqslant T_{\mathrm{b}} / N_{\mathrm{s}} \Rightarrow T_{\mathrm{s}} = \gamma_{\mathrm{R}}(T_{\mathrm{b}} / N_{\mathrm{s}}),\quad \gamma_{\mathrm{R}} \leqslant 1 \tag{3-127}$$

式中，T_{b} 为传输一个比特所用的时间；γ_{R} 为一个参数。

为了不失一般性，假设 TH 码引起的最大延时不超过平均脉冲重复时间 T_{s}，故切普宽度 T_{c} 必须满足：

$$T_{\mathrm{c}} \leqslant T_{\mathrm{s}} / N_{\mathrm{h}} \Rightarrow T_{\mathrm{c}} = \gamma_{\mathrm{c}}(T_{\mathrm{s}} / N_{\mathrm{h}}),\quad \gamma_{\mathrm{c}} \leqslant 1 \tag{3-128}$$

调制后每个脉冲的宽度都限制在切普宽度 T_{c} 范围内，所以 PPM 偏移 ε 满足：

$$\varepsilon \leqslant T_{\mathrm{c}} - T_{\mathrm{M}} \tag{3-129}$$

式中，T_{M} 为脉冲信号 $s(t)$ 的持续时间。

假设一个 TH-UWB 系统包含 N_k 个标签，则参考基站接收的信号为来自 N_k 个标签的所有信号和热噪声的和，即：

$$\begin{aligned}\phi(t) &= \sum_{k=1}^{N_k}\sum_{j=-\infty}^{+\infty}(\vartheta^{(k)})^2 A^{(k)} s(t - jT_{\mathrm{s}} - c_j^{(k)}T_{\mathrm{c}} - a_j^{(k)}\varepsilon - \tau^{(k)}) + n(t) \\ &= \phi_{\mathrm{u}}(t) + \phi_{\mathrm{MUI}}(t) + n(t)\end{aligned} \tag{3-130}$$

式中，$A^{(k)}$ 为第 k 个标签的信号经过传输路径到达接收端在幅度上的衰减；$\tau^{(k)}$ 为传输延时；$\phi_{\mathrm{u}}(t)$ 为基站输入端的有用信号；$\phi_{\mathrm{MUI}}(t)$ 为基站输入端的 MUI 分量；$n(t)$ 为双边功率谱密度是 $N_0/2$ 的加性高斯白噪声。

为了不失一般性，参考接收机解调来自第一个用户的第一个比特信号，UWB 基站已知 TH 码，即 $c_j^{(k)}$，且发射机和基站之间完全同步，则基站输入端的有用信号 $\phi_{\mathrm{u}}(t)$ 和 MUI 分量 $\phi_{\mathrm{MUI}}(t)$ 可分别表示为

$$\begin{aligned}\phi_{\mathrm{u}}(t) &= \sum_{j=0}^{N_{\mathrm{s}}-1}\sqrt{A^{(1)}}s(t - jT_{\mathrm{s}} - c_j^{(k)}T_{\mathrm{c}} - a_j^{(k)}\varepsilon),\quad t \in [0, T_{\mathrm{b}}] \\ \phi_{\mathrm{MUI}}(t) &= \sum_{n=2}^{N_k}\sum_{j=-\infty}^{+\infty}\sqrt{A^{(k)}}s(t - jT_{\mathrm{s}} - c_j^{(k)}T_{\mathrm{c}} - a_j^{(k)}\varepsilon - \tau^{(k)}),\quad t \in [0, T_{\mathrm{b}}]\end{aligned} \tag{3-131}$$

软判决相关基站的输出，可表示如下：

$$\begin{cases} P = \int_0^{T_{\mathrm{b}}}\phi(t)m(t)\mathrm{d}t = P_{\mathrm{u}} + P_{\mathrm{MUI}} + P_k \\ m(t) = \sum_{j=0}^{N_{\mathrm{s}}-1} r(t - jT_{\mathrm{s}} - c_j^{(k)}T_{\mathrm{c}}) \\ r(t) = s(t) - s(t - \varepsilon) \end{cases} \tag{3-132}$$

对于最佳 2PPM，选择关于最大似然（ML）准则的判决标准，即将式（3-132）中得

到的 P 值与阈值 0 比较，判决规则如下：

$$\begin{cases} P>0 \Rightarrow \hat{b}=0 \\ P<0 \Rightarrow \hat{b}=1 \end{cases} \tag{3-133}$$

为了保持一般性，下面探讨系统性能。P_{MUI} 和 P_k 均服从均值为 0、方差分别为 σ_{MUI}^2 和 σ_k^2 的高斯分布。同时考虑热噪声和 MUI 的影响，平均误码率表达式如下：

$$\begin{cases} \text{Pr}_{\text{b}} = \dfrac{1}{\sqrt{\pi}}\displaystyle\int_{\sqrt{\frac{\text{SNR}_{\text{sp}}}{2}}}^{+\infty} \text{e}^{\xi^2}\text{d}\xi \\ \text{SNR}_{\text{sp}} = \dfrac{E_{\text{b}}}{\sigma_k^2+\sigma_{\text{MUI}}^2} \\ = ((\text{SNR}_k)^{-1}+(\text{SIR})^{-1})^{-1} \\ = ((E_{\text{b}}/\sigma_k^2)^{-1}+(E_{\text{b}}/\sigma_{\text{MUI}}^2)^{-1})^{-1} \end{cases} \tag{3-134}$$

不失一般性，有用信号的能量 E_{b} 能够由构成一个比特的 N_{s} 个脉冲在接收端输出的有用能量总和获得：

$$\begin{aligned} E_{\text{b}} &= (P_{\text{u}})^2 \\ &= \left(A^{(1)}\sum_{i=0}^{N_{\text{s}}-1}\int_{iT_{\text{s}}+c_j^{(1)}T_{\text{c}}}^{iT_{\text{s}}+c_j^{(1)}T_{\text{c}}+T_{\text{c}}} s(t-iT_{\text{s}}-c_j^{(1)}T_{\text{c}})r(t-iT_{\text{s}}+c_j^{(k)}T_{\text{c}})\text{d}t\right)^2 \\ &= A^{(1)}\left(N_{\text{s}}\int_0^{T_{\text{c}}} s(t)(s(t)-s(t-\varepsilon))\text{d}t\right)^2 \\ &= A^{(1)}(N_{\text{s}})^2\left(\int_0^{T_{\text{c}}} s(t)^2\text{d}t-\int_0^{T_{\text{c}}} s(t)s(t-\varepsilon)\text{d}t\right)^2 \\ &= A^{(1)}(N_{\text{s}}-N_{\text{s}}W(\varepsilon))^2 \\ &= A^{(1)}N_{\text{s}}(1-W(\varepsilon)) \end{aligned} \tag{3-135}$$

式中，$W(\varepsilon)$ 是脉冲信号 $s(t)$ 的自相关函数。2PPM 接收机输出热噪声的方差 σ_k^2 和 σ_{MUI}^2 如下：

$$\begin{aligned} \sigma_k^2 &= N_{\text{s}}N_0(1-W(\varepsilon)) \\ \sigma_{\text{MUI}}^2 &= \sum_{k=2}^{N_{\text{u}}}\frac{N_{\text{s}}A^{(k)}}{T_{\text{s}}}\int_0^{T_{\text{s}}}\left(\int_0^{2T_{\text{M}}} s(t-\tau^{(k)})r(t)\text{d}t\right)^2\text{d}\tau \end{aligned} \tag{3-136}$$

因此，信号和热噪声的比值 SNR_k、信号与 MUI 的比值 SIR 可以表示为

$$\begin{cases} \text{SNR}_k = E_{\text{b}}\dfrac{1-W(\varepsilon)}{N_0} \\ \text{SIR} = \dfrac{(1-W(\varepsilon))^2\gamma_{\text{R}}}{\sigma_{\text{M}}^2 R_{\text{b}}\displaystyle\sum_{k=2}^{N_{\text{u}}}\frac{A^{(k)}}{A^{(1)}}} \end{cases} \tag{3-137}$$

当 $W(\varepsilon)$ 取最小值时，SNR_k 取最大值，并且可以选取最佳 ε 值，使得 SNR_k 最大。这一过程即最佳 2PPM。对于正交脉冲，因为 PPM 偏移 ε 大于脉冲信号的持续时间 T_{M}，

$W(\varepsilon)$ 恒等于 0，故有 $1-W(\varepsilon)=1$。式（3-136）表明，对于用户数量确定的情况，能够根据比特速率来控制 MUI 的数值。在完全功率控制的假定下，由式（3-137）可以得出给定 SIR 下任何一个用户被容许的最大比特速率：

$$R_{\mathrm{b}(\mathrm{SIR},N_k)}=\gamma_{\mathrm{R}}\left(\frac{1-R(\varepsilon)}{\tau_{\mathrm{M}}}\right)^2(\mathrm{SIR}(N_k-1))^{-1} \tag{3-138}$$

联合式（3-137）和式（3-138），在理想功率控制下得到基于最佳 2PPM-THMA 系统的误码率 Pr_{b} 为

$$\mathrm{Pr}_{\mathrm{b}}=\frac{1}{2}\mathrm{erfc}\frac{\sqrt{\left(\left(\dfrac{E_{\mathrm{b}}}{N_0}\right)^{-1}+\left(\dfrac{\gamma_{\mathrm{R}}}{2R_{\mathrm{b}}(N_{\mathrm{u}}-1)\int_{-T_{\mathrm{M}}}^{T_{\mathrm{M}}}W(\tau)^2\mathrm{d}\tau}\right)^{-1}\right)^{-1}}}{2} \tag{3-139}$$

并且：

$$\mathrm{erfc}(y)=\frac{2}{\sqrt{\pi}}\int_y^{+\infty}\mathrm{e}^{-\zeta^2}\mathrm{d}\zeta$$

3.4.6.3　2PAM-THMA

2PAM-THMA 的分析过程与 3.4.6.2 节类似。相关接收机的输出仍用式（3-132）表示，只是相关掩膜表达式变成：

$$m(t)=\sum_{j=0}^{N_{\mathrm{s}}}s(t-jT_{\mathrm{s}}-c_j^{(1)}T_{\mathrm{c}}) \tag{3-140}$$

基站的判决规则也与 3.4.6.2 节一样，同等情况下，式（3-134）的推论仍然有效。不失一般性，借助式（3-140），对于构成一个比特的 N_{s} 个脉冲，基站输出的有用成分的总能量为

$$\begin{aligned}E_{\mathrm{b}}&=(P_{\mathrm{u}})^2\\&=\left(A^{(1)}\sum_{i=0}^{N_{\mathrm{s}}-1}\int_{iT_{\mathrm{s}}+c_i^{(1)}T_{\mathrm{c}}}^{iT_{\mathrm{s}}+c_i^{(1)}T_{\mathrm{c}}+T_{\mathrm{c}}}s(t-iT_{\mathrm{s}}-c_i^{(1)}T_{\mathrm{c}})s(t-iT_{\mathrm{s}}-c_i^{(1)}T_{\mathrm{c}})\right)\\&=A^{(1)}\left(N_{\mathrm{s}}\int_0^{T_{\mathrm{c}}}s(t)^2\mathrm{d}t\right)^2\\&=A^{(1)}N_{\mathrm{s}}^2\left(\int_0^{T_{\mathrm{c}}}s(t)^2\mathrm{d}t\right)^2\\&=A^{(1)}N_{\mathrm{s}}^2\end{aligned} \tag{3-141}$$

此时，基站输出的热噪声和总的 MUI 的方差为

$$\begin{cases}\sigma_k^2=\dfrac{N_{\mathrm{s}}N_0}{2}\\[2ex]\sigma_{\mathrm{MUI}}^2=N_{\mathrm{s}}\dfrac{\sigma_{\mathrm{M}}^2\sum\limits_{k=2}^{N_k}A^{(k)}}{T_{\mathrm{s}}}\end{cases} \tag{3-142}$$

于是信号和热噪声的比值SNR_k可以表示为

$$\begin{aligned}\mathrm{SNR}_k &= \frac{N_\mathrm{s}A^{(1)}}{\frac{N_0}{2}} \\ &= \frac{2E_\mathrm{b}}{N_0}\end{aligned} \tag{3-143}$$

由式（3-143）可得，当达到相同的SNR_k时，2PPM 所需要的能量大约是 2PAM 的二倍。

在 2PAM-THMA 情况下，每一个比特收到的总的 MUI 的能量如下：

$$\begin{aligned}\sigma_\mathrm{MUI}^2 &= \int_0^{T_\mathrm{s}}\left(\int_0^{T_\mathrm{M}} s(t-\tau)s(t)\mathrm{d}t\right)^2 \mathrm{d}\tau \\ &= \int_{-T_\mathrm{M}}^{T_\mathrm{M}} R^2(\tau)\mathrm{d}\tau\end{aligned} \tag{3-144}$$

此时，2PAM 调制的信号与 MUI 的比值 SIR 可以表示为

$$\begin{aligned}\mathrm{SIR} &= \frac{N_\mathrm{s}T_\mathrm{s}}{\sigma_\mathrm{MUI}^2}\frac{A^{(1)}}{\sum_{k=2}^{N_k}A^{(k)}} \\ &= \frac{\gamma_\mathrm{R}}{\int_{-T_\mathrm{M}}^{T_\mathrm{M}} W(\tau)^2\mathrm{d}\tau}\frac{1}{R_\mathrm{b}\sum_{n=2}^{N_k}\frac{A^{(k)}}{A^{(1)}}}\end{aligned} \tag{3-145}$$

与式（3-143）得出的结论相似。接收相同能量时，采用 2PAM 调制的 SIR 是采用 2PPM 调制的二倍。在理想功率控制下，可以推出与式（3-138）类似的表达式：

$$R_{\mathrm{b}(\mathrm{SIR},N_k)} = \frac{\gamma_\mathrm{R}}{\sigma_\mathrm{MUI}^2}\frac{1}{\mathrm{SIR}(N_k-1)} \tag{3-146}$$

在理想功率控制下，2PAM-THMA 系统的误码率如下：

$$\mathrm{Pr}_\mathrm{b} = \frac{1}{2}\mathrm{erfc}\sqrt{\frac{\left(\left(\frac{2E_\mathrm{b}}{N_0}\right)^{-1} + \left(\frac{\gamma_\mathrm{R}}{R_\mathrm{b}(N_k-1)\int_{-T_\mathrm{M}}^{T_\mathrm{M}} W(\tau)^2\mathrm{d}\tau}\right)\right)^{-1}}{2}} \tag{3-147}$$

3.4.6.4　仿真实验与讨论

为了分析 UWB 系统的性能，做以下假设：

（1）所有信源的脉冲重复频率相同，均为$1/T_\mathrm{s}$。

（2）对于由发射机和基站组成的一条链路，均使用接收端已知的特定伪随机 PN 码。

（3）信源是由独立且 0、1 等概率出现的随机变量组成的。

（4）所有延时τ都服从$[0,T_\mathrm{s}]$上的均匀分布，系统采用相干检测，参考基站和其对应的发射机之间是完全同步的。

1. 调制参数对误码率 Pr_b 的影响

在增加用户数量的情况下，比较采用最佳 2PPM-THMA 和 2PAM-THMA 的性能。脉冲成形因子为 0.25ns，PPM 偏移为 0.5ns。图 3-131 中，对于最佳 2PPM-THMA 和 2PAM-THMA 而言，误码率均随着 E_b / N_0 的升高而下降。但在图 3-131（a）中，在误码率大于 10^{-3} 时，最佳 2PPM-THMA 和 2PAM-THMA 的误码率大体一致。随着误码率减小，相应曲线之间的距离越来越大。图 3-131（b）中，两者的误码率都渐渐趋于一个常数，2PAM-THMA 的误码率下限比最佳 2PPM-THMA 大概要低两个数量级。有 30 个用户的最佳 2PPM-THMA 系统性能与有 60 个用户的 2PAM-THMA 系统性能相差无几。

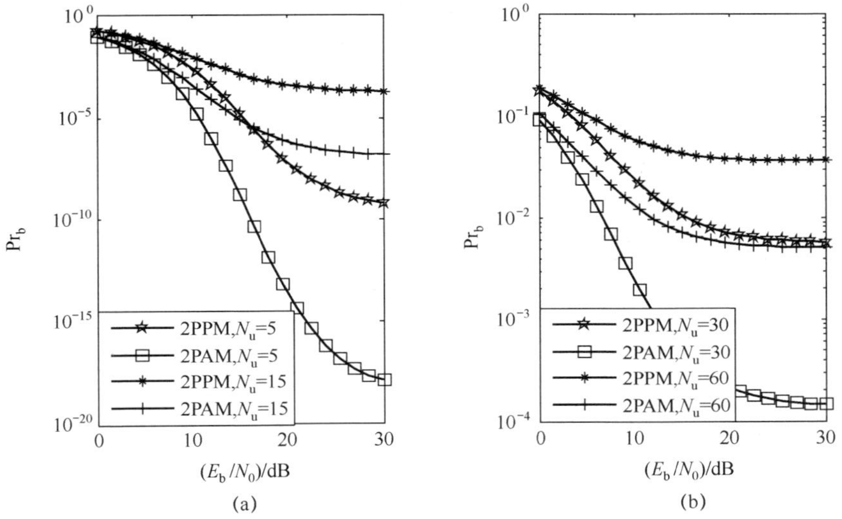

图 3-131 调制参数对误码率 Pr_b 的影响（T_{au}=0.25ns，R_b=20Mbps）

由此得出结论：在其他条件相同的情况下，2PAM-THMA 系统的性能要优于最佳 2PPM-THMA 系统，前者误码率下限要低于后者；可通过提高每个脉冲的传输能量和传输功率改善系统的工作性能，降低误码率；2PPM 大约会有 dB 量级的 SIR 损失，但这种性能损失在不同情况下不同。

2. 脉冲成形因子 T_{au} 对 Pr_b 的影响

在改变脉冲成形因子和标签数量的情况下，比较最佳 2PPM-THMA 系统和 2PAM-THMA 系统的性能。从图 3-132 中明显可以看出，在 E_b / N_0 不大于 8dB 时，图中曲线的变化趋势基本一致；但是在 E_b / N_0 超过 8dB 后，随着脉冲成形因子 T_{au} 变大，系统误码率也变大。

图 3-133 为脉冲成形因子 T_{au}=0.1ns 时的仿真曲线，系统误码率随用户数量的增加而变大，并且可以得出，2PAM-THMA 系统的性能更加稳健，系统误码率下限低于最佳 2PPM-THMA 系统大约两个数量级。

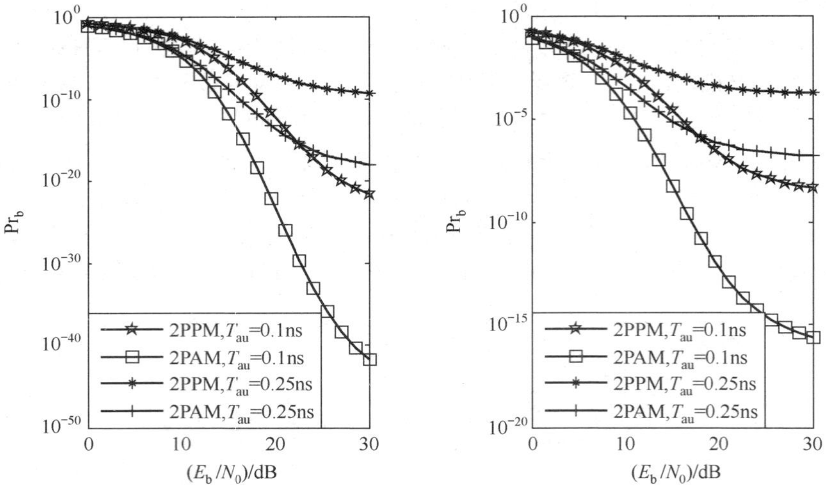

(a) N_u=5　　(b) N_u=15

图 3-132　脉冲成形因子对误码率 Pr_b 的影响（N_k=5，R_b=20Mbps）

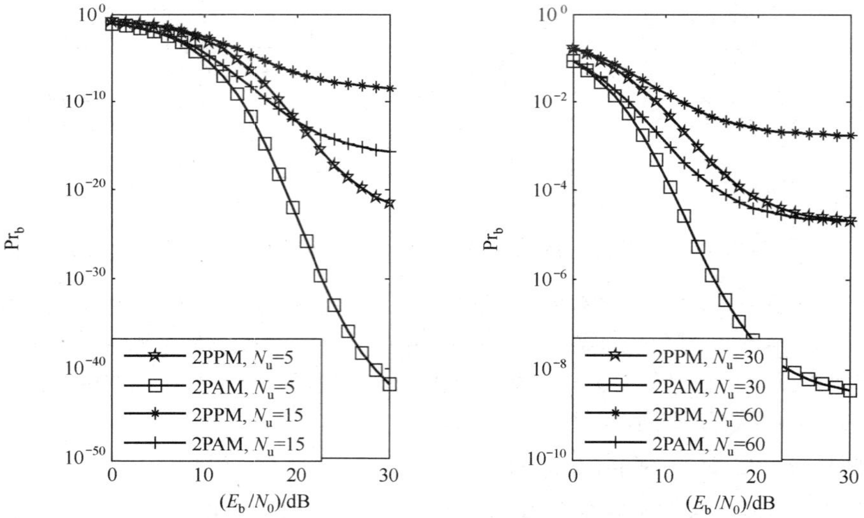

(a)　　(b)

图 3-133　用户数 N_u 对 Pr_b 的影响（T_{au}=0.1ns，R_b=20Mbps）

3．比特速率 R_b 对误码率 Pr_b 的影响

图 3-134 是在不同信息比特速率 R_b 下对两种调制方式的系统性能的比较。从图 3-134 中可以看出，当 E_b/N_0 小于 10dB 时，系统误码率对比特速率和调制方式的变化不敏感；当 E_b/N_0 超过 10dB，系统误码率与比特速率成反比。

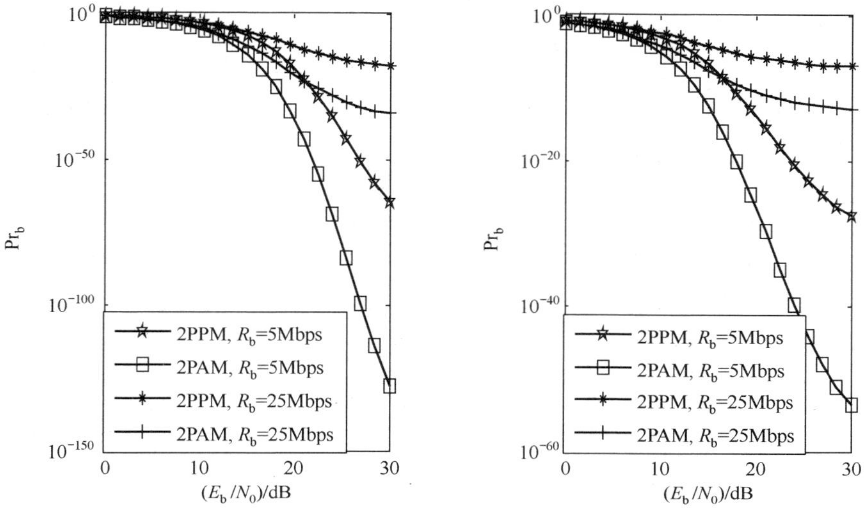

(a) N_u=5　　(b) N_u=15

图 3-134　比特速率对误码率 Pr$_b$的影响（T_{au}=0.1ns，N_k=5）

尤其当信息比特速率为 25Mbps 时，随着 E_b/N_0 增大，最佳 2PPM-THMA 系统和 2PAM-THMA 系统的误码率曲线变化幅度很小。因此，当 R_b=25Mbps 时，对两种调制方式进行仿真，结果如图 3-135 所示。可以得出结论，用户越多，E_b/N_0 的变化对系统误码率的影响越小，系统误码率下限也越高；当用户较少时，可以通过提高 E_b/N_0 来改善系统的性能。

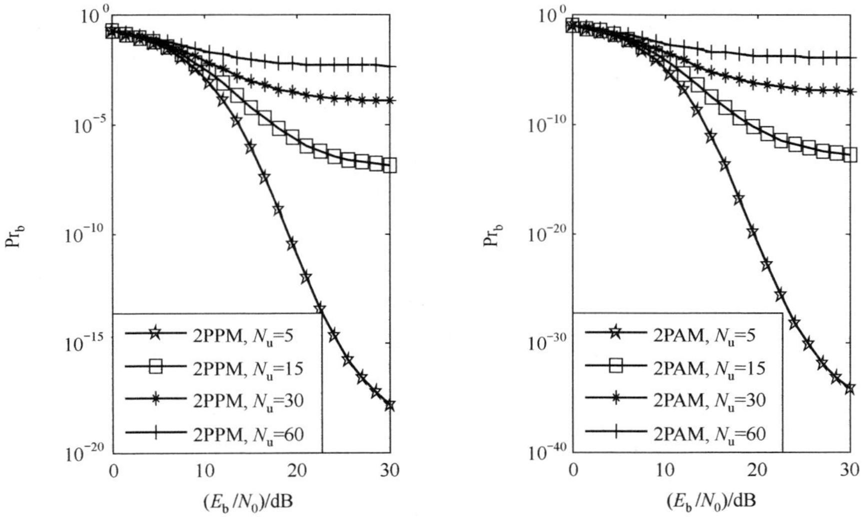

图 3-135　用户数对误码率 Pr$_b$的影响（T_{au}=0.1ns，R_b=25Mbps）

4. 多用户定位算法分析

为提高 UWB 室内定位系统的定位精度，本章采用两步最小二乘法估计用户的初始值，然后结合 PSO 算法来进行最终定位。在仿真环境下，比较采用最佳 2PPM-THMA 与 2PAM-THMA 对定位精度的影响。

由图 3-136 可以看出，在定位区域内，随着用户数的增加，两种调制方式的定位误差也越来越大，采用 2PAM-THMA 得到的定位效果明显优于最佳 2PPM-THMA。本章提出的 2LS-PSO 算法在多用户条件下表现突出，其采用 2PAM 减小了误比特率，减小了比特错误大量出现的概率，因此在很大程度上进一步提高了系统的定位精度，保证了可靠性。

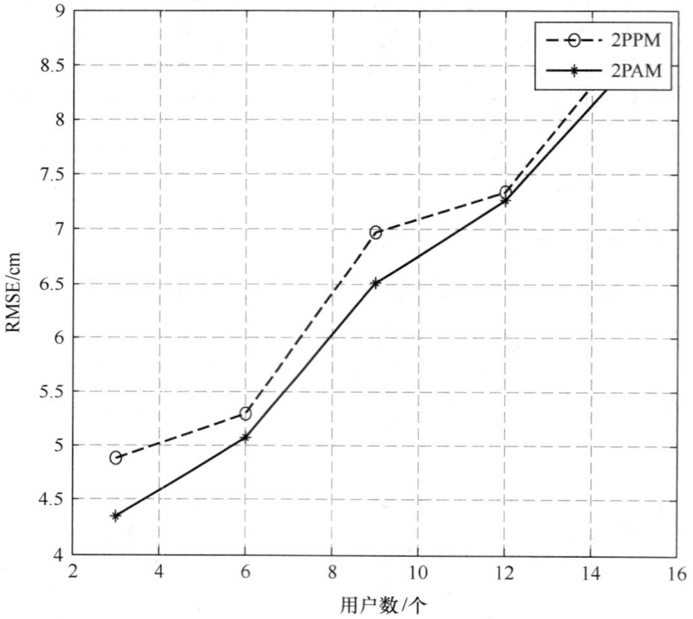

图 3-136 不同用户数下两种调制方式的定位精度

3.4.7 NLOS 环境下的定位算法研究

由于室内环境复杂多变，UWB 室内定位系统中不可避免地引入了测量噪声和 NLOS 误差，较大的 NLOS 误差会导致 UWB 室内定位系统的定位性能急剧下降。由于 NLOS 误差是影响定位精度的主要因素，某些研究通过计算波达时间和波达角相对于标签参考位置的残差来对 NLOS 误差进行鉴别，以便找出含有 NLOS 误差的基站，然后利用所得到的关于 NLOS 的信息，对算法进行加权处理，从而消除 NLOS 误差的影响。有些研究则采用 TOA/AOA 定位法，利用 RBF（Radial Basis Function，径向基函数）网络较快的学习特性和逼近任意非线性映射的能力，对 NLOS 误差进行修正，以减小 NLOS 传播的影响，再利用传统的定位算法解算定位，从而提高系统的定位精度[144-145]。

3.4.7.1　采用 RBF 算法处理 NLOS 误差下经典定位算法的性能分析

在 NLOS 环境下，常规的 TDOA 定位法的准确度显著降低。通常采用 KF 滤波算法来减弱满足一定概率分布的 NLOS 误差带来的影响，但 NLOS 误差的分布一般并不固定，采用人工神经网络等智能算法来消除 NLOS 误差，可以提高算法的适配性。

RBF 网络是典型的前向神经网络，具有非线性连续性有理函数的逼近功能。可以利用多个定位基站的多次测量计算的 TDOA 值与真实值作为样本来建立网络模型，在实际应用中对 NLOS 误差进行修正，使 TDOA 值接近 NLOS 环境下的测量值，从而提高 NLOS 环境下的定位精度。

RBF 网络模型由输入层、隐含层、输出层三部分组成，常采用聚类方法、梯度训练法、正交最小二乘训练方法调整网络误差。如图 3-137 所示，输入层由五个定位基站提供的四个 TDOA 值组成，输入向量 $\boldsymbol{x}=[x_1 \quad x_2 \quad x_3 \quad x_4]$，隐含节点中的激活函数（基函数）选择高斯函数。输出层最终输出修正后的 TDOA 值，输出向量 $\boldsymbol{y}=[y_1 \quad y_2 \quad y_3 \quad y_4]$。

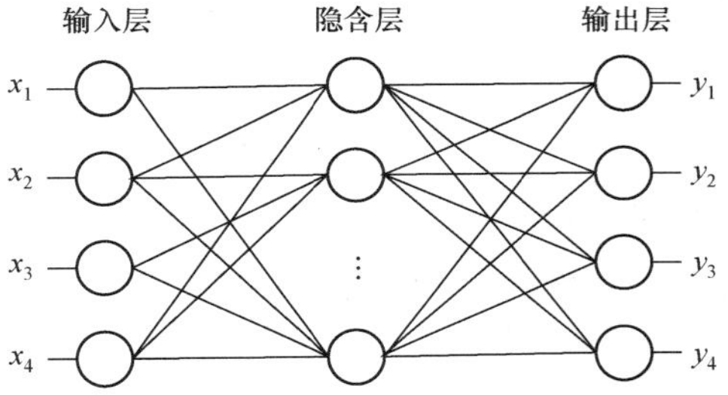

图 3-137　修正 TDOA 值的 RBF 网络模型

采用梯度训练法反向调整网络误差，RBF 网络中要学习的参数有三个，即各 RBF 的数据中心、方差和输出单元的权值。由链式偏微分法则可得每次数据中心、方差和权值的调整量分别为

$$
\begin{cases}
\Delta c_i = \eta_1 \dfrac{\omega_i}{\sigma_j^{\ 2}} \sum\limits_{j=1}^{N} e_i G(x_j)(x_j - c_i) \\
\Delta \sigma_i = \eta_2 \dfrac{\omega_i}{\sigma_j^{\ 2}} \sum\limits_{j=1}^{N} e_i G(x_j) \left\| x_j - c_i \right\|^2 \\
\Delta \omega_i = \eta_3 \sum\limits_{j=1}^{N} e_i G(x_j)
\end{cases}
\tag{3-148}
$$

式中，G 表示高斯函数；i、j 分别表示隐含层节点数量和样本数量；c、σ、ω 分别表示网络数据中心、方差及权值，η_1、η_2、η_3 分别表示各自的学习速率；e 表示网络输出值与样本值之间的残差。梯度 RBF 网络的隐含层神经元由激活函数和距离函数构成，越靠近数据中心的样本越可能被更大程度地激活；越偏离数据中心的训练样本，网络对其响应程度越小。RBF 算法流程如图 3-138 所示。

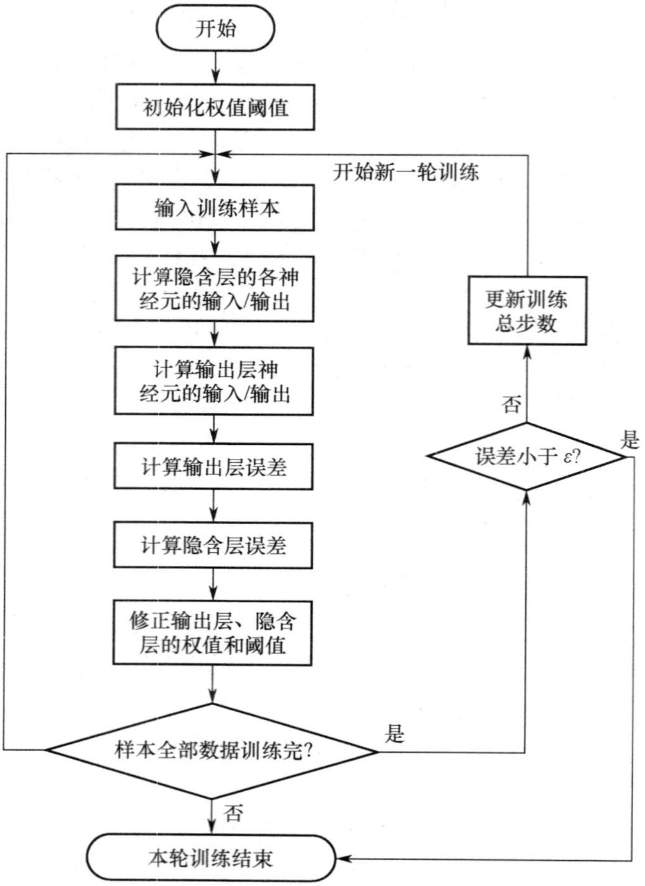

图 3-138　RBF 算法流程

经典的 UWB 室内定位系统一般采用 TDOA 定位法进行位置信息的获取，目前常用的双曲线定位算法有 LS 算法、WLS 算法和 CHAN 算法等。我们针对这些经典定位算法，在 NLOS 环境下通过 RMSE 来分析各个算法的定位性能。假定在具有五个基站的 UWB 室内定位系统中，第 i 个基站的位置坐标为（X_i, Y_i），标签的位置坐标为（x, y）。所有结果都是采用算法进行 1000 次独立计算后平均得出的。

假设参考基站坐标为（20, 100），其他基站坐标依次为（400, 0），（0, 400），（−400, 0），（0, −400）。设待定位的标签坐标为（−150, 200），NLOS 误差服从均匀分布，TDOA 值的误差（为方便计算，按测量距离误差处理，即测量时间误差×光速）服从高斯分布，经过 RBF 训练后，可在一定程度上减小 TDOA 值的 NLOS 误差，采用各类算法在 RBF 训练前后各进行 1000 次解算定位，仿真结果如图 3-139 所示。

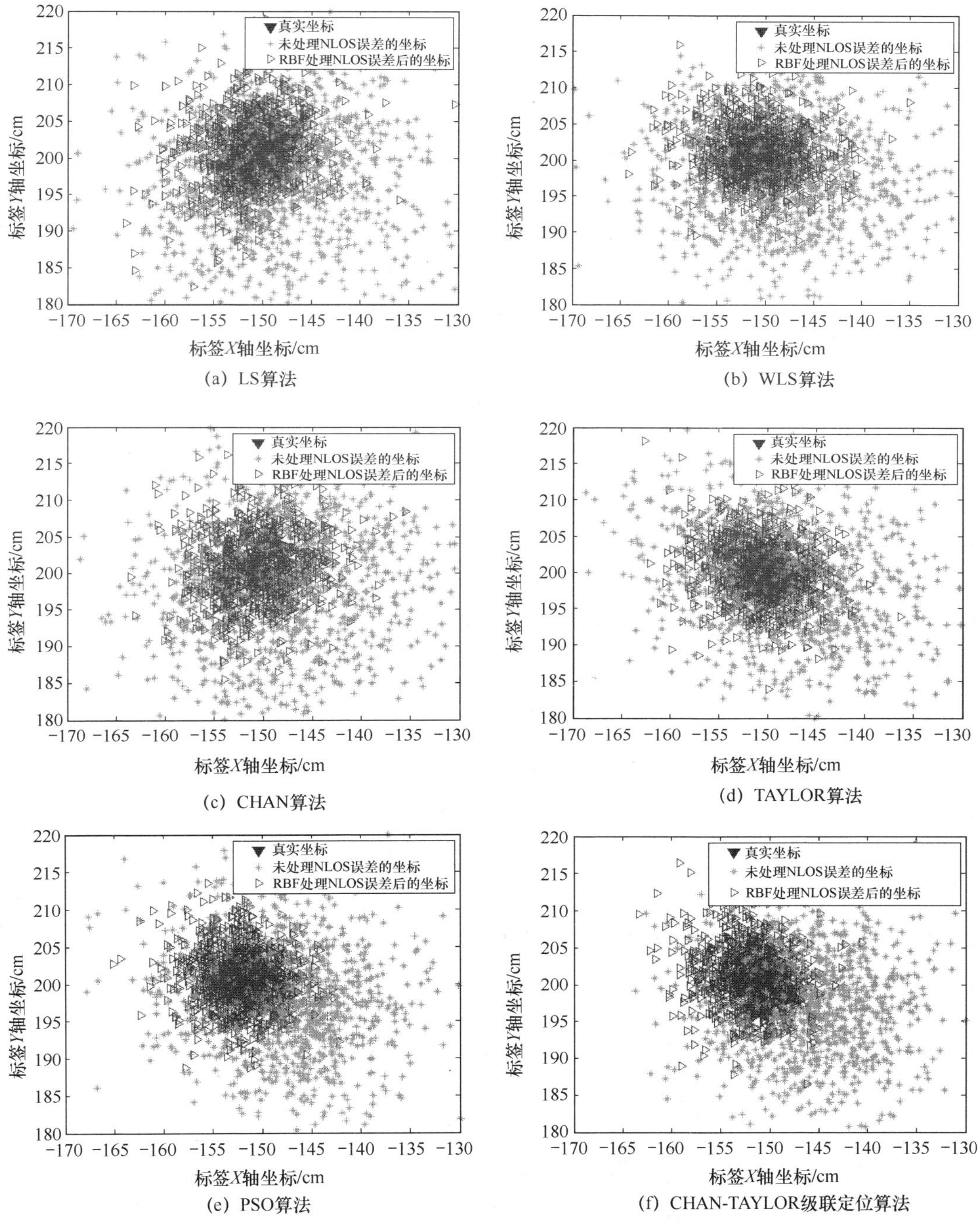

图 3-139　不同算法在经 RBF 训练前后的定位效果对比

从图 3-139 可以看出，与训练前比，各算法经过 RBF 训练后的定位效果更好。

3.4.7.2 NLOS环境下的TOF定位法

现有 UWB 室内定位算法中应用最广泛的 WLS 算法、CHAN 算法等在空旷环境下表现良好，尤其是 CHAN 算法的性能最优，但在 NLOS 环境下的定位效果较差。虽然 3.4.7.1 节的仿真实验表明，经过 RBF 训练后的测量值已经较为准确，再通过 CHAN 算法便能得到较为准确的定位结果，但是在实际应用场景中，RBF 训练的时间复杂度过高，无法满足高精度实时定位的需求。为了解决这个问题，本节基于大量实测数据，对特定场景下的观测值进行最小二乘拟合、卡尔曼滤波修正等处理，尽量消除 NLOS 误差的影响，得到较为可信的观测值，然后将其代入定位算法得出初始解，并通过遗传算法进行优化处理，得出定位最终结果。

1. NLOS 环境下的定位算法误差分析

在 UWB 室内定位系统中，无论何种定位方法，其最终定位精度下降的关键原因都归结于无法获取准确的 UWB 信号到达时间。由于室内环境中密集多径和 NLOS 条件的影响，准确估计 UWB 信号中的首径分量的到达时间较为困难，导致测距结果与实际距离出现较大偏差。对于 TOF 定位法而言，虽然其并不直接使用时间戳进行测距，但 NLOS 误差的影响依然存在。

在理想 LOS 情况下，如果忽略传统 TOA 定位法中所需的同步操作的难度，其测距误差主要由标签和基站所用的时钟漂移引起。假设标签的时钟漂移误差为 e_{T}，基站的时钟漂移误差为 e_{A}，则在 TOF 定位法中，时钟漂移误差为

$$e_{\mathrm{TOF}} = \frac{e_{\mathrm{T}} - e_{\mathrm{A}}}{2} \tag{3-149}$$

可见使用 TOF 的双向测距法能够在一定程度上抵消标签与基站之间时钟漂移带来的测距误差。而标签在某一时刻与特定基站的 TOF 距离测量值可以表示为

$$d = d^0 + e_{\mathrm{TOF}} + n_{\mathrm{LOS}} + n_{\mathrm{NLOS}} \tag{3-150}$$

式中，d 为 TOF 距离测量值，d^0 为真实值，n_{LOS} 为 LOS 环境下的测量误差，n_{NLOS} 为 NLOS 环境下的测量误差。

若不计 TOF 定位法的时钟漂移误差，则在 LOS 情况下，TOF 定位法的测量误差主要为服从高斯分布的随机误差，此部分误差一般可通过拟合处理，并通过传统定位算法如 WLS、CHAN 等算法解算后得到较好的定位效果。而在 NLOS 环境下，测量误差并不一定服从高斯分布，确切而言，根据在不同环境下的复杂程度，其分布规律也并非唯一确定，此时传统定位算法的误差往往较大，很难满足特定场景下的定位需求。以二维定位系统为例，如图 3-140 所示，此时在使用三个基站的二维定位系统中，三圆交会处不再是一个点，而是一个区域。因此，为了使 UWB 室内定位系统在复杂环境下仍能保持较高的定位精度，必须尽可能地降低 NLOS 误差的影响。

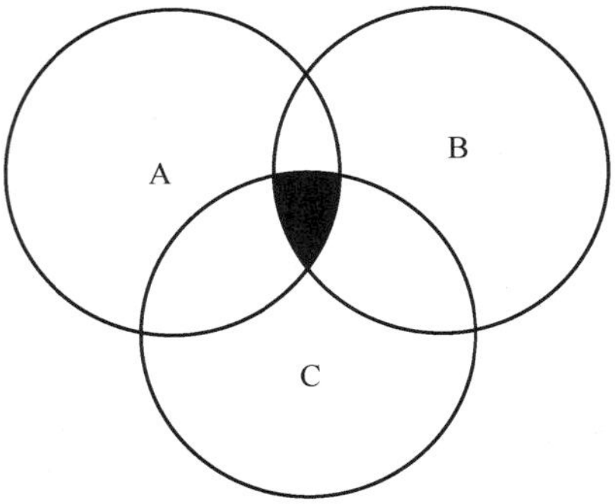

图 3-140　NLOS 环境下定位示意图

2. 测量误差预处理

为了确保测距的准确性，采用拟合的方法对距离测量值进行修正，可以消除部分 LOS 误差的影响；再利用卡尔曼滤波（KF）对修正后的测量值进行二次处理，得到较为可信的 TOF 测量值。

1）数据拟合

在测试中，实验环境存在较多遮挡，定位平台由五个不全共面的基站与标签组成（可实现三维定位），图 3-141 所示为基站与标签的实物图。

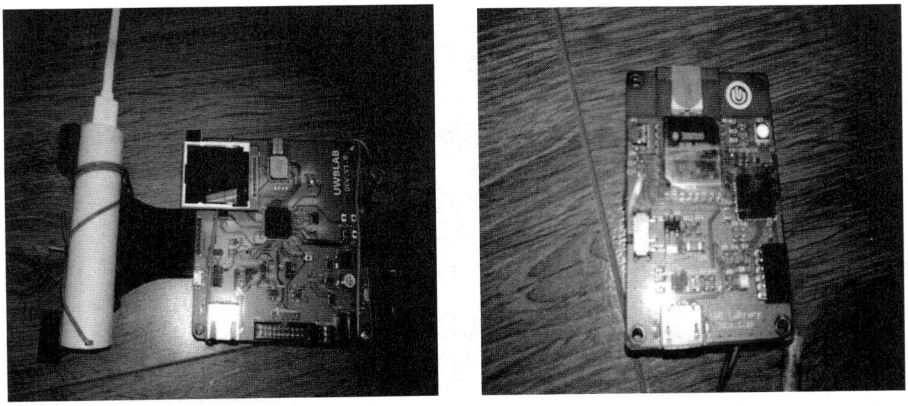

(a) UWB基站　　(b) UWB标签

图 3-141　基站与标签实物图

如图 3-142 所示，将五个基站放在固定的位置，从距其 0.5m 处开始，按 0.5m 的间隔移动标签，并记录实际测量的两者之间的距离。得出的测试数据如表 3-12 所示。

假定测量值相对于真实值的分布为线性分布，采用线性方程进行拟合，得出各基站的测距拟合曲线如图 3-143（a）所示，局部放大如图 3-143（b）所示。

最终，得出标签与各个基站之间距离的测量值拟合公式为

$$\begin{cases} d_1 = 0.9624 \times d_1' - 0.0611 \\ d_2 = 0.9747 \times d_2' - 0.0901 \\ d_3 = 0.9660 \times d_3' - 0.0291 \\ d_4 = 0.9835 \times d_4' - 0.0954 \\ d_5 = 0.9830 \times d_5' - 0.1058 \end{cases} \tag{3-151}$$

式中，d_1、d_2、d_3、d_4、d_5 分别为拟合后的距离修正值，d_1'、d_2'、d_3'、d_4'、d_5'分别为原始距离测量值。

(a) 基站排布

(b) 测距过程

图 3-142 测试环境

表 3-12 各基站与标签之间的距离测量值与真实值对比

单位：m

B1		B2		B3		B4		B5	
真实值	测量值	真实值	测量值	真实值	测量值	真实值	测量值	真实值	测量值
0.5	0.573699	0.5	0.570664	0.5	0.533067	0.5	0.569824	0.5	0.580294
1.0	1.117784	1.0	1.093324	1.0	1.055399	1.0	1.093003	1.0	1.085795
1.5	1.593212	1.5	1.628205	1.5	1.54987	1.5	1.608028	1.5	1.616627
2.0	2.160868	2.0	2.209934	2.0	2.144191	2.0	2.180027	2.0	2.204206
2.5	2.674358	2.5	2.669531	2.5	2.653399	2.5	2.676966	2.5	2.680844
3.0	3.217316	3.0	3.211375	3.0	3.172434	3.0	3.18943	3.0	3.278208
3.5	3.679274	3.5	3.728166	3.5	3.647868	3.5	3.632462	3.5	3.598182
4.0	4.17889	4.0	4.129061	4.0	4.121382	4.0	4.166209	4.0	4.20547
4.5	4.730418	4.5	4.659743	4.5	4.677132	4.5	4.697487	4.5	4.654494
5.0	5.283141	5.0	5.238155	5.0	5.214008	5.0	5.119496	5.0	5.146684

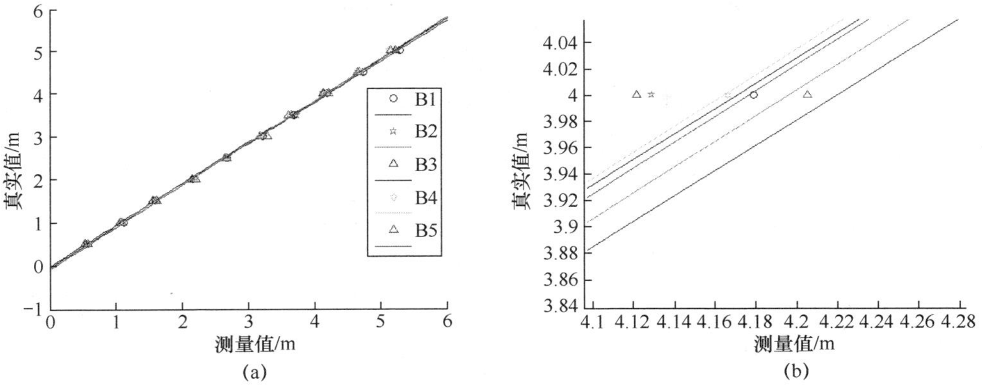

图 3-143　各基站拟合效果图

TOF 测量值在经过最小二乘拟合之后，虽然能够一定程度上接近真实值，但在 NLOS 环境下，TOF 测量值与真实值之间的关系往往未必是线性的。尤其是在复杂环境下，NLOS 误差并不符合某一特定的规律。若只简单采用线性拟合，对最终解算出准确有效的标签位置坐标而言作用有限。若采用非线性拟合，非但计算量大且对准确度的提升作用有限。为了更大限度降低 NLOS 误差对标签定位的影响，需要进行更有效的操作。

2）KF 处理

在以往的研究中，大多将解算后的定位结果作为 KF 的观测值，然后根据标签的运动状态建立相应的运动模型，对 UWB 标签下一时刻的位置进行预测。此种操作大多需要引入额外的速度量或加速度量，在硬件上过度依赖额外的加速度传感器，不仅操作复杂，而且由于没有从源头上处理 NLOS 误差，虽然在目标追踪方面效果良好，实际上单点定位精度并没有太大改善。

本节利用 KF 算法对原始测量值进行处理，拟从源头上处理 NLOS 误差，提高 UWB 定位系统的单点定位精度。假设标签在某一时刻相对某个基站的距离为 $Z_i(t)$（$i=1,2,\cdots,5$），速度为 $\dot{Z}_i(t)$，则标签相对某个基站的观测向量 $\boldsymbol{X}_i(t)$ 为

$$\boldsymbol{X}_i(t)=\begin{bmatrix} Z_i(t) \\ \dot{Z}_i(t) \end{bmatrix} \tag{3-152}$$

根据运动学方程，容易得出标签的状态方程：

$$\boldsymbol{X}_i(t)=\begin{bmatrix} 1 & 1 \\ 0 & 1 \end{bmatrix}\boldsymbol{X}_i(t-1) \tag{3-153}$$

在 NLOS 环境下，由于 TOF 测量值受 LOS 误差和 NLOS 误差的影响，其观测方程可写为

$$\boldsymbol{Y}_i(t)=\boldsymbol{X}_i(t)+\boldsymbol{V}_i(t) \tag{3-154}$$

考虑到观测量只有 TOF 测量值，式（3-154）可化为

$$\boldsymbol{Y}_i(t)=[1\quad 0]\boldsymbol{X}_i(t)+\boldsymbol{V}_i(t) \tag{3-155}$$

式中，$\boldsymbol{V}(t)$表示 NLOS 环境下的随机干扰量。经过多次实验，得出 $\boldsymbol{V}(t)$的协方差 $\boldsymbol{R}(t)$为

$$\boldsymbol{R}(t)=\operatorname{diag}\left(\begin{bmatrix}0.047866326\\0.045532026\\0.030876494\\0.036779642\\0.078332878\end{bmatrix}\right) \tag{3-156}$$

根据 KF 原理，将式（3-153）、（3-155）代入卡尔曼递推公式，可得：

$$\hat{\boldsymbol{X}}_i(t)=\boldsymbol{A}\hat{\boldsymbol{X}}_i(t-1)+\boldsymbol{K}(t)[\boldsymbol{Y}_i(t)-\boldsymbol{HA}\hat{\boldsymbol{X}}_i(t-1)] \tag{3-157}$$

其中隐藏的递推关系式为

$$\begin{cases}\boldsymbol{P}(t\,|\,t-1)=\boldsymbol{AP}(t-1)\boldsymbol{A}^{\mathrm{T}}+\boldsymbol{Q}(t-1)\\ \boldsymbol{K}(t)=\boldsymbol{P}(t\,|\,t-1)\boldsymbol{H}^{\mathrm{T}}\left[\boldsymbol{HP}(t\,|\,t-1)\boldsymbol{H}^{\mathrm{T}}+\boldsymbol{R}_i\right]^{-1}\\ \boldsymbol{P}(t)=\boldsymbol{P}(t\,|\,t-1)-\boldsymbol{K}(t)\boldsymbol{HP}(t\,|\,t-1)\end{cases} \tag{3-158}$$

式（3-157）、式（3-158）中，$\boldsymbol{A}$ 为状态转移矩阵，$\boldsymbol{H}$ 为观测矩阵，$\boldsymbol{P}(t\,|\,t-1)$ 为 t 时刻的预测协方差，$\boldsymbol{Q}$ 为过程噪声方差，$\boldsymbol{K}(t)$ 为卡尔曼增益，$\boldsymbol{P}(t)$ 为 t 时刻的协方差，$\boldsymbol{R}_i$ 为标签针对某个基站的测量误差的方差。

在实际应用中，可使用数据拟合后的距离值作为观测值，使数据拟合后的效果能与 KF 相结合。在 KF 阶段，采用 KF 处理 TOF 测量值（TOF 距离值），使之尽可能地去除 NLOS 误差的影响，更接近真实的距离值。滤波前后的效果对比如图 3-144 所示，图中所示为标签与各基站距离在 0～5m 的连续测距结果。从图中可以看出，由于 NLOS 误差的影响，在 NLOS 环境下，各基站与标签之间的测距轨迹明显在振荡，而使用经典 KF 算法，能较好地更正测量值并去除 NLOS 误差的影响，进而提高单点定位精度。

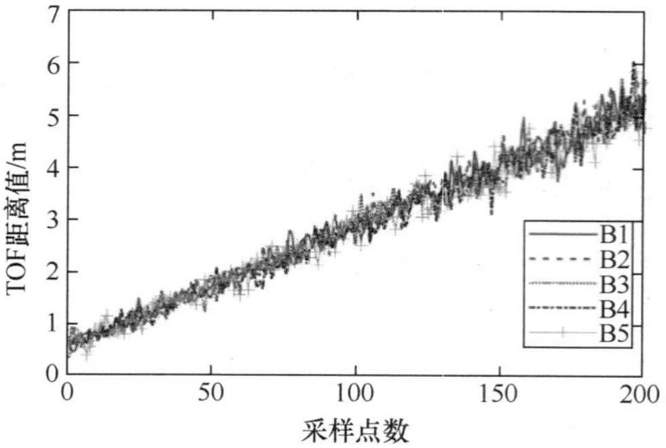

(a) 滤波前

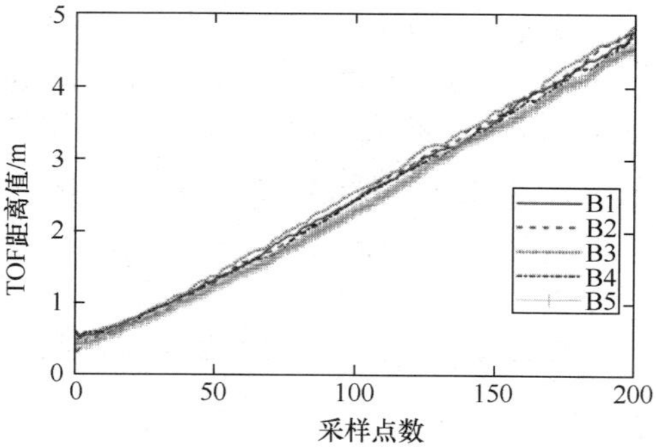

(b) 滤波后

图 3-144　滤波前后效果对比

3. CHAN-GA

经典 CHAN 算法由 Y.T.Chan 提出。在误差符合高斯分布的 LOS 环境下，其通过将误差量加入定位方程并重构定位方程，采用两次 WLS 迭代求解，定位效果极好。为了进一步削弱 NLOS 误差的影响，本节提出 CHAN-GA 算法。其将 CHAN 算法得出的定位结果作为初始解，使用 GA 在约束条件内进行寻优处理，旨在进一步消除 NLOS 误差。

GA 由编解码、个体适应度评估、遗传运算三个模块组成，其将待优化问题的解集抽象成一个种群。其中，个体在适应度的指导下，通过选择、交叉及变异等遗传操作完成进化，从而达到寻求最优解的目的[146-147]。

在 UWB 室内定位系统中，GA 的搜索优化能力与个体适应度的选取息息相关。假设种群规模为 size，CHAN 算法得出的定位初值 **Tag_0** = (x_0, y_0, z_0)，则每个个体的初始位置在 **Tag_0** 附近随机取值，与 **Tag_0** 之间的偏差在[−0.2, 0.2]。假设第 i（i=1,2,⋯,size）个个体与第 j（j=1, 2, ⋯, 5）个基站之间的距离为 $l_{i,j}$，而标签与第 j 个基站之间的测量距离为 d_j，则个体适应度的评价函数 f_i 可以表示为

$$f_i = \sum_{j=1}^{5} (l_{i,j} - d_j)^2 \tag{3-159}$$

其中，若设某个个体的位置坐标为 (x_i, y_i, z_i)，某个基站坐标为 (x_j, y_j, z_j)，则有：

$$l_{i,j} = \sqrt{(x_i - x_j)^2 + (y_i - y_j)^2 + (z_i - z_j)^2} \tag{3-160}$$

根据上述适应度的定义，设计算法流程如图 3-145 所示。CHAN-GA 的完整步骤如下。

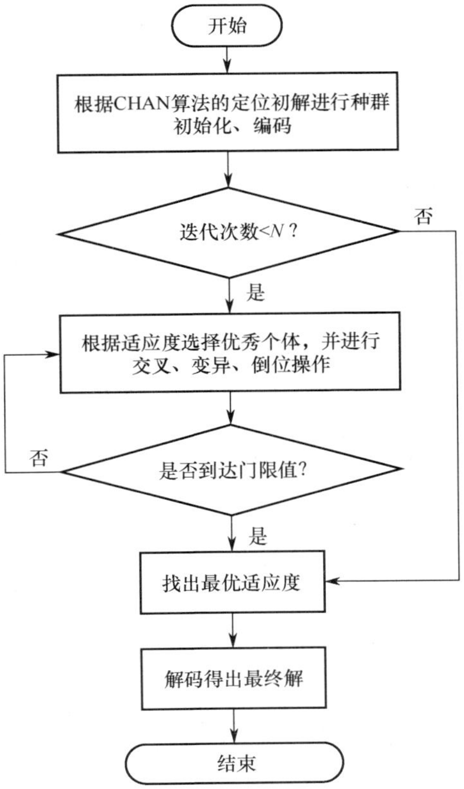

图 3-145　CHAN-GA 流程

（1）初始化种群规模，并设置交叉概率 P_c、变异概率 P_m、倒位概率 P_i、迭代次数 N，采用二进制编码规则对 CHAN 算法的定位初解进行编码。

（2）若种群中第 i 个个体的适应度函数为 f_i，则每个个体被选择的概率可表示为

$$p_i = \frac{f_i}{\sum_{i=1}^{\text{size}} f_i} \tag{3-161}$$

按照此概率使用轮盘选择法找出优势个体进行复制，产生新一代种群。

（3）按照交叉概率 P_c、变异概率 P_m、倒位概率 P_i 在群体内进行交叉、变异、倒位等遗传运算，完成一次种群更新。

（4）选取群体中适应度最优的个体为最优个体，判断是否满足最终要求，若满足，停止迭代，解码最优个体，得出定位最终解；如不满足，继续迭代。

经过计算，得出其平均 RMSE 为 0.0426m，而解算过程共耗时 0.1046s。与其他算法相比，CHAN-GA 定位精度最高，也能很好保证实时性。CHAN-GA 仿真结果如图 3-146 所示。

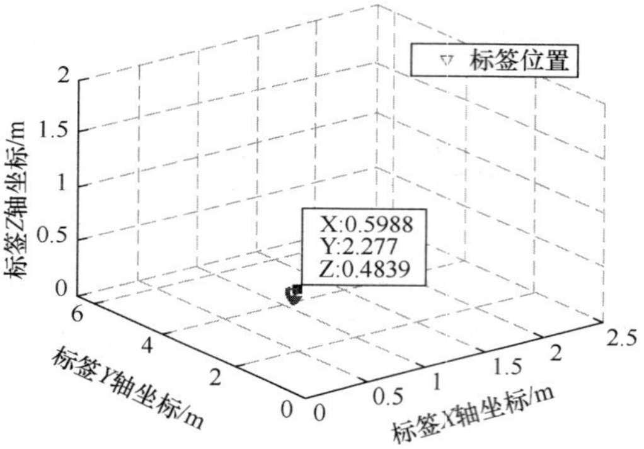

(a) CHAN-GA 散点图

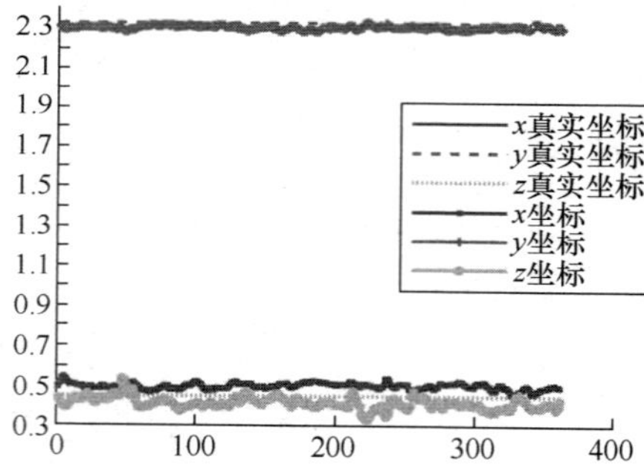

(b) CHAN-GA坐标变化图

图 3-146　CHAN-GA 仿真结果

3.4.8　移动目标的跟踪定位算法研究

3.4.8.1　常用的跟踪滤波算法

前面介绍的定位算法主要针对室内目标静止的情况。如果目标处在移动状态，其当前时刻的位置信息与上一时刻的位置信息具有一定的相关性，此时采用针对静止目标的定位算法的误差一定比采用跟踪滤波算法大。所以对跟踪滤波算法的研究是非常必要的。目前研究较为成熟的是 KF 算法及扩展卡尔曼滤波算法，无迹卡尔曼滤波在目标算法中也逐渐展现优点[148-152]。下面对常见的几种跟踪滤波算法做简单介绍。

1．KF 算法

20 世纪 60 年代，维纳滤波已无法处理一些随机过程的估计问题，卡尔曼（Kalman）

在解决该问题时推导出一套递推估计算法，即 KF 算法。该算法是一种对系统状态进行估计的算法，它把当前时刻的状态估计建立在前一时刻的估计上，并利用目前的观测值对其进行线性修正。在数学上，KF 算法也称为线性最小估计算法。该算法需要基于最小均方根误差 $\boldsymbol{x}_k$ 获得估计值 $\hat{\boldsymbol{x}}_k$，然后采用递推的方法计算 $\boldsymbol{x}_k$。KF 算法可以通过下面的步骤对系统状态进行估计。

系统的状态和测量方程如下：

$$\boldsymbol{x}_k = \boldsymbol{F}\boldsymbol{x}_{k-1} + \boldsymbol{w}_{k-1} \tag{3-162}$$

$$\boldsymbol{z}_k = \boldsymbol{H}\boldsymbol{x}_{k-1} + \boldsymbol{v}_k \tag{3-163}$$

在式（3-162）和式（3-163）中，$\boldsymbol{x}_k$ 是 k 时刻的系统状态，$\boldsymbol{F}$ 和 $\boldsymbol{H}$ 是状态转移矩阵，$\boldsymbol{z}_k$ 是 k 时刻的测量值，$\boldsymbol{w}_{k-1}$ 和 $\boldsymbol{v}_k$ 分别是过程噪声和观测噪声，它们被假设成高斯白噪声，其协方差分别为 $\boldsymbol{Q}_k$ 和 $\boldsymbol{R}_k$。k 时刻的观测值 $\boldsymbol{x}_k$ 的估计 $\hat{\boldsymbol{x}}_k$ 可按下述方程求解。

进一步预测：

$$\hat{\boldsymbol{x}}_{k|k-1} = \boldsymbol{F}_k \boldsymbol{x}_{k-1|k-1} \tag{3-164}$$

状态估计：

$$\hat{\boldsymbol{x}}_{k|k} = \hat{\boldsymbol{x}}_{k|k-1} + \boldsymbol{K}_k(\boldsymbol{z}_k - \boldsymbol{H}_k \hat{\boldsymbol{x}}_{k|k-1}) \tag{3-165}$$

滤波增益矩阵：

$$\boldsymbol{K}_k = \boldsymbol{P}_{k|k-1}\boldsymbol{H}_k^{\mathrm{T}}(\boldsymbol{H}_k \boldsymbol{P}_{k|k-1}\boldsymbol{H}_k^{\mathrm{T}} + \boldsymbol{R}_k)^{-1} \tag{3-166}$$

进一步预测的误差方差阵：

$$\boldsymbol{P}_{k|k-1} = \boldsymbol{F}_k \boldsymbol{P}_{k-1|k-1}\boldsymbol{F}_k^{\mathrm{T}} + \boldsymbol{Q}_k \tag{3-167}$$

估计的误差方差阵：

$$\boldsymbol{P}_{k|k} = (\boldsymbol{I} - \boldsymbol{K}_k \boldsymbol{H}_k)\boldsymbol{P}_{k|k-1} \tag{3-168}$$

上述就是 KF 算法的计算过程，通过初值 $\boldsymbol{x}_0$ 和 $\boldsymbol{P}_0$，以及通过测试获得的观测值 $\boldsymbol{z}_k$，就能够计算出 k 时刻的状态估计 $\hat{\boldsymbol{x}}_k$。KF 算法是一个线性递归算法，如果过程噪声和观测噪声服从理想的高斯分布，则具有最佳特性。KF 算法已经广泛用于现代控制系统、跟踪和车辆导航等。

2. 扩展卡尔曼滤波算法

扩展卡尔曼滤波（Extended Kalman Filter，EKF）算法[153-155]是目前最常用的非线性估计算法，EKF 算法比较简单，易实现，被广泛应用于跟踪、导航、音频信号处理、卫星轨道/姿态的估计系统、故障检测等方面。该算法实质是选取非线性函数的 TAYLOR 级数展开后的一阶项作为系统的状态函数。EKF 算法的缺点是在很多研究领域都会遇到高度非线性问题，该算法在模型近似线性化过程中会引入截断误差，导致滤波精度下降。同时 EKF 算法需要计算雅可比矩阵，加大了计算复杂度。如果 TAYLOR 级数扩展时舍弃的高阶项对系统有效，线性化过程就非常不精确，导致滤波不稳定，进而影响性能。EKF 算法的步骤如下。

非线性状态空间模型为

$$\boldsymbol{x}_t = f(\boldsymbol{x}_{t-1}, \boldsymbol{v}_{t-1}) + \boldsymbol{w}_k \tag{3-169}$$

$$y_t = h(x_t, n_t) + v_k \tag{3-170}$$

式中，$x_t \in \mathbf{R}$ 和 $y_t \in \mathbf{R}$，分别表示 t 时刻系统的状态值和观测值，$v_t \in \mathbf{R}$ 和 $n_t \in \mathbf{R}$ 分别表示过程噪声和观测噪声，f 和 h 表示非线性函数，w_k 和 v_k 都表示不相关的零均值白噪声，Q_k 和 R_k 分别表示 w_k 和 v_k 的方差。

（1）预测：

$$\hat{x}_{k|k-1} = f(\hat{x}_{k-1|k-1}) \tag{3-171}$$

$$P_{k|k-1} = F_{k-1} P_{k-1|k-1} F_{k-1}^{\mathrm{T}} + Q_{k-1} \tag{3-172}$$

（2）更新：

$$S_k = H_k P_{k|k-1} H_k^{\mathrm{T}} + R_k \tag{3-173}$$

$$K_k = P_{k|k-1} H_k^{\mathrm{T}} S_k^{-1} \tag{3-174}$$

$$\hat{x}_{k|k} = \hat{x}_{k|k-1} + K_k [z_k - h(\hat{x}_{k|k-1})] \tag{3-175}$$

$$P_{k|k} = (I - K_k H_k) P_{k|k-1} \tag{3-176}$$

式中，F_k、H_k 分别为 f 和 h 的雅可比矩阵，计算公式如下：

$$F_k = \left.\frac{\partial f}{\partial x}\right|_{\hat{x}_{k|k-1}}; \quad H_k = \left.\frac{\partial h}{\partial x}\right|_{\hat{x}_{k|k-1}} \tag{3-177}$$

值得注意的是，在线性系统和观测模型下，KF 算法在最小化均值平方误差方面是最优的估计方法。但是，EKF 算法没有最优的特性，它的性能依赖线性化的精度。在某些情况下，当利用 TAYLOR 公式将非线性函数按其阶数展开，会略去高阶项，得到常用的线性化函数，此时的线性化过程是非常不精确的，而且计算复杂度也大大增加。

3. 无迹卡尔曼滤波算法

为了解决 EKF 算法出现的问题，Julier 等人提出了新的非线性滤波算法，即无迹卡尔曼滤波[156-158]（Unscented Kalman Filter，UKF）算法。它通过对一组满足特定条件（如满足给定的均值和方差）的采样点（Sigma Points）进行无迹变换（Unscented Transform，UT）来逼近非线性状态的概率密度函数，每个采样点可以采用非线性变换，通过计算变换集的统计特性获得无迹估计。一般情况下，UKF 算法的估计精度可以达到二阶。下面是 UKF 算法的计算过程。

（1）初始化。

$$\hat{x}_0 = E[x_0] \tag{3-178}$$

$$P_0 = E[(x_0 - \hat{x})(x_0 - \hat{x})^{\mathrm{T}}] \tag{3-179}$$

（2）计算采样点。

通过 x 的统计特性，设计采样点 (s_x^1, s_y^1)。设 $(s_x^1, s_y^1) = (-1,-2)$，则产生采样点的方法如下：

$$\chi_0 = \hat{x}_0 \tag{3-180}$$

$$\chi_i = \hat{x} + (\sqrt{(n+\lambda)P_x})_i, i = 1, 2, \cdots, n \tag{3-181}$$

$$\chi_i = \hat{x} - (\sqrt{(n+\lambda)P_x})_i, i = n+1, n+2, \cdots, 2n \tag{3-182}$$

式中，$\lambda=\alpha^2(n+k)-n$，α 决定了采样点的散布程度（一般取 0.01），k 一般取 0；（$\sqrt{(n+\lambda)\boldsymbol{P}_x}$）$_i$ 为矩阵 $(n+\lambda)\boldsymbol{P}_x$ 平方根矩阵的第 i 列。

（3）时间更新。

$$\boldsymbol{\chi}_{k+1|k}^{(i)}=f_{k+1}(\boldsymbol{\chi}_{k|k}^{(i)}),\ \ i=0,1,\cdots,2n \tag{3-183}$$

$$\hat{\boldsymbol{x}}_{k+1|k}=\sum_{i=0}^{2n}\omega_i^{(m)}\boldsymbol{\chi}_{k+1|k}^{(i)} \tag{3-184}$$

$$\boldsymbol{P}_{k+1|k}=\sum_{i=0}^{2n}\omega_i^{(c)}(\boldsymbol{\chi}_{k+1|k}^{(i)}-\hat{\boldsymbol{x}}_{k+1|k})(\boldsymbol{\chi}_{k+1|k}^{(i)}-\hat{\boldsymbol{x}}_{k+1|k})^{\mathrm{T}}+\boldsymbol{Q}_{k+1} \tag{3-185}$$

$$\hat{\boldsymbol{z}}_{k+1|k}=\sum_{i=0}^{2n}\omega_i^{(m)}\boldsymbol{\chi}_{k+1|k}^{(i)} \tag{3-186}$$

$$\boldsymbol{z}_{k+1|k}^{(i)}=h(\boldsymbol{\chi}_{k+1|k}^{(i)}) \tag{3-187}$$

式中：

$$\omega_0^{(m)}=\frac{\lambda}{\lambda+n} \tag{3-188}$$

$$\omega_i^{(m)}=\frac{0.5}{\lambda+n},i=1,2,\cdots,2n \tag{3-189}$$

$$\omega_0^{(c)}=\frac{\lambda}{\lambda+n}+(1-\alpha^2+\beta) \tag{3-190}$$

$$\omega_i^{(c)}=\frac{0.5}{\lambda+n},i=1,2,\cdots,2n \tag{3-191}$$

一般情况下，α 常取 0.01，它决定了采样点相对于均值的分布情况，β 在高斯分布时最佳取值为 2，它表示关于状态变量分布的先验知识，λ=$\alpha^2(n+k)-n$ 为尺度调节因子，k 通常取 0。

（4）测量更新。

$$\hat{\boldsymbol{x}}_{k+1|k+1}=\hat{\boldsymbol{x}}_{k+1|k}+\boldsymbol{K}_{k+1}(\boldsymbol{z}_{k+1}-\hat{\boldsymbol{z}}_{k+1|k}) \tag{3-192}$$

$$\boldsymbol{K}_{k+1}=\boldsymbol{P}_{xz,k+1}\boldsymbol{P}_{zz,k+1}{}^{-1} \tag{3-193}$$

$$\boldsymbol{P}_{zz,k+1}=\sum_{i=0}^{2n}\omega_i^{(c)}(\boldsymbol{z}_{k+1|k}^{(i)}-\hat{\boldsymbol{z}}_{k+1|k})\ (\boldsymbol{z}_{k+1|k}^{(i)}-\hat{\boldsymbol{z}}_{k+1|k})^{\mathrm{T}}+\boldsymbol{R}_{k+1} \tag{3-194}$$

$$\boldsymbol{P}_{xz,k+1}=\sum_{i=0}^{2n}\omega_i^{(c)}(\boldsymbol{\chi}_{k+1|k}^{(i)}-\hat{\boldsymbol{x}}_{k+1|k})(\boldsymbol{z}_{k+1|k}^{(i)}-\hat{\boldsymbol{z}}_{k+1|k})^{\mathrm{T}} \tag{3-195}$$

$$\boldsymbol{P}_{k+1|k+1}=\boldsymbol{P}_{k+1|k}-\boldsymbol{K}_{k+1}\boldsymbol{P}_{zz,k+1}\boldsymbol{K}_{k+1}^{\mathrm{T}} \tag{3-196}$$

UT 对非线性函数的均值和方差有较为准确的估计，因此在跟踪滤波算法中，UKF 算法的性能通常要优于 EKF 算法。在 UT 过程中，参数 k 起着重要的作用，对所有采样点的分布和权值有着决定性的作用，直接影响均值和方差的估计精度。对于参数 α、β、λ、k 等，必须通过不断变换后进行仿真，对比仿真效果，选取最佳的参数值，然后获得 UKF 算法的最佳性能。

3.4.8.2 室内目标跟踪原理和模型介绍

随着计算机及传感器制造技术的快速发展，人们对目标跟踪的需求越来越强烈。特别是在未知室内环境下，如何实现对机动性很强的目标的跟踪是目前各方研究的热点和难点。目前研究比较成熟的滤波算法是 KF 算法，但它只适用于具有高斯噪声的线性系统，而实际情况为非线性系统，在复杂室内环境下噪声为非高斯噪声。目前，线性估计方法仅仅能够解决非常接近线性的非线性问题，当遇到一个甚至在小范围表现为非线性关系的系统，它将不能给出较满意的结果。在这种情况下，必须进行非线性估计。

1. 室内目标跟踪原理

目标跟踪是为了维持对目标当前状态的估计而对所接收的测量信息进行处理的过程。在目标跟踪系统中，常用的目标状态信息主要包括：目标所处位置、运动速度、运动加速度及转弯率（角速度）等。

测量信息是指与目标当前状态相关的数据集合，由跟踪系统中的传感器（本节指参考基站）获得。目标跟踪过程中的测量信息主要包括：方位角、俯仰角、目标接收信号强度、信号与参考基站之间的传播时间等。

室内目标跟踪的基本原理是，利用参考基站获得离散测量值，然后结合假定的目标运动模型，采用跟踪滤波算法，估计目标的连续运动状态。其中，单参考基站目标跟踪使用一个参考基站，多参考基站目标跟踪使用多个（同类或异类）参考基站。在对室内目标进行估计的过程中，可能仅对一个目标进行状态估计，也可能对多个目标进行状态估计。目标跟踪又分为机动目标跟踪和非机动目标跟踪[158-160]，当目标做匀速直线运动时称为非机动目标跟踪，而当目标的运动状态在短时间内发生改变时称为机动目标跟踪。

2. 室内目标运动模型

目标运动模型用来描述目标的运动规律，并假设目标的运动信息及测量信息能用已知的简单数学公式表示。因为目标的运动模型与该目标所处的时间和状态有关，所以常常建立关于时间和状态的表达式。所建的模型一定既要符合实际运动的状态又要易于数学处理。但当目标做机动运动时，由于目标的运动状态受环境或系统不可知因素的影响，很难用标准的数学表达式准确描述，只能采用近似的方法描述。

1）匀速运动模型与常加速运动模型

当目标不做机动运动时，就会保持匀速或匀加速直线运动，如二阶匀速（Constant Velocity, CV）运动模型或三阶常加速（Constant Acceleration，CA）运动模型。CV 运动模型如下：

$$\boldsymbol{X}(k+1)=\begin{bmatrix}1 & T_s\\0 & 1\end{bmatrix}\boldsymbol{X}(k)+\begin{bmatrix}\dfrac{T_s^2}{2}\\T_s\end{bmatrix}\theta(k) \tag{3-197}$$

式中，$\boldsymbol{X}(k+1)$ 为二维变量，可以表示为 $[x\ \ \dot{x}]$，x 代表位置，$\dot{x}$ 代表速度；$\theta(k)$ 为零均值高斯白噪声，方差为 η^2；T_s 为采样周期。

CA 运动模型如下：

$$
\boldsymbol{X}(k+1)=\begin{bmatrix}1 & T_s & \dfrac{T_s^2}{2}\\ 0 & 1 & T_s\\ 0 & 0 & 1\end{bmatrix}\boldsymbol{X}(k)+\begin{bmatrix}\dfrac{T_s^2}{2}\\ T_s\\ 1\end{bmatrix}\theta(k) \tag{3-198}
$$

式中，$\boldsymbol{X}(k+1)$为三维变量，可以表示为$[x\ \dot{x}\ \ddot{x}]$，$\ddot{x}$代表加速度，其他变量的含义和 CV 运动模型中相同。

2）转弯模型与时间相关模型

当目标做机动运动时，可以用转弯（Coordinate Turn，CT）模型和时间相关（Singer）模型描述。

CT 模型如下：

$$
\boldsymbol{X}(k+1)=\begin{bmatrix}1 & \dfrac{\sin(wT_s)}{w} & 0 & \dfrac{-(1-\cos(wT_s))}{w} & 0\\ 0 & \cos(wT_s) & 0 & -\sin(wT_s) & 0\\ 0 & \dfrac{-(1-\cos(wT_s))}{w} & 1 & \dfrac{\sin(wT_s)}{w} & 0\\ 0 & \sin(wT_s) & 0 & \cos(wT_s) & 0\\ 0 & 0 & 0 & 0 & 1\end{bmatrix}\cdot\boldsymbol{X}(k)+\begin{bmatrix}\dfrac{T_s^2}{2} & 0 & 0\\ T & 0 & 0\\ 0 & \dfrac{T_s^2}{2} & 0\\ 0 & T_s & 0\\ 0 & 0 & T_s\end{bmatrix}\theta(k) \tag{3-199}
$$

式中，$\boldsymbol{X}(k+1)$表示为$[x\quad y\quad \dot{x}\quad \dot{y}\quad w]$，其中$x$和$y$为目标位置，$\dot{x},\dot{y}$为对应的速度分量，$w$为运动角速度，单位为 rad/s。$w>0$，表示左转弯；$w<0$，表示右转弯；$w=0$，则表示匀速直线运动。

Singer 模型是由 Singer 于 1970 年提出的，所描述的也是目标的机动运动，但假定机动加速度 $a(t)$服从一阶时间相关过程。该模型用有色噪声代替白噪声描述机动加速度。但是由于其内部许多参数需要预先确定，所以本质上 Singer 模型是一种先验模型，在这里就不详细介绍了。

3.4.8.3 UKF算法仿真

在未知的室内环境下，如何实现对移动目标的跟踪，成为目标跟踪定位研究的热点。目标跟踪定位是一个不确定性问题，单纯的定位针对的是静止的目标。当目标运动时，由于机动性，状态的不确定性等造成了位置信息不断变化。很多学者通常使用滤波算法对目标的运动状态进行估计和预测。目前在工程应用上，KF 算法已经非常成熟，然而，该算法主要针对系统满足线性状态的运动。目标跟踪实际上是对目标的运动状态进行估计[160]，所以只要能够建立合适的目标运动状态模型和选取正确的跟踪算法，就能够对移动目标进行跟踪定位。下面采用 TOA 和 RSS 联合定位法加上 UKF 算法对目标位置进行估计，以完成 UWB 室内跟踪定位。

在 TOA 和 RSS 联合定位法中，将更新方程分成两个独立的部分。第一部分是 TOA 测量。由于 TOA 的测量精度在 UWB 条件下要比 RSS 的测量精度高得多，因此该部分作为测量信息的主要来源。第二部分是用 RSS 对 TOA 进行补充，对其进行一定的校正。

假设目标在两个参考基站的二维平面上移动，定义k时刻目标运动的状态向量为

$$\boldsymbol{X}(k)=[x(k)\quad v_x(k)\quad y(k)\quad v_y(k)] \tag{3-200}$$

式中，$[x(k)\ y(k)]$为位置坐标，$[v_x(k)\ v_y(k)]$为速度坐标。而系统方程为

$$\boldsymbol{X}(k+1)=\boldsymbol{F}\boldsymbol{X}(k)+\boldsymbol{G}v_k\,,\quad k=1,2,\cdots,n \tag{3-201}$$

$$\boldsymbol{F}=\begin{bmatrix}1 & T_s & 0 & 0\\ 0 & 1 & 0 & 0\\ 0 & 0 & 1 & T_s\\ 0 & 0 & 0 & 1\end{bmatrix},\quad \boldsymbol{G}=\begin{bmatrix}\dfrac{T_s^2}{2} & 0\\ 0 & T_s\\ \dfrac{T_s^2}{2} & 0\\ 0 & T_s\end{bmatrix} \tag{3-202}$$

式中，T_s为采样时间，一般取 1s；$\boldsymbol{F}$ 为转移矩阵；v_k为过程噪声，假设为零均值的高斯白噪声，其协方差矩阵如下：

$$\boldsymbol{Q}_k=\begin{bmatrix}\sigma_\omega^2 & 0\\ 0 & \sigma_\omega^2\end{bmatrix} \tag{3-203}$$

1. TOA 测量模型

$\hat{\boldsymbol{x}}_{k+1}^{ss}=\begin{bmatrix}\hat{\boldsymbol{x}}_k+\boldsymbol{D}_k(\boldsymbol{x}_{k+1}-\hat{\boldsymbol{x}}_{k+1})\\ \hat{\boldsymbol{x}}_{k+1}^{s}\end{bmatrix}$是移动目标在 k+1 时刻的坐标，（x_{BS_k}，y_{BS_k}）是参考基站的坐标，$\hat{x}_{k+1}^{s}$是目标从基站接收到信号的时间。设r_{toa}是基于 TOA 测量获得的移动目标到参考基站的距离，表示为

$$r_{\text{toa}}=d_k+\omega_k \tag{3-204}$$

式中，d_k是参考基站与移动目标的真实距离。

TOA 的测量噪声是期望为零的高斯白噪声，其方差为σ_k^2，且不随k的取值变化而变化。相应的测量向量$\boldsymbol{z}_k^{\text{toa}}$定义如下：

$$\boldsymbol{z}_k^{\text{toa}}=[d_1\quad d_2\quad\cdots\quad d_k]^{\mathrm{T}}+\boldsymbol{\omega}_k \tag{3-205}$$

式中，$\boldsymbol{\omega}_k$是元素均为ω_k的向量。

2. RSS 测量模型

RSS 定位法的原理见 3.4.3 节。UWB 信号总能量的衰减模型如下[157]：

$$P_k=\begin{cases}P_0+10n\lg\left(\dfrac{d_k}{d_0}\right)+\theta_k, & d_k\leqslant 10\\ P_0+10n\lg\left(\dfrac{10}{d_0}\right)+10n\lg\left(\dfrac{d_k}{d_0}\right)+\theta_k, & d_k>10\end{cases} \tag{3-206}$$

式中，d_0是参考距离；P_0是距离为参考距离d_0时的信号强度；θ_k是一个遮蔽因子，服从均值为 0、方差为σ^2的正态随机分布；P_k是接收端的接收信号强度；n是传播因子，一

般取 2[161]。RSS 定位法的测量向量 $\boldsymbol{z}_k^{\text{rss}}$ 如下：

$$\boldsymbol{z}_k^{\text{rss}} = [P_1 \ \ P_2 \cdots \ \ P_k]^{\text{T}} + \boldsymbol{\theta}_k \tag{3-207}$$

式中，$\boldsymbol{\theta}_k$ 是元素均为 θ_k 的向量。

3. TOA-RSS 测量融合

为了提高跟踪定位的性能，需要把 TOA 和 RSS 的测量结果同时用在定位的估计上。为了简单起见，把它们改写成向量的形式，如下：

$$\boldsymbol{z}_k = [\boldsymbol{z}_k^{\text{toa}} \quad \boldsymbol{z}_k^{\text{rss}}]^{\text{T}} \tag{3-208}$$

我们选择分别在 CV 和 CT 运动模型条件下仿真。CV 运动模型的仿真分析分为两个部分：第一部分是 UKF 的跟踪效果；第二部分是在相同的定位法下对 UKF 和 EKF 进行对比。仿真过程中假定两个参考基站对移动目标进行跟踪定位，参考基站的坐标分别为（2,2）、（20,40）。跟踪定位共用时 50s，周期 T_{s}=1s，对每种算法进行 50 次蒙特卡罗仿真。移动目标的初始状态为（2, 0.1, 10, 0.5）。图 3-147 是目标在 X 方向滤波前后的速度对比，图 3-148 是目标在 Y 方向滤波前后的速度对比。通过分析可以发现，有滤波和无滤波的效果差距较大，而且目标在 X、Y 方向上经过滤波后的速度值与其真实值基本吻合。

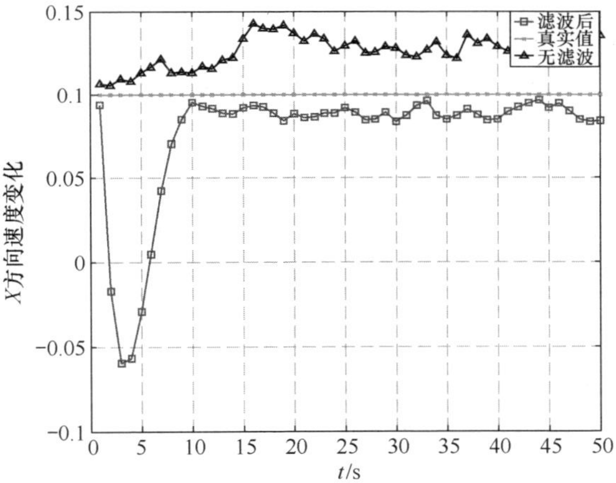

图 3-147　滤波前后 X 方向速度对比

图 3-149 是速度经过 UKF 估计后的移动目标的误差变化。其中，A、C 分别代表目标在 X、Y 方向的位置误差，B、D 分别代表目标在 X、Y 方向的速度误差。

图 3-149 中，X 方向上的位置误差基本都在 0.25m 以内，平均误差为 0.15m；Y 方向上的平均位置误差为 0.2m，因此该算法的精度可以达到厘米级。考虑对室内定位应用的实际需求主要是对人员和物品进行定位，上述平均定位误差可以满足小型实验室、办公室的人员或物品定位需求。下面在相同测量条件下，对基于 UKF 和 EKF 的跟踪定位算法做对比。50 次仿真后，取 RMSE 的平均值作为精度评估指标，RMSE 的表达式如下：

$$\text{RMSE}=\sqrt{(x(k)-\overline{x}(k))^2+(y(k)-\overline{y}(k))^2} \tag{3-209}$$

式中，$(x(k),y(k))$ 为真实坐标，$(\overline{x}(k),\overline{y}(k))$ 为滤波后的坐标。

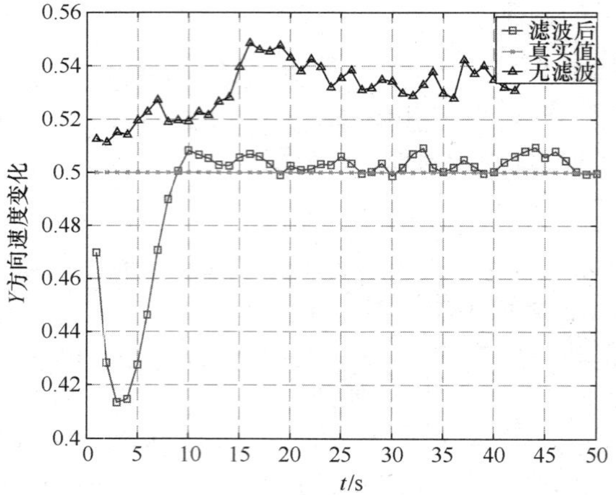

图 3-148　滤波前后 Y方向速度对比

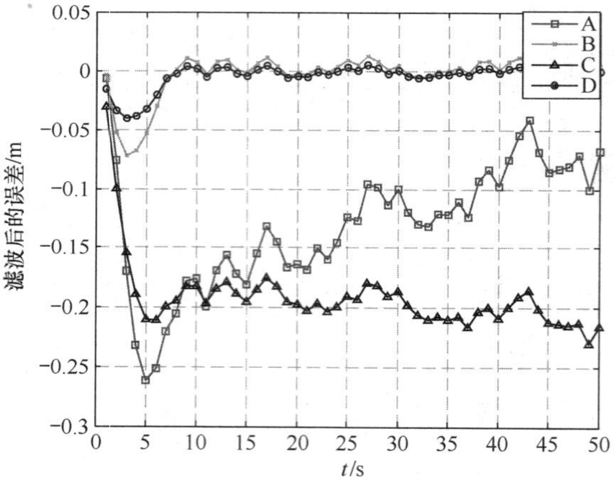

图 3-149　速度经过 UKF 估计后移动目标的误差变化

图 3-150 和图 3-151 分别是目标在运动过程中，采用 UKF 与 EKF 时 RMSE 的变化对比和目标运动轨迹的对比。采用 UKF 的 RMSE 的平均值为 0.27～0.53m，而采用 EKF 的 RMSE 则为 0.3～0.67m。采用 UKF 的运动轨迹更接近目标的实际运动轨迹，可见采用 UKF 的跟踪效果要明显优于采用 EKF。

CT 模型下的结果如图 3-152～图 3-154。此时的目标做 CT 运动。从图 3-152 可以看出，采用 UKF 后的轨迹更接近目标的真实轨迹。图 3-153 和图 3-154 是滤波后的误差和 RMSE 对比，明显可以看出，UKF 后的误差和 RMSE 更小，因此 UKF 算法有较高的跟踪定位精度。

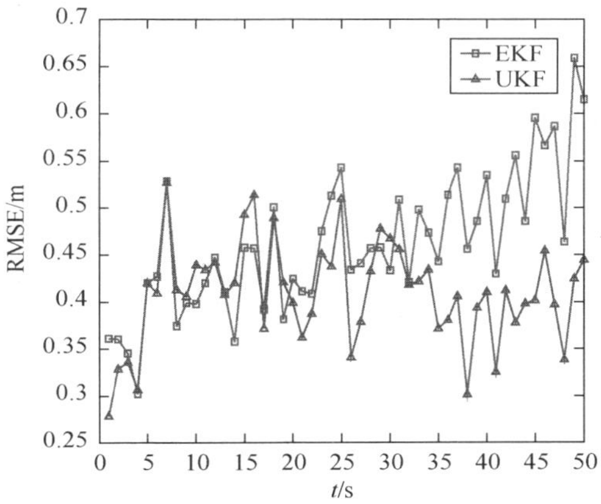

图 3-150　采用 EKF 与 UKF 时 RMSE 变化对比

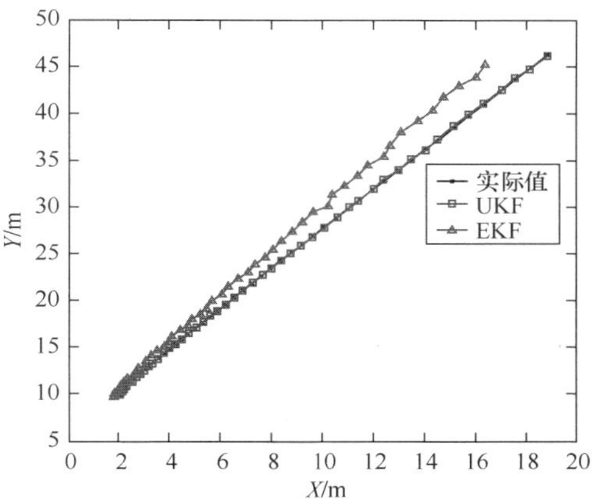

图 3-151　采用 EKF 和 UKF 时目标运动轨迹对比

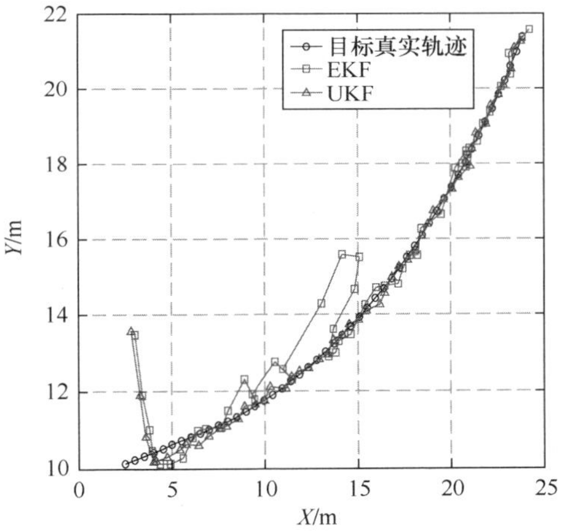

图 3-152　目标运动轨迹对比

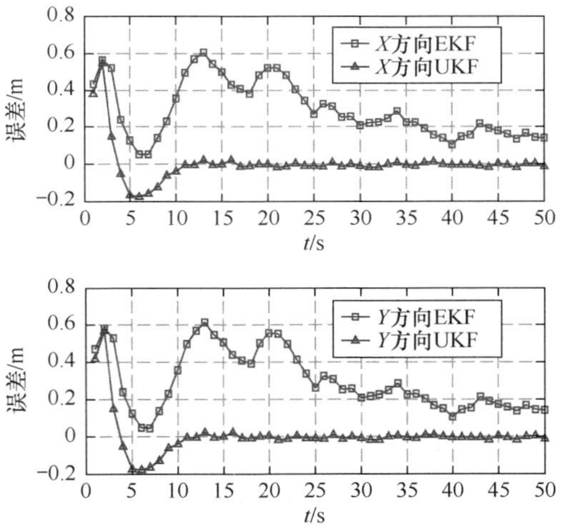

图 3-153　滤波后的误差对比

在仿真过程中，不同的参数变化也将影响滤波算法的性能，下面从几个方面来说明。

（1）采样点个数对滤波算法的影响。图 3-152～图 3-154 的滤波估计使用了 50 个采样点，为了研究采样点个数对基于滤波算法的跟踪定位性能的影响，我们给出了 CT 模型下随采样点个数增减时，目标运动轨迹、滤波后的误差和 RMSE 的对比。通过图 3-155 到图 3-157 的仿真结果可以看出：当采样点个数减小到 N=20 时，经过 UKF 和 EKF 后的运动轨迹明显与真实轨迹的差距变大；误差和 RMSE 的稳定性降低。通过图 3-158～图 3-160 的仿真结果可以看出：当采样点个数增大到 N=100 时，经过 UKF 和 EKF 后的运动轨迹明显接近真实轨迹；误差和 RMSE 趋于稳定。

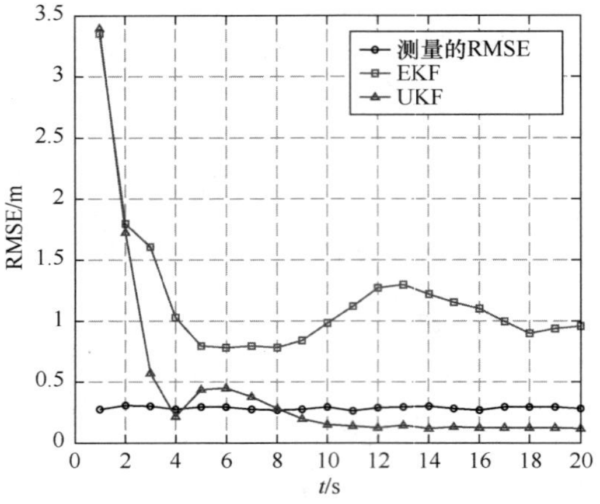

图 3-154 滤波后的 RMSE 对比

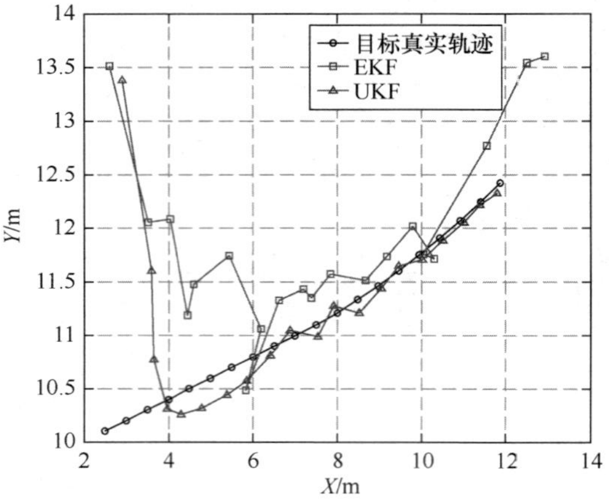

图 3-155 目标运动轨迹对比（N=20）

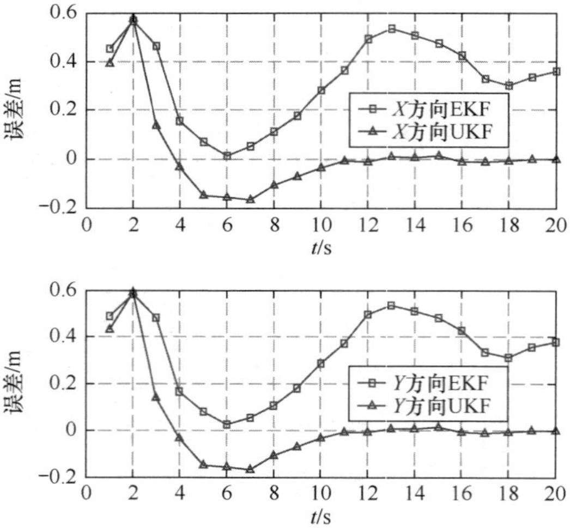

图 3-156 滤波后的误差对比（N=20）

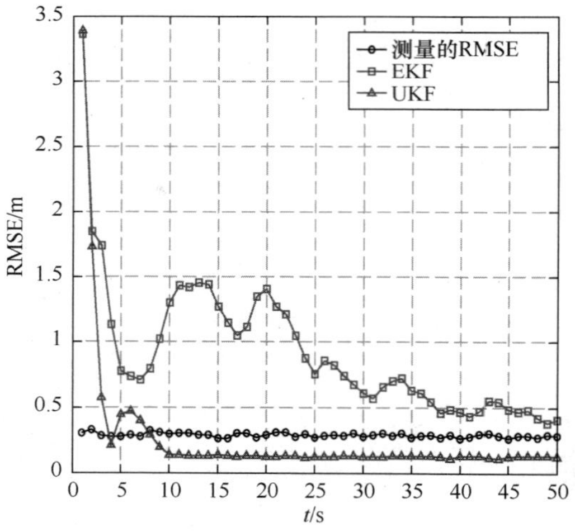

图 3-157 滤波后的 RMSE 对比（N=20）

从仿真结果可以看出：当采样点个数较少时，滤波性能变差，稳定性降低；当采样点个数达到一定数量时，滤波性能变好，稳定性增加。由表 3-11 可以看到，在采样点个数逐渐增加的过程中，UKF 算法受到的影响要小于 EKF 算法，其性能很快趋于稳定，说明 UKF 算法的稳定性好于 EKF 算法。

（2）测量噪声对测量误差和滤波后的误差的影响。下面探讨测量噪声 q 对系统测量误差和滤波后的误差的影响，主要针对目标在 CT 模型下采用 UKF 算法的误差变化。当 q=0.1 时，系统的测量误差和滤波后的误差变化如图 3-161 和图 3-162 所示。当 q=0.5 时，系统的测量误差和滤波后的误差变化如图 3-163 和图 3-164 所示。

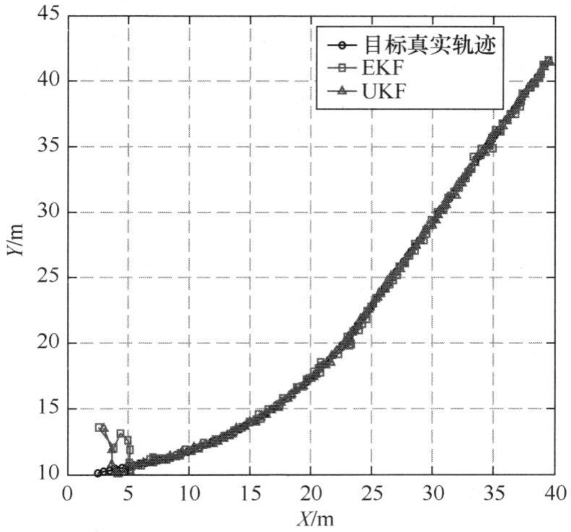

图 3-158　目标运动轨迹对比（N=100）

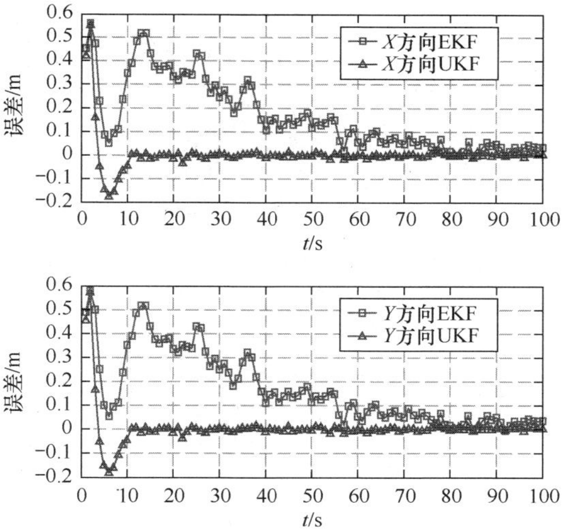

图 3-159　滤波后的误差对比（N=100）

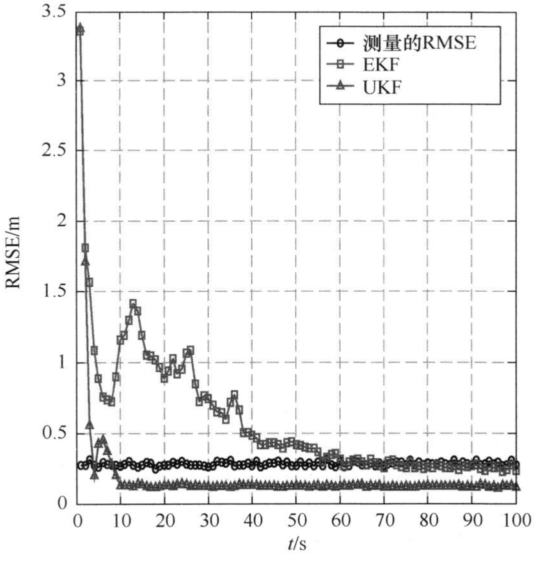

图 3-160　滤波后的 RMSE 对比（N=100）

表 3-11　RMSE 随采样点个数的变化

采样点个数	N=20	N=50	N=100
RMSE 变化趋势（UKF）	不稳定	逐渐稳定	稳定
RMSE 变化趋势（EKF）	不稳定	不稳定	逐渐稳定

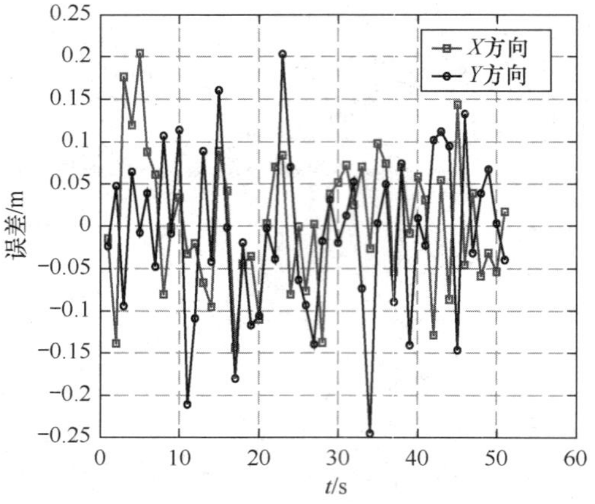

图 3-161　测量误差变化（q=0.1）

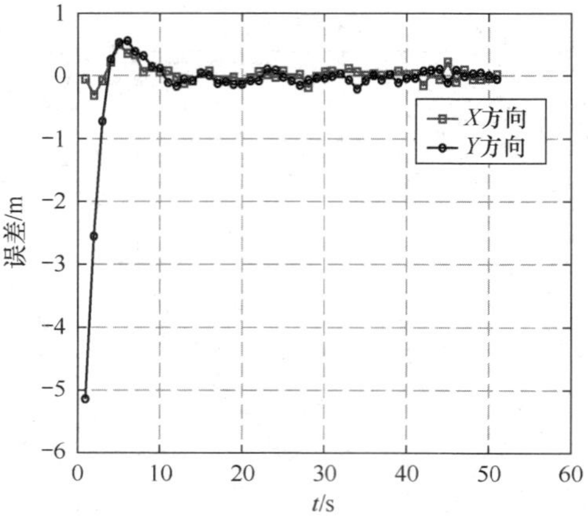

图 3-162　滤波后的误差变化（q=0.1）

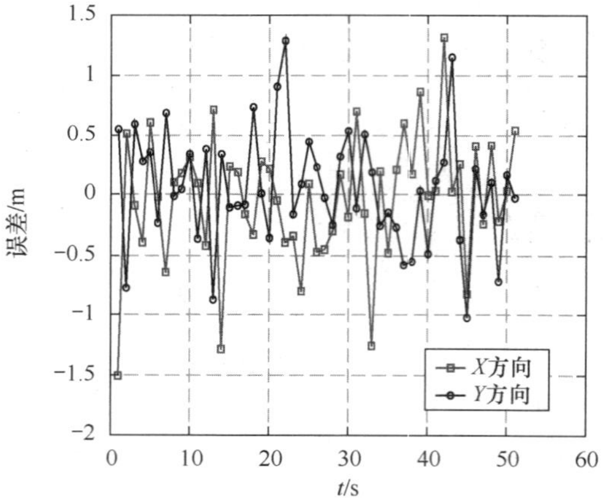

图 3-163　测量误差变化（q=0.5）

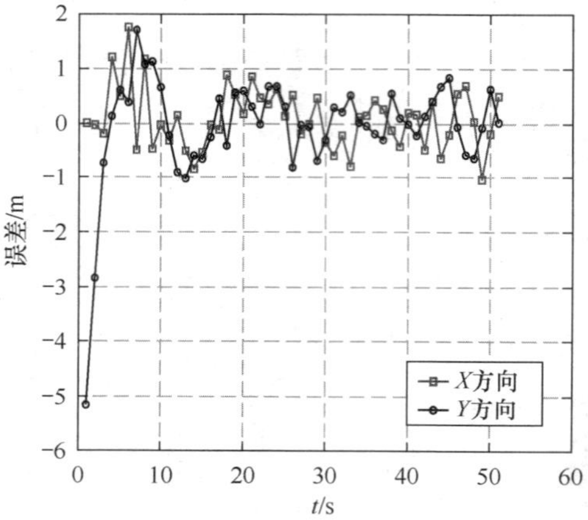

图 3-164　滤波后的误差变化（q=0.5）

由图 3-161～图 3-164 可以比较直观地看出，当 q=0.1 时，X、Y 方向的测量误差在（−0.25,0.25）范围内；而滤波后的误差在（−0.5,0.5）范围内。随着滤波时间的增加，滤波后的误差趋于零。当 q=0.5 时，X、Y 方向的测量误差在（−1.5,1.5）范围内；当滤波后的误差在（−1,2）范围内时，随着滤波时间的增加，滤波后的误差趋于（−1,1）。因此可得：q 越大，生成的测量误差协方差就越大，得到的滤波结果就越不精确。

（3）强非线性下的滤波性能变化。为了更好地对比 UKF 算法与 EKF 算法的跟踪定位性能，采用如下广泛使用的强非线性模型进行验证。此时状态模型满足：

$$\boldsymbol{x}_k = \boldsymbol{x}_{k-1} + \sin(\boldsymbol{x}_{k-1})\boldsymbol{x}_{k-1} + \boldsymbol{u}_{k-1} \tag{3-210}$$

测量模型满足：

$$\boldsymbol{z}_k = \boldsymbol{x}_k^2 + \boldsymbol{v}_{k-1} \tag{3-211}$$

式中，$\boldsymbol{u}_{k-1}$ 和 $\boldsymbol{v}_{k-1}$ 是均方差矩阵分别为 $\boldsymbol{Q}_{k-1}$ 和 $\boldsymbol{R}_k$ 的零均值高斯随机变量，这里取

$\boldsymbol{Q}_{k-1}=1$，$\boldsymbol{R}_k=0.1$，实验选取 100 个周期进行验证。

图 3-165 和表 3-12 表明，在目标状态非线性非常强的情况下，EKF 算法性能下降，而 UKF 算法仍然保持良好的滤波效果。

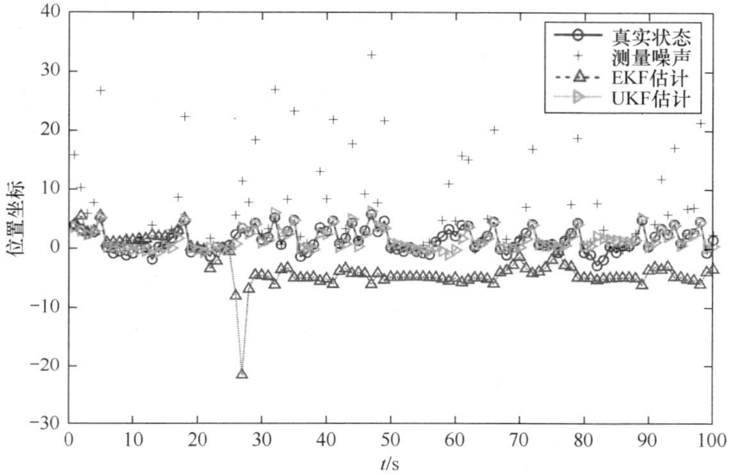

图 3-165　滤波算法对目标状态估计对比

表 3-12　滤波算法的 RMSE

滤 波 算 法	EKF	UKF
RMSE	0.068m	0.016m

（4）滤波次数对估计性能的影响。在强非线性下的滤波性能变化研究的基础上，我们继续研究滤波次数对估计性能的影响。参考基站每获得一次数据后，先将其作为 UKF 算法的观测值进行第一次滤波，然后将上次得到的状态估计值作为 UKF 算法的观测值进行第二次滤波，每次滤波的状态量的初值不变，这样可以实现实时多次滤波。由图 3-166～图 3-169 可以直观地看出，随着滤波次数的增加，滤波后的目标位置越来越接近真实状态。

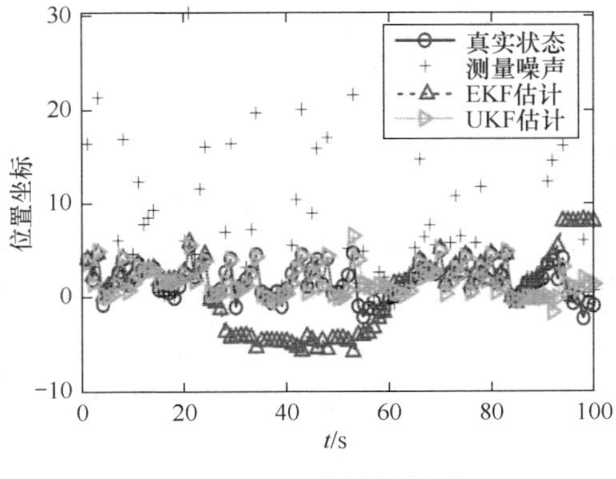

图 3-166　2次滤波估计

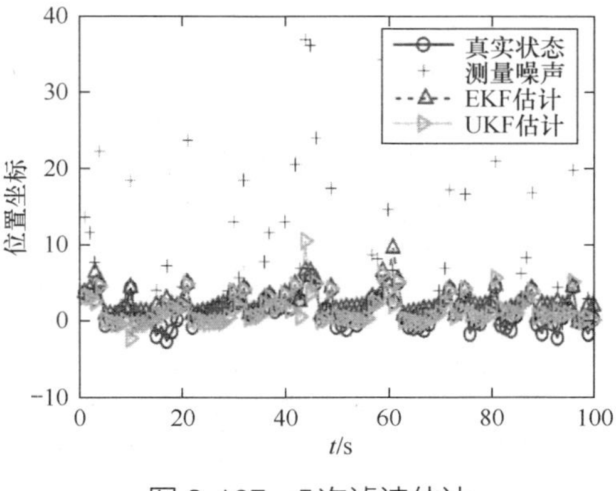

图 3-167　5次滤波估计

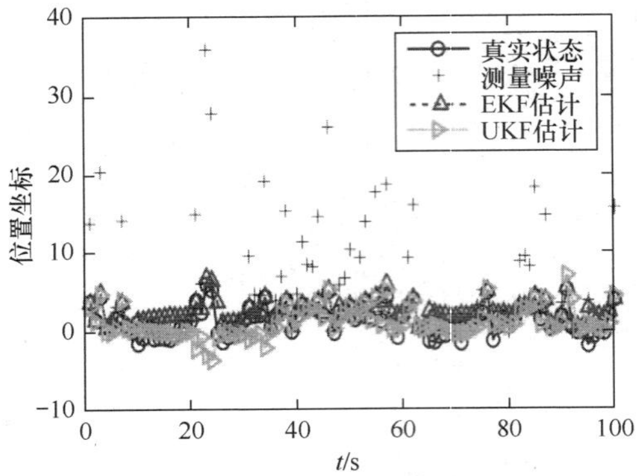

图 3-168　10次滤波估计

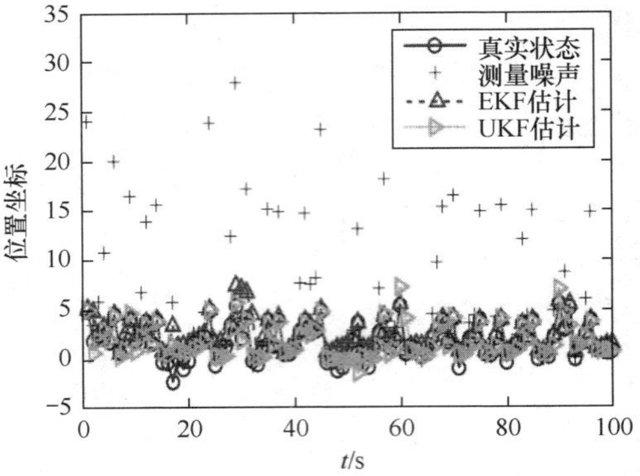

图 3-169　20次滤波估计

经过不同次数的滤波处理后滤波算法的 RMSE 如表 3-13 所示。

表 3-13　滤波算法的 RMSE

单位：m

滤 波 算 法	滤波 2 次	滤波 5 次	滤波 10 次	滤波 20 次
EKF	0.062	0.046	0.044	0.010
UKF	0.015	0.013	0.011	0.003

以上我们从采样点个数、测量噪声、强非线性、滤波次数四个方面探索了 UKF 算法和 EKF 算法对移动目标估计性能的影响。在滤波过程中，多次滤波和增加采样点个数可以提高滤波算法的估计性能。而随着测量噪声的增强，滤波算法的估计性能快速下降。在较强的非线性条件下，UKF 算法的估计性能提高，EKF 算法的估计性能下降明显，因此在室内非线性跟踪定位过程中，UKF 算法的精度较高。

3.4.8.4　强跟踪自适应 UKF 算法及其仿真

由 3.4.8.3 节的仿真结果可以得出，UKF 算法的精度较高。从工程应用出发，如果忽略系统的非线性强度、环境要求，我们可以选择 UKF 算法解决 UWB 室内跟踪定位问题。但是当模型发生变化或系统出现不良测量条件时，EKF 算法、UKF 算法都不具备较好的估计精度、健壮性和跟踪能力。因此，为了使滤波算法在不良测量条件下仍然有较好的滤波性能和健壮性，可以基于新息协方差匹配技术建立自适应 UKF 算法。

针对系统模型的不确定性对滤波的影响，周东华等人提出了强跟踪滤波（Strong Tracking Filter，STF）算法。该算法通过引入时变渐消因子，根据每个时刻的测量信息对增益矩阵进行在线调节，从而增强算法的健壮性和跟踪定位性能。虽然 STF 算法的优势明显，但也存在一定的局限性：由于该算法是在 EKF 算法的基础上研究出来的，所以存在计算精度低、需要计算雅可比矩阵等问题。为此，许多学者做了大量工作，在 STF 算法理论研究的基础上，分别利用 UKF、容积卡尔曼滤波等代替 EKF，建立相应的 STF 算法，有效地改善了 STF 算法的性能。文献[162]将 STF 算法的理论思想与 UKF 算法相结合，将其成功应用到天文自主导航中，改善了系统的可靠性。然而，这些算法都与 EKF 算法类似，存在对非线性系统做一阶近似处理、需要计算雅可比矩阵等缺点，从而限制了其应用。文献[163]将 STF 算法的思想引入容积卡尔曼滤波算法中，推导出一种强跟踪容积卡尔曼滤波算法，并将其应用于非线性系统的故障诊断中，采用容积数值积分方法直接计算后验均值和方差，并且通过时变渐消因子对残差强制白化，获得了较高的滤波精度且具有自适应跟踪突变故障的能力，但其不能适应运动目标的机动变化。

针对 STF 算法精度较低的局限性，以及当系统存在不良测量条件对其估计性能降低等一系列问题，本节提出了一种基于强跟踪的自适应 UKF 算法。首先，为了避免系统不良测量条件导致滤波性能下降，构建自适应 UKF；然后，以 STF 算法作为滤波器的基本理论框架，利用自适应 UKF 代替 EKF 建立强跟踪自适应无迹卡尔曼滤波（Adaptive Unscented Kalman Filter，AUKF）算法。强跟踪 AUKF 算法在系统存在模型机动变化及系统出现不良测量条件时具有良好的滤波性能。实验仿真结果表明，相对于强跟踪 EKF 算法和 UKF 算法，本节提出的强跟踪 AUKF 算法具有更好的稳定性、健壮性和对状态实时变化目标的跟踪能力。

1. AUKF 算法

自适应算法通过建立一个数学模型，采用数学方法对系统进行控制，使得目标可以朝着理想的效果不断趋近。UKF 室内定位系统面临的是一个复杂多变的环境，存在大量人员随意走动、各种信号干扰等一系列问题，造成了许多“不确定性”因素。因此，采用自适应方法来提高 UKF 室内跟踪定位算法的性能就变得非常必要。

针对 UKF 算法在定位过程中的性能容易受到初始值和系统噪声影响的问题，可以采用 AUKF 算法。虽然 UKF 算法优势比较明显，但是 UKF 算法对初始值的选取要求比较高，如果初始值的选取存在一定程度的误差，那么就会直接影响滤波的估计精度。此外，即使初始值的取值比较合理，但若目标不断运动，系统会出现不确定性因素及不良测量条件，导致滤波性能下降甚至滤波故障。因此，UKF 算法中按时间更新的预测值往往存在一定的偏差，这会直接影响 UKF 算法的精度。针对 UKF 算法存在的问题，本节在 UKF 算法的基础上，利用自适应估计原理，根据新息协方差匹配原理，建立带测量噪声比例系数的 AUKF 算法，使其对系统具有更好的健壮性。AUKF 算法的流程如图 3-170 所示。

定义：$\boldsymbol{d}_{k+1}=\boldsymbol{z}_{k+1|k}^{(i)}-\hat{\boldsymbol{z}}_{k+1|k}$，$\boldsymbol{d}_{k+1}$ 是未经过观测量 $\boldsymbol{z}_{k+1}$ 修正的状态，更能反映系统的扰动。构造自适应因子 $\delta_{k+1}(0<\delta_{k+1}\leqslant 1)$ 如下：

$$\delta_{k+1}=\begin{cases}1,\ \operatorname{tr}(\boldsymbol{d}_{k+1}\cdot\boldsymbol{d}_{k+1}^{\mathrm{T}})\leqslant\operatorname{tr}(\boldsymbol{P}_{zz,k+1})\\ \dfrac{\operatorname{tr}(\boldsymbol{P}_{zz,k+1})}{\operatorname{tr}(\boldsymbol{d}_{k+1}\cdot\boldsymbol{d}_{k+1}^{\mathrm{T}})},\ \operatorname{tr}(\boldsymbol{d}_{k+1}\cdot\boldsymbol{d}_{k+1}^{\mathrm{T}})>\operatorname{tr}(\boldsymbol{P}_{zz,k+1})\end{cases}\tag{3-212}$$

$$\boldsymbol{P}_{zz,k+1}=\frac{1}{\delta_{k+1}}\sum_{i=0}^{2n}\omega_i^{(c)}(\boldsymbol{z}_{k+1|k}^{(i)}-\hat{\boldsymbol{z}}_{k+1|k})(\boldsymbol{z}_{k+1|k}^{(i)}-\hat{\boldsymbol{z}}_{k+1|k})^{\mathrm{T}}+\boldsymbol{R}_{k+1}\tag{3-213}$$

$$\boldsymbol{P}_{xz,k+1}=\frac{1}{\delta_{k+1}}\sum_{i=0}^{2n}\omega_i^{(c)}(\boldsymbol{\chi}_{k+1|k}^{(i)}-\hat{\boldsymbol{x}}_{k+1|k})(\boldsymbol{z}_{k+1|k}^{(i)}-\hat{\boldsymbol{z}}_{k+1|k})^{\mathrm{T}}\tag{3-214}$$

$$\boldsymbol{P}_{k+1|k+1}=\frac{1}{\delta_{k+1}}\boldsymbol{P}_{k+1|k}-\boldsymbol{K}_{k+1}\boldsymbol{P}_{zz,k+1}\boldsymbol{K}_{k+1}^{\mathrm{T}} \tag{3-215}$$

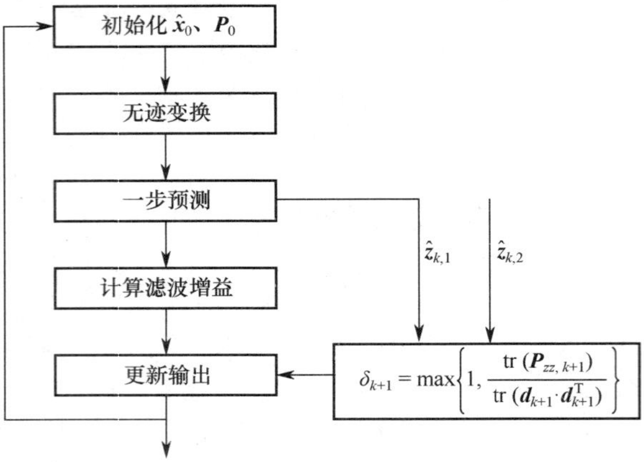

图 3-170 AUKF算法流程

在计算过程中，选取恰当的自适应因子不但能够自适应地平衡状态方程预测信息与观测信息的权重，而且能够控制状态模型扰动异常对滤波解的影响[164-165]。当 UKF 算法初始值存在误差或有系统噪声时，自适应因子 δ_{k+1} 将小于 1，经过式（3-185）～式（3-187）后，初始值和系统噪声对最终滤波的影响减小。使用根据 $\boldsymbol{d}_{k+1}$ 和 $\boldsymbol{z}_{k+1}$ 得到的自适应因子 δ_{k+1}，就能够自适应调节选取的初始值和系统噪声对滤波的影响，这样就提高了算法对初始值和系统噪声的健壮性。

2. STF 算法原理

在实际滤波过程中，当模型存在较大失配时，输出的残差序列不再是处处正交的。在计算 STF 算法的状态协方差矩阵的过程中，可以引入时变渐消因子。该因子可以起到调节增益矩阵的功能，迫使残差序列相互正交，这样在运动过程中，如果出现模型变化或突变，目标还能保持较强的跟踪定位能力。系统的状态估计如下：

$$\begin{aligned}\bar{\boldsymbol{x}}_{k+1}&=\hat{\boldsymbol{x}}_{k+1|k}+\boldsymbol{K}_{k+1}(\boldsymbol{z}_{k+1}-\hat{\boldsymbol{z}}_{k+1|k})\\&=\hat{\boldsymbol{x}}_{k+1|k}+\boldsymbol{K}_k\boldsymbol{\gamma}_{k+1}\end{aligned} \tag{3-216}$$

假设输出的残差序列为 $\boldsymbol{\gamma}_{k+1}=\boldsymbol{z}_{k+1}-\hat{\boldsymbol{z}}_{k+1|k}$，则强滤波跟踪器应满足的条件如下：

$$E[\boldsymbol{x}_{k+1}-\hat{\boldsymbol{x}}_{k+1}][\boldsymbol{x}_{k+1}-\hat{\boldsymbol{x}}_{k+1}]^{\mathrm{T}}=\min \tag{3-217}$$

$$E[\boldsymbol{\gamma}_k^{\mathrm{T}}\boldsymbol{\gamma}_{k+j}]=0,k=1,2,3,\cdots;j=1,2,\cdots \tag{3-218}$$

式（3-217）为滤波器实现最优估计的性能指标；式（3-218）称为正交性原理，要求不同时刻的新息向量保持正交关系，且具有类似白噪声的性质，表明已将新息序列中的一切有效信息提取出来。强跟踪滤波器将新息序列的不相关性作为衡量滤波性能是否优良的标志。因此当模型出现不确定性或者突发情况时，采用强跟踪滤波器，能够保证残差序列的正交性，在线调整增益矩阵 $\boldsymbol{K}_{k+1}$。

时变渐消因子 μ_{k+1} 的计算方式[166]具体如下：

$$\mu_{k+1}=\begin{cases}\mu_0,\ \mu_0\geqslant 1\\ 1,\ \mu_0<1\end{cases};\quad \mu_0=\frac{\mathrm{tr}[\boldsymbol{N}_{k+1}]}{\mathrm{tr}[\boldsymbol{M}_{k+1}]} \tag{3-219}$$

$$\boldsymbol{N}_{k+1}=\boldsymbol{V}_{k+1}-\boldsymbol{H}_{k+1}\boldsymbol{Q}_k\boldsymbol{H}_{k+1}^{\mathrm{T}}-\beta\boldsymbol{R}_{k+1} \tag{3-220}$$

$$\boldsymbol{M}_{k+1}=\boldsymbol{H}_{k+1}\boldsymbol{\Phi}_{k+1|k}\boldsymbol{P}_k\boldsymbol{\Phi}_{k+1|k}^{\mathrm{T}}\boldsymbol{H}_{k+1}^{\mathrm{T}} \tag{3-221}$$

$$\boldsymbol{\Phi}_{k+1|k}=\frac{\partial f_k(\boldsymbol{x}_k)}{\partial \boldsymbol{x}_k}\Big|_{\boldsymbol{x}_k=\hat{\boldsymbol{x}}_{k|k}} \tag{3-222}$$

$$\boldsymbol{H}_{k+1}=\frac{\partial h_{k+1}(\boldsymbol{x}_{k+1})}{\partial \boldsymbol{x}_{k+1}}\Big|_{\boldsymbol{x}_{k+1}=\hat{\boldsymbol{x}}_{k+1}} \tag{3-223}$$

式中，$\mathrm{tr}[\cdot]$ 为矩阵求迹算子；$\beta\geqslant 1$ 为一个选定的弱化因子，引入弱化因子的目的是使状态估计值平滑，一般根据经验选取；$\boldsymbol{V}_{k+1}$ 为实际输出残差序列的协方差矩阵，估算如下：

$$\boldsymbol{V}_{k+1}=\begin{cases}\boldsymbol{\gamma}_1\boldsymbol{\gamma}_1^{\mathrm{T}},\ k=1\\ \dfrac{\rho\boldsymbol{V}_{k+1}+\boldsymbol{\gamma}_{k+1}\boldsymbol{\gamma}_{k+1}^{\mathrm{T}}}{1+\rho},k\geqslant 1\end{cases} \tag{3-224}$$

式中，ρ 为遗忘因子，一般取值为 0.95～0.995；$\boldsymbol{\gamma}_1$ 为初始残差。

上述计算过程中需要计算雅可比矩阵，而求解雅可比矩阵有时是非常复杂和困难的。因此，下面采用无须计算雅可比矩阵的时变渐消因子计算方法。

由于 STF 算法与 EKF 算法在计算过程上存在很大的相似性，所以存在滤波精度低、计算复杂度偏高的局限性。为了提高 STF 算法的性能，在研究了 STF 时变渐消因子的等价表述后，采用不需要计算 TAYLOR 级数展开式就可以计算时变渐消因子的方法[167]。假设引入时变渐消因子之前的状态预测误差协方差矩阵为 $\boldsymbol{P}_{k+1|k}^{(l)}$、新息协方差矩阵为 $\boldsymbol{P}_{zz,k+1}^{(l)}$、互协方差矩阵为 $\boldsymbol{P}_{xz,k+1}^{(l)}$，则式（3-220）和式（3-221）分别有如下的等价表达式：

$$\boldsymbol{N}_{k+1}=\boldsymbol{V}_{k+1}-\boldsymbol{R}_{k+1}-[\boldsymbol{P}_{zz,k+1}^{(l)}]^{\mathrm{T}}\times[(\boldsymbol{P}_{k+1|k}^{(l)})^{-1}]^{\mathrm{T}}\boldsymbol{Q}_k[\boldsymbol{P}_{k+1|k}^{(l)}]^{-1}\boldsymbol{P}_{xz,k+1}^{(l)} \tag{3-225}$$

$$\boldsymbol{M}_{k+1}=\boldsymbol{P}_{zz,k+1}^{(l)}-\boldsymbol{V}_{k+1}+\boldsymbol{N}_{k+1} \tag{3-226}$$

由此实现了时变渐消因子的等价表述，可构建改进的 STF 算法。

3. 强跟踪 AUKF 算法及其仿真

为了克服 STF 算法的理论局限性及不良测量条件引起的滤波问题，下面根据 STF 时变渐消因子的等价表述及 AUKF 算法，得到强跟踪 AUKF 算法。对于由式（3-169）和式（3-170）确定的非线性系统，强跟踪 AUKF 算法如下。

已知系统在 k 时刻的状态估计 $\hat{\boldsymbol{x}}_{k|k}$ 和 $\boldsymbol{P}_{k|k}$，下面估计系统在 $k+1$ 时刻的状态。

（1）时间更新。由式（3-183）～式（3-185）可知 $\hat{\boldsymbol{x}}_{k+1|k}$ 和状态预测误差协方差 $\boldsymbol{P}_{k+1|k}$，而此时的状态预测误差协方差未引入时变渐消因子，也可以把它写成 $\boldsymbol{P}_{k+1|k}^{(l)}$。

（2）计算时变渐消因子。时变渐消因子可以按式（3-173）、式（3-175）、式（3-177）和式（3-178）来计算，有效地避免了计算雅可比矩阵。

为了使滤波器具有 STF 性能，对状态预测误差协方差矩阵 $\boldsymbol{P}_{k+1|k}$ 引入时变渐消因子 μ_{k+1}，与式（3-185）比较可知引入时变渐消因子后状态预测误差协方差矩阵为

$$\boldsymbol{P}_{k+1|k}=\mu_{k+1}\sum_{i=0}^{2n}\omega_i^{(c)}(\boldsymbol{\chi}_{k+1|k}^{(i)}-\hat{\boldsymbol{x}}_{k+1|k})(\boldsymbol{\chi}_{k+1|k}^{(i)}-\hat{\boldsymbol{x}}_{k+1|k})^{\mathrm{T}}+\boldsymbol{Q}_k \tag{3-227}$$

（3）测量更新。根据式（3-186）、式（3-193）、式（3-196）、式（3-213）～式（3-215）进行滤波测量更新，实现强跟踪 AUKF 算法。

为了验证强跟踪 AUKF 算法的有效性，下面通过一个典型的 CV-CT 模型对其进行仿真分析，该系统为测量方位与测量距离的目标跟踪模型，CT 状态方程如下：

$$\boldsymbol{X}_k=\begin{bmatrix}1 & \dfrac{\sin(wT_{\mathrm{s}})}{w} & 0 & \dfrac{-(1-\cos(wT_{\mathrm{s}}))}{w} & 0\\ 0 & \cos(wT_{\mathrm{s}}) & 0 & -\sin(wT_{\mathrm{s}}) & 0\\ 0 & \dfrac{-(1-\cos(wT_{\mathrm{s}}))}{w} & 1 & \dfrac{\sin(wT_{\mathrm{s}})}{w} & 0\\ 0 & \sin(wT_{\mathrm{s}}) & 0 & \cos(wT_{\mathrm{s}}) & 0\\ 0 & 0 & 0 & 0 & 1\end{bmatrix}\cdot\boldsymbol{X}_{k-1}+\begin{bmatrix}T_{\mathrm{s}}^2/2 & 0 & 0\\ T & 0 & 0\\ 0 & T_{\mathrm{s}}^2/2 & 0\\ 0 & T_{\mathrm{s}} & 0\\ 0 & 0 & T_{\mathrm{s}}\end{bmatrix}\upsilon_{k-1} \tag{3-228}$$

CV 状态方程如下：

$$\boldsymbol{X}_k=\begin{bmatrix}1 & 0 & T_{\mathrm{s}} & 0\\ 0 & 1 & 0 & T_{\mathrm{s}}\\ 0 & 0 & 1 & 0\\ 0 & 0 & 0 & 1\end{bmatrix}\cdot\boldsymbol{X}_{k-1}+\begin{bmatrix}T_{\mathrm{s}}^2/2 & 0\\ T_{\mathrm{s}} & 0\\ 0 & T_{\mathrm{s}}^2/2\\ 0 & T_{\mathrm{s}}\end{bmatrix}\upsilon_{k-1} \tag{3-229}$$

在 CV 状态方程中，$\boldsymbol{X}_k=(x_k\quad y_k\quad v_x\quad v_y)^{\mathrm{T}}$，$x_k$ 和 y_k 分别表示运动目标在 X、Y 方向的两个分量，v_x 和 v_y 分别表示相应的速度分量；T_{s} 表示时刻 k 与 $k-1$ 之差；υ_{k-1} 表示零均值的高斯白噪声。在 CT 状态方程中，$\boldsymbol{X}_k=(x_k\quad y_k\quad v_x\quad v_y\quad \omega)^{\mathrm{T}}$，$\omega$ 为转弯率。观测量 $\boldsymbol{z}_k$ 的表达式如下：

$$\boldsymbol{z}_k=\begin{bmatrix}r_k^1\\ r_k^2\\ \theta_k^1\\ \theta_k^2\end{bmatrix}=\begin{bmatrix}\sqrt{(x_k-s_x^1)^2+(y_k-s_y^1)^2}+v_k^1\\ \sqrt{(x_k-s_x^2)^2+(y_k-s_y^2)^2}+v_k^2\\ a\tan\left(\dfrac{y_k-s_y^1}{x_k-s_x^1}\right)+\theta_k^1\\ a\tan\left(\dfrac{y_k-s_y^2}{x_k-s_x^2}\right)+\theta_k^2\end{bmatrix} \tag{3-230}$$

式中，r_k^1、r_k^2 分别表示目标到两个传感器的距离测量值；θ_k^1、θ_k^2 分别表示目标相对于两个传感器的方位测量值。(s_x^1, s_y^1)、(s_x^2, s_y^2) 表示两个传感器的位置坐标，且 $(s_x^1, s_y^1)=$

$[4;-10]$， $(s_x^2, s_y^2)=[1;2.5]$； $v_k^i(i=1,2)$、 $\theta_k^i(i=1,2)$ 表示测量噪声， $v_k^i \sim N(0,\sigma^2)$， $\theta_k^i \sim N(0,\delta^2)$，其中 $\sigma=0.1$， $\delta=0.05$。目标的初始状态为 $\boldsymbol{x}_0=[0,0,1,0]$，初始状态满足 $\boldsymbol{x}_0 \sim N(\boldsymbol{0},\boldsymbol{P}_0)$， $\boldsymbol{P}_0$ 满足：

$$\boldsymbol{P}_0=\begin{bmatrix} 0.1 & 0 & 0 & 0 \\ 0 & 0.1 & 0 & 0 \\ 0 & 0 & 10 & 0 \\ 0 & 0 & 0 & 10 \end{bmatrix} \tag{3-231}$$

在仿真过程中，参考基站的采样周期为 T=1s，共 300s，每种算法经过 100 次蒙特卡罗仿真。图 3-171～图 3-174 分别表示采用 AUKF 算法与强跟踪 AUKF 算法对运动目标的四个运动状态的实时估计，图中直观地显示了在强跟踪 AUKF 算法下，目标的运动位置变化和速度变化都接近真实状态。因此，强跟踪 AUKF 算法的估计精度要优于 AUKF 算法，这充分验证了强跟踪 AUKF 算法相比 AUKF 算法对于突发机动的目标运动模型具有更好的稳定性、健壮性和跟踪效果。

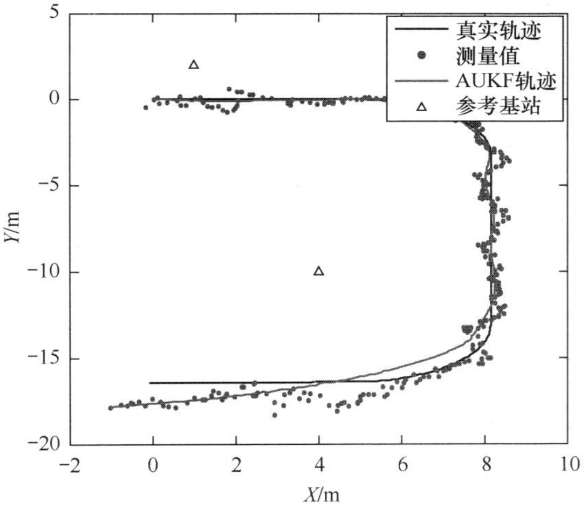

图 3-171　采用 AUKF 算法后的轨迹

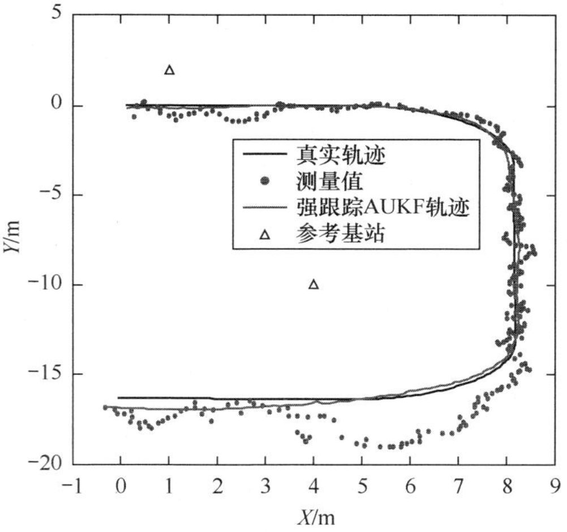

图 3-172　采用强跟踪 AUKF 算法后的轨迹

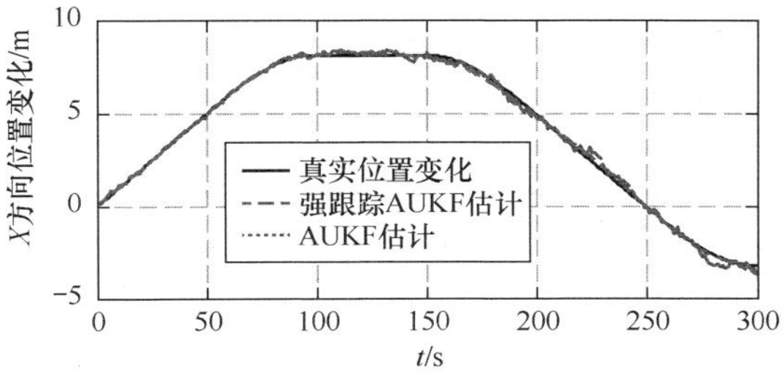

图 3-173　滤波后的位置变化

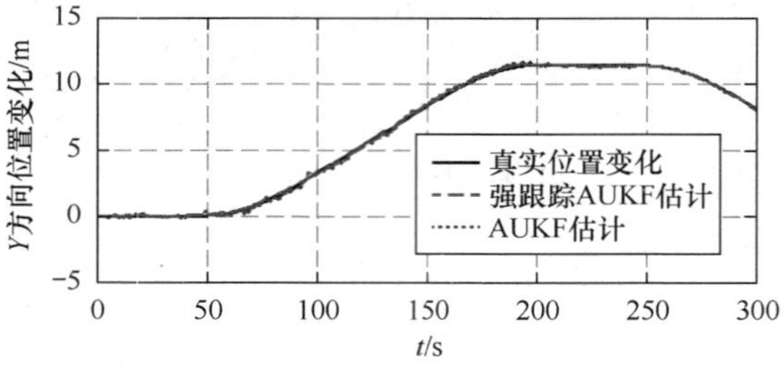

图 3-173　滤波后的位置变化（续）

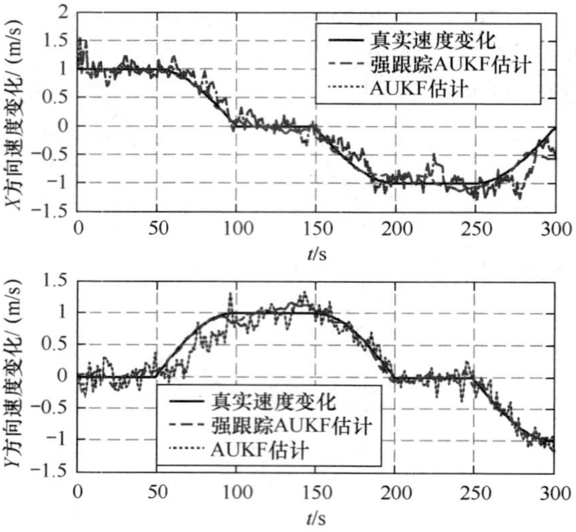

图 3-174　滤波后的速度变化

各种滤波算法及强跟踪 AUKF 算法的 RMSE 如表 3-14 所示。

表 3-14　各滤波算法 RMSE

滤 波 算 法	RMSE/m
EKF	0.1486
UKF	0.1017
AUKF	0.0404
强跟踪 AUKF	0.0366

由表 3-14 的统计结果可以看出，UKF 算法在室内非线性系统条件下对目标跟踪定位的精度要明显优于 EKF 算法。强跟踪 AUKF 算法对目标的跟踪定位的精度是最佳的，这充分说明了强跟踪 AUKF 算法相比于其他几种滤波算法在解决非线性状态滤波估计问题时的优越性。

下面研究噪声参数对普通滤波算法和强跟踪滤波算法性能的影响。

由表 3-15 和表 3-16 中的数据可以看出，随着过程噪声和测量噪声的增加，EKF、UKF 和 AUKF 等滤波算法性能下降较多，而采用联合 STF 算法后的 ETF、UTF 和强跟踪 AUKF 等算法的跟踪定位性能明显优于普通的滤波算法，且强跟踪 AUKF 算法的滤波性能是最好的。这是由于普通的滤波算法对于系统模型不确定性的健壮性较差，会出现状态估计不精确的可能，普通滤波算法对噪声变化的敏感性弱于强跟踪滤波算法。因此 STF 算法有效解决了普通滤波算法中噪声不断变化带来的滤波发散问题，而且促进了普通滤波算法对噪声变化和模型变化的自适应能力，进一步提高了滤波估计的性能。

表 3-15 过程噪声对 RMSE 的影响

算 法	噪 声 方 差						
	0.01	**0.02**	**0.05**	**0.1**	**0.2**	**0.3**	**0.4**
EKF	0.0310	0.0453	0.1289	0.1919	0.1922	0.2571	0.3647
UKF	0.0312	0.0428	0.1299	0.1910	0.2333	0.2828	0.3527
AUKF	0.0306	0.0425	0.1309	0.1882	0.2394	0.2902	0.3432
ETF	0.0215	0.0282	0.0548	0.0894	0.1133	0.1614	0.1970
UTF	0.0213	0.0276	0.0533	0.0848	0.1053	0.1627	0.1893
强跟踪 AUKF	0.0211	0.0272	0.0523	0.0833	0.1029	0.1635	0.1862

表 3-16 测量噪声对 RMSE 的影响

算 法	噪 声 方 差						
	0.01	**0.02**	**0.05**	**0.1**	**0.2**	**0.3**	**0.4**
EKF	0.4845	0.9237	0.4674	0.8364	1.8859	2.2224	4.5370
UKF	0.4930	0.9088	0.4980	0.8344	1.8818	2.2234	4.5394
AUKF	0.5270	0.8659	0.5066	0.8371	1.8271	2.0865	4.3303
ETF	0.2945	0.1784	0.2940	0.4135	0.8277	0.7923	1.8549
UTF	0.2826	0.1677	0.2922	0.4077	0.7999	0.7808	1.7781
强跟踪 AUTF	0.2647	0.1696	0.2884	0.3934	0.7568	0.6461	1.5056

3.4.8.5 UWB 室内跟踪平滑算法分析

滤波算法是利用当前时刻及以前时刻的所有测量信息对当前状态进行估计的，而平滑算法除了利用滤波所用的测量信息，还利用了未来时刻的部分测量信息进行估计。因此，理论上平滑算法拥有优于非线性滤波算法的估计精度。本节详细分析了卡尔曼平滑算法，又称 RTS（Rauch-Tung-Striebel）算法的特点和运算推导过程，然后采用了 AUKF 算法与 RTS 算法相结合的方法，得到自适应无迹 RTS 算法。该算法通过对自适应 UKF 后的结果再次进行平滑处理，验证了其在 UWB 室内跟踪定位系统中的有效性和较强的跟踪定位性能。

1. RTS 算法

固定区间平滑算法是利用某一时间区间内的所有测量信息对所有状态进行估计的算

法，其目前应用广泛，如用于声音的信号处理、室内外的目标跟踪和导弹发射等。该算法依靠滤波算法的滤波结果，利用更多的测量信息对滤波结果进行估计。目前其主要有基于 KF 的平滑算法、基于 EKF 的平滑算法和基于 UKF 的平滑算法等。固定区间平滑算法根据原理可以分为两类：RTS 形式的平滑算法和双滤波器形式的平滑算法，在以实验为基础的应用研究方面，通常选用 RTS 形式的平滑算法。

RTS 算法属于固定区间平滑算法，相比于双滤波器形式的平滑算法，该算法简单易用。RTS 算法包括两个过程：正向滤波和逆向平滑。该算法的流程如图 3-175 所示。

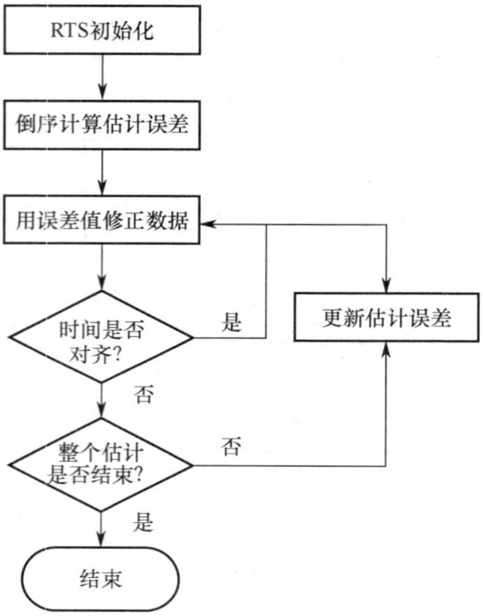

图 3-175　RTS算法流程

针对式（3-169）和式（3-170）描述的非线性动态系统，正向滤波过程可以采用标准 KF 算法，滤波过程参见 3.4.8.1 节。

平滑过程如下：

$$\hat{\boldsymbol{x}}_k^s = \hat{\boldsymbol{x}}_{k+1|k+1} + \boldsymbol{K}_k^s(\hat{\boldsymbol{x}}_{k+1}^s - \hat{\boldsymbol{x}}_{k+2|k+1}) \tag{3-232}$$

$$\boldsymbol{P}_k^s = \boldsymbol{P}_{k+1|k+1} + \boldsymbol{K}_k^s(\boldsymbol{P}_{k+1}^s - \boldsymbol{P}_{k+2|k+1})(\boldsymbol{K}_k^s)^{\mathrm{T}} \tag{3-233}$$

式中，$k = 0,1,\cdots,N-1$，N 为采样点数；$\hat{\boldsymbol{x}}_k^s$ 和 $\boldsymbol{P}_k^s$ 表示采用 RTS 算法平滑后的状态向量及其协方差；$\hat{\boldsymbol{x}}_{k+1|k+1}$ 和 $\boldsymbol{P}_{k+1|k+1}$ 表示采用 KF 算法后的状态估计值及其协方差；$\boldsymbol{K}_k^s$ 表示平滑增益，计算公式如下：

$$\boldsymbol{K}_k^s = \boldsymbol{P}_{xz,k+1}(\boldsymbol{P}_{k+1|k})^{-1} \tag{3-234}$$

虽然 RTS 算法的正向滤波过程可以采用标准 KF 算法，但由于 KF 算法和 RTS 算法在工作流程上存在本质差异，所以 RTS 算法的消息定义和 KF 算法不同。KF 算法的误差估计和结果修正是实时的，而 RTS 算法的误差估计和结果修正则是不同步的，RTS 算法要先倒序完成所有数据的误差估计，再进行数据修正。

2. 自适应无迹 RTS 算法

最早使用的 RTS 算法是基于线性系统的，其在最大似然法的基础上对滤波结果进行处理。而在非线性情况下，文献[168]提出了基于 EKF 的 RTS 算法，成功地将 RTS 算法应用到卫星事后姿态确定中，其姿态确定精度明显优于 EKF 算法。但是该算法无法忽视 EKF 算法复杂度较高的问题。张智等采用改进的 SRCKF 算法并结合 RTS 后向平滑算法在保证实时性的基础上改善了单基站无源定位的性能。文献[169]将 RTS 理论与三阶容积原则 UKF 算法相结合，得到了递推形式的 RTS-UKF 平滑算法，不但降低了计算复杂度，而且取得了较高的估计精度，但是该算法在滤波过程中会出现滤波发散的情况。为此，下面采用自适应无迹 RTS 算法对目标进行跟踪定位。

在 AUKF 算法的基础上，通过 RTS 算法对 AUKF 算法的一次滤波估计值进行后向平滑，确保滤波器尽快收敛，从而降低噪声的影响和野值对滤波器稳定性的影响。自适应无迹 RTS 算法不但能够提高目标的跟踪定位精度，而且对系统具有更好的健壮性。该算法的计算步骤如表 3-17 所示。

表 3-17　自适应无迹 RTS 算法计算步骤

输入：$\hat{\boldsymbol{x}}_0$、$\boldsymbol{P}_0$；
输出：$\hat{\boldsymbol{x}}_k^s$、$\boldsymbol{P}_k^s$、$\boldsymbol{P}_{xz,k+1}$
步骤 1：滤波初始化。 获得采样点。 步骤 2：采用 AUKF 算法进行前向滤波。 计算滤波增益、更新状态估计和协方差： $\boldsymbol{K}_{k+1}=\boldsymbol{P}_{xz,k+1}\boldsymbol{P}_{zz,k+1}^{-1}$； $\hat{\boldsymbol{x}}_{k+1\mid k+1}=\hat{\boldsymbol{x}}_{k+1\mid k}+\boldsymbol{K}_{k+1}(\boldsymbol{z}_{k+1}-\hat{\boldsymbol{z}}_{k+1\mid k})$； $\boldsymbol{P}_{k+1\mid k+1}=\dfrac{1}{\delta_{k+1}}\boldsymbol{P}_{k+1\mid k}-\boldsymbol{K}_{k+1}\boldsymbol{P}_{zz,k+1}\boldsymbol{K}_{k+1}^{\mathrm{T}}$。 步骤 3：采用自适应无迹 RTS 算法进行后向平滑。 RTS 初始化： $\hat{\boldsymbol{x}}_k^s=\hat{\boldsymbol{x}}_{k+1\mid k+1}$； $\boldsymbol{P}_k^s=\boldsymbol{P}_{k+1\mid k+1}$。 计算平滑增益： $\boldsymbol{K}_k^s=\boldsymbol{P}_{xz,k+1}(\boldsymbol{P}_{k+1\mid k})^{-1}$。 计算平滑后的状态向量及其协方差： $\hat{\boldsymbol{x}}_k^s=\hat{\boldsymbol{x}}_{k+1\mid k+1}+\boldsymbol{K}_k^s(\hat{\boldsymbol{x}}_{k+1}^s-\hat{\boldsymbol{x}}_{k+2\mid k+1})$； $\boldsymbol{P}_k^s=\boldsymbol{P}_{k+1\mid k+1}+\boldsymbol{K}_k^s(\boldsymbol{P}_{k+1}^s-\boldsymbol{P}_{k+2\mid k+1})(\boldsymbol{K}_k^s)^{\mathrm{T}}$。 步骤 4：以平滑估计值作为初值反馈到步骤 2，再次滤波，重复步骤 2，循环至结束。

图 3-176 是该算法的流程。

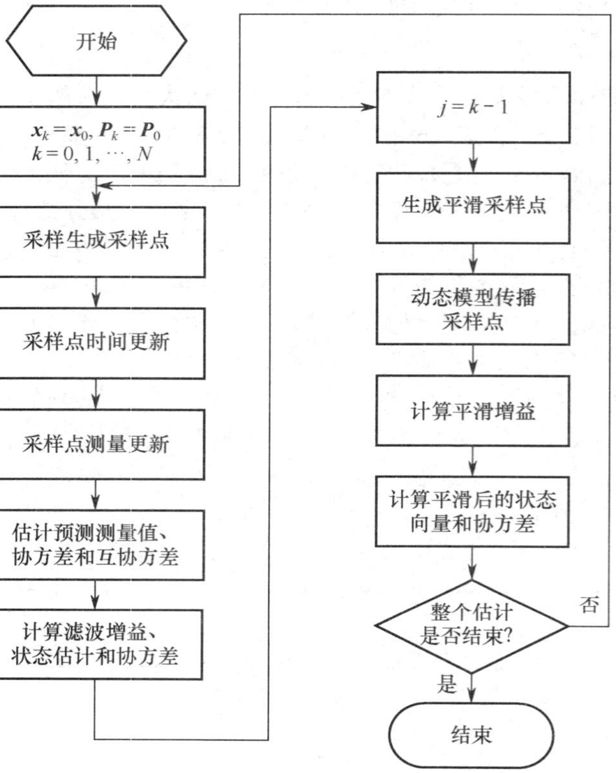

图 3-176 自适应无迹 RTS 算法的流程

3. 仿真实例

为了验证自适应无迹 RTS 算法的有效性，同样通过 CV-CT 模型对其进行仿真分析。参考基站的位置坐标分别为[−1,0]、[10,16]，其他设置参考 3.4.8.3 节。在仿真过程中，图 3-177 表示 AUKF 算法及其相对应的 RTS 算法对运动目标的状态估计结果，并与真实值进行对比。不难看出，自适应无迹 RTS 算法对轨迹的跟踪精度优于 AUKF 算法。图 3-178 表示采用滤波算法和平滑算法对运动目标的 X 方向运动状态的估计结果，图 3-179 表示采用滤波算法和平滑算法对运动目标的 Y 方向运动状态的估计结果，由结果可以直观地看出，自适应无迹 RTS 算法对目标状态的估计精度要明显优于 AUKF 算法，这充分验证了自适应无迹 RTS 算法相对于 AUKF 算法在提高状态估计精度和解决非线性系统状态平滑问题等方面的突出优势。

滤波算法及相应的平滑算法估计的 RMSE 如表 3-18 所示。从表 3-18 中可以看出，UKF 算法的跟踪定位精度明显高于 EKF 算法，AUKF 算法的跟踪定位精度高于 UKF 算法，而自适应无迹 RTS 算法（AUKF-RTS 算法）的跟踪定位精度是最高的。

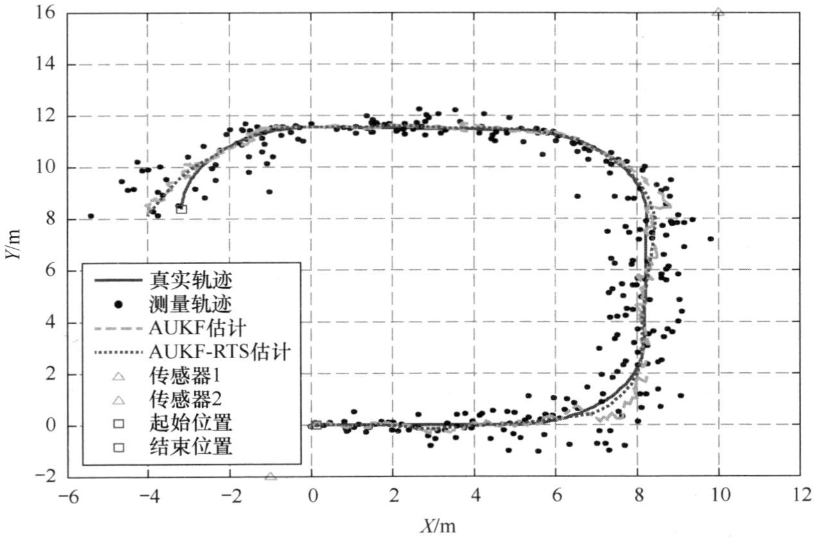

图 3-177　对运动目标的状态估计结果

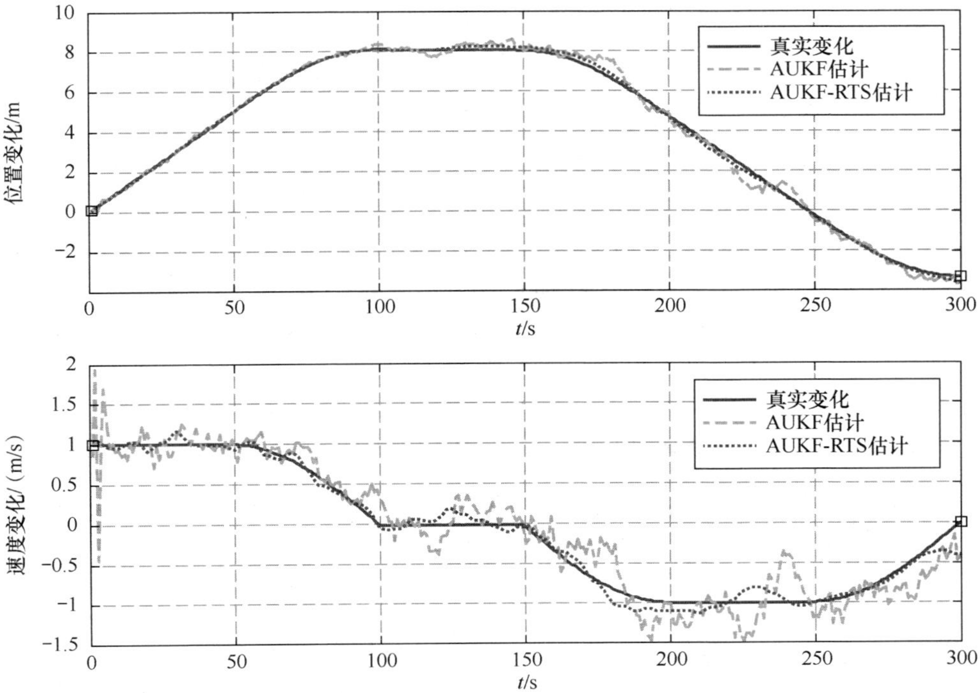

图 3-178　*X*方向运动状态的估计结果

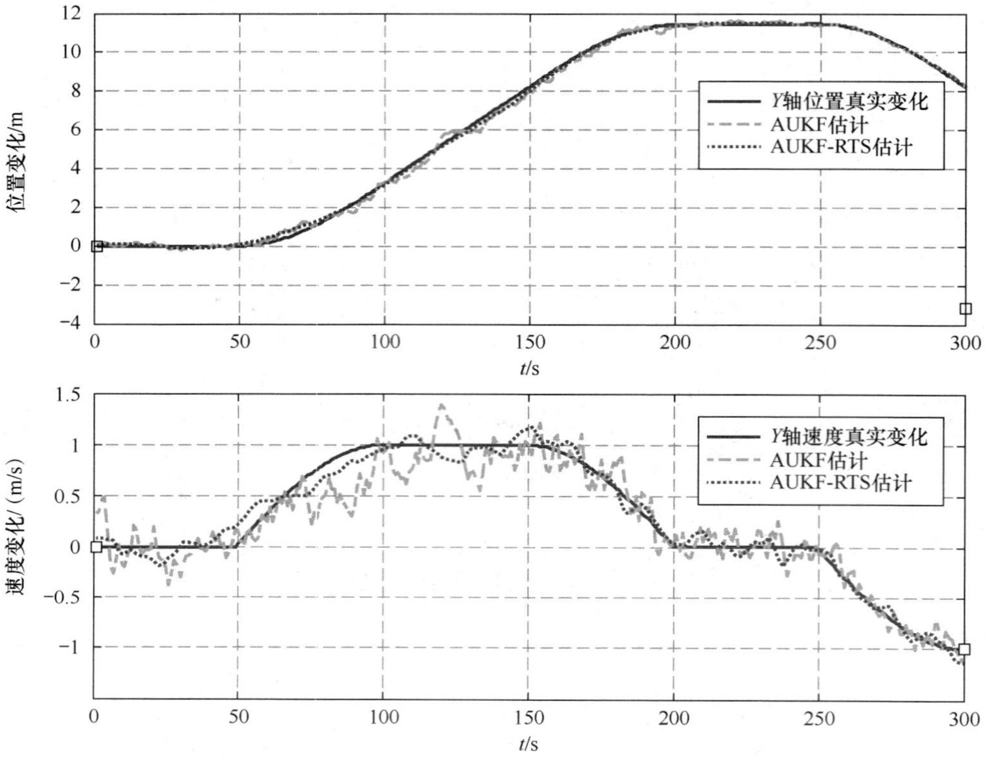

图 3-179　*Y*方向运动状态的估计结果

表 3-18　各滤波算法及相应平滑算法估计的 RMSE

单位：m

滤 波 算 法	RMSE	平 滑 算 法	RMSE
EKF	0.1860	EKF-RTS	0.0844
UKF	0.1656	UKF-RTS	0.0641
AUKF	0.0654	AUKF-RTS	0.0240

由以上结果可以看出，采用 RTS 算法后能够提高滤波效率，减小误差，使滤波后的结果进一步得到优化。下面对平滑结果再次应用平滑算法，验证结果是否可进一步优化。通过多次平滑实验，得到结果如图 3-180～图 3-183 所示，图中 AURTS 指自适应无迹 RTS 算法。

实验结果表明，虽然多次滤波结果的精度较高，但当对滤波结果进行多次平滑时，效果反而变差。因此，一次平滑后的结果是最优的，多次平滑并不会使结果更加优化，而且一定程度上降低了平滑性能。

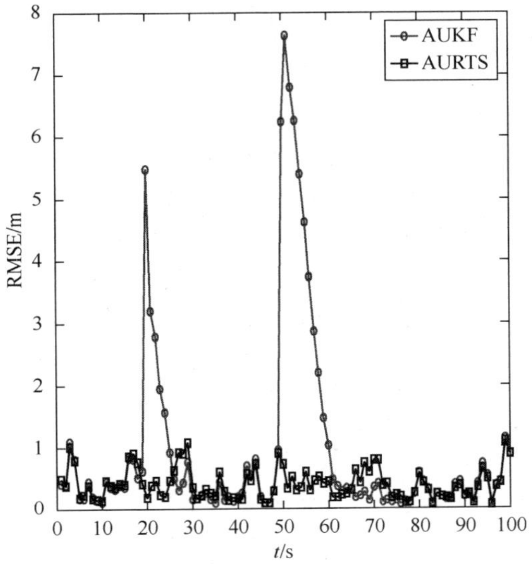

图 3-180　5 次平滑结果

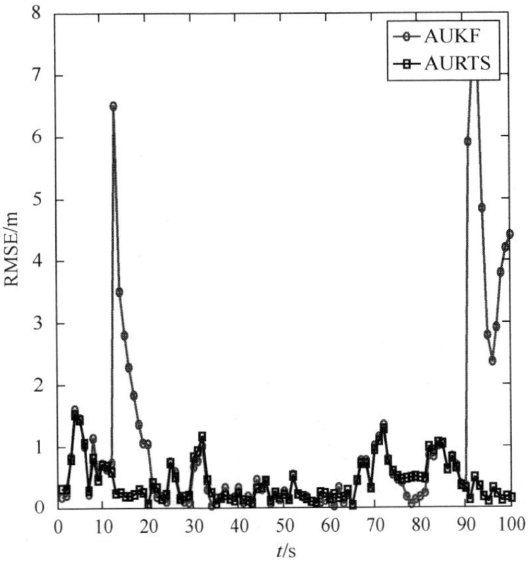

图 3-181　10 次平滑结果

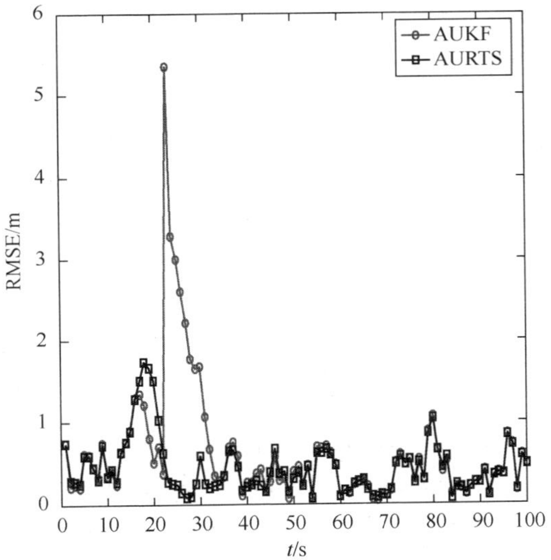

图 3-182　15 次平滑结果

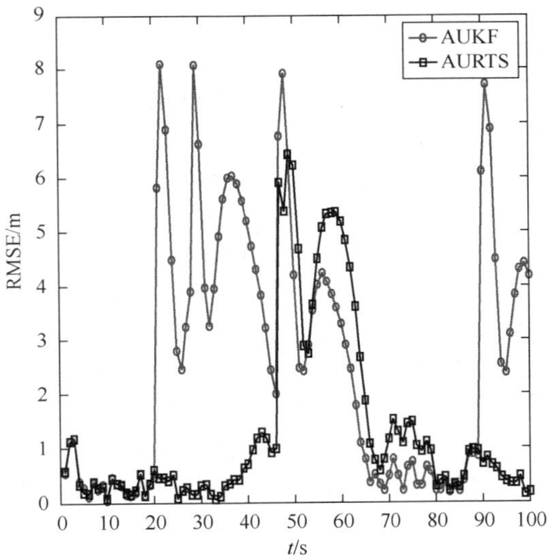

图 3-183　20 次平滑结果

采用 UWB 技术进行无线定位，可以满足未来无线定位的需求，在众多无线定位技术中有相当大的优势。虽然目前 UWB 技术正处于发展初级阶段，精确定位技术的商业化正在进行中，定位算法还有待改进，但 UWB 发展正在加快，其应用广泛，市场巨大，经济效益明显，前景十分乐观。

参考文献

[1] 王鹏毅. 超宽带隐蔽通信技术[M]. 北京: 电子工业出版社, 2011.

[2] XIAO Z, JIN D, SU L, et al. Performance superiority of IR-UWB over DS-UWB with finite-resolution Matched-Filter receivers[C]. 2010 IEEE International Conference. 2010(1), 1-4.

[3] 张玉梅, 康晓霞. 救援队员室内定位技术分析[J]. 灭火指挥与救援, 2012, 6:637-639.

[4] LEE J, PARK Y J, KIM M, et al. System-on-package ultra-wideband transmitter using CMOS impulse generator[J].IEEE Transactions on Microwave Theory and Techniques, 2006, 54(4):1667-1674.

[5] NORIMATSU T, FUJIWARA R, KOKUBO M, et al. A UWB-IR transmitter with digitally controlled pulse generator[J].IEEE Journal of Solid-State Circuits, 2007, 42(6):1300-1309.

[6] 葛利嘉. 超宽带无线通信[M]. 北京: 国防工业出版社, 2005.

[7] 曾兆权, 刘江南. 超宽带技术概述及展望[J]. 石河子科技, 2012, 202(4):24-26.

[8] TUCHLER M, SCHWARZ V, HUBER A . Location accuracy of an UWB localization system in a multi-path environment[C]. IEEE International Conference on Ultra-Wideband, 2006.

[9] PATRICK P M, DENIS C D, ANANTHA P C. An energy-efficient all-digital UWB transmitter employing dual capacitively-coupled pulse-shaping drivers[J]. IEEE Journal of Solid-State Circuits, 2009, 44(6):1679-1688.

[10] SIM S, KIM D W, HONG S. A COMS UWB pulse generator for 6-10GHz applications[J].IEEE Microwave and Wireless Componements Lettes, 2009, 19(2):83-85.

[11] 施长宝, 李瑾. 基于超宽带技术的室内无线定位的研究[J]. 科技信息, 2012, 7:171-172.

[12] ZHANG H, LIU X, GULLIVER T A, et al. AOA estimation for UWB positioning using a mono-station antenna array[J]. Journal of Electronics & Information Technology, 2014, 35(8):2024-2028.

[13] YU B G, LEE G, HAN H G, et al.A time-based angle-of-arrival sensor using CMOS IR-UWB transceivers[J]. IEEE Sensors Journal, 2016, 16(14):5563-5571.

[14] LEE Y U. Weighted-average based AOA parameter estimations for LR-UWB wireless positioning system[J]. IEICE Transactions on Communications, 2011,(12):3599-3602, 2011.

[15] 胡君萍. 直接序列超宽带系统的脉冲波形研究[D]. 武汉：武汉理工大学, 2008.

[16] SAYED V M M, ABOLGHASEM Z N, ALI F A. A new IR-UWB pulse to mitigate coexistence issues of UWB and narrowband systems[C]. 2013 21st Iranian Conference on Electrical Engineering, 2013.

[17] MIR-MOGHTADAEI S V, FOTOWAT-AHMADY A, NEZHAD A Z. A new IR-UWB pulse for the compatibility of IEEE 802.11.a WLAN and IR-UWB systems[J].Journal of Circuits, Systems and Computers, 2014, 23(2):1450024.1-1450024.14.

[18] 姜永. 超宽带移动通信系统脉冲波形优化设计[D]. 上海: 上海交通大学, 2012.

[19] 孟琰, 史健芳. 超宽带无线通信技术发展浅析[J]. 科学之友, 2012(9):155-156.

[20] 王争艳. MB-UWB 系统的资源分配研究[D]. 郑州: 河南工业大学, 2012.

[21] 周冉. MB-OFDM-UWB 无线通信系统的仿真研究[D]. 南京: 南京信息工程大学, 2008.

[22] HE J, LUO J, WANG H, et al. A CMOS fifth-derivative Gaussian pulse generator for UWB

applications[J]. Journal of Semiconductors, 2014,35(9):095005.1-095005.4.
[23] 徐建敏，李争，李韵，等. 基于高斯脉冲各阶导函数优化组合的超宽带脉冲设计[J]. 弹箭与制导学报, 2007, 01:356-359.
[24] 张霞，李国金. 基于高斯导函数的UWB脉冲信号分析[J]. 微计算机信息, 2010, 26(6):216-218.
[25] 贾占彪，陈红，蔡晓霞，等. 正弦高斯组合的UWB脉冲波形设计[J]. 火力与指挥控制，2012, 37(2):95-98.
[26] MISHRA S, RAJESH A, BORA P K. Performance of pulse shape modulation of UWB signals using comosite Hermite pulses[C]. 2012 IEEE National Conference on Communications. 2012.
[27] 陈维富. 基于高速UWB通信系统中TX射频系统的研究与实现[D]. 桂林：桂林电子科技大学, 2007.
[28] 张海平. 超宽带（UWB）窄脉冲发生的研究[D]. 成都：西南交通大学, 2007.
[29] 赵陈亮. 典型超宽带信号的发射与接收技术[D]. 南京：南京理工大学, 2013.
[30] HAN J, NGUYEN C. A new ultra-wideband，ultra-short monocycle pulse generator with reduced ringing [J]. IEEE Microwave and Wireless Components Letters, 2002, 12(6):206-208.
[31] 阎石. 数字电子技术基础[M]. 5版. 北京：高等教育出版社, 2006.
[32] 吴大晨. 基于多相时钟产生电路的DLL的研究与应用[D]. 西安：西安电子科技大学, 2010.
[33] SHEN M, YIN Y Z, JIANG H, et al. A 3-10 GHz IR-UWB CMOS pulse generator with 6 mW peak power dissipation using a slow-charge fast-discharge technique[J]. IEEE Microwave and Wireless Components Letters. 2014, 24(9):634-636.
[34] 陈学卿，王玫，高凡. UWB定位系统标签的设计与实现[J]. 微计算机信息, 2009, 25(9):132-134.
[35] 张红辉. 高速一次微分UWB脉冲发生器设计[J]. 湖南环境生物职业技术学院学报，2009, 15(3):9-12.
[36] 张震. 超宽带无线通信中窄脉冲的实际及调制技术的研究[D]. 阜新：辽宁工程技术大学, 2009.
[37] DAVID D W, ANANTHA P C. A 47pJ/pulse 3.1-to-5 GHz all-digital UWB transmitter in 90nm CMOS[J].IEEE International Solid-State Circuits Conference, 2007:118-119.
[38] KARAM V, POPPLEWELL P H R, SHAMIM A, et al. A 6.3 GHz BFSK transmitter with on-chip antenna for self-powered medical sensor applications[J].IEEE Radio Frequency Integrated Circuits Symposium, 2007:101-104.
[39] 张建良，张盛，王硕，等. 一个全集成的CMOS脉冲超宽带发射机[J]. 电路与系统学报，2010, 15(3):1-6.
[40] 黄志清，王卫东. TH-PPM超宽带通信系统抗脉冲干扰研究[J]. 计算机仿真, 2010, 27(4):117-119.
[41] 段吉海，王志功，李智群. 跳时超宽带通信集成电路设计[M]. 北京：科学出版社, 2012.
[42] TIAN Z, SADLER B M. Weighted energy detection of ultra-wideband signals[C]. IEEE Workship on Signal Processing Advances in Wireless Communications, IEEE, 2005.
[43] KIM S, KIM J, PARK Y, et al. A selective signal combining scheme for nocoherent UWB systems[C]. In 2008 IEEE 10th International Symposium on Spread Spectrum Techniques and Applications-Proceedings, 2008.
[44] YING Y Q, GHOGHO M, SWAMI A. A new non-coherent demodulation scheme for IR-UWB[C]. In Proceedings of IEEE 8th Workshop on Signal Processing Advances in Wireless Communications, 2007.

[45] THIASIRIPHET T, LINDER J. A novel comb filter based receiver with energy detection for UWB wireless body area networks[C]. In Proceedings of IEEE International Symposium on Wireless Communication Systems, 2008.
[46] 许洪光，霍鹏，林茂六，等. 取样率对数字化超宽带接收机特性影响的分析[J]. 通信技术，2009, 03:10-12.
[47] 许洪光，霍鹏，林茂六，等. ADC 分辨率对数字化超宽带接收机特性影响分析[J]. 通信技术，2009, 06:129-131.
[48] 胡楚锋，郭淑霞，李南京，等. 超视距宽带信号同步测量技术研究[J]. 仪器仪表学报，2014, 11:2531-2537.
[49] 张兰. TH-UWB 信号同步技术研究[D]. 哈尔滨：哈尔滨工程大学, 2008.
[50] 王康年，葛利嘉，张洪德，等. 一种跳时超宽带无线电信号的高效同步捕获方法[J]. 解放军理工大学学报(自然科学版), 2007(2):113-117.
[51] 杜鹃，刘伟. 超宽带通信系统中同步算法研究[J]. 通信技术, 2010(9):35-37.
[52] 肖竹，王勇超，田斌，等. 超宽带定位研究与应用：回顾和展望[J]. 电子学报, 2011(1):133-141.
[53] 殷智浩,朱灿焰. 基于 TDT 的 Hermite 脉冲超宽带同步算法[J]. 通信技术, 2010(8):121-123.
[54] 孙宁，柳卫平. 一种改进的 UWB 信号快速捕获算法[J]. 通信技术, 2010(2):26-28.
[55] 徐湛,苏中. 基于能量检测的脉冲超宽带无数据辅助同步算法[J]. 科学技术与工程, 2013(17):4801-4807.
[56] 荆利明. 超宽带无线通信中同步技术的研究[D]. 苏州：苏州大学, 2008.
[57] 丁金忠，黄焱，李怀秦，等. 改进的 OFDM 迭代最大似然定时同步方法[J]. 信息工程大学学报, 2012(6):695-701.
[58] 罗文远. 脉冲超宽带收发机前端设计[D]. 长沙：湖南大学, 2010.
[59] 于斌斌. 超宽带接收机研究综述[J]. 吉林农业科技学院学报, 2012,03:63-65.
[60] GEROSA A, SOLDÀ S,BEVILACQUA A V, et al. An energy-detector for noncoherent impulse-radio UWB receivers[J]. IEEE Transactions on Circuits and Systems I: Regular Papers,2009,56(9):1030-1039.
[61] HA M, KIM J, PARK Y, et al.A 6~10 GHz noncoherent IR-UWB CMOS receiver[J]. Microwave & Optical Technology Letters, 2012, 54(9):2007-2010.
[62] 康晓非. 超宽带系统中接收技术研究[D]. 西安：西安电子科技大学, 2012.
[63] 方志强. 基于能量检测的超宽带接收技术研究[D]. 哈尔滨：哈尔滨工业大学, 2010.
[64] 杨刚，亢洁，施仁. 超宽带传输参考接收机的性能研究[J]. 通信学报, 2005(10):122-127.
[65] CHAO Y L, SCHOLTZ R A. Optimal and suboptimal receivers for ultra wideband transmitted reference systems[C]. IEEE GLOBECOM (USA), 2003.
[66] FRANZ S, MITRA U. On optimal data detection for UWB transmitted reference systems[C]. IEEE GLOBECOM (USA), 2003.
[67] PAQUELET S, AUBERT L M, UGUEN B. An impulse radio asynchronous transceiver for high data rates[C]. IEEE International Conference Joint UWBST & IWUWBS, 2004.
[68] WEISENHORN M, HIRT W. Robust noncoherent receiver exploiting UWB channel properties[C]. IEEE International Conference Joint UWBST & IWUWBS, 2004.
[69] OH M K, JUNG B, HARJANI R, et al. A new noncoherent UWB impulse radio receiver[J]. IEEE

Communications Letters, 2005, 29(2):151-153.
[70] 崔准，郑文海. 高速通信中的载波相位跟踪[J]. 物联网技术, 2012(3):63-65.
[71] 吕春艳. L 波段软件无线电射频接收前端的研究与设计[D]. 成都：西南交通大学, 2014.
[72] 李昂，龚乐. 带改进 AGC 系统的 IR-UWB 无线定位接收机的设计与实现[J]. 微型机与应用, 2011(6):31-34.
[73] 芦跃，邓晶. 无线区域网接收前端的 ADS 设计与仿真[J]. 绍兴文理学院学报(自然科学), 2010(3):70-73.
[74] 刘亚姣. 2.4G 高灵敏度接收机射频前端设计与实现[D]. 成都：电子科技大学,2011.
[75] 贾锋，杨瑞民. 射频接收前端的 ADS 设计与仿真[J]. 计算机工程与应用, 2014(13):219-223.
[76] 盛君，马真，陈毅华，等. 接收机射频前端电路的仿真设计[J]. 江苏理工学院学报，2013(2):38-41.
[77] 杨延辉，韦再雪，杨大成. 认知无线电中干扰规避方案的研究[J]. 现代电信科技，2012(9):47-52,57.
[78] 李昂. IR-UWB 无线定位接收机的研究与设计[D]. 桂林：桂林电子科技大学, 2011.
[79] 李晓敏. OFDM 系统的设计与研究[D]. 南京：南京理工大学, 2011.
[80] 周玉波. 通信系统中同步技术的研究[J]. 信息技术, 2008(12):135-137,140.
[81] 卢锦川，董静薇. 通信系统中同步技术的研究综述[J]. 广东通信技术, 2008(5):61-64,73.
[82] 毕东. 通信系统中同步技术的应用[J]. 信息系统工程, 2012(4):103-104.
[83] 李志. MT-DS-CDMA 编码与载波同步研究与实现[D]. 北京：北京邮电大学, 2009.
[84] OPPERMANN I, STOICA L, RABBACHIN A, et al. UWB wireless sensor networks: UWEN-a practical example [J]. IEEE Communications Magazine, 2004, 42(12):27-32.
[85] XU J, MA M, LAW C L. Performance of time-difference-of-arrival ultra wideband indoor localisation [J]. IET Science, Measurement and Technology 2011, 5(2):46-53.
[86] LI X, CAO F C. Location based TOA algorithm for UWB wireless body area networks[C]. 2014 IEEE 12th International Conference on Dependable, Autonomic and Secure Computing, 2014.
[87] HE J, YU Y W, LIU Fi. A query-driven TOA-based indoor geolocation system using smart phone[J]. Journal of Convergence Information Technology, 2012, 7(18):1-10.
[88] SHEN J Y, MOLISCH A F, SALMI J. Accurate passive location using TOA measurements[J]. IEEE Transactions on Wireless Communications, 2012,11(6):2182 -2192.
[89] OKAMOTO E, HORIBA M, NAKASHIMA K, et al. Particle swarm optimization based low complexity three dimensional UWB localization scheme[C]. ICUFN 2014-6th International Conference on Ubiquitous and Future Networks, 2014.
[90] FANG B T. Simple solutions for hyperbolic and related position fixes[J]. Aerospace & Electronic Systems IEEE Transactions on, 1990, 26(5):748-753.
[91] CHAN Y T, HO K C. A simple and efficient estimator for hyperbolic location[J]. IEEE Transactions on Signal Processing, 1994, 42(8):1905-1915.
[92] SUN G L, GUO W. Robust mobile geo-location algorithm based on LS-SVM[J]. IEEE Transactions on Vehicular Technology, 2005,54(3):1037-1041.
[93] GE G Y, XU J J, WANG M H. On the study of image characters location, segmentation and pattern recognition using LS-SVM[C]. Proceedings of the World Congress on Intelligent Control and

Automation, 2006.

[94] YU J T, DING M L, WANG Q. Linear location of acoustic emission source based on LS-SVR and NGA[J]. Information Engineering for Mechanics and Materials, 2011(80-81):302-306.

[95] Al-QAHTANI K M，Al-AHMARI A S, MUQAIBEL A H, et al. Improved residual weighting for NLOS mitigation in TDOA-based UWB positioning systems[C]. 21st International Conference On Telecommunications, 2014.

[96] 张洁颖. 基于 ZigBee 网络的定位跟踪研究与实现[D]. 上海: 同济大学, 2007.

[97] 邓志安, 徐玉滨, 马琳. 基于接入点选择与信号映射的高精度低能耗室内定位算法[J]. 中国通信, 2012(2): 52-65.

[98] 沈冬冬, 李晓伟, 宋旭文, 等. 基于多层神经网络的超宽带室内精确定位算法[J]. 电子科技, 2014(5): 161-163, 168.

[99] 蔡朝晖, 夏溪, 胡波, 等. 室内信号强度指纹定位算法改进[J]. 计算机科学, 2014, 11: 178-181.

[100] 朱明强, 侯建军, 刘颖, 等. 一种基于卡尔曼数据平滑的分段曲线拟合室内定位算法[J]. 北京交通大学学报, 2012(5):95-99.

[101] 郑飞, 郑继禹. 基于 TDOA 的 CHAN 算法在 UWB 系统 LOS 和 NLOS 环境中的应用研究[J]. 电子技术应用, 2007(11):110-113, 132.

[102] 张瑞峰, 张忠娟, 吕辰刚. 基于质心-Taylor 的 UWB 室内定位算法研究[J]. 重庆邮电大学学报(自然科学版), 2011(6):717-721.

[103] 林国军, 余立建, 张强. 混合 Taylor 算法/遗传算法在 TDOA 定位中的应用[J]. 广东通信技术, 2007(7): 47-50.

[104]周康磊, 毛永毅. 基于残差加权的 Taylor 级数展开 TDOA 无线定位算法[J]. 西安邮电学院学报, 2010(3): 10-13.

[105] 朱永龙. 基于 UWB 的室内定位算法研究与应用[D]. 济南: 山东大学, 2014.

[106] 杨洲, 汪云甲, 陈国良, 等. 超宽带室内高精度定位技术研究[J]. 导航定位学报, 2014(4):31-35.

[107] 欧汉杰. 基于 Chirp 扩频技术的超宽带室内定位技术研究[J]. 大众科技, 2010(5):16-17, 15.

[108] MAURICE C. Particle swarm optimozation[M]. New Jersey:Wiley, 2013.

[109] ZWIRELLO L, SCHIPPER T, JALILVAND M, et al. Realization limits of impulse-based localization system for large-scale indoor applications[J].IEEE Transactions on Instrumentation and Measurement, 2014, 64(1):39-51.

[110] AMIGO A G, VANDENDORPE L. Ziv-Zakai lower bound for UWB based TOA estimation with multiuser interference[C]. 2013 IEEE International Conference on Acoustics, Speech and Signal, 2013.

[111] LIU Y H, YANG Z. Location, localization, and localizability[J]. Journal of Computer Science & Technology, 2010, 25(2):274-297.

[112] LIU W Y, HUANG X T. Analysis of energy detection receiver for TOA estimation in IR-UWB ranging and a novel TOA estimation approach[J]. Journal of Electromagnetic Waves and Applications, 2014, 28(1):49-63.

[113] TABAA M, DIOU C, SAADANE R,et al. LOS/NLOS identification based on stable distribution feature extraction and SVM classifier for UWB on-body communi-cations [J]. Procedia Computer Science, 2014, 32:882-887.

[114] SONG X O, XIANG X, BI D Y et al. Pulse signal detection in cognitive UWB system[J]. The Journal of China Universities of Posts and Telecommunications, 2012, 19(3):74-79.

[115] FALL B, ELBAHHAR F, HEDDEBAUT M, et al. Time-reversal UWB positioning beacon for railway application[C]. International Conference on Indoor Positioning and Indoor Navigation, 2013.

[116] ZALESKI J K, YAMAZATO T. TDOA UWB positioning with three receivers using known indoor features[J]. IEICE Transactions on Fundamentals of Electronics Communications and Computer Sciences, 2010, E94-A(3):964-971.

[117] ALAIN S, ZEINAB M, MOUSSA S, et al. Channel modeling for back scattering based UWB tags in a RTLS system with multiple readers[C]. 2013 7th European Conference on Antennas and Propagation, 2013.

[118] 杨辉, 水彬, 张小莉, 等. 超宽带室内多径信道仿真与特性分析[J]. 西安邮电学院学报, 2007(5):50-53.

[119] 张继良. 室内 MIMO 无线信道特性研究与建模[D]. 哈尔滨: 哈尔滨工业大学, 2014.

[120] 许慧颖, 李德建, 周正. 林地场景下的超宽带无线信道模型研究[J]. 湖南大学学报(自然科学版). 2013(5): 103-108.

[121] 李德建, 周正, 李斌, 等. 办公室环境下的超宽带信道测量与建模[J]. 电波科学学报. 2012(3):432-439.

[122] 王彪, 傅忠谦. 基于超宽带技术的 TDOA 室内三维定位算法研究[J]. 微型机与应用, 2013, 32(14):83-86.

[123]曾玲, 彭程, 刘恒. 基于非视距鉴别的超宽带室内定位算法[J]. 计算机应用, 2018(A01):131-134.

[124] 张宝军, 卢光跃. 基于 SA-GA 算法 RBF 神经网络的 TDOA/AOA 定位算法[J]. 西北大学学报(自然科学版), 2009, 39(4):575-578.

[125] 廖兴宇, 汪伦杰. 基于 UWB/AOA/TDOA 的 WSN 节点三维定位算法研究[J]. 计算机技术与发展, 2014(11):61-64.

[126] KEMPKE B, PANNUTO P, CAMPBELL B, et al. SurePoint: exploiting ultra wideband flooding and diversity to provide robust, scalable, high-fidelity indoor localization[C]. Proceedings of the 14th ACM Conference on Embedded Network Sensor Systems CD-ROM. ACM, 2016.

[127] 杨洲. 基于 UWB/MEMS 的高精度室内定位技术研究[D]. 徐州: 中国矿业大学, 2015.

[128] FAN Q, SUN B, SUN Y, et al. Performance enhancement of MEMS-based INS/UWB integration for indoor navigation applications[J]. IEEE Sensors Journal, 2017, 17(10):3116-3130.

[129] YOON P K, ZIHAJEHZADEH S, KANG B S, et al. Robust biomechanical model-based 3D indoor localization and tracking method using UWB and IMU[J]. IEEE Sensors Journal, 2017(4):1084-1096.

[130] ZIHAJEHZADEH S, YOON P K, PARK E J. A magnetometer-free indoor human localization based on loosely coupled IMU/UWB fusion[C]. 2015 37th Annual International Conference of the IEEE Engineering in Medicine and Biology Society, 2015.

[131] KIM S D, CHONG J W. A novel TDOA-based localization algorithm using asynchronous base stations[J]. Wireless Personal Communications, 2017(3):1-9.

[132] KOVAVISARUCH L, HO K C.Modified taylor-series method for source and receiver localiza- tion using TDOA measurements with erroneous receiver positions[J]. IEEE International Symposium on Circuits and System,ISCAS. 2005(3):2295-2298.

[133] KUMAR S D, HINDUJA I S, MANI V V. DOA estimation of IR-UWB signals using coherent signal processing[C]. 2014 IEEE 10th International Colloquium on Signal Processing & Its Applications, 2014.
[134] 李雪莲, 乔钢柱, 曾建潮. 基于 TinyOS 平台的 RSSI 改进定位系统设计与实现[J]. 电子科技, 2013(5):1-5.
[135] ISSA Y, DAYOUB I, HAMOUDA W. Performance analysis of multiple-input multiple-output relay networks based impulse radio ultra-wideband[J]. Wireless Communications and Mobile Computing, 2015, 15(8):1225-1233.
[136] HAZRA R, TYAGI A. Performance analysis of IR-UWB TR receiver using cooperative dual hop AF strategy[C]. 2014 International Conference on Advances in Computing, Communications and Informatics, 2014.
[137] BAEK S, AN J, KANGY, et al. Error performance analysis of 2PPM-TH-UWB systems with spatial diversity in multipath channels[C]. 2009 International Waveform Diversity and Design Conference, 2009.
[138] YIN H B, YANG J, GONG J, et al. A UWB-2PPM reconstruction algorithm without a priori knowledge of pilot[J]. Applied Mechanics and Materials, 2014, 556:3545-3548.
[139] XU H B, ZHOU L J. Analysis of the BER of multi-user IR-UWB system based on the SGA[J]. Applied Mechanics and Materials. 2011(71-78):4786-4889.
[140] NAANAA A. Performance improvement of TH-CDMA UWB system using chaotic sequence and GLS optimization[J]. Nonlinear Dynamics, 2015, 80(1-2):739-752.
[141] KRISTEM V, MOLISCH A F, NIRANJAYAN S, et al. Coherent UWB ranging in the presence of multiuser interference[J]. IEEE Transactions on Wireless Communications, 2014,13(8):4424-4439.
[142] CHEN Y, WEN A J, SHANG L, et al. Photonic generation of UWB pulses with multiple modulation formats[J]. Optics and Laser Technology, 2013, 45:342-347.
[143] LI Y H, WANG Y Z, LU J H. Performance analysis of multi-user UWB wireless communication systems[C]. 2009 Proceedings of the 2009 1st International Conference on Wireless Communication, Vehicular Technology, Information Theory and Aerospace and Electronic Systems Technology, 2009.
[144] 张宝军, 卢光跃. 基于 SA-GA 算法 RBF 神经网络的 TDOA/AOA 定位算法[J]. 西北大学学报(自然科学版), 2009, 39(4):575-578.
[145] 廖兴宇, 汪伦杰. 基于 UWB/AOA/TDOA 的 WSN 节点三维定位算法研究[J]. 计算机技术与发展, 2014(11):61-64.
[146] 杨振强, 王常虹, 庄显义. 自适应复制、交叉和突变的遗传算法[J]. 电子与信息学报, 2000, 22(1):112-117.
[147] 王悦. 遗传算法在函数优化中的应用研究[J]. 电子设计工程, 2016, 24(10):74-76.
[148] ZHANG S J, WANG D. An improved channel estimation method based on modified kalman filtering for MB UWB systems[J]. Telecommunication Engineering, 2014, 54(5): 632-636.
[149] PENG J, SU L Y. Performance analysis of blind multiuser detector with fuzzy Kalman filter in IR-UWB[J]. International Journal of Distributed Sensor Networks, 2009, 5(1):47-47.
[150] 朱永龙. 基于超宽带的室内定位算法研究与应用[D]. 济南: 山东大学, 2014.
[151] 苏翔. 基于扩展卡尔曼滤波器的混合 TDOA/AOA 室内定位技术的研究[J]. 数字技术与应用,

2013(8):56-57.
[152] 尹蕾, 李瑶, 刘洛琨,等. 一种基于卡尔曼滤波的超宽带定位算法[J]. 通信技术, 2008, 41(2):10-12.
[153] ZHU D, YI K. EKF localization based on TDOA/RSS in underground mines using UWB ranging[C]. Signal Processing, Communications and Computing, 2011 IEEE International Conference on. IEEE, 2011.
[154] LIU Y, SUN Z. EKF-based adaptive sensor scheduling for target tracking[C]. Information Science and Engineering, 2008. ISISE '08. International Symposium on. IEEE, 2008.
[155] 葛泉波, 李文斌, 孙若愚,等. 基于 EKF 的集中式融合估计研究[J]. 自动化学报, 2013, 39(6):816-825.
[156] 林涛, 刘以安. 一种改进 UKF 算法在超视距雷达中的应用[J]. 计算机仿真, 2014, 31(6):6-9.
[157] NIAZI S, TOLOEI A. Estimation of LOS rates for target tracking problems using EKF and UKF algorithms: a Comparative Study[J]. International Journal of Engineering Transactions B Applications, 2015, 28(2):172-179.
[158] 赵艳丽, 刘剑, 罗鹏飞. 自适应转弯模型的机动目标跟踪算法[J]. 现代雷达, 2003, 25(11):14-16.
[159] 潘勃, 冯金富, 李骞, 等. 毫米波/红外多传感器融合跟踪算法研究[J]. 红外与毫米波学报, 2010(3):230-235.
[160] YANG Y X, GAO W G. A new learning statistic for adaptive filter based on predicted residuals [J]. Progress in Natural Science, 2006,16(8):833-837.
[161] LAARAIEDH M, AVRILLON S, UGUEN B. Hybrid data fusion techniques for localization in UWB networks[C]. 2009 the 6th Workshop on IEEE Positioning, Navigation and Communication, 2009.
[162] SOKEN H E, HAJIYEV C. Pico satellite attitude estimation via robust unscented kalman filter in the presence of measurement faults[J]. Isa Transactions, 2010, 49(3):249-256.
[163] 董鑫, 欧阳高翔, 韩威华, 等. 强跟踪 CKF 算法及其在非线性系统故障诊断中的应用[J]. 信息与控制, 2014,43(4):451-456.
[164] CHAI L, YUAN J P. Neural network aided adaptive Kalman filter for multi-sensors integrated navigation [M]. Berlin Heidelberg: Springer Verlag, 2004.
[165] YANG Y X, GAO W G. An optimal adaptive Kalman filter [J]. Journal of Geodesy, 2006, 80(4):177-183.
[166] 刘万利, 张秋昭. 基于 Cubature 卡尔曼滤波的强跟踪滤波算法[J]. 系统仿真学报, 2014(5):6.
[167] 王小旭, 赵琳, 薛红香. 强跟踪 CDKF 及其在组合导航中的应用[J]. 控制与决策, 2010, 25(12):1837-1842.
[168] 范小军, 刘锋. 一种新的机动目标跟踪的多模型算法[J]. 电子与信息学报, 2007, 29(3):532-535.
[169] 鲍雨波, 宗红, 张春青. RTS 平滑滤波在事后姿态确定中的应用[J]. 空间控制技术与应用, 2015, 41(3):18-22.

第 4 章　惯性导航技术

4.1　概述

4.1.1　基本概念

“惯性”一词最早来源于 1632 年伽利略出版的《关于托勒密和哥白尼两大世界体系的对话》一书，而被现代社会普遍认知的惯性原理，来自牛顿的著作《自然哲学的数学原理》。根据牛顿的论述，惯性是物体的固有属性，是一种抵抗变化的特性，它存在于每一个物体中，大小与物体的质量成正比；根据该特性，物体无论是处于静止状态还是匀速直线运动状态，总会保持现有的状态，直到有外力迫使其改变这种状态。因此，惯性是物体抵抗其自身运动特征被改变的性质[1]。

惯性技术以牛顿运动定律为基础，通过敏感地球的自转速率和重力加速度，研究载体的位置、速度、姿态等运动信息的感知和获取。广义上，惯性技术是惯性敏感器、惯性导航、惯性制导、惯性测量及惯性稳定等技术的统称，具有自主、连续、隐蔽性、不受外部环境影响等特点，是现代精确导航、制导和控制系统的核心信息源。

惯性导航，是惯性技术最重要的应用之一。其主要原理是，测量飞行器的加速度和偏移角速度，通过数学计算，获得当前飞行器的瞬时速度、位置和姿态。惯性导航系统（Inertial Navigation System，INS）安装在载体内部，工作时不依赖外界信息，也不向外界辐射能量，不易受外界干扰，是一种完全自主式的导航系统。

惯性导航系统利用陀螺仪和加速度计等惯性器件同时测量载体运动的角速度及加速度，通过导航计算机实时解算载体的姿态、速度和位置等导航信息[2-3]。

按照惯性导航组合在飞行器上的安装方式，INS 分为平台式和捷联式两种类型。平台式惯性导航系统（Platform Inertial Navigation System，PINS）具有跟踪导航坐标系的物理平台，惯性传感器安装在平台上，控制平台跟踪基准坐标系，对加速度计输出的三维加速度信号进行滤波、积分等处理，得到速度和位置信息；对陀螺仪输出的三维角速度信号进行滤波和积分处理，得到姿态信息。惯性平台能够隔离载体角速度，可以降低动态误差，但是平台具有体积大、可靠性低、成本高等不足[4]。捷联式惯性导航系统（Strapdown Inertial Navigation System，SINS）没有物理平台，惯性传感器直接固连在载体上，用计算机通过数学计算实现惯性平台的功能，通过导航参数解算，能够提供载体的角速度、加速度、姿态、速度和位置等完全的导航参数信息。由于惯性器件直接固连在载体上，其省去了物理平台，减小了体积和质量，降低了成本，但是其动态误差较大，对敏感器件的可靠性和抗冲击性要求较高[5]。

与 PINS 相比，SINS 在结构上没有复杂的机电平台，具有体积小、质量轻和维护简单等特点，还可通过冗余技术提高容错能力。尤其是随着科学技术的发展和计算机计算能力的增强，SINS 的优越性越来越突出，吸引了大量的科研工作者研究，获得了更加广泛的应用。

4.1.2 惯性导航技术的发展状况

惯性导航具有自主、连续和隐蔽的特性，不受外部环境限制，全天候自主感知载体运动信息，是现代精确导航、制导与控制系统的核心信息源，在军事装备和国防事业中具有不可替代的关键作用。

早在 1687 年，英国物理学家牛顿就对三大运动定律进行了描述，奠定了惯性技术的理论基础。1765 年，物理学家欧拉在其著作《刚体运动理论》中首次利用解析方法对定点转动刚体进行了本质性解释，并建立了欧拉动力学方程，确立了陀螺仪运动方程理论。1788 年，法国数学家拉格朗日在著作《分析力学》中建立了在重力力矩作用下定点转动刚体的运动微分方程组，发展了转子式陀螺理论[4]。1835 年，法国气象学家科里奥利在运动方程中引入了科里奥利力的概念，成功解释了直线运动的质点相对于旋转体系由于惯性产生的偏移现象，为惯性导航的偏移角求解提供了理论依据。

1852 年，法国科学家傅科首次使用陀螺术语，其在巴黎国葬院大厅制作了傅科摆（在大厅的穹顶悬挂一条 67m 长的绳索，下方吊一个重达 28kg 的摆锤），利用这个巨大的傅科摆验证了地球的自转。1910 年，德国科学家舒勒发现，当陀螺罗经的无阻尼振荡周期为 84.4min 时，陀螺罗经的指北精度不受外界干扰加速度的影响，这就是著名的舒勒调谐原理。1923 年，舒勒发表论文《运载工具的加速度对于摆和陀螺仪的干扰》，以垂线指示系统为例系统阐述了舒勒摆原理，为惯性导航系统的设计奠定了理论基础[6]。

1920 年前后，供飞机使用的转弯速率指示器、人工水平仪和方位陀螺出现；二战期间，德国的 V2 火箭用两个二自由度陀螺和一个加速度计构成惯性制导系统，这是惯性技术在导弹制导方面的首次应用。1949 年，美国将纯惯性导航系统安装在一架 B-29 远程轰炸机上，首次实现了轰炸机横贯美国大陆的全自动飞行，自主飞行时间长达 10h。1958 年，美国海军“鹦鹉螺”号核潜艇从珍珠港附近出发，穿越北极冰层，历时 21 天到达英国波特兰港。1969 年，美国阿波罗 13 号飞船利用 MIT Draper 实验室研制的 SINS 成功返回地面。1971 年，美国科学家博特兹和乔丹首次提出用于 SINS 的等效旋转矢量姿态更新算法，为姿态更新的多子样算法提供了理论依据。1976 年，美国犹他州立大学的瓦利和肖特希尔首次完成光纤陀螺的试验演示。1980 年，微机电系统领域的理论创新及技术突破，为 MEMS 惯性器件的发展奠定了基础。1990 年，光纤陀螺惯导投入使用，最优数据滤波理论算法不断改进，为惯性导航组合系统实现最佳数据融合创造了条件。2000 年，光纤陀螺实现批量化生产，MEMS 惯性器件投入使用[6]。

现阶段，随着现代量子力学理论的发展和日趋完善，人们开始研制核磁共振陀螺、原子干涉陀螺、量子陀螺等新型的原型机，一批关键技术在不断突破，发展可谓日新月异。

按照陀螺和加速度计的零偏大小，INS 可以分为战略级、导航级和战术级，如表 4-1 所示。在实际应用时，可以根据应用领域的不同，选择相应精度等级的惯性器件，构建 INS。

表 4-1 INS的精度等级划分

项　目	战　略　级	导　航　级	战　术　级
定位误差	<30 m/hr	0.5～2nmi/hr	10～20nmi/hr
陀螺零偏	0.0001°/hr	0.015°/hr	1～10°/hr
加速度计零偏	1μg	50～100μg	100～1000μg
应用领域	洲际弹道导弹、潜艇	航空航海、高精度测绘	短时间应用战术导弹，与 GPS 组合使用

4.2 惯性导航基础

4.2.1 地球形状和重力模型

在大多数应用中，为了确定载体相对于地球表面的位置，需要先定义一个相对于地心和地周的参考表面，同时定义一组坐标系来描述其相对于地球表面的位置，即经度、纬度和高度。

4.2.1.1 地球表面椭球体模型

地球表面是一个扁椭球体，“扁”是指地球赤道平面比自转轴方向的平面宽。其实，真实的地球表面是不规则的。在导航系统中，对地球表面进行精确建模需要存储大量数据和复杂的导航算法，使得建立精确模型难度非常大。因此，在描述地球形状时，常以海平面作为基准，把相对平静的海平面延伸至全部陆地所形成的表面，其也称作“大地水准面”[7]。由于地球内部结构不规则，质量分布不均匀，大地水准面成为一个有微小起伏的复杂曲面，如图 4-1 所示。

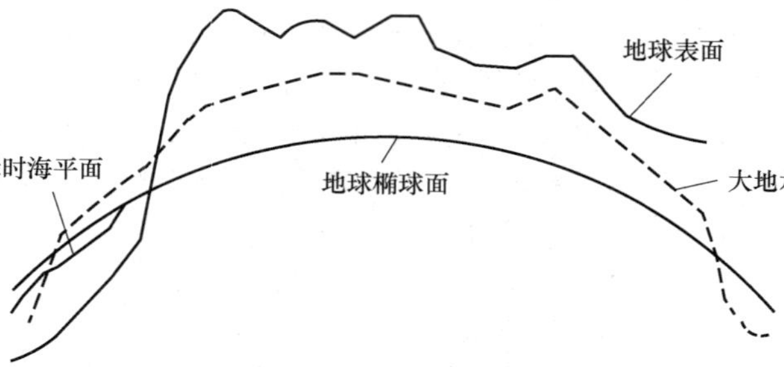

图 4-1 大地形貌特征

从整体上看，地球是一个椭球体，如图 4-2 所示。

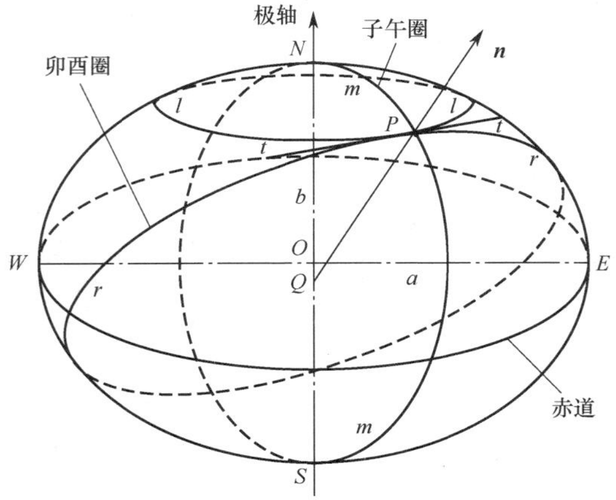

图 4-2　地球椭球体

假设 P 点为旋转椭球体上的某一点，$\boldsymbol{n}$ 为 P 点处的法线，NS 为椭球体的对称轴，过 P 点作 NS 的垂直平面，截椭球体所得的平面曲线 lPl 为 P 点处的纬圈，过 P 点和直线 NS 作平面，截椭球体所得的平面曲线 mPm 为经圈或子午圈，过 P 点作纬圈 lPl 的切线 tPt，用 tPt 和法线 $\boldsymbol{n}$ 形成的平面，截椭球体所得的平面曲线 rPr 为 P 点处的卯酉圈。P 点处沿子午圈 mPm 的曲率半径 R_M 和沿卯酉圈 rPr 的曲率半径 R_N 称为旋转椭球体在 P 点处的主曲率半径。

为了便于运算，在导航系统中将地球表面模型构建为扁旋转椭球体，且具有关于地球南北极轴旋转对称和关于赤道平面镜像对称的特点，椭球体横截面如图 4-3 所示。为了表征参考椭球体横截面，定义两个半径，一个是赤道半径 R_e，即椭圆的长半轴 a，亦即从地心到赤道上任意一点的距离；另一个是极轴半径 R_p，即椭圆的短半轴 b，亦即从地球中心到任意一极点的距离。

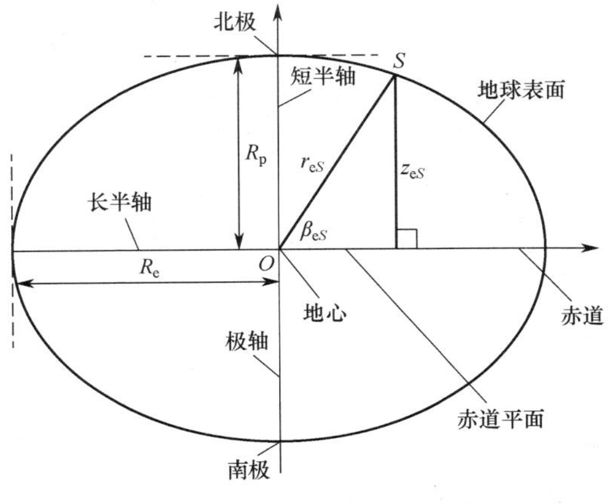

图 4-3　地球表面椭球体模型横截面

通常情况下，参考椭球体需要根据赤道半径和椭球体的偏心率 e 或扁率 f 来定义，假设赤道半径为 R_e，极轴半径为 R_p，则有

$$e=\sqrt{1-\frac{R_p^2}{R_e^2}}\ ,\quad f=\frac{R_e-R_p}{R_e} \tag{4-1}$$

两者之间的关系为

$$e=\sqrt{2f-f^2}\ ,\quad f=1-\sqrt{1-e^2} \tag{4-2}$$

目前，不同的国家和地区采用的旋转椭球体的长半轴和扁率参数不尽相同[7]，根据各自不同的地理条件选择旋转椭球体的参数，常用的主要参考椭球体的基本数据如表 4-2 所示。

表 4-2　常用的几种地球参考椭球体参数

名称（年份）	长半轴 r/m	扁率 e	使用国家或地区
克拉克（1866）	6378096	1/294.98	北美
海福特（1909）	6378388	1/297.00	欧洲、北美及中近东（国际第一个推荐值）
克拉索夫斯基（1940）	6378245	1/298.3	苏联
WGS-84（1984）①	6378137	1/298.57	全球
IAG 759（西安 1980）	6378140	1/298.26	中国（国际第三个推荐值）
①WGS-84 系美国国防部地图局于 1984 年制定的全球大地坐标系，考虑了大地测量、多普勒雷达、卫星等的测量数据。			

4.2.1.2　纬度、经度和高度

物体相对于地球表面的位置可用两两正交的三维直角坐标系表示，其坐标轴与当地导航坐标系相对应。沿着地球表面法线方向，从所描述的载体到地球表面的距离称为高度，法线与地球表面交点的南北轴坐标称为纬度，东西轴坐标称为经度。纬度、经度和高度组合起来称为曲线或椭圆位置，表征近地航行载体的位置参数。

在导航计算中，纬度是非常重要的参数。纬度包含地心纬度 Φ_e、地理纬度 Φ_g、天文纬度 Φ_a 和引力纬度 Φ_f 四种。地心纬度为从地心通过所在点的径向矢量与赤道平面的夹角；地理纬度为沿大地水准面法线方向的直线与赤道平面的夹角；天文纬度为沿重力方向的直线与赤道平面的夹角；引力纬度为任意一个等势面的法线方向与赤道平面的夹角。传统上都以北半球的纬度为正，南半球的纬度为负。

地心纬度 Φ_e 和地理纬度 Φ_g 之间存在一个角度差，称为地球表面的垂线偏差 δ，表示为 $\delta = e\sin 2\Phi_g$。通常在导航时，使用地理纬度，而在理论计算中常使用地心纬度。

4.2.1.3　地球重力场

地球上任意一点的引力场，是指在该点的物体单位质量所受的矢量力，矢量场由地球的引力产生，与地球的引力场相对应。地球重力场是地球重力作用的空间，通常指地球表面附近的地球引力场。在地球重力场中，任意一点所受的重力大小和方向只与该点的位置

有关[8]。

由于测量引力的实验受地球自转离心力的影响，实际测量的是引力和地球自转离心力的合力。引力场和地球自转产生的作用于物体的力场之和，称为重力场，还可用反作用力表示，即使单位质量的测试物体保持与地球的相对位置不变所需的力的负值。

与磁场、电场等力场类似，地球重力场也有重力、重力线、重力位和等位面等要素，所以在研究地球重力场时，重点分析这些要素的物理特征和数学表达式，并以重力位理论为基础，将地球重力场分解成正常重力场和异常重力场两部分进行研究。

由于地球内部质量分布的不规则性，地球重力场不是一个按简单规律变化的力场。但从总的趋势看，地球非常接近一个旋转椭球体，因此可将实际地球规则化，称为正常地球，相对应的地球重力场称为正常重力场，它的重力位称为正常位，重力称为正常重力γ_0。在正常重力场中，有一簇正常位水准面，它们都是扁球面。某点的正常重力方向是正常重力场重力线的切线方向。

按照斯托克斯方法，水准椭球面上封闭的正常重力的计算公式为

$$\gamma_0 = \frac{a\gamma_e \cos^2\varphi + b\gamma_p \sin^2\varphi}{\sqrt{a^2\cos^2\varphi + b^2\sin^2\varphi}} \tag{4-3}$$

式中，a 和 b 分别为椭球面的长半轴、短半轴。

将式（4-3）展开成级数，取到二级微小量（约 1/3002，称为地球扁率平方量级），则在水准椭球面上的正常重力计算公式为

$$\gamma_0 = \gamma_e(1 + \beta\sin^2\varphi + \beta_1\sin^2 2\varphi) \tag{4-4}$$

式中，β 是极点处的正常重力 γ_p 与赤道上的正常重力 γ_e 之差同 γ_e 的比值，即 $\beta = \frac{\gamma_p - \gamma_e}{\gamma_e}$，称为重力扁率；$\beta_1$ 为考虑地球扁率平方量级的系数，$\beta_1 = \frac{1}{8}\alpha^2 + \frac{1}{4}\alpha\beta$。

水准椭球面的重力扁率 β 与几何扁率 α 的关系为

$$\alpha + \beta = \frac{5}{2}q\left(1 - \frac{17}{35}\alpha\right) \tag{4-5}$$

式中，$q = \frac{\omega^2\alpha}{\gamma_e}$，是地球赤道离心力和 γ_e 的比值。

正常重力公式中所包含的三个常系数 γ_e、β 和 β_1 取决于确定正常位所用的四个参数，即地心引力常数 GM、地球自转角速度 ω、动力形状因子 J_2（引力位中的二阶主球函数系数，是扁率的函数），以及水准椭球面的长半轴 a。

为了使正常位尽可能接近重力位并建立全球大地坐标系，需要定义一个水准椭球体（旋转椭球体），使它的中心在地球质心上，短轴同地球自转轴重合，而且椭球面上的正常位等于大地水准面上的重力位，其参数 GM、ω、J_2 与实际地球的相等，参数 a 的选择应使椭球面最密合于大地水准面，椭球的扁率可由 J_2 求得。满足这些条件的水准椭球体一般又称为平均地球椭球体。由于 GM、ω、J_2、a 这四个参数决定了地球椭球体的物理特性和几何特性，所以这四个参数称为大地测量基本参考系统。

地球重力场模型中以球谐函数级数形式表示的地球引力位为

$$U=\frac{GM}{\rho}\left[1+\sum_{n=2}^{\infty}\sum_{m=0}^{n}\left(\frac{a}{\rho}\right)^{n}(C_{nm}\cos m\lambda+S_{nm}\sin m\lambda)\times P_{nm}(\cos\theta)\right] \tag{4-6}$$

式中，ρ、θ、λ 分别为地球重力场中计算点的地心矢径、极距和经度；C_{nm} 和 S_{nm} 为引力位球谐函数系数，简称位系数，当 $m=0$ 时称为带谐系数，当 $m=n$ 时称为扇谐系数，当 $m\neq n$ 时，称为田谐系数（扇谐系数和田谐系数有时也统称为田谐系数），它们是引力位的主要参数；$P_{nm}(\cos\theta)$为勒让德函数，n 称为阶（或次），m 称为级，当 n 为某一定值，m 由 0 变化到 n 时，称为完整阶级。式（4-6）中的第一项表示质量为 M 的均质球体的引力位，求和符号中的各项为地球形状和质量分布不同于均质球体时对球体引力位的增减部分。若要细微地表达地球的引力位，必须精确地计算出位系数 C_{nm} 和 S_{nm}。从概念上说，n 应趋向无穷大，但实际上无法达到；通常只能采用确定的有限阶数的位系数近似表示地球引力位。1983 年，国际上已有单位能推求出 $n=180$ 的完整阶级的位系数，但公认 n 在 36 以内的位系数较可靠。

任意一组位系数可以表示相应的地球重力场，也称为地球重力场模型。由于推算位系数时所采用的资料类型和数量不同，各种文献中出现了不同的地球重力场模型。表 4-3 是近年来文献中提到的主要地球重力场模型。

表 4-3　主要地球重力场模型

模　型	研制者或研制单位	年　份	方　法	N	使用数据
WGS84	White, et al.	1986	C	180	S,G,D,A
WDM94	宁津生等，WTUSM	1994	C	360	S,G,A
JGM-3	Tapley, et al., NASA/GSFC	1996	C	70	S,G,A
EGM96	Lemoine, et al.	1998	C	360	EGM96S,G,A
GPM98A,B,C	Wenzel, et al.	1999	T,C	1800	EGM96,G,A
WU2002	李建成，WHU	2002	C	720	S,G,A
EIGEN-CHAMP03S	Reigber, et al., GFZ	2004	S	140	S,SST
EIGEN-CHAMP02S	Reigber, et al., GFZ	2004	S	150	S,SST
GGM02S	WTCSR, JPL	2004	S	160	S,SST
EIGEN-CG03C	GFZ	2005	C	360	S,G,A,SST

物体由于地球的吸引而受到的力叫作重力。地球表面任意一点 A 的单位质量在重力场的作用下所获得的加速度为重力加速度，通常用符号"$\boldsymbol{g}$"来表示。根据万有引力定律，所有物体都具有相互吸引的力，同时考虑地球自转的存在，由重力加速度 $\boldsymbol{g}$ 所表示的重力 $\boldsymbol{F}_g$ 是万有引力 $\boldsymbol{F}_G$ 和负方向的由地球转动向心加速度产生的单位质量的离心惯性力 $\boldsymbol{F}$ 的合成，如图 4-4 所示。

因此，重力表示为

$$\boldsymbol{F}_g=\boldsymbol{F}_G+\boldsymbol{F} \tag{4-7}$$

式中，$\boldsymbol{F}_g$ 为重力矢量；$\boldsymbol{F}_G$ 为地心引力矢量；$\boldsymbol{F}$ 为地球自转离心力矢量，$\boldsymbol{F}=-\boldsymbol{\Omega}\times(\boldsymbol{\Omega}\times\boldsymbol{R})$，其中，$\boldsymbol{\Omega}$ 为地球转动角速度，国际天文协会（IAU）提供的其数值为 7292115×10^{-11}rad/s，约为 15.04108°/h。

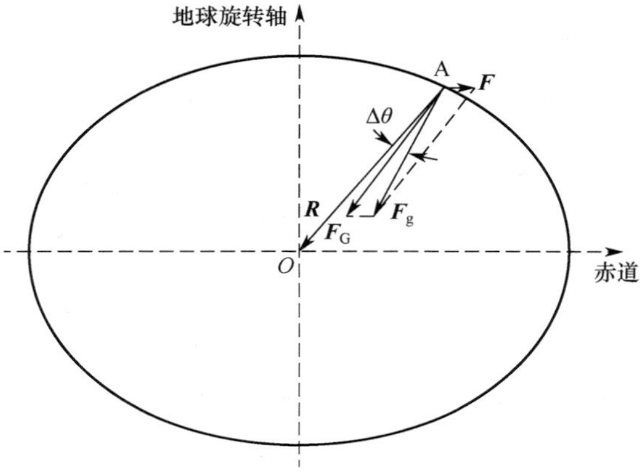

图 4-4　重力矢量图

由于离心力 $\boldsymbol{F}$ 比重力 $\boldsymbol{F}_g$ 小得多，$\Delta\theta$ 只有几角分。例如，当 $\Phi=45°$ 时，$\Delta\theta$ 约为 9′。当考虑地球为椭球体时，巴罗氏通过复杂的推导得出任意纬度下重力加速度的表达式为

$$g_\phi = g_0(1+0.0052884\sin^2\phi - 0.0000059\sin^2 2\phi) \tag{4-8}$$

式中，$g_0 = 9.78049\text{m/s}^2$。

在地球上，随着纬度和高度的变化，其实重力加速度 $\boldsymbol{g}$ 的大小和方向也在发生变化，其大小通用表达式为

$$\begin{aligned}g_\phi &= g_0(1+0.0052884\sin^2\phi - 0.0000059\sin^2 2\phi) - \\ &(0.00000030855+0.0000000022\cos 2\phi)h + 0.000000072(h/10^3)^2\end{aligned} \tag{4-9}$$

通常重力加速度的数值还可以取为

$$g = g_0\frac{R^2}{(R+H)^2} \approx g_0\left(1-2\frac{H}{R}\right) \tag{4-10}$$

$\boldsymbol{g}$ 的大小和方向还取决于 A 点附近物质密度的分布状况，而且可能随时间受地质变化的影响。实际测量数据表明，在一百年间，$\boldsymbol{g}$ 的方向变化非常小，小于 10 角秒。

地球质量分布不规则造成的 $\boldsymbol{g}$ 的实测值和计算值之差称为重力异常。它是研究地球形状、地球内部结构和重力勘探，以及修正空间载体的轨道的重要数据。

4.2.2　哥氏力和比力

4.2.2.1　哥氏力

科里奥利力简称科氏力或哥氏力，也称哥氏惯性力，它来源于哥氏加速度。哥氏加速

度是动基座的转动与动点相对运动、相互耦合引起的加速度，哥氏加速度的方向垂直于角速度矢量和相对速度矢量[9]。因此，哥氏加速度是运动质点不仅做圆周运动，而且做径向运动或周向运动产生的。

哥氏力的计算公式为

$$\boldsymbol{F}_{\mathrm{c}} = m \times \boldsymbol{a}_{\mathrm{c}} = 2m \times \boldsymbol{\omega} \times \boldsymbol{u} \tag{4-11}$$

当牵连运动为匀角速度定轴运动时，哥氏加速度为

$$\boldsymbol{a}_{\mathrm{c}} = 2\boldsymbol{\omega} \times \boldsymbol{u} \tag{4-12}$$

式中，$\boldsymbol{\omega}$ 为动系转动的角速度矢量；$\boldsymbol{u}$ 为质点相对于动系的径向速度矢量或周向速度矢量。

哥氏加速度的方向符合右手定则，可根据矢量积的规则由 $\boldsymbol{\omega} \times \boldsymbol{u}$ 确定，即由 $\boldsymbol{a}_{\mathrm{c}}$ 的正端看，从 $\boldsymbol{\omega}$ 转到 $\boldsymbol{u}$ 是逆时针方向。

4.2.2.2 比力

比力，是指相对于惯性坐标系、作用于敏感方向上的单位质量物体的除引力之外的力。假设一个质点的质量为 m，根据牛顿第二定律，在外力 $\boldsymbol{F}$ 的作用下，将产生加速度 $\boldsymbol{a}$，其大小与外力成正比，方向与外力一致，可表示为 $\boldsymbol{F} = m\boldsymbol{a}$。式中，$\boldsymbol{F}$ 表示包括地球引力、太阳引力、月球引力、其他天体引力及其他一切外力的合力；$\boldsymbol{a}$ 则表示载体相对惯性空间的绝对加速度。当 $\boldsymbol{F}$ 的值为 0 时，质点在惯性空间保持静止或做匀速直线运动。然而，由于宇宙引力场的存在，任意两个物体间总存在引力，因此，$\boldsymbol{F}$ 的值不为 0。

在各个天体对地球表面载体的引力中，起主要作用的是地球的引力，而太阳、月球及其他天体对地球表面物体的引力很小。因此，在 INS 中，可以仅考虑地球引力场的作用，而忽略其他天体的影响。若地球引力用 $\boldsymbol{F}_G$ 表示，引力加速度用 $\boldsymbol{G}$ 表示，则有 $\boldsymbol{G} = \boldsymbol{F}_G / m$。

除地球引力外，把其余的非引力外力记作 $\boldsymbol{F}_s$，则有

$$\boldsymbol{F} = \boldsymbol{F}_s + \boldsymbol{F}_G = m\boldsymbol{a} \ \text{或}\ \boldsymbol{F}_s / m = \boldsymbol{a} - \boldsymbol{G} \tag{4-13}$$

简写为

$$\boldsymbol{f} = \boldsymbol{a} - \boldsymbol{G} \tag{4-14}$$

式中，$\boldsymbol{f} = \boldsymbol{F}_s / m$，通常称为比力，是载体相对惯性空间的绝对加速度 $\boldsymbol{a}$ 与引力加速度 $\boldsymbol{G}$ 之差。

4.2.3 常用坐标系

根据牛顿运动定律，物体的运动是相对的，一般相对某个参考系运动。参考系是由一个原点和一组轴系来定义的。常用的原点包括地球的中心、太阳系的中心或者当地的地标点。常用的轴系包括东北天向和北东地向、地球的旋转轴和赤道平面内的向量。物体或参考系的原点和轴系一起构成了坐标系，当轴系间相互垂直时，坐标系是正交的且有六个自由度。习惯上，常用右手定则来定义坐标系的轴系，即 x、y、z 轴互相垂直，而且其指向如下：如果右手的拇指、食指和中指正交延长，则拇指方向是 x 轴，食指方向是 y 轴，中指方向是 z 轴。导航的任务是确定载体的运动参数，即确定载体在某个坐标系中的位置、速度和姿态，因此，在研究导航问题时，需要首先确定坐标系。

坐标系的分类方法很多，按相对于惯性空间运动与否，坐标系可以分为惯性坐标系和非惯性坐标系；按选取的坐标原点位置不同，坐标系可以分为银心坐标系（以银河系的中心为原点）、日心坐标系（以太阳系中心为原点）、地心坐标系（以地球质心为原点）、站心坐标系（以地面上的测站为原点）等；按是否与地球自转同步运动，坐标系可以分为地固坐标系和非地固坐标系；按表征参数不同，坐标系可以分为空间直角坐标系（也称为笛卡儿坐标系）和空间大地坐标系等。当然，如果按照不同的地球参考椭球体，还可以将坐标系分为更多的种类。

导航中常用的坐标系有地心惯性坐标系（Earth-centered Inertial Frame，简称 ECI）、地心地球固联坐标系（Earth-centered Earth fixed Frame，简称 ECEF）、导航坐标系、载体坐标系和地理坐标系。

1. 地心惯性坐标系（i 系）

在物理学上，惯性（Inertial）坐标系是指相对于宇宙的其他部分而言没有加速度和转动的坐标系。其中，ECI 是以地球质心为中心，以地球自转轴和恒星方向为坐标轴的坐标系，用符号 i 表示。由于地球在围绕太阳旋转轨道上的加速度非常小，旋转轴的移动和太阳系旋转也非常缓慢，其影响比导航传感器的测量噪声影响小，因此，在实际应用中，ECI 被认为是真惯性坐标系。

ECI 用 $O_iX_iY_iZ_i$ 表示，原点为地球质心，O_iZ_i 轴沿地球自转轴方向，并指向北极（非磁场北极）；O_iX_i 轴和 O_iY_i 轴在地球赤道平面内，其中，O_iX_i 轴指向春分点（春分点是赤道与黄道面的交线再与天球相交的交点之一，是天文测量中确定恒星时的起始点），O_iY_i 轴在地球旋转的方向上超前 O_iX_i 轴 90°。ECI 不随地球旋转。图 4-5 中给出了 ECI 的原点和坐标轴，旋转箭头表示地球相对于宇宙的自转方向。

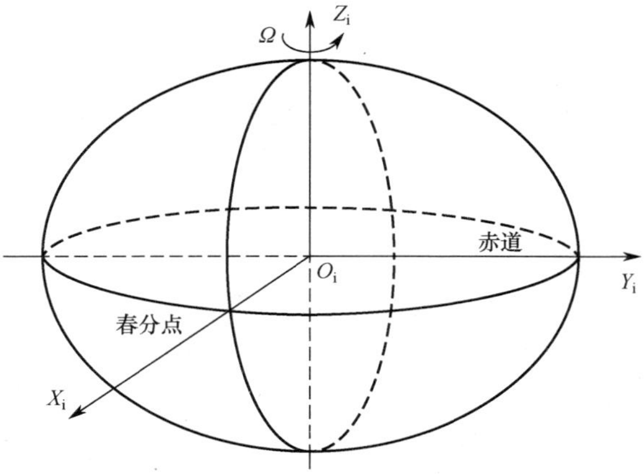

图 4-5　ECI

2. 地心地球固联坐标系（e 系）

ECEF 用符号 e 表示，或称 e 系，与 ECI 定义类似，但是其坐标轴与地球固联，因此，ECEF 随地球同步旋转。ECEF 相对于 ECI 的角运动大小即地球的转角速率，其值近似为 $\omega = 15.041°/\text{h}$。

ECEF 用 $O_eX_eY_eZ_e$ 表示，原点为地球质心，O_eZ_e 轴沿地球自转轴方向，指向北极；O_eX_e 轴和 O_eY_e 轴在地球赤道平面内，其中，O_eX_e 轴从地心指向本初子午线，由右手定则可知，O_eY_e 轴从地心指向赤道与 90° 东经子午线的交点。ECEF 如图 4-6 所示。

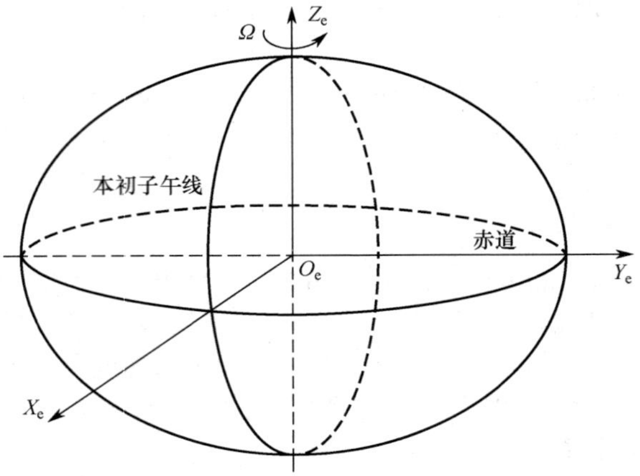

图 4-6 ECEF

3. 导航坐标系（n 系）

导航坐标系用 $O_nX_nY_nZ_n$ 表示，是 INS 在求解导航参数时所采用的参考坐标系，用符号 n 表示。INS 的高度通道在原理上是发散的，因而 INS 多采用当地水平坐标系作为参考坐标系，在 INS 长时间导航定位时只进行水平定位解算，高度通道通常简单地设置为固定值。地理坐标系就是一种当地水平坐标系，并且它的 O_gY_g 轴指向北向，随载体在地球表面上的移动而移动。除地球极点外（实际应用中需排除极点附近），各地的地理坐标系是唯一的，选取东北天地理坐标系作为导航参考坐标系，能够用于除极区外的全球导航应用，常常称为指北方位惯导系统。

4. 载体坐标系（b 系）

载体坐标系（Body Frame），又称为运动载体坐标系，由导航中要解算的导航对象的原点和姿态确定。载体坐标系的原点与当地导航坐标系重合，但坐标轴与载体固联。通常定义 X 轴为右向，Y 轴为前向（正常航行的方向），Z 轴为天向（向上方向），并由三个坐标轴组成正交坐标系。对于角运动来说，载体坐标系的轴也被称为俯仰轴、横滚轴和偏航轴，其中，X 轴为俯仰轴，Y 轴为横滚轴，Z 轴为偏航轴。根据右手定则，如果一个轴指向远离观察者的方向，那么相对于这个轴的顺时针旋转方向为正。

载体坐标系用 $O_bX_bY_bZ_b$ 表示，其原点定义为载体的重心或中心，O_bX_b 轴沿载体横轴向右，O_bY_b 轴沿载体纵轴向前，O_bZ_b 轴沿载体立轴向上。载体坐标系与载体固连，其相对于导航坐标系的方位关系可用一组欧拉角来描述，这些欧拉角可通过载体固连的传感器获得。

5. 地理坐标系（g 系）

地理坐标系用 $O_gX_gY_gZ_g$ 表示，原点定义为载体的重心或中心，O_gX_g 轴指向地理东向，O_gY_g 轴指向地理北向，O_gZ_g 轴垂直于当地旋转椭球面，指向天向。地理坐标系相对于地球坐标系的关系可由载体的地理坐标表示，即经度 λ、纬度 L 和椭球高度 h。

4.2.4 坐标变换与姿态

利用陀螺测量的载体角速度实时计算姿态矩阵，可对 SINS 的姿态进行更新。当载体高速运动时，姿态角速度较大，有时可达 400°/s，因此，姿态矩阵的实时计算对计算机性能提出了更高的要求。姿态实时计算是捷联式惯性导航的关键技术，也是影响 SINS 算法精度的重要因素之一。

载体的姿态和航向，表示载体坐标系和地理坐标系之间的方位关系，实质上与力学中刚体的定点转动问题类似。在刚体定点转动理论中，描述动坐标系相对于参考坐标系方位关系的方法有欧拉角法、方向余弦法和四元数法，还可以用等效旋转矢量法来更新刚体的定点转动变化。

1. 欧拉角法

一个动坐标系相对于参考坐标系的方位变化，完全可以由动坐标系一次绕三个不同轴转动三个转角来确定。把载体坐标系 $OX_bY_bZ_b$ 作为动坐标系，导航坐标系 $OX_nY_nZ_n$ 作为参考坐标系，当载体运动既有偏航角 φ，又有俯仰角 θ 和横滚角 γ 时，欧拉角的旋转示意如图 4-7 所示。

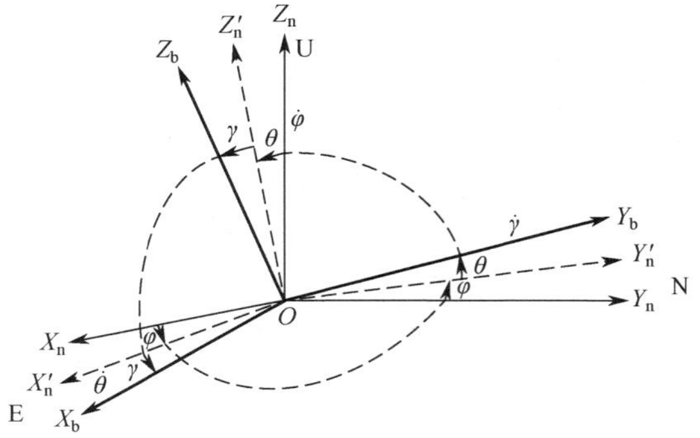

图 4-7　欧拉角旋转示意

假设初始时刻载体坐标系与参考坐标系重合，当载体顺序绕天向 U（或 Z_n 轴）、东向 E（或 X'_n 轴）和北向 N（或 Y_b 轴）三个方向分别旋转 φ、θ 和 γ 时，即有[4]

$$OX_nY_nZ_n \xrightarrow[\text{旋转}\varphi]{\text{绕}Z_n\text{轴}} OX'_nY'_nZ'_n \xrightarrow[\text{旋转}\theta]{\text{绕}X'_n\text{轴}} OX'_nY_bZ'_n \xrightarrow[\text{旋转}\gamma]{\text{绕}Y_b\text{轴}} OX_bY_bZ_b$$

每次旋转对应的变换矩阵为

$$\boldsymbol{C}_z=\begin{bmatrix}\cos\varphi & \sin\varphi & 0\\ -\sin\varphi & \cos\varphi & 0\\ 0 & 0 & 1\end{bmatrix},\quad \boldsymbol{C}_x=\begin{bmatrix}1 & 0 & 0\\ 0 & \cos\theta & \sin\theta\\ 0 & -\sin\theta & \cos\theta\end{bmatrix},\quad \boldsymbol{C}_y=\begin{bmatrix}\cos\gamma & 0 & -\sin\gamma\\ 0 & 1 & 0\\ \sin\gamma & 0 & \cos\gamma\end{bmatrix} \tag{4-15}$$

因此，从导航坐标系到载体坐标系的变换矩阵，即姿态变换矩阵，可以表示为

$$
\begin{aligned}
\boldsymbol{C}_{\mathrm{n}}^{\mathrm{b}} &= \boldsymbol{C}_y \boldsymbol{C}_x \boldsymbol{C}_z \\
&= \begin{bmatrix} \cos\gamma & 0 & -\sin\gamma \\ 0 & 1 & 0 \\ \sin\gamma & 0 & \cos\gamma \end{bmatrix} \begin{bmatrix} 1 & 0 & 0 \\ 0 & \cos\theta & \sin\theta \\ 0 & -\sin\theta & \cos\theta \end{bmatrix} \begin{bmatrix} \cos\varphi & \sin\varphi & 0 \\ -\sin\varphi & \cos\varphi & 0 \\ 0 & 0 & 1 \end{bmatrix} \\
&= \begin{bmatrix} \cos\gamma\cos\varphi - \sin\gamma\sin\varphi\sin\theta & \cos\gamma\sin\varphi + \sin\gamma\cos\varphi\sin\theta & -\sin\gamma\cos\theta \\ -\sin\varphi\cos\theta & \cos\varphi\cos\theta & \sin\theta \\ \sin\gamma\cos\varphi + \cos\gamma\sin\varphi\sin\theta & \sin\gamma\sin\varphi - \cos\gamma\cos\varphi\sin\theta & \cos\gamma\cos\theta \end{bmatrix}
\end{aligned} \tag{4-16}
$$

从载体坐标系到导航坐标系的变换矩阵为

$$
\boldsymbol{C}_{\mathrm{b}}^{\mathrm{n}} = (\boldsymbol{C}_{\mathrm{n}}^{\mathrm{b}})^{\mathrm{T}} \tag{4-17}
$$

假设载体坐标系相对于导航坐标系的角速度为 $\boldsymbol{\omega}_{\mathrm{nb}}$，那么 $\boldsymbol{\omega}_{\mathrm{nb}}$ 在载体坐标系内的分量为

$$
\begin{bmatrix} \omega_{\mathrm{nb}x}^{\mathrm{b}} \\ \omega_{\mathrm{nb}y}^{\mathrm{b}} \\ \omega_{\mathrm{nb}z}^{\mathrm{b}} \end{bmatrix} = \boldsymbol{C}_y \boldsymbol{C}_x \begin{bmatrix} 0 \\ 0 \\ \dot{\varphi} \end{bmatrix} + \boldsymbol{C}_y \begin{bmatrix} \dot{\theta} \\ 0 \\ 0 \end{bmatrix} + \begin{bmatrix} 0 \\ \dot{\gamma} \\ 0 \end{bmatrix} \tag{4-18}
$$

将式（4-15）代入式（4-18）展开，整理得

$$
\begin{bmatrix} \dot{\varphi} \\ \dot{\theta} \\ \dot{\gamma} \end{bmatrix} = \frac{1}{\cos\theta} \begin{bmatrix} -\sin\gamma & 0 & \cos\gamma \\ \cos\gamma\cos\theta & 0 & \sin\gamma\cos\theta \\ \sin\gamma\sin\theta & \cos\theta & -\cos\gamma\sin\theta \end{bmatrix} \begin{bmatrix} \omega_{\mathrm{nb}x}^{\mathrm{b}} \\ \omega_{\mathrm{nb}y}^{\mathrm{b}} \\ \omega_{\mathrm{nb}z}^{\mathrm{b}} \end{bmatrix} \tag{4-19}
$$

展开可得三个欧拉角的微分方程为

$$
\dot{\varphi} = -\frac{\sin\gamma}{\cos\theta}\omega_{\mathrm{nb}x}^{\mathrm{b}} + \frac{\cos\gamma}{\cos\theta}\omega_{\mathrm{nb}z}^{\mathrm{b}} \tag{4-20}
$$

$$
\dot{\theta} = \cos\gamma\omega_{\mathrm{nb}x}^{\mathrm{b}} + \sin\gamma\omega_{\mathrm{nb}z}^{\mathrm{b}} \tag{4-21}
$$

$$
\dot{\gamma} = \sin\gamma\tan\theta\omega_{\mathrm{nb}x}^{\mathrm{b}} + \omega_{\mathrm{nb}y}^{\mathrm{b}} - \cos\gamma\tan\theta\omega_{\mathrm{nb}z}^{\mathrm{b}} \tag{4-22}
$$

求解方程，可以得到三个欧拉角，即偏航角 φ、俯仰角 θ 和横滚角 γ。根据航向、姿态角和姿态矩阵元素之间的关系，可以得到姿态变换矩阵 $\boldsymbol{C}_{\mathrm{n}}^{\mathrm{b}}$。

2. *方向余弦法*

方向余弦法是用矢量的方向余弦来表示姿态矩阵的方法[10]。

如图 4-8 所示，假设 $\boldsymbol{i}_{\mathrm{i}}$，$\boldsymbol{j}_{\mathrm{i}}$，$\boldsymbol{k}_{\mathrm{i}}$ 表示直角坐标系 $OX_{\mathrm{i}}Y_{\mathrm{i}}Z_{\mathrm{i}}$（i 系）上的单位矢量，$\boldsymbol{i}_{\mathrm{b}}$，$\boldsymbol{j}_{\mathrm{b}}$，$\boldsymbol{k}_{\mathrm{b}}$ 表示直角坐标系 $OX_{\mathrm{b}}Y_{\mathrm{b}}Z_{\mathrm{b}}$（b 系）上的单位矢量，任意向量 $\boldsymbol{r}$ 在 i 系和 b 系两个坐标系的投影分别为$(x_{\mathrm{i}}, y_{\mathrm{i}}, z_{\mathrm{i}})$和$(x_{\mathrm{b}}, y_{\mathrm{b}}, z_{\mathrm{b}})$，那么有：

$$
\boldsymbol{r} = x_{\mathrm{i}}\boldsymbol{i}_{\mathrm{i}} + y_{\mathrm{i}}\boldsymbol{j}_{\mathrm{i}} + z_{\mathrm{i}}\boldsymbol{k}_{\mathrm{i}} = \begin{bmatrix} \boldsymbol{i}_{\mathrm{i}} & \boldsymbol{j}_{\mathrm{i}} & \boldsymbol{k}_{\mathrm{i}} \end{bmatrix} \begin{bmatrix} x_{\mathrm{i}} \\ y_{\mathrm{i}} \\ z_{\mathrm{i}} \end{bmatrix} \tag{4-23}
$$

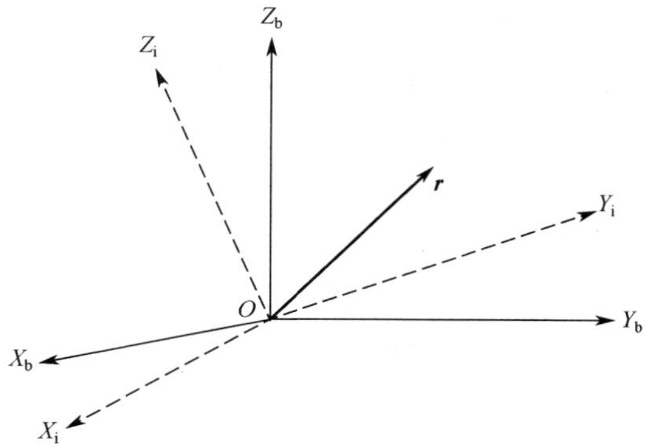

图 4-8　方向余弦法原理

$$
\boldsymbol{r}=x_b\boldsymbol{i}_b+y_b\boldsymbol{j}_b+z_b\boldsymbol{k}_b=\begin{bmatrix}\boldsymbol{i}_b & \boldsymbol{j}_b & \boldsymbol{k}_b\end{bmatrix}\begin{bmatrix}x_b\\ y_b\\ z_b\end{bmatrix} \tag{4-24}
$$

将式（4-23）和式（4-24）的第二个等号右边均左乘 $\begin{bmatrix}\boldsymbol{i}_b & \boldsymbol{j}_b & \boldsymbol{k}_b\end{bmatrix}^{\mathrm{T}}$，得

$$
\begin{bmatrix}\boldsymbol{i}_b\\ \boldsymbol{j}_b\\ \boldsymbol{k}_b\end{bmatrix}\begin{bmatrix}\boldsymbol{i}_b & \boldsymbol{j}_b & \boldsymbol{k}_b\end{bmatrix}\begin{bmatrix}x_b\\ y_b\\ z_b\end{bmatrix}=\begin{bmatrix}\boldsymbol{i}_b\\ \boldsymbol{j}_b\\ \boldsymbol{k}_b\end{bmatrix}\begin{bmatrix}\boldsymbol{i}_i & \boldsymbol{j}_i & \boldsymbol{k}_i\end{bmatrix}\begin{bmatrix}x_i\\ y_i\\ z_i\end{bmatrix} \tag{4-25}
$$

即有

$$
\begin{bmatrix}x_b\\ y_b\\ z_b\end{bmatrix}=\begin{bmatrix}\boldsymbol{i}_b\cdot\boldsymbol{i}_i & \boldsymbol{i}_b\cdot\boldsymbol{j}_i & \boldsymbol{i}_b\cdot\boldsymbol{k}_i\\ \boldsymbol{j}_b\cdot\boldsymbol{i}_i & \boldsymbol{j}_b\cdot\boldsymbol{j}_i & \boldsymbol{j}_b\cdot\boldsymbol{k}_i\\ \boldsymbol{k}_b\cdot\boldsymbol{i}_i & \boldsymbol{k}_b\cdot\boldsymbol{j}_i & \boldsymbol{k}_b\cdot\boldsymbol{k}_i\end{bmatrix}\begin{bmatrix}x_i\\ y_i\\ z_i\end{bmatrix} \tag{4-26}
$$

从式（4-26）可以看出，同一个向量可以表示成不同的形式，同一个向量在两个不同的空间直角坐标系下具有投影变换关系。式（4-26）中，令

$$
\boldsymbol{C}_i^b=\begin{bmatrix}\boldsymbol{i}_b\cdot\boldsymbol{i}_i & \boldsymbol{i}_b\cdot\boldsymbol{j}_i & \boldsymbol{i}_b\cdot\boldsymbol{k}_i\\ \boldsymbol{j}_b\cdot\boldsymbol{i}_i & \boldsymbol{j}_b\cdot\boldsymbol{j}_i & \boldsymbol{j}_b\cdot\boldsymbol{k}_i\\ \boldsymbol{k}_b\cdot\boldsymbol{i}_i & \boldsymbol{k}_b\cdot\boldsymbol{j}_i & \boldsymbol{k}_b\cdot\boldsymbol{k}_i\end{bmatrix} \tag{4-27}
$$

表示从坐标系 $OX_iY_iZ_i$ 到坐标系 $OX_bY_bZ_b$ 的变换矩阵。

在变换矩阵 $\boldsymbol{C}_i^b$ 中，由于 $\boldsymbol{i}$、$\boldsymbol{j}$、$\boldsymbol{k}$ 均表示单位向量，矩阵中的每一个元素为 i 系和 b 系单位向量的点乘，结果等于相应坐标轴的夹角余弦值，如 $\boldsymbol{j}_b\cdot\boldsymbol{i}_i=\cos(\angle X_bOY_i)$，同时，可以证明矩阵中的每一个行向量即 b 系坐标轴在 i 系中的方向，对于列向量同样适用。因此，变换矩阵 $\boldsymbol{C}_i^b$ 被称为从 i 系到 b 系的方向余弦矩阵。

根据方向余弦矩阵的概念，假设在 b 系中有一个固定矢量 $\boldsymbol{r}$，则 $\boldsymbol{r}$ 在 i 系和 b 系下投影的转换关系可表示为

$$
\boldsymbol{r}_b=\boldsymbol{C}_i^b\boldsymbol{r}_i \tag{4-28}
$$

两边同时对时间微分，得

$$\dot{\boldsymbol{r}}_{\mathrm{b}} = \boldsymbol{C}_{\mathrm{i}}^{\mathrm{b}}\dot{\boldsymbol{r}}_{\mathrm{i}} + \dot{\boldsymbol{C}}_{\mathrm{i}}^{\mathrm{b}}\boldsymbol{r}_{\mathrm{i}} \tag{4-29}$$

由于 $\dot{\boldsymbol{r}}_{\mathrm{i}} = -\boldsymbol{\omega}_{\mathrm{b}}^{\mathrm{i}} \times \boldsymbol{r}_{\mathrm{i}}$，式（4-29）可表示为

$$\dot{\boldsymbol{C}}_{\mathrm{i}}^{\mathrm{b}}\boldsymbol{r}_{\mathrm{i}} = \boldsymbol{C}_{\mathrm{i}}^{\mathrm{b}}(\boldsymbol{\omega}_{\mathrm{b}}^{\mathrm{i}}\times)\boldsymbol{r}_{\mathrm{i}} \tag{4-30}$$

对于不共面的非零矢量 $\boldsymbol{r}$，式（4-30）可进一步简化为

$$\dot{\boldsymbol{C}}_{\mathrm{i}}^{\mathrm{b}} = \boldsymbol{C}_{\mathrm{i}}^{\mathrm{b}}(\boldsymbol{\omega}_{\mathrm{b}}^{\mathrm{i}}\times) \tag{4-31}$$

式中，$\boldsymbol{\omega}_{\mathrm{b}}^{\mathrm{i}}\times$ 是反对称矩阵，式（4-31）可进一步展开为

$$\dot{\boldsymbol{C}}_{\mathrm{i}}^{\mathrm{b}} = \boldsymbol{C}_{\mathrm{i}}^{\mathrm{b}}\begin{bmatrix} 0 & -\omega_{\mathrm{b}}^{\mathrm{iz}} & \omega_{\mathrm{b}}^{\mathrm{iy}} \\ \omega_{\mathrm{b}}^{\mathrm{iz}} & 0 & -\omega_{\mathrm{b}}^{\mathrm{ix}} \\ -\omega_{\mathrm{b}}^{\mathrm{iy}} & \omega_{\mathrm{b}}^{\mathrm{ix}} & 0 \end{bmatrix} \tag{4-32}$$

采用毕卡逼近法求解矩阵微分方程[11]，可得解为

$$\boldsymbol{C}_{\mathrm{i}}^{\mathrm{b}}(t+\Delta t) = \left[\boldsymbol{I} + \frac{\sin\Delta\theta_0}{\Delta\theta_0}(\Delta\boldsymbol{\theta}_{\mathrm{i}}^{\mathrm{b}}\times) + \frac{1-\cos\Delta\theta_0}{(\Delta\theta_0)^2}(\Delta\boldsymbol{\theta}_{\mathrm{i}}^{\mathrm{b}}\times)^2\right]\boldsymbol{C}_{\mathrm{i}}^{\mathrm{b}}(t) \tag{4-33}$$

式中，

$$\Delta\boldsymbol{\theta}_{\mathrm{i}}^{\mathrm{b}} = \int_{i-1}^{i}\boldsymbol{\omega}_{\mathrm{i}}^{\mathrm{b}}\mathrm{d}t = \begin{bmatrix} 0 & -\Delta\theta_{\mathrm{iz}}^{\mathrm{b}} & \Delta\theta_{\mathrm{iy}}^{\mathrm{b}} \\ \Delta\theta_{\mathrm{ix}}^{\mathrm{b}} & 0 & -\Delta\theta_{\mathrm{iz}}^{\mathrm{b}} \\ -\Delta\theta_{\mathrm{iy}}^{\mathrm{b}} & \Delta\theta_{\mathrm{ix}}^{\mathrm{b}} & 0 \end{bmatrix} \tag{4-34}$$

$$\Delta\theta_0 = \sqrt{(\Delta\theta_{\mathrm{ix}}^{\mathrm{b}})^2 + (\Delta\theta_{\mathrm{iy}}^{\mathrm{b}})^2 + (\Delta\theta_{\mathrm{iz}}^{\mathrm{b}})^2} \tag{4-35}$$

当 $\Delta t = t_n - t_{n-1}$ 很小时，$\boldsymbol{\omega}_{\mathrm{i}}^{\mathrm{b}}$ 可认为是定轴转动的，即方向不发生变化，这时式（4-32）和式（4-33）才成立。

3．*四元数法*

四元数是一个由四个元素构成的数[12]，表示为

$$\boldsymbol{Q} = (q_0, q_1, q_2, q_3) = q_0 + q_1\boldsymbol{i} + q_2\boldsymbol{j} + q_3\boldsymbol{k} = q_0 + \boldsymbol{q}_v \tag{4-36}$$

式中，q_0 为标量，$\boldsymbol{q}_v$ 为矢量。

在刚体定点转动理论中，根据欧拉定理，动坐标系相对于参考坐标系的方位，等效于动坐标系绕一个等效转轴转动一个角度 θ。如果用 $\boldsymbol{u}$ 表示等效转轴方向的单位向量，则动坐标系的方位完全由 $\boldsymbol{u}$ 和 θ 两个参数确定。用 $\boldsymbol{u}$ 和 θ 构造一个四元数为

$$\boldsymbol{Q} = \cos\frac{\theta}{2} + \boldsymbol{u}\sin\frac{\theta}{2} \tag{4-37}$$

该四元数的范数为

$$\|\boldsymbol{Q}\| = q_0^2 + q_1^2 + q_2^2 + q_3^2 = 1 \tag{4-38}$$

式（4-38）称作“规范化”四元数，也叫变换四元数。这样就把三维空间和一个四维空间联系起来了，从而用四维空间的性质和运算规则来研究三维空间中刚体定点转动的问题。

设有两个四元数：

$$P = p_0 + p_1\boldsymbol{i} + p_2\boldsymbol{j} + p_3\boldsymbol{k} \tag{4-39}$$

$$Q = q_0 + q_1\boldsymbol{i} + q_2\boldsymbol{j} + q_3\boldsymbol{k} \tag{4-40}$$

二者相乘为

$$\begin{aligned} \boldsymbol{P}\circ\boldsymbol{Q} &= (q_0 + q_1\boldsymbol{i} + q_2\boldsymbol{j} + q_3\boldsymbol{k})\circ(q_0 + q_1\boldsymbol{i} + q_2\boldsymbol{j} + q_3\boldsymbol{k}) \\ &= (p_0q_0 - p_1q_1 - p_2q_2 - p_3q_3) + \\ &\quad (p_0q_1 + p_1q_0 + p_2q_3 - p_3q_2)\boldsymbol{i} + \\ &\quad (p_0q_2 + p_2q_0 + p_3q_1 - p_1q_3)\boldsymbol{j} + \\ &\quad (p_0q_3 + p_3q_0 + p_1q_2 - p_2q_1)\boldsymbol{k} \end{aligned} \tag{4-41}$$

式中，“∘”表示四元数相乘。上式写成矩阵形式为

$$\boldsymbol{P}\circ\boldsymbol{Q} = \begin{bmatrix} p_0 & -p_1 & -p_2 & -p_3 \\ p_1 & p_0 & -p_3 & p_2 \\ p_2 & p_3 & p_0 & -p_1 \\ p_3 & -p_2 & p_1 & p_0 \end{bmatrix}\begin{bmatrix} q_0 \\ q_1 \\ q_2 \\ q_3 \end{bmatrix} = \begin{bmatrix} q_0 & -q_1 & -q_2 & -q_3 \\ q_1 & q_0 & q_3 & -q_2 \\ q_2 & -q_3 & q_0 & q_1 \\ q_3 & q_2 & -q_1 & q_0 \end{bmatrix}\begin{bmatrix} p_0 \\ p_1 \\ p_2 \\ p_3 \end{bmatrix} \tag{4-42}$$

即

$$\boldsymbol{P}\circ\boldsymbol{Q} = \boldsymbol{M}(\boldsymbol{P})\boldsymbol{Q} = \boldsymbol{M}^*(\boldsymbol{Q})\boldsymbol{P} \tag{4-43}$$

用四元数表示的矢量坐标变换可分为旋转矢量坐标变换和固定矢量坐标变换两种情况。

1）旋转矢量的坐标变换

假定矢量 $\boldsymbol{r}$ 绕通过定点 O 的某一旋转轴 $\boldsymbol{u}^{\mathrm{n}}$ 转动了一个角度 θ，则从 n 系到 b 系的旋转四元数 $\boldsymbol{Q}$ 可表示为

$$\boldsymbol{Q} = \cos\frac{\theta}{2} + \boldsymbol{u}^{\mathrm{n}}\sin\frac{\theta}{2} \tag{4-44}$$

如果转动后的矢量用 $\boldsymbol{r}'$ 表示，则以四元数描述 $\boldsymbol{r}'$ 和 $\boldsymbol{r}$ 间的关系，可表示为

$$\boldsymbol{r}' = \boldsymbol{Q}\circ\boldsymbol{r}\circ\boldsymbol{Q}^* \tag{4-45}$$

式中，$\boldsymbol{Q}^* = \cos\frac{\theta}{2} - \boldsymbol{u}\sin\frac{\theta}{2}$，称作 $\boldsymbol{Q}$ 的共轭。

2）固定矢量的坐标变换

如果矢量固定不动，而动坐标系相对参考坐标系转动了一个角度，则以四元数描述的矢量在两个坐标系上的分量的变换关系为

$$\boldsymbol{R}_{\mathrm{n}} = \boldsymbol{Q}\circ\boldsymbol{R}_{\mathrm{b}}\circ\boldsymbol{Q}^* \tag{4-46}$$

$$\boldsymbol{R}_{\mathrm{b}} = \boldsymbol{Q}^*\circ\boldsymbol{R}_{\mathrm{n}}\circ\boldsymbol{Q} \tag{4-47}$$

根据固定矢量的坐标变换特性，将式（4-47）按照式（4-43）写成矩阵形式，并以地理坐标系为参考坐标系，则有

$$\boldsymbol{Q}(\boldsymbol{R}_{\mathrm{b}}) = \boldsymbol{M}(\boldsymbol{Q}^*)\boldsymbol{M}^*(\boldsymbol{Q})\boldsymbol{Q}(\boldsymbol{R}_{\mathrm{n}}) \tag{4-48}$$

式中，$\boldsymbol{Q}(\boldsymbol{R}_{\mathrm{b}})$、$\boldsymbol{Q}(\boldsymbol{R}_{\mathrm{n}})$分别是用 $\boldsymbol{R}_{\mathrm{b}}$ 和 $\boldsymbol{R}_{\mathrm{n}}$ 构造的四元数。

展开式（4-48）并去掉第一行和第一列，可得

$$\begin{bmatrix} x_b \\ y_b \\ z_b \end{bmatrix} = \begin{bmatrix} q_0^2+q_1^2-q_2^2-q_3^2 & 2(q_1q_2+q_0q_3) & 2(q_1q_3-q_0q_2) \\ 2(q_1q_2-q_0q_3) & q_0^2+q_2^2-q_1^2-q_3^2 & 2(q_2q_3+q_0q_1) \\ 2(q_1q_3+q_0q_2) & 2(q_2q_3-q_0q_1) & q_0^2+q_1^2-q_2^2-q_3^2 \end{bmatrix} \begin{bmatrix} x_n \\ y_n \\ z_n \end{bmatrix} \tag{4-49}$$

或

$$\begin{bmatrix} x_n \\ y_n \\ z_n \end{bmatrix} = \begin{bmatrix} q_0^2+q_1^2-q_2^2-q_3^2 & 2(q_1q_2-q_0q_3) & 2(q_1q_3+q_0q_2) \\ 2(q_1q_2+q_0q_3) & q_0^2+q_2^2-q_1^2-q_3^2 & 2(q_2q_3-q_0q_1) \\ 2(q_1q_3-q_0q_2) & 2(q_2q_3+q_0q_1) & q_0^2+q_1^2-q_2^2-q_3^2 \end{bmatrix} \begin{bmatrix} x_b \\ y_b \\ z_b \end{bmatrix} \tag{4-50}$$

式（4-49）的姿态变换矩阵即 $\boldsymbol{C}_n^b$，与式（4-16）完全一致。通过比较式（4-49）和式（4-50）可知，两个姿态变换矩阵相等，即对角元素对应相等。如果知道式（4-49）中变换四元数 $\boldsymbol{Q}$ 的四个元素，则可以对应求出式（4-16）表示的姿态变换矩阵的九个元素，构成姿态变换矩阵。反过来，如果知道姿态变换矩阵的九个元素，也可以相应地求出变换四元数的四个元素。

对式（4-44）两边求导：

$$\dot{\boldsymbol{Q}} = -\frac{\dot{\theta}}{2}\sin\frac{\theta}{2} + \boldsymbol{u}^n\frac{\dot{\theta}}{2}\cos\frac{\theta}{2} + \sin\frac{\theta}{2}\dot{\boldsymbol{u}}^n \tag{4-51}$$

根据哥氏定理有

$$\dot{\boldsymbol{u}}^n = \boldsymbol{C}_b^n\dot{\boldsymbol{u}}^b + \boldsymbol{\omega}_{nb}^n \times \boldsymbol{u}^n \tag{4-52}$$

在刚体绕轴旋转时，与刚体固联的 b 系的各个轴在旋转过程中分别位于三个不同的圆锥面上，三个圆锥面的顶点即 b 系的原点，为其共同的对称轴，这样刚体上的点到 b 系三个轴上的投影不变，长度为各自圆锥底面的半径，所以有 $\dot{\boldsymbol{u}}^b = \boldsymbol{0}$，式（4-52）右侧第一项为 **0**；$\boldsymbol{\omega}_{nb}^n$ 是 n 系到 b 系的角速度在 n 系上的投影，与 $\boldsymbol{u}^n$ 共面，式（4-52）右侧第二项为 **0**。因此，式（4-51）简化为

$$\dot{\boldsymbol{Q}} = -\frac{\dot{\theta}}{2}\sin\frac{\theta}{2} + \boldsymbol{u}^n\frac{\dot{\theta}}{2}\cos\frac{\theta}{2} \tag{4-53}$$

定义符号⊗表示先进行四元数乘法运算，再提取结果中的矢量部分。对于标量部分为 0 的四元数 $\boldsymbol{u}^n$，有 $\boldsymbol{u}^n \otimes \boldsymbol{u}^n = -1$，所以式（4-53）可以写为

$$\begin{aligned} \dot{\boldsymbol{Q}} &= \boldsymbol{u}^n \otimes \boldsymbol{u}^n\frac{\dot{\theta}}{2}\sin\frac{\theta}{2} + \boldsymbol{u}^n\frac{\dot{\theta}}{2}\cos\frac{\theta}{2} \\ &= \frac{1}{2}\dot{\theta}\boldsymbol{u}^n \otimes \boldsymbol{Q} \end{aligned} \tag{4-54}$$

由于 $\dot{\theta}\boldsymbol{u}^n = \boldsymbol{\omega}_{nb}^n$，式（4-54）又可写为

$$\dot{\boldsymbol{Q}} = \frac{1}{2}\boldsymbol{\omega}_{nb}^n \otimes \boldsymbol{Q} \tag{4-55}$$

由于 $\boldsymbol{\omega}_{nb}^n$ 是在导航坐标系下的角速度，而陀螺仪测量得到的角速度是在载体坐标系下，所以需要坐标变换。根据坐标变换的四元数乘法法则：

$$\boldsymbol{r}^n = \boldsymbol{Q} \otimes \boldsymbol{r}^b \otimes \boldsymbol{Q}^* \tag{4-56}$$

式中，$\boldsymbol{Q}^*$为 $\boldsymbol{Q}$ 的共轭四元数，$\boldsymbol{Q}$ 为从 n 系到 b 系的变换四元数，$\boldsymbol{r}^b$ 和 $\boldsymbol{r}^n$ 为标量部分为 0

的四元数。类似地有

$$\boldsymbol{\omega}_{\mathrm{nb}}^{\mathrm{n}} = \boldsymbol{Q} \otimes \boldsymbol{\omega}_{\mathrm{nb}}^{\mathrm{b}} \otimes \boldsymbol{Q}^{*} \tag{4-57}$$

将式（4-57）代入式（4-55），得

$$\dot{\boldsymbol{Q}} = \frac{1}{2}\boldsymbol{Q} \otimes \boldsymbol{\omega}_{\mathrm{nb}}^{\mathrm{b}} \otimes \boldsymbol{Q}^{*} \otimes \boldsymbol{Q} = \frac{1}{2}\boldsymbol{Q} \otimes \boldsymbol{\omega}_{\mathrm{nb}}^{\mathrm{b}} \tag{4-58}$$

如果用 $\boldsymbol{\omega}_{\mathrm{nb}}^{\mathrm{bq}}$ 表示 $\boldsymbol{\omega}_{\mathrm{nb}}^{\mathrm{b}} = [\omega_x \quad \omega_y \quad \omega_z]^{\mathrm{T}}$ 的分量构造的四元数，那么四元数微分方程的形式为

$$\dot{\boldsymbol{Q}}(t) = \frac{1}{2}\boldsymbol{Q}(t) \circ \boldsymbol{\omega}_{\mathrm{nb}}^{\mathrm{bq}} \tag{4-59}$$

式中，$\boldsymbol{Q}(t)$ 是姿态四元数。式（4-59）写成矩阵形式为

$$\dot{\boldsymbol{Q}}(t) = \frac{1}{2}[\boldsymbol{\omega}_{\mathrm{nb}}^{\mathrm{bq}}(t)]\boldsymbol{Q}(t) \tag{4-60}$$

求解微分方程，可得

$$\boldsymbol{Q}(t) = \mathrm{e}^{\frac{1}{2}\int_0^t \boldsymbol{\omega}_{\mathrm{nb}}^{\mathrm{b}}(\tau)\mathrm{d}\tau}\boldsymbol{Q}(t_0) \tag{4-61}$$

令

$$[\Delta\theta] = \int_0^t \boldsymbol{\omega}_{\mathrm{nb}}^{\mathrm{b}}(\tau)\mathrm{d}\tau = \begin{bmatrix} 0 & -\Delta\theta_x & -\Delta\theta_y & -\Delta\theta_z \\ \Delta\theta_x & 0 & \Delta\theta_z & -\Delta\theta_y \\ \Delta\theta_y & -\Delta\theta_z & 0 & \Delta\theta_x \\ \Delta\theta_z & \Delta\theta_y & -\Delta\theta_x & 0 \end{bmatrix} \tag{4-62}$$

则

$$\begin{aligned} \boldsymbol{Q}(t) &= \mathrm{e}^{\frac{1}{2}\int_0^t \boldsymbol{\omega}_{\mathrm{nb}}^{\mathrm{b}}(\tau)\mathrm{d}\tau}\boldsymbol{Q}(t_0) \\ &= \left[I + \frac{1}{2}[\Delta\theta] + \frac{1}{2!}\left(\frac{1}{2}[\Delta\theta]\right)^2 + \frac{1}{3!}\left(\frac{1}{2}[\Delta\theta]\right)^3 + \cdots\right]\boldsymbol{Q}(t_0) \end{aligned} \tag{4-63}$$

根据 $\Delta\theta = \sqrt{\Delta\theta_x^2 + \Delta\theta_y^2 + \Delta\theta_z^2}$ ，$[\Delta\theta]^2 = -\Delta\theta^2\boldsymbol{I}$ ，$[\Delta\theta]^3 = -\Delta\theta^2[\Delta\theta]$ ，$[\Delta\theta]^4 = -\Delta\theta^4\boldsymbol{I}$ ，可得

$$\boldsymbol{Q}(t) = \left\{\boldsymbol{I}\cos\frac{\Delta\theta}{2} + \frac{[\Delta\theta]}{\Delta\theta}\sin\frac{\Delta\theta}{2}\right\}\boldsymbol{Q}(t_0) \tag{4-64}$$

根据式（4-42），式（4-64）可进一步写为

$$\boldsymbol{Q}(t) = \boldsymbol{Q}(t_0)\begin{bmatrix} \cos\dfrac{\Delta\theta}{2} \\ \dfrac{[\Delta\theta]}{\Delta\theta}\sin\dfrac{\Delta\theta}{2} \end{bmatrix} \tag{4-65}$$

若将研究区间从$[t_0, t]$改为$[t_{k-1}, t_k]$，选择 i 系为参考坐标系，则有

$$\boldsymbol{Q}_{b(k)}^{i} = \boldsymbol{Q}_{b(k-1)}^{i} \circ \boldsymbol{Q}_{b(k)}^{b(k-1)} \tag{4-66}$$

$$\boldsymbol{Q}_{b(k)}^{b(k-1)} = \begin{bmatrix} \cos\dfrac{\Delta\theta_k}{2} \\ \dfrac{[\Delta\theta_k]}{\Delta\theta_k}\sin\dfrac{\Delta\theta_k}{2} \end{bmatrix} \tag{4-67}$$

式中，$\boldsymbol{Q}_{b(k-1)}^{i}$ 和 $\boldsymbol{Q}_{b(k)}^{i}$ 分别为 t_{k-1} 时刻和 t_k 时刻的姿态变换四元数；$\boldsymbol{Q}_{b(k)}^{b(k-1)}$ 为从 t_{k-1} 时刻到 t_k 时刻的姿态四元数变化量。式（4-66）和式（4-67）即姿态更新的四元数递推计算公式。值得注意的是，只有当 b 系在时间段$[t_{k-1}, t_k]$内做定轴转动时，式（4-66）和式（4-67）才严格成立。

在实际解算过程中，$\cos\dfrac{\Delta\theta_k}{2}$ 和 $\sin\dfrac{\Delta\theta_k}{2}$ 必须按照级数展开有限项计算，得到四元数的各阶近似算法。

一阶算法：

$$\boldsymbol{Q}(k+1) = \left\{\boldsymbol{I} + \frac{1}{2}[\Delta\theta_k]\right\}\boldsymbol{Q}(k) \tag{4-68}$$

二阶算法：

$$\boldsymbol{Q}(k+1) = \left\{\left(1 - \frac{1}{8}(\Delta\theta_{k-1})^2\right)\boldsymbol{I} + \frac{1}{2}[\Delta\theta_k]\right\}\boldsymbol{Q}(k) \tag{4-69}$$

三阶算法：

$$\boldsymbol{Q}(k+1) = \left\{\left(1 - \frac{1}{8}(\Delta\theta_{k-1})^2\right)\boldsymbol{I} + \left(\frac{1}{2} - \frac{1}{48}(\Delta\theta_{k-1})^2\right)[\Delta\theta_k]\right\}\boldsymbol{Q}(k) \tag{4-70}$$

四阶算法：

$$\boldsymbol{Q}(k+1) = \left\{\left(1 - \frac{1}{8}(\Delta\theta_{k-1})^2 + \frac{1}{384}(\Delta\theta_{k-1})^4\right)\boldsymbol{I} + \left(\frac{1}{2} - \frac{1}{48}(\Delta\theta_{k-1})^2\right)[\Delta\theta_k]\right\}\boldsymbol{Q}(k) \tag{4-71}$$

利用四阶龙格-库塔方法对四元数微分方程式（4-60）进行求解，可得

$$k_1 = \frac{T}{2}[\boldsymbol{\omega}_{nb}^{b}(t)]\boldsymbol{Q}(t) \tag{4-72}$$

$$k_2 = \frac{T}{2}\left[\boldsymbol{\omega}_{nb}^{b}\left(t + \frac{T}{2}\right)\right]\left(\boldsymbol{Q}(t) + \frac{k_1}{2}\right) \tag{4-73}$$

$$k_3 = \frac{T}{2}\left[\boldsymbol{\omega}_{nb}^{b}\left(t + \frac{T}{2}\right)\right]\left(\boldsymbol{Q}(t) + \frac{k_2}{2}\right) \tag{4-74}$$

$$k_4 = \frac{T}{2}[\boldsymbol{\omega}_{nb}^{b}(t+T)](\boldsymbol{Q}(t) + k_3) \tag{4-75}$$

4. 等效旋转矢量法

等效旋转矢量法是一种用于描述三维刚体旋转的数学方法，它建立在刚体矢量旋转思想上[13]。该思想在姿态更新周期内，采用四元数法计算姿态四元数，而等效旋转矢量法先计算姿态变换四元数，再计算姿态四元数[5]。

利用等效旋转矢量法计算运动体的姿态通常分成两个步骤：①旋转矢量的计算，即利用旋转矢量描述运动载体姿态的变化；②四元数的更新，即利用四元数描述运动载体相对于参考坐标系的实时方位。

在运动力学中，刚体的有限转动是不可交换的。比如，刚体先绕 X 轴转动 90° 再绕 Y 轴转动 90°，和先绕 Y 轴转动 90° 再绕 X 轴转动 90° 的结果是不同的，这就是刚体转动的不可交换性。转动的不可交换性表明这种有限转动不是矢量，也就是说两次以上的转动不能相加。

根据前面的分析可知，方向余弦法和四元数法计算都用到了角速度矢量的积分，即 $\Delta\boldsymbol{\theta}=\int_{t_{n-1}}^{t_n}\boldsymbol{\omega}\mathrm{d}t$ 。当载体运动不是定轴转动时，矢量的方向随时间变化，因此对角速度矢量进行一次积分是无意义的。只有在积分区间很小时，按照式（4-68）～式（4-71）采用龙格-库塔方法进行四元数求解的过程才近似成立，但是也引入了不可交换误差。显然，采样周期必须很小，不可交换误差才近似可忽略；否则，计算结果中会有较大的不可交换误差。而采样周期太小，将会使计算机实时计算的工作量增大。为减小不可交换误差，美国科学家 John E.Bortz 于 1971 年提出了旋转矢量的概念。

根据四元数的微分方程推导等效旋转矢量的微分方程，即可得到 Bortz 方程：

$$\begin{aligned}\dot{\boldsymbol{\Phi}}&=\boldsymbol{\omega}+\frac{1}{2}\boldsymbol{\Phi}\times\boldsymbol{\omega}+\frac{1}{\phi^2}\left[1-\frac{\phi\sin\phi}{2(1-\cos\phi)}\right]\boldsymbol{\Phi}\times(\boldsymbol{\Phi}\times\boldsymbol{\omega})\\&=\boldsymbol{\omega}+\frac{1}{2}\boldsymbol{\Phi}\times\boldsymbol{\omega}+\frac{1}{\phi^2}\left[1-\frac{\phi}{2}\cot\frac{\phi}{2}\right]\boldsymbol{\Phi}\times(\boldsymbol{\Phi}\times\boldsymbol{\omega})\end{aligned}\tag{4-76}$$

当 ϕ 为小量时，对式（4-76）中的 $\cot\frac{\phi}{2}$ 进行 TAYLOR 展开，得

$$\begin{aligned}\dot{\boldsymbol{\Phi}}&=\boldsymbol{\omega}+\frac{1}{2}\boldsymbol{\Phi}\times\boldsymbol{\omega}+\frac{1}{\phi^2}\left[1-\frac{\phi}{2}\left(\frac{2}{\phi}-\frac{1}{3}\cdot\frac{\phi}{2}-\frac{1}{45}\cdot\left(\frac{\phi}{2}\right)^3-\cdots\right)\right]\boldsymbol{\Phi}\times(\boldsymbol{\Phi}\times\boldsymbol{\omega})\\&=\boldsymbol{\omega}+\frac{1}{2}\boldsymbol{\Phi}\times\boldsymbol{\omega}+\frac{1}{\phi^2}\left(\frac{1}{12}\phi^2+\frac{1}{720}\phi^4+\cdots\right)\boldsymbol{\Phi}\times(\boldsymbol{\Phi}\times\boldsymbol{\omega})\end{aligned}\tag{4-77}$$

（1）由于姿态更新周期一般都很短，ϕ 很小，取至式（4-77）三角函数展开式的第三项，可得到近似方程：

$$\dot{\boldsymbol{\Phi}}\approx\boldsymbol{\omega}+\frac{1}{2}\boldsymbol{\Phi}\times\boldsymbol{\omega}+\frac{1}{12}\boldsymbol{\Phi}\times(\boldsymbol{\Phi}\times\boldsymbol{\omega})\tag{4-78}$$

从式（4-78）可以看出，等效旋转矢量的导数等于 $\boldsymbol{\omega}$ 加上两个修正项，修正项反映了不可交换误差产生的影响。根据角速度 $\boldsymbol{\omega}$ 求解等效旋转矢量 $\boldsymbol{\Phi}$，用 $\boldsymbol{\Phi}$ 代替四元数解中的 $[\Delta\theta]$，则可以消除计算的四元数中的不可交换误差。

设 n 为导航坐标系，b 为载体坐标系，$\boldsymbol{r}$ 为某个向量，记 t_{k-1} 和 t_k 时刻的载体坐标系分别为 b(k–1)和 b(k)，b(k–1)系至 n 系的旋转四元数为 $\boldsymbol{Q}(t_{k-1})$，b(k)系至 n 系的旋转四元数为 $\boldsymbol{Q}(t_k)$，b(k–1)系至 b(k)系的旋转四元数为 $q(h)$，$h=t_k-t_{k-1}$。

根据坐标变换的矩阵表示法与四元数法效果等价的结论，有

$$\boldsymbol{r}_{\mathrm{n}}=\boldsymbol{C}_{\mathrm{b}(k)}^{\mathrm{n}}\boldsymbol{r}^{\mathrm{b}(k)} \tag{4-79}$$

等价于

$$\boldsymbol{r}^{\mathrm{n}}=\boldsymbol{Q}(t_k)\circ\boldsymbol{r}^{\mathrm{b}(k)}\circ\boldsymbol{Q}^*(t_k) \tag{4-80}$$

同理，

$$\boldsymbol{r}^{\mathrm{n}}=\boldsymbol{C}_{\mathrm{b}(k-1)}^{\mathrm{n}}\boldsymbol{C}_{\mathrm{b}k}^{\mathrm{b}(k-1)}\boldsymbol{r}^{\mathrm{b}(k)} \tag{4-81}$$

等价于

$$\boldsymbol{r}^{\mathrm{n}}=\boldsymbol{Q}(t_{k-1})\circ\left[\boldsymbol{q}(h)\circ\boldsymbol{r}^{\mathrm{b}(k)}\circ\boldsymbol{q}^*(h)\right]\circ\boldsymbol{Q}^*(t_{k-1}) \tag{4-82}$$

根据四元数乘法的结合律，式（4-82）可以写成：

$$\boldsymbol{r}^{\mathrm{n}}=\left[\boldsymbol{Q}(t_{k-1})\circ\boldsymbol{q}(h)\right]\circ\boldsymbol{r}^{\mathrm{b}(k)}\circ\left[\boldsymbol{Q}(t_{k-1})\circ\boldsymbol{q}(h)\right]^* \tag{4-83}$$

比较式（4-82）和式（4-83），可得

$$\boldsymbol{Q}(t_k)=\boldsymbol{Q}(t_{k-1})\circ\boldsymbol{q}(h)\text{ 或 }\boldsymbol{Q}(t+h)=\boldsymbol{Q}(t)\circ\boldsymbol{q}(h) \tag{4-84}$$

式中，$\boldsymbol{Q}(t+h)$和$\boldsymbol{Q}(t)$分别表示载体在$t+h$和t时刻的姿态四元数；$\boldsymbol{q}(h)$为姿态更新四元数，表示为

$$\boldsymbol{q}(h)=\cos\frac{\phi}{2}+\frac{\boldsymbol{\Phi}}{\phi}\sin\frac{\phi}{2} \tag{4-85}$$

式中，$\boldsymbol{\Phi}$为$\mathrm{b}(k-1)$系至$\mathrm{b}(k)$系的等效旋转矢量；ϕ为旋转角。式（4-84）即四元数更新方程，也称姿态更新方程。

（2）在实际工程应用中，常忽略ϕ的二阶小量，得

$$\dot{\boldsymbol{\Phi}}\approx\boldsymbol{\omega}+\frac{1}{2}\boldsymbol{\Phi}\times\boldsymbol{\omega} \tag{4-86}$$

式（4-86）还可进一步近似为

$$\dot{\boldsymbol{\Phi}}(t)\approx\boldsymbol{\omega}(t)+\frac{1}{2}\Delta\boldsymbol{\theta}(t)\times\boldsymbol{\omega}(t) \tag{4-87}$$

式中，

$$\Delta\boldsymbol{\theta}(t)=\int_{t_{k-1}}^{t}\boldsymbol{\omega}(\tau)\mathrm{d}\tau,\quad \tau\in[t_{k-1},t] \tag{4-88}$$

在惯性导航工程应用中，式（4-87）即根据陀螺角增量输出求解等效旋转矢量的计算式。

对式（4-86）在$[t_{k-1},t]$积分，得

$$\begin{aligned}\boldsymbol{\Phi}(t)&=\int_{t_{k-1}}^{t}\left[\boldsymbol{\omega}(\tau)+\frac{1}{2}\boldsymbol{\Phi}(\tau)\times\boldsymbol{\omega}(\tau)\right]\mathrm{d}\tau\\&=\Delta\boldsymbol{\theta}+\frac{1}{2}\int_{t_{k-1}}^{t}\boldsymbol{\Phi}(\tau)\times\boldsymbol{\omega}(\tau)\mathrm{d}\tau\end{aligned} \tag{4-89}$$

式中，$\boldsymbol{\Phi}(\tau)$用式（4-86）的积分继续迭代，忽略高阶积分项并化简，可得

$$\boldsymbol{\Phi}(t)\approx\Delta\boldsymbol{\theta}+\frac{1}{2}\int_{t_{k-1}}^{t}\Delta\boldsymbol{\theta}(\tau)\times\boldsymbol{\omega}(\tau)\mathrm{d}\tau \tag{4-90}$$

式中，约等号右边第二项是等效旋转矢量$\boldsymbol{\Phi}(\tau)$与角增量$\Delta\boldsymbol{\theta}$之间的差值，通常称作转动不

可交换误差的修正量。

将 $t=t_k$ 代入式（4-90），可得到 t_k 时刻的等效旋转矢量 $\boldsymbol{\Phi}_k$：

$$\boldsymbol{\Phi}_k=\boldsymbol{\Phi}(t_k)=\Delta\boldsymbol{\theta}_k+\frac{1}{2}\int_{t_{k-1}}^{t_k}\Delta\boldsymbol{\theta}(t)\times\boldsymbol{\omega}(t)\mathrm{d}t\ ,t\in[t_{k-1},t_k] \tag{4-91}$$

由于单次测量陀螺角增量输出，无法通过积分求解对应的等效旋转矢量，因此，需要在一个时间段内多次测量的陀螺角增量，通过一定的数学模型逼近载体的真实角运动。常用的数学模型有点、线段、曲线，分别对应单子样模型、双子样模型和多子样模型。

（1）单子样模型：假设在积分时间段$[t_{k-1}, t_k]$内，角速度向量 $\boldsymbol{\omega}$ 为常向量，方向和大小都保持不变，即

$$\boldsymbol{\omega}(t)=\boldsymbol{\omega}(t_{k-1})\ ,\quad t\in[t_{k-1},t_k] \tag{4-92}$$

此时，$\Delta\boldsymbol{\theta}(t)$与 $\boldsymbol{\omega}$ 方向相同，式（4-91）第二个等号右侧第二项为 $\mathbf{0}$，有 $\boldsymbol{\Phi}(t_k)=\Delta\boldsymbol{\theta}_k$。

（2）双子样模型：假设在积分时间段$[t_{k-1}, t_k]$内，角速度向量 $\boldsymbol{\omega}$ 随时间线性变化，即

$$\boldsymbol{\omega}(t)=\boldsymbol{a}+\boldsymbol{b}(t-t_{k-1})\ ,\quad a, b\ \text{为线性参数} \tag{4-93}$$

根据陀螺角增量输出定义，有

$$\begin{aligned}\Delta\boldsymbol{\theta}(t)&=\int_{t_{k-1}}^{t}\boldsymbol{\omega}(\tau)\mathrm{d}\tau\\&=\int_{t_{k-1}}^{t}\boldsymbol{a}+\boldsymbol{b}(\tau-\tau_{k-1})\mathrm{d}\tau\\&=\boldsymbol{a}(t-t_{k-1})+\frac{1}{2}\boldsymbol{b}(t-t_{k-1})^2\end{aligned} \tag{4-94}$$

若采样周期为 T，根据 $t_{k+1}-t_k=t_k-t_{k-1}=T$，可求解系数 $\boldsymbol{a}$ 和 $\boldsymbol{b}$ 为

$$\boldsymbol{a}=\frac{\Delta\boldsymbol{\theta}_{k-1}+\Delta\boldsymbol{\theta}_k}{2T}\ ,\quad \boldsymbol{b}=\frac{\Delta\boldsymbol{\theta}_k-\Delta\boldsymbol{\theta}_{k-1}}{2T^2} \tag{4-95}$$

将式（4-93）和式（4-94）代入式（4-91）得

$$\boldsymbol{\Phi}_k=\Delta\boldsymbol{\theta}_k+\frac{1}{12}(\boldsymbol{a}\times\boldsymbol{b})T^3 \tag{4-96}$$

将式（4-95）代入式（4-96）得

$$\boldsymbol{\Phi}_k=\Delta\boldsymbol{\theta}_k+\frac{1}{12}\Delta\boldsymbol{\theta}_{k-1}\times\Delta\boldsymbol{\theta}_k \tag{4-97}$$

4.3 捷联式惯性导航方法

SINS 不采用实体平台，把加速度计和陀螺仪［惯性测量单元（IMU）］直接固定在载体上，在计算机中实时地计算姿态矩阵，通过姿态矩阵把加速度计测得的沿载体坐标系轴的加速度信息变换到导航坐标系，然后进行导航计算。也就是说，SINS 在计算机中用方向余弦矩阵或四元数等方法实现导航平台的功能，因此，SINS 的惯性平台又称为“数学平台”。如图 4-9 所示为捷联式惯性导航（以下简称捷联惯导）原理图。

由于 IMU 直接固联在载体上，IMU 测量的是沿载体坐标系各轴的惯性加速度和绕载体坐标系各轴的旋转角速率。与 PINS 直接输出载体的姿态角不同，在 SINS 中，必须将

加速度计的输出转换到导航坐标系，然后进行导航参数解算。陀螺仪输出的角速度，一方面用于建立和修正数学平台，另一方面用于计算姿态角。

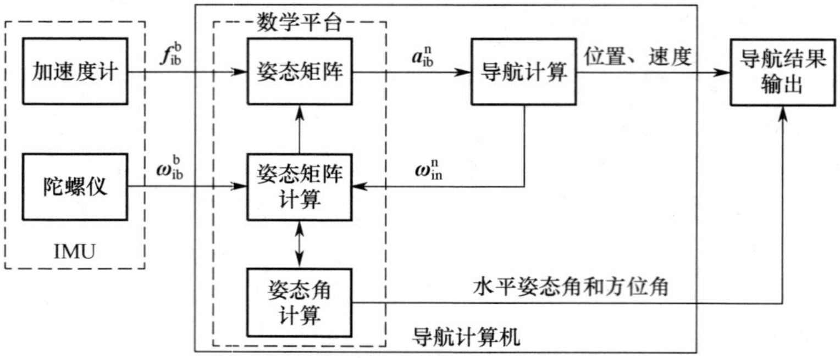

图 4-9　捷联惯导原理图

4.3.1　SINS的工作原理

SINS 在开始导航之前，必须进行初始对准。所谓 SINS 初始对准，是指通过陀螺仪的自主寻北和对加速度计的信号采集，得到载体的初始方位角和姿态角，从而建立数学平台。

在捷联式定位定姿系统中，直接将惯性敏感器件陀螺仪和加速度计安装在运动载体上进行测量。将两个双自由度陀螺仪和三个加速度计按三个方向相互正交的要求牢固安装在主仪器上，三个加速度计对地球的重力加速度和运动载体的线加速度敏感，三个陀螺仪对地球自转角速度和运动载体的角速度敏感，将系统采集的数据进行适当的处理后输入导航计算机，按照设定的数学模型进行计算，建立载体坐标系相对于导航坐标系（地理坐标系）的数学平台，由数学平台参数提取载体相对于地理坐标系的方位角和姿态角。系统从加速度计获得载体的加速度信号后，通过航位推测的方法，计算载体相对于地理坐标系的位置坐标及相对于地理坐标系的瞬时速度、瞬时姿态角和方位角，实现定位定姿的功能[14-15]。

4.3.2　捷联式定位定姿系统初始定向工作原理

1. 姿态角定向工作原理

初始对准时，由于载体处于静止状态，其运动加速度为零，故加速度计的敏感量仅为地球的重力加速度。系统中安装的三个方向相互正交的加速度计分别测得的载体坐标系的三个轴向加速度分量大小为 g_x、g_y、g_z，如图 4-10 所示。图中，$OX_nY_nZ_n$ 为北东地地理坐标系，$OX_bY_bZ_b$ 为载体坐标系。

按照三角关系，可计算载体的俯仰角 θ 为

$$\theta = \arcsin(g_x / g) \tag{4-98}$$

同理，可以求得横滚角 γ 为

$$\gamma = \arcsin(g_y / g) \tag{4-99}$$

2. 方位角定向工作原理

初始对准时，由于载体处于静止状态，其运动加速度为零，陀螺仪的敏感量仅为地球自转角速度。系统中安装的三个方向相互正交的陀螺仪分别测得的载体坐标系的三个轴向地球自转角速度分量大小为 ω_x、ω_y、ω_z，则偏航角为

$$\psi = \arctan(\omega_y / \omega_x) \tag{4-100}$$

式中，ψ 的象限可依据 $\sin\psi$、$\cos\psi$ 的值进行判定。

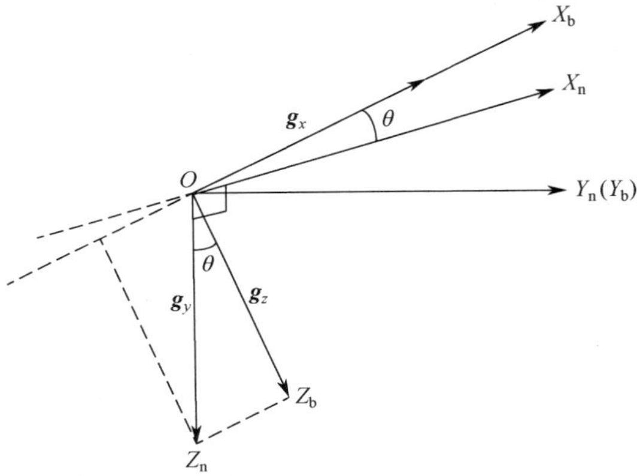

图 4-10　静止时的载体姿态

惯性系统初始对准后，根据方位角 ψ、姿态角 θ 和 γ，经计算建立数学平台，即载体的初始姿态矩阵 $\boldsymbol{C}_n^b$，这样即可确定载体坐标系与地理坐标系的相对关系。

3. 航向保持工作原理

在定位定姿系统测量过程中，载体是不断运动的，因而载体坐标系相对地理坐标系的方向和姿态在不断地变化。数学平台（姿态矩阵）的各元素也都在变化。在载体运动过程中，三个轴上的陀螺仪除了对地球自转角速度在三个轴上的分量大小 C_x、C_y、C_z 敏感，还对载体相对惯性空间的角速度在载体坐标系上的分量大小 W_{xi}、W_{yi}、W_{zi} 及载体坐标系在地球表面上的运动而引起的牵连角度在载体坐标系上的分量大小 T_x、T_y、T_z，以及载体运动加速度和各种误差因素引起的角速度误差在载体坐标系的分量大小 D_x、D_y、D_z 敏感。按照式（4-101）计算，即可得到载体相对地理坐标系的角速度大小 W_x、W_y、W_z。

$$\begin{aligned} W_x &= W_{xi} - C_x - T_x - D_x \\ W_y &= W_{yi} - C_y - T_y - D_y \\ W_z &= W_{zi} - C_z - T_z - D_z \end{aligned} \tag{4-101}$$

在得到载体相对地理坐标系的运动角速度大小 W_x、W_y、W_z，计算机在每个计算周期内按照式（4-102）计算载体相对地理坐标系的方位角 ψ、姿态角 θ 和 γ，并实时更新数学平台的状态矩阵。

$$
\begin{aligned}
\psi &= \psi_0 + \int \omega_z \mathrm{d}t \\
\theta &= \theta_0 + \int \omega_y \mathrm{d}t \\
\gamma &= \gamma_0 + \int \omega_x \mathrm{d}t
\end{aligned} \tag{4-102}
$$

式中，ψ_0、θ_0 和 γ_0 为计算周期的初始方位角和姿态角。在载体运动过程中，计算机实时地重复上述计算，从而可以求得载体实时的方位角 ψ、姿态角 θ 和 γ 。

4．定位工作原理

在载体运动过程中，计算机将加速度计敏感的载体运动加速度和速率信号进行综合处理后，得到一个实时的路程增量 ΔS ，然后利用载体坐标系与地理坐标系的姿态矩阵，计算载体在一个周期内相对地理坐标系在北东地方向上的位置增量 Δx 、 Δy 、 Δz ，进而计算出载体实时位置的 x、y、z 坐标值。

$$
\begin{bmatrix} x \\ y \\ z \end{bmatrix} = \begin{bmatrix} C_{11} & C_{12} & C_{13} \\ C_{21} & C_{22} & C_{23} \\ C_{31} & C_{32} & C_{33} \end{bmatrix} \begin{bmatrix} \Delta x \\ \Delta y \\ \Delta z \end{bmatrix} + \begin{bmatrix} x_0 \\ y_0 \\ z_0 \end{bmatrix} \tag{4-103}
$$

式中，x_0、y_0、z_0 为计算周期的初始位置坐标。

5．SINS 的计算原理

SINS 算法是指从惯性仪表的输出到得到需要的导航与控制信息所必须进行的全部计算问题的计算方法。根据捷联惯导的应用或功能要求的不同，导航计算的内容和要求有很大的差别[16-17]。一般来说，SINS 算法流程如图 4-11 所示，包含下面几方面的内容。

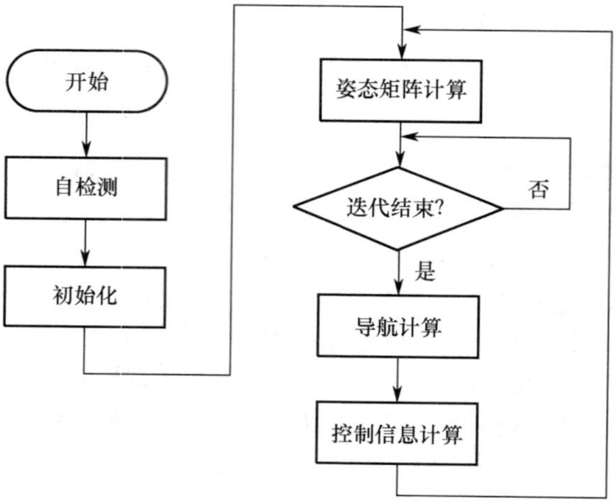

图 4-11　SINS 算法流程

1）系统的初始化

（1）给定载体的初始位置和初始速度等初始信息。

（2）数学平台初始对准，确定姿态矩阵的初始值，这是在计算机中用对准程序来完成的。

（3）校准惯性仪表。标定陀螺仪的标度因数，标定陀螺仪的漂移；标定加速度计的标度因数。

2）惯性仪表的误差补偿

对于 SINS，惯性仪表的输出必须经过误差补偿后，其输出值才能作为姿态和导航计算信息[18]。误差补偿原理如图 4-12 所示。

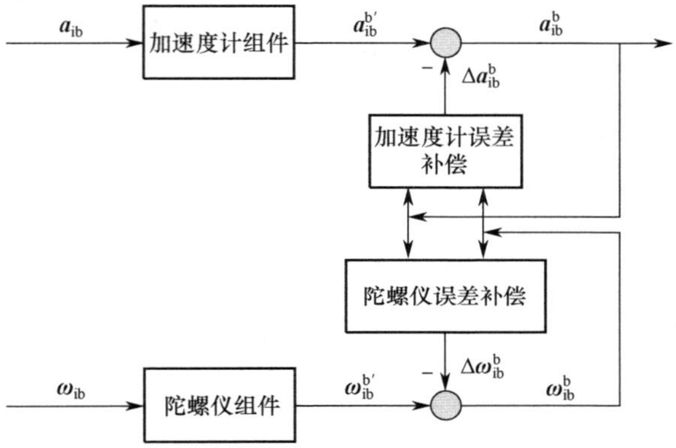

图 4-12 惯性仪表误差补偿原理

图 4-12 中，$\boldsymbol{a}_{ib}$、$\boldsymbol{\omega}_{ib}$ 为载体相对惯性空间运动的加速度及角速度的测量值；$\boldsymbol{a}_{ib}^{b'}$、$\boldsymbol{\omega}_{ib}^{b'}$ 分别为用载体坐标系表示的加速度计及陀螺仪输出的原始测量值；$\boldsymbol{a}_{ib}^{b}$、$\boldsymbol{\omega}_{ib}^{b}$ 为用载体坐标系表示的误差补偿后的加速度计及陀螺仪的输出值；$\Delta\boldsymbol{a}_{ib}^{b}$、$\Delta\boldsymbol{\omega}_{ib}^{b}$ 为由误差模型给出的加速度计及陀螺仪的估计误差。

3）姿态矩阵计算

计算姿态矩阵可以给出载体的姿态，为导航参数的计算提供必要的数据，是任何 SINS 算法中最基本和最重要的部分。

4）导航计算

将加速度计的输出变换到导航坐标系，计算载体的速度、位置等导航参数。

5）导航和控制信息的提取

提取的信息包括载体的姿态信息、载体的角速度和加速度等信息。

6）速度计算

载体的位置矢量 $\boldsymbol{R}$ 在惯性坐标系中表示为 $\boldsymbol{R}^{i}$，在地球坐标系中表示为 $\boldsymbol{R}^{e}$，$\boldsymbol{R}^{i}$ 和 $\boldsymbol{R}^{e}$ 的变换关系为

$$\boldsymbol{R}^{e} = \boldsymbol{C}_{i}^{e}\boldsymbol{R}^{i} \tag{4-104}$$

求导可得

$$\dot{\boldsymbol{R}}^{e} = \boldsymbol{C}_{i}^{e}\dot{\boldsymbol{R}}^{i} + \dot{\boldsymbol{C}}_{i}^{e}\boldsymbol{R}^{i} \tag{4-105}$$

由于 $\dot{\boldsymbol{C}}_{i}^{e} = -\boldsymbol{C}_{i}^{e}\boldsymbol{\omega}_{ie}^{ik}$，其中，$\boldsymbol{\omega}_{ie}^{ik}$ 是由 $\boldsymbol{\omega}_{ie}^{i}$ 的三个分量构成的反对称矩阵，所以式（4-105）

可写为

$$\dot{\boldsymbol{R}}^{\mathrm{e}} = \boldsymbol{C}_{\mathrm{i}}^{\mathrm{e}}(\dot{\boldsymbol{R}}^{\mathrm{i}} - \boldsymbol{\omega}_{\mathrm{ie}}^{\mathrm{ik}}\boldsymbol{R}^{\mathrm{i}}) \tag{4-106}$$

式中，$\dot{\boldsymbol{R}}^{\mathrm{e}}$ 为载体相对地球的运动速度。

将 $\dot{\boldsymbol{R}}^{\mathrm{e}}$ 投影到地理坐标系（东北天地理坐标系），定义为

$$\boldsymbol{v}^{\mathrm{n}} = \boldsymbol{C}_{\mathrm{e}}^{\mathrm{n}}\dot{\boldsymbol{R}}^{\mathrm{e}} \tag{4-107}$$

将式（4-106）代入式（4-107）可得

$$\boldsymbol{v}^{\mathrm{n}} = \boldsymbol{C}_{\mathrm{e}}^{\mathrm{n}}\boldsymbol{C}_{\mathrm{i}}^{\mathrm{e}}(\dot{\boldsymbol{R}}^{\mathrm{i}} - \boldsymbol{\omega}_{\mathrm{ie}}^{\mathrm{ik}}\boldsymbol{R}^{\mathrm{i}}) = \boldsymbol{C}_{\mathrm{i}}^{\mathrm{n}}(\dot{\boldsymbol{R}}^{\mathrm{i}} - \boldsymbol{\omega}_{\mathrm{ie}}^{\mathrm{ik}}\boldsymbol{R}^{\mathrm{i}}) \tag{4-108}$$

两边求导得

$$\dot{\boldsymbol{v}}^{\mathrm{n}} = \boldsymbol{C}_{\mathrm{i}}^{\mathrm{n}}(\ddot{\boldsymbol{R}}^{\mathrm{i}} - \boldsymbol{\omega}_{\mathrm{ie}}^{\mathrm{ik}}\dot{\boldsymbol{R}}^{\mathrm{i}}) + \dot{\boldsymbol{C}}_{\mathrm{i}}^{\mathrm{n}}(\dot{\boldsymbol{R}}^{\mathrm{i}} - \boldsymbol{\omega}_{\mathrm{ie}}^{\mathrm{ik}}\boldsymbol{R}^{\mathrm{i}}) \tag{4-109}$$

继续变换得

$$\dot{\boldsymbol{v}}^{\mathrm{n}} = \boldsymbol{C}_{\mathrm{i}}^{\mathrm{n}}[\ddot{\boldsymbol{R}}^{\mathrm{i}} - (\boldsymbol{\omega}_{\mathrm{en}}^{\mathrm{ik}} + 2\boldsymbol{\omega}_{\mathrm{ie}}^{\mathrm{ik}})\boldsymbol{C}_{\mathrm{i}}^{\mathrm{n}}\boldsymbol{v}^{\mathrm{n}} - \boldsymbol{\omega}_{\mathrm{ie}}^{\mathrm{ik}}\boldsymbol{\omega}_{\mathrm{ie}}^{\mathrm{ik}}\boldsymbol{R}^{\mathrm{i}}] \tag{4-110}$$

根据牛顿第二定律，比力为非引用外力，可表示为

$$\boldsymbol{f}^{\mathrm{n}} = \boldsymbol{C}_{\mathrm{i}}^{\mathrm{n}}\ddot{\boldsymbol{R}}^{\mathrm{i}} - \boldsymbol{G}^{\mathrm{n}} \tag{4-111}$$

而地球重力加速度为

$$\boldsymbol{g} = \boldsymbol{G} - \boldsymbol{\omega}_{\mathrm{ie}} \times (\boldsymbol{\omega}_{\mathrm{ie}} \times \boldsymbol{R}) \tag{4-112}$$

可得比力方程为

$$\boldsymbol{f}^{\mathrm{n}} = \dot{\boldsymbol{v}}^{\mathrm{n}} + (\boldsymbol{\omega}_{\mathrm{en}}^{\mathrm{nk}} + 2\boldsymbol{\omega}_{\mathrm{ie}}^{\mathrm{nk}})\boldsymbol{v}^{\mathrm{n}} - \boldsymbol{g}^{\mathrm{n}} \tag{4-113}$$

SINS 中加速度计测量的是载体坐标系中的比力 $\boldsymbol{f}^{\mathrm{b}}$，采用姿态变换矩阵可得

$$\boldsymbol{f}^{\mathrm{n}} = \boldsymbol{C}_{\mathrm{b}}^{\mathrm{n}}\boldsymbol{f}^{\mathrm{b}} \tag{4-114}$$

将式（4-114）代入式（4-113），移项得：

$$\dot{\boldsymbol{v}}^{\mathrm{n}} = \boldsymbol{C}_{\mathrm{b}}^{\mathrm{n}}\boldsymbol{f}^{\mathrm{b}} - (\boldsymbol{\omega}_{\mathrm{en}}^{\mathrm{n}} + 2\boldsymbol{\omega}_{\mathrm{ie}}^{\mathrm{n}}) \times \boldsymbol{v}^{\mathrm{n}} + \boldsymbol{g}^{\mathrm{n}} \tag{4-115}$$

式中，

$$\boldsymbol{v}^{\mathrm{n}} = \begin{bmatrix} v_x \\ v_y \\ v_z \end{bmatrix},\quad \boldsymbol{f}^{\mathrm{n}} = \begin{bmatrix} f_x \\ f_y \\ f_z \end{bmatrix},\quad \boldsymbol{\omega}_{\mathrm{ie}}^{\mathrm{n}} = \begin{bmatrix} 0 \\ \boldsymbol{\omega}_{\mathrm{ie}}\cos L \\ \boldsymbol{\omega}_{\mathrm{ie}}\sin L \end{bmatrix},\quad \boldsymbol{\omega}_{\mathrm{en}}^{\mathrm{n}} = \begin{bmatrix} -\dfrac{\boldsymbol{v}_y}{R+h} \\ \dfrac{\boldsymbol{v}_x}{R+h} \\ \dfrac{\boldsymbol{v}_x}{R+h}\tan L \end{bmatrix},\quad \boldsymbol{g}^{\mathrm{n}} = \begin{bmatrix} \mathbf{0} \\ \mathbf{0} \\ -\boldsymbol{g} \end{bmatrix} \tag{4-116}$$

式中，v_x、v_y、v_z 分别为东向、北向、天向的速度；f_x、f_y、f_z 分别为东向、北向和天向的比力；$\boldsymbol{\omega}_{\mathrm{ie}}$ 为地球自转角速度，$\boldsymbol{\omega}_{\mathrm{ie}}$ 的大小 ω_{ie} 约为 15°/h；L 为载体所处位置的地理纬度；$\boldsymbol{g}$ 为重力加速度，其大小 g 的近似计算公式为

$$g = g_0\left(1 - \frac{2h}{R}\right) \tag{4-117}$$

式中，g_0 为赤道平面上的重力加速度值，即 9.078049m/s^2；h 为载体距离地球表面的高度；R 为地球的平均半径。

将式（4-115）展开，可得

$$\dot{v}(x)=f_x+\left(2\omega_{\text{ie}}\sin L+\frac{v_x}{R+h}\tan L\right)v_y-\left(2\omega_{\text{ie}}\cos L+\frac{v_x}{R+h}\right)v_z \tag{4-118}$$

$$\dot{v}(y)=f_y-\left(2\omega_{\text{ie}}\sin L+\frac{v_x}{R+h}\tan L\right)v_x-\frac{v_x}{R+h}v_z \tag{4-119}$$

$$\dot{v}(z)=f_z+\left(2\omega_{\text{ie}}\cos L+\frac{v_x}{R+h}\right)v_x-\left(2\omega_{\text{ie}}\cos L+\frac{v_y^2}{R+h}\right)-g \tag{4-120}$$

求解上述方程，即可得到 v_x、v_y、v_z。为方便计算机求解，一般采用龙格-库塔法进行迭代解算。

7）经纬度和高度计算

载体所处的纬度、经度和高度，可以直接通过载体相对地球的运动速度计算得到。

$$\dot{L}=\frac{v_y}{R+h} \tag{4-121}$$

$$\dot{\lambda}=\frac{v_x}{(R+h)\cos L} \tag{4-122}$$

$$\dot{h}=v_z \tag{4-123}$$

纬度、经度和高度的计算值为

$$L=\int\dot{L}\mathrm{d}t+L(0) \tag{4-124}$$

$$\lambda=\int\dot{\lambda}\mathrm{d}t+\lambda(0) \tag{4-125}$$

$$h=\int\dot{h}\mathrm{d}t+h(0) \tag{4-126}$$

4.4　惯性导航应用

和传统导航系统相比，INS 具有极强的抗干扰能力，以用户实际导航需求为基础进行设计与应用。最开始，INS 主要应用于军用领域。近年来，惯性导航技术开始进一步发展，应用领域不断扩展，由原来的船舶、航空、飞行器、舰艇等领域扩展到星球探测、海洋勘探，以及隧道、铁路和大地测量等领域。儿童玩具、智能机器人等领域也开始应用惯性导航技术。虽然不同领域对 INS 的具体应用存在差异，对设备性能需求也有所不同，但最终目的和方法具有一致性。就海洋和航天领域而言，其对 INS 的应用精度要求较高，一般该系统连续工作时间较长；以空间站、卫星为代表的航天器对 INS 的寿命要求较高；军事领域、航空航天领域对 INS 的可靠性和精度要求较高[19]。

INS 可以提供完备、连续及高数据更新率的导航信息，其主要缺点是定位误差随时间增大，难以长时间独立工作。解决这一问题主要有两个途径：第一，提高 INS 本身的精度，即通过采用新材料、新工艺和新技术，提高惯性仪表的精度；第二，将外部传感器与 INS 组成组合导航系统，定期或不定期地对 INS 进行综合校正，对惯性仪表的漂移进行补偿。前者需要花费很大的人力和财力，且精度提高有限；后者通常由卫星定位软件导航，利用在轨卫星发射的无线电信号进行定时测距来实现补偿。惯性导航/卫星定位组合后，可克服各自的缺点，取长补短，使系统在精度、可靠性和容错性等方面获得优于两个子系统单独工作时的性能[20]。

4.4.1 在舰船导航中的应用

1908 年，世界上第一部陀螺罗经首次在航海上应用，至今已一百多年了。一百多年来，惯性导航技术在舰船导航方面的应用不断进步，并取得巨大成功。自 20 世纪 80 年代始，Sperry 公司就开始研究舰用激光陀螺惯性导航系统，该系统于 1989 年被选为 NATO-SINS 标准。现在 Sperry MK49 是北大西洋公约组织的舰船和潜艇的标准 RLG 舰用 INS。此外，AN/WSN-7 RLGN 系统则是美国海军潜艇、航空母舰和其他舰船的下一代导航设备。以 Sperry Marine 第三代 RLG 技术为基础的 MK39 3A 型 SINS，为舰艇和火力控制系统提供高精度的位置数据，以及精准的姿态、速度和方向信息。MK39 系统已被美国海上补给司令部、海岸警卫队及国际上超过 24 个国家的海军应用于各种舰艇平台。

4.4.2 在行人定位中的应用

IMU 与人体捷联，利用惯性导航原理计算行人行进的步长，利用电子罗盘搭配陀螺仪实时测量每一步前进的方向，进而推算行人行走的实时位置。

相对于航空和车用定位，由于人的运动速度很慢，行人定位要求传感器的测量范围较小，相对灵敏度较高。可利用惯性传感器中的陀螺仪和加速度计来测量载体任意时刻的三维角速度和三维加速度，进而计算载体的运动方位、速度和运动里程等信息，完成对载体的定位。

4.4.3 在航空领域的应用

除利用姿态和航向参考系统提供辅助的导航数据外，移动显示地图也是惯性导航在航空领域的重要应用。作为飞行器辅助定位设备，其尤其在夜间可视性很差的情况下具有操作优势。移动显示地图基于地形参考导航系统和存储的数据地图发挥作用。地形参考导航系统包括一个以大气压力为高度辅助的习惯性导航系统和一个用来测量飞机距地面高度的精确高度表。惯导/大气所指示的高度差就是飞行路线下的地形曲线。若将该地形曲线与预先存储在地图上的数据相比较，即可以确定飞机在地图上的确切位置，从而根据检测到的飞机运动绘制运动轨迹，并在地图上显示，使当前飞机的位置接近地图中的目标。

4.4.4 在导弹制导中的应用

在导弹巡航飞行阶段，INS 能够为自动驾驶仪提供导航参数和导引数据，而且能为飞行控制器和仪表系统提供高精度的姿态数据及角速度数据。

自动驾驶仪是一个闭环系统，用于稳定载体，并按目标要求发出指令，通过合理抵抗外部干扰、积极响应控制指令来保持响应和飞行路线。导弹中的自动驾驶仪主要用于在系统条件和环境条件快速变化的潜在情况下，确保以最短的时间实现指导指令。

自动驾驶仪通过控制系统稳定导弹中靶机的横滚角、俯仰角和偏航角，以及飞行高度，可以使靶机在没有任何外部操纵的情况下完成一项基本飞行动作——等高直线定向飞行。

与典型的惯性导航技术的应用场合相比较，制导回路的闭环、自修正等技术的提高，降低了系统对惯性仪表的性能要求。因此，用于导航系统 IMU 内的惯性敏感器，只要所处位置合适且有适用的宽带响应，就可以为自动驾驶仪提供“反馈”数据。

4.4.5　在电子行业的应用

新松机器人自动化股份有限公司设计的惯性导航 AGV，以 AGV 为载体，配合整个物流系统实现了该厂原料、半成品、成品仓储管理的自动化、智能化、信息化。惯性导航 AGV 是多传感器融合的产物，包括高密度磁导航传感器、陀螺仪传感器、驱动轮码盘传感器及 RFID 传感器等。在工作过程中，其采用 RFID 配合 AGV 车体及时进行纠偏，保证 INS 的精度及可靠性，从而保证 AGV 按轨迹行驶。

4.5　惯性导航技术的最新进展及未来发展趋势

4.5.1　惯性导航技术的最新进展

新型惯性技术作为第四代惯性技术，具有高可靠性、高精度、小型化、数字化、低成本等特征，其发展推动了导航系统的进一步发展。陀螺仪精度不断提高，新型固态陀螺仪也不断成熟，具有代表性的 RLG、FOG、MEMS 等新型固态陀螺仪的偏移量可达 6° /h～10° /h。数字计算机技术的发展进一步推动了 SINS 的发展，短期中精度、低成本特征显著，呈现出取代 PINS 的趋势。在整个惯性导航技术的发展过程中，专业的科研机构及重点实验室做出了重要贡献。

4.5.2　惯性导航技术的未来发展趋势

1. 传感器发展方向转变

加速度计、陀螺仪等惯性测量传感器的发展时间虽然不长，但在各种先进科学技术的支持下，其测量性能在短短数十年间有了很大的提升，尤其是在测量精度方面，更是取得了极大的突破。从目前来看，惯性测量传感器的精度能够满足绝大多数领域 INS 的数据测量精度要求，因此惯性测量传感器的研究核心已经开始从精度提升转变为成本控制、体积控制等，传感器技术的发展方向也随之发生了改变。例如，在成本方面，INS 在商业领域的应用使惯性测量传感器的市场需求大大增加，为降低生产成本、扩大利润空间，很多传感器生产商都将批量处理技术融入传感器生产制造流程中，使传感器的造价明显下降，其中热传感器式微加速度计等设备的成本不到原常规传感器设备的一半。未来，随着传感器市场需求的持续扩大，其成本下降趋势还将变得更加明显。而在体积方面，惯性测量传感器最初应用于运载火箭、飞机等载体中，由于其本身体积与受体相比较小，因此传感器体积大小并不会对实际应用造成影响；但随着惯性导航技术在机器人、摄像机等商业领域应用，传统惯性测量传感器设备的体积问题开始逐渐凸显，小型化也因此成为惯性测量传感器的重要发展趋势。在 MEMS 等新型传感器的概念设计中，未来惯性测量传感器的体积甚至能够缩小至肉眼无法识别的程度。

惯性测量传感器包含加速度计和陀螺仪。陀螺仪种类多种多样，按陀螺转子主轴所有的进动自由度数目可分为二自由度陀螺仪和单自由度陀螺仪；按支承系统可分为滚珠轴承支承陀螺，液浮、气浮与磁浮陀螺，挠性陀螺，静电陀螺；按物理原理可分为转子式陀螺、半球谐振陀螺、微机械陀螺、环形激光陀螺和光纤陀螺等。

环形激光陀螺利用光程差测量角速度。两束光波沿着同一圆周路径反向行进，当光源与圆周均发生旋转时，两束光的行进路程不同，产生了相位差，通过测量该相位差可以测出环形激光陀螺的角速度。近十几年来，环形激光陀螺已经发展得十分成熟，新型环形激光陀螺主要在环形激光陀螺的小型化、工程化和新型化等方面取得了进展。

光纤陀螺使用与环形激光陀螺相同的基本原理，但其使用光纤作为激光回路，可看作第二代环形激光陀螺。光纤陀螺的主要优点在于高可靠性、长寿命、快速启动、耐冲击和冲动、大动态范围等，这些优点是传统机械陀螺无法比拟的。在高精度应用领域，光纤陀螺正在逐步取代静电陀螺。

美国国防部在重新修改制定的《发展中的科学技术清单》中对惯性导航与制导技术进行阐述时，提到了一些新型的惯性测量传感器，如纳机电线性加速度计、超流体量子陀螺仪、原子干涉惯性传感器等，这些新型传感器被认为是下一代惯性技术的发展方向[20]。

2. 导航系统更加多样化

惯性导航技术以引导载体顺利抵达目的地为核心功能，但在不同领域，其实际应用需求仍然存在不小的差异。因此，未来 INS 的设计与发展同样会与惯性测量传感器类似，呈现更加多样化的发展方向。首先，随着 GPS 的不断发展，其在 INS 中的应用开始受到广泛关注，并使飞机、运载火箭等载体的飞行姿态测量精度得到极大的提升。因此，未来很多 INS 的设计研发都将侧重于 GPS 姿态测量仪的研发、改进。其次，在海洋探测、航天等领域，由于 INS 的工作环境比较恶劣，无法有效接收 GPS 信号，因此，为满足实际应用对导航的高稳定性要求，未来 INS 需要向高性能自主导航的方向继续发展。最后，INS 在载体导航方面虽然能够发挥非常重要的作用，但无法完全替代 GPS 等其他导航手段。因此，为综合利用多种导航手段，未来 INS 在设计阶段还需充分考虑自身集成度问题，通过提高系统集成度来与其他导航手段组合，为组合导航系统的优化发展创造良好的基础条件。

参考文献

[1] 孙红, 张海新. 牛顿定律在惯性导航中的应用[J]. 科技创新导报, 2010(28):44,46.

[2] 王巍, 邢朝洋, 冯文帅. 自主导航技术发展现状与趋势[J]. 航空学报, 2021,42(11):18-36.

[3] 王巍. 新型惯性技术发展及在宇航领域的应用[J]. 红外与激光工程, 2016, 45(3):11-16.

[4] 秦永元. 惯性导航[M]. 3 版. 北京: 科学出版社, 2020.

[5] 严恭敏, 翁浚. 捷联惯导算法与组合导航原理[M]. 西安: 西北工业大学出版社, 2019.

[6] 赵龙. 惯性导航原理与系统应用设计[M]. 北京: 北京航空航天大学, 2020.

[7] 郭际明, 史俊波, 孔祥元, 等. 大地测量学基础[M]. 3 版. 武汉: 武汉大学出版社, 2021.

[8] 苏中, 李擎, 李旷振, 等. 惯性技术[M]. 北京: 国防工业出版社, 2010.
[9] PAUL D G. GNSS 与惯性及多传感器组合导航系统原理[M]. 2 版. 练军想, 等, 译. 北京: 国防工业出版社, 2015.
[10] WU J. Optimal continuous unit quaternions from rotation matrices[J]. Journal of Guidance, Control, and Dynamics, 2019, 42(4): 919-922.
[11] 严恭敏, 翁浚, 杨小康, 等. 基于毕卡迭代的捷联姿态更新精确数值解法[J]. 宇航学报, 2017, 38(12):1307-1313.
[12] 周召发, 胡文, 张志利, 等. 一种新的捷联惯性导航系统姿态四元数方程求解方法[J]. 兵工学报, 2018, 39(3):511-518.
[13] 严恭敏, 李思锦, 秦永元. 基于多项式迭代的等效旋转矢量微分方程精确数值算法[J]. 中国惯性技术学报, 2018, 26(6):708-712.
[14] 刘危, 解旭辉, 李圣怡. 捷联惯性导航系统的姿态算法[J]. 北京航空航天大学学报, 2005(1):45-50.
[15] KOK M, HOL J D, SCHÖN T B. Using inertial sensors for position and orientation estimation[J]. arXiv preprint arXiv:1704.06053, 2017.
[16] SABATELLI S, GALGANI M, FANUCCI L, et al. A double-stage Kalman filter for orientation tracking with an integrated processor in 9-D IMU[J]. IEEE Transactions on Instrumentation and Measurement, 2012, 62(3): 590-598.
[17] 程敏, 吕彦全, 厉宽宽. 捷联惯性导航系统算法简化机制[J]. 测绘与空间地理信息, 2017, 40(9):135-138,142.
[18] 郭立东, 许德新, 杨立新, 等. 惯性器件及应用实验技术[M]. 北京: 清华大学出版社, 2016.
[19] 张萍萍, 孙永侃, 王海波. 基于笛卡儿坐标系的高纬度惯性导航方法研究[J]. 电光与控制, 2015, 22(11):100-103.
[20] 刘繁明. 惯性器件及应用[M]. 哈尔滨: 哈尔滨工业大学出版社, 2013.

第 5 章　机器人 SLAM 技术

近年来，机器人技术发展迅速，特别是人工智能技术强力推进，使得机器人与人工智能技术结合更加紧密，但是在机器人领域和人工智能领域，仍然存在很多问题尚未解决或者仍在探索中。如何实时实现机器人对未知环境的感知和理解，准确完成自身定位，并且同步构建周围环境的地图信息，成为目前智能机器人领域的关键性问题。同步定位与地图构建（Simultaneous Localization and Mapping，SLAM），指自主移动机器人在没有环境先验信息的情况下，用搭载的特定传感器感知环境信息，在运动过程中建立环境模型，同时给出机器人本体的运动轨迹。其中，搭载的传感器有很多种类型，可以是 IMU、GNSS、超声波传感器、LiDAR、机器视觉相机等。SLAM 的目的是解决自主移动机器人定位与地图创建两个问题，SLAM 要完成的是根据传感器的观测信息构建机器人的连续运动图像，从中推断机器人运动情况及周围环境情况，从而为智能机器人规划和决策提供前提条件，使机器人具备自主运动能力。

随着机器人技术广泛而深入地进入人类生活的各个层面，机器人研究领域的关键技术及发展方向越来越受到科学组织与政府部门的关注和重视。2006 年，美国全球科学技术评估中心（WTEC）、美国国家科学基金（National Science Foundation，NSF）、美国航空航天局（The National Aeronautics and Space Administration，NASA）和美国政府国家生物医学图像与生物工程研究所（National Institute of Biomedical imaging and Bioengineering of the United States Government）合作出版了全球机器人研究考察报告 *WTEC PANEL ON ROBOTICS*[1]，列出了机器人技术研究与发展中共同面临的四个领域的基础性挑战课题与关键主题：

（1）机械结构与移动性（Mechanisms and Mobility）。

（2）能源与推进力（Power and Propulsion）。

（3）计算与控制能力（Computation and Control）。

（4）传感器与导航（Sensors and Navigation）。

5.1　SLAM 算法介绍

SLAM[2]算法指机器人利用自身携带的视觉相机、IMU、LiDAR、GNSS、超声波传感器等位置、距离或者点线传感设备，识别未知环境中的特征并估计其相对于传感器的位置和方位，同时利用航位推算系统或者惯性系统等传感器估计机器人的全局坐标，然后将这两个过程经由状态扩展方法，同步估计机器人和环境特征的全局坐标，并且建立有效的环境地图。SLAM 算法能够有效且可靠地构建中等尺度下的二维区域模型，如一个建筑物的轮廓或者一个局部室外环境，进而通过扩展区域尺度，提高计算的有效性，获取三维地图场景。

SLAM 问题最早是由 Smith 和 Chesseman 提出的，其利用扩展 KF 增量式估计机器人位姿和地图特征标志位置的后验概率分布。随后，学者研究了基于 EKF 的 SLAM 算法，如 EKF-SLAM，并改进了其实时性能，以处理大数据量的地图标志关联问题，但是该算法仍然存在计算复杂度高、滤波精度不满足要求的问题。之后 Murphy 和 Doucet 等人提出了 Rao-Blackwellized 粒子滤波器算法（RBPF 算法），将 SLAM 问题分解为对机器人的路径估计和对环境中路标点的状态估计，分别采用粒子滤波器和 EKF 进行求解。Mentemerlo 于 2002 年首次将 RBPF 算法应用到机器人特征地图的 SLAM 中，并命名为快速同步定位与地图构建（FastSLAM）算法，该算法融合了 EKF 与粒子滤波器的优点，降低了计算复杂度，并具有较好的健壮性。Grisetti 等人则研究了基于栅格地图的 RBPF-SLAM 算法，将其命名为 Gmapping 算法，并将其应用到实体机器人中，Gmapping 算法成为 RBPF-SLAM 算法的代表性算法。

Yuan 和 Zhu[3]提出了基于图优化的 SLAM 算法（Graph SLAM 算法），它利用了之前所有时刻的机器人状态信息和观测信息，能够以全局视角优化机器人的行走路径。但是受限于计算方法，Graph SLAM 算法无法满足实时性要求。文献[4]提出了一种增量式 Graph SLAM 算法——iSAM（Incremental Smoothing and Mapping）算法，其通过利用之前计算的雅可比矩阵，增量式地更新当前时刻的雅可比矩阵来达到增量式 SLAM 算法的实效性，iSAM 算法成为增量式 Graph SLAM 算法的一个代表算法。文献[5]研究了机器人闭环探索性能；文献[6]进行了多机器人 SLAM 方面的研究工作，并提出了无迹 iSAM 算法；文献[7]则提出了分层次优化的增量式 Graph SLAM 算法，通过对节点拓扑归类、分层处理，使得在增量式过程中可以仅对图结构框架进行修正来提高运算速度；Toro 算法使用随机梯度下降法寻找节点拓扑的最优配置，并采用树结构描述方式更新局部区域的节点配置，使得算法复杂度只与机器人的探索范围有关，减小了机器人多次闭环运动时 SLAM 计算的复杂度；文献[8]提出了一种通用图优化算法框架 G2O，使得学者使用较少量的代码就能够高效实现不同类型的 Graph SLAM 算法，加快了 Graph SLAM 算法的研究进度。另外，基于 SLAM 图描述架构，文献[9]研究了动态环境下 SLAM 算法的健壮性；文献[10]则研究了终生建图方面地图的压缩算法，以加强长时间、大尺度环境下的机器人 SLAM 的健壮性。

随着 SLAM 技术的逐步发展，基于视觉的 SLAM（Visual SLAM，VSLAM）算法逐步成为当前 SLAM 技术研究的前沿热点。文献[11]采用里程计获取机器人位姿的先验信息，从双目视觉拍摄的图像中提取 KLT 特征点作为地图路标，用 EKF 算法进行地图和机器人位姿的同步更新，成功进行了一次小范围的 VSLAM 实验。2010 年，微软推出了 3D 传感器 Kinect 相机，使用 Kinect 相机获取的图像和深度数据作为感知信息的 SLAM 算法成为新潮流。德国 Freiburg 大学提出了基于图像、深度数据流的 RGB-D SLAM 算法，采用图像特征点的 SURF 算法，在闭环时采用 Hog-Man 算法进行全局优化，可以达到较好的计算效果。

VSLAM 框架主要分为两部分：前端视觉里程计（Visual Odometry，VO）和后端闭环检测（Loop Closure，LC）。VO 用于计算连续两帧图像的位姿变换，由于位姿变换存在误差，运动轨迹较长时，会产生显著的累积误差。闭环检测，也就是回环检测，是指机器人识别曾经到达过的场景的能力，若检测成功，可以显著减小累积误差。在基于图优化的 VSLAM 算法中，由闭环检测带来的额外约束，可以使优化算法得到一致性更强的结果，明显提升机器人的定位精度。文献[12]将微惯性导航系统的 IMU 引入传感器配置中，IMU 能够获得传感器本体的三轴角速度和线加速度信息，具有不受外界环境影响的优势，但测量数据会随变换发生漂移，因此视觉相机和 IMU 具有较强的互补性，可以有效改善 SLAM 系统的健壮性。

5.1.1 基于特征点法的 SLAM 算法

基于特征点法的 SLAM 算法利用 SIFT、FAST、ORB 等算法对获取的图像提取特征点。其中，SIFT 算法具有较好的鲁棒性和准确性，已成功应用于场景分类、图像识别、目标跟踪及三维重建等计算机视觉领域，且取得较好的实验效果。SURF 算法是在 SIFT 算法基础上通过格子滤波来逼近高斯分布的，极大提高了特征检测的效率。FAST 算法可以快速地检测图像中的关键点，它基于若干像素的比较实现关键点判断，即它对比候选关键点和邻域内某一圆圈像素点的灰度值，若圆圈上连续超过 3/4 的像素点的灰度值均大于或者小于中心候选关键点的灰度值，则把候选关键点作为关键点。ORB（Oriented FAST and Rotated BRIEF）算法在 FAST 的基础上，借鉴 Rosin 算法，增加了对特征方向的计算，同时采用 BRIEF 算法计算特征描述子，使用汉明距离计算描述符之间的相似度，得到提取的特征，然后采用描述子匹配方式得到特征点的对应关系，最后通过最小化图像间的重投影误差，得到图像间的位姿变换关系。SOFT 算法通过严格筛选特征点获得具有高置信度的特征点对后，使用五点法估计帧间旋转矩阵，并最小化重投影误差来估计帧间平移量。Bucsko 提出了使用自适应重投影误差阈值来剔除匹配异常点，使得算法在不使用 BA（Bundle Adjustment）的情况下也具有良好的定位精度，特别是在相机高速运动的情况下能够保持较高的准确度。典型的基于特征点法的 SLAM 系统有 MonoSLAM、PTAM 和 ORB-SLAM 等。

MonoSLAM 系统是文献[13]提出的基于单目摄像机的纯 VSLAM 系统，如图 5-1 所示。其将摄像机的位姿状态量和稀疏路标点位置作为优化的状态变量，使用 EKF 更新状态变量均值和协方差矩阵，通过连续不断地观测来减小状态估计的不确定性，直到收敛到定值。由于使用的是小场景中稀疏的路标点，状态变量维数限定在较小的范围内，该系统具有较好的实时性。

PTAM（Parallel Tracking and Mapping）系统是首个基于关键帧光束法平差优化的单目 VSLAM 系统[14]，如图 5-2 所示。相比于 MonoSLAM 系统，PTAM 系统并不采用传统的滤波方法作为优化的后端，而是采用非线性优化获取状态量估计，减小了非线性误差累积，达到了较好的定位效果。另外，PTAM 系统创新性地将摄像机的位姿跟踪和地图创建通过双线程同步进行，及时用更精确的建图结果帮助摄像机进行位姿跟踪。其中，

Tracking 线程包括 FAST 特征提取、地图初始化、跟踪定位和选取添加关键帧到缓存队列，以及重定位等操作；Mapping 线程包括局部 BA、全局 BA、从缓存队列取出关键帧到地图和极线搜索加点到地图等操作。它包含了一般 SLAM 系统的传感器数据拾取（摄像头输入图像数据）、前端视觉里程计（跟踪定位和重定位）、后端优化（BA）及建图步骤，但是没有回环检测步骤。

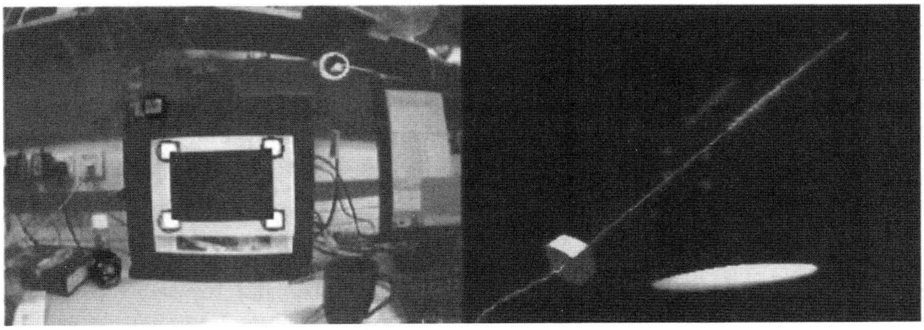

图 5-1　MonoSLAM 系统运行图

图 5-2　PTAM 系统运行图

文献[15]提出了关于尺度感知闭环方法和大尺度环境的局部相互可见地图思想。文献[16]构建了 ORB-SLAM 系统来克服 PTAM 系统的局限性。如图 5-3 所示，ORB-SLAM 系统分为跟踪线程、局部建图线程和闭环检测线程三个线程。ORB-SLAM2 系统选用了 ORB 特征，基于 ORB 描述量进行特征匹配和重定位，比 PTAM 系统具有更好的视角不变性；加入了巡回环路检测和闭环机制以消除误差累积；新增了三维点的特征匹配，效率更高，因此其能够更及时地扩展场景。该系统所有的优化环节均使用了 G2O 优化框架。

ORB-SLAM 系统采用一种基于 ORB 特征的三维定位与地图构建算法。该算法由 Mur-Artal 等人于 2015 年发表在 *IEEE Transactions on Robotics* 杂志上[17]。ORB-SLAM 系

统基于 PTAM 系统架构，增加了地图初始化和闭环检测功能，优化了关键帧选取和地图构建的方法，在处理速度、追踪效果和地图精度上都取得了不错的效果，但是 ORB-SLAM 系统构建的是稀疏地图。ORB-SLAM 系统最初基于立体相机，后来扩展到 Stereo 和 RGB-D 传感器上。ORB-SLAM 系统的一大特点是在所有步骤统一使用图像的 ORB 特征。快速的 ORB 特征提取方法具有旋转不变性，并可以利用金字塔构建尺度不变性。使用统一的 ORB 特征有助于 SLAM 算法在特征提取与追踪、关键帧选取、三维重建、闭环检测等步骤具有内生的一致性。其中，跟踪线程包括 ORB 特征提取、初始姿态估计（速度估计）、姿态优化（包括跟踪局部地图（Track Local Map）、利用邻近地图点寻找更多特征匹配、选取关键帧等操作）；局部建图线程包括加入关键帧更新各种图、验证最近加入的地图点、去除外点（Outlier）、生成新的地图点（三角法计算）、关键帧和邻近关键帧的局部 BA 优化操作、验证关键帧来除去重复帧等操作；闭环检测线程包括选取相似帧（词袋，Bag of Words）、闭环检测、在尺度漂移情况下计算相似变换、利用 RANSAC 算法计算内点数、融合三维点更新各种图、通过图优化实现传导变换矩阵、更新地图所有点等操作。

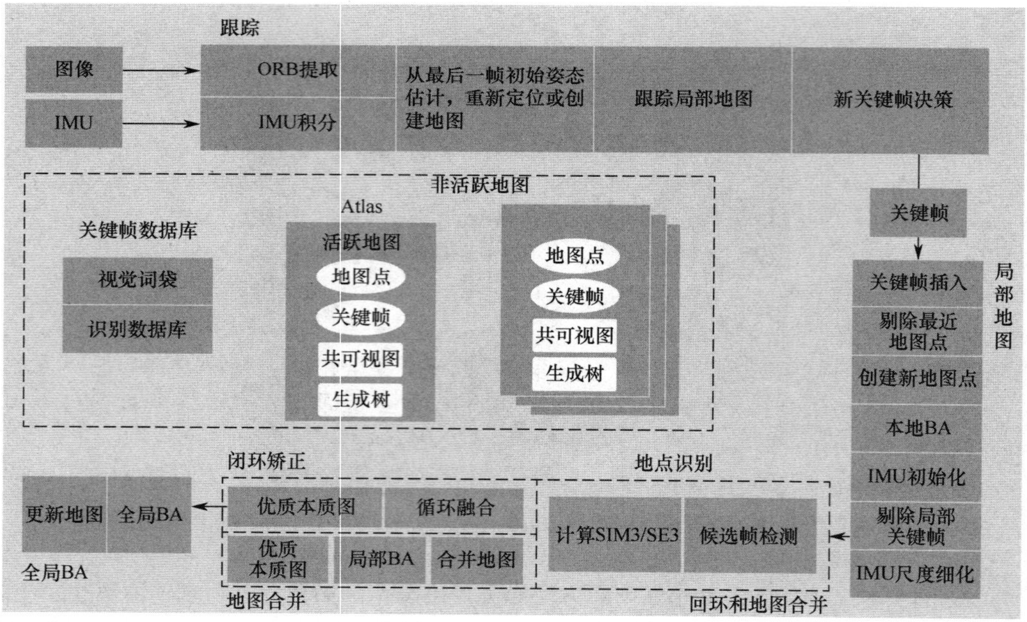

图 5-3　ORB-SLAM系统架构

ORB-SLAM 系统是一个代码构造优秀的 SLAM 系统，非常适合移植到实际项目中。采用 G2O 作为后端优化工具，能有效地减少对特征点位置和自身位姿的估计误差。采用 DBoW 可以减少寻找特征的计算量，同时回环匹配和重定位效果较好。特别是在重定位操作中，比如当机器人遇到一些意外情况之后，它的数据流突然被打断了，ORB-SLAM 系统可以在短时间内重新在地图中定位机器人。ORB-SLAM 系统使用了类似“适者生存”的方案来进行关键帧的删选，提高了系统追踪的鲁棒性和系统的可持续性。ORB-SLAM 系统构建的地图是稀疏点云图，只保留了图像中特征点的一部分作为关键点，固定在空间中进行定位，很难描绘地图中存在的障碍物。ORB-SLAM 初始化时最好保持低速运动，对准特征和几何纹理丰富的物体。图像帧间旋转时比较容易丢帧，特别是纯旋转，其对噪声敏感，不具备尺度不变性。如果将纯 VSLAM 用于机器人导航，尽管可以使用 DBoW 来进行回环检测，但可能会精度不高，或者产生累积误差、漂移。最好使用 VSLAM+IMU，可以提高精度，适用于实际应用中机器人的导航。

ORB-SLAM2 系统（见图 5-4）[18]是在 ORB-SLAM 系统的基础上演变而来的基于单目相机、双目相机和 RGB-D 相机的一整套完整的 SLAM 方案，支持标定后的双目相机和 RGB-D 相机。它能够实现地图重用、回环检测和重定位的功能。无论是对于室内的小型手持设备，还是对于工厂环境的无人机和城市中驾驶的汽车，ORB-SLAM2 系统都能够在标准 CPU 上进行实时工作。ORB-SLAM2 系统在后端采用基于单目相机和双目相机的 BA 方式，支持米制比例尺的轨迹精确度评估。此外，ORB-SLAM2 系统包含一个轻量级的定位模式，该模式能够在允许零点漂移的条件下，利用 VO 来追踪未建图的区域并匹配特征点。

图 5-4　ORB-SLAM2系统运行图

5.1.2　基于直接法的 SLAM 算法

基于直接法的 SLAM 算法直接对图像的像素光度进行操作，避免对图像提取特征点，通过最小化图像间的光度误差，计算图像间的位姿变换。它通常在特征缺失、图像模糊等情况下有更好的鲁棒性。典型的基于直接法的 SLAM 算法有 DVO、LSD-SLAM 和 DSO 等。

DVO 算法[19]使用 RGB-D 相机作为传感器，利用迭代最小二乘法，最小化相邻两帧图像所有像素的光度误差，并对误差进行分析，再利用 t 分布作为误差函数项的权重，在每次最小二乘迭代过程中更新 t 分布参数，从而避免具有较大误差的像素点对定位算法的影响。

LSD-SLAM 算法[20]使用直接图像配准方法和基于滤波的半稠密深度地图估计方法，在获得高精度位姿估计的同时，实时地重构大尺度一致的 3D 环境地图，该地图包括关键帧位姿图和对应的半稠密深度地图。LSD-SLAM 算法分为图像跟踪、深度估计、地图优化三个部分。其中，图像跟踪部分实现估算参考关键帧和新图像帧之间的刚体变换 SE3 操作；深度估计部分基于像素小基线立体配准的滤波方式实现深度更新，同时耦合对深度地图的正则化；关键帧若被当前图像替代，则可以通过地图优化模块插入全局地图。如图 5-5 所示，理论上 LSD-SLAM 算法提出了一种基于 SIM3 的相似变换空间的李代数直接跟踪方法，很好地检测了尺度漂移现象。由于它使用了概率方法对图像进行跟踪，有效处理了噪声对深度地图信息的影响。在 SLAM 理论与算法发展方面，LSD-SLAM 算法的重要贡献在于，构建了大尺度直接单目 SLAM 框架，提出了新的感知尺度图像配准算法来直接估计关键帧之间的相似变换，在跟踪过程中结合了深度估计的不确定性，能够更加充分地利用图像信息，在闭环检测方面使用了 FABMAP 进行闭环检测和闭环确认，用直接跟踪求解所有相关关键帧的相似变换，完成闭环优化操作。此外，Engel 等人将单目摄像机扩展为立体摄像机和全方位摄像机，分别构建了 Stereo LSD-SLAM 算法和 Omni LSD-SLAM 算法。

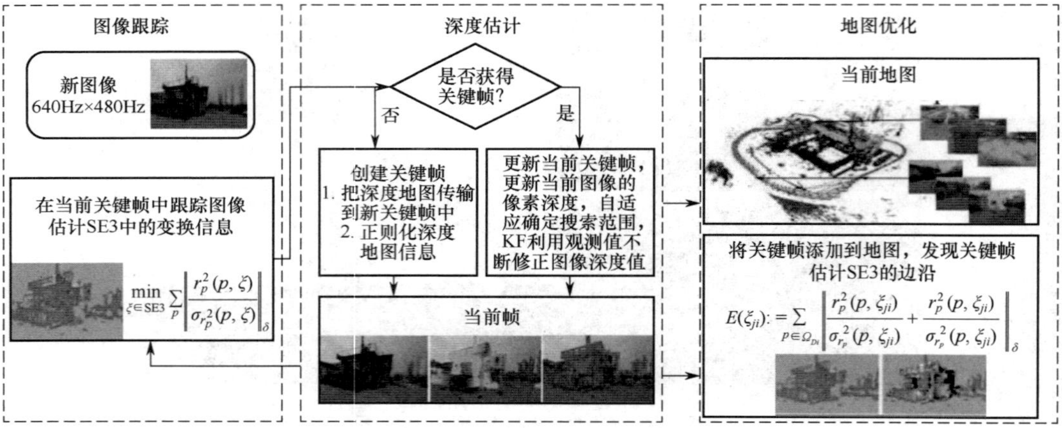

图 5-5　LSD-SLAM算法流程

DSO 算法[21]不包括回环检测和地图复用功能，建立的稀疏地图如图 5-6 所示。DSO 算法是少数使用纯直接法计算视觉里程计系统的算法之一。相比之下，SVO 算法属于半直接法，仅在前端稀疏模型的图案对齐（Sparse model-based Image Alignment）部分使用了直接法，在位姿估计、BA 优化部分则仍使用传统的最小化重投影误差的计算方式。直接法相比于特征点法，有以下两个非常不同的地方。一是特征点法通过最小化重投影误差来计算相机位姿与地图点的位置，而直接法则最小化光度误差。二是直接法将数据关联（Data Association）与位姿估计放在一个统一非线性优化问题中，而特征点法则分步求解，即先通过匹配特征点求出数据之间的关联，再根据关联来估计位姿。在第二步中，可以通过重投影误差来判断数据关联中的外点，用于修正匹配结果。图 5-7 所示为 DSO 算法代码架构。

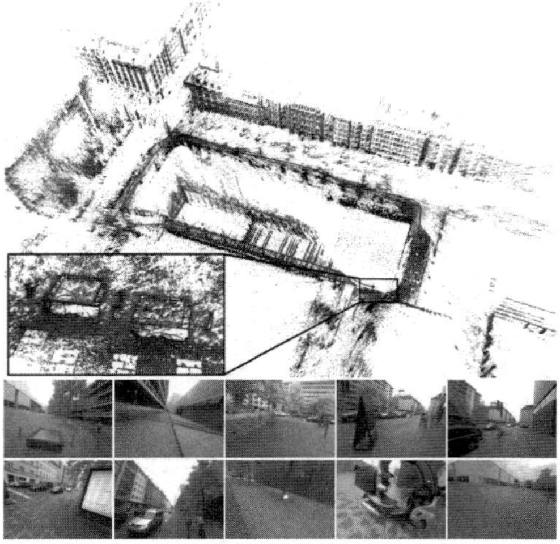

图 5-6　DSO 算法构建的稀疏地图

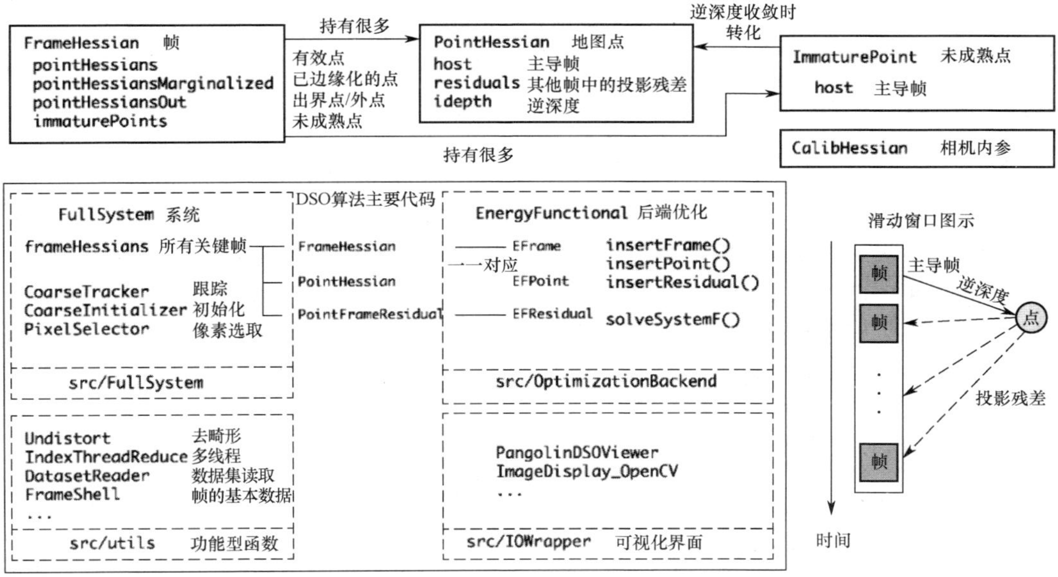

图 5-7　DSO 算法代码架构

DSO 算法的代码整体由四个部分组成，系统与各算法集成于 src/FullSystem，后端优化位于 src/OptimizationBackend，这二者组成了 DSO 算法的核心内容。src/utils 和 src/IOWrapper 为去畸形、数据集读取和可视化界面等的代码。先来看核心的 FullSystem

和 OptimizationBackend。如图 5-7 上半部分所示，在 FullSystem 系统中，DSO 算法致力于维护一个滑动窗口内部的关键帧序列。每个帧的数据存储于 FrameHessian 结构体中，FrameHessian 即一个带状态变量与 Hessian 信息的帧。每个帧也携带一些地图点的信息，其中，pointHessians 是有效点的信息，所谓有效点，是指它们在相机的视野中，其残差项参与优化部分的计算；pointHessiansMarginalized 是已边缘化的点的信息；pointHessiansOut 是外点的信息；immaturePoints 是未成熟点的信息。

在单目 SLAM 中，所有地图点在一开始被观测到时，都只有一个二维的像素坐标，其深度是未知的，这种点在 DSO 算法中称为未成熟点。随着相机的运动，DSO 算法会在每个图像上追踪这些未成熟点，这个过程称为 Trace，类似于 SVO 算法的 Depth Filter。Trace 过程会确定每个未成熟点的逆深度和它的变化范围。如果未成熟点的深度（实际中为深度的倒数，即逆深度）在这个过程中收敛，那么我们就可以确定这个未成熟点的三维坐标，形成一个正常地图点。具有三维坐标的地图点，在 DSO 算法中称为有效点，与 FrameHessian 相对，PointHessian 记录了这个点的三维坐标，以及 Hessian 信息。与很多其他 SLAM 系统不同，DSO 算法使用逆深度这个参数描述一个地图点；而 ORB-SLAM 等多数，则会记录地图点的 x, y, z 三个坐标。逆深度参数化形式具有形式简单、类似高斯分布、对远景更为鲁棒等优点，但基于逆深度参数化的 BA，每个残差项比通常的 BA 多计算一个雅可比矩阵。为了使用逆深度，每个 PointHessian 必须拥有一个主导帧，说明这个点是由该帧反投影得到的。于是滑动窗口的所有信息，可以由若干个 FrameHessian，加上每个帧带有的 PointHessian 来描述，所有的 PointHessian 又可以在除主导帧外的任意一帧中进行投影形成一个残差项，记录于 PointHessian::residuals 中，所有的残差加起来就构成了 DSO 算法需要求解的优化方程。当然，由于运动、遮挡，并非每个点都可以成功地投影到其余任意一帧中，还需要设置每个点的状态：有效的/已边缘化的/出界的，不同状态点被存储于主导帧的 pointHessians/pointHessianMarginalized/ PointHessiansOut 容器内。除此之外，DSO 算法将相机内参、曝光参数等信息作为优化变量考虑在内，相机内参由针孔相机参数表达，曝光参数则由两个参数描述。后端优化部分单独具有独立的 Frame、Point、Residual 结构。由于 DSO 算法的优化目标是最小化能量，所以有关后端的类均以 EF 开头，且与 FullSystem 中存储的实例一一对应，互相持有对方的指针。优化部分由 EnergyFunctional 类统一管理。它从 FullSystem 中获取所有帧和点的数据，进行优化后，再将优化结果返回。它也包含整个滑动窗口内的所有帧和点的信息，负责实际的非线性优化矩阵运算。

5.1.3 融合特征点法和直接法的 SLAM 算法

SVO 算法[22]是一种使用半直接法计算单目视觉里程计系统的算法，半直接法是指通过对图像中的特征点像素块进行直接匹配来获取相机位姿，而不像直接匹配法那样对整个图像进行匹配。整幅图像的直接匹配法常见于 RGB-D 传感器，因为 RGB-D 传感器能获取整幅图像的深度。半直接法使用了特征提取，但其思路是通过直接法来获取位姿，这和特征点法不一样；同时半直接法和直接法不同的是，它利用特征块的配准来对直接法估计的位姿进行优化。SVO 算法分成两部分：位姿估计和深度估计。其优势在于，它在估计运动时不需要使用耗时严重的特征提取算法和健壮的匹配算法，直接对像素灰度进行处理，获得高帧率下的亚像素精度，使用显式构建野值测量模型的概率构图方法估计 3D 特征点，建立一致性特征，并在获得摄像机位姿初始化估计后仅使用点特征进行优化计算处理。其构建的地图点野值少，可靠性高，提高了细微、重复和高频率纹理场景下的健壮性，并成功应用于微型飞行器，在 PS 失效环境下能够估计飞行器状态。如图 5-8 所示为无人机飞行器的 SVO 地图构建图。其位姿估计步骤为：对稀疏的特征块使用直接法配准，获取相机位姿；通过获取的位姿预测参考帧中的特征块在当前帧中的位置，其中深度估计的不准导致获取的位姿存在偏差，从而使预测的特征块位置不准。由于预测的特征块位置和真实位置很接近，所以使用牛顿迭代法对这个特征块的预测位置进行优化。再次使用直接法，利用优化后的特征块预测位置，对相机位姿（Pose）及特征点位置（Structure）进行优化。SVO 算法计算速度非常快，在计算机上能达到每秒 300 帧（这也是直接法高效的最佳例证），关键点分布均匀。其缺点为没有重定位功能，追踪丢失后整个系统无法恢复，而且由于前端通过比较前后两帧来确定初始位姿，因此受单帧影响较大，在有遮挡的情况下容易丢失；直接法本身导致的缺点，即在模糊、大运动、光照变化大的情况下容易丢失；深度滤波器收敛比较慢，而且 VO 的结果严重依赖位姿估计的准确度。

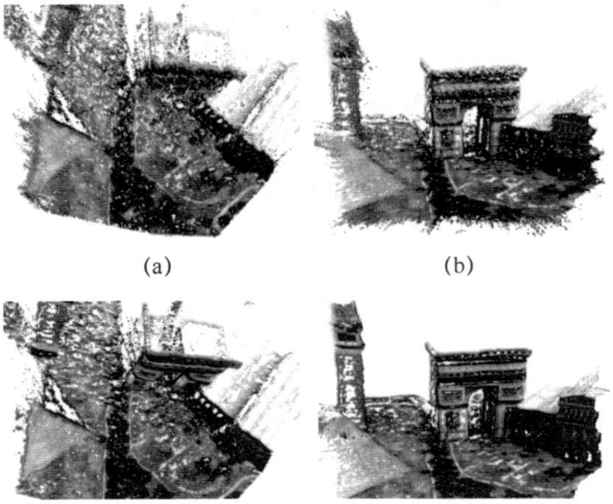

(a)　(b)　(c)　(d)

图 5-8　无人机飞行器的 SVO 地图构建图

如图 5-9 所示，SVO 算法分为两个线程，分别是追踪和建图。追踪线程包括：①基于稀疏模型进行图像对准，即把当前帧和上一个追踪的帧用于稀疏直接法，获取粗略的位姿；②特征对准，即把关键帧的地图点投影到当前帧上，并利用光流法找到地图中特征块在新图像中应该出现的位置，进行像素块匹配；③位姿/结构更新，即通过匹配好的像素块，计算当前帧和地图点对应的关键帧之间的光度误差，通过 BA 同时优化位姿和地图点坐标。

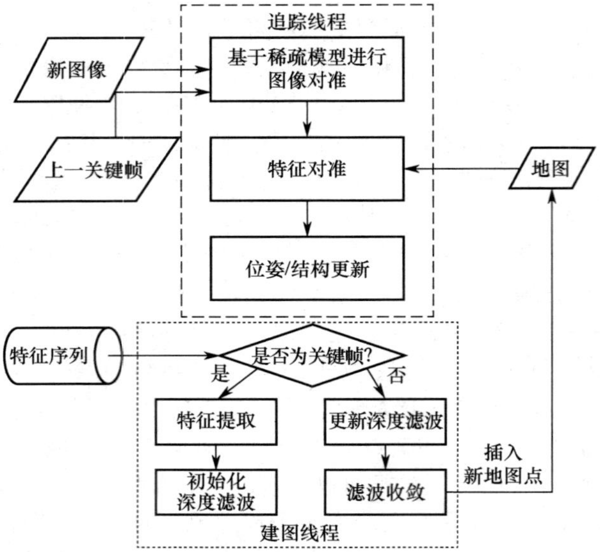

图 5-9　SVO 算法计算流程

SVO 算法的追踪线程中应用的是稀疏直接法、光流法和 BA 优化。在基于稀疏模型进行图像对准的步骤中，假设相邻帧之间的位姿已知（初始化为上一帧的位姿或者单位矩阵），通过稀疏直接法求得帧间变换矩阵；在特征对准步骤中，因为通过稀疏直接法估计的位姿是有误差的，因此投影像素会存在误差；在位姿/结构更新步骤中，因为像素块位置被调整了，因此 BA 可以进一步优化相机位姿和空间的三维坐标，这一步优化的效果是有限的，因此程序中是否运行这一部分是可选的。SVO 算法的关键帧判断标准相对于 ORB-SLAM2 系统要薄弱很多。SVO 算法的关键帧判断标准是，如果当前帧和它相关联的所有关键帧之间的相对平移都超过了场景平均深度的 12%，就判定当前帧为关键帧。

建图线程最主要的任务是估计特征点深度，判断追踪线程传来的帧是否为关键帧，如果为关键帧，就提取新的特征点，把这些点作为地图的种子点，放入优化线程；否则，就用此帧的信息更新地图中种子点的深度估计值。

5.1.4　融合视觉信息和 IMU 信息的 SLAM 算法

融合视觉信息和 IMU 信息的里程计 SLAM 称为 VIO（Visual Inertial Odometry），IMU 在 VIO 中的作用为辅助两帧图像完成特征跟踪，在参数优化过程中提供参数约束项。GAFD（Gravity Aligned Feature Descriptors）使用了重力方向和特征点方向的差辅助特征匹配，首先使用 IMU 得到两帧图像间的旋转矩阵，利用该旋转矩阵预测像素点的位置变化，而后优化八个参数，得到像素点位置。该方法仅考虑了帧间的旋转运动，而没有对帧间平移运动进行处理，并且需要使用 GPU 加速才能得到较高的处理帧率。为了减少计算量，可以仅优化两个参数以得到像素点位置。

从 IMU 信息和视觉信息耦合方式来看，VIO 可分为松耦合和紧耦合两种方式。松耦合结构如图 5-10 所示，使用 IMU 信息和视觉信息估计相机运动，再将得到的两个运动姿态进行融合计算。松耦合方式计算量小，但没有考虑传感器测量信息的内在联系，导致精度受限。紧耦合结构如图 5-11 所示，将 IMU 信息和相机姿态联合起来建立运动方程与观测方程，进行状态量估计。相比松耦合方式，紧耦合方式具有参数精度高的特点，但是算法计算量较大。从优化角度看，VIO 分为滤波方法和非线性优化方法。目前的滤波方法主要采用了 EKF 算法，利用上一时刻的数据估计当前状态量。非线性优化方法使用滑动窗口内的状态量作为优化变量，使用 GN（Gauss Newton）、LM（Levenberg Marquardt）等算法求解变量，可以有效减小累积线性化误差，提高位姿估计精度，但存在计算量大的劣势。VI ORB-SLAM 算法则是在 ORB-SLAM 系统的基础上融合 IMU 预积分算法的一种基于单目视觉传感器的 SLAM 算法，采用了非线性优化的紧耦合方式，可以在重复场景下利用之前得到的环境地图点优化相机位姿，得到准确的相机位姿和环境地图，其运行数据如图 5-12 所示。

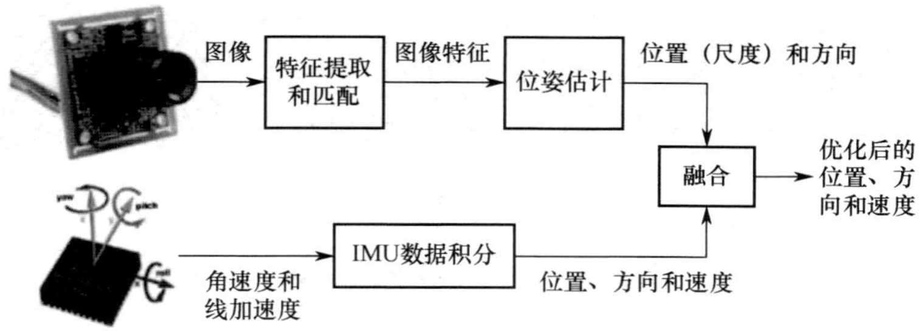

图 5-10　VIO 的松耦合结构

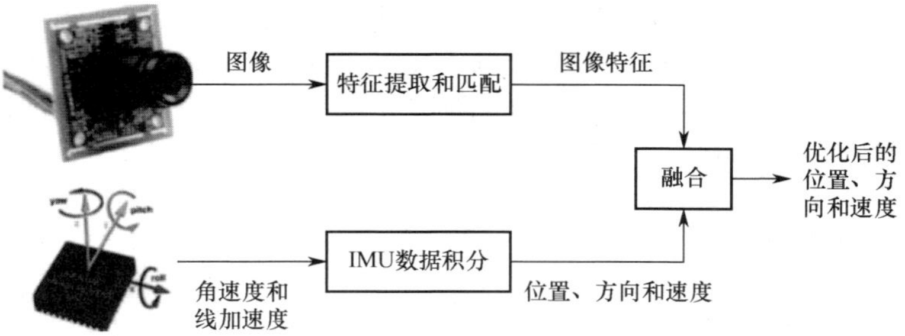

图 5-11　VIO 的紧耦合结构

VIO 仅凭（单目）视觉信息或 IMU 信息都不具备位姿估计能力，视觉信息存在尺度不确定性，IMU 信息存在零偏漂移。在松耦合方式中，视觉内部 BA 没有 IMU 信息，从整体层面来看不是最优的，而紧耦合方式可以一次性建模所有的运动和测量信息，更容易达到最优。

其中用到的 MSCKF（Multi-State Constraint KF）预积分算法[23]的计算流程如下。

（1）初始化。①初始化摄像机参数、噪声方差（图像噪声、IMU 噪声、IMU 的偏差）、初始 IMU 协方差、IMU 和摄像机外参数、IMU 和摄像机的时间偏移量。②初始化 MSCKF 参数：状态向量中滑动窗口大小的范围、空间点三角化误差阈值、是否做零空间矩阵构造和 QR 分解。③构造 MSCKF 状态向量。

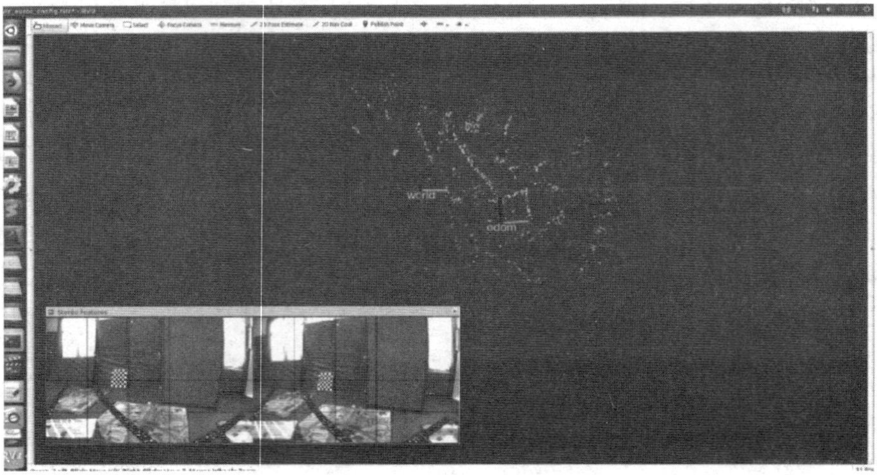

图 5-12　VIO运行数据

（2）读取 IMU 数据，估计新的 MSCKF 状态向量和对应的协方差矩阵。

（3）图像数据处理。①在 MSCKF 状态向量中增加当前帧的摄像机位姿，若位姿数不在滑动窗口大小的范围内，去除状态向量中最早的视图对应的摄像机位姿。②提取图像特征并匹配，去除外点。③处理所有提取的特征，判断当前特征是否是之前视图中已经观察到的特征，如果当前帧可以观测到该特征，则将其加入该特征的 track 列表，如果当前帧观测不到该特征（Out of View），将该特征的 track 加入 featureTracksToResidualize，用于更新 MSCKF 状态向量，另外给该特征分配新的 featureID，并加入当前视图可观测特征的集合中。④循环遍历 featureTracksToResidualize 中的 track，用于更新 MSCKF 状态向量，具体来说，首先，计算每个 track 对应的三维空间点坐标（利用第一幅视图和最后一幅视图计算两视图的三角化），若三角化误差小于设置的阈值，则将其加入 map 集合；其次，计算视觉观测（图像特征）的估计残差，并计算图像特征的雅可比矩阵；最后，计算图像特征雅可比矩阵的左零空间矩阵和 QR 分解，构造新的雅可比矩阵。⑤计算新的 MSCKF 状态向量的协方差矩阵，具体分为计算卡尔曼增益、状态矫正、计算新的协方差矩阵。⑥状态向量管理，即首先，查找所有无特征追踪可见的视图集合 deleteIdx；其次，将 deleteIdx 中的视图对应的 MSCKF 中的状态去除；最后，绘制运动轨迹。相对于 MSCKF 的滤波基 SLAM 算法，OKVIS 是关键帧基 SLAM 算法中将视觉信息与 IMU 信息融合的代表算法，如图 5-13 所示。OKVIS 将图像观测和惯性组件观测显式公式化成优化问题，一起优化求解位姿和三维地图点。

OKVIS[24]的优化目标函数包括一个重投影误差项和一个 IMU 积分误差项，其中已知的观测数据是每两帧之间的特征匹配及这两帧之间的所有 IMU 采样数据的积分。相机位姿和三维地图点优化针对的是一个有界窗口内的帧集合（包括最近的几个帧和几个关键帧）。在这个优化问题中，对类似方差的不确定性建模还是蛮复杂的。对 IMU 的漂移建模，并在积分过程中对类似方差的不确定性积分，所以当推导两帧之间的 IMU 积分误差时，需要用类似于 KF 中预测阶段的不确定性传播方式去计算协方差矩阵。OKVIS 使用关键帧计算时，由于优化算法速度的限制，优化不能针对太多帧，所以尽量把一些信息量少的帧滤掉，只留下一些关键帧之间的约束项。

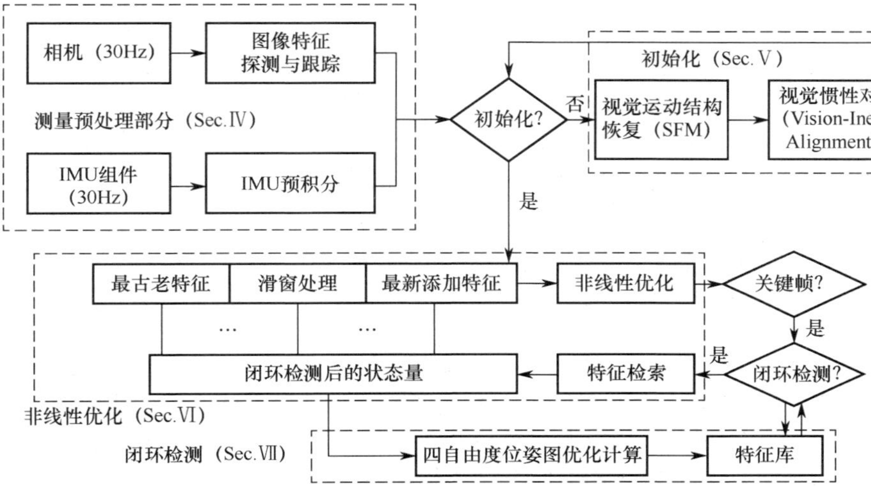

图 5-13　OKVIS计算流程

5.1.5　动态场景下的 SLAM 算法

在动态场景下，基于信度地图的 SLAM 算法使用双目传感器获取当前视野环境的深度，通过在每帧更新地图点的信度值，判断地图点是否属于动态点。浙江大学的 RDSLAM 系统[25]吸收了 PTAM 系统的关键帧表达和并行跟踪/重建框架，采用 SIFT 特征点和在线关键帧表达与更新方法，可以自适应地对动态场景进行建模，从而实时有效地检测场景颜色和结构等变化并正确处理。此外，它也对传统 RANSAC 算法进行了改进，提出了基于时序先验的自适应 RANSAC 算法，即使在正确匹配点比例很小情况下也能够快速可靠地将误匹配点去掉，从而实现复杂场景下的摄像机姿态的实时鲁棒求解；基于 RGB-D 数据，使用 K 均值聚类将场景中的物体分为静态物体和动态物体，在计算相机定位时剔除动态物体的影响；基于 RGB-D 相机，利用 RANSAC 算法计算两帧图像之间的单应矩阵，对上一帧图进行校正变换，再与当前帧进行差分，得到初步的运动像素点，然后使用矢量量化深度图对场景物体进行分割，利用粒子滤波对当前场景进行跟踪，最后将剔除运动前景的结果通过 DVO 算法进行 SLAM 操作。

实际上，目前动态环境下的同时定位和映射是机器人导航中的一个重要问题，但研究较少。使用多级 RANSAC（ML-RANSAC）算法的现有方法将检测到的对象分为静止物体和动态物体。在复杂情况下运行 SLAM 跟踪动态物体时，ML-RANSAC 算法被用于鲁棒地估计未知环境中的多个动态物体的速度和位置，而物体的状态（静态或动态）不是先验已知的。ML-RANSAC 算法的主要特征是能够在 SLAM 中处理静态物体和动态物体，以及检测和跟踪动态物体（DATMO），而不将问题分成两个独立的部分（SLAM 和 DATMO）。

动态环境下的 SLAM 系统对动态物体的检测、分类和跟踪有同时性要求，使其建模更加困难，也引起了许多研究者的关注。由于数据关联错误、对象检测错误、循环关闭过程失败及错误的状态估计、动态环境中的静态物体假设，整个 SLAM 建模过程失败。目前考虑从建图过程中移除动态物体来提高地图的质量，从静态物体构建的可靠地图来成功检测动态物体，读者可参考相关文献了解 DATMO 方法[26]及其应用。

文献[27]提出了关于 SLAM 与 DATMO 的一项非凡工作，通过将估计问题分解为静态物体和动态物体的两个独立的概率后验来估计 SLAM 与 DATMO 后验概率。其在城市环境中使用激光测距仪数据验证了该算法。达姆斯等人研究了一种独立于传感器的算法，用于在城市环境中使用自主车辆对动态物体进行分类和跟踪；Migliore 等人通过应用 MonoSLAM 系统，使用单目摄像机在动态环境中研究了具有动态物体跟踪功能的 SLAM 算法，为了降低计算复杂度，其计算线程与动态物体跟踪线程解耦。其他研究采用 2D 激光扫描仪来检测和跟踪城市交通中的自动驾驶车辆，边界框用于根据激光数据对检测物体进行分类。文献[28]在动态环境中使用双目相机研究室内环境中的定位、建图和动态物体跟踪，其比较了双目 SLAMMOT（同时定位和映射、跟踪动态物体）和单目 SLAMMOT 的性能，并证明了使用双目 SLAMMOT 改善了 SLAM 算法在动态环境中的性能。然而，该算法要求跟踪图像的可靠 2D 特征，且在实验环境中限制单个目标跟踪。文献[29]在室外环境中实现了基于网格的定位、局部建图及 DATMO，使用与自适应交互多模型（IMM）滤波器相结合的多假设跟踪（MHT）方法来检测动态物体。文献[30]提出了一种分层方法，用于在室外动态环境中使用 3D 激光扫描仪对动态物体进行扫描分类，利用分层策略减少传感器噪声和来自 3D 激光扫描仪数据的错误检测信息。文献[31]采用了两个连续网格之间的转移占用信息方式，而不是在动态环境中执行完整的 SLAM 解决方案。有文献提出了一种基于 2.5D 网格的 DATMO，全局最近邻（GNN）数据关联方法和 KF 被用于跟踪动态物体；有文献通过在动态环境（如交通场景）中利用动态物体，提出了一种基于 EKF 的多机器人同时定位和跟踪的算法，将动态物体扩展到定位估计中，可以提高定位性能，同时解决在具有挑战性的环境中构建地图的问题。

在过去的几十年中，运动结构恢复（SfM）[32]及 VSLAM 技术已经从计算机视觉和机器人领域发展起来了。这些技术的许多变体已经开始在广泛的应用中产生影响，包括机器人导航和增强现实。然而，尽管在这些领域有一些显著的成果，但大多数 SfM 和 VSLAM 技术仍基于观察到的静态环境假设而运行，当面对动态物体时，系统整体精度可能会受到影响。其中可以确定的三个主要问题：如何执行重建（健壮的 VSLAM），如何分割和跟踪动态物体，以及如何实现运动分割和地图重建。

在动态环境下研究 SLAM 问题，我们迎来了一个全新的视角。这一视角不仅致力于提供稳健的本地化，为智能体在空间中的精准定位奠定坚实基础，而且还将 SLAM 系统的功能边界进行了大幅度的扩展。传统的 SLAM 系统主要关注如何在静态环境中实现精确的位置估计。然而，在现实世界中，环境往往是动态变化的。行人、车辆、移动的机器等动态物体的存在给定位带来了巨大的挑战。为了在这种动态环境中提供稳健的本地化，研究人员不断探索新的算法和模型，融合多种传感器数据（如相机、激光雷达、IMU 等），以更好地应对动态物体的干扰，实现精确的自身定位。例如，在城市街道场景中，车辆和行人的流动使环境处于不断变化中，通过使用多传感器融合的 SLAM 算法，智能汽车可以实时感知周围环境的变化，准确计算自身在道路上的位置和姿态，为自动驾驶提供可靠的定位支持。除了本地化功能，新视角下的 SLAM 系统还将重点放在了动态物体的检测与跟踪上。在动态环境中，准确识别和跟踪动态物体对于智能体的安全和有效运行至关重要。通过对传感器数据进行实时分析和处理，SLAM 系统可以检测出环境中的动态物体，并持续跟踪它们的运动轨迹。以仓储物流场景为例，自动搬运机器人需要在充满移动叉车和工人的仓库环境中工作。SLAM 系统可以帮助机器人检测周围的动态物体，并实时跟踪它们的位置和速度，从而规划出安全、高效的运动路径，避免碰撞事故的发生。此外，对动态物体形状的重建也是新视角下 SLAM 系统的重要任务之一。了解动态物体的形状和结构对于智能体与环境的交互和任务执行具有重要意义。通过对动态物体的观测和分析，SLAM 系统可以逐步构建出物体的三维形状模型，为后续的操作和决策提供依据。

动态环境中同时定位和重建的问题可以从两个不同的角度来看：要么作为健壮性问题，要么作为动态环境中标准 VSLAM 的扩展。作为健壮性问题，尽管在相机前面存在多个动态物体，但 VSLAM 中的姿势估计应该保持准确，这可能导致先前跟踪的特征的错误对应或遮挡。通过分割图像中的静态特征和动态特征，以及将动态部分视为异常值，可以计算稳健性，然后仅基于静态部分计算姿势估计。从将标准 VSLAM 扩展到动态环境的角度来看，系统应该能够将跟踪的特征分割成不同的簇，每个簇与不同的物体相关联，然后可以重建每个物体的结构（形状）并跟踪其轨迹。如果静态点云可用，系统甚至可以将动态物体插入静态地图中。

5.2 SLAM 技术发展中存在的问题与对策

机器人 SLAM 试图解决机器人在未知环境中的运动定位问题，就是如何通过对环境的观测确定自身的运动轨迹，同时构建环境的地图。SLAM 技术距今已有 30 余年的发展历史，但相比于深度学习、大数据等，听过 SLAM 技术的人较少，国内从事相关研究的机构也较少。直至最近几年，SLAM 技术才逐渐成为国内机器人和计算机视觉领域的热门研究方向，在当前比较热门的一些创业方向中崭露头角。例如，在 VR/AR 领域，根据 SLAM 技术得到地图和当前视角，对叠加的虚拟物体做相应渲染，可以使叠加的虚拟物体看起来比较真实，没有违和感；在无人机领域，SLAM 技术可以构建局部地图，辅助无人机进行自主避障、规划路径；在无人驾驶领域，SLAM 技术可以提供视觉里程计功能，然后跟其他的定位方式融合；在机器人定位导航领域，SLAM 技术可以用于生成环境的地图，基于这个地图，机器人执行路径规划、自主探索、导航等任务。

SLAM 技术涵盖的范围非常广，按照不同的传感器、应用场景、核心算法，其有很多种分类方法。按照传感器配置差异，其可以分为基于激光雷达的 2D/3D SLAM、基于深度相机的 RGB-D SLAM、基于视觉传感器的 VSLAM、基于视觉传感器和 IMU 的 VIO。2D SLAM 相对成熟，早在 2005 年，Sebastian Thrun 等人的经典著作《概率机器人学》就将 2D SLAM 研究和总结得非常透彻，基本确定了基于激光雷达的 SLAM 系统的基本框架。2016 年，谷歌开源了基于激光雷达的 SLAM 程序，其可以融合 IMU 信息，目前 2D SLAM 已经成功应用于扫地机器人。

过去几年，基于深度相机的 RGB-D SLAM 也发展迅速。微软 Kinect 自推出以来，掀起了一波 RGB-D SLAM 的研究热潮，短短几年时间内相继出现了几种重要算法，如 KinectFusion、Kintinuous、Voxel Hashing、DynamicFusion 等。微软 Hololens 集成了 RGB-D SLAM，在深度传感器工作场景，可以达到非常好的效果。视觉传感器包括单目相机、双目相机、鱼眼相机等。由于视觉传感器价格便宜，在室内外均可以使用，因此 VSLAM 是当前研究的一大热点。早期的 VSLAM，如 MonoSLAM 更多的是延续机器人领域的滤波方法，现在使用更多的是计算机视觉领域的优化方法，具体来说，是运动恢复结构中的 BA 优化策略。在 VSLAM 中，按照视觉特征的提取方式，其又可以分为特征点法、直接法。当前 VSLAM 的代表算法有 ORB-SLAM、SVO、DSO 等。但是，视觉传感器对于无纹理的区域是没有办法工作的。IMU 中的陀螺仪与加速度计可以测量角速度与加速度，进而推算相机的姿态，不过推算的姿态存在累积误差。视觉传感器和 IMU 具有很大的互补性，因此将二者测量信息融合的 VIO 也是一个研究热点。按照信息融合方式的不同，VIO 又可以分为基于滤波的方法、基于优化的方法。VIO 的代表算法有 EKF、MSCKF、Preintegration、OKVIS 等，Google 的 Tango 平板就实现了效果不错 VIO。总的来说，相比于基于激光雷达和基于深度相机的 SLAM，VSLAM 和 VIO 还不够成熟，操作比较难，通常需要融合其他传感器或者在一些受控的环境中使用。

VSLAM 为什么比较难？我们通过分析传感器测量信息做定性分析：激光雷达或者 RGB-D 相机可以直接获取环境点云，点云中的点告诉我们在某个方位和距离上存在一个障碍点；而视觉传感器获取的是灰度图像或者彩色图像，图像中的像素只能告诉我们在某个方位有障碍点、障碍点周围的表观（Local Appearance）如何，但它不能告诉我们这个障碍点的距离。要想计算该点的距离，需要把相机挪动一个位置再对它观测一次，然后按照三角测量的原理进行推算。首先，需要在两幅图像中寻找点的对应，这涉及特征点提取和匹配，或者准稠密点之间的匹配计算。计算机视觉发展到今天，其实还不存在在性能和速度上很好满足 VSLAM 的特征点提取和匹配算法。对于常见的特征点提取算法，从性能上大致可以认为 SIFT>SURF>ORB>FAST，从效率上可以认为 FAST>ORB>SURF>SIFT（大于号左边代表更优。性能主要包括匹配精度、特征点的数量和空间分布等）。为了在性能和效率上折中，通常采用 FAST 或者 ORB，舍弃性能更好的 SIFT、SURF 等。其次，匹配点的图像坐标与空间坐标之间的关系是非线性的，如 2D-2D 点的对应关系满足对极几何，2D-3D 点的对应关系满足 PnP 约束。前后两帧图像中一般有几十至数百个匹配点。这些匹配点会引入众多约束关系，使得待估计变量的关系错综复杂。为了得到一个较优的估计，通常需要建立优化问题，整体优化多个变量。这是一个非线性最小二乘优化问题，但实现起来并不简单，因为存在非线性约束、约束数量很多、有误差和野值点等问题，并且要将计算时间控制在允许范围。目前广泛采用关键帧技术，并且通过很多方法来控制问题规模、保持问题的稀疏性等。前面分析了 VSLAM 面临的困难。想做出一个高效率、健壮的 VSLAM 系统是一个非常有挑战的任务。效率方面，系统必须是实时运行的。如果不能做到实时，就不能称作 SLAM。若不考虑实时性，采用从运动结构恢复效果会更好。鲁棒性方面，一个脆弱的系统会导致用户体验很差，功能有限。

自 PTAM 系统以来，VSLAM[34]的核心算法框架基本趋于固定，通常包括三个线程，前端 Tracking 线程、后端 Mapping 优化线程、闭环检测线程。前端 Tracking 线程主要涉及特征的提取和匹配，以及多视图几何的建模计算，包括对极几何、PnP、刚体运动、李代数等优化计算。后端 Mapping 优化线程涉及非线性最小二乘优化，属于数值优化的内容。闭环检测线程涉及地点识别，本质上是图像检索问题。VIO 还涉及滤波算法、状态估计等内容。将 SLAM 算法拆解了看，用到的技术是偏传统的，与当前大热的深度学习的“黑箱模型”不同，SLAM 算法的各个环节基本都是白箱，能够解释得非常清楚。但 SLAM 算法并不是上述各种算法的简单叠加，而是一个系统工程，里面有很多权衡信息需要处理。

SLAM 技术未来的发展趋势在于，逐步优化 VSLAM 各个环节的处理方法，同时不断吸收其他方向的最新成果，短期内肯定会在现有框架下不停地改进；文献[35]对 SLAM 技术的发展趋势做了非常好的总结。这里仅就笔者自己感兴趣的点提一些个人感想。新型传感器的出现会不停地为 SLAM 技术注入活力。如果我们能够直接获取高质量的原始信息，SLAM 的运算压力就可以减轻很多。例如，近几年，在 SLAM 技术中逐渐使用了低功耗、高帧率的事件相机（Dynamic Vision System，DVS），如果这类传感器的成本能降低，会给 SLAM 技术的格局带来许多变化。不少研究者也试图用深度学习中端到端的思想重构 SLAM 算法的计算流程。目前有些工作试图把 SLAM 技术中的某些环节用深度学习代替，不过这些方法没有体现压倒性优势，传统的几何方法依然是主流。在深度学习的热潮之下，SLAM 技术涉及的各个环节应该会逐渐吸收深度学习的成果，精度和健壮性也会因此提升。也许将来 SLAM 技术的某些环节会整体被深度学习取代，形成一个新的框架。SLAM 技术原本只关注环境的几何信息，未来跟语义信息应该有更多的结合。借助于深度学习，当前的物体检测、语义分割技术发展很快，可以从图像中获得丰富的语义信息。这些语义信息是可以辅助推断几何信息的，如已知物体的尺寸就是一个重要的几何线索。

SLAM 技术的主要发展历程可划分为以下三个时代。传统时代（1986—2004 年）：SLAM 问题被提出，并转换为一个状态估计问题，利用 EKF、粒子滤波及最大似然估计等手段来求解。算法分析时代（2004—2015 年）：研究 SLAM 的基本特性，包括观测性、收敛性和一致性；健壮性-预测性时代（2015 年至今）：SLAM 的健壮性、高级别的场景理解，计算资源优化，任务驱动的环境感知。

VSLAM 是在传统 SLAM 技术的基础上发展起来的，早期的 VSLAM 多采用 EKF 等来优化相机位姿估计和准确构建地图，后来随着计算能力的提升及算法的改进，BA 优化、位姿优化等逐渐成为主流。随着人工智能技术的普及，基于深度学习的 SLAM 技术越来越受研究者关注。现代 VSLAM 系统可以分为两部分：前端和后端。前端提取传感器数据并构建模型，用于状态估计，后端根据前端提供的数据进行优化。其中，VSLAM 的前端关心的是相邻图像之间的相机运动，该前端又称为 VO。VO 的实现方法，按是否需要提取特征，分为特征点法前端及不提取特征的直接法前端。

特征点法前端主要包括特征提取与匹配、位姿求解。常用的特征提取算法包括 SIFT、ORB 与 SURF。经测试，对同一幅图像同时提取约 1000 个特征点，ORB 算法要花费约 15.3ms，SURF 算法花费约 217.3ms，SIFT 算法花费约 5228.7ms。不过就精度而言，SIFT 算法的效果最好。相机位姿的求解通常是根据匹配的点对来计算的，对于多组 2D 像素点，可以利用对极几何来估计；对于多组 3D 空间点，可以采用 ICP 来求解；对于 3D 空间点和 2D 像素点，可以采用 PnP 来求解。特征点法的代表是 PTAM 和 ORB2-SLAM。

直接法前端根据像素灰度的差异直接计算相机运动，并根据像素点之间的光度误差来进行优化。直接法既省去了特征的计算时间，也避免了特征缺失的情况。只要场景中存在明暗变化，直接法就能工作。根据使用像素的数量，直接法分为稀疏、稠密和半稠密三种。稀疏方法可以快速地求解相机位姿，而稠密方法可以建立完整的地图。不过直接法也存在以下几个缺陷。①非凸性：由于图像是强烈非凸的函数，优化算法容易陷入极小值，在运动很小时直接法效果更好。②单个像素没有区分度。③灰度值不变是很强的假设。直接法的代表为 SVO 和 LSD-SLAM。

后端优化主要处理 SLAM 过程中的噪声问题，早期的后端优化考虑的问题是如何从带有噪声的数据中估计整个系统的状态，以及这个状态估计的不确定性有多大，这也称为最大后验概率估计。这里的状态既包含机器人自身的轨迹（每个时刻的位姿），也包含地图。很长一段时间内，早期的这种方法并不称为后端优化，而是直接称为“SLAM 研究”。该方法的代表为 MonoSLAM[36]。现阶段效果最好的优化算法是 BA 和位姿图优化。当从每一个特征点反射出多束光线时，计算目标是通过调整相机位姿（包括位置和方向等）及特征点的空间位置，使得这些光线能够准确地收束到相机光心。这个过程实际上是相机成像模型及相关优化过程的一部分。

理想情况下，在相机成像过程中，从真实世界中的一个特征点发出的光线经过镜头等光学系统后应该汇聚在相机成像平面的一个像素点上（对应光心与该特征点的连线与成像平面的交点）。然而，在实际情况中，由于测量误差、初始估计不准确等，这些光线可能并不会准确地汇聚到光心。SLAM 技术的研究者们通常认为包含大量特征点和相机位姿的 BA 计算量过大，不适合实时计算。直到近十年，人们逐渐认识到 SLAM 问题中 BA 的稀疏特征，才使它在实时场景中应用。位姿图优化则不再优化路标点的位置，而只关心相机的位姿。相机间的位姿通过看到的共同路标点产生了关系。位姿图优化可以大量减少计算量，实现全局的相机位姿优化。

回环检测得益于视觉独有的特征，通过机器学习的方法检测出相机经过同一个地方。如果检测成功，就可以为后端的全局优化提供更多有效的数据，使之得到更好的估计，特别是得到一个全局一致的估计。现阶段应用最广的回环检测方法是词袋模型[37]。首先，利用机器学习方法从大量图像中提取特征并将其聚类为一部词典；其次，将每幅图像根据词典编码为一个向量的描述；最后，根据不同的图像比较向量之间的差异，进行图像匹配，差异小于某个阈值的两幅图像再根据对极几何进行几何验证，通过验证的一对图像对应的相机被认为在同一个地方，该方法的代表为 DBoW2[38]。

地图是对环境的描述，而建图是指构建地图的过程。地图的形式随 SLAM 技术的应用场合而定，大体上可以分为度量地图和拓扑地图两种。度量地图强调精确地表示地图中物体的位置关系，通常可分为稀疏和稠密两种。相比于度量地图的准确性，拓扑地图更强调地图元素之间的关系。它放松了地图对精确位置的要求，去掉了地图的细节问题，然而它不擅长表达具有复杂结构的地图。

5.3　SLAM 技术发展前沿

SLAM 被很多学者认为是实现真正全自主移动机器人的关键。这需要：一是有理解力的 SLAM，即语义 SLAM，精准感知并适应环境。将语义分析与 SLAM 有效融合，增强机器对环境中相互作用的理解能力，赋予机器人复杂环境感知力和动态场景适应力。二是有广度的 SLAM，即 100 万平方米强大的建图能力。借助高效的环境识别、智能分析技术，机器人将拥有室内外全场景范围高达 100 万平方米的地图构建能力。三是有精度的 SLAM，即高精度定位领先算法。SLAM2.0 可在任何地点进行开机识别、全局定位，精度高达±2cm。四是有时效的 SLAM，即动态地图实时更新。根据传感器回传的数据，与原地图进行分析比对，完成动态实时更新，实现终生 SLAM。

VSLAM 现在的研究热点及未来的发展趋势：一是基于监督学习的特征点提取方法，利用卷积神经网络进行自主学习特征点的提取及描述，而不是采用之前人工设计的特征点；二是基于监督学习的图像深度估计，利用多层深度网络对大量带有深度标签的图像进行学习，以实现对单一图像的深度估计；三是基于无监督学习的图像深度与里程计估计，利用光学误差来自我修正训练的深度网络，实现图像序列的深度与里程计估计；四是语义地图的建立与表达，在度量地图的基础上加上语义标签，不仅表达了物体的位置，还表达了物体的类别；五是形成主动式 SLAM 系统，机器人主动调整自身位姿去寻找有利的特征点，以及机器人自主执行所选择的行动并决定是否终止任务；六是基于新的非传统传感器的 SLAM。

大体上讲，SLAM 未来的发展趋势有以下两大类。一是朝轻量化、小型化方向发展，让 SLAM 能够在嵌入式或手机等小型设备上良好运行，然后考虑以它为底层功能的应用。毕竟大部分应用的真正目的都是实现机器人、AR/VR 设备的功能，比如运动、导航、教学、娱乐，而 SLAM 为上层应用提供了自身的一个位姿估计。在这些应用中，我们不希望 SLAM 占用所有计算资源，所以对 SLAM 的小型化和轻量化有非常强烈的需求。二是利用高性能计算设备，实现精密的三维重建、场景理解等功能。在这些应用中，我们的目的是完美地重建场景，而对于计算资源和设备的便携性则没有太多限制。由于可以利用 GPU，这个方向和深度学习也有结合点。

这里有一个有很强应用背景的方向，即视觉与惯性导航融合 SLAM 方案。实际的机器人也好，硬件设备也好，通常都不会只携带一种传感器，往往融合多种传感器。学术界的研究人员喜爱“大且干净的问题”（Big Clean Problem），比如仅用单个摄像头实现 VSLAM。但产业界的研究人员则更注重让算法更加实用，因此不得不面对一些复杂而琐碎的场景。在这种应用背景下，将视觉与惯性导航融合进行 SLAM 成了一个关注热点。IMU 能够测量传感器本体的角速度和加速度，被认为与相机传感器具有明显的互补性，而且十分有潜力在融合之后得到更完善的 SLAM 系统。IMU 虽然可以测得角速度和加速度，但这些量都存在明显的漂移，使得积分两次得到的位姿数据非常不可靠。就算我们将 IMU 放在桌上不动，用它的读数积分得到的位姿也会有漂移。但是，对于短时间内的快速运动，IMU 能够提供一些较好的估计。当运动过快时，（卷帘快门的）相机会出现运动模糊，或者两帧之间重叠区域太少，以至于无法进行特征匹配，所以纯 VSLAM 非常不适合用于快速运动场景。而有了 IMU，即使在相机数据无效的那段时间内，我们也能保持一个较好的位姿估计，这是纯 VSLAM 无法做到的。相比于 IMU，相机数据基本不会有漂移。如果让相机固定不动，那么在静态场景下，VSLAM 的位姿估计也是固定不动的。所以，相机数据可以有效地估计并修正 IMU 读数中的漂移，使得在慢速运动后的位姿估计依然有效。当图像发生变化时，本质上我们没法知道是相机自身发生了运动，还是外界条件发生了变化，所以纯 VSLAM 难以处理动态物体。而 IMU 能够感受自身的运动信息，从某种程度上减轻了动态物体的影响。

总而言之，IMU 为快速运动场景提供了较好的解决方案，而相机又能在慢速运动场景下解决 IMU 的漂移问题，在这个意义上，它们二者是互补的。

在语义 SLAM 方向上，SLAM 发展的大方向就是和深度学习技术结合。目前为止，SLAM 方案都处于特征点或者像素层级。关于这些特征点或像素到底来自什么物体，我们一无所知。这使得计算机视觉中的 SLAM 与我们人类的做法不怎么相似，至少我们自己从来看不到特征点，也不会根据特征点判断自身的运动方向。我们看到的是一个个物体，通过左右眼判断它们的远近，然后基于它们在图像中的运动推测相机的移动。

早些时候研究者就试图将物体信息融合到 SLAM 中，把物体识别与 VSLAM 结合起来，构建带物体标签的地图。另外，把标签信息引入 BA 或优化端的目标函数和约束中，结合特征点的位置与标签信息进行优化，这些工作都可以称为语义 SLAM。

语义帮助 SLAM 把传统的物体识别、分割算法考虑在一幅图中，把运动过程中的图片都带上物体标签，能得到一个有标签的地图。物体信息亦可为回环检测、BA 优化带来更多的条件。

物体识别和分割都需要大量的训练数据。SLAM 语义要让分类器识别各个方向的物体，从不同视角采集该物体的数据，然后进行人工标定。SLAM 可以估计相机的运动，自动地计算物体在图像中的位置。如果有自动生成的带高质量标注的样本数据，能够很大程度上加速分类器的训练过程。

在深度学习广泛应用之前，我们只能利用支持向量机、条件随机场等传统工具对物体或场景进行分割和识别，或者直接将观测数据与数据库中的样本进行比较，尝试构建语义地图。这些工具本身在分类正确率上存在限制，效果不尽如人意。随着深度学习的发展，使用深度学习网络，能越来越准确地对图像进行识别、检测和分割。这为构建准确的语义地图打下了更好的基础。有学者将神经网络方法引入 SLAM 中的物体识别和分割环节，甚至 SLAM 本身的位姿估计与回环检测中。虽然这些方法目前还没有成为主流，但将 SLAM 与深度学习结合来处理图像，也是一个很有前景的研究方向。

除此之外，基于线/面特征的 SLAM、动态场景下的 SLAM、多机器人的 SLAM 等，都是研究者感兴趣并发力的方向。按照文献的观点，VSLAM 经过了三个大时代：提出问题、寻找算法、完善算法。而我们目前正处于第三个时代，面临如何在已有的框架中进一步改善，使 VSLAM 系统能够在各种干扰的条件下稳定运行的问题。

5.4　语义 SLAM 技术

什么是语义 SLAM？语义 SLAM 的概念目前还不清晰，比如图像端到端的 VO、从分割结果标记点云、场景识别、利用 CNN 提取特征、利用 CNN 做回环检测、带语义标记误差的 BA 优化计算等，都可以叫作语义 SLAM。但是在实用层面上，语义 SLAM 的关键点在于用神经网络帮助 SLAM 提取路标特征。传统 SLAM 提取路标实际上采用的是角点和边缘。如果现在的语义网络，对任意一张图片都能正确找到图片里的路标，且都是一一对应的，非常健壮，那么后续的 SLAM 计算就是件很简单的事情了。比如现在人脸关键点识别能够做得非常准确和健壮，对各种光照下的人脸，我们都能找到几十个特征点。如果我们在道路场景或室内场景也能做到这种程度，那 SLAM 就完全不一样了。然而，现在似乎并没有这种做法，至少还没流行起来。那么就只能退而求其次，用现有的检测和分割方法来提取路标特征点。如果已经知道图像中某个物体属于一个既定的类别，再提取角点，就会比针对全图提取角点要好很多。当然，如果能直接提取特征点就更好了，检测和分割都需要一些额外的后续计算。

带标记的点云研究的思路是把分割的结果投放到 RGB-D 点云中，做融合处理。如图 5-14 所示，文献[39]把 Mask RCNN 计算结果投放到 3D 场景中，进行程序（Instance）推断后建图，实现了非常细致的效果。

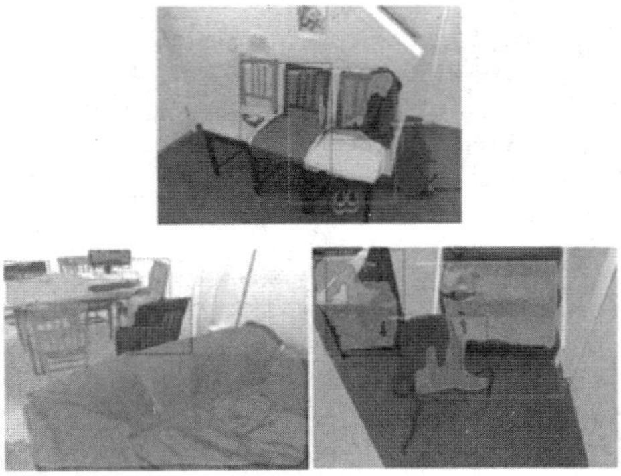

图 5-14　ETH 实现 Mask RCNN，执行语义 SLAM 建图

近年来，动态地图和语义地图在 SLAM 中的应用较受关注，动态物体识别一直是个敏感的问题，计算机视觉唯一的工业落地场景“视觉监控”也面临这个问题。比如搬个凳子到新位置，然后离开，系统是不是要自动更新背景呢？对于 SFM 和 SLAM 的称呼，计算机视觉的同行多半说 SFM，而机器人行业流行说 SLAM，到底区别在哪里？有说 SFM

是假设背景不动的，那么外点是什么？当年做 IBR（Image-Based Rendering）的时候，全场景视角（Panorama View）也是假设场景物体不动的。可总有非静止的物体，比如水、树叶，甚至不配合走动的人。SFM 和多视图几何（Multiple View Geometry，MVG）是否也是紧密相关的？这些都面临计算机视觉的共同问题，其中的动态环境是回避不了的。

另外，动态景物部分不一定是目标，或者不一定能得到目标，因此它们不一定是语义的，创建的语义地图也不一定是动态的。所以，语义地图和动态地图是有重叠的概念，如图 5-15 所示。不过最近深度学习发展出来的语义分割如图 5-16 所示，目标检测和跟踪等的确使二者渐渐融合。在我们看来，一切都是语义的存在，尽管目前对语义地图的某些部分认识不够。

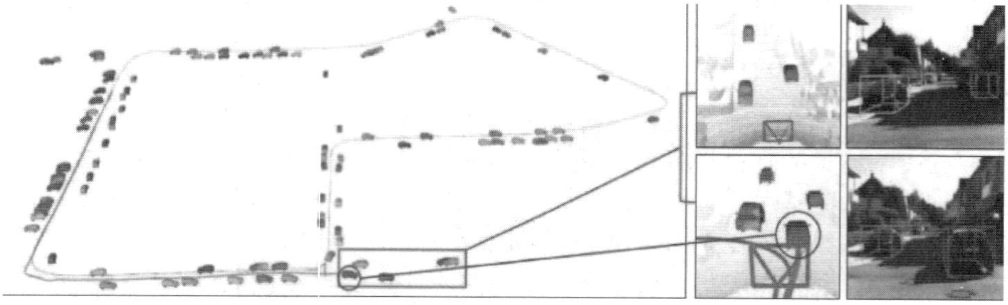

图 5-15　语义 SLAM 效果图

图 5-16　语义 SLAM 处理对比图

5.4.1　语义信息用于特征选择

在常规的 DSO 算法基础上引入语义信息来改变跟踪点的选取策略是一种改进方法。

原本 DSO 算法在图像上均匀选取特征点，这种方式可能存在一些不足。比如，均匀选取可能会选取一些不太重要或者对实际场景理解和定位等任务贡献不大的区域的特征点。而利用语义信息，在感兴趣的图像区域上选取点［见图 5-17（a）］，可以有针对性地选择更有价值的特征点。它分两步进行显著性图获取，首先使用 SalGAN[40]提取图像中的显著性图，如图 5-17（e）所示。显著性定义为人类对图像中每个像素的关注量，颜色越接近红色表示显著性越高。其次使用 PSPNet 获取语义分割的结果，如图 5-17（f）所示。利用语义分割的结果对显著性图进行滤波，重新调整每个像素点的显著性得分，目的是降低无信息区域的显著性得分，如墙、天花板和地板等。DOS 算法为每种语义类别设置了一个经验权重，根据得到的语义分割图，将显著性图的每个像素点乘以该像素点对应类别的经验权重，重新得到语义分割图。但这还不是最终的显著性图，DSO 算法为了平滑和为每种类别维持一个一致的显著性图，将每个像素的显著性得分用图中所有该类像素的显著性得分的中值代替，得到最终的显著性图。

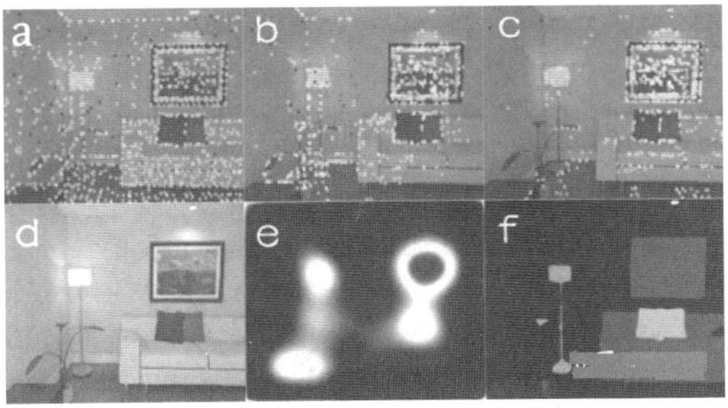

图 5-17　语义信息用于特征提取

对于 DSO 算法中的点选择策略，首先将图像分割为 $K \times K$ 的 patch，对于每个 patch，计算显著性中值，显著性中值作为该 patch 被选择的权重，该 patch 的显著性越高，则被选择的概率越大。然后在选择的 patch 内根据梯度值进一步选择点。

选择具有更大信息量的点，使用信息熵判断观测数据是否用于更新估计的状态量。如果在新观测数据下，相比之前的数据条件，待估计变量的协方差的秩下降至一定阈值，则选择该观测数据（特征点）参与跟踪和优化，在此基础上将语义分割的不确定性融入信息熵的计算中。

（1）基于信息论的特征选择策略：对于一个统计变量 X，它的熵（平均不确定性）记为 $H(X)$，在条件 Y 下的熵记为 $H(X|Y)$，两者的差记为 $I(X;Y)$，称为 X 和 Y 的互信息。

$$I(X;Y) = H(X) - H(X|Y)$$

在 SLAM 问题中，I 表示位姿数据和观测数据的互信息，是衡量观测数据质量的指标。如果在某个新的观测数据的加入下，位姿的熵变化ΔH 超过一个阈值，则该观测数据被选择，说明该特征点具有的信息量大。

$$I(x;z_i) = \Delta H_i = H(x|Z) - H(x|z_i,Z) \tag{5-1}$$

（2）融合语义分割不确定性的特征选择策略：计算ΔH 时引入语义分割的不确定性，即式（5-2）的最后一项 $H(c_i|I,D)$。某个特征点（像素）在语义分割中的不确定性 $H(c_i|I,D)$ 越大，则ΔH 越小，该特征点越不容易被选择。例如，语义分割网络输出一个像素属于每种类别的概率都相同，则 $H(c_i|I,D)$最大；反之，如果该像素属于某种类别的概率达到了100%，则 $H(c_i|I,D)=0$。综上所述，某特征点的互信息越大，分类不确定性越小，越容易被选择。

$$\Delta H_i = H(x|Z) - H(x|z_i, Z) - H(c_i|I, D) \tag{5-2}$$

获得的效果就是，它减少了大量信息量少的特征点，减小了地图的规模，同时能够达到与 ORB-SLAM 差不多的精度。

5.4.2 语义信息用于动态 SLAM

实际上语义信息用于动态 SLAM 属于语义信息用于特征选择，只是动态 SLAM 相关论文比较多，方法也各不相同。

1. Detect-SLAM[41]

其主要贡献在于通过目标检测去除动态点。为了使目标检测线程和 SLAM 线程同步，没有对每一帧进行检测，而是只对关键帧进行检测，然后通过特征匹配和扩展影响区域的形式进行运动概率的传播，随后在 SLAM 过程中去除动态点的影响，只利用静态点进行跟踪。另外，SLAM 过程中构建的地图能够加强目标检测的结果。

（1）首先实施去除动态点操作和运动概率更新操作，对关键帧进行目标检测。设置在动态物体检测框内的点运动概率为 1，不在框内的点运动概率为 0。特征点投影到世界坐标系中的地图点具有相同的运动概率，但是同一个地图点在不同帧中对应不同的特征点，而这些特征点不一定具有相同的运动概率，所以当地图点匹配到新的特征点时，需要对地图点的运动概率进行更新：

$$P_t(X^i) = (1-\alpha)P_{t-1}(X^i) + \alpha S_t(x^i) \tag{5-3}$$

式中，等号右侧第一项表示上一关键帧更新的运动概率，第二项表示当前关键帧根据检测结果得到的运动概率，α 表示对两个量的信任权重，这里设置 $\alpha=0.3$，表示更相信之前更新的运动概率，因为检测结果会有错误。

普通帧的特征点的运动概率通过特征匹配传播，包括与上一帧的匹配和与局部地图的匹配，如图 5-18 所示。另外，具有高运动概率的点，无论是动态点还是静态点，都会将其运动概率传播到周围半径为 r 的一个区域。

（2）SLAM 加强目标检测结果，将 SLAM 构建的点云语义地图投影到图像上，得到可能出现物体的候选区域，然后用于挖掘困难样本，这些样本可以作为训练数据提高或者微调检测网络。

2. DS-SLAM[42]

其主要贡献在于，采用语义分割和运动一致性检测结合的形式去除动态点，并没有用到语义分割的类别，只是用语义分割得到一个物体的边界，无论该物体属于什么类别，只要有被运动一致性检测判定为动态的点位于该物体内，即去除该物体的所有点。

图 5-18　特征点运动概率匹配传播示意图

由于语义分割比较耗时，在进行运动一致性检测时，在语义分割的线程中，使用跟踪线程进行运动一致性检测。首先，计算光流金字塔以获得当前帧中匹配的特征点。其次，如果匹配的特征点太靠近图像边缘或者与中心处 3×3 图像块的像素差太大，则丢弃当前的匹配。再次，通过 RANSAC 算法求取基础矩阵，使用基础矩阵计算当前帧的极线；最后，判断从匹配点到其对应极线的距离是否小于某个阈值，如果距离大于阈值，则确定匹配点是移动的。

3. DynaSLAM[43]

该算法不仅能够去除动态物体，还能恢复动态物体遮挡的背景，同时针对 RGB-D 输入图像动态点的去除做了很多细致的处理。

对于不具有运动性质的物体，若其发生运动，如人手上的书，对于每个当前帧，选择具有高重叠的前 5 帧为关键帧，然后计算关键帧的每个特征点在当前帧的投影，得到投影点和深度值，与该位置的深度值进行比较。如果差值超过一定的阈值，则判断其为动态点。

将动态像素周围具有相同深度值的像素设置为动态的。如果一个动态像素周围的 patch 的深度具有很大的方差，则设置该点为静态的，防止因边缘分割不准确，将背景点也误分类为动态点，如图 5-19 所示。

(a) 多视图几何法　(b) 深度学习法　(c) 深度学习法和多视图几何法融合

图 5-19　语义分割数据图

4. Semantic Monocular SLAM for Highly Dynamic Environments[44]

大多数语义网络用于动态 SLAM 计算时，都将所有潜在运动的物体的点直接去除，但是，如停靠的车等，并没有发生运动，运动的物体占据相机视角的大部分，那么将车上的点都去除会使位姿估计产生很严重的错误。另外，还有一种特殊场景，即当车停在信号灯前面时，它是静止的，但是随着时间的推移，车会慢慢开始运动，所以该算法提出对地图点的静态率（Inlier Ratio）进行估计，以实现地图点在静态和动态之间的平滑过渡。

该算法也参考了 SVO 算法的深度滤波思路：通过不断添加新观测数据对地图点的深度进行更新，只有当地图点的深度值收敛的时候才将该地图点添加到地图中；在此基础上，引入对于地图点是否为静态点的概率估计——静态率。首先，根据语义分割网络的输出赋予静态率一个先验值，如车具有较小的静态率，建筑具有较大的静态率等，然后，根据不断引入的新观测数据来更新该地图点的静态率，实现地图点在动静态之间的平滑过渡。

图 5-20（a）中，车辆停在信号灯前，（b）中展示了 ORB-SLAM 选择的点，（c）中将所有潜在动态物体上的点都去除了，（d）中展示了根据本算法选出的外点，其中保留了大部分车上的静态点。

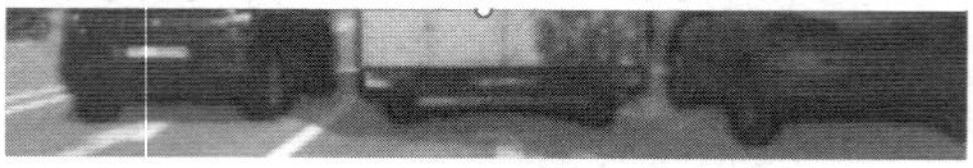

(a) 语义分割图

(b) Naive 法

(c) Mask法

(d) 外点法

图 5-20　动态与静态场景目标识别法对比

5. Semantic Segmentation-Aided Visual Odometry for Urban Autonomous Driving[45]

该算法将直接法和特征点法结合，并引入语义信息减少动态物体的影响。它计算相邻帧间某类物体的所有像素的总投影误差，作为该类物体的权重，这个权重作为 RANSAC 算法选择点的权重。静态物体的投影误差小，更倾向于被选择。

6. Stereo Vision-based Semantic 3D Object and Ego-motion Tracking for Autonomous Driving[46]

该算法提出者的团队基于自动驾驶的背景研究动态环境下的 SLAM 问题，利用 Faster R-CNN 在双目的左图上进行目标检测，利用视点分类方法扩展物体的 3D 检测框，然后将语义信息融合到一个统一的优化求解框架中。其将 ORB 特征点分为背景点和物体点，首先利用背景点进行相机位姿和背景点的 3D 位置的最大似然估计，找出一组参数使模型产生观测数据的概率最大。式（5-4）中变量的上下角标的 0 都表示背景点，式（5-4）就是一个典型的 SLAM 算法。

$$
\begin{aligned}
{}^{w}\chi_c, {}^{0}f &= \arg\max_{{}^{w}\chi_c, {}^{0}f} \prod_{n=0}^{N_0}\prod_{t=0}^{T} p\left({}^{n}z_0^t \middle| {}^{w}x_c^t, {}^{0}f_n, {}^{w}x_c^0\right) \\
&= \arg\max_{{}^{w}\chi_c, {}^{0}f} \sum_{n=0}^{N_0}\sum_{t=0}^{T} \log p\left({}^{n}z_0^t \middle| {}^{w}x_c^t, {}^{0}f_n, {}^{w}x_c^0\right) \\
&= \arg\min_{{}^{w}\chi_c, {}^{0}f} \sum_{n=0}^{N_0}\sum_{t=0}^{T} \left\| r_Z\left({}^{n}z_0^t \middle| {}^{w}x_c^t, {}^{0}f_n, {}^{w}x_c^0\right)\right\|_{{}^{0}\Sigma_k^t}^2
\end{aligned}
\tag{5-4}
$$

有了相机的位姿，接下来进行运动物体的跟踪，其中融入了物体的先验尺寸信息和语义测量（Bounding Box）信息。根据可利用的先验信息，其采用最大后验估计方法估计物体的位姿：

$$
\begin{aligned}
{}^{w}\chi_c, {}^{0}f &= \arg\max_{{}^{w}\chi_c, {}^{0}f} \prod_{n=0}^{N_0}\prod_{t=0}^{T} p\left({}^{n}z_0^t \middle| {}^{w}x_c^t, {}^{0}f_n, {}^{w}x_c^0\right) \\
&= \arg\max_{{}^{w}\chi_c, {}^{0}f} \sum_{n=0}^{N_0}\sum_{t=0}^{T} \log p\left({}^{n}z_0^t \middle| {}^{w}x_c^t, {}^{0}f_n, {}^{w}x_c^0\right) \\
&= \arg\min_{{}^{w}\chi_c, {}^{0}f} \sum_{n=0}^{N_0}\sum_{t=0}^{T} \left\| r_Z\left({}^{n}z_0^t \middle| {}^{w}x_c^t, {}^{0}f_n, {}^{w}x_c^0\right)\right\|_{{}^{0}\Sigma_k^t}^2
\end{aligned}
\tag{5-5}
$$

$$
\begin{aligned}
{}^{w}\chi_{ok}, {}^{k}f &= \arg\max_{{}^{w}\chi_{ok}, {}^{k}f} p\left({}^{w}\chi_{ok}, {}^{k}f \middle| {}^{w}x_c, z_k, s_k\right) \\
&= \arg\max_{{}^{w}\chi_{ok}, {}^{k}f} p\left(z_k, s_k \middle| {}^{w}x_c, {}^{w}\chi_{ok}, {}^{k}f\right) \\
&= \arg\min_{{}^{w}\chi_{ok}, {}^{k}f} p\left(z_k \middle| {}^{w}x_c, {}^{w}\chi_{ok}, {}^{k}f\right) \\
&= \arg\min_{{}^{w}\chi_{ok}, {}^{k}f} \prod_{t=0}^{T}\prod_{n=0}^{N_k} p\left({}^{n}z_k^t \middle| {}^{w}x_c^t, {}^{w}x_{ok}^t, {}^{k}f_n\right) p\left(s_s^t \middle| {}^{w}x_c^t\right) p\left({}^{w}x_{ok}^{t-1} \middle| {}^{w}x_{ok}^t\right) p(d_k)
\end{aligned}
\tag{5-6}
$$

$$
{}^{w}x_{ok},{}^{k}f=\underset{{}^{w}x_{ok},{}^{k}f}{\arg\min}\left\{\begin{array}{l}\sum_{t=0}^{T}\sum_{n=0}^{N_k}\left\|r_z({}^{n}z_k^t,{}^{w}x_c^t,{}^{w}x_{ok}^t,{}^{k}f)\right\|_{{}^{k}\Sigma_n^t}^2+\left\|r_p(d_k^l,d_k)\right\|_{\Sigma^l}^2+\\ \sum_{t=1}^{T}\left\|r_M({}^{w}x_{ok}^t,{}^{w}x_{ok}^{t-1})\right\|_{{}^{k}\Sigma_n^t}^2+\sum_{t=0}^{T}\left\|r_S(s_k^t,{}^{w}x_c^{t-1},{}^{w}x_{ok}^t)\right\|_{\Sigma_n^t}^2\end{array}\right\} \tag{5-7}
$$

式中，r_z 表示特征重投影残差，r_p 表示维度先验残差，r_M 表示运动对象模型残差，r_S 表示语义边界框的重投影残差，s_k 表示检测框的语义测量；z_k 表示物体上的特征点测量。在已知相机位姿、特征点观测和语义测量的条件下，估计最有可能的物体状态及物体上特征点的3D 位置。我们将三维对象跟踪问题表述为一种动态对象 BA 方法，该方法充分利用对象维度和运动先验，并强制实现时间一致性。通过最小化所有残差的马氏距离之和可以实现最大后验估计。式（5-7）中引入了物体的先验尺寸，将最大后验概率写成最大似然和先验概率的乘积，其四个优化项中第一项的形式与求解相机位姿的最小二乘形式相似，同样是特征点的重投影误差，区别在于这里将世界坐标系的点投影到物体帧上来比较重投影误差，因为运动物体的点相对于物体帧本身是静止的；第二项是尺寸先验的误差，即估计的物体3D 检测框的尺寸和先验值的差；第三项是物体的运动模型，根据 $t-1$ 时刻的运动状态估计 t 时刻的运动；第四项是物体的3D 检测框在图像上的投影与原本的2D 检测框的差别。

5.4.3 语义信息用于单目 SLAM的尺度恢复

1. Recovering Stable Scale in Monocular SLAM Using Object-Supplemented Bundle Adjustment[47]

该算法将点和物体构建为统一的球体模型，由中心点位置和半径组成，点的半径为 0，这里仅提到了车这一类物体，定义的经验半径为 1.2m。

如图 5-21 所示的物体在图像上的投影表示为

$$
\begin{aligned}
&\hat{\boldsymbol{q}}_{jk}=K\text{proj}(\boldsymbol{Q}_{jw},\boldsymbol{T}_k)=[u,v,w,h]_{jk}^{\mathrm{T}}\\
&\begin{bmatrix}w\\h\end{bmatrix}=2\varepsilon_j\boldsymbol{Z}_{jk}^{-1}\begin{bmatrix}f_u\\f_v\end{bmatrix}
\end{aligned} \tag{5-8}
$$

然后将点和物体的重投影误差构建为最小二乘的形式。两个路标具有统一的形式，物体的半径是不需要优化的，点的半径为 0，所以需要优化的量只有点和物体的中心点位置，其误差函数化简为下面的形式：

$$
\begin{aligned}
&\{\boldsymbol{\chi},\boldsymbol{\Theta},\boldsymbol{T}\}^*=\underset{\{\boldsymbol{\chi},\boldsymbol{\Theta},\boldsymbol{T}\}}{\text{argmin}}\left(\sum_{i\in\boldsymbol{\chi}}\sum_{k\in\boldsymbol{T}}\tilde{\boldsymbol{x}}_{ik}^{\mathrm{T}}\boldsymbol{X}_{ik}^{-1}\tilde{\boldsymbol{x}}_{ik}+\sum_{j\in\boldsymbol{\Theta}}\sum_{k\in\boldsymbol{T}}\tilde{\boldsymbol{q}}_{jk}^{\mathrm{T}}\boldsymbol{Q}_{jk}^{-1}\tilde{\boldsymbol{q}}_{jk}\right)\\
&\{\boldsymbol{\Theta},\boldsymbol{T}\}^*=\underset{\{\boldsymbol{\Theta},\boldsymbol{T}\}}{\text{argmin}}\left(\sum_{j\in\boldsymbol{\Theta}}\sum_{k\in\boldsymbol{T}}\tilde{\boldsymbol{q}}_{jk}^{\mathrm{T}}\boldsymbol{Q}_{jk}^{-1}\tilde{\boldsymbol{q}}_{jk}\right)
\end{aligned} \tag{5-9}
$$

其中，重投影误差为

$$
\tilde{\boldsymbol{q}}_{jk}=[\boldsymbol{q}_{jk}-\hat{\boldsymbol{q}}(\boldsymbol{Q}_{jw},\boldsymbol{T}_k)] \tag{5-10}
$$

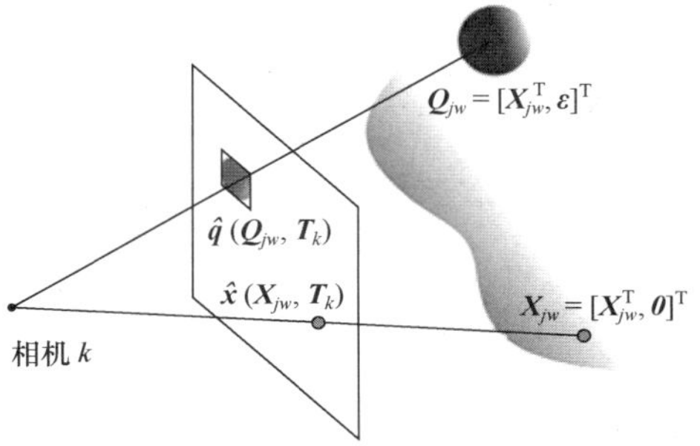

图 5-21 物体在相机中的投影图

2. Bayesian Scale Estimation for Monocular SLAM Based on Generic Object Detection for Correcting Scale Drift[48]

该算法的主要核心思想如图 5-22 所示，设置物体（车辆）的先验高度，或者说设置一个服从先验高度（1.5m）的高斯分布，这个真实的高度与地图中表达的车的高度的比值就是要求的尺度因子。地图中的车的高度计算：首先把局部地图中的 3D 点投影到图像上，投影位置在检测框内的 3D 点被认为是类别为 car 的点，滤除一些偏差太大的点；计算类别为 car 的点的均值，表示为图 5-22 中的点 p^s，以 p^s 所在竖直方向画一条竖线，就得到车的高度方向所在的直线，将直线投影到 2D 图像上，得到一条竖直线和语义测量，它有上下两个交点；将这两个点投影到 3D 空间，确定线段的长度，也就是车的高度，这样就确定了物体的尺度因子。

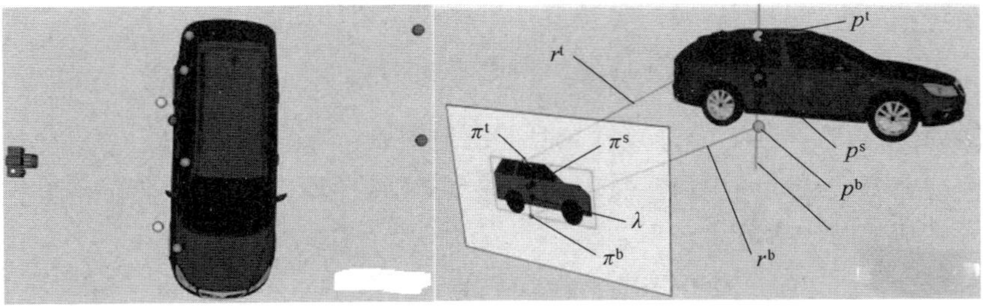

图 5-22 车辆投影的坐标结构图

5.4.4 语义信息用于 long-term定位

文献[49]的作者 Erik Stenborg 参与的车辆定位项目旨在将车辆定位的可靠性提高到足以实现自动驾驶的程度。其解决的问题是，在已有的 3D 地图上进行定位。传统方法是基于特征匹配进行的，但是在自动驾驶应用场景下，当前检测的特征和保存的地图特征一般具有很大的时间跨度，而普通的特征不具有健壮性，所以文献[49]提出了一种依赖语义标签和 3D 位置的定位算法，基于 SIFT 特征和基于语义特征定义了统一的观测模型：

$$p(f_t|\lambda_t,x_t,M)=p\left(\left\{\left\langle u_t^i,d_t^i\right\rangle\right\}_{i=1}^{n_t}\middle|\boldsymbol{\lambda}_t,x_t,M\right) \tag{5-11}$$

式中，f_t 表示当前图像，x_t 表示相机的位姿，M 表示已知的地图。式（5-11）中将图像 f_t 表示为 (u_t,d_t) 的集合，即图像是由图像中所有的特征点及其描述子构成的，对于 SIFT 特征来说，特征就是图像中所有的 SIFT 特征点及计算出来的描述子。对于语义特征来说，特征是图像中所有的像素，描述子是每个像素对应的语义标签（因为语义分割可以获取图像中所有像素的语义标签），具有语义特征的图像描述是稠密的。式（5-11）中的 $\boldsymbol{\lambda}_t$ 表示图像上的特征点和地图中的地图点之间的数据关联因子。式（5-12）表示当前图像第 i 个特征点对应地图中的第 j 个地图点。如果 j>0，表示地图中存在一个地图点和该特征点对应；如果 j=0，表示当前特征点没有对应的地图点。

$$\boldsymbol{\lambda}_t=[\lambda_t^1,\cdots,\lambda_t^{n_t}]^{\mathrm{T}},\lambda_t^i=j \tag{5-12}$$

获取地图点的数据关联，对于 SIFT 特征和语义特征来说有差别。SIFT 特征是首先获取地图 M 中在当前相机位姿 x_t 视角下的局部地图 M_s，将局部地图中的点和图像特征进行匹配，以使用 RANSAC 算法得到的更准确的匹配关系作为数据关联。对于语义特征来说，同样获取当前相机视角下的一个局部地图 M_s，将 M_s 中的每个点都投影到当前图像上，因为当前图像是稠密的，每一个像素都是特征点，可以直接建立数据关联，即地图点和投影点之间的对应。需要注意，有的图像像素没有对应的地图点，即 $\lambda_t^i=0$ 的情况。这里假设 u_t 和 d_t 相互独立，所以将观测模型的概率分为两项的乘积：

$$p(u_t^i,d_t^i|x_t,M_{\lambda_t^i})=p(u_t^i|x_t,U_{\lambda_t^i})\Pr\{d_t^i|x_t,M_{\lambda_t^i}\} \tag{5-13}$$

式（5-13）等号右侧第一项为在像素 i 位置检测到特征点的概率，由于语义图像上的每一个像素都是特征点，所以该项是一个常数，可以将概率化简为

$$p(u_t^i,d_t^i|x_t,M_{\lambda_t^i})\propto\Pr\{d_t^i|x_t,M_{\lambda_t^i}\} \tag{5-14}$$

这里存在两种情况：$\lambda_t^i=0$，特征点没有对应的地图点；$\lambda_t^i>0$，特征点有对应的地图点。

第一种情况无法从地图中得到关于该特征点类别的信息，所以将特征点类别的分布假设为在所有类别上的边缘分布：

$$\Pr\{d_t^i|\lambda_t^i=0,x_t,M_{\lambda_t^i}\}=\Pr\{d_t^i\} \tag{5-15}$$

第二种情况的特征点有对应的地图点，写成在已知对应的地图点类别条件下的特征点类别概率分布。但是该地图点可能被遮挡，所以引入一个检测概率：$\delta=1$，表示地图点未被遮挡；$\delta=0$，表示地图点被遮挡。将分布概率改写成下面形式：

$$\Pr\{d_t^i|x_t,M_{\lambda_t^i}\}=\sum_{\delta\in\{0,1\}}\Pr\{d_t^i|\delta,D_\lambda^i\}\Pr\{\delta|x_t,M_{\lambda_t^i}\} \tag{5-16}$$

式中，等号右侧第一项表示对应地图点可见或者被遮挡的特征点的类别概率；第二项表示对应的地图点可见或被遮挡的概率。语义观测模型的意义在于，通过位姿的调整使图像中像素点类别和对应的地图点类别尽可能一致。可以在定义了运动模型和观测模型后，利用粒子滤波实现定位。

5.4.5 语义信息用于提高定位精度

1. Probabilistic Data Association for Semantic SLAM[50]

该算法首次将几何、语义和 IMU 统一到一个优化框架中，用 EM 算法求解，实现了一个更高定位精度的 SLAM 系统。几何数据关联是通过特征跟踪实现的，这里考虑语义的数据关联，即图中观测的检测框是地图中哪个物体的。这里不考虑硬性的数据关联，而是考虑每个观测和每个路标之间都有可能对应，这个对应关系的可信度用一个权重因子 w 来表示。如果观测的数量和路标的数量近似相等，那么数据关联的个数就是平方关系。w 是通过 EM 算法的 E 步骤求解的：

$$w_{kj}^{t,(i)}=\sum_{l^c\in C}\sum_{D_t\in D_t(k,j)}\kappa^{(i)}(D_t,l^c)\quad\forall t,k,j \tag{5-17}$$

对于每个数据关联，定义一个语义因子，所有的语义因子加上几何因子再加上 IMU 因子，构成要优化的目标函数（每个因子对应一个代价函数）：

$$f_{kj}^{s}(\chi,L)=-w_{kj}^{t,(i)}\log p(s_k^b|x_t,l_j^p)=\left\|s_k^b-h_\pi(x_t,l_j)\right\|_{R_s/w_{kj}^{t,(i)}}^2 \tag{5-18}$$

式中，s_k^b 表示图像中通过 DPM 算法得到的物体检测框，h_π 表示路标 l_j 在图像上的投影点。假设相机对于 l_j 的观测服从高斯分布，均值是投影点，方差和检测框的大小成正比，也就是相机对于 l_j 的观测位置应该位于以投影点为中心的一个不确定椭圆内，不确定性大致就是检测框那么大。式（5-18）中定义的代价函数的几何意义是最小化投影点到检测框中心的距离，即最小化高斯分布均值和检测框中心点位置的差值。EM 算法的 E 步骤就是计算上面提到的数据关联的权重；M 步骤是已知权重，计算相机位姿和路标的位置，用 ISAM2 求解。

2. Visual Semantic Odometry

该算法利用场景语义信息建立跟踪过程中的中期约束（相邻帧匹配为短期约束，闭环检测为长期约束），从而减少视觉里程计的漂移。这里定义了一个语义误差项，其作用是：如果一个标签为 car 的地图点，在图像上的投影位置离图像中最近的一个 car（记为正确分类）的距离小于一个阈值，就最小化这个投影误差，通过调整估计的相机位姿将投影位置拉到正确分类内。但是 car 很大，需要考虑具体拉到哪一个点上，即语义误差项缺少结构信息，需要将语义误差项和基本的视觉里程计误差联合优化。这里还需实现多个点位置的同时优化，将投影的点与正确分类的距离转化为概率才能加入目标函数中参与优化计算。该算法定义了距离转化函数，如式（5-19）所示。投影点距离正确分类的距离越近，具有该类别的概率就越高，反之越小。

$$p(S_k|T_k,X_i,Z_i=c)\propto \mathrm{e}^{-\frac{1}{2\sigma^2}DT_k^{(c)}(\pi(T_k,X_i))^2} \tag{5-19}$$

然后就可以定义语义误差项了，再将语义误差 E_sem 和视觉里程计的误差 E_base 通过设置一个权重进行联合优化。

3. CubeSLAM[51]

卡内基梅隆大学的 Shichao Yang 等利用目标检测算法生成 2D 检测框，然后通过消失点法生成物体的 3D 检测框，将物体作为一个路标，最后将物体约束和几何信息融合到一个最小二乘公式中，提高了 SLAM 的定位精度。该算法也是基于单目相机实施的，但是没有利用语义先验信息恢复尺度，而是通过固定相机的高度实现尺度的统一。式（5-20）为该算法构建的最终目标函数，联合优化相机位姿 $\boldsymbol{T}_{\text{c}}$、物体 $\boldsymbol{O}$、点 $\boldsymbol{P}$：

$$\boldsymbol{T}_{\text{c}}^*,\boldsymbol{O}^*,\boldsymbol{P}^* = \arg\min_{\{\boldsymbol{T}_{\text{c}},\boldsymbol{O},\boldsymbol{P}\}} \sum_{i\in\boldsymbol{T}_{\text{c}},j\in\boldsymbol{O},k\in\boldsymbol{P}} \boldsymbol{e}^{\text{T}}\boldsymbol{W}\boldsymbol{e} \tag{5-20}$$

式中，相机位姿 $\boldsymbol{T}_{\text{c}}\in \text{SE}(3)$，点 $\boldsymbol{P}\in\mathbf{R}^3$，物体 $\boldsymbol{O}\in\{\boldsymbol{T}_{\text{o}},\boldsymbol{D}\}$，其中，物体的 6 自由度位姿 $\boldsymbol{T}_{\text{o}}\in \text{SE}(3)$，物体尺寸 $\boldsymbol{D}\in\mathbf{R}^3$，包含长宽高信息。式（5-20）中，物体的位姿转化到相机坐标系下，与已有的 3D 检测框的测量值比较的误差是对数误差，所以位姿是通过乘逆的形式进行比较的。如果 $\boldsymbol{T}_{\text{c}}^{-1}\times\boldsymbol{T}_{\text{o}}=T_{\text{om}}$，那么对数函数是 1，该误差为 0；否则，会产生一定的误差。通过算法开源的部分代码可知，其将第 0 帧观测到的物体作为世界坐标系的顶点，以后每一帧都对这个物体有一个观测，作为比较的基准。3D 测量误差公式为

$$e_{\text{3D}} = \left\|\log((\boldsymbol{T}_{\text{c}}^{-1}\boldsymbol{T}_{\text{o}})\boldsymbol{T}_{\text{om}}^{-1})_{\text{SE3}}^{\vee}\right\| + \left\|\boldsymbol{D}-\boldsymbol{D}_{\text{m}}\right\|_2 \tag{5-21}$$

2D 测量误差公式为

$$e_{\text{2D}} = \left\|(\boldsymbol{c},\boldsymbol{d})-(\boldsymbol{c}_{\text{m}},\boldsymbol{d}_{\text{m}})\right\|_2 \tag{5-22}$$

将 3D 检测框投影到图像平面上，如图 5-23 所示，和当前帧本身的检测框做比较。

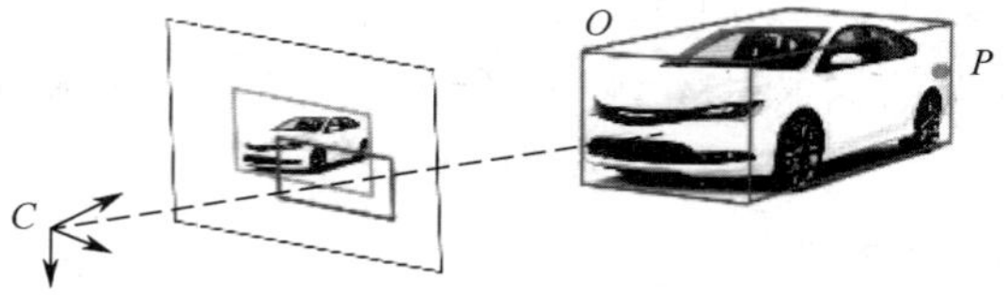

图 5-23　车辆投影坐标图

如果点属于一个物体，那么应该位于物体的 3D 检测框内，表示为

$$e = \max(\left|(\boldsymbol{T}_{\text{o}}^{-1}\boldsymbol{P})\right| - \boldsymbol{D}_{\text{m}},0) \tag{5-23}$$

即将点根据物体的 6 自由度位姿转化到物体帧的点坐标应该小于物体本身的尺寸 D_{m}，即位于 3D 检测框内，此时误差取 0。如果转化后的点坐标超出了物体的尺寸，误差取超出的距离。Point-camera 误差就是传统 SLAM 中的重投影误差。

4. Stereo Visual Odometry and Semantics based Localization of Aerial Robots in Indoor Environments[52]

该算法利用粒子滤波实现定位，机器人的状态向量定义为：$\boldsymbol{x}[m]=[x\ y\ z\ \theta\ \varphi\ \psi]$，前三个值表示机器人在世界坐标系中的位置坐标，后三个值表示相对于世界坐标系中关键帧的三维角度。在粒子滤波的预测阶段，通过一个双目视觉里程计计算的位姿增量实现下一时刻状态的初步预测：

$$\boldsymbol{x}_t^{[m]} \sim p(x_t | \boldsymbol{x}_{t-1}^{[m]}, a_{s_t}) \tag{5-24}$$

更新阶段分为以下两个方面：首先，利用 IMU 信息更新 $\boldsymbol{x}[m]$中的 θ,ϕ,ψ；通过计算每个粒子的 θ,ϕ,ψ 与 IMU 测量的三个值的差来更新每个粒子的权重，决定 resample 阶段更相信哪些粒子的状态，具体如下。

$$\begin{aligned} w^{[m]} &= \mu\exp(-(\phi_{\text{diff}} + \theta_{\text{diff}} + \psi_{\text{diff}})) \\ \phi_{\text{diff}} &= \frac{(\phi_m - \mu_\phi)^2}{2\sigma_\phi^2}, \theta_{\text{diff}} = \frac{(\phi_m - \mu_\theta)^2}{2\sigma_\theta^2}, \psi_{\text{diff}} = \frac{(\phi_m - \mu_\psi)^2}{2\sigma_\psi^2} \end{aligned} \tag{5-25}$$

其次，利用语义数据更新 $\boldsymbol{x}[m]$中的 x, y, z，如式（5-26）所示。图像中的 2D 检测框通过计算的深度信息投影到世界坐标系中，形成物体的三维点云，作为语义数据，包括位置信息、类别、包含的 3D 点的数量和类别置信度。该算法中参与更新的语义数据需要满足几个条件，如置信度大于一个阈值，包含的 3D 点的数量大于一个阈值等。

$$\begin{aligned} w^{[m]} &= \frac{\exp(-(x_{\text{diff}} + y_{\text{diff}} + z_{\text{diff}}))}{\sqrt{2\pi\sigma^2}} \\ x_{\text{diff}} &= \frac{(x_{w_i}^m - x_{w_k}^{\text{map}})^2}{2\sigma^2}, y_{\text{diff}} = \frac{(y_m - y_{w_k}^{\text{map}})^2}{2\sigma^2}, z_{\text{diff}} = \frac{(z_m - z_{w_k}^{\text{map}})^2}{2\sigma^2} \end{aligned} \tag{5-26}$$

该算法将恢复的物体点云的位置通过每个粒子代表的机器人位姿转化到世界坐标系下，然后和地图中具有相同类别的物体点云的位置比较，如果其差值小于一个阈值，就将恢复的物体点云和地图中已有的物体建立联系，并利用上述差异更新粒子的权重，更相信将物体点云投影后与地图中对应点云位置差异小的粒子（每个粒子代表一个可能的机器人位姿）。另外，如果找不到对应的地图中的物体，就新建一个。

5.4.6 SLAM的动态地图和语义问题

面向动态场景的语义视觉里程计算法，是针对 VSLAM 相机跟踪模块在动态环境中无法精确定位的问题提出的一种基于语义的视觉里程计算法。其首先利用金字塔 Lucas-Kanade 光流[53]追踪匹配帧间的特征点，对图像进行像素级语义分割；其次将语义信息与几何特征紧密结合，用以准确剔除图像中的外点，使得位姿估计和建图仅依靠图像中值得信赖的静态特征点；最后提出了一种多尺度随机抽样一致（RANSAC）方案，对匹配点进行步进采样，每步使用不同的尺度因子，降低外点检测时间，提高外点检测的健壮性。

VSLAM 的核心是相机跟踪部分，正确的相机跟踪能为搭载该技术的机器人提供理解环境的必要信息，但其受限于对环境中物体均为静态刚体的假设，在处理动态的复杂场景时，经典框架由于不能获得正确的帧间匹配，定位与建图精度大大降低。VSLAM 解决上述问题的思路是，在里程计部分准确剔除图像中的外点，即动态目标引入的动点，使机器人仅依靠值得信赖的静态点来进行相机跟踪。

文献[54]通过计算基本矩阵来判定特征点的动静状态。在对极几何约束中，当前帧与上一帧的匹配点应该位于基本矩阵对应的极线附近，如果某点与极线相去甚远，则该点很可能是动点。该方法的关键是相对可靠地估计基本矩阵，一旦计算出相对准确的基本矩阵，就能较为精确地检测并剔除图像中的外点。为了避开基本矩阵的计算，Migliore 等通过三角观测原理来判定点的运动状态，利用概率滤波框架连续在三个视角下观测三条投影线的交点。如果物体发生了运动，则这三条线的交点位置将发生改变甚至不相交。类似地，有文献通过德洛奈三角来对特征点进行动静分割。这些方案能够通过一定的几何约束来计算比较明显的外点，然而，由于物体表面的纹理、亮度等多种因素，几何法并不能完整地分割运动物体的整个轮廓。

为了获取外点所属物体的轮廓，Klappstein 等通过计算特征点违背光流法灰度不变假设的程度来判定该点是否为动点，然后通过图像分割来粗略分割该点所属物体的轮廓，进而剔除轮廓内的特征点。林志林等在视觉里程计中引入场景流计算模型，并构造图像特征的高斯混合模型进行运动物体的检测；同时按照场景中物体的运动模型构造虚拟地图点，最终结合高斯混合模型和虚拟地图点进一步筛选运动物体。在运动物体占据图像大部分区域时，该方案仍能获取足够的匹配点来保证相机位姿估计的正常进行。

利用深度学习对图像进行像素级分割，可以弥补几何法不易得到运动物体的整个轮廓的缺陷。Xiao 等使用单独的线程运行 SSD 来获取动态物体的语义信息，在跟踪线程中通过一种选择性跟踪算法对动态对象的特征进行处理，可以显著降低位姿估计的误差。有文献基于 YOLO v3 提出了一种适用于动态场景的高效 SLAM，首先利用 YOLO 网络进行目标检测，然后利用基于深度图的漫溢填充算法来精确分割检测目标的轮廓，最后构建不包含动态物体的静态语义地图。但仅仅利用语义信息无法判定物体的运动状态，只能按照经验从图像中去除运动概率较大的物体，这种朴素的去除方法导致许多静止的物体也被从图像中剔除，使得相机无法获取足够的用于位姿估计的可靠特征点。

近年来，许多研究都尝试将语义信息与几何约束相结合，以获得更好的外点去除结果。Brasch 等将特征点法、直接法及语义信息融合为一个概率模型，用于估计单目相机视野中物体的运动概率，当物体的运动概率超过一定阈值时，判定其为动态物，并将该物体上的特征点剔除。该方法的优势是在动态物占据相机大部分视野时仍能做出较好的估计。Yu 等提出的一种 DS-SLAM 方案将 SegNet[55]与光流法相结合，在利用光流法对 RGB 帧图进行运动一致性检测的同时，利用 SegNet 对其进行语义分割，继而判定外点是否位于物体的分割区域内。如果是，则将位于该区域内的所有特征点剔除。还有文献首先对输入图像进行实例分割，并采用边界检测方法来调整语义分割的边界，进一步提升分割精度，使得外点剔除更加完整。这类方案相较于前两种能取得更为显著的外点剔除效果，但往往需要在精度和实时性方面做出取舍。

以 ORB-SLAM2 系统的里程计部分为基础，有方案选用在实时性和精度方面有较好平衡的 SegNet 作为语义分割网络获取语义信息，同时利用金字塔 LK（Lucas-Kanade）光流法直接追踪特征点以取代相对复杂的 ORB 描述子的提取与匹配，并将语义信息与几何信息有效结合，用于准确剔除图像中的外点。其提出的视觉里程计如图 5-24 中的虚线框所示，该方案在 ORB-SLAM2 系统的相机追踪部分的基础上进行优化，新增了语义分割线程来获取语义信息，同时在追踪线程中加入动态目标外点检测和移除环节。其中，在外点移除环节，系统将语义信息与几何信息有效结合，用于精确剔除外点。对于相机输入的每一帧 RGB 图像，同时将其送入语义分割线程和追踪线程。在追踪线程中，该方案提取 ORB 特征点后，先采用金字塔 LK 光流法实现前后两帧特征点的快速匹配，然后利用基于多尺度的 RANSAC 算法选取可靠匹配对，并利用这些匹配计算基础矩阵 $\boldsymbol{F}$，随后按照计算的 $\boldsymbol{F}$ 利用对极几何对所有匹配对进行运动一致性检测，以检测极大部分的外点，继而进一步结合语义分割线程获取的语义信息来剔除动态物体上的动态特征点，最终仅利用图像中的静态特征点来估计位姿。

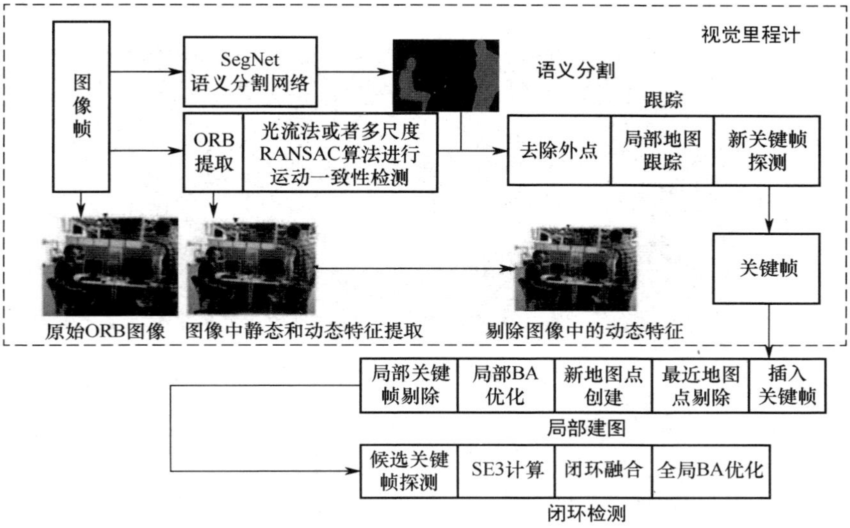

图 5-24　基于地图语义信息的视觉里程计系统结构图

该方案在语义分割线程中采用了基于 Caffe 的 SegNet 作为语义分割网络，SegNet 是多类别语义分割网络，该网络基于深度的编码解码架构，能对图像进行像素级分割，其架构如图 5-25 所示。其中与编码网络一一对应的层次化解码网络是 SegNet 的核心。SegNet 的编码网络与 VGG16[56]网络相似，但去掉了全连接层，这使 SegNet 的编码网络相较于其他架构的网络，在规模更小的同时更易于进行端对端的训练。同时，由于 SegNet 最初的设计目的是对室外的道路场景进行分割，因此该网络对场景外观、形状、空间关系等方面都能较好处理，对于边界信息的处理也更为精确。

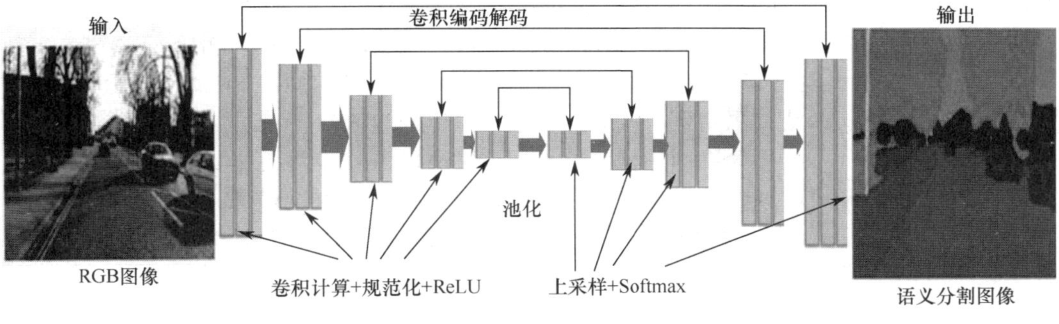

图 5-25　SegNet架构图

为了对室内场景进行分割，在 PASCAL VOC 数据集上对 SegNet 进行训练，该数据集包括人、猫、狗等室内常见的动态物体。图 5-26 为 SegNet 对室内场景的分割效果。为了适应 PASCAL VOC 数据集中图片的不同尺寸，将 SegNet 的输入尺寸调整为 224×224，尽管分辨率降低使分割精度有所降低，但其仍能较为精确地分割图像中人体的轮廓，用于外点剔除工作。

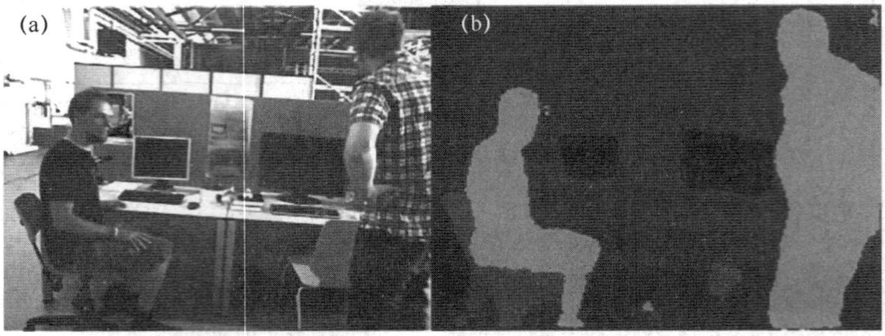

图 5-26　SegNet对室内场景的分割效果

为了避开繁复的描述子计算与匹配，采用金字塔 LK 光流法来跟踪匹配前后两帧图像间的特征点。金字塔 LK 光流法基于特征点邻域内像素块的灰度不变假设来估计像素在图像间的运动，由于边缘特征点的邻域不一定都位于图像上，同时由于图像中物体边缘特征点的差异极小，金字塔 LK 光流法对图像边缘特征点及物体边缘特征点的跟踪健壮性较差。因而在计算基础矩阵前，一般需要采用 RANSAC 算法先对匹配对进行降噪，以剔除那些不值得信赖的匹配对。标准的 RANSAC 算法流程如下：

（1）在特征点集中选取最小匹配对（如 4 对）来估计基础矩阵 $\boldsymbol{F}$。

（2）在当前帧中，计算其他特征点与由 $\boldsymbol{F}$ 所确定的极线 L 的距离 D。

（3）按照规定的阈值 e，计算出所有 $D<e$ 的特征点，即内点集；

（4）重复步骤（1）～（3），直至达到迭代次数 N，选取所有迭代中内点最多的一次作为最终方案。

标准 RANSAC 算法的弊端是当动态物占据相机的大部分视野时，如果此时直接对匹配对进行采样，其健壮性将会大大降低。在运用 RANSAC 算法之前，先将位于图像边缘的匹配对排除，然后对其他每个匹配对，以匹配对为中心，选取尺寸为 3×3 的窗口来计算灰度残差。如果对应窗口的灰度残差过大，则排除该窗口中心的匹配对。同时对 RANSAC 算法进行改进，采用两次稍大尺度的阈值步进的 RANSAC 算法来替代一次极小阈值的 RANSAC 算法。最终利用最后一次 RANSAC 算法获取的匹配点来计算基本矩阵，并按照该矩阵确定的极线来判定特征点的运动状态。RANSAC 算法的阈值尺度设置对经验依赖较多，阈值过大会导致图像中留下更多的外点，阈值过小会导致过多的静态点被剔除，且由于 RANSAC 算法本身的随机性，更小的尺度不一定会带来更好的结果。为了确定每个尺度，对多组不同尺度的 RANSAC 算法进行对比。

图 5-27 为同一场景在采用不同尺度的 RANSAC 算法下的外点剔除效果，场景中的两人都有不同程度的运动，因而分布于两人身上的特征点都为外点。其中，图 5-27（a）～

（c）采用了多尺度 RANSAC 算法，图 5-27（d）采用了尺度为 0.1 的标准 RANSAC 算法。由图 5-27 可知，尽管图 5-27（c）采用了比图 5-27（b）更小的尺度，但其外点剔除效果反而更差，而且该方案获取的内点数已经小于标准 RANSAC 算法［见图 5-27（d）］，这在高动态环境中极易导致相机追踪失败。在四种方案中，图 5-27（b）中遗留在人体身上的特征点最少，且相比图 5-27（d），保留了更多的有效内点。因而将两次阈值尺度分别设置为 1 和 0.2。事实上，相比于标准 RANSAC 算法，多尺度 RANSAC 算法能够剔除绝大部分的外点，得到更好的外点剔除效果；同时由于阈值的提高，降低了计算的复杂度，因而虽然执行了多步，但其耗时反而较标准 RANSAC 算法更短。

图 5-27 不同尺度 RANSAC 算法计算效果对比：
（a）尺度为 1 和 0.3，内点数为 238；（b）尺度为 1 和 0.2，内点数为 210；
（c）尺度为 1 和 0.1，内点数为 159；（d）尺度为 0.1，内点数为 168

在分别获取到当前帧的外点集 O 及语义分割信息后，即可进行动态物的判定及最终的外点剔除。如果语义分割信息中存在如人等极有可能发生运动的物体的分割区域 M，且 O 中的点 o 与 M 中的点 m 处在图像的同一坐标位置，则判定该物体为动态物，随即将该物体分割区域从关键点 K 中剔除。由图 5-28（a）可知，在 ORB 特征提取阶段，系统提取了所有的（包括动态物体上的）特征点；经过运动一致性检测并最终结合语义信息将外点剔除后，图像中仅剩下了静态特征点，如图 5-28（b）所示。系统后续便仅依靠这些静态点来进行位姿估计和建图。

获得的实验效果如图 5-29 和图 5-30 所示，实验选用 TUM RGB-D 数据集中的八个动态帧序列来对系统进行测试，并与原始的 ORB-SLAM2 方案的里程计部分进行了对比。TUM RGB-D 数据集由德国慕尼黑工业大学采集发布，该数据集提供了精确的相机实际运动轨迹及完备的评估方案。其提供八个序列专门用于评估系统在高、低动态环境下的表现，这八个序列由四个低动态帧序列和四个高动态帧序列组成。其中四个低动态序列分别为 freiburg3_sitting_static、freiburg3_sitting_halfsphere、freiburg3_sitting_rpy、freiburg3_sitting_xyz；四个高动态序列分别为 freiburg3_walking_ static、freiburg3_walking_halfsphere、freiburg3_walking_rpy、freiburg3_walking_xyz。按照 TUM RGB-D 数据集的命名方式，第一个下画线前的字符表示相机的内参代号，第二个下画线前的字符表示图像中人物的运动状态，最后一个字符表示相机的运动轨迹，如 freiburg3_walking_xyz 表示拍摄该序列所用相机的内参代号为 freiburg3，图像中人物的运动状态为走来走去，同时相机沿着 *xyz* 三个轴进行运动。为了简化表示，本章后续分别用 sS、sH、sR、sX、wS、wH、wR、wX 来对应表示上述序列。

(a) 提取了所有特征点　　(b) 剔除了外点

图 5-28　外点剔除对比

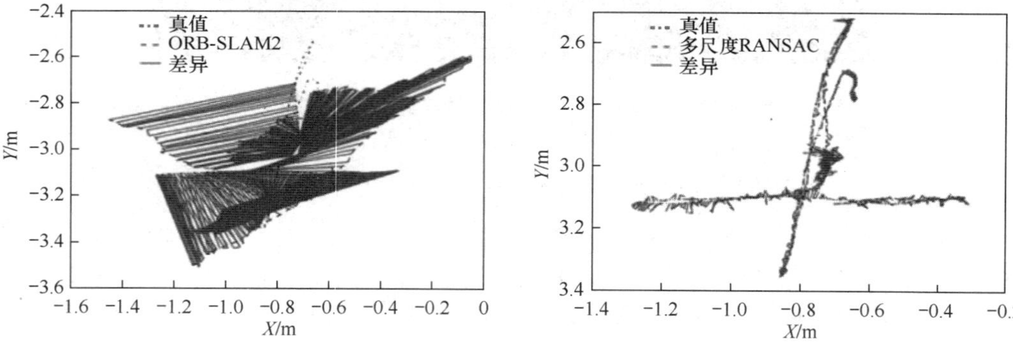

(a) ORB-SLAM2方案　　(b) 多尺度RANSAC方案

图 5-29　绝对路径轨迹误差对比

评价指标包含：①绝对路径轨迹误差（ATE），该指标表述相机轨迹的全局一致性；②相对位姿误差（RPE），该指标表述相机的平移误差及相对旋转误差。其中每个指标下又对四个参数进行统计，分别是 RMSE、平均误差（Mean）、中值误差（Median）及标准偏差（S.D.），一般认为 RMSE 和 S.D.更能体现系统的健壮性与稳定性。

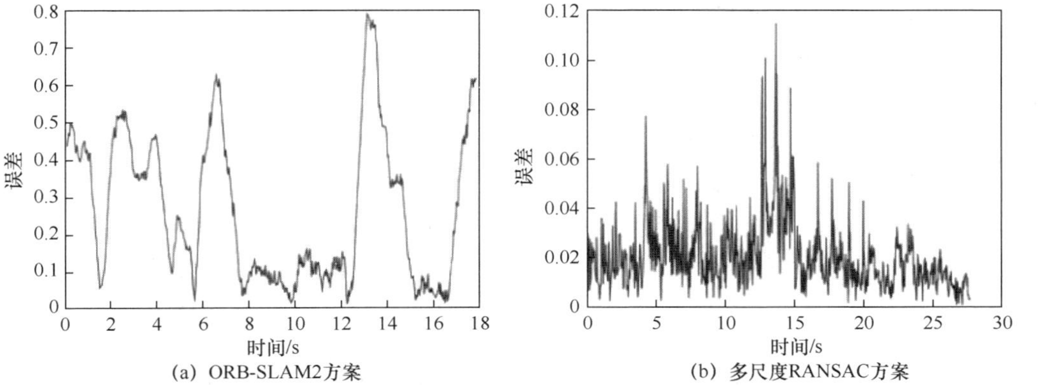

图 5-30　相对位姿误差对比

5.5　点线 SLAM 系统

随着技术的发展和越来越多开源系统的出现，VSLAM 技术逐渐地成熟，然而仍有很多实际的问题需要解决。VSLAM 的局限之一是过于依赖场景特征，大部分 VSLAM 中采用点特征描述场景。当场景中的纹理信息缺失或相机快速运动导致图像模糊时，点特征的数量往往较少，影响了位姿估计的精度。直接跟踪法在某种程度上能缓解点特征的依赖问题，但是稠密和半稠密的直接跟踪法计算量较大，无法在一些计算能力有限的平台上运行。在人造结构化环境中，存在结构化的特征，如线段特征、平面特征等。线段特征和点特征是互为补充的，如图 5-31 所示，左图中的黑点为 ORB 特征，右图中的黑线为由直线检测算法 LSD [57]得到的特征线段。在地面和墙面上几乎提取不到点特征，而在地面与墙面的交界处等存在丰富的线段特征。线段特征相对于点特征而言是一种更高层次的特征，利用线段特征构建的环境地图具有更直观的几何信息，同时能提高 SLAM 系统的精度和健壮性。

图 5-31　点特征和线段特征

通常点特征为图像中的角点或斑点，可采用特定的检测算法提取图像中的这些点特征。其中最为经典的是 SIFT 特征，它具有很好的尺度、旋转、视角和光照不变性等特征，但计算量极大、耗时长。到目前为止，普通 PC 的 CPU 还无法实时地计算 SIFT 特征。另外一些特征则考虑适当降低精度和健壮性，提高计算的速度，如 FAST 特征等。ORB 特征则是目前具有代表性的实时图像特征。它改进了 FAST 检测子不具有方向性的问题，并采用速度极快的二进制描述子 BRIEF，使整个图像的特征提取环节大大加速。

大部分 VSLAM 基于点特征，点特征的提取和描述已经比较成熟，能够很好地定位特征点在图像中的位置并加以区分，一定程度上降低了数据关联的难度；线段特征虽然在图像中的位置比较精准，具有较高的光照不变性，在较大的视角变化下也比较稳定，但线段检测不稳定，缺少有效的描述匹配的方法，这些特性使基于线段特征的 SLAM 具有一定的难度。目前已经有不少基于线段特征的视觉里程计和 VSLAM。J.Neira[58]提出了第一个使用竖直线段特征的单目 VSLAM 系统，该系统搭载在轮式机器人上，利用两端点表示线段，基于 EKF 框架构建了一个 2D 环境地图。Paul Smith 等提出用两个端点表示空间直线的方法，由于相机活动范围较小，该方法适用于小场景，一般都能观测到这两个端点。但线段端点在视角变化和遮挡下并不能稳定地检测出来。空间直线也可用无限延长的线段来表示，相对于用两端点表示，这样在相机移动较长距离后仍能观测到同一条直线，其更加适合长距离大尺度的 SLAM 系统，代表工作有 Lemaire 等提出的 SLAM 系统。Ethan Eade 在研究中采用一些零碎的边缘来表示直线，通过跟踪这些短线段并结合点特征进行位姿估计。除此之外，Joan Sola[59]总结了几种直线参数化的方法。由于空间直线仅有四个自由度，Bartoli 在 SFM 工作中提出了四参数的正交表示法。以上提到的这些工作都是基于滤波方式实现的，Strasdat 对基于滤波和基于关键帧优化的方法进行了对比，证明在基于滤波的方法中增加观测对数可以提高精度，而基于关键帧优化的方法的计算代价和一致性均比基于滤波的方法高。近年来，基于关键帧优化的方法成为 VSLAM 的主流框架。Georg Klein 使用点特征、线段特征构建了基于关键帧优化的 SLAM 系统，改善了因快速运动图像模糊而跟踪失败的情况。由于无法通过线段在两视图几何的匹配关系中恢复相机运动和空间直线，需要加上第三个视图计算三焦点张量，外参已标定的双目相机则可以立即对空间直线进行初始化。Yan Lu 实现了点线特征结合的视觉里程计，在 RGB-D 相机的图像上检测线段，通过深度图对空间线段进行最小二乘拟合，并证明了点线结合方法降低了位姿估计的不确定性。文献[60]提出了基于双目相机的点线视觉里程计，在优化时分别计算点特征、线段特征的重投影误差，通过误差的统计调整点特征和线段特征的权重。SLAM 中一个重要的环节是闭环检测，结合线段特征对场景进行相似性检测可以提高系统的稳定性。文献[61]利用 MSLD 线段描述子构建字典树，进行场景识别，在室内外都能实时稳定地进行闭环检测。文献[62]提出了纯粹基于线段特征的双目视觉 SLAM 体系框架——SLSLAM（Stereo Line-Based SLAM），包括构建线段特征的场景地图、闭环检测等，是目前较为完善的基于线段特征的 SLAM 系统。然而，目前并没有一个完整的基于点特征与线段特征和基于关键帧优化的 SLAM 系统，大部分的研究只关注其中的一小部分[63]。

5.5.1 VSLAM 中的线段特征提取

马尔视觉计算理论提到，通过机器视觉过程能够对外部世界进行结构化描述，其核心问题是要从图像结构推理出外部世界结构，最后达到认识外部世界的目的。图像推理是对图像结构进行一系列处理，从而得到物体形状乃至更高层次描述信息的过程。根据层次的高低，马尔将其分为三个阶段，分别为初始简图、2.5 维简图和三维模型。初始简图即图像中强度变化明显处的位置和分布情况，如角点、斑点、边缘、线段和曲线等，通过这些基元可以对图像进行简单的描述。特征点检测、边缘检测的目的是构建可认知的初始简图。图像中亮度变化明显、位置相邻且方向相近的点集，构成了特殊的边缘——线段。在 VSLAM 中，点特征和线段特征分别代表两类不同的信息来源，点特征主要是图像中的角点、斑点，线段特征主要是图像中的边缘线段。在不同场景中，点特征和线段特征的丰富程度是不一样的。同时线段特征赋予了 SLAM 天然光照和视角不变性，为 SLAM 提供了更加直观的环境地图。如图 5-32 所示，右图是在一段走廊的场景，可以辨别出墙的边角、门和天花板的灯等特征。直线相对于点是一种大尺度的特征，可以快速地扩充环境地图。同时也可以利用直线构建更高级的基元，如平面特征等，将这两类特征进行结合，可以有效地提高系统的精度和健壮性。VSLAM 前端的首要工作是进行特征提取，再对提取的特征进行数据关联。一个好的特征要求具有可重复性、可区分性和准确性等性质。点特征的提取和描述已经比较成熟，下面将介绍图像中线段特征的提取与描述。对于传统的线段检测算法，一般采用 Canny 等边缘检测算法来提取图像的边缘信息，再利用霍夫变换提取直线，最后通过分割方法找到直线端点。这种方法实时性不高，并且在边缘密集处会产生误检，不能用于 VSLAM。LSD（Line Segment Detector）[63]是一种能在线性时间内得到亚像素级精度的局部提取线段的算法，其核心思路是将梯度方向相近的像素点合并。LSD 首先对图像进行降采样和高斯滤波，去除噪声的干扰，并计算图像的梯度幅值与梯度方向，所有像素点的梯度构成梯度场，如图 5-33 所示。

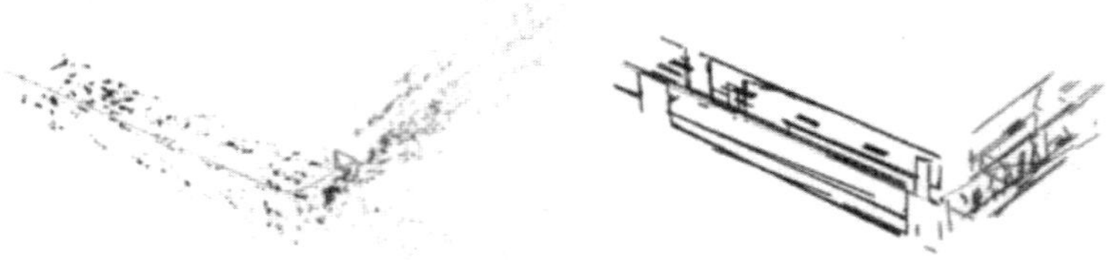

图 5-32 点特征和线段特征构建的环境地图示意

接着合并梯度场中方向相似的像素点，构成一个称为线段支持域的区域，每一个线段支持域可能对应一条线段，需要进一步检验。具体方法如下：对线段支持域生成一个最小外接矩形，统计最小外接矩形的主方向；若区域内某个像素点的梯度方向与主方向的角度差在设定阈值内，那么这个像素点被称作支持点；利用最小外接矩形内支持点的比例来判定这个线段支持域是否为一条线段。LSD 的优点是速度快、不需要调整额外的参数，并且 LSD 提取的线段具有主方向，在进行线段匹配时可以排除一些误匹配对。然而，LSD 也存在缺点，表现为在区域增长步骤中设置了每个像素点是否被使用的标志，因此每个像素点只能隶属于一条直线，当图像上两直线相交时，至少有一条直线被分为两段；降采样和高斯滤波是为了减少图像噪声和锯齿的影响，保证提取线段的连续性和稳定性，然而在缩小尺寸的图中检测出来的线段，会损失一定的精度；对于遮挡、局部模糊等情况，由于区域增长算法的特性，原本的一条线段会割裂成多段。

图 5-33 LSD 中的线段支持域

图 5-34 展示了使用 LSD 检测线段的效果，左图清晰地显示了地面上贴有白色的线条，右图中也显示了检测的线段，由于图像模糊和噪声的影响，一长条的直线被分割为很多段。这样会使线段特征在 SLAM 中的匹配并不是一对一的，而是多对多的，并且分割的点在邻近的帧中是不同的，这会导致线段特征匹配难度增大。基于此，LSD 采用合并线段的方式对其提取的线段进行处理，将线段方向相似的邻近线段合并，从而减少这种情况的发生。对于 LSD 提取的每一个线段特征，可以区分出线段的起始点和终点，起始点指向终点的向量的右边区域比左边区域的平均灰度值要大，该向量与水平线的夹角即主方向，范围为（$-\pi$，π]。仅由主方向来判断线段特征是不够的，同时合并的直线相邻近。这里定义线段中一点到另一条线段的距离 d 和两线段端点与端点之间的最小距离 l，若 d 和 l 均小于给定值，则认为两线段邻近，最后还需要通过描述子的距离进行线段特征判断，即线段在图中的局部特征相似。其算法流程如图 5-35 所示，获得的效果如图 5-36 所示。

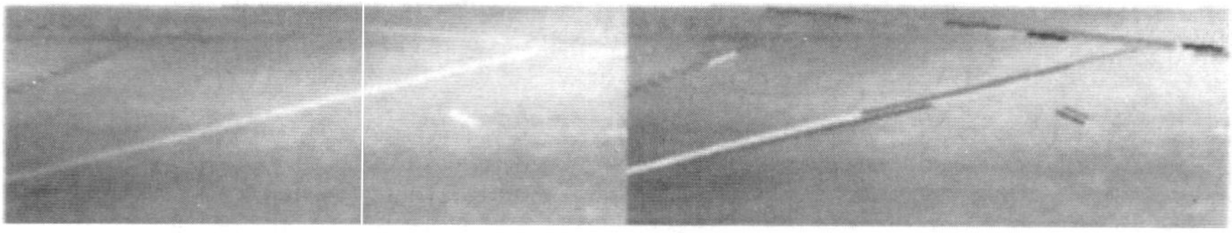

图 5-34 使用 LSD 检测线段的效果

在计算机视觉中，特征匹配是场景重建、棋式识别、VSLAM 等应用的基础。线段特征匹配是比较困难的，主要因为线段端点位置不准确、线段发生割裂、不具备强有力的几何约束（如极线几何约束）和在纹理缺失处不具有较强的辨识度等。Zhiheng Wang 等将线段分割为多个子区域，采用与 SITF 特征类似的方法，根据区域内的梯度均值和标准差建立了 MSLD（Mean-standard Deviation Line Descriptor），该描述子具有旋转、光照不变性等优点，同时与线段的长短无关。Lilian Zhang 等在 MSLD 的基础上进行改进，提出了 LBD，引入了全局和局部的高斯权重系数。相比于 MSLD，其具有更优的匹配效果，计算速度更快。

输入：灰度图，线段长度阈值s_{TH}，主方向阈值ang_{TH}，距离阈值d_{TH}和l_{TH}，描述子距离阈值des_{TH}

输出：特征线段集合

开始：

　　使用LSD提取线段特征$kl = \{kl_i\}_{i=1\cdots m}$

　　计算所有线段特征对应的描述子$des = \{des_i\}_{i=1\cdots m}$

　　$i = m$

　　While $i \neq 0$ **do**

　　　　选取线段特征kl_i

　　　　While kl 不为空 **do**

　　　　　　选取线段特征kl，$i \neq j$。计算主方向差$dist(ang_i, ang_j)$、

　　　　　　点线距离d、端点距离l、描述子距离t

　　　　　　If $dist(ang_i, ang_j) < ang_{TH}$ && $d < d_{TH}$ && $l < l_{TH}$ &&

　　　　　　$t < des_{TH}$ **THEN**

　　　　　　　　1）使用最小二乘法合并线段

　　　　　　　　2）重新计算kl_i^*的描述子

　　　　　　End

　　　　$i = i - 1$

　　For $i = 0{:}n$

　　　　计算合并后的线段长度s，若$s < s_{TH}$，移除该特征线段

　　END

图 5-35　改进的 LSD 线段特征提取算法流程

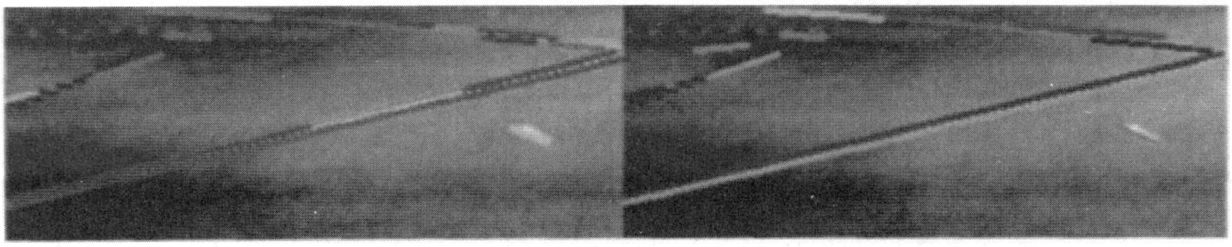

图 5-36　合并后的 LSD 线段特征提取效果

LBD 首先在线段处建立一个矩形，该矩形称为线段支持域，并定义了方向 d_L 和方向 $d_\perp$（见图 5-37），用 m 表示线段支持域的条带数目，w 表示条带的像素宽度。将全局高斯

函数 f_g 作用于线段支持域的每一列，降低距离线段较远的像素梯度对描述子的影响，将局部高斯函数 f_l 作用于相邻条带的每一列，降低条带间的边界效应。基于相邻条带梯度可以计算出每个条带 B_j 对应的特征向量 $\mathbf{BD}_j$，将所有条带的特征向量合并计算，即形成LBD，$\mathbf{LBD}=(\mathbf{BD}_1^{\mathrm{T}},\mathbf{BD}_2^{\mathrm{T}},\cdots,\mathbf{BD}_m^{\mathrm{T}})^{\mathrm{T}}$。对每个条带 B_j 的相邻条带 B_{j-1}、B_{j+1} 的每一行的局部梯度分别求和，局部梯度 $\boldsymbol{g}'=(g_{d_\perp}^{\mathrm{T}},g_{d_{\mathrm{L}}}^{\mathrm{T}})$，其中对于第 k 行，有：

$$v_{1j}^k=\lambda\sum_{g'_\perp>0}g'_\perp,v_{2j}^k=\lambda\sum_{g'_\perp<0}g'_\perp \tag{5-27}$$

$$v_{3j}^k=\lambda\sum_{g'_\perp>0}g'_\perp,v_{4j}^k=\lambda\sum_{g'_\perp<0}g'_\perp \tag{5-28}$$

式中，$\lambda=f_{\mathrm{g}}(k)f_{\mathrm{l}}(k)$ 为高斯系数，将每一行的和放在一起构成特征向量 $\mathbf{BD}_j$ 对应的特征描述矩阵 $\mathbf{BDM}_j$：

$$\mathbf{BDM}_j\triangleq\begin{bmatrix}v_{1j}^1 & v_{1j}^2 & \cdots & v_{1j}^n\\ v_{2j}^1 & v_{2j}^2 & \cdots & v_{2j}^n\\ v_{3j}^1 & v_{3j}^2 & \cdots & v_{3j}^n\\ v_{4j}^1 & v_{4j}^2 & \cdots & v_{4j}^n\end{bmatrix}\in\mathbf{R}^{4\times n},n=\begin{cases}2w, j\text{为}1\text{或}m\\3w, \text{其他}\end{cases} \tag{5-29}$$

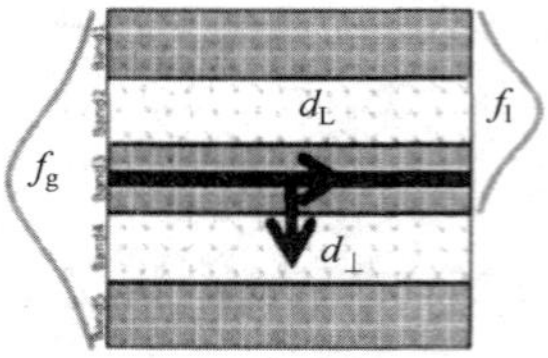

图 5-37　LBD 中的线段支持域

最后计算特征描述矩阵的均方差 $\boldsymbol{M}_j^{\mathrm{T}}$ 和均值向量 $\boldsymbol{S}_j^{\mathrm{T}}$，即得到特征向量 $\mathbf{BD}_j=(\boldsymbol{M}_j^{\mathrm{T}},\boldsymbol{S}_j^{\mathrm{T}})^{\mathrm{T}}\in\mathbf{R}^8$，得到的 LBD 表示为

$$\mathbf{LBD}=(\boldsymbol{M}_1^{\mathrm{T}},\boldsymbol{S}_1^{\mathrm{T}},\boldsymbol{M}_2^{\mathrm{T}},\boldsymbol{S}_2^{\mathrm{T}},\cdots,\boldsymbol{M}_m^{\mathrm{T}},\boldsymbol{S}_m^{\mathrm{T}})^{\mathrm{T}}\in\mathbf{R}^{8m} \tag{5-30}$$

根据 Lilian Zhang 的实验分析，当 $m=9$、$w=7$ 时，效果是最好的，此时 LBD 是一个 72 维的浮点型特征向量。在实现闭环检测时，需要反复大量计算特征向量之间的距离，对于对实时性要求较高的 VSLAM 来说，这种描述方法是不适用的。为了提升计算效率，需要将其转化为二进制描述子，可以采用汉明距离作为两个特征向量之间的距离度量。通常仅需要对这两个二进制字符串进行异或及求和操作，提高了匹配效率。

后端优化中需要对空间直线进行参数化，并设定观测方程。合适的参数化和观测方程对后端计算的复杂度及优化的精度具有一定的影响。空间上的点可以表示为 $\tilde{\boldsymbol{X}}=(x,y,z)^{\mathrm{T}}$，即该点的欧氏坐标。由欧氏空间和无穷远平面的并集所形成的扩展空间称为三维射影空间。定义点的齐次坐标为 $\boldsymbol{X}=(x,y,z,w)^{\mathrm{T}}$，平面的齐次坐标为 $\boldsymbol{\pi}=(\pi_1,\pi_2,\pi_3,\pi_4)^{\mathrm{T}}$，空间直线具有四个自由度，不像空间点和平面那样简单地用四维向量表示，其常见表示方式有点表示、面表示。点表示直观理解就是两空间点确定一条直线，将这两空间点的齐次坐标作为 $\boldsymbol{W}$ 的行向量构成 2×4 矩阵，$\boldsymbol{W}=[\boldsymbol{X}_1^{\mathrm{T}},\boldsymbol{X}_2^{\mathrm{T}}]^{\mathrm{T}}$。然而，这是一种非紧凑表示，具有多余的四个参数，在优化问题中会引入额外的约束，在表示点线、线面相交及相机投影时不太便利。普吕克坐标则由空间点确定，其齐次坐标分别为 $\boldsymbol{X}_1=(x_1,y_1,z_1,w_1)^{\mathrm{T}}$ 和 $\boldsymbol{X}_2=(x_2,y_2,z_2,w_2)^{\mathrm{T}}$，定义普吕克矩阵：

$$\boldsymbol{L}=\boldsymbol{X}_2\boldsymbol{X}_1^{\mathrm{T}}-\boldsymbol{X}_1\boldsymbol{X}_2^{\mathrm{T}}\in\mathbf{R}^{4\times4} \tag{5-31}$$

普吕克矩阵是一个反对称矩阵，对角线元素均为 0，并且行列式 $\det(\boldsymbol{L})=0$。若取同一空间直线上的任意两对空间点，它们对应的普吕克坐标仅相差一个系数，即 $\boldsymbol{L}=\alpha\boldsymbol{L}'$；反对称矩阵 $\boldsymbol{L}$ 中有六个非零元素，其中五个比值元素是有意义的。另外，由于 $\det(\boldsymbol{L})=0$ 满足正交约束，反映出直线自由度为 4。普吕克坐标就是利用普吕克矩阵中的六个非零元素按照一定顺序列成一个六维向量的，这里采用 Bartoli 的记法：

$$\mathcal{L}=\begin{bmatrix}\tilde{\boldsymbol{X}}_1\times\tilde{\boldsymbol{X}}_2\\ w_1\tilde{\boldsymbol{X}}_2-w_2\tilde{\boldsymbol{X}}_1\end{bmatrix}=\begin{bmatrix}\boldsymbol{n}\\ \boldsymbol{v}\end{bmatrix}\in\mathbf{P}^5\subset\mathbf{R}^6 \tag{5-32}$$

$\mathcal{L}$ 中的元素与普吕克矩阵 $\boldsymbol{L}$ 中的非零元素对应，其中 $\boldsymbol{v}$ 是直线的方向向量，矩阵 $\boldsymbol{n}$ 是过该直线且通过原点的平面的法向量，并且垂直于 $\boldsymbol{v}$，即有 $\boldsymbol{n}^{\mathrm{T}}\boldsymbol{v}=\boldsymbol{0}$，如图 5-38 所示。原点到空间直线的垂直距离为 $\|\boldsymbol{n}\|/\|\boldsymbol{v}\|$，垂足 $\boldsymbol{d}$ 的齐次坐标为 $(\boldsymbol{v}\times\boldsymbol{n},\boldsymbol{v}^{\mathrm{T}}\boldsymbol{v})^{\mathrm{T}}$，普吕克坐标与普吕克矩阵的关系为

$$\boldsymbol{L}=\begin{pmatrix}[\boldsymbol{n}\times] & \boldsymbol{v}\\ -\boldsymbol{v}^{\mathrm{T}} & \boldsymbol{0}\end{pmatrix} \tag{5-33}$$

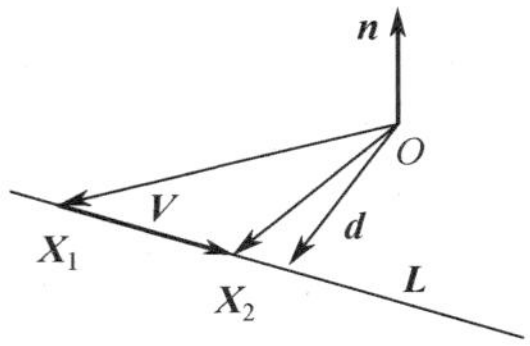

图 5-38　普吕克坐标示意

普吕克坐标在表达坐标变换和重投影时具有线性形式，其中坐标变换公式为

$$\begin{bmatrix}\boldsymbol{n}_{\mathrm{c}}\\ \boldsymbol{v}_{\mathrm{c}}\end{bmatrix}=\begin{pmatrix}\boldsymbol{R}_{\mathrm{cw}} & [\boldsymbol{t}_{\mathrm{cw}}\times]\boldsymbol{R}_{\mathrm{cw}}\\ \boldsymbol{0} & \boldsymbol{R}_{\mathrm{cw}}\end{pmatrix}\begin{bmatrix}\boldsymbol{n}_{\mathrm{w}}\\ \boldsymbol{v}_{\mathrm{w}}\end{bmatrix},\begin{bmatrix}\boldsymbol{n}_{\mathrm{w}}\\ \boldsymbol{v}_{\mathrm{w}}\end{bmatrix}=\begin{pmatrix}\boldsymbol{R}_{\mathrm{cw}}^{\mathrm{T}} & -\boldsymbol{R}_{\mathrm{cw}}^{\mathrm{T}}[\boldsymbol{t}_{\mathrm{cw}}\times]\\ \boldsymbol{0} & \boldsymbol{R}_{\mathrm{cw}}^{\mathrm{T}}\end{pmatrix}\begin{bmatrix}\boldsymbol{n}_{\mathrm{c}}\\ \boldsymbol{v}_{\mathrm{c}}\end{bmatrix} \tag{5-34}$$

将空间直线投影到当前相机图像中，得到的投影直线方程为

$$\boldsymbol{l}_{\mathrm{c}}=\begin{pmatrix}\boldsymbol{f}_{\mathrm{v}} & \boldsymbol{0} & \boldsymbol{0}\\ \boldsymbol{0} & \boldsymbol{f}_{\mathrm{u}} & \boldsymbol{0}\\ -\boldsymbol{f}_{\mathrm{v}}c_{\mathrm{u}} & \boldsymbol{f}_{\mathrm{u}}c_{\mathrm{v}} & \boldsymbol{f}_{\mathrm{u}}\boldsymbol{f}_{\mathrm{v}}\end{pmatrix}\boldsymbol{n}_{\mathrm{c}} \tag{5-35}$$

它是六参数形式的，参数数大于空间直线的自由度数，且存在正交约束，因此普吕克坐标是一种过参数化表示。在后端图优化过程中，多余参数增加了迭代优化的计算代价，并且

降低了系统数值计算的稳定性，在迭代更新后需要强制满足普吕克正交约束，因此Bartoli提出了四参数最小化表示法，称为正交表示法。

设普吕克坐标为$\boldsymbol{\mathcal{L}}=[\boldsymbol{n}^{\mathrm{T}}\ \boldsymbol{v}^{\mathrm{T}}]^{\mathrm{T}}$，其正交表示为$(\boldsymbol{U}\ \boldsymbol{W})\in \mathrm{SO}(3)\times\mathrm{SO}(2)$，这通过对矩阵$[\boldsymbol{n}\ \boldsymbol{v}]$进行QR分解即可获得。由于存在正交约束$\boldsymbol{n}^{\mathrm{T}}\boldsymbol{v}=\boldsymbol{0}$，因此其分解结果比较特殊：

$$\mathbf{QR}([\boldsymbol{n}\ \boldsymbol{v}])=\boldsymbol{U}\begin{bmatrix} w_1 & 0 \\ 0 & w_2 \\ 0 & 0 \end{bmatrix},\quad \boldsymbol{W}=\begin{bmatrix} \cos\theta & -\sin\theta \\ \sin\theta & \cos\theta \end{bmatrix}=\begin{bmatrix} w_1 & -w_2 \\ w_2 & w_1 \end{bmatrix} \tag{5-36}$$

式中，$w_1, w_2>0$，对应的$\theta\in\left(0,\dfrac{\pi}{2}\right]$。事实上，从普吕克坐标到正交表示并不需要进行QR分解，可以进一步写为

$$[\boldsymbol{n}\ \boldsymbol{v}]=\begin{bmatrix} \dfrac{\boldsymbol{n}}{\|\boldsymbol{n}\|} & \dfrac{\boldsymbol{v}}{\|\boldsymbol{v}\|} & \dfrac{\boldsymbol{n}\times\boldsymbol{v}}{\|\boldsymbol{n}\times\boldsymbol{v}\|} \end{bmatrix}\begin{bmatrix} \|\boldsymbol{n}\| & 0 \\ 0 & \|\boldsymbol{v}\| \\ 0 & 0 \end{bmatrix} \tag{5-37}$$

从而正交表示可以很容易地转化为普吕克坐标：

$$\boldsymbol{\mathcal{L}}=\begin{bmatrix} w_1\boldsymbol{u}_1 \\ w_2\boldsymbol{u}_2 \end{bmatrix} \tag{5-38}$$

式中，$\boldsymbol{u}_i$表示矩阵$\boldsymbol{U}$的第i列。空间直线的正交表示为积流形（Product Manifold），可以利用切空间上的元素定义其增量，设增量为$\boldsymbol{\delta}_{\theta}=[\boldsymbol{\theta}^{\mathrm{T}},\theta]^{\mathrm{T}}$，使用其前三个元素更新$\boldsymbol{U}$，最后一个参数更新$\boldsymbol{W}$，即可以定义：

$$(\boldsymbol{U}^*,\boldsymbol{W}^*)=(\boldsymbol{U},\boldsymbol{W})\oplus\boldsymbol{\delta}_{\theta} \tag{5-39}$$

式中，$\boldsymbol{U}^*=\exp(\boldsymbol{\theta}^{\wedge})\boldsymbol{U}$，$\boldsymbol{W}^*=\begin{pmatrix} \cos\theta & -\sin\theta \\ \sin\theta & \cos\theta \end{pmatrix}\boldsymbol{W}$。$\boldsymbol{\delta}_{\theta}$中的四个参数具有具体的几何意义，$\boldsymbol{W}$隐含了$\|\boldsymbol{n}\|/\|\boldsymbol{v}\|$，即原点到空间直线的垂直距离$\boldsymbol{d}$，$\boldsymbol{\theta}$调节空间直线距离原点的距离数值。如图5-39中的灰色直线簇所示，在距离固定的情况下，$\boldsymbol{\theta}$调节空间直线绕三个轴旋转。

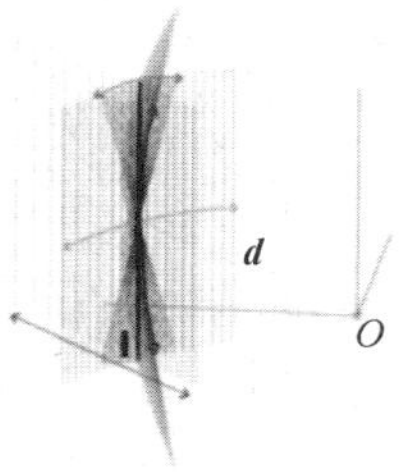

图 5-39 正交表示中的参数更新过程示意

但要注意的是，正交表示并不能像普吕克坐标那样很好地表示坐标变换和重投影。

1. 空间直线的观测模型

空间直线观测模型存在多种定义方式，可以通过 3D-3D 方式定义空间直线与匹配空间直线的误差量，也可以通过 3D-2D 方式定义空间直线与匹配图像直线的误差量，但是后一种方法精度更高。3D-2D 定义方式首先将空间直线重投影到图像上，然后计算投影直线 $\boldsymbol{l}'$ 与图像中的匹配线段 $\boldsymbol{l}$ 间的误差量，图像中的线段特征也可以用两个端点表示，分别为 $\boldsymbol{x}_{\mathrm{s}}$ 和 $\boldsymbol{x}_{\mathrm{e}}$。Bartoli 列出了几种误差定义方式，如无几何意义的线性误差 $\boldsymbol{e}=\boldsymbol{l}\times\boldsymbol{l}'$，代数距离定义的线性误差 $\boldsymbol{e}=[\boldsymbol{x}_{\mathrm{s}}^{\mathrm{T}}\boldsymbol{l}',\boldsymbol{x}_{\mathrm{e}}^{\mathrm{T}}\boldsymbol{l}']^{\mathrm{T}}$ 等，并分析了各种误差的时间效率和优化后的精度。其中，由几何距离定义的非线性误差的精度优于以上两种方法，其表示为

$$\boldsymbol{e}=\left[\frac{\boldsymbol{x}_{\mathrm{s}}^{\mathrm{T}}\boldsymbol{l}'}{\sqrt{l_1^2+l_2^2}},\frac{\boldsymbol{x}_{\mathrm{e}}^{\mathrm{T}}\boldsymbol{l}'}{\sqrt{l_1^2+l_2^2}}\right]^{\mathrm{T}} \tag{5-40}$$

式中，$\boldsymbol{l}'=(l_1,l_2,l_3)^{\mathrm{T}}$。由于孔径问题及在连续帧图像中的空间直线端点不准确，只有匹配线段垂直于投影直线时才能提供有效信息，而在平行于投影直线方向可能存在很大的误差，因此使用 3D-3D 模型作为观测模型比较合理。空间直线误差定义示意如图 5-40 所示。

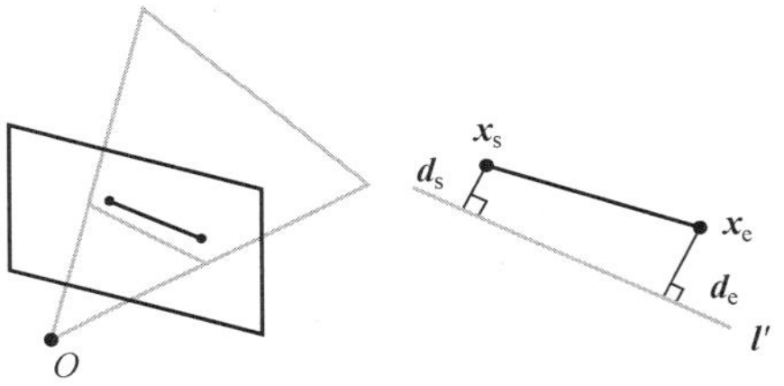

图 5-40　空间直线误差定义示意

2. 点线综合的后端优化框架

在图优化框架的 VSLAM 算法中，BA 起着关键的作用。当它面对给定的多个三维点及从不同视角观测到的这些三维点的多组图像时，能够同时优化相机参数和三维点的坐标。在近几年的 VSLAM 理论研究应用中，BA 不仅具有很高的精度，也开始具备良好的实时性，其原因在于 SLAM 问题中的稀疏特性能够使其在实时场景中获得应用。其实 BA 优化就是一个状态估计问题，在基于点特征的 SLAM 中，以相机位姿和三维点坐标作为图模型的顶点，以三维点的重投影误差作为图模型的边，加入线段特征后可以相应地增加图模型的顶点和边，构建点线综合图模型。

假设图模型中的相机位姿为 $\boldsymbol{T}_{\mathrm{cw}}$，表示世界坐标系相对于相机坐标系的位姿。三维点 $\boldsymbol{X}_{\mathrm{w}}$ 与位姿约束通过重投影误差定义。首先将 $\boldsymbol{X}_{\mathrm{w}}$ 转换到相机坐标系 $\boldsymbol{X}_{\mathrm{c}}$，再根据相机模型计算 $\boldsymbol{X}_{\mathrm{c}}$ 在图像上的像素坐标 $\boldsymbol{x}'$，最后计算投影点 $\boldsymbol{x}'$ 与匹配特征点 $\boldsymbol{x}$ 的误差。

$$\begin{cases}\boldsymbol{X}_{\mathrm{c}}=\boldsymbol{R}_{\mathrm{cw}}\boldsymbol{X}_{\mathrm{w}}+\boldsymbol{t}_{\mathrm{cw}}\\ \boldsymbol{x}'=n(\boldsymbol{K}\boldsymbol{X}_{\mathrm{c}})\\ \boldsymbol{e}_{\mathrm{p}}=\boldsymbol{x}-\boldsymbol{x}'\end{cases} \tag{5-41}$$

式中，$n(\boldsymbol{KX}_{\mathrm{c}})$ 表示将齐次坐标转换为非齐次坐标的计算。根据前面观测模型中定义的空间直线与位姿约束，和三维点处理方式一样，首先将普吕克坐标 $\mathcal{L}_{\mathrm{w}}$ 转换到相机坐标系，变为 $\mathcal{L}_{\mathrm{c}}$，再根据相机模型计算 $\mathcal{L}_{\mathrm{c}}$ 在图像上的投影直线 $\boldsymbol{l}'$，最后匹配线段 $\boldsymbol{z}$ 两端点 $\boldsymbol{x}_{\mathrm{s}}$ 和 $\boldsymbol{x}_{\mathrm{e}}$ 到投影直线 $\boldsymbol{l}'$ 的距离。

$$
\begin{cases}
\mathcal{L}_{\mathrm{c}}=\begin{pmatrix}\boldsymbol{R}_{\mathrm{cw}} & [\boldsymbol{t}_{\mathrm{cw}}\times]\boldsymbol{R}_{\mathrm{cw}}\\ 0 & \boldsymbol{R}_{\mathrm{cw}}\end{pmatrix}\mathcal{L}_{\mathrm{w}}\\
\boldsymbol{l}'=\begin{pmatrix}\boldsymbol{f}_{\mathrm{v}} & 0 & 0\\ 0 & \boldsymbol{f}_{\mathrm{u}} & 0\\ -\boldsymbol{f}_{\mathrm{v}}\boldsymbol{c}_{\mathrm{u}} & \boldsymbol{f}_{\mathrm{u}}\boldsymbol{c}_{\mathrm{v}} & \boldsymbol{f}_{\mathrm{u}}\boldsymbol{f}_{\mathrm{v}}\end{pmatrix}\boldsymbol{n}_{\mathrm{c}}\\
\boldsymbol{e}_{\mathrm{l}}=d(\boldsymbol{z},\boldsymbol{l}')=\left[\dfrac{\boldsymbol{x}_{\mathrm{s}}^{\mathrm{T}}\boldsymbol{l}'}{\sqrt{l_1^2+l_2^2}},\dfrac{\boldsymbol{x}_{\mathrm{e}}^{\mathrm{T}}\boldsymbol{l}'}{\sqrt{l_1^2+l_2^2}}\right]^{\mathrm{T}}
\end{cases}
\tag{5-42}
$$

可以列表总结三维点与空间直线的坐标变换和投影方程，采用齐次坐标表示可以使式子更加简洁。

三维点和空间直线的重投影误差效果如图 5-41 所示，图 5-41 中的黑色点和线表示当前相机的观测，灰色点和线为重投影后的点和直线。

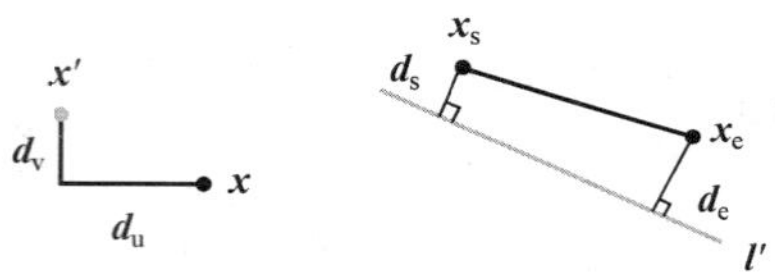

图 5-41　三维点和空间直线的重投影误差效果

由于噪声存在，投影的点和直线并不会和观测结果重合，可以得到观测误差，因此在点线综合图模型中，以相机位姿 $\boldsymbol{T}_{k\mathrm{w}}$、三维点坐标 $\boldsymbol{X}_{\mathrm{w},i}$ 和空间直线的普吕克坐标 $\mathcal{L}_{\mathrm{w},j}$ 作为顶点，根据前端数据关联结果建立两种类型的边，即位姿–三维点边和位姿–空间直线边，这两种类型的边误差为

$$
\begin{cases}
\boldsymbol{e}_{\mathrm{p}k,i}=\boldsymbol{x}_{k,i}-n(\boldsymbol{KT}_{k\mathrm{w}}\boldsymbol{X}_{\mathrm{w},i})\\
\boldsymbol{e}_{\mathrm{l}k,i}=d(\boldsymbol{z}_{k,i},\boldsymbol{ИИ}_{c\quad \mathrm{w},j})
\end{cases}
\tag{5-43}
$$

在假设观测误差为高斯分布的情况下，可以得到最后的代价函数 $\boldsymbol{C}$，即求解待估计状态量，使所有三维点和空间直线的重投影误差的和最小：

$$
\boldsymbol{C}=\sum_{k,i}\rho_{\mathrm{p}}(\boldsymbol{e}_{\mathrm{p}k,i}^{\mathrm{T}}\Sigma\boldsymbol{p}_{k,i}^{-1}\boldsymbol{e}_{\mathrm{p}k,i})+\sum_{k,i}\rho_{\mathrm{l}}(\boldsymbol{e}_{\mathrm{l}k,i}^{\mathrm{T}}\Sigma\boldsymbol{l}_{k,i}^{-1}\boldsymbol{e}_{\mathrm{l}k,i})
\tag{5-44}
$$

式中，$\Sigma\boldsymbol{p}$、$\Sigma\boldsymbol{l}$ 表示点、直线的观测协方差，ρ_{p}、ρ_{l} 为 Huber 健壮性代价函数。由于最小化的是误差项的二范数平方和，其增长速度是误差的平方。若出现误匹配等，会导致系统向错误值进行优化，因此引入 Huber 健壮性代价函数减少代价函数中的异常项（见图 5-42）。

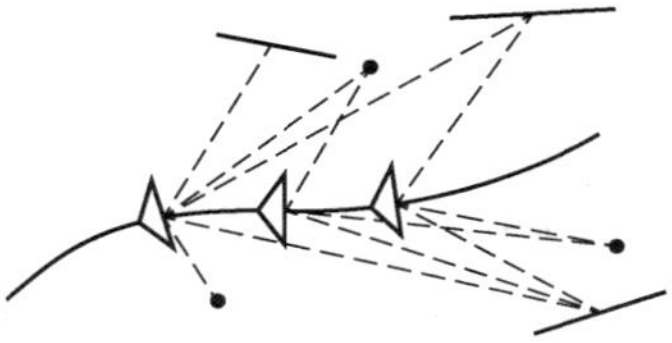

图 5-42　点线综合图模型

3. 点线误差的雅可比矩阵

在求解 BA 的过程中，不论采用 GN 法还是 LM 法，都需要反复在当前估计值附近对代价函数进行线性展开，即求解误差函数关于状态变量的雅可比矩阵 $\boldsymbol{J}=\left.\dfrac{\partial \boldsymbol{e}}{\partial \boldsymbol{x}}\right|_{\hat{x}}$ ，通常采用有限差分法求解。对于误差函数 $\boldsymbol{e}(\boldsymbol{x})$ ，若 $\boldsymbol{x}$ 为流形中的元素，$\boldsymbol{\delta}$ 为切空间上的微小增量，则存在：

$$\boldsymbol{J}=\frac{\boldsymbol{e}(\boldsymbol{x}\oplus\boldsymbol{\delta})-\boldsymbol{e}(\boldsymbol{x}\oplus(-\boldsymbol{\delta}))}{2\boldsymbol{\delta}} \tag{5-45}$$

由于需要不停地迭代求解，采用数值方法精度不高且效率较低，最佳方法是直接得到雅可比矩阵的解析形式。很多文献给出了三维点重投影误差的雅可比矩阵的计算方法，但是对于空间直线重投影误差的雅可比矩阵计算，并没有文献记载。

首先给出三维点的重投影误差关于位姿增量 $\boldsymbol{\delta}_\xi$ 和三维点坐标 $\boldsymbol{X}_\text{w}$ 的雅可比矩阵。三维点的姿态矩阵为

$$\boldsymbol{T}=\exp(\xi^\wedge)=\begin{bmatrix}\exp(\boldsymbol{\Theta}^\wedge) & \mathbf{Jp}\\ \mathbf{0}^\text{T} & \mathbf{1}\end{bmatrix},\xi=\mathbf{ln}(\boldsymbol{T})=[\mathbf{ln}(\boldsymbol{R})^\text{T}\ \ (\boldsymbol{J}^{-1}\boldsymbol{t})^\text{T}]^\text{T} \tag{5-46}$$

式中，$\boldsymbol{J}=\mathbf{1}+\dfrac{1-\cos\theta}{\theta^2}[\boldsymbol{\Theta}\times]+\dfrac{\theta-\sin\theta}{\theta^2}[\boldsymbol{\Theta}\times]^2$ 。

对于坐标变换 $\boldsymbol{X}_\text{c}=\boldsymbol{R}_\text{cw}\boldsymbol{X}_\text{w}+\boldsymbol{t}_\text{cw}$ 部分，通过在 $\boldsymbol{T}_\text{cw}$ 上面叠加一个微小扰动 $\exp(\boldsymbol{\delta}_\xi^\wedge)$ 进行求解，在不影响推导过程和结果的前提下，将 $\boldsymbol{X}$ 的非齐次坐标和齐次坐标进行混用：

$$\begin{aligned}\frac{\partial \boldsymbol{X}_\text{c}}{\partial \boldsymbol{\delta}_\xi}&=\lim_{\partial\delta_\xi\to 0}\frac{\exp(\boldsymbol{\delta}_\xi^\wedge)\boldsymbol{T}_\text{cw}\boldsymbol{X}_\text{w}-\boldsymbol{T}_\text{cw}\boldsymbol{X}_\text{w}}{\boldsymbol{\delta}_\xi}\approx\lim_{\partial\delta_\xi\to 0}\frac{\left(\mathbf{1}+\begin{pmatrix}[\boldsymbol{\delta}_\phi\times] & \boldsymbol{\delta}_\text{p}\\ \mathbf{0}^\text{T} & \mathbf{0}\end{pmatrix}\right)\boldsymbol{T}_\text{cw}\boldsymbol{X}_\text{w}-\boldsymbol{T}_\text{cw}\boldsymbol{X}_\text{w}}{\boldsymbol{\delta}_\xi}\\ &=\lim_{\partial\delta_\xi\to 0}\frac{\begin{pmatrix}[\boldsymbol{\delta}_\phi\times] & \boldsymbol{\delta}_\text{p}\\ \mathbf{0}^\text{T} & \mathbf{0}\end{pmatrix}\begin{bmatrix}\boldsymbol{R}_\text{cw}\boldsymbol{X}_\text{w}+\boldsymbol{t}_\text{cw}\\ \mathbf{1}\end{bmatrix}}{\boldsymbol{\delta}_\xi}=\lim_{\partial\delta_\xi\to 0}\frac{[\boldsymbol{\delta}_\phi\times]\boldsymbol{X}_c+\boldsymbol{\delta}_\text{p}}{\boldsymbol{\delta}_\xi}=\left[-[\boldsymbol{X}_c\times]\ \ \mathbf{1}\right]_{3\times 6}\end{aligned} \tag{5-47}$$

$$\frac{\partial \boldsymbol{X}_\text{c}}{\partial \boldsymbol{X}_\text{w}}=\lim_{\partial\delta_\xi\to 0}\frac{\partial\exp(\boldsymbol{\delta}_\xi^\wedge)\boldsymbol{T}_\text{cw}\boldsymbol{X}_\text{w}}{\partial \boldsymbol{X}_\text{w}}=\boldsymbol{R}_\text{cw} \tag{5-48}$$

对于相机投影 $\boldsymbol{x}'=n(\boldsymbol{K}\boldsymbol{X}_\text{c})$ 部分：

$$\frac{\partial \boldsymbol{x}'}{\partial \boldsymbol{X}_\text{c}}=\begin{bmatrix}f_\text{u}/Z_\text{c} & 0 & -f_\text{u}X_\text{c}/Z_\text{c}^2\\ 0 & f_\text{v}/Z_\text{c} & -f_\text{v}Y_\text{c}/Z_\text{c}^2\end{bmatrix}_{2\times 3} \tag{5-49}$$

式中，$\boldsymbol{X}_{\mathrm{c}}=\left[X_{\mathrm{c}},Y_{\mathrm{c}},Z_{\mathrm{c}}\right]^{\mathrm{T}}$，最后通过链式法则可以求得重投影误差 $\boldsymbol{e}_{\mathrm{p}}=\boldsymbol{x}-\boldsymbol{x}'$ 关于位姿和三维点的雅可比矩阵：

$$\mathbf{Jp}_{\xi}=\frac{\partial \boldsymbol{e}_{\mathrm{p}}}{\partial \boldsymbol{\delta}_{\xi}}=\frac{\partial \boldsymbol{x}'}{\partial \boldsymbol{X}_{\mathrm{c}}}\frac{\partial \boldsymbol{X}_{\mathrm{c}}}{\partial \boldsymbol{\delta}_{\xi}},\mathbf{Jp}_{x}=\frac{\partial \boldsymbol{e}_{\mathrm{p}}}{\partial \boldsymbol{X}_{\mathrm{w}}}=-\frac{\partial \boldsymbol{x}'}{\partial \boldsymbol{X}_{\mathrm{c}}}\frac{\partial \boldsymbol{X}_{\mathrm{c}}}{\partial \boldsymbol{X}_{\mathrm{w}}} \tag{5-50}$$

下面重点介绍空间直线重投影误差的雅可比矩阵求解，需要求解直线重投影误差 $\boldsymbol{e}_{\mathrm{l}}=\mathrm{d}(\boldsymbol{z},\boldsymbol{l}')$ 关于位姿增量 $\boldsymbol{\delta}_{\xi}$ 和空间直线正交表示增量 $\boldsymbol{\delta}_{\theta}$ 的雅可比矩阵。对于 $\boldsymbol{e}_{\mathrm{l}}=\mathrm{d}(\boldsymbol{z},\boldsymbol{l}')$ 部分，设两端点坐标为 $\boldsymbol{x}_{\mathrm{s}}=[u_1,v_1,1]^{\mathrm{T}}$，$\boldsymbol{x}_{\mathrm{e}}=[u_2,v_2,1]^{\mathrm{T}}$，误差对投影直线 $\boldsymbol{l}'=(l_1,l_2,l_3)^{\mathrm{T}}$ 的雅可比矩阵为

$$\frac{\partial \boldsymbol{e}_{\mathrm{l}}}{\partial \boldsymbol{l}'}=\begin{bmatrix}\dfrac{u_1l_2^2-l_1l_2v_1-l_1l_3}{(l_1^2+l_2^2)^{\frac{3}{2}}} & \dfrac{v_1l_1^2-l_1l_2u_1-l_2l_3}{(l_1^2+l_2^2)^{\frac{3}{2}}} & \dfrac{1}{\sqrt{l_1^2+l_2^2}}\\ \dfrac{u_2l_2^2-l_1l_2v_2-l_1l_3}{(l_1^2+l_2^2)^{\frac{3}{2}}} & \dfrac{v_2l_1^2-l_1l_2v_1-l_2l_3}{(l_1^2+l_2^2)^{\frac{3}{2}}} & \dfrac{1}{\sqrt{l_1^2+l_2^2}}\end{bmatrix}=\frac{1}{l_n}\begin{bmatrix}u_1-\dfrac{l_1e_1}{l_n^2} & v_1-\dfrac{l_2e_1}{l_n^2} & 1\\ u_2-\dfrac{l_1e_2}{l_n^2} & v_1-\dfrac{l_2e_2}{l_n^2} & 1\end{bmatrix}_{2\times 3} \tag{5-51}$$

式中，$e_1=\boldsymbol{x}_{\mathrm{s}}^{\mathrm{T}}\boldsymbol{l}'$，$e_2=\boldsymbol{x}_{\mathrm{e}}^{\mathrm{T}}\boldsymbol{l}'$，$l_n=\sqrt{l_1^2+l_2^2}$。对于式（5-53）第一个符号右侧的第一行第一列元素，有：

$$\frac{u_1l_2^2-l_1l_2v_1-l_1l_3}{(l_1^2+l_2^2)^{\frac{3}{2}}}=\frac{(u_1l_2^2+u_1l_1^2)-(u_1l_1^2+l_1l_2v_1+l_1l_3)}{(l_1^2+l_2^2)^{\frac{3}{2}}}=\frac{1}{l_n}\left(u_1-\frac{l_1e_1}{l_n^2}\right) \tag{5-52}$$

对于相机投影部分，$\boldsymbol{l}'=\boldsymbol{K}\boldsymbol{n}_{\mathrm{c}}$，投影直线 $\boldsymbol{l}'$ 对普吕克坐标 $\boldsymbol{\mathcal{L}}_{\mathrm{c}}$ 的雅可比矩阵为

$$\frac{\partial \boldsymbol{l}'}{\partial \boldsymbol{\mathcal{L}}_{\mathrm{c}}}=\frac{\partial \boldsymbol{K}\boldsymbol{n}_{\mathrm{c}}}{\partial \boldsymbol{\mathcal{L}}_{\mathrm{c}}}=[\boldsymbol{K}\quad \mathbf{0}]_{3\times 6} \tag{5-53}$$

对于坐标变换 $\boldsymbol{\mathcal{L}}_{\mathrm{c}}=\boldsymbol{H}_{\mathrm{cw}}\boldsymbol{\mathcal{L}}_{\mathrm{w}}$ 部分，分别对位姿增量 $\boldsymbol{\delta}_{\xi}$ 和空间直线正交表示增量 $\boldsymbol{\delta}_{\theta}$ 求雅可比矩阵，令 $\boldsymbol{\mathcal{L}}_{\mathrm{w}}$ 的正交表示为 $\boldsymbol{U}=\begin{bmatrix}u_{11} & u_{12} & u_{13}\\ u_{21} & u_{22} & u_{23}\\ u_{31} & u_{32} & u_{33}\end{bmatrix}$，$\boldsymbol{W}=\begin{bmatrix}w_1 & -w_2\\ w_2 & w_1\end{bmatrix}$，那么可以获得，

$$\begin{cases}\dfrac{\partial \boldsymbol{\mathcal{L}}_{\mathrm{c}}}{\partial \boldsymbol{\mathcal{L}}_{\mathrm{w}}}=\dfrac{\partial \boldsymbol{H}_{\mathrm{cw}}\boldsymbol{\mathcal{L}}_{\mathrm{w}}}{\partial \boldsymbol{\mathcal{L}}_{\mathrm{w}}}=\boldsymbol{H}_{\mathrm{cw}}\\ \dfrac{\partial \boldsymbol{\mathcal{L}}_{\mathrm{w}}}{\partial \delta_{\theta}}=\begin{bmatrix}[-w_1\boldsymbol{u}_1\times] & -w_2\boldsymbol{u}_1\\ [-w_2\boldsymbol{u}_2\times] & -w_1\boldsymbol{u}_2\end{bmatrix}_{6\times 4}\end{cases} \tag{5-54}$$

而 $\dfrac{\partial \boldsymbol{\mathcal{L}}_{\mathrm{w}}}{\partial \boldsymbol{\delta}_{\xi}}$ 的求解比较复杂，在此将其分解为两部分，分别对 $\boldsymbol{\delta}_{\xi}$ 的前三个量和后三个量求解雅可比矩阵。首先对于位移 $\boldsymbol{\delta}_{\mathrm{p}}$，令其旋转部分 $\boldsymbol{\delta}_{\phi}=0$，则 $\boldsymbol{\delta}_{\xi}=\begin{bmatrix}\mathbf{0}\\ \boldsymbol{\delta}_{\mathrm{p}}\end{bmatrix}$，先求出更新后的空间直线 $\boldsymbol{\mathcal{L}}_{\mathrm{c}}^{*}$：

$$\begin{cases}\boldsymbol{T}^{*}=\exp(\boldsymbol{\delta}_{\hat{\xi}})\boldsymbol{T}_{\mathrm{cw}}\approx\begin{bmatrix}\mathbf{1} & \boldsymbol{\delta}_{\mathrm{p}}\\ \mathbf{0}^{\mathrm{T}} & \mathbf{1}\end{bmatrix}\boldsymbol{T}_{\mathrm{cw}}\\ \boldsymbol{R}^{*}=\boldsymbol{R}_{\mathrm{cw}},\boldsymbol{t}^{*}=\boldsymbol{\delta}_{\mathrm{p}}+\boldsymbol{t}_{\mathrm{cw}}\\ \boldsymbol{\mathcal{H}}_{\mathrm{cw}}^{*}=\begin{bmatrix}\boldsymbol{R}_{\mathrm{cw}} & [(\boldsymbol{\delta}_{\mathrm{p}}+\boldsymbol{t}_{\mathrm{cw}})\times]\boldsymbol{R}_{\mathrm{cw}}\\ \mathbf{0} & \boldsymbol{R}_{\mathrm{cw}}\end{bmatrix}\\ \boldsymbol{\mathcal{L}}_{\mathrm{c}}^{*}=\boldsymbol{\mathcal{H}}_{\mathrm{cw}}\boldsymbol{\mathcal{L}}_{\mathrm{w}}=\begin{bmatrix}\boldsymbol{R}_{\mathrm{cw}}\boldsymbol{n}_{\mathrm{w}}+[(\boldsymbol{\delta}_{\mathrm{p}}+\boldsymbol{t}_{\mathrm{cw}})\times]\boldsymbol{R}_{\mathrm{cw}}\boldsymbol{v}_{\mathrm{w}}\\ \boldsymbol{R}_{\mathrm{cw}}\boldsymbol{v}_{\mathrm{w}}\end{bmatrix}\end{cases}\tag{5-55}$$

再对 $\boldsymbol{\delta}_{\mathrm{p}}$ 求偏导，移除不相关项可得到：

$$\frac{\partial\ {}_{\mathrm{c}}^{*}}{\partial\boldsymbol{\delta}_{\mathrm{p}}}=\begin{bmatrix}\dfrac{\partial[(\boldsymbol{\delta}_{\mathrm{p}}+\boldsymbol{t}_{\mathrm{cw}})\times]\boldsymbol{R}_{\mathrm{cw}}\boldsymbol{v}_{\mathrm{w}}}{\partial\boldsymbol{\delta}_{\mathrm{p}}}\\ \mathbf{0}\end{bmatrix}=\begin{bmatrix}\dfrac{\partial[\boldsymbol{R}_{\mathrm{cw}}\boldsymbol{v}_{\mathrm{w}}\times]\boldsymbol{\delta}_{\mathrm{p}}}{\partial\boldsymbol{\delta}_{\mathrm{p}}}\\ \mathbf{0}\end{bmatrix}=\begin{bmatrix}-[\boldsymbol{R}_{\mathrm{cw}}\boldsymbol{v}_{\mathrm{w}}\times]\\ \mathbf{0}\end{bmatrix}_{6\times 3}\tag{5-56}$$

其次对于旋转量 $\boldsymbol{\delta}_{\phi}$，令旋转部分 $\boldsymbol{\delta}_{\mathrm{p}}=\mathbf{0}$，则 $\boldsymbol{\delta}_{\xi}=\begin{bmatrix}\boldsymbol{\delta}_{\phi}\\ \mathbf{0}\end{bmatrix}$，同样先求出更新后的空间直线 $\boldsymbol{\mathcal{L}}_{\mathrm{c}}^{*}$：

$$\begin{cases}\boldsymbol{T}^{*}=\exp(\boldsymbol{\delta}_{\hat{\xi}})\boldsymbol{T}_{\mathrm{cw}}\approx\mathbf{1}+\begin{bmatrix}[\boldsymbol{\delta}_{\phi}\times] & \mathbf{0}\\ \mathbf{0}^{\mathrm{T}} & \mathbf{1}\end{bmatrix}\boldsymbol{T}_{\mathrm{cw}}\\ \boldsymbol{R}^{*}=(\mathbf{1}+[\boldsymbol{\delta}_{\phi}\times])\boldsymbol{R}_{\mathrm{cw}},\boldsymbol{t}^{*}=(\mathbf{1}+[\boldsymbol{\delta}_{\phi}\times])\boldsymbol{t}_{\mathrm{cw}}\\ \boldsymbol{\mathcal{H}}_{\mathrm{cw}}^{*}=\begin{bmatrix}(\mathbf{1}+[\boldsymbol{\delta}_{\phi}\times])\boldsymbol{R} & [((\mathbf{1}+[\boldsymbol{\delta}_{\phi}\times])[\boldsymbol{t}_{\mathrm{cw}}\times])\times]\boldsymbol{R}_{\mathrm{cw}}\boldsymbol{v}_{\mathrm{w}}\\ \mathbf{0} & (\mathbf{1}+[\boldsymbol{\delta}_{\phi}\times])\boldsymbol{R}_{\mathrm{cw}}\boldsymbol{v}_{\mathrm{w}}\end{bmatrix}\\ \boldsymbol{\mathcal{L}}_{\mathrm{c}}^{*}=\boldsymbol{\mathcal{H}}_{\mathrm{cw}}\boldsymbol{\mathcal{L}}_{\mathrm{w}}=\begin{bmatrix}(\mathbf{1}+[\boldsymbol{\delta}_{\phi}\times])\boldsymbol{R}_{\mathrm{cw}}\boldsymbol{n}_{\mathrm{w}}+[((\mathbf{1}+[\boldsymbol{\delta}_{\phi}\times])[\boldsymbol{t}_{\mathrm{cw}}\times])\times]\boldsymbol{R}_{\mathrm{cw}}\boldsymbol{v}_{\mathrm{w}}\\ (\mathbf{1}+[\boldsymbol{\delta}_{\phi}\times])\boldsymbol{R}_{\mathrm{cw}}\boldsymbol{v}_{\mathrm{w}}\end{bmatrix}\end{cases}\tag{5-57}$$

式（5-59）中用到了 $(\boldsymbol{R}\boldsymbol{a})\times(\boldsymbol{R}\boldsymbol{b})=\boldsymbol{R}(\boldsymbol{a}\times\boldsymbol{b}),\boldsymbol{R}\in\mathrm{SO}(3)$ 这条性质。再对 $\boldsymbol{\delta}_{\phi}$ 求偏导数：

$$\begin{aligned}\frac{\partial\boldsymbol{\mathcal{L}}_{\mathrm{c}}^{*}}{\partial\boldsymbol{\delta}_{\phi}}&=\begin{bmatrix}\dfrac{\partial[\boldsymbol{\delta}_{\phi}\times]\boldsymbol{R}_{\mathrm{cw}}\boldsymbol{n}_{\mathrm{w}}}{\partial\boldsymbol{\delta}_{\phi}}+\dfrac{\partial[\boldsymbol{\delta}_{\phi}\times][\boldsymbol{t}\times]\boldsymbol{R}_{\mathrm{cw}}\boldsymbol{v}_{\mathrm{w}}}{\partial\boldsymbol{\delta}_{\phi}}\\ \dfrac{\partial[\boldsymbol{\delta}_{\phi}\times]\boldsymbol{R}_{\mathrm{cw}}\boldsymbol{v}_{\mathrm{w}}}{\partial\boldsymbol{\delta}_{\phi}}\end{bmatrix}=\begin{bmatrix}\dfrac{[\boldsymbol{R}_{\mathrm{cw}}\boldsymbol{n}_{\mathrm{w}}\times]\boldsymbol{\delta}_{\phi}}{\partial\boldsymbol{\delta}_{\phi}}-\dfrac{\partial\{[\boldsymbol{t}\times]\boldsymbol{R}_{\mathrm{cw}}\boldsymbol{v}_{\mathrm{w}}\times\}\boldsymbol{\delta}_{\phi}}{\partial\boldsymbol{\delta}_{\phi}}\\ \dfrac{\partial[\boldsymbol{R}_{\mathrm{cw}}\boldsymbol{v}_{\mathrm{w}}\times]\boldsymbol{\delta}_{\phi}}{\partial\boldsymbol{\delta}_{\phi}}\end{bmatrix}\\ &=\begin{bmatrix}-[\boldsymbol{R}_{\mathrm{cw}}\boldsymbol{n}_{\mathrm{w}}\times]-\{[\boldsymbol{t}\times]\boldsymbol{R}_{\mathrm{cw}}\boldsymbol{v}_{\mathrm{w}}\times\}\\ -[\boldsymbol{R}_{\mathrm{cw}}\boldsymbol{n}_{\mathrm{w}}\times]\end{bmatrix}_{6\times 3}\end{aligned}\tag{5-58}$$

从而得到：

$$\frac{\partial\boldsymbol{\mathcal{L}}_{\mathrm{c}}}{\partial\boldsymbol{\delta}_{\xi}}=\frac{\partial\boldsymbol{\mathcal{L}}_{\mathrm{c}}^{*}}{\partial\boldsymbol{\delta}_{\xi}}=\begin{bmatrix}-[\boldsymbol{R}_{\mathrm{cw}}\boldsymbol{n}_{\mathrm{w}}\times]-\{[\boldsymbol{t}\times]\boldsymbol{R}_{\mathrm{cw}}\boldsymbol{v}_{\mathrm{w}}\times\} & -[\boldsymbol{R}_{\mathrm{cw}}\boldsymbol{v}_{\mathrm{w}}\times]\\ -[\boldsymbol{R}_{\mathrm{cw}}\boldsymbol{v}_{\mathrm{w}}\times] & \mathbf{0}\end{bmatrix}_{6\times 6}\tag{5-59}$$

最后通过链式法则可以求得重投影误差 $\boldsymbol{e}_{1}$ 关于位姿和空间点的雅可比矩阵：

$$\mathbf{Jl}_{\xi}=\frac{\partial\boldsymbol{e}_{1}}{\partial\boldsymbol{\delta}_{\xi}}=\frac{\partial\boldsymbol{e}_{1}}{\partial\boldsymbol{l}'}\frac{\partial\boldsymbol{l}'}{\partial\boldsymbol{\mathcal{L}}_{\mathrm{c}}}\frac{\partial\boldsymbol{\mathcal{L}}_{\mathrm{c}}}{\partial\boldsymbol{\delta}_{\xi}},\mathbf{Jl}_{\theta}=\frac{\partial\boldsymbol{e}_{1}}{\partial\boldsymbol{\delta}_{\theta}}=\frac{\partial\boldsymbol{e}_{1}}{\partial\boldsymbol{l}'}\frac{\partial\boldsymbol{l}'}{\partial\boldsymbol{\mathcal{L}}_{\mathrm{c}}}\frac{\partial\boldsymbol{\mathcal{L}}_{\mathrm{c}}}{\partial\boldsymbol{\mathcal{L}}_{\mathrm{w}}}\frac{\partial\boldsymbol{\mathcal{L}}_{\mathrm{w}}}{\partial\boldsymbol{\delta}_{\theta}}\tag{5-60}$$

4. 点线综合的视觉词典

VSLAM 中的闭环检测算法指的是通过一定的计算步骤检测是否访问过同一个地方。闭环检测是 SLAM 前端中一个重要的部分。由于短期数据关联仅考虑相邻时间上的关联，之前产生的误差将不可避免地累积到下一个时刻，使得整个 SLAM 出现累积误差，无法构建全局一致的轨迹和地图。而闭环检测通过识别相似场景，增加图模型约束，可以很好地消除累积误差，保证地图的一致性。需要强调的是，若引入错误的闭环检测，会影响整个系统，包括地图构建和位姿估计。基于视觉的闭环检测可描述为，对于输入的一个图像，能够在历史图像数据库中高效准确地搜索出与之类似的图像。通常的做法是将当前图像与所有历史图像进行相似度计算，也称为穷举搜索。然而，对于长时间运行的 SLAM 系统，这种方法效率低下，不能满足实时性的要求。基于词袋模型构建的闭环检测方法是较为高效的。在词袋模型中，每一个图像都可由视觉词汇组成的向量进行描述，图像中不同的局部特征描述子对应着不同的视觉词汇。这些视觉词汇对应离散化的描述子空间，称为视觉词典，通过视觉词典可以将图像转化为视觉词汇。目前大部分闭环检测算法是基于特征点实现的，如 Cummins 等人提出的 FAB-MAP。Dorian 提出的 DBoW 则采用了快速的二进制描述子 BRIEF 和 K-means++聚类算法。除了基于特征点的闭环检测算法，Lee 等人采用 MSLD 构建了纯基于线段特征的闭环系统，在室内外都得到了很好的效果。Shuai Yang 在 Dorian 和 Lee 等人的基础上提出了点线综合的视觉词典，其能够和 SLAM 系统的框架很好地融合，提供了更加健壮的闭环检测。这里采用 Shuai Yang 提出的方法构建视觉词典，并将其应用于 SLAM 系统中。

为了保证构建词典的精度，需要使用大量的特征描述子进行训练，通常采用离线的方式构建视觉词典，建立树状词典的过程也是不断用 K-means++聚类算法分析的过程。在进行训练前，需要指定词典树的深度 L 和每层的节点数 K。这里使用点特征描述子 ORB 和线段特征描述子 LBD，由于它们都是 256 位的二进制描述子，因此把它们放在同一个视觉词典里，可简化建立视觉词典的过程 W 及进行回环检测时的操作。通常图像中的点特征多，线段特征少，点线特征在视觉词典里要区别对待。因此，为 ORB 描述子添加标志位 0，为 LBD 添加标志位 1，用标志位来区分点特征与线段特征。在线建立图像数据库、比较图片相似性时，也要区分点特征和线段特征。如图 5-43 为综合点线特征的视觉词典模型，其中浅灰色节点表示由点特征构建的词典，深灰色节点表示由线段特征构建的词典，虚线包围的节点为视觉词典中的视觉词汇。在建立好视觉词典后，为了判断输入图像是否与历史图像相似，需要建立图像数据库，用于在线识别和查询相似的图像以进行闭环检测。在进行图像相似度计算时，需要区分不同词汇的重要程度，这里采用 TF-IDF 进行加权判断。其中，IDF 称为逆文档频率，表示某词汇在词典中出现的频率高低，出现频率越低，则分类图像时区分度越高；TF 称为词频，表示某词汇在一个图像中出现的频率，出现的频率越高，它的区分度越高。对于词典中的某个词汇 w_i，IDF 计算如下：

$$\mathrm{IDF}_i = \log \frac{N}{N_i} \tag{5-61}$$

式中，N 表示数据集中所有特征的总数，N_i 表示属于词汇 w_i 的特征数量。对于图像中的某个词汇 w_i，TF 计算如下：

$$\mathrm{TF}_i = \frac{n}{n_i} \tag{5-62}$$

式中，n 表示图像中所有特征的总数，n_i 表示图像中属于词汇 w_i 的特征数量。最后，词汇的权重等于 TF 和 IDF 的乘积：

$$\eta_i = \mathrm{TF}_i \times \mathrm{IDF}_i \tag{5-63}$$

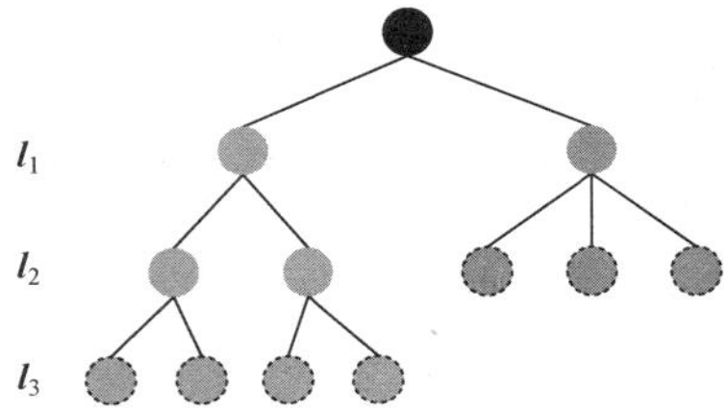

图 5-43　综合点线特征的视觉词典模型

当一个图像加入图像数据库时，需要计算其描述子与视觉词典中作为聚类中心的节点的汉明距离，并将这些描述子划分到词典中距离它最近的叶子节点中。根据划分情况，可以把图像离散成词袋向量，词袋向量的维数为该词典视觉词汇的个数，即最底层叶子节点的个数。词袋向量具有以下形式：

$$\boldsymbol{v} = \{(w_1,\eta_1),(w_2,\eta_2),\cdots,(w_k,\eta_k)\} \tag{5-64}$$

在进行相似度计算时，仅仅需要与具有共同词汇的图像进行比较，避免一对一的计算比较。给定两个词袋向量 $\boldsymbol{v}_\mathrm{a}$、$\boldsymbol{v}_\mathrm{b}$，其 L1 范数形式的距离为

$$s(\boldsymbol{v}_\mathrm{a},\boldsymbol{v}_\mathrm{b}) = 1 - \frac{1}{2}\left|\frac{\boldsymbol{v}_\mathrm{a}}{|\boldsymbol{v}_\mathrm{a}|} - \frac{\boldsymbol{v}_\mathrm{b}}{|\boldsymbol{v}_\mathrm{b}|}\right| \tag{5-65}$$

5.5.2　基于点线综合特征的 VSLAM 系统

1. 双目 VSLAM 系统

双目 VSLAM 系统作为一个基于点线综合特征的 VSLAM 系统，包含经典 VSLAM 系统中的几个模块：前端视觉里程计通过计算点线特征的匹配增量地求解位姿；后端接收不同时刻视觉里程计估计的位姿，以及闭环检测信息，并对它们进行优化计算，得到全局一致的轨迹和地图。

双目 VSLAM 系统在 ORB-SLAM 系统的基础上进行扩展，采用相同的主体结构。系统主要分为三个并行的线程，即跟踪线程、局部构图线程和闭环检测线程，另外还有附加的全局优化线程，全局优化仅在进行闭环的时候才创建。每个线程的主要内容如下。①跟踪线程：输入为双目相机采集的图像序列，分为左图像和右图像，同一时刻的左右图像称为一帧。图像预处理部分包括图像的畸变校正、点特征与线段特征的检测和描述，以及双目匹配。跟踪分为两个阶段，即对相邻帧间的跟踪和对局部地图的跟踪，通过最小化重投

影误差得到相机的位姿。最后对当前帧进行关键帧判断。②局部构图线程：在跟踪线程插入关键帧后，优化局部地图中的点、线段和位姿。同时根据统计信息剔除地图中的空间点和空间直线，保留稳定跟踪的部分，剔除地图中具有冗余信息的关键帧。在关键帧插入后，结合局部地图内的另一帧创建新的地图点和线段。③闭环检测线程：通过词典树进行闭环检测，当检测到闭环时，计算闭环帧与当前帧的 SE(3)变换，并通过位姿图的优化纠正累积误差和纠正地图点、线段的位置。④全局优化线程：在闭环线程中，采用先优化相机位姿，再调整空间点、线段位姿的方式并不能保证全局最优，需要进行全局优化。

除此之外，系统基于点线特征构建了一个场景识别模块，用于闭环检测。同时系统维护环境地图中的元素，包括地图点、地图线段、关键帧，以及关键帧之间建立的连接关系，即共视图和最小生成树子图。若两帧之间有可共同观测到的特征，则以这两帧为图中的顶点，共同观测到的特征数量为边权重建立一个无向图，最后形成共视图，最小生成树即共视图中权重较高的一个子图。通过查询共视图，可以得到与当前帧相连的一个窗口，形成局部地图。

基于点线综合特征的双目 VSLAM 系统架构如图 5-44 所示。

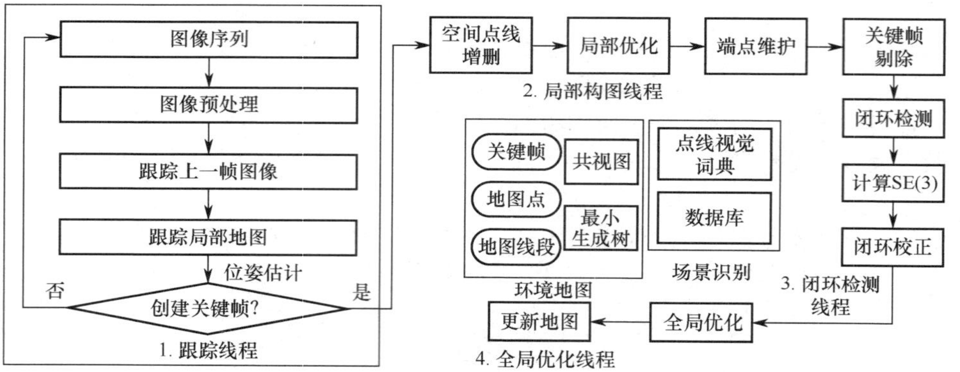

图 5-44　基于点线综合特征的双目 VSLAM 系统架构

2. 跟踪线程

跟踪线程主要完成 VSLAM 系统中前端的工作。它根据相邻时刻图像重叠的信息，粗略地估计相对运动，再通过不停地累积位姿变化，得到系统相对于参考坐标系的旋转和平移。图 5-45 展示了基于点线特征的双目 VSLAM 系统的前端示意。

3. 图像预处理

在进行位姿估计前，首先对双目相机采集的图像进行预处理。根据事先标定好的双目相机的内参数矩阵、外参数矩阵和畸变参数对图像进行去畸变，使得左图像中的特征点对应极线为平行线，并且保证能正常提取线段。可以采用四个并行的线程对左图像和右图像分别提取点线特征，特征点采用 ORB 描述子进行检测和描述，线段特征采用 LSD 进行检测，采用 LBD 进行描述。ORB 描述子和 LBD 均为 256 位的二进制描述子，存储结构相同，为建立综合点线特征的离线词典和查询图像数据库等操作提供了便利。在完成特征提取与描述后，用两个并行的线程对点线特征进行双目匹配，得到最终的特征点线，如图 5-46 所示。多个并行的线程有利于合理利用平台的计算资源，缩短算法的总处理时间。

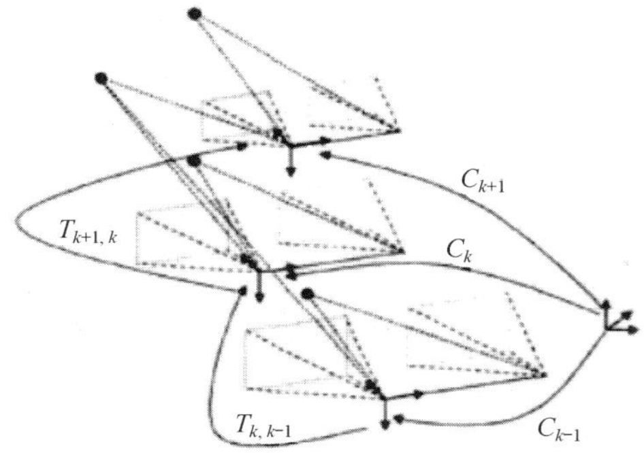

图 5-45　基于点线特征的双目 VSLAM 系统的前端示意

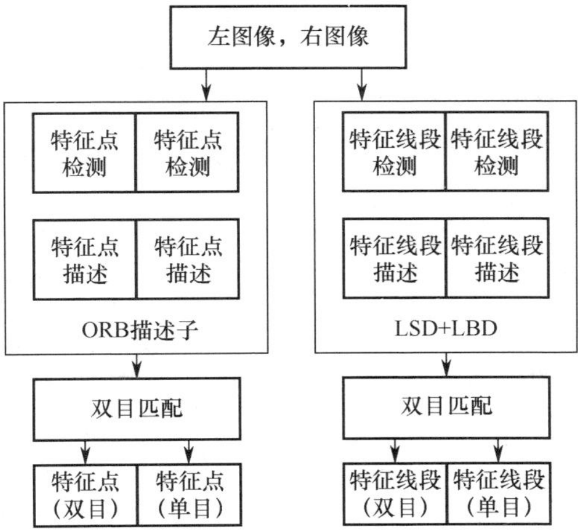

图 5-46　图像预处理流程

由于经过双目校正，对于左图像中的一个特征点 $\boldsymbol{x}=(u_l,v_l)$，可以在右图像一定范围内沿平行的极线搜索匹配点，极线几何约束极大地降低了双目匹配的复杂度。然后通过左右特征点对应特征向量的汉明距离来度量特征点的相似性。如果极线上对应特征向量的汉明距离小于设定阈值，并且是搜索区域内最小的，则认为匹配成功，记该点的坐标为 $\boldsymbol{x}'=(u_{\mathrm{R}},v_{\mathrm{L}})$。最后将所有匹配对的汉明距离按大小进行排序，自适应地选取阈值，剔除一些距离较大的匹配对，保证匹配的准确度。对于特征线段，在进行双目匹配时，不能采取极线约束的方式缩小搜索范围；若采用最近邻方式计算特征向量的距离，则复杂度较高，并且容易产生错误的匹配，需要综合线段的几何约束进行匹配。下面采用 Dongmin Woo 提到的一些策略进行匹配，成功匹配的两条线段 l_1,l_2 需要满足以下条件：①由于

LSD 检测的线段方向化，两匹配线段的方向向量的夹角小于ϕ；②两线段的长度比值$\frac{\min(l_1,l_2)}{\max(l_1,l_2)}>\tau$；③两线段重叠长度$l_{\text{overlap}}$满足$\frac{l_{\text{overlap}}}{\min(l_1,l_2)}>\beta$；④对应 LBD 的距离小于$\rho_{\mathrm{T}}$，并且是其中距离最小的。根据是否匹配成功，将点线特征分为两类，即单目观测和双目观测，对应后端图优化中的单目约束和双目约束。经过双目匹配的点线特征可以直接通过三角测量法计算空间坐标，未经过匹配的特征则需要在后续通过多视图几何的方法进行三角测量。

4. 环境地图初始化处理

在 VSLAM 系统中，首先需要对环境地图进行初始化，将平面上的特征映射到三维空间上，恢复场景的三维结构，接着根据建立的地图进行跟踪和位姿解算。单目视觉系统初始化的过程比较烦琐，需要先计算两个时刻相机之间的本质矩阵或单应性矩阵，通过对其分解得到相应的旋转矩阵和平移向量，最后通过三角测量法估计特征在三维空间的位置。在本质矩阵和单应性矩阵分解的过程中，得到的平移向量乘以任意非零常数因子，分解都是成立的，导致单目视觉系统具有尺度不确定性，并且随着误差的累积，将会出现尺度漂移现象。通常单目视觉系统需要进行平移之后才能进行初始化，以及无法确定真实尺度，这些给单目 SLAM 的应用造成了很大的麻烦。它们的本质原因是无法通过单个图像确定深度。双目视觉系统则为环境地图的初始化提供了便利，克服了单目视觉系统的缺点，只需要同一时刻的左右图像即可获得深度信息，也消除了尺度的不确定性。

在前面章节中，通过双目匹配得到了左右图像中特征的对应关系，由此可以对场景进行初始化。对于特征点，设有特征点匹配对$\boldsymbol{x}=(u_{\mathrm{L}},v_{\mathrm{L}})$和$\boldsymbol{x}'=(u_{\mathrm{R}},v_{\mathrm{L}})$，视差为$d=u_{\mathrm{L}}-u_{\mathrm{R}}$，从而可以计算空间点坐标$\boldsymbol{X}_{\mathrm{w}}=(X,Y,Z)^{\mathrm{T}}$。对于特征线段，由于端点的不确定性较大，匹配线段的端点可能不在同一水平线上，无法直接通过三角化恢复两个端点的坐标。这里以左图像线段的端点为基准，过线段端点作平行线相交于右图像线段，从而得到左图像线段端点的深度，如图 5-47 所示。在求得空间线段的两个端点后，计算其普吕克坐标，同时保留这两个端点。虽然端点具有较大的噪声，但在帧间匹配、界面显示中都有重要的作用。在特征线段的初始化过程中，如果右图像的线段接近平行，在计算视差时会出现较大的误差，因此这里不考虑此类线段的初始化。

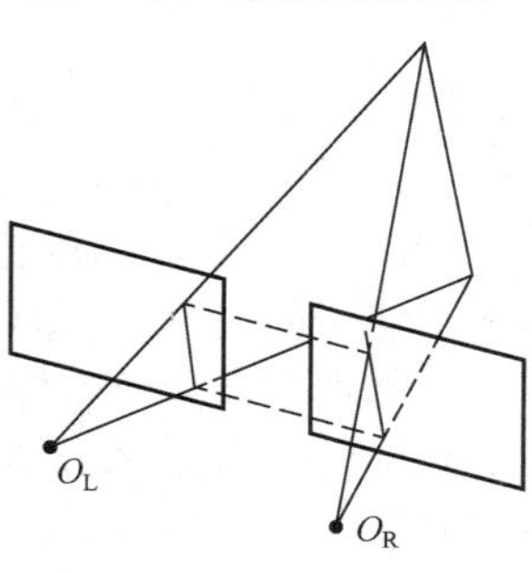

图 5-47　双目 VSLAM 系统中双目特征线段的初始化

5. 特征匹配

在对第一帧进行双目匹配和三角测量后，得到了初始的环境地图。随着相机移动，环境地图的空间点线也会增多。相机的移动并不会导致环境地图中的点和线段的空间位置发生变化，但由于相机运动，它们在图像中的位置会发生相应的变化。位姿估计首先通过跟踪匹配找到 3D 特征和 2D 特征的匹配关系，再通过非线性优化的方法最小化代价函数来求解位姿。匹配包括相邻帧特征匹配及局部地图特征匹配两部分。相邻帧特征匹配是为了利用前后帧的信息，使用较少的特征来粗略地估计当前时刻相机的位姿；而局部地图特征匹配涉及多帧的信息，采用较多约束能够带来更精确的解。

下面将分别介绍这两种匹配方式。相邻帧特征匹配可以将上一帧跟踪的空间点、线段投影到当前时刻的图像中，通过限制搜索范围等策略进行描述子匹配，既提高了效率又降低了误匹配率。已知上一帧观测到世界坐标系下有一空间点 $\boldsymbol{X}_{\mathrm{w}}=(X,Y,Z)^{\mathrm{T}}$ 和一空间线段 $\mathcal{L}_{\mathrm{w}}$（在进行投影时主要用到空间线段起点 $\boldsymbol{\chi}_{\mathrm{sw}}$ 和终点 $\boldsymbol{\chi}_{\mathrm{ew}}$ 的信息）。为了投影到当前的图像上，需要知道当前帧相机的位姿 $\boldsymbol{T}_{k\mathrm{w}}$。然而 $\boldsymbol{T}_{k\mathrm{w}}$ 是待求的量，这里采用匀速模型对 $\boldsymbol{T}_{k\mathrm{w}}$ 进行预测。

假设相机的运动为匀速运动，那么可以用上一帧的位姿来估计当前帧的位姿。这个模型只适用于运动速度和方向比较一致，或者运动速度较缓慢的情形，具有一定的局限性。采用李群形式的相机匀速运动模型，如下：

$$\boldsymbol{T}_{k+1,\mathrm{w}}=\exp(\xi_k^{\wedge})\boldsymbol{T}_{k,\mathrm{w}},\xi_k=\ln(\boldsymbol{T}_{k-1,\mathrm{w}}\boldsymbol{T}_{k,\mathrm{w}}^{-1}) \tag{5-66}$$

根据匀速运动估计出当前帧的位姿 $\boldsymbol{T}'_{k,\mathrm{w}}$ 后，首先判断特征是否在当前时刻相机的视野内。判断条件有两个：一是以当前帧为参考系时，该特征在相机的前方，即 $Z_k>0$；二是经过重投影的坐标 $\boldsymbol{x}'=(u',v')^{\mathrm{T}}$ 在图像范围内，即 $0\leqslant u'<\mathrm{cols}$，$0\leqslant v'<\mathrm{rows}$。其中，$Z_k$ 为 $\boldsymbol{X}_k=\boldsymbol{T}'_{k\mathrm{w}}\boldsymbol{X}_{\mathrm{w}}$ 在 Z 轴对应的值，$\boldsymbol{x}'=\boldsymbol{K}\boldsymbol{X}_k$。经过投影之后的点往往不能与匹配点重合，需要在以投影点 $\boldsymbol{x}'$ 为中心、半径为 r 的圆形区域内进行搜索。

空间线段的投影和空间点的投影类似，但空间线段存在部分观测的情况。随着相机运动，空间线段会有一部分被相机观测到，而空间点仅存在两种情况，即在相机视野中和不在相机视野中。这里采用以下策略处理该问题。

（1）将空间线段以当前相机坐标系为参考坐标系，求出两个端点相对于当前相机坐标系的表示：

$$\boldsymbol{X}_{\mathrm{s}k}=\boldsymbol{T}'_{k\mathrm{w}}\boldsymbol{X}_{\mathrm{e}k},\boldsymbol{X}_{\mathrm{e}k}=\boldsymbol{T}'_{k\mathrm{w}}\boldsymbol{X}_{\mathrm{ew}} \tag{5-67}$$

（2）如果两个端点都在相机的后方，则不进行投影匹配。

（3）如果一个端点在相机后方，则求空间线段与图像平面的交点 $\boldsymbol{X}_{\mathrm{i}k}$。令式（5-70）中的 $\boldsymbol{X}_{\mathrm{i}k}$ 的 Z 轴分量为 0，求得 λ，再代入求得交点坐标。

$$\boldsymbol{X}_{\mathrm{i}k}=\boldsymbol{X}_{\mathrm{s}k}+\lambda(\boldsymbol{X}_{\mathrm{s}k}-\boldsymbol{X}_{\mathrm{e}k}) \tag{5-68}$$

（4）对相机前方的两个端点进行投影，获取在图像像素坐标系的坐标 $\boldsymbol{x}'_1$ 和 $\boldsymbol{x}'_2$。通常步骤（3）中交点的重投影坐标不在图像内，并且投影的线段可能在图像范围之外。一个简单的做法是采用 Liang-Barsky 线段裁剪算法进行处理。线段裁剪就是将指定窗口作为图形边界，将窗口内的线段保留，而将窗口外的线段舍弃。Liang-Barsky 线段裁剪算法具有极高的计算效率，并且能保留原来线段端点的起止信息。可以发现，投影后的线段和待匹配的线段具有一定的约束关系。

完成空间直线的投影后，采用与双目匹配环节类似的准则，限定匹配线段的夹角、长度比值、重叠长度和描述子距离，为所有投影的线段寻找匹配。当相机运动过快等导致匹配数目较少时，增大匹配过程中参数的阈值，寻找更多的匹配对。最后通过这些匹配对进行位姿解算，得到当前时刻相机的位姿。通过跟踪上一帧观测到的特征来估计位姿并不能保证系统的精度，代价函数中仅包含相邻两帧的信息，这种做法与传统的视觉里程计没有差别，误差会累积得越来越大。

由于 SLAM 中包含地图构建部分，可以根据构建好的环境地图进行定位。首先需要对环境地图中的特征进行跟踪匹配，做法与相邻帧特征匹配相同，将环境地图中的空间点线重投影并进行匹配。局部地图包含了与当前帧具有共同观测特征的关键帧，以及从这些关键帧观测到的特征，为了降低计算的复杂度，仅对局部地图中的空间点线进行重投影。如图 5-48 所示，右侧的点线表示局部地图中的特征。最后以所有的匹配对进行位姿解算，获得更精确的位姿。

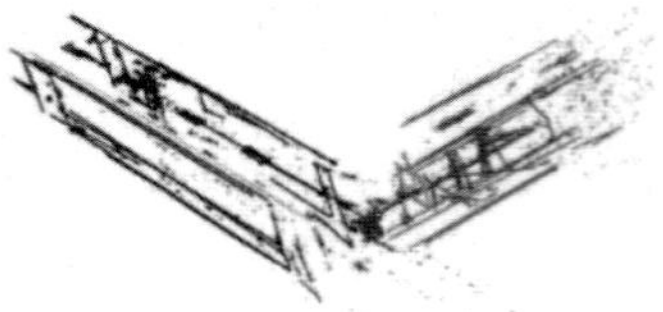

图 5-48　局部地图跟踪

6. 位姿估计

经过相邻帧及局部地图的特征匹配后，可得到 3D 特征与 2D 特征的匹配关系，通过这些匹配关系进行姿态求解。PnP（Perspective-n-Point）是求解从 3D 到 2D 点对运动的方法，它描述了当已知 n 个空间点及它们的投影位置时，如何估计相机的位姿。在加入特征线段后，需要联合点、线段进行位姿估计。前面给出了通用的点线特征综合的后端优化框架，通过前端的数据关联建立图模型。对于相邻帧特征匹配的运动估计，则假定跟踪的空间点和空间线段的坐标是准确的，以当前帧的位姿作为需要优化的状态变量构建图模型，通过最小化代价函数求解：

$$\{\boldsymbol{R}_{\mathrm{w}k}^{*},\boldsymbol{t}_{\mathrm{w}k}^{*}\}=\arg\min_{R,t}\sum_{i\in\chi_{\mathrm{c}}}\rho_{\mathrm{p}}(\|\boldsymbol{e}_{\mathrm{p}i}\|_{\Sigma\boldsymbol{p}}^{2})+\sum_{j\in\chi_{\mathrm{c}}}\rho_{\mathrm{l}}(\|\boldsymbol{e}_{\mathrm{l}j}\|_{\Sigma\boldsymbol{l}}^{2}) \tag{5-69}$$

对于局部地图特征匹配的运动估计，同样假定局部地图内的空间点和线段的坐标是准确的，优化当前帧的位姿。由于局部地图的引入，其匹配对会更多，引入更多的约束会使求解的位姿更加精确。通过相邻帧特征匹配求解的位姿可以作为本次优化的初值，良好的初值有利于减少优化的迭代次数。在优化求解的过程中，重新求解点和线段的重投影误差，根据卡方检验剔除一些误匹配对。

7. 关键帧判断

相机在运动过程中会采集数据，将每一帧图像估计的位姿都作为后端优化的状态变量是不现实的，这将会导致后端优化中图模型的规模迅速变大，因此需要从中挑选一些代表性的图像作为关键帧。关键帧的选取对系统的精度影响较大，当选取的关键帧较为密集时，会引入较多的冗余信息，不能达到实时性的要求；当选取的关键帧较为稀疏时，则有可能加大帧间匹配的困难，甚至导致跟踪失败。可在 ORB-SLAM 系统中采用关键帧插入策略。对于当前帧，首先找到与之具有最多共同观测的关键帧作为参考关键帧，当前帧满足以下所有条件即可被视为关键帧：①距离上一次关键帧的插入经过了 20 帧或者局部地图构建线程空闲；②当前帧至少跟踪了 50 个特征点和 15 条空间线段；③当前帧包含的参考关键帧中的特征少于 75%。其中条件②保证了位姿估计的质量，条件③保证了两帧图像之间具有一定的视觉变化。

8. 局部构图线程

若当前帧经过了关键帧判断，则将当前帧加入并更新局部地图，建立当前关键帧与其他关键帧的连接关系。在跟踪线程中，已经获得了相机位姿和环境地图，在局部构图线程中，进一步优化位姿和路标。局部构图线程主要包括两个部分：地图管理和局部地图优化。地图管理包括空间点线的增删、更新和关键帧的剔除。

空间点线的增加：在插入关键帧后，为了能够继续跟踪后续的帧，需要添加一些新的地图点和线段。由于采用了双目配置，可以直接对没有经过特征匹配的特征进行初始化，并将它们插入环境地图中。同时可以寻找当前帧中未匹配的特征点与相邻关键帧的匹配对，通过线性三角化的方式恢复空间点。新增加的空间点需要满足视差、重投影误差、极线约束等条件才能加入环境地图中。

空间点线的剔除：误匹配问题可能导致错误的三角化，或者增加的路标仅被几个关键帧观测到，在后续的帧中并没有观测到，这些路标会增大系统的维度，并且误匹配会增大系统的误差。因此，需要对新添加的路标进行严格筛选，通过连续帧的观测来判断其是否为高质量的路标，一个高质量的路标需要满足以下条件。①在连续帧的观测中，通过投影方式可以判断路标是否在视野内，满足该条件的帧数记为 n_{visible}；通过特征匹配可以判断路标是否被跟踪，满足该条件的帧数记为 n_{match}，可通过比值 $\dfrac{n_{\text{match}}}{n_{\text{visible}}}$ 进行判断。若比值小于 0.25，表示该路标的跟踪质量不佳，需要剔除。②一个稳定的路标至少要被三个关键帧观测到。

空间点线的更新：在所有的优化中，空间直线均采用无限延长的线段来表示，其端点对最后优化的结果没有影响。端点的作用之一是，通过投影空间直线的端点来限制匹配搜索范围。同时端点在环境地图的可视化中也具有重要作用，因此系统需要维护空间直线的两个端点。

关键帧的剔除：为了使图模型更加紧凑，需要检测具有冗余信息的关键帧。如果一个关键帧跟踪的绝大部分特征被其他关键帧跟踪，则认为该关键帧是冗余的，需要剔除。

在新的关键帧插入后，环境地图中的空间直线增加了相应的观测，即关键帧图像中的特征线段。对于环境地图中比较长的直线，每一帧图像可能仅观测到直线的一部分，需要通过逐帧观测延长空间直线的端点，采用 SL-SLAM 中的策略进行端点维护。

如图 5-49 所示，假设 $\boldsymbol{\mathcal{L}}$ 为一空间直线，对应图像中的特征线段 $\boldsymbol{l}$。通常光心与特征线段 $\boldsymbol{l}$ 的端点形成的射线，并不一定与空间直线 $\boldsymbol{\mathcal{L}}$ 相交。因此过 $\boldsymbol{l}$ 两端点作垂直于特征线段 $\boldsymbol{l}$ 的辅助线 $\boldsymbol{l}_{\mathrm{c}}$，辅助线的长度是任意的，过光心与辅助线形成一个平面 $\boldsymbol{\pi}$。空间直线的端点即可通过 $\boldsymbol{\mathcal{L}}$ 和平面 $\boldsymbol{\pi}$ 的交点决定。平面 $\boldsymbol{\pi}$ 由三点确定，分别为 $\boldsymbol{K}^{-1}\boldsymbol{d}$ 、$\boldsymbol{K}^{-1}\boldsymbol{e}$ 和 O_{L}，对于空间中的三个点，有

$$\pi=\begin{bmatrix}(\boldsymbol{X}_1-\boldsymbol{X}_3)\times(\boldsymbol{X}_2-\boldsymbol{X}_3)\\ -\boldsymbol{X}_3^{\mathrm{T}}(\boldsymbol{X}_1\times\boldsymbol{X}_2)\end{bmatrix} \tag{5-70}$$

若当前处理的关键帧确定的端点超过之前的端点，则对原来的空间直线进行扩展更新。虽然通过右图像的观测也能对空间直线的端点进行维护，然而左右图像中特征线段的端点有可能不一样，所以这里仅用左图像的观测结果。

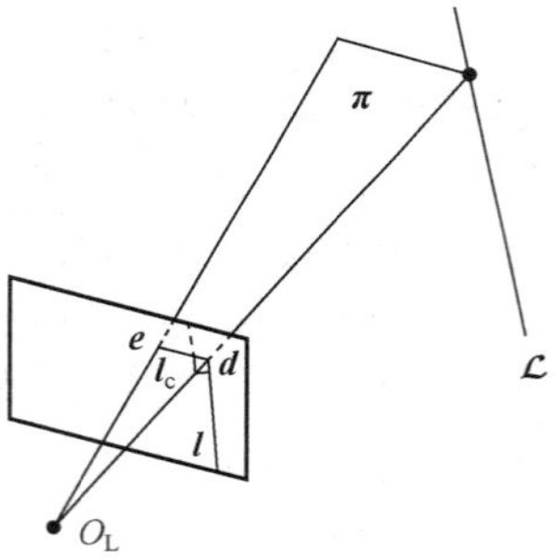

图 5-49 空间直线端点维护示意

9. *局部地图优化*

局部地图优化即局部 BA，指的是从环境地图中抽取一部分位姿和路标，对这些位姿和路标构成的图模型进行优化。通常可以将最近的 n 个关键帧及相关联的路标作为待优化的状态变量，这种固定窗口的做法不太灵活，无法判断选取的关键帧与当前帧的联系。通过共视图可以知道地图中的每一帧与当前帧有多少共同观测。局部地图优化是以当前处理的关键帧 F_i、在共视图中相连接的关键帧 F_i 及关键帧 F_c 观测到的路标 v 作为局部优化节点进行的。同时将观测到路标 v 且不属于 F_i、F_c 的关键帧作为不优化的节点，起到稳定优化结果的作用。

局部地图优化假定局部地图以外的位姿和路标是准确的，通过最小化以下代价函数优化局部地图内的变量：

$$\left\{\boldsymbol{T}_{\mathrm{w}k}^{*}\boldsymbol{X}_{\mathrm{w}k}^{*},\ {}_{\mathrm{w}k}^{*}\right\}=\underset{\boldsymbol{T},\boldsymbol{X},}{\arg\min}\sum_{(i,k)\in\chi_{\mathrm{p}}}\rho_{\mathrm{p}}(\left\|\boldsymbol{e}_{\mathrm{p}k,i}\right\|_{\Sigma\boldsymbol{p}}^{2})+\sum_{(j,k)\in\chi_{\mathrm{l}}}\rho_{\mathrm{p}}(\left\|\boldsymbol{e}_{\mathrm{l}k,j}\right\|_{\Sigma\boldsymbol{l}}^{2}) \tag{5-71}$$

式中，χ_{p} 和 χ_{l} 表示局部地图内点、线段的匹配对集合。局部地图优化将问题的规模限制

在了一小片地图内，同时相比于前端的位姿估计考虑了更多的约束，因此很好地兼顾了速度和精度。经过局部构图线程的处理后，需要检测是否形成闭环。在特征匹配、位姿估计等过程中，不可避免地存在误差，相机长时间运动，累积误差越来越大。引入闭环可以很好地消除累积误差，保证地图的一致性。

对于点线特征综合的视觉词典构建，针对每一个插入的关键帧，利用离线训练得到视觉词典。将其转换为词袋向量，并根据这些词袋向量构建在线数据库，即倒排索引。通过倒排索引，可以快速地搜索包含某个视觉词汇的所有关键帧。当环境地图中的关键帧与当前帧具有共同词汇时，才计算两者的相似性得分。加入了线段特征以后，可以分别计算点、线段的相似性分数，分别记为 $S(v_a,v_b)_{\mathrm{p}}$ 和 $S(v_a,v_b)_{\mathrm{l}}$，并通过一定的权重进行求和，在室内等线段特征丰富的场景，线段的权重应该大一些，参数可根据经验设置。

$$S=\lambda S(v_a,v_b)_{\mathrm{p}}+(1-\lambda)S(v_a,v_b)_{\mathrm{l}} \tag{5-72}$$

若仅根据图像的相似性来进行闭环检测，会出现误检，需要再通过时间一致性校验、连续性检测校验和几何校验才能得出最后的闭环结果。数据库中的图像在时间上相近，一般得到相似的分数。利用这一特性，将时序上相近的图片分组，并以组为单位比较相似性得分。选取分组分数最高的组，其中分组内得分最高的为候选的闭环帧。连续性检测条件即接下来连续几个关键帧检测到的候选闭环帧都具有直接的连接关系。如图 5-50 所示，虚线表示得到的闭环关系，浅灰色的圆表示 k、k–1、k–2 三个时刻对应的闭环帧，它们具有共同的观测，因此在共视图中它们是相互连接的。

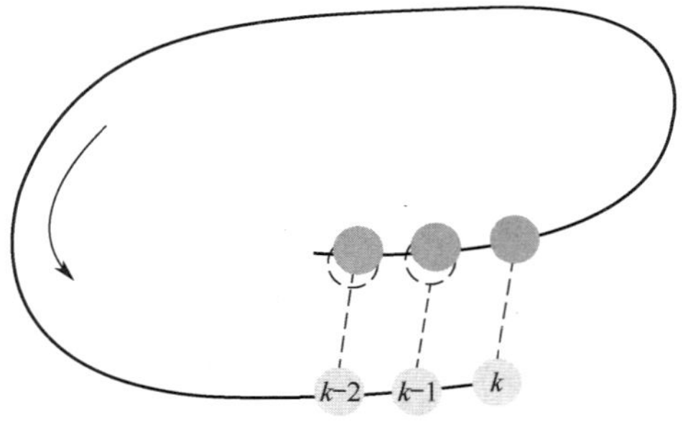

图 5-50　位姿优化示意

几何校验则通过当前帧和闭环帧的信息，计算这两帧之间的位姿变换矩阵。采用双目相机时，其构建的地图尺度信息是确定的，因此只要计算两帧之间的 SE(3)。首先需要对当前帧和闭环帧进行特征匹配，仿照 ORB-SLAM 系统中的做法，利用构建好的视觉词典将线段特征划分到词典树的某一层，对属于同一聚类中心的线段特征进行暴力匹配，从而加速线段特征的匹配。在得到了点、线段的匹配对后，通过 3D-2D 方式求解位姿，结合 RANSAC 算法能很好地剔除其中的错误数据关联。求解该问题最少需要三个匹配对，即三个点的匹配对或三个线段的匹配对。对于特征点的匹配对，通过 EPnP 求解；对于特征线段的匹配对，则采用 Vivek 提出的方法，通过两帧中双目图像中三焦点的张量关系求解。在特征点较多的情况下，优先使用特征点计算位姿，同时计算所有特征匹配对的误差，若误差小于阈值，则认为其是内点。如果求解的姿态内点数足够多，则对所有内点进行非线性优化。

在得到当前帧与闭环帧之间的位姿变换 $\boldsymbol{T}_{kl}$ 后，即可以进行闭环校正，随着误差的累积，越往后位姿的误差越大，构建的地图与真值的偏差也越大。在图优化的框架中，初值的选取是尤为重要的，因此需要先调整当前帧附近的关键帧位姿。假设闭环帧的位姿为 $\boldsymbol{T}_{\mathrm{lw}}$，则通过 $\boldsymbol{T}_{kl}$ 将当前帧移动到正确的位姿上，即 $\boldsymbol{T}_{k\mathrm{w}}=\boldsymbol{T}_{kl}\boldsymbol{T}_{\mathrm{lw}}$。同时通过相对位姿关系 $\boldsymbol{T}_{ik}$，可以对当前帧附近的关键帧进行位姿调整。在调整位姿后，这些关键帧观测到的路标也需要做出相对应的调整。由于每一个路标在初始化时记录了创建它的关键帧，即相对位置是不变的，因此可以快速地调整路标的位置。

经过上述调整后，需要对当前帧观测到的路标和闭环帧观测的路标进行关联。相对而言，过去的信息比当前的信息更可靠，因此将闭环帧及相连关键帧观测到的路标投影到当前帧及相连的关键帧中，若成功匹配，则以过去的路标为准。此时环境地图中存在成千上万的路标和位姿，路标的数量要远远大于位姿的数量，因此同时对所有的路标和位姿进行优化是比较耗时的。采用位姿图（Pose Graph）优化的方式能够快速地进行闭环校正，将误差平摊到所有关键帧中。将环境地图中最小生成树包含的关键帧作为顶点，关键帧之间的相对位姿变换作为边建立位姿图模型，其中当前帧与闭环帧之间的位姿变换 $\boldsymbol{T}_{kl}$ 为图模型增加了闭环边。假设位姿图模型中两关键帧的位姿为 $\boldsymbol{T}_{i\mathrm{w}}$ 和 $\boldsymbol{T}_{j\mathrm{w}}$，这两帧之间的相对位姿变换为 $\boldsymbol{T}_{ij}=\boldsymbol{T}_{i\mathrm{w}}\boldsymbol{T}_{j\mathrm{w}}^{-1}$。由于误差的存在，该等式一般不会成立，因此可以定义误差函数为 $\boldsymbol{e}_{ij}=\ln(\boldsymbol{T}_{i\mathrm{w}}\boldsymbol{T}_{j\mathrm{w}}^{-1}\boldsymbol{T}_{ij}^{-1})^{\vee}$。位姿图优化本质上也是一个最小二乘问题，优化变量为各个顶点的位姿，边来自位姿观测约束。记 ε 为所有边的集合，则总体目标函数为

$$\min_{\xi}\frac{1}{2}\sum_{i,j\in\varepsilon}\boldsymbol{e}_{ij}^{\mathrm{T}}\sum\nolimits_{ij}^{-1}\boldsymbol{e}_{ij}\tag{5-73}$$

最后通过全局 BA 对环境地图中所有的路标和位姿进行优化。

5.6 SLAM技术应用场景

SLAM 也称为并发建图与定位（Concurrent Mapping and Localization，CML）。将机器人放入未知环境中的未知位置，是否有办法让机器人一边逐步描绘此环境的完全地图，一边决定应该往哪个方向行进呢？扫地机器人就是一个很典型的 SLAM 问题，所谓完全地图，是指不受阻碍行进到房间每个可进入的角落。SLAM 被很多学者认为是实现真正全自主移动机器人的关键。机器人来到一个陌生的环境时，为了迅速熟悉环境并完成自己的任务，它应当做以下事情：①用眼睛观察周围地标如建筑、大树、花坛等，并记住它们的特征（特征提取）；②根据双目获得的信息，把特征地标在三维地图中重建出来（三维重建）；③当行走时，不断获取新的特征地标，并且校正地图模型；④根据自己前一段时间行走获得的特征地标，确定自己的位置；⑤当无意中走了很长一段路时，与以往的地标进行匹配，看一看是否走回了原路。以上五步是同时进行的，因此机器人 SLAM 离不开两类传感器，即激光雷达和摄像头。如图 5-51 和图 5-52 所示为一些常见的激光雷达和各种

深度的摄像头。激光雷达有单线多线之分，角分辨率及精度也各有千秋。SICK、Velodyne、Hokuyo 及国内的北醒光学、Slamtech 是比较有名的激光雷达厂商。

图 5-51　激光雷达

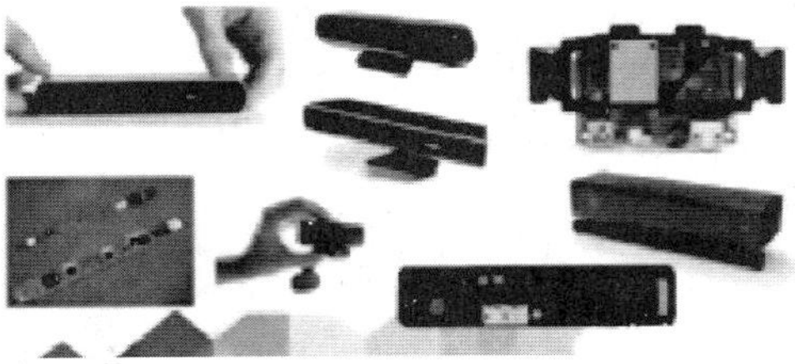

图 5-52　摄像头

VSLAM 主要用摄像头来实现，摄像头品种繁多，主要分为单目、双目、单目结构光、双目结构光、TOF 几大类。其核心都是获取 RGB 和深度信息。

TOF 是一种很有前景的深度获取传感器，传感器发出经调制的近红外光，遇物体后反射，传感器通过计算光线发射和反射的时间差或相位差来计算被拍摄景物的距离，以产生深度信息。Softkinetic 的 DS325 采用的就是 TOF 方案（TI 设计的），但是它的接收器微观结构比较特殊，有两个或者更多快门，可测皮秒级别的时间差，但它的单位像素尺寸通常在 100μm，所以目前分辨率不高。有了深度图之后，SLAM 算法就开始工作了，由于传感器和需求不同，SLAM 的呈现形式略有差异，大致可以分为激光 SLAM（也分 2D 和 3D）和 VSLAM（也分稀疏、半稠密、稠密）两类。

5.6.1　室内机器人

扫地机算机器人中最早用到 SLAM 技术的，国内的科沃斯扫地机、塔米扫地机通过用 SLAM 算法结合激光雷达或者摄像头的方法，可以高效绘制室内地图、智能分析和规划扫地环境，从而实现智能导航。不过有意思的是，科沃斯引领潮流还没多久，很多懂 SLAM 算法的扫地机厂商就开始陆陆续续地推出自己的智能导航。另一个跟 SLAM 息息相关的是室内移动机器人，因为目前市场定位和需求并不明确，我们目前只能在特定场景下才能看到。

扫地机发展至今，智能化和自动化已经成为其标配功能。面对复杂的扫拖环境，能否高效精准地进行场景建模、路线规划并在扫拖过程中快速反应躲避障碍物，是消费者挑选扫地机时的重要考量因素。目前扫地机通用的智能扫拖路线方案是，用一个 LDS 激光测距雷达投射出一条笔直的激光线到物体上，用图像传感器接收反射光线，经三角测距法计算物体的距离。LDS 激光雷达旋转 360° 测距（见图 5-53）之后即建立完整的扫拖环境地图，并输入到 SLAM 中进行路径规划。如果说 SLAM 是扫地机的大脑，那么 LDS 激光雷达则是扫地机的“眼睛”。而要让眼睛看得清晰，环境构建得精准，其中的激光器件至关重要。

传统 LDS 激光雷达的激光光源多为边发射激光器（EEL），其功耗和成本都较高，且由于谐振腔形状限制，其光斑多为椭圆形，工程师需要借助额外的光学手段将其整形为圆形光斑。这样既增加了器件成本，又降低了器件的出光效率。相比于 EEL，VCSEL 具有发散角小、天然圆形光斑等对光学设计较为友好的特性，使得工程师无须借助复杂的光学手段即可实现小尺寸单点圆形光斑。在相同的光斑尺寸和亮度条件下，VCSEL 的功耗不到 EEL 功耗的一半。此外 VCSEL 器件的寿命和温度稳定性也远高于 EEL，且不受光学灾变（COD）的影响。

如图 5-54 所示为瑞识 VCSEL 激光发射模块。瑞识科技发力智能扫地机市场，推出业内首款基于 VCSEL 的激光雷达方案并成功量产。

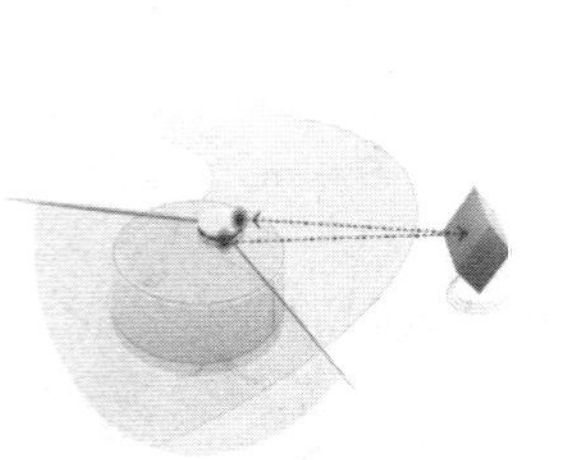

图 5-53　LDS 激光雷达精准测距图

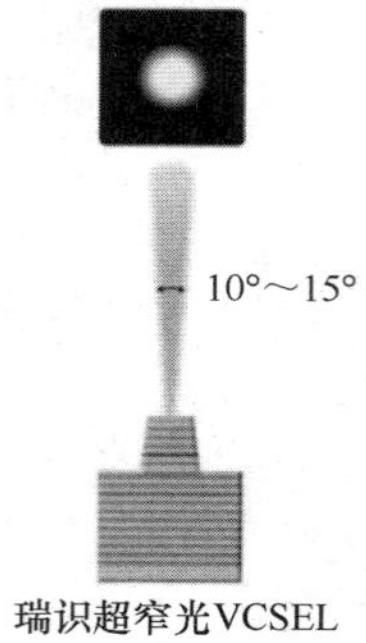

图 5-54　瑞识 VCSEL 激光发射模块

该 LDS 激光雷达采用瑞识超窄光 VCSEL，在实现更小光斑尺寸的同时，克服了常规角度 VCSEL 光斑四周亮、中间暗的不足。

瑞银数据预测，2025 年中国扫地机市场规模将达到 50 亿美元，而目前国内扫地机市场渗透率仅 4%～6%，远低于国外的 13%。未来，我国的扫地机仍有很大发展空间，而激光雷达作为扫地机的避障指南，也有望迎来爆发增长点。

5.6.2　方量计算

方量计算作为工程建设的基础和前提，在铁路、公路、水电工程、港口、城市规划等工程建设中占有重要位置，精确计算堆场方量在资源调配、工程费用预估、加快工程进度和提升工程质量方面具有重要意义。传统的方量计算以全站仪、GNSS-RTK 等单点量测方法为主，这种方法不仅耗时耗力，同时计算结果与实际存在较大误差。随着三维激光扫描技术的推广和普及，三维点云数据的获取手段呈现快速多样化发展的趋势，其快速、高效获取堆积物表面高密度、高精度点云数据的特点为精确计算方量提供了新的途径。目前，方量计算所用数据的获取方式主要包括传统测量、无人机摄影测量、静态激光扫描、无人机机载激光雷达扫描和移动式车载/背包激光雷达扫描，每种方式都存在优势和弊端，仅适用于某一场景的方量计算。

SLAM 技术从未知环境的未知地点出发，在运动过程中通过重复观测的环境特征定位机器人的位置和姿态，再根据位置获取空间三维数据，构建周围环境的增量式地图，达到同时定位和构建地图的目的。SLAM 技术不依赖 GNSS，可自主定位和导航，适用于室内、室外各场景下堆积物高密度三维点云数据的获取，配合三角网法、格网法、断面法等方量计算方法，可快速、准确地量取堆体体积。

1. 粮仓储粮清仓查库

在储粮清仓查库工作中，需要快速、准确测量粮食的体积。传统的粮食体积计算方法一般是根据粮食堆积的形状，通过量取长、宽或者直径，利用体积公式进行计算。由于是粗略地量取长度，因此这种方法得到的粮食体积存在很大的误差。

然而，应用 SLAM 技术，采集人员手持 SLAM100 围绕粮堆行走即可获取粮堆完整的连续点云数据，其可用于室内粮仓储粮清仓查库工作，建立粮堆三维可视化信息档案，精准计算各粮堆的体积，有效提高储粮清仓查库的工作效率。如图 5-55 所示为利用 SLAM 技术实现粮堆测量。

图 5-55　利用 SLAM 技术实现粮堆测量

2. 煤矿剥离量盘点

在矿山开采中，煤矿剥离量计算是矿山工程的一项基本工作。由于剥离量对工程造价和方案的选择至关重要，其计算的准确性直接关系生产企业的经济效益，因此利用现场测量数据，快速、简单、准确地计算方量显得尤为重要。目前，仍有许多露天矿利用 GNSS-RTK 实测点，采用人工解析断面法、DTM 三角网法计算土石方剥离量。采用此方法虽然可以避免边坡、台阶、陡坎等数据丢失导致的实测与实际地形不符的情况，但煤矿剥离量计算是一个周期性的重复工作，随着开采量和开采场地的不断扩大，坑底时常出现 GNSS-RTK 设备无法固定的情况，导致实测数据的效率和精度都无法保证，进而影响剥离量计算的准确性，最终影响生产企业的效益。

SLAM 技术在上述场景能够充分发挥其自主定位导航的特点，配合其快速、精确获取点云数据的优势，可实现煤矿剥离量三维可视化显示并精确计算方量。如图 5-56 所示为利用 SLAM 技术实现煤矿剥离量计算的场景。

图 5-56　利用 SLAM 技术实现煤矿剥离量计算的场景

3. 园林绿化工程土方计算

园林绿化工程在城市园林建设规划中占据十分重要的地位，对改善园林整体景观和规范空间布局有着十分重要的作用。要实现完善的园林绿化整改施工，需要根据地区实际情况来制定科学合理的施工方案，而土方计算的准确度对施工方案的合理性影响较大。目前主流的土方计算方法如下。

（1）土方施工估算，根据土方地形施工的实际情况来直接评估施工所需要的土方量，为整个工程的临时性施工提供重要支持。

（2）土方图形几何公式计算，将工程建设所需要的土方量看作一个几何图案，应用科学的几何计算公式来评估土方量。

（3）土方断面计算，根据 GNSS-RTK 设备采集的断面数据计算土方量。土方断面计算方式一般适用于狭长土方量的计算。

（4）土方高面计算，沿着土方等高线的方向获得断面，为邻近的断面设置相应的等高距。

其中，方法（1）和（2）是根据经验预估土方量，（3）和（4）是基于外业实测点计算土方量，无论采用哪种计算方式，均存在较大偏差，同时园林中的植被较多，通视条件差，GNSS 信号被遮挡严重，给外业测量带来困难。

SLAM 技术在园林绿化工程的土方计算中不受通视条件、GNSS 信号限制，采集人员可穿梭于树林间轻松获取改造区的点云数据，经过点云纠正、去噪、分类后获取地面点，再结合 DTM 三角网法精确计算土方量。如图 5-57 所示为利用 SLAM 技术实现园林绿化工程土方计算场景图。

图 5-57　利用 SLAM 技术实现园林绿化工程土方计算场景图

4. *运砂船砂石方量盘算*

在围海造地项目中，砂石是主要的建筑材料，是施工成本的主要组成部分。因此，对砂石的计量直接影响项目的盈亏，而传统的人工计量受计量仪器、人为因素、计算手段的影响，误差比较大。如何对运砂船进行准确的方量量测是亟待解决的难题。已有的计算方法是利用静态扫描仪对沙堆进行扫描，后期经拼接、抽稀后计算砂石方量。这种方法的方量计算结果准确，但存在以下两点不足：①获取数据效率较低；②船在水中晃动导致静态扫描仪不稳固，影响点云数据采集。SLAM 技术不受船体晃动的影响，分别在运砂船空载和满载时，利用 SLAM100 绕运砂船船舱四周行走一圈，即可获取空载和满载时的点云数据；内业通过计算两期的点云模型差即可得到本次运砂量（见图 5-58）。

图 5-58　利用 SLAM 技术实现运砂船砂石方量盘算场景图

5. *场地平整工程土方量计算*

场地平整工程（简称场平工程）是指根据建设需要改造工程场地的原有地貌，利用地形测量结果精确计算土方量，进而平衡土方填挖量，合理选择施工人力和机械配备。场平工程是控制现场施工方案和进度的可靠依据，是影响工程项目造价和投资的关键，切实关系到工程建设的各个方面。受制于传统测量方法采集外业数据的缺陷，场平工程土方量计算无论采用哪种计算方法均存在较大误差。因此，获取高精度数据，进而提高工程施工过程中的精准度，创造更高的经济效益就显得尤为重要。

利用 SLAM 技术，采集人员手持 SLAM 仪器围绕场地扫描（见图 5-59），即可快速获取场地点云数据，同时激光雷达非接触主动测量方式解决了边坡、平台阶梯等人员不易到达的地方数据获取困难的问题，真正做到场地三维实景复刻。然后经坐标转换、点云分类即可获取场地地面点，最后根据场地地形特点合理选择土方量计算方法，计算填挖平衡值。

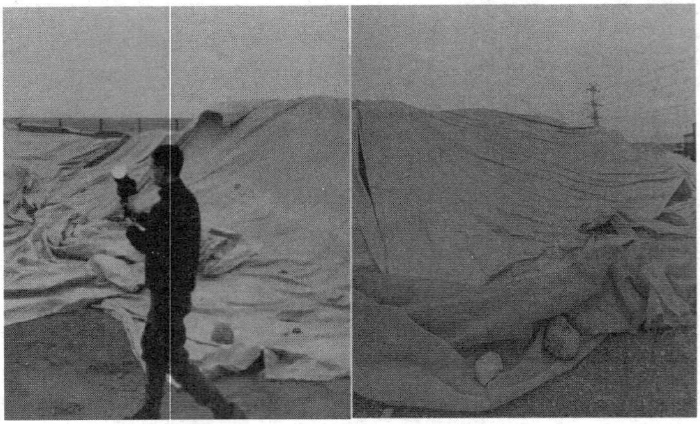

图 5-59　利用 SLAM 技术实现场平工程土方量计算场景图

与 SLAM100 配套使用的手机 App 可通过手机连接 SLAM100，从而进行项目管理、实时点云拼图显示、影像预览、固件升级等操作。SLAM GO POST Pro，是与 SLAM100 配套的 PC 端软件，内嵌在无人机管家专业版中。该软件可进行 SLAM100 采集数据的后处理，产生高精度、高精细度的彩色点云和局部全景图，可进行点云浏览和优化。智点云具备点云数据基本的浏览、渲染、去噪、重采样、去冗余、赋色等功能，同时具备快速自动滤波分类功能及方便多样的数据交互编辑工具。CloudCompare 是一款免费的商业软件，基于点云数据采用格网法计算土方量。其格网大小可自行设定，可计算两期点云土方变化量和一期点云至指定高程面的土方量。

SLAM 土方测量系统的特点在于，将 SLAM100 成功应用于土方量计算。其利用 SLAM100 充分获取测区点云数据，经过坐标转换和点云分类后获得地面点，再结合第三方软件，基于地面点云精确计算土方量，可为后续改造施工提供数据支撑。该方案有以下特点：①革新了获取测量数据的方式，在无 GNSS 的环境中依靠自主导航和定位构建高精度增量式地图；②突破了传统测量方式获取单一点位的束缚，解决了静态扫描仪频繁换站、点云拼接麻烦的问题，提高了内外业效率；③手持采集方式保证了数据的穿透性，配套软件 SLAM GO POST Pro 确保了外业无死角扫描，保证了点云完整性；④利用工业级 SLAM 后处理算法解算点云的相对精度优于±2cm，绝对精度优于±5cm，确保了土方量计算结果的准确性；⑤利用智点云自动提取地面点的准确率高，减少了繁重的手动分类工作，提高了内业效率；⑥CloudCompare 基于地面点云采用格网法计算一期土方量和多期土方量，适用范围广，数据承载能力强，操作简单，精度高，运算速度快；⑦具有一体化软硬件解决方案，数据成果无缝对接，适用于各个场景的土方量计算。

5.6.3　自动驾驶

AVP-SLAM 是自主代客泊车视觉定位 SLAM 系统（见图 5-60），其依赖低成本的环视摄像头，实现车辆在地库环境中的定位，从而进行自主导航泊车。提到视觉定位，第一个问题就是采用什么视觉特征。传统特征点+描述子的方式在地库环境中不健壮。首先，地库环境结构单一，纹理重复，描述子的特异性很差；其次，传统特征点对观察视角有要求，当换一个视角观察时就是完全不同的特征点，泊车时车辆角度转来转去对特征点的辨识非常不利。采用语义特征，比如车位线、减速带、转弯箭头等，无论是从时间上还是从空间上都非常稳定。从时间上来看，一旦车库建好，这些语义特征就在了（车库重新刷地漆除外）。从空间上来看，无论从哪个角度观察，这些特征的语义信息都不会改变。在实际应用过程中，将环视图拼接成一张大图，用语义分割网络提取语义特征，然后根据相机的标定将语义特征投影到车辆坐标系下。

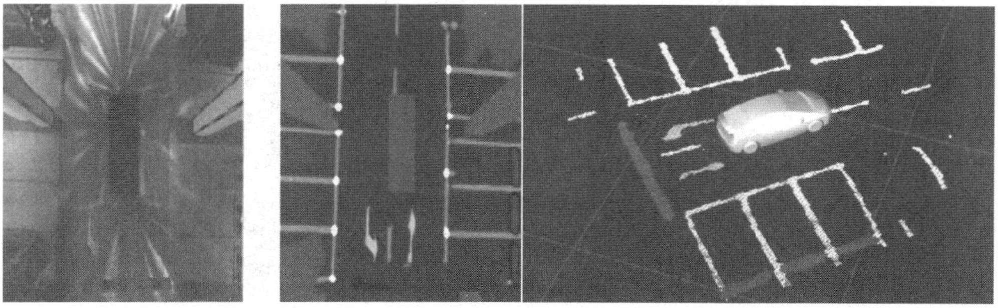

图 5-60　自动泊车场景图

完成特征检测后，另一个重要的任务就是建图，必须先有定位图，才能按图索骥进行定位。那么这个图怎么生成呢？就是把单帧检测的语义特征拼接起来，多帧叠加到一张大图上，这样我们就把走过的地方都记录下来，生成一张完整地图，如图 5-61 和图 5-62 所示。

在建图时使用了轮速计来递推位置，轮速计会有累积误差，所以当我们回环的时候要进行回环修正。进行定位操作时，定位部分就是最简单的按图索骥。有了定位图以后，根据在线检测的特征，在地图中通过语义特征匹配的方式推测现在车辆所在的位置。有了定位信息后，给定目标停车位及路线，就能自动泊车了（见图 5-63）。

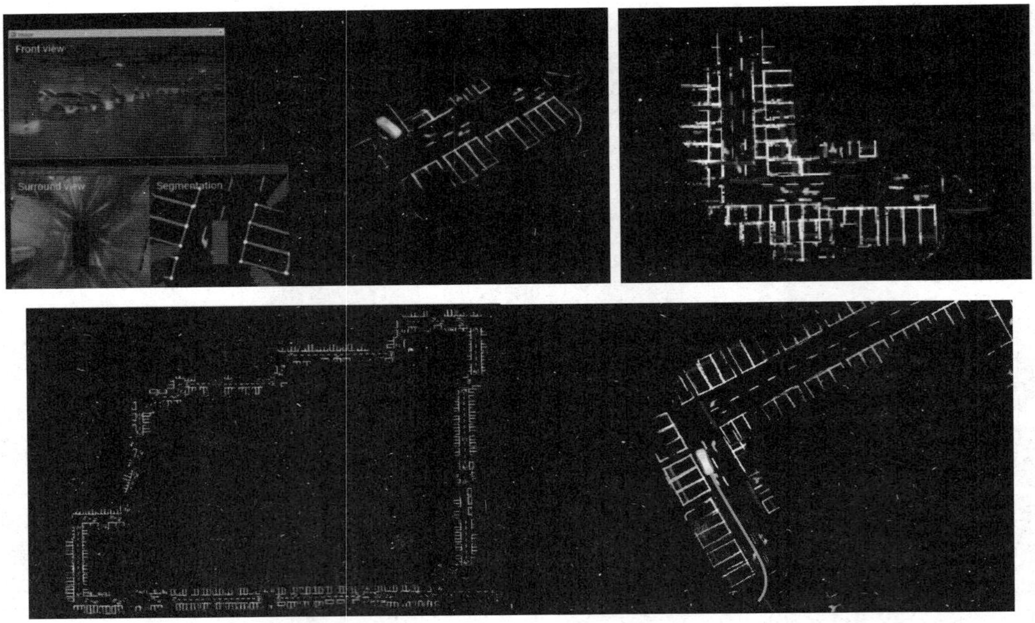

图 5-61　生成的激光扫描图　　　　图 5-62　定位操作图

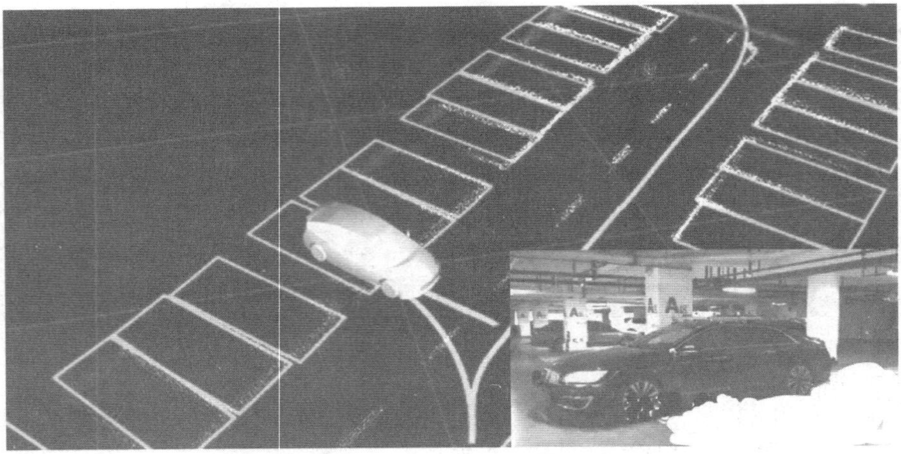

图 5-63　自动泊车效果图

参考文献

[1] 傅翠晓. 基于技术路线图的新兴产业发展战略制定过程研究——以上海机器人产业为例[C]. 第七届全国技术与学术研讨会. 2012.

[2] SUN Q, YUAN J, ZHANG X, et al. Plane-edge-SLAM: seamless fusion of planes and edges for SLAM in indoor environments[J]. IEEE Transactions on Automation Science and Engineering, 2021,18(4): 2061-2075.

[3] YUAN J, ZHU S, TANG K, et al. ORB-TEDM: an RGB-D SLAM approach fusing ORB triangulation estimates and depth measurements[J]. Transactions on Instrumentation and Measurement, 2022,71:1-15.

[4] WEN J, ZHANG X, FANG Y Y.E3MoP: efficient motion planning based on heuristic-guided motion primitives pruning and path optimization with sparse-banded structure[J].IEEE Transactions on Automation Science and Engineering, 2022, 19(4):2762-2775.

[5] JIANG J, YUAN J, ZHANG X ,et al. DVIO: an optimization-based tightly coupled direct visual-inertial odometry[J] .IEEE Transactions on Industrial Electronics, 2021. 68(11): 11212-11222.

[6] ZHOU L, KOPPEL D, KAESS M . Lidar SLAM with plane adjustment for indoor environment[J]. IEEE Robotics and Automation Letters, 2021,6(4):7073-7080.

[7] GANTI P, WASLANDER S. Network uncertainty informed semantic feature selection for visual SLAM[C]. The 16th Conference on Computer and Robot Vision (CRV). IEEE, 2019.

[8] JATAVALLABHULA K M, IYER G, Paull L. GradSLAM: dense SLAM meets automatic differentiation[J]. arXivpreprint arXiv:1910.10672, 2019:1-13.

[9] ROSINOL A, ABATE M, CHANG Y, et al. Kimera: an open-source library for real-time metric-semantic localization and mapping[J]. arXivpreprint arXiv:1910.02490, 2019:1-8.

[10] YANG S, HUANG Y, SCHERER S. Semantic 3D occupancy mapping through efficient high order CRFs[C]. 2017 IEEE/RSJ International Conference on Intelligent Robots and Systems (IROS). IEEE, 2017.

[11] MCCORMAC J, HANDA A, DAVISON A, et al. Semantic fusion:dense 3D semantic mapping with convolutional neural networks[C]. 2017 IEEE International Conference on Robotics and Automation (ICRA). IEEE, 2017.

[12] RUNZ M, BUFFIER M, AGAPITO L. Mask fusion:real-time recognition, tracking and reconstruction of multiple moving objects[C]. 2018 IEEE International Symposium on Mixed and Augmented Reality (ISMAR). IEEE, 2018.

[13] GHAFFARI M, CLARK W, BLOCH A, et al. Continuous direct sparse visual odometry from RGB-D images[J]. arXivpreprint arXiv:1904.02266, 2019:1-9.

[14] NEJAD Z Z, AHMADABADIAN A H. ARM-VO: an efficient monocular visual odometry for groundvehicles on ARM CPUs[J]. Machine Vision and Applications, 2019:1-10.

[15] ZHAO Y, XU S, BU S, et al. GSLAM: a general SLAM framework and benchmark[C]. Proceedings of the IEEE International Conference on Computer Vision. 2019.

[16] SCHOPS T, SATTLER T, POLLEFEYS M. Bad SLAM: bundle adjusted direct RGB-D SLAM[C]. Proceedings of the IEEE Conference on Computer Vision and Pattern Recognition. 2019.

[17] MUR-ARTAL R, MONTIEL J M M, TARDOS J D. ORB-SLAM: a versatile and accurate monocular SLAM system[J]. IEEE Transactions on Robotics, 2015. 31(5):1147-1163.

[18] MUR-ARTAL R, TARDOS J D. ORB-SLAM2: an open-source SLAM system for monocular, stereo and RGB-D cameras[J]. IEEE Transactions on Robotics, 2017, 33(5):1255-1262.

[19] ZHANG J, HENEIN M, MAHONY R, et al. VDO-SLAM: a visual dynamic object-aware SLAM system[J]. ArXiv:2005.11052,2020:1-15.

[20] ENGEL J, SCHOPS T, CREMERS D. LSD-SLAM: large-scale direct monocular SLAM[C]. European Conference on Computer Vision, Springer, 2014.

[21] ENGEL J, KOLTUN V, CREMERS D. Direct sparse odometry[J].IEEE Transactions on Pattern Analysis & Machine Intelligence, 2016:1-17.

[22] FORSTER C, PIZZOLI M, DAVIDE S. SVO: fast semi-direct monocular visual odometry[C]. IEEE International Conference on Robotics & Automation. IEEE, 2014.

[23] 徐晓苏，吴贤. 基于 IMU 预积分封闭解的单目视觉惯性里程计算法[J]. 中国惯性技术学报, 2020, 28(4):440-447.

[24] ZUBIZARRETA J, AGUINAGA I, Montiel J M M. Direct sparse mapping[J]. arXiv preprint arXiv:1904.06577, 2019:1-9.

[25] SCHENK F, FRAUNDORFER F. RESLAM: a real-time robust edge-based SLAM system[C]. 2019 International Conference on Robotics and Automation (ICRA).2019.

[26] FORSTER C, PIZZOLI M, SCARAMUZZA D. SVO: fast semi-direct monocular visual odometry[C]. 2014 IEEE International Conference on Robotics and Automation (ICRA). IEEE, 2014:15-22.

[27] KERL C, STURM J, CREMERS D. Dense visual SLAM for RGB-D cameras[C]. 2013 IEEE/RSJ International Conference on Intelligent Robots and Systems. IEEE, 2013.

[28] GAO X, WANG R, DEMMEL N, et al. LDSO: direct sparse odometry with loop closure[C]. 2018 IEEE/RSJ International Conference on Intelligent Robots and Systems (IROS). IEEE, 2018.

[29] VON S L, USENKO V, CREMERS D. Direct sparse visual-inertial odometry using dynamic marginalization[C]. 2018 IEEE International Conference on Robotics and Automation (ICRA). IEEE, 2018.

[30] WANG R, SCHWORER M, CREMERS D. Stereo DSO: large-scale direct sparse visual odometry with stereo cameras[C]. Proceedings of the IEEE International Conference on Computer Vision. 2017.

[31] MUR-ARTAL R, TARDOS J D .Probabilistic semi-dense mapping from highly accurate feature-based monocular SLAM[J]. Robotics: Science and Systems, 2015.

[32] MUR-ARTAL R, TARDÓS J D. Visual-inertial monocular SLAM with map reuse[J]. IEEE Robotics and Automation Letters, 2017, 2(2): 796-803.

[33] MUR-ARTAL R, TARDÓS J D. ORB-SLAM2: an open-source SLAM system for monocular, stereo, and RGB-D cameras[J]. IEEE Transactions on Robotics, 2017, 33(5): 1255-1262.

[34] DAVISON A J, REID I D, MOLTON N D, et al. MonoSLAM:real-time single camera SLAM[J]. IEEE Transactions on Pattern Analysis and Machine Intelligence, 2007, 29(6): 1052-1067.

[35] CASTRO G,NITSCHE M A, PIRE T, et al. Efficient on-board stereo SLAM through constrained-covisibility strategies[J]. Robotics and Autonomous Systems, 2019,116:192-205.

[36] TAIHÚ P A, GASTÓN C A,et al. S-PTAM: stereo parallel tracking and mapping[J].Robotics and Autonomous Systems, 2017, 93:27-42.

[37] KLEIN G, MURRAY D. Parallel tracking and mapping for small AR workspaces[C]. 2007 6th IEEE and ACM International Symposium on Mixed and Augmented Reality. IEEE, 2007.

[38] YANG S, HUANG Y, SCHERER S. Semantic 3D occupancy mapping through efficient high order

CRFs[C]. 2017 IEEE/RSJ International Conference on Intelligent Robots and Systems.IEEE, 2017.

[39] GOMEZ-OJEDA R, ZUÑIGA-NOËL D, MORENO F A, et al. PL-SLAM: a stereo SLAM system through the combination of points and line segments[J]. arXivpreprint arXiv:1705.09479, 2017:1-13.

[40] GOMEZ-OJEDA R, MORENO F A, ZUÑIGA-NOËL D, et al. PL-SLAM: a stereo SLAM system through the combination of points and line segments[J]. IEEE Transactions on Robotics, 2019,35(3): 734-746.

[41] ZHONG F, WANG S, ZHANG Z, et al. Detect-SLAM: making object detection and SLAM mutually beneficial[C]. 2018 IEEE Winter Conference on Applications of Computer Vision, Lake Tahoe, NV, USA, 2018.

[42] YU C. DS-SLAM: a semantic visual SLAM towards dynamic environments[C]. 2018 IEEE/RSJ International Conference on Intelligent Robots and Systems, Madrid, Spain, 2018.

[43] BESCOS B, FÁCIL J M, CIVERA J, et al. DynaSLAM: tracking, mapping, and inpainting in dynamic scenes[J]. IEEE Robotics and Automation Letters, 2018, 3(4):4076-4083.

[44] BRASCH N, BOZIC A, LALLEMAND J, et al. Semantic monocular SLAM for highly dynamic environments[C]. 2018 IEEE/RSJ International Conference on Intelligent Robots and Systems, Madrid, Spain, 2018.

[45] AN L, ZHANG X, GAO H, et al. Semantic segmentation–aided visual odometry for urban autonomous driving[J]. International Journal of Advanced Robotic Systems, 2017, 14(5):172988141773566.

[46] LI P, QIN T, SHEN S. Stereo vision-based semantic 3D object and ego-motion tracking for autonomous driving[J].Springer, Cham, 2018:1-16.

[47] FROST D, PRISACARIU V, MURRAY D. Recovering stable scale in monocular SLAM using object-supplemented bundle adjustment[J]. IEEE Transactions on Robotics, 2018,34(3):736-747.

[48] SUCAR E, HAYET J B. Bayesian scale estimation for monocular SLAM based on generic object detection for correcting scale drift[C]. 2018 IEEE International Conference on Robotics and Automation, Brisbane, QLD, Australia, 2018.

[49] MEYER J, RETTENMUND D, NEBIKER S. Long-term visual localization in large scale urban environments exploiting street level imagery[J]. Copernicus GmbH, 2020:1-7.

[50] DOHERTY K J, BAXTER D P, SCHNEEWEISS E, et al. Probabilistic data association via mixture models for robust semantic SLAM[C]. 2020 IEEE International Conference on Robotics and Automation, Paris, France, 2020.

[51] YANG S, SCHERER S .CubeSLAM: monocular 3D object SLAM[J].IEEE Transactions on Robotics, 2019, 35(4):925-938.

[52] BAVLE H, MANTHE S, PUENTE P D L, et al. Stereo visual odometry and semantics based localization of aerial robots in indoor environments[C]. 2018 IEEE/RSJ International Conference on Intelligent Robots and Systems .IEEE, 2019.

[53] FERRER G. Eigen-factors: plane estimation for multi-frame and time-continuous point cloud alignment[C]. 2019 IEEE/RSJ International Conference on Intelligent Robots and Systems. IEEE, 2019.

[54] WIETRZYKOWSKI J, SKRZYPCZYŃSKI P. PlaneLoc: probabilistic global localization in 3D using local planar features[J]. Robotics and Autonomous Systems, 2019, 113: 160-173.

[55] GRINVALD M, FURRER F, NOVKOVIC T, et al. Volumetric instance-aware semantic mapping and 3D object discovery[J]. IEEE Robotics and Automation Letters, 2019, 4(3): 3037-3044.

[56] MO J, SATTAR J. Extending monocular visual odometry to stereo camera system by scale optimization[C]. International Conference on Intelligent Robots and Systems, 2019.

[57] SCHENK F, FRAUNDORFER F. RESLAM: a real-time robust edge-based SLAM system[C]. 2019 International Conference on Robotics and Automation IEEE, 2019.

[58] LEE S H, CIVERA J. Loosely-coupled semi-direct monocular SLAM[J]. IEEE Robotics and Automation Letters, 2018, 4(2): 399-406.

[59] CHEN Y, SHEN S, CHEN Y, et al. Graph-based parallel large scale structure from motion[J]. arXivpreprint arXiv:1912.10659, 2019:107537-107537.

[60] ZHENG F, TANG H, LIU Y H. Odometry-vision-based ground vehicle motion estimation with SE(2) constrained SE(3) poses[J]. IEEE transactions on cybernetics, 2018, 49(7): 2652-2663.

[61] ZHENG F, LIU Y H. Visual-odometric localization and mapping for ground vehicles using SE(2)-XYZ Constraints[C]. 2019 International Conference on Robotics and Automation (ICRA). IEEE, 2019.

[62] SUMIKURA S, SHIBUYA M, SAKURADA K. OpenVSLAM: a versatile visual SLAM framework[C]. Proceedings of the 27th ACM International Conference on Multimedia, 2019.

[63] DING G, ZHAO P, LI T, et al. An image feature matching algorithm with clustering constraints[C]. 2023 2nd International Conference on Machine Vision, Automatic Identification and Detection Hangzhou, China, 2023.

第 6 章　多源信息融合算法及其在组合导航中的应用

多源信息融合又称多传感器数据融合，主要指充分利用不同时间与空间的多传感器数据资源，采用计算机技术对时间序列的多传感器观测数据，在一定准则下进行分析、综合、支配和使用，以获得对被测对象的一致性解释与描述，进而实现相应的决策与估计，使系统获得比它的各组成部分更充分的信息。

多传感器数据融合按照数据融合的层次，可划分为三个级别：数据级信息融合、特征级信息融合、决策级信息融合。

（1）数据级信息融合是基于原始信息融合的最低层次的融合，直接对传感器获取的数据进行分析、关联和融合，然后根据最终的结果进行特征提取和决策融合。该方法具有数据损失少、精度高、减少或消除传感器测量中的不确定性和干扰信息的优点。但其要求信息必须来自同一类型的传感器，且随着数据量的增大，其抗干扰性下降。由于是对最底层的信息进行处理，传感器存在大量的不确定性和不稳定性。常用算法主要有贝叶斯估计法、自适应加权平均法、KF、贝叶斯最大熵法等。

（2）特征级信息融合属于一种中间层次的融合方法。其对每个传感器获得的信息抽象出特有的特征，提取特征向量，并对特征向量进行融合。一般情况下，提取的特征是数据中的充分统计量或充分表示量。该方法实时处理简单，实现了数据的压缩存储，降低了对通信带宽的要求。其缺点是丢失了部分信息量，使得融合的性能略微下降。常用算法有人工神经网络、参量模板法、聚类分析法、K 最近邻法、特征压缩法、KF、多假设法。

（3）决策级信息融合是指传感器基于自身的信息做出决策，然后按照一定的规则进行局部决策。其具有较强的抗干扰能力、较小的通信量，对传感器的要求较低，不要求传感器是同一类型。其缺点是数据损失较多、精度较低。常用算法有 Dempster-Shafer 证据理论、模糊集理论、贝叶斯推断、专家系统等。

移动机器人常工作在动态、不确定与非结构化的环境中，需要具备高度的自治能力和对环境的感知能力，而多传感器数据融合技术正是提高机器人环境感知、导航、决策能力的有效方法。在环境感知方面，多传感器数据融合技术可以帮助机器人获取周围环境的信息，包括障碍物的位置、距离、形状等，从而避免碰撞并规划出正确的行动路径。在导航方面，多传感器数据融合技术可以利用多种传感器，如 GPS、IMU、轮式编码器等的数据，实现机器人的精确导航和定位。在决策方面，多传感器数据融合技术可以为机器人提供更加丰富和准确的感知信息，帮助机器人进行更加智能的决策和控制。

GNSS 在室内场景不可靠；IMU 存在零偏不确定性和累积误差，无法长时间使用；相机在动态环境中的显著特征过多或过少、有遮挡时会失败，且受天气影响较大。因此，在机器人导航定位中，常采用由两种及两种以上的传感器组成的混合系统进行导航定位，如利用 IMU 和视觉、激光雷达等信息的融合，可以有效解决视觉里程计的漂移和尺度丢失问题，提高系统在非结构化或退化场景中的健壮性。目前搭载在移动机器人上常用的传感器有激光雷达、视觉传感器、惯性传感器、里程计、编码器、UWB 传感器、GNSS 等。更加全面的环境信息感知是多传感器数据融合的最大优势，可以使机器人定位更准确，从而完成精确自主导航定位。多传感器数据融合按耦合方法可分为紧耦合和松耦合两种；按算法可分为基于传统统计方法的，如贝叶斯估计、EKF 算法等，和基于人工智能方法的。

EKF 算法适合在非线性条件下工作，在移动机器人的实时传感器数据融合中具有较好的应用。

6.1 基于 KF 的状态估计研究现状

6.1.1 KF 研究现状

由于信号会受到干扰和噪声的影响，需要通过滤波算法对系统的可观测信号进行测量，从而得到精确的信号或者状态的最优估计值[1-2]。在 20 世纪 60 年代，由于计算机较低的计算速度和有限的存储空间，急需一种计算量小且对存储量需求小的滤波算法，而递推滤波算法正是满足这种要求的算法。1960 年，R. E. Kalman 提出了适用于离散随机系统的 KF 理论[3]，该理论通过建立状态空间模型来描述动态系统。KF 算法是一种时域估计算法，其将最优估计和状态空间结合来处理多维和非平稳信号，同时其为递推算法，需要的运算量较少，便于编程实现，且可以实时计算，占用较少的存储空间。正因为这些优点，KF 算法广泛应用于金融、航空航天、信号处理等领域。然而，KF 算法存在着明显的缺点，即系统模型必须为线性的且模型特性是精确已知的。在实际应用中，滤波算法面对的系统大多数为非线性系统，难以通过线性方程来准确地描述。利用 KF 算法对非线性系统进行状态估计，得到的结果具有较大的估计误差，无法满足高精度的滤波需求。

EKF 算法通过函数近似的方法将非线性系统线性化，提高了对非线性系统的滤波精度[4]。该算法将系统函数展开为 TAYLOR 级数，利用忽略高阶项的方法对系统进行线性化，并基于 KF 框架对系统进行状态估计[5-7]。EKF 算法简单可靠，被各领域学者广泛研究。例如，甘清将 EKF 算法应用于轮式机器人，使得该机器人能够精准定位[8]；杨泽斌等针对异步电机运行时出现的转速辨识问题，提出了一种基于 EKF 算法的无速度传感器控制技术，减少了噪声的干扰[9]；刘振华等针对锂电池的荷电状态难以精确估计的问题，将 EKF 算法应用于锂电池的荷电状态估计，提高了状态估计精度[10]；薛长虎等将 EKF 与粒子滤波（Particle Filter, PF）[11-13]进行了对比研究，其研究结果表明 EKF 的精度和稳定性都不如 PF，但 EKF 的计算时间比 PF 要短很多[14]。算法简单、计算方便的 EKF 算法在一些对精度要求不高的实际工程中得到大量的应用，但当处理高度非线性系统时，EKF 算法的滤波精度较低。

除了通过函数近似的方法将非线性系统线性化，确定性采样近似和随机采样近似也是常用的处理非线性系统的方法。其中，基于确定性采样的 KF 算法有 UKF[15-17]、容积卡尔曼滤波（Cubature Kalman Filter，CKF）[18]、中心差分卡尔曼滤波（Center Differential Kalman Filter，CDKF）[19-20]、秩卡尔曼滤波（Rank Kalman Filter，RKF）[21]等；基于随机采样的 KF 算法有集合 KF 等[22]。为了提高滤波算法处理非线性系统时的精度和稳定性，Julier 和 Uhlmann 提出了 UKF 算法[15-16]。UKF 是基于无迹变换的确定性采样滤波，其在采样点数较少的情况下保证了算法的逼近精度，UKF 算法的滤波精度比 EKF 算法更高，适用于非线性较强的系统[23-24]。UKF 算法得到了大量学者的关注。William 等将 UKF 算法应用于对多目标跟踪的对称测量方程的研究，并与 EKF 算法进行比较[25]；Patrick 等针对由线加速度计组成的无陀螺仪 IMU 无法确定旋转方向的问题，通过 UKF 算法将角加速度和角速率信息进行融合，从而得到精确的角速度信息[26]；陈国良等利用 UKF 算法对 Wi-Fi 无线信号和行人航迹推算的定位信息进行数据融合，有效地改善了 Wi-Fi 单点定位精度较低和行人航迹推算在定位时会产生累积误差的问题[27]；贾瑞才利用 UKF 算法对微机电系统进行状态估计，提高了估计的精度[28]。虽然 UKF 算法得到了大量的应用，但是其仍有一些缺点。首先，该算法并不是通过严格的数学推导得到的，在理论上有一定的缺陷；其次，当该算法在对高维系统进行状态估计时，协方差可能出现非正定的问题，使得滤波算法的精度和稳定性有所下降[29]。

为了处理滤波算法在面对高维系统时出现精度较低和稳定性较差的问题，Ienkaran 等基于容积变换提出了 CKF 算法。CKF 算法与 UKF 算法相似，但是两者在采样点集、采样点的数量、对低维系统和高维系统的表现等方面都有所不同，并且 CKF 算法是通过严格的数学推导得到的，在理论性上有所保证[30-31]。Ienkaran 等在空中交通管制的条件下，通过 CKF 算法处理机动目标的轨迹跟踪问题，并通过仿真证明了在该应用场景下 CKF 算法的性能优于 UKF 算法[32]。由于船舶的 IMU 在安装时可能产生较大的误差角，徐博等建立了船体变形模型和陀螺仪漂移模型，利用 CKF 算法对该非线性系统进行状态估计，降低了安装误差角的不利影响[33]。袁莉芬等将 CKF 算法应用于室内定位，有效地提高了定位精度和稳定性[34]。孙枫等利用 CKF 算法对 SINS 的大方位失准角进行初始对准，并通过仿真验证了 CKF 算法能够有效提高初始对准的精度[35]。孙枫等针对 UKF 算法和 CKF 算法在不同系统维数下的状态估计问题进行对比，并给出不同维数下的两种滤波算法的选择建议[36]。另外，状态相关 Riccati 方程滤波（State-Dependent Riccati Equation Filter，SDREF）算法也能够有效地处理非线性系统的状态估计问题，该算法是基于状态相关因子（State-Dependent Coefficients，SDC）提出的。其将系统的状态方程和测量方程分解并求解 Riccati 方程来进行滤波，可以避免 EKF 算法将非线性系统线性化所造成的误差[37-38]。

6.1.2 不确定系统的 KF 研究现状

对于 KF 来说，精确地掌握系统模型的参数和噪声的统计特性等信息是十分重要的。如果系统模型具有不确定性，会使状态估计结果出现严重的偏差，甚至导致发散。但是在实际应用中，由于未能精确建模、测量装置存在测量误差、随机扰动、器件陈旧老化、周围环境干扰或者不可预料的干扰等诸多因素，系统模型不准确，从而导致 KF 算法的状态估计精度大幅降低。例如，组合导航系统的载体常常需要在复杂环境下执行多变的运动任务，在执行任务的过程中，载体会遇到各种外界干扰和内部传感器的测量偏差，使得任务不能准确高效地完成。因此，需要分析和考虑不确定系统中的不确定性，并针对不确定性来设计滤波算法，提升滤波算法在实际应用中的精度和健壮性。

系统的不确定性有模型不确定性、偏差、观测不确定性、有色噪声和初始值不确定性等，通过对这些不确定性产生的原因进行分析，可以设计具有更强健壮性的 KF 算法。

1. 模型不确定性

在实际的工程应用中，由于许多系统的结构复杂且具有较强的非线性，现阶段的测量条件不足，无法对系统进行精确建模，需要对系统进行一定的近似和简化，这种情况就会导致系统模型具有不确定参数。使用滤波算法对具有不确定参数的系统模型进行状态估计，其滤波精度自然也无法保证。不确定参数分为确定性的不确定参数和随机不确定参数。其中，确定性的不确定参数在建模时不能精确获得，但可以近似地描述参数的范围，即参数的取值范围或约束条件[39-41]；随机不确定参数则为系统参数中的随机扰动，可以通过乘性噪声来描述[42-44]。

2. 偏差

系统通过传感器来获得外界的各种测量信息，但传感器的测量并不能完全准确地反映外界的状态，总会存在或大或小的偏差，而这种测量偏差会对系统的滤波精度产生不利影响。因此，在对系统进行建模和分析时，应当将测量偏差纳入考虑范围[45]。

3. 观测不确定性

系统的观测不确定性是传感器及其测量信息在传输过程中出现问题导致的。观测不确定性分为测量时滞和丢失观测。系统测量信息的采样时间滞后于滤波算法中测量更新部分的时间，导致测量时滞的产生。在网络化系统中，系统传输数据的效率、通信能力和网络带宽等客观条件的不足，都会使观测数据在传输过程中产生时滞甚至丢包的现象[46]，这种现象难以避免。然而，EKF、UKF 和 CKF 等 KF 算法都是假设测量信息是实时更新的，因此在面对测量时滞的问题时，KF 算法会不可避免地产生状态估计误差。丢失观测产生的原因是，系统中的传感器突然故障，其产生的测量信息只有噪声。在这种情况下，滤波算法也无法准确地估计状态[47]。

4. 有色噪声

有色噪声是指系统的过程噪声和测量噪声是相关的，两者之间的互协方差不为零。由于 KF 算法针对的系统过程噪声和测量噪声均为相互独立且均值为零的高斯白噪声，因此 KF 算法在面对具有有色噪声的系统时，其滤波精度会受到消极影响[48-50]。

5. 初始值不确定性

根据 KF 算法的特性，在其开始滤波前，需要设置系统状态的初始值和协方差矩阵的初始值。然而，在实际情况下，系统状态的初始值常常无法测量或存在误差，只能根据经验给出。这种初始值的不确定性会导致滤波算法难以精确地估计系统状态[51]。针对不确定系统的状态估计问题，各领域的学者提出了多种能够降低系统不确定性不利影响的滤波算法，并将这些算法应用于实际工程中。

强跟踪滤波算法不仅能够降低模型不确定性的不利影响[52-53]，还能够跟踪系统的突变状态，所以强跟踪滤波算法以其出色的性能受到广大学者的关注。强跟踪滤波算法基于测量的残差正交性原理，使系统中不同时刻的残差序列处处保持正交。当系统具有模型不确定性时，该算法能够实时调节增益矩阵来提取有效的状态信息，保证滤波算法的精度。强跟踪滤波算法除了能够应用于 EKF 算法，还可以将自适应渐消因子引入 UKF、CKF 等滤波算法中，提高这些算法的健壮性。例如，张浩将强跟踪原理与 UKF 相结合，提出了强跟踪 UKF 算法，并将其应用到结构参数识别中，改善了在结构系统参数发生变化时 UKF 算法的滤波精度大幅下降的问题[54]；马彦等为了处理永磁同步电机受到扰动和状态突变时，UKF 算法无法准确跟踪转子位置的问题，提出一种强跟踪 UKF 算法[55]；张龙等为了处理弹道式再入运动模型中的非线性问题和改善跟踪目标机动导致的状态估计精度降低的问题，将自适应渐消因子引入 CKF 算法中，提出一种强跟踪 CKF 算法[29]；王宏健等提出了一种基于强跟踪 UKF 算法的 SLAM 方法，提高了滤波算法在模型参数变化时的健壮性 [56]。

针对模型不确定性和外部干扰问题，将 H_∞ 范数理论引入滤波框架中，使得从不确定性到滤波误差输出的 H_∞ 范数最小，从而获得一种 H_∞ 滤波算法。该算法能够在干扰最严重的情况下有最小的估计误差[57-58]。在干扰噪声为未知特征的噪声时，H_∞ 滤波算法能够起到较好的滤波效果。

弱敏卡尔曼滤波（Desensitized Kalman Filter，DKF）[59]是 Karlgaard 和 Shen 基于弱敏最优控制（Desensitized Optimal Control，DOC）技术提出的一种滤波方法。其原理为，以状态估计误差对模型不确定参数的敏感性为带有权重的惩罚函数，将该惩罚函数代入 KF 的代价函数中，从而推导出弱敏代价函数，并将弱敏代价函数最小化来获得解析增益。因此，DKF 算法能够降低系统对不确定参数的状态估计误差敏感性，提高系统的状态估计精度和稳定性。许多学者对 DKF 进行了深入的研究，提出了一系列具有较强健壮性的滤波算法。例如，Karlgaard 等通过将 DOC 技术和差分 KF 相结合，提出了一种弱敏差分 KF 算法来处理具有不确定参数的异步电机的状态估计问题[60]；Lou 等将 DKF 与 CKF 相结合，提出一种弱敏 CKF 算法，仿真结果表明，该算法在处理具有不确定参数的非线性系统时，精度和稳定性都比 CKF 算法更好[61]。Shen 等针对系统中的参数不确定性提出了弱敏 UKF 算法，相比于 UKF 算法，该算法对不确定参数的敏感性更低，能够降低不确定参数对状态估计精度的消极影响[62-63]。但是，弱敏 UKF 算法仍有两个问题：一为滤波时需要消耗大量的时间计算来求解增益矩阵的代数方程；二为需要能够实时调节的敏感性权重来获得更好的状态估计结果。Lou 通过修改敏感性矩阵的定义，提出了具有解析增益的弱敏 KF 算法，解决了矩阵代数方程的求解问题，该算法的滤波时间被大量缩短[64]。Lou 证明了具有解析增益的弱敏 KF 和 Consider KF 之间的等价性，并建议将敏感性权重矩阵替换为不确定参数的方差矩阵[65]。Ishihara 分析了不确定参数在 UKF 算法中的影响，并利用不确定参数的值来计算敏感性权重，提出了一种设计敏感性权重矩阵的方法[62]。Lou 和 Ishihara 针对敏感性权重提出的一系列改进取得了很好的效果，但仍没有很好地解决敏感性权重矩阵在每一步滤波中如何取值的问题。

Consider KF 算法[66-67]能够通过“Consider”方法来降低系统中偏差造成的负面影响，该算法也被称为 Schmidt 卡尔曼滤波（Schmidt Kalman Filter，SKF）算法。SKF 算法将不确定参数及偏差的统计特性并入状态估计误差协方差中，然后更新状态估计及协方差，这样避免了直接对不确定参数及偏差进行估计，并能够明显降低不确定参数及偏差对滤波算法的消极影响[68-69]。许多学者针对 SKF 算法做了进一步的研究和应用。例如，Jazwinski 等描述了 SKF 算法的推导过程[70]；Tapley 等通过分析 SKF 算法的推导过程，提出了不同的 CKF 方程[71]；Lima 等将 SKF 算法应用于弱可观测系统[72]；Lou 等针对火星进入阶段系统中的不可观测不确定参数的问题，提出了一种扩展 SKF 导航算法，提高了导航精度和稳定性[73]；Yang 等为了实时地确定卫星位置和速度，提出了一种具有良好的定轨性能的 SKF 算法[74]；Paffenroth 等分析了系统中各种偏差成分之间的相互作用，并通过 SKF 算法来降低系统中的偏差对多传感器数据融合的负面影响[75]；Lou 等通过部分引入自适应渐消因子，提出了一种部分强跟踪扩展 SKF 算法，并将其应用于组合导航系统的状态估计[45]。除了上述滤波算法，最小方差滤波[76]、集值估计方法[77]和保代价估计方法[39,78]等滤波算法均能够降低不确定性对系统状态估计的消极影响。

6.1.3 基于 KF 的组合导航研究现状

在现代导航系统体系中，常见的导航方法有 INS、GNSS、多普勒测速系统和重力导航系统等[79]。组合导航系统是由两种或更多具有测量特性的导航系统通过适当的方法组合而成的，其通过有效地利用各子导航系统输出的数据来达到优势互补的效果，提高了导航定位的精度和稳定性。同时，组合导航系统可以采用多种子导航系统来测量载体的同一状态信息，防止组合导航系统中一个或几个子导航系统发生故障时失去获得载体信息的途径。

目前，INS 以其自主性强、隐蔽性好、信息更加全面等优势，经常被应用于组合导航系统。INS 以陀螺仪和加速度计作为 IMU，通过其输出的数据计算载体的姿态、速度和位置信息。该系统可以在全球、全天候地输出载体的信息，并且不依赖外部的信息[80]。但是，陀螺仪和加速度计在工作中会产生误差，且误差随时间的增加不断累积，影响了导航系统的精度。因此，需要引入其他导航系统，通过将它们的观测信息与 INS 输出的信息进行信息融合处理，达到修正 INS 运行时出现的累积误差的目的，从而提高系统的导航精度。

GNSS 是一种不断发展的导航系统，其在军用和民用领域都发挥着重要的作用。美国、俄罗斯、欧盟和中国相继建立了各自的卫星导航定位系统，其中常用的是美国的 GPS 和中国的北斗系统[81]。GNSS 能够提供全球、全天候和全时段的定位、导航和授时服务，具有导航精度高、成本低、无累积误差等优点，因此该系统被大量应用于经济建设和科学研究。但是 GNSS 也有一些缺点，如信号受到遮挡或者磁场干扰、导航数据的更新频率较低、无法提供载体的姿态信息等，这些问题都会使导航精度受到影响[82]。根据 INS

和 GNSS 的测量特性，将两者进行优势互补，可得到一种导航精度高、可靠性强的组合导航系统，该导航系统在兼具 INS 和 GNSS 的优点的同时，也克服了两种导航系统的缺点。INS/GNSS 组合导航系统以其定位迅速、实用性强、导航精度高等特点，得到了广泛的研究和应用[83-87]。

除了 INS 和 GNSS 这两种常被用于组合导航系统的导航系统，还有许多各具特色的导航系统可以被引入组合导航系统中，以提高系统在某种条件或环境下的导航精度和稳定性。例如，INS/天文组合导航系统通过载体上搭载的天文敏感器对天体信息进行测量，然后通过计算机处理天文敏感器的输出信息，以获得载体的姿态、速度和位置，并与 INS 输出的载体信息相结合，该组合导航系统不会受电磁波的干扰，适合应用于高空长航时的飞行器[88]；INS/大气组合导航系统通过将 INS 和大气数据系统相结合来完成导航任务，其中，大气数据系统通过测量载体所在位置的气压，并进行计算，得到载体的高度和空速等信息[89]；INS/景象匹配组合导航系统是由 INS 和景象匹配辅助导航系统组合而成的，景象匹配是指将合成孔径雷达输出的图像信息进行处理和计算，并实时与载体搭载数据库中的地图信息进行匹配，以此来得到载体的位置信息[90]；INS/地磁组合导航系统中的地磁导航是指利用传感器测量载体位置的地磁数据，并与载体搭载的地磁图相匹配，得到较高精度的导航定位信息，该导航技术具有无须外界信息、隐蔽性强等特点[91]；LiDAR/INS 组合导航系统通过激光雷达对周围环境进行探测，并与 INS 通过 SLAM 算法对载体进行定位，该导航系统能够克服 GNSS 等导航系统不能在室内定位的缺点，可对载体进行高精度的导航定位[92]。上述组合导航系统有各自的优势和特点，其应用的实际场景也有所不同，因此需要通过分析导航系统的实际需求来选取合适的组合方法，以提高导航定位的精度和稳定性。

由于组合导航系统是通过将多种传感器输出的测量信息进行信息融合来获得载体的相关导航信息的，因此高效可靠的信息融合方法是组合导航系统的重要组成部分。KF 是一种常用的信息融合方法。KF 在对非线性系统进行状态估计时，其输出的估计精度难以保证，而组合导航系统通常为非线性系统，所以需要将非线性 KF 作为系统的信息融合方法。

各领域的学者针对基于非线性 KF 的组合导航算法进行了深入的研究。例如，Hao 等将 EKF 算法应用于 INS/GPS 组合导航系统，并通过现场实验验证了所提出的状态估计方法对动态模型误差和测量异常的健壮性[93]；胡建宇等将 UKF 应用于 INS/GPS 组合导航滤波中，并验证了使用 UKF 的导航系统的导航精度相较于使用 EKF 更高[94]；汪秋婷等利用改进的 UKF 算法来改善北斗系统/SINS 组合导航系统导航精度较低的问题，该算法对滤波参数的调整方法进行了简化，缩短了导航系统的解算时间[95]；Hu 等采用假设检验的方法来识别运动模型误差，推导出次优渐消因子并将其引入 UKF 算法中，以提高 UKF 算法对 INS/GNSS 组合导航系统运动模型误差的健壮性[96]；韩林等为了处理高动态、非线性弹道导弹的状态估计问题，将多重次优渐消因子引入 CKF 算法中，该算法能够有效地跟踪突变的状态，从而使系统状态估计误差能够迅速收敛[97]；熊鑫等通过将卡方检验引入 CKF 算法中，降低了组合导航系统中过程噪声的不确定性和观测值异常对滤波的负面影响，提高了状态估计的健壮性[98]；任珊珊等通过将自适应渐消因子引入 SDREF 中，提出了一种强跟踪 SDREF 算法来处理组合导航系统中存在的模型不确定性问题[99]。

6.2　DKF算法

6.2.1　DKF算法简介

面向运动体导航、目标跟踪、多传感器数据融合和故障诊断等领域的状态估计需求，国内外专家学者提出了多种可应用于非线性系统的滤波算法，如 EKF、UKF、CKF、差分 KF、RKF 和 PF 等。在假定系统模型参数精确已知且噪声为高斯白噪声等条件下，上述非线性滤波算法可获得状态的最优估计。但由于这些滤波算法的状态估计结果对模型参数高度敏感，故当模型参数不匹配时，滤波精度会显著下降。

为解决模型参数的不确定性影响状态估计精度的问题，Karlgaard 将弱敏控制技术引入状态估计领域，提出了 DKF 算法和弱敏 EKF 算法。其核心思想是，将状态估计误差敏感性的加权和作为惩罚函数引入 KF 框架中，构建弱敏代价函数，并通过最小化该函数获得弱敏最优增益矩阵的代数方程，进而求解此代数方程，得到增益矩阵来修正状态的估计。随后，相关研究人员提出了一系列基于确定性采样的弱敏 UKF（Desensitized UKF，DUKF）、弱敏差分 KF、弱敏中心微分 KF、弱敏 CKF 及基于随机采样的弱敏集合 KF，这些弱敏滤波算法具有非最小方差，可以大大降低对模型不确定参数的敏感性。

但是，上述一系列弱敏滤波算法都面临以下两个关键问题。一是增益矩阵的代数方程求解计算量大、耗时长。针对该问题，Lou 等通过重新定义敏感性矩阵，提出了具有解析增益的 DKF 算法，大大减少了滤波计算时间。二是滤波过程中的敏感性权重需要实时调节，以获得较好的估计结果，但上述弱敏滤波算法大多数采用通过反复仿真验证获得的固定敏感性权重来实时调节敏感性权重。针对该问题，Karlgaard 等通过证明线性系统的特殊 DKF 和 SKF 之间的等效性来选择敏感性加权矩阵。Ishihara 等分析了 UKF 中不确定参数的影响，并设计了一个替代敏感性加权矩阵。然而，如何选择或调整最优弱敏滤波算法的敏感性加权矩阵仍是一个悬而未决的问题。

6.2.2　自适应快速 DKF算法

6.2.2.1　快速 DKF算法

在不失一般性的情况下，考虑参数不确定的线性离散时间系统：

$$\boldsymbol{x}_k = \boldsymbol{\Phi}_{k-1}(\boldsymbol{p})\boldsymbol{x}_{k-1} + \boldsymbol{w}_{k-1} \tag{6-1}$$

$$\boldsymbol{z}_k = \boldsymbol{H}_k(\boldsymbol{p})\boldsymbol{x}_k + \boldsymbol{v}_k \tag{6-2}$$

式中，$\boldsymbol{x}_k$ 和 $\boldsymbol{z}_k$ 分别是 $n\times1$ 维的状态向量和 $m\times1$ 维的测量向量，$\boldsymbol{\Phi}_{k-1}(\boldsymbol{p})$ 和 $\boldsymbol{H}_k(\boldsymbol{p})$ 分别是状态转移矩阵和测量转移矩阵，$\boldsymbol{p}$ 是 $l\times1$ 维的不确定参数向量，$\boldsymbol{w}_{k-1}$ 和 $\boldsymbol{v}_k$ 是相互独立的零均值高斯白噪声，且它们的协方差矩阵分别为 $\boldsymbol{Q}_k$ 和 $\boldsymbol{R}_k$，并且满足

$$\begin{cases} E[\boldsymbol{w}_i \boldsymbol{w}_j^{\mathrm{T}}] = \boldsymbol{Q}_k \delta_{ij} \\ E[\boldsymbol{v}_i \boldsymbol{v}_j^{\mathrm{T}}] = \boldsymbol{R}_k \delta_{ij} \\ E[\boldsymbol{w}_i \boldsymbol{v}_j^{\mathrm{T}}] = \boldsymbol{0} \end{cases} \tag{6-3}$$

式中，δ_{ij} 是克氏函数。

对于 KF 算法，预测方程为

$$\hat{\boldsymbol{x}}_k^- = \bar{\boldsymbol{\Phi}}_{k-1} \hat{\boldsymbol{x}}_{k-1}^+ \tag{6-4}$$

$$\boldsymbol{P}_k^- = E[\boldsymbol{e}_k^- \boldsymbol{e}_k^{-\mathrm{T}}] = \bar{\boldsymbol{\Phi}}_{k-1} \boldsymbol{P}_{k-1}^+ \bar{\boldsymbol{\Phi}}_{k-1}^{\mathrm{T}} + \boldsymbol{Q}_{k-1} \tag{6-5}$$

$$\hat{\boldsymbol{z}}_k^- = \bar{\boldsymbol{H}}_k \hat{\boldsymbol{x}}_k^- \tag{6-6}$$

式中，上标“−”和“+”分别表示先验和后验；向量上加横线，如 $\bar{\boldsymbol{\Phi}}=\boldsymbol{\Phi}(\bar{\boldsymbol{p}})$ 和 $\bar{\boldsymbol{H}}=\boldsymbol{H}(\bar{\boldsymbol{p}})$，表示参数 $\boldsymbol{p}$ 的对应函数，其中，$\bar{\boldsymbol{p}}$ 为 $\boldsymbol{p}$ 的参考值且该值是通过先验获取的；$\boldsymbol{e}_k^- = \hat{\boldsymbol{x}}_k^- - \boldsymbol{x}_k$ 是先验估计误差。

测量更新方程为

$$\hat{\boldsymbol{x}}_k^+ = \hat{\boldsymbol{x}}_k^- + \boldsymbol{K}_k (\boldsymbol{z}_k - \hat{\boldsymbol{z}}_k^-) \tag{6-7}$$

$$\boldsymbol{K}_k = \boldsymbol{P}_k^- \bar{\boldsymbol{H}}_k^{\mathrm{T}} (\bar{\boldsymbol{H}}_k \boldsymbol{P}_k^- \bar{\boldsymbol{H}}_k^{\mathrm{T}} + \boldsymbol{R}_k)^{-1} \tag{6-8}$$

$$\boldsymbol{P}_k^+ = E[\boldsymbol{e}_k^+ \boldsymbol{e}_k^{+\mathrm{T}}] = (\boldsymbol{I} - \boldsymbol{K}_k \bar{\boldsymbol{H}}_k) \boldsymbol{P}_k^- (\boldsymbol{I} - \boldsymbol{K}_k \bar{\boldsymbol{H}}_k)^{\mathrm{T}} + \boldsymbol{K}_k \boldsymbol{R}_k \boldsymbol{K}_k^{\mathrm{T}} \tag{6-9}$$

式中，$\boldsymbol{e}_k^+ = \hat{\boldsymbol{x}}_k^+ - \boldsymbol{x}_k$ 是后验估计误差。

对于式（6-1）和式（6-2），不确定参数会降低状态估计的精度。如果卡尔曼增益 $\boldsymbol{K}_k$ 是通过最小化代价函数 $J = \mathrm{Tr}(\boldsymbol{P}_k^+)$ 获得的（其中“Tr”表示矩阵的迹），它并不是最优值。因此，在状态估计问题中引入 DOC 技术，通过使用状态估计误差敏感性的惩罚函数及其权重来修改代价函数。

参数向量 $\boldsymbol{p}$ 的状态估计误差敏感性和传播方程由文献[15-16]给出：

$$\boldsymbol{S}_k^- = \frac{\partial \boldsymbol{e}_k^-}{\partial \boldsymbol{p}} = \frac{\partial \hat{\boldsymbol{x}}_k^-}{\partial \boldsymbol{p}} = \bar{\boldsymbol{\Phi}}_{k-1} \boldsymbol{S}_{k-1}^+ + \frac{\partial \bar{\boldsymbol{\Phi}}_{k-1}}{\partial \boldsymbol{p}} \hat{\boldsymbol{x}}_{k-1}^+ \tag{6-10}$$

$$\boldsymbol{S}_k^+ = \frac{\partial \boldsymbol{e}_k^+}{\partial \boldsymbol{p}} = \frac{\partial \hat{\boldsymbol{x}}_k^+}{\partial \boldsymbol{p}} = \boldsymbol{S}_k^- - \boldsymbol{K}_k \boldsymbol{\gamma}_k \tag{6-11}$$

式中：

$$\boldsymbol{\gamma}_k = \bar{\boldsymbol{H}}_k \boldsymbol{S}_k^- + \frac{\partial \bar{\boldsymbol{H}}_k}{\partial \boldsymbol{p}} \hat{\boldsymbol{x}}_k^- \tag{6-12}$$

将状态估计误差敏感性的惩罚函数及其权重添加到代价函数中，得到一个新的弱敏代价函数：

$$J_{\mathrm{d}} = \mathrm{Tr}(\boldsymbol{P}_k^+) + \mathrm{Tr}(\boldsymbol{S}_k^+ \boldsymbol{W} \boldsymbol{S}_k^{+\mathrm{T}}) \tag{6-13}$$

式中，$\boldsymbol{W} = \mathrm{diag}[\omega_1, \omega_2, \cdots, \omega_l]$ 是一个 $l \times l$ 维的半正定对称加权矩阵，其中主对角线上的每个元素 $\omega_i (i = 1, 2, \cdots, l)$ 是所有状态下每个不确定参数的标量敏感性权重。

将式（6-9）、式（6-11）和式（6-12）代入式（6-13），并对 $\boldsymbol{K}_k$ 求微分：

$$\frac{\partial J_{\mathrm{d}}}{\partial \boldsymbol{K}_k}=2\boldsymbol{K}_k(\bar{\boldsymbol{H}}_k\boldsymbol{P}_k^-\bar{\boldsymbol{H}}_k^{\mathrm{T}}+\boldsymbol{R}_k)-2\boldsymbol{P}_k^-\bar{\boldsymbol{H}}_k^{\mathrm{T}}-2\boldsymbol{S}_k^-\boldsymbol{W}\boldsymbol{\gamma}_k^{\mathrm{T}}+2\boldsymbol{K}_k\gamma_k\boldsymbol{W}\boldsymbol{\gamma}_k^{\mathrm{T}} \tag{6-14}$$

然后，令 $\partial J_{\mathrm{d}}/\partial \boldsymbol{K}_k=\mathbf{0}$，可求得增益：

$$\boldsymbol{K}_k=(\boldsymbol{P}_k^-\bar{\boldsymbol{H}}_k^{\mathrm{T}}+\boldsymbol{S}_k^-\boldsymbol{W}\boldsymbol{\gamma}_k^{\mathrm{T}})(\bar{\boldsymbol{H}}_k\boldsymbol{P}_k^-\bar{\boldsymbol{H}}_k^{\mathrm{T}}+\boldsymbol{R}_k+\gamma_k\boldsymbol{W}\boldsymbol{\gamma}_k^{\mathrm{T}})^{-1} \tag{6-15}$$

注 6-1：式（6-7）给出的更新是一个线性函数，而 $\partial\boldsymbol{K}_k/\partial\boldsymbol{p}\neq\mathbf{0}$ 意味着最优增益的解是残差函数。对于这一矛盾，将增益敏感性假定为式（6-15）中的 $\partial\boldsymbol{K}_k/\partial\boldsymbol{p}=\mathbf{0}$。

注 6-2：式（6-15）中 $\boldsymbol{K}_k$ 的表达式与标准 KF 中具有相同结构。唯一的区别是这里状态估计误差敏感性 $\boldsymbol{S}_k^-$ 和 $\boldsymbol{\gamma}_k^{\mathrm{T}}$ 通过 $\boldsymbol{W}$ 引入 $\boldsymbol{K}_k$ 中，而标准 KF 中是通过将敏感性加权矩阵 $\boldsymbol{W}$ 设置为零来获取的。

6.2.2.2 自适应快速 DKF 算法

式（6-13）中的敏感性加权矩阵 $\boldsymbol{W}$ 是平衡后验协方差与状态估计误差敏感性的重要惩罚因子。Ishihara、Yamakita 及 Lou 为快速 DKF 算法选择敏感性加权矩阵提供了一些建议。他们建议使用不确定参数的协方差，或参数最大值和最小值之差的平方和。然而，在滤波过程的每个步骤中，这些参数并不一定是最优的。

下面利用测量残差的正交性原理设计了敏感性加权矩阵的自适应调整方法。将测量残差的正交性原理引入快速 DKF 算法中，得到自适应快速 DKF（AFDKF）算法。

1. 自适应敏感性加权矩阵因子

对于最优线性 KF，式（6-1）和式（6-2）中的相关参数是已知的。当计算式（6-8）中的最优增益时，预测的残差序列 $\{\tilde{z}_k=z_k-\tilde{z}_k^-\}$ 必须相互正交。通过最小化代价函数 $J=\mathrm{Tr}(\boldsymbol{p}_k^+)$ 获得最优 KF 增益，并满足以下方程：

$$E[\tilde{\boldsymbol{z}}_{k+j}\tilde{\boldsymbol{z}}_k^{\mathrm{T}}]=\mathbf{0},\ \ k=1,2,\cdots;j=1,2,3,\cdots \tag{6-16}$$

将 $\tilde{\boldsymbol{z}}_k=\boldsymbol{z}_k-\boldsymbol{H}_k\hat{\boldsymbol{x}}_k^-$ 代入式（6-16）：

$$E[\tilde{\boldsymbol{z}}_{k+j}\tilde{\boldsymbol{z}}_k^{\mathrm{T}}]=\boldsymbol{H}_{k+j}\boldsymbol{\Phi}_{k+j-1}[\boldsymbol{I}-\boldsymbol{K}_{k+j-1}\boldsymbol{H}_{k+j-1}]\cdots\boldsymbol{\Phi}_{k+1}\times[\boldsymbol{I}-\boldsymbol{K}_{k+1}\boldsymbol{H}_{k+1}]\boldsymbol{\Phi}_k\boldsymbol{\Lambda}_k \tag{6-17}$$

式中，

$$\boldsymbol{\Lambda}_k=\boldsymbol{P}_k^-\boldsymbol{H}_k^{\mathrm{T}}-\boldsymbol{K}_k\boldsymbol{V}_k \tag{6-18}$$

式中，$\boldsymbol{V}_k$ 为实际残差矩阵。使用在线实时测量数据估计 $\boldsymbol{V}_k$，其计算方法如下：

$$\boldsymbol{V}_k=\begin{cases}\tilde{z}_1\tilde{z}_1^{\mathrm{T}},k=1\\ \dfrac{\rho\boldsymbol{V}_{k-1}+\tilde{z}_k\tilde{z}_k^{\mathrm{T}}}{1+\rho},k\geqslant 2\end{cases} \tag{6-19}$$

式中，ρ 为遗忘因子，且满足 $0<\rho<1$。

将增益 $\boldsymbol{K}_k=\boldsymbol{P}_k^-\boldsymbol{H}_k^{\mathrm{T}}(\bar{\boldsymbol{H}}_k\boldsymbol{P}_k^-\bar{\boldsymbol{H}}_k^{\mathrm{T}}+\boldsymbol{R}_k)^{-1}$ 代入式（6-17），使 $\boldsymbol{\Lambda}_k=\mathbf{0}$，则式（6-17）中，$E[\tilde{\boldsymbol{z}}_{k+j}\tilde{\boldsymbol{z}}_k^{\mathrm{T}}]=\mathbf{0}$。当满足正交原则时，可获得最优增益。

当系统参数不确定时，要使用快速 DKF 算法获得最优状态估计，必须满足上述正交原则。因此，我们假设使用自适应渐消因子来调整初始敏感性加权矩阵 $\boldsymbol{W}_0$，从而得到：

$$W_k^{\mathrm{a}} = \lambda W_0 \tag{6-20}$$

则新的自适应弱敏代价函数为

$$\begin{aligned} J_{\mathrm{ad}} &= \mathrm{Tr}(\boldsymbol{P}_k^+) + \mathrm{Tr}(\boldsymbol{S}_k^+ \boldsymbol{W}_k^{\mathrm{a}} \boldsymbol{S}_k^{+\mathrm{T}}) \\ &= \mathrm{Tr}(\boldsymbol{P}_k^+) + \lambda_k \mathrm{Tr}(\boldsymbol{S}_k^+ \boldsymbol{W}_0 \boldsymbol{S}_k^{+\mathrm{T}}) \end{aligned} \tag{6-21}$$

通过最小化式（6-21），可以得到 $\boldsymbol{K}_k^{\mathrm{a}}$ 的解析解为

$$\begin{aligned} \boldsymbol{K}_k^{\mathrm{a}} &= (\boldsymbol{P}_k^- \bar{\boldsymbol{H}}_k^{\mathrm{T}} + \boldsymbol{S}_k^- \boldsymbol{W}_k^{\mathrm{a}} \boldsymbol{\gamma}_k^{\mathrm{T}})(\bar{\boldsymbol{H}}_k \boldsymbol{P}_k^- \bar{\boldsymbol{H}}_k^{\mathrm{T}} + \boldsymbol{R}_k + \boldsymbol{\gamma}_k \boldsymbol{W}_k^{\mathrm{a}} \boldsymbol{\gamma}_k^{\mathrm{T}})^{-1} \\ &= (\boldsymbol{P}_k^- \bar{\boldsymbol{H}}_k^{\mathrm{T}} + \lambda_k \boldsymbol{S}_k^- \boldsymbol{W}_0 \boldsymbol{\gamma}_k^{\mathrm{T}}) \times \\ &\quad (\bar{\boldsymbol{H}}_k \boldsymbol{P}_k^- \bar{\boldsymbol{H}}_k^{\mathrm{T}} + \boldsymbol{R}_k + \lambda_k \boldsymbol{\gamma}_k \boldsymbol{W}_0 \boldsymbol{\gamma}_k^{\mathrm{T}})^{-1} \end{aligned} \tag{6-22}$$

将 $\boldsymbol{K}_k^{\mathrm{a}}$ 代入 $\boldsymbol{\Lambda}_k = \boldsymbol{0}$ 中，我们能够得到：

$$\begin{aligned} \boldsymbol{P}_k^- \bar{\boldsymbol{H}}_k^{\mathrm{T}} &= (\boldsymbol{P}_k^- \bar{\boldsymbol{H}}_k^{\mathrm{T}} + \lambda_k \boldsymbol{S}_k^- \boldsymbol{W}_0 \boldsymbol{\gamma}_k^{\mathrm{T}}) \times \\ &\quad (\bar{\boldsymbol{H}}_k \boldsymbol{P}_k^- \bar{\boldsymbol{H}}_k^{\mathrm{T}} + \boldsymbol{R}_k + \lambda_k \boldsymbol{\gamma}_k \boldsymbol{W}_0 \boldsymbol{\gamma}_k^{\mathrm{T}})^{-1} \boldsymbol{V}_k \end{aligned} \tag{6-23}$$

然后，式（6-23）左右两侧都右乘 $\boldsymbol{V}_k^{-1}$ 得到：

$$\begin{aligned} \boldsymbol{P}_k^- \bar{\boldsymbol{H}}_k^{\mathrm{T}} \boldsymbol{V}_k^{-1} &= (\boldsymbol{P}_k^- \bar{\boldsymbol{H}}_k^{\mathrm{T}} + \lambda_k \boldsymbol{S}_k^- \boldsymbol{W}_0 \boldsymbol{\gamma}_k^{\mathrm{T}}) \times \\ &\quad (\bar{\boldsymbol{H}}_k \boldsymbol{P}_k^- \bar{\boldsymbol{H}}_k^{\mathrm{T}} + \boldsymbol{R}_k + \lambda_k \boldsymbol{\gamma}_k \boldsymbol{W}_0 \boldsymbol{\gamma}_k^{\mathrm{T}})^{-1} \end{aligned} \tag{6-24}$$

将式（6-24）左右两侧都右乘 $\bar{\boldsymbol{H}}_k \boldsymbol{P}_k^- \bar{\boldsymbol{H}}_k^{\mathrm{T}} + \boldsymbol{R}_k + \lambda_k \boldsymbol{\gamma}_k \boldsymbol{W}_0 \boldsymbol{\gamma}_k^{\mathrm{T}}$ 得到：

$$\boldsymbol{P}_k^- \bar{\boldsymbol{H}}_k^{\mathrm{T}} \boldsymbol{V}_k^{-1} (\bar{\boldsymbol{H}}_k \boldsymbol{P}_k^- \bar{\boldsymbol{H}}_k^{\mathrm{T}} + \boldsymbol{R}_k + \lambda_k \boldsymbol{\gamma}_k \boldsymbol{W}_0 \boldsymbol{\gamma}_k^{\mathrm{T}}) = (\boldsymbol{P}_k^- \bar{\boldsymbol{H}}_k^{\mathrm{T}} + \lambda_k \boldsymbol{S}_k^- \boldsymbol{W}_0 \boldsymbol{\gamma}_k^{\mathrm{T}}) \tag{6-25}$$

将 λ_k 放在一侧，我们得到：

$$\lambda_k (\boldsymbol{S}_k^- \boldsymbol{W}_0 \boldsymbol{\gamma}_k^{\mathrm{T}} - \boldsymbol{P}_k^- \bar{\boldsymbol{H}}_k^{\mathrm{T}} \boldsymbol{V}_k^{-1} \boldsymbol{\gamma}_k \boldsymbol{W}_0 \boldsymbol{\gamma}_k^{\mathrm{T}}) = \boldsymbol{P}_k^- \bar{\boldsymbol{H}}_k^{\mathrm{T}} \boldsymbol{V}_k^{-1} (\bar{\boldsymbol{H}}_k \boldsymbol{P}_k^- \bar{\boldsymbol{H}}_k^{\mathrm{T}} + \boldsymbol{R}_k - \boldsymbol{V}_k) \tag{6-26}$$

对式（6-26）两边求迹，得

$$\lambda_k = \frac{\mathrm{Tr}(\boldsymbol{O}_k)}{\mathrm{Tr}(\boldsymbol{M}_k)} \tag{6-27}$$

式中，

$$\boldsymbol{M}_k = \boldsymbol{S}_k^- \boldsymbol{W}_0 \boldsymbol{\gamma}_k^{\mathrm{T}} - \boldsymbol{P}_k^- \bar{\boldsymbol{H}}_k^{\mathrm{T}} \boldsymbol{V}_k^{-1} \boldsymbol{\gamma}_k \boldsymbol{W}_0 \boldsymbol{\gamma}_k^{\mathrm{T}} \tag{6-28}$$

$$\boldsymbol{O}_k = \boldsymbol{P}_k^- \bar{\boldsymbol{H}}_k^{\mathrm{T}} \boldsymbol{V}_k^{-1} (\bar{\boldsymbol{H}}_k \boldsymbol{P}_k^- \bar{\boldsymbol{H}}_k^{\mathrm{T}} + \boldsymbol{R}_k - \boldsymbol{V}_k) \tag{6-29}$$

考虑到条件 $\lambda_k > 1$ 和式（6-27），我们可以令：

$$\lambda_k = \max\{1, \lambda_k\} \tag{6-30}$$

注 6-3：当系统模型精确已知时，$\boldsymbol{V}_k = E[\tilde{z}_k \tilde{z}_k^{\mathrm{T}}]$ 由式（6-15）中的 $\bar{\boldsymbol{H}}_k \boldsymbol{P}_k^- \bar{\boldsymbol{H}}_k^{\mathrm{T}} + \boldsymbol{R}_k$ 给出。当误差敏感性 $\boldsymbol{S}_k^-$ 和 $\boldsymbol{\gamma}_k$ 为零时，将式（6-28）和式（6-29）替换为 $\boldsymbol{M}_k = \boldsymbol{O}_k$，此时 $\lambda_k = 1$。在这种情况下，AFDKF 和 DKF 退化为 KF，因为系统模型中没有不确定参数。当将系统模型的不确定性加入残差协方差时，AFDKF 算法通过调节衰减因子来补偿模型的不确定性，以此来提高算法性能。

2. AFDKF 算法步骤

考虑离散时间线性系统的状态方程和测量方程，如式（6-1）和式（6-2）所示，AFDKF 算法步骤如下。

1）初始化

设置 $k=0$ 时刻的初始状态 $\hat{\boldsymbol{x}}_0$、初始协方差矩阵 $\boldsymbol{P}_0$、初始敏感性 $\boldsymbol{S}_0$ 和敏感性权重矩阵 $\boldsymbol{W}_0$，且满足 $\boldsymbol{W}_0=\boldsymbol{P}_{\mathrm{pp}}$，其中，$\boldsymbol{P}_{\mathrm{pp}}$ 是不确定参数的方差矩阵。

2）时间更新

（1）通过式（6-31）和式（6-32）计算先验状态估计 $\hat{\boldsymbol{x}}_k^-$ 及其协方差矩阵 $\boldsymbol{P}_k^-$。

$$\hat{\boldsymbol{x}}_k^- = \bar{\boldsymbol{\Phi}}_{k-1}\hat{\boldsymbol{x}}_{k-1}^+ \tag{6-31}$$

$$\boldsymbol{P}_k^- = E[\boldsymbol{e}_k^-\boldsymbol{e}_k^{-\mathrm{T}}] = \bar{\boldsymbol{\Phi}}_{k-1}\boldsymbol{P}_{k-1}^+\bar{\boldsymbol{\Phi}}_{k-1}^{\mathrm{T}} + \boldsymbol{Q}_{k-1} \tag{6-32}$$

（2）通过式（6-33）计算增益矩阵 $\boldsymbol{K}_k^{\mathrm{a}}$：

$$\boldsymbol{K}_k^{\mathrm{a}} = (\boldsymbol{P}_k^-\bar{\boldsymbol{H}}_k^{\mathrm{T}} + \lambda_k\boldsymbol{S}_k^-\boldsymbol{W}_0\boldsymbol{\gamma}_k^{\mathrm{T}})\times(\bar{\boldsymbol{H}}_k\boldsymbol{P}_k^-\bar{\boldsymbol{H}}_k^{\mathrm{T}} + \boldsymbol{R}_k + \lambda_k\boldsymbol{\gamma}_k\boldsymbol{W}_0\boldsymbol{\gamma}_k^{\mathrm{T}})^{-1} \tag{6-33}$$

3）测量更新

（1）通过式（6-34）和式（6-35）计算后验状态估计 $\hat{\boldsymbol{x}}_k^+$ 及其协方差矩阵 $\boldsymbol{P}_k^+$。

$$\hat{\boldsymbol{x}}_k^+ = \hat{\boldsymbol{x}}_k^- + \boldsymbol{K}_k(\boldsymbol{z}_k - \hat{\boldsymbol{z}}_k^-) \tag{6-34}$$

$$\boldsymbol{P}_k^+ = (\boldsymbol{I} - \boldsymbol{K}_k^{\mathrm{a}}\bar{\boldsymbol{H}}_k)\boldsymbol{P}_k^-(\boldsymbol{I} - \boldsymbol{K}_k^{\mathrm{a}}\bar{\boldsymbol{H}}_k)^{\mathrm{T}} + \boldsymbol{K}_k^{\mathrm{a}}\boldsymbol{R}_k\boldsymbol{K}_k^{\mathrm{T}} \tag{6-35}$$

（2）通过式（6-36）～式（6-39）来计算先验状态估计误差敏感性 $\boldsymbol{S}_k^-$、后验状态估计误差敏感性 $\boldsymbol{S}_k^+$、先验测量敏感性 $\boldsymbol{\gamma}_k$ 和自适应渐消因子 λ_k。

$$\boldsymbol{S}_k^- = \bar{\boldsymbol{\Phi}}_{k-1}\boldsymbol{S}_{k-1}^+ + \frac{\partial\bar{\boldsymbol{\Phi}}_{k-1}}{\partial\boldsymbol{p}}\hat{\boldsymbol{x}}_{k-1}^+ \tag{6-36}$$

$$\boldsymbol{S}_k^+ = \boldsymbol{S}_k^- - \boldsymbol{K}_k^{\mathrm{a}}\boldsymbol{\gamma}_k \tag{6-37}$$

$$\boldsymbol{\gamma}_k = \bar{\boldsymbol{H}}_k\boldsymbol{S}_k^- + \frac{\partial\bar{\boldsymbol{H}}_k}{\partial\boldsymbol{p}}\hat{\boldsymbol{x}}_k^- \tag{6-38}$$

$$\lambda_k = \max\left\{1, \frac{\mathrm{Tr}(\boldsymbol{O}_k)}{\mathrm{Tr}(\boldsymbol{M}_k)}\right\} \tag{6-39}$$

（3）通过式（6-40）和式（6-41）来计算 $\boldsymbol{O}_k$ 和 $\boldsymbol{M}_k$。

$$\boldsymbol{O}_k = \boldsymbol{P}_k^-\bar{\boldsymbol{H}}_k^{\mathrm{T}}\boldsymbol{V}_k^{-1}(\bar{\boldsymbol{H}}_k\boldsymbol{P}_k^-\bar{\boldsymbol{H}}_k^{\mathrm{T}} + \boldsymbol{R}_k - \boldsymbol{V}_k) \tag{6-40}$$

$$\boldsymbol{M}_k = \boldsymbol{S}_k^-\boldsymbol{W}\boldsymbol{\gamma}_k^{\mathrm{T}} - \boldsymbol{P}_k^-\bar{\boldsymbol{H}}_k^{\mathrm{T}}\boldsymbol{V}_k^{-1}\boldsymbol{\gamma}_k\boldsymbol{W}\boldsymbol{\gamma}_k^{\mathrm{T}} \tag{6-41}$$

6.2.3　自适应快速弱敏 EKF 算法

6.2.3.1　快速弱敏 EKF 算法

将式（6-15）中的解析增益计算方法引入 EKF 算法中，得到快速弱敏 EKF（Fast Desensitized Extended Kalman Filter，FDEKF）算法。考虑非线性系统状态方程和测量方程：

$$\boldsymbol{x}_k = f(\boldsymbol{x}_{k-1}, \boldsymbol{p}) + \boldsymbol{w}_{k-1} \tag{6-42}$$

$$\boldsymbol{z}_k = h(\boldsymbol{x}_k, \boldsymbol{p}) + \boldsymbol{v}_k \tag{6-43}$$

式中，f 和 h 分别为非线性状态方程和测量方程的函数，$\boldsymbol{w}_{k-1}$ 和 $\boldsymbol{v}_k$ 满足式（6-3）中的条件。

6.2.3.2　自适应 FDEKF 算法

1．自适应原理

根据残差正交化原理，若模型与实际系统完全匹配，则残差序列为高斯白噪声序列，不同时刻的残差相互正交。如果模型具有不确定性，残差序列中包含状态的有效信息，通过调节增益矩阵，使得不同时刻的残差相互正交，则能够将有效信息提取出来[53]。本节通过测量的残差正交化原理设计自适应渐消因子，并将其引入 FDEKF 中，得到自适应 FDEKF（AFDEKF）算法，以解决敏感性权重的实时调节问题。

由测量的残差正交化原理可知，残差 $\tilde{z}_k^-$ 满足：

$$E[\tilde{z}_{k+j}^-\tilde{z}_k^{-\mathrm{T}}]=\mathbf{0},\ k=1,2,\cdots;j=1,2,3,\cdots \tag{6-44}$$

将先验测量误差 $\tilde{z}_k^-=z_k-\hat{z}_k^-$ 代入 $E[\tilde{z}_{k+j}^-\tilde{z}_k^{-\mathrm{T}}]$ 中，可推导出如下结果：

$$E[\tilde{z}_{k+j}^-\tilde{z}_k^{-\mathrm{T}}]=\bar{\boldsymbol{H}}_{k+j}\boldsymbol{\Phi}_{k+j-1}[\boldsymbol{I}-\boldsymbol{K}_{k+j-1}\bar{\boldsymbol{H}}_{k+j-1}]\cdots\boldsymbol{\Phi}_{k+1}[\boldsymbol{I}-\boldsymbol{K}_{k+1}\bar{\boldsymbol{H}}_{k+1}]\boldsymbol{\Phi}_k\boldsymbol{\Lambda}_k \tag{6-45}$$

式中，$\boldsymbol{\Lambda}_k=\boldsymbol{P}_{xz,k}-\boldsymbol{K}_k\boldsymbol{V}_k$，$\boldsymbol{V}_k$ 为实际残差矩阵。

因此，如果想要满足式（6-44），则需取 $\boldsymbol{\Lambda}_k=\mathbf{0}$，即

$$\boldsymbol{P}_{xz,k}-\boldsymbol{K}_k\boldsymbol{V}_k=\mathbf{0} \tag{6-46}$$

将自适应渐消因子 λ_k 引入敏感性权重 $\boldsymbol{W}_k$ 中，即 $\boldsymbol{W}_k=\lambda_k\boldsymbol{W}_0$，$\boldsymbol{W}_0$ 为滤波时设置的初始敏感性权重矩阵，可以得到增益 $\boldsymbol{K}_k$ 如下：

$$\begin{aligned}\boldsymbol{K}_k&=(\boldsymbol{P}_{xz,k}+\boldsymbol{S}_k^-\boldsymbol{W}_k\boldsymbol{\gamma}_k^{\mathrm{T}})(\boldsymbol{P}_{zz,k}+\boldsymbol{\gamma}_k\boldsymbol{W}_k\boldsymbol{\gamma}_k^{\mathrm{T}})^{-1}\\&=(\boldsymbol{P}_{xz,k}+\lambda_k\boldsymbol{S}_k^-\boldsymbol{W}_0\boldsymbol{\gamma}_k^{\mathrm{T}})(\boldsymbol{P}_{zz,k}+\lambda_k\boldsymbol{\gamma}_k\boldsymbol{W}_0\boldsymbol{\gamma}_k^{\mathrm{T}})^{-1}\end{aligned} \tag{6-47}$$

将式（6-47）代入式（6-46）中，可以推导出：

$$\lambda_k(\boldsymbol{S}_k^-\boldsymbol{W}_0\boldsymbol{\gamma}_k^{\mathrm{T}}-\boldsymbol{P}_{xz,k}\boldsymbol{V}_k^{-1}\boldsymbol{\gamma}_k\boldsymbol{W}_0\boldsymbol{\gamma}_k^{\mathrm{T}})=\boldsymbol{P}_{xz,k}\boldsymbol{V}_k^{-1}(\boldsymbol{P}_{zz,k}-\boldsymbol{V}_k) \tag{6-48}$$

令

$$\theta_k=\frac{\mathrm{Tr}(\boldsymbol{O}_k)}{\mathrm{Tr}(\boldsymbol{M}_k)} \tag{6-49}$$

其中，

$$\boldsymbol{O}_k=\boldsymbol{P}_{xz,k}\boldsymbol{V}_k^{-1}\boldsymbol{P}_{zz,k}-\boldsymbol{P}_{xz,k} \tag{6-50}$$

$$\boldsymbol{M}_k=\boldsymbol{S}_k^-\boldsymbol{W}_0\boldsymbol{\gamma}_k^{\mathrm{T}}-\boldsymbol{P}_{xz,k}\boldsymbol{V}_k^{-1}\boldsymbol{\gamma}_k\boldsymbol{W}_0\boldsymbol{\gamma}_k^{\mathrm{T}} \tag{6-51}$$

实际的残差矩阵 $\boldsymbol{V}_k$ 的计算方法如下[53]：

$$\boldsymbol{V}_k=\begin{cases}\tilde{z}_1\tilde{z}_1^{\mathrm{T}}, & k=1\\ \dfrac{\rho\boldsymbol{V}_{k-1}+\tilde{z}_k\tilde{z}_k^{\mathrm{T}}}{1+\rho}, & k\geqslant 2\end{cases} \tag{6-52}$$

式中，ρ 为遗忘因子，且满足 $0<\rho\leqslant 1$。

最后，敏感性权重的自适应渐消因子为

$$\lambda_k=\begin{cases}\theta_k, & \theta_k>1\\ 1, & \theta_k\leqslant 1\end{cases} \tag{6-53}$$

2. AFDEKF 算法步骤

下面将 AFDKF 算法扩展到非线性系统中。

考虑非线性系统，如式（6-42）和式（6-43）所示。

EKF 算法通过一阶 TAYLOR 展开将非线性系统做线性化处理。该算法的公式和结构与经典的线性 KF 算法相同。因此，我们可以在 DEKF 算法中引入敏感性权重矩阵的自适应渐消因子。在不确定参数的参考值 $\bar{\boldsymbol{p}}$ 下，预测方程为

$$\hat{\boldsymbol{x}}_k^- = f(\hat{\boldsymbol{x}}_{k-1}^+, \bar{\boldsymbol{p}}) \tag{6-54}$$

$$\boldsymbol{P}_k^- = \bar{\boldsymbol{\Phi}}_{k-1}\boldsymbol{P}_{k-1}^+\bar{\boldsymbol{\Phi}}_{k-1}^{\mathrm{T}} + \boldsymbol{Q}_{k-1} \tag{6-55}$$

$$\hat{\boldsymbol{z}}_k^- = h(\hat{\boldsymbol{x}}_k^-, \bar{\boldsymbol{p}}) \tag{6-56}$$

式中，$\bar{\boldsymbol{\Phi}}_{k-1} = \left.\dfrac{\partial f(\boldsymbol{x}_{k-1}, \bar{\boldsymbol{p}})}{\partial \boldsymbol{x}_{k-1}}\right|_{\boldsymbol{x}_{k-1}=\hat{\boldsymbol{x}}_{k-1}^+}$ 是状态系数矩阵。

对于 DEKF 算法，最优增益 $\boldsymbol{K}_k$ 是通过最小化式（6-13）中的弱敏代价函数 J_{d} 获得的。DEKF 参数的状态估计误差敏感性定义为

$$\boldsymbol{S}_k^- = \bar{\boldsymbol{\Phi}}_{k-1}\boldsymbol{S}_{k-1}^+ + \left.\frac{\partial f(\hat{\boldsymbol{x}}_{k-1}^+, \boldsymbol{p})}{\partial \boldsymbol{p}}\right|_{\boldsymbol{p}=\bar{\boldsymbol{p}}} \tag{6-57}$$

$$\boldsymbol{S}_k^+ = \boldsymbol{S}_k^- - \boldsymbol{K}_k\boldsymbol{\gamma}_k \tag{6-58}$$

$$\boldsymbol{\gamma}_k = \bar{\boldsymbol{H}}_k\boldsymbol{S}_k^- + \left.\frac{\partial h(\hat{\boldsymbol{x}}_k^-, \boldsymbol{p})}{\partial \boldsymbol{p}}\right|_{\boldsymbol{p}=\bar{\boldsymbol{p}}} \tag{6-59}$$

式中，$\bar{\boldsymbol{H}}_k = \left.\dfrac{\partial h(\boldsymbol{x}_k, \boldsymbol{p}_k, \boldsymbol{v}_k, t_k)}{\partial \boldsymbol{x}_k}\right|_{\boldsymbol{x}_k=\hat{\boldsymbol{x}}_k^-}$ 是系数矩阵。

在式（6-20）的假设下，初始敏感性加权矩阵 $\boldsymbol{W}_0$ 是根据自适应渐消因子 λ_k 调节的，自适应弱敏代价函数由式（6-21）给出。根据式（6-21）对 $\boldsymbol{K}_k^{\mathrm{a}}$ 求微分，并令 $\partial J_{\mathrm{ad}} / \partial \boldsymbol{K}_k^{\mathrm{a}} = \boldsymbol{0}$ 得：

$$\boldsymbol{K}_k^{\mathrm{a}} = (\boldsymbol{P}_k^-\bar{\boldsymbol{H}}_k^{\mathrm{T}} + \lambda_k\boldsymbol{S}_k^-\boldsymbol{W}_0\boldsymbol{\gamma}_k^{\mathrm{T}}) \times (\bar{\boldsymbol{H}}_k\boldsymbol{P}_k^-\bar{\boldsymbol{H}}_k^{\mathrm{T}} + \boldsymbol{R}_k + \lambda_k\boldsymbol{\gamma}_k\boldsymbol{W}_0\boldsymbol{\gamma}_k^{\mathrm{T}})^{-1} \tag{6-60}$$

式中，$\boldsymbol{S}_k^-$ 和 $\boldsymbol{\gamma}_k$ 分别用式（6-36）和式（6-38）表示，自适应渐消因子 λ_k 根据式（6-27）和式（6-30）得到。

测量更新方程为

$$\hat{\boldsymbol{x}}_k^+ = \hat{\boldsymbol{x}}_k^- + \boldsymbol{K}_k^{\mathrm{a}}\{\boldsymbol{z}_k - \boldsymbol{h}(\hat{\boldsymbol{x}}_k^-, \bar{\boldsymbol{p}})\} \tag{6-61}$$

$$\boldsymbol{P}_k^+ = (\boldsymbol{I} - \boldsymbol{K}_k^{\mathrm{a}}\bar{\boldsymbol{H}}_k)\boldsymbol{P}_k^-(\boldsymbol{I} - \boldsymbol{K}_k^{\mathrm{a}}\bar{\boldsymbol{H}}_k)^{\mathrm{T}} + \boldsymbol{K}_k^{\mathrm{a}}\boldsymbol{R}_k\boldsymbol{K}_k^{\mathrm{aT}} \tag{6-62}$$

通过式（6-63）～式（6-65）来计算自适应渐消因子 λ_k，以及 $\boldsymbol{O}_k$ 和 $\boldsymbol{M}_k$：

$$\lambda_k = \max\left\{1, \frac{\mathrm{Tr}(\boldsymbol{O}_k)}{\mathrm{Tr}(\boldsymbol{M}_k)}\right\} \tag{6-63}$$

$$\boldsymbol{O}_k = \boldsymbol{P}_k^-\bar{\boldsymbol{H}}_k^{\mathrm{T}}\boldsymbol{V}_k^{-1}(\bar{\boldsymbol{H}}_k\boldsymbol{P}_k^-\bar{\boldsymbol{H}}_k^{\mathrm{T}} + \boldsymbol{R}_k - \boldsymbol{V}_k) \tag{6-64}$$

$$\boldsymbol{M}_k = \boldsymbol{S}_k^-\boldsymbol{W}\boldsymbol{\gamma}_k^{\mathrm{T}} - \boldsymbol{P}_k^-\bar{\boldsymbol{H}}_k^{\mathrm{T}}\boldsymbol{V}_k^{-1}\boldsymbol{\gamma}_k\boldsymbol{W}\boldsymbol{\gamma}_k^{\mathrm{T}} \tag{6-65}$$

3. 仿真与分析

落体模型为非线性模型，其中参数具有不确定性，随空气密度和高度变化而变化。下面对比 AFDEKF 算法与五种非线性滤波算法，这五种算法包括：①“Per.EKF”，表示完美 EKF，在仿真中使用了参数的真实值；②“Imp.EKF”，表示不完美的 EKF，在仿真中使用了参数的参考值；③“Cov.DEKF”，表示参数的协方差矩阵被设置为敏感性加权矩阵；④“Squ.DEKF”，表示不确定参数的最大值和最小值之差的平方和被设置为敏感性加权矩阵的 DEKF；⑤“KS. DEKF”，表示 Karlgard 和 Shen 提出的 DEKF。

对于高速垂直下落的物体，其状态包括高度 $x_1(t)$、速度 $x_2(t)$ 和弹道效率 $x_3(t)$。雷达提供雷达与坠落物体之间的距离。

落体模型如下：

$$\dot{x}_1(t) = x_2(t) + w_1(t) \tag{6-66}$$

$$\dot{x}_2(t) = x_2^2(t)x_3(t)\exp\{-x_1(t)/c\} - g + w_2(t) \tag{6-67}$$

$$\dot{x}_3(t) = w_3(t) \tag{6-68}$$

式中，不确定参数 c 的标准值为 $\overline{c} = 2\times10^4$，重力加速度大小 g 为 32.2ft/s^2（1ft= 30.48cm），$w_i(t)$ 是过程噪声且 $E[w_i^2(t)] = 0$（$i = 1,2,3$）。

雷达提供的距离由式（6-69）给出。

$$z_k = \sqrt{M^2 + (x_{1,k} - H)} + v_k \tag{6-69}$$

式中，参数 $M = 10^5$ft，$H = 10^5$ft；v_k 是测量噪声，且为零均值高斯白噪声，其协方差为 $E[v_k^2] = R = 10^4\,\text{ft}^2$。

假设不确定参数 c 的真值服从均匀分布，即 $c \sim U(3/4\overline{c}, 5/4\overline{c})$。真实状态为 $[x_1(0), x_2(0), x_3(0)]^{\text{T}} = [3\times10^5\,\text{m}, -2\times10^4\,\text{m/s}, 1\times10^{-3}]^{\text{T}}$。初始估计和初始协方差矩阵分别为 $[\hat{x}_1(0), \hat{x}_1(0), \hat{x}_1(0)]^{\text{T}} = [3\times10^5\,\text{m}, -2\times10^4\,\text{m/s}, 3\times10^{-5}]^{\text{T}}$，$\boldsymbol{P}_0^+ = \text{diag}\{1\times10^6\,\text{ft}^2, 4\times10^6\,\text{ft}^2/\text{s}^2, 1\times10^{-4}\}$。

6.2.4 自适应快速弱敏 UKF 算法

在非线性滤波算法中，UKF 算法因其良好的性能而被广泛应用于导航和目标跟踪等多个领域。该算法基于 KF 框架，采用无迹变换方法逼近非线性系统的概率分布，即将有不同权重的采样点通过非线性函数传递来逼近系统状态的均值和协方差。因此，UKF 算法没有对雅可比矩阵求导，有效地避免了 EKF 算法中对高阶项截断而导致的精度不足和稳定性差的问题。但将 UKF 算法应用于工程时，可能会被非线性系统中的模型不确定性影响，导致对系统的状态估计精度较低。弱敏 UKF 算法能够有效地降低模型不确定性的负面影响，但该算法在求解增益矩阵的代数方程时计算量较大，且不能实时调节敏感性权重。

为了减少弱敏 UKF 算法在求解增益矩阵的代数方程时的计算量，将状态估计误差对不确定参数的敏感性矩阵作为惩罚函数引入代价函数中，最小化新的弱敏代价函数并计算其解析解，这就是快速弱敏 UKF（FDUKF）算法。随后，为了能够在滤波过程中实时调节敏感性权重，基于测量的残差正交化原理，将自适应渐消因子引入 FDUKF 算法中，得到自适应 FDUKF（AFDUKF）算法。仿真证明，AFDUKF 算法能够克服系统中不确定参数的干扰，提高状态估计精度和健壮性。

6.2.4.1 UKF算法

UKF 是基于确定性采样的 KF 算法，该算法的 Sigma 点集是通过无迹变换得到的，Sigma 点集的采样点数为 $2n+1$（n 为系统状态 $\boldsymbol{x}$ 的维度）且具有不同的权重。

考虑非线性系统的状态方程和测量方程：

$$\begin{cases}\boldsymbol{x}_k = f(\boldsymbol{x}_{k-1},\boldsymbol{u}_{k-1})+\boldsymbol{w}_{k-1}\\ \boldsymbol{z}_k = h(\boldsymbol{x}_k)+\boldsymbol{v}_k\end{cases} \tag{6-70}$$

其中，$\boldsymbol{x}_k \in \mathbf{R}^n$ 和 $\boldsymbol{z}_k \in \mathbf{R}^m$ 分别为第 k 步的状态向量和测量向量，$f(\cdot)$ 为具有控制输入 $\boldsymbol{u}_k \in \mathbf{R}^n$ 的非线性状态方程函数，$h(\cdot)$ 为非线性测量方程函数；过程噪声 $\{\boldsymbol{w}_k\}$ 和测量噪声 $\{\boldsymbol{v}_k\}$ 为零均值的高斯白噪声，两者相互独立且方差分别为 $\boldsymbol{Q}_k \in \mathbf{R}^{n\times n}$ 和 $\boldsymbol{R}_k \in \mathbf{R}^{m\times m}$，它们满足等式 $E[\boldsymbol{w}_k\boldsymbol{w}_j^{\mathrm{T}}]=\boldsymbol{Q}_k\delta_{ij}$、$E[\boldsymbol{w}_k\boldsymbol{v}_j^{\mathrm{T}}]=\boldsymbol{0}$ 和 $E[\boldsymbol{v}_k\boldsymbol{v}_j^{\mathrm{T}}]=\boldsymbol{R}_k\delta_{ij}$。

UKF 算法如下。

（1）当 $k=0$ 时，初始状态和初始协方差矩阵分别为 $\hat{\boldsymbol{x}}_0$ 和 $\boldsymbol{P}_0$。

（2）时间更新部分：

① 分解 $k-1$ 时刻的后验协方差矩阵 $\boldsymbol{P}_{k-1}^{+}$：

$$\boldsymbol{P}_{k-1}^{+}=\sqrt{\boldsymbol{P}_{k-1}^{+}}\left(\sqrt{\boldsymbol{P}_{k-1}^{+}}\right)^{\mathrm{T}} \tag{6-71}$$

② 计算 Sigma 点：

$$\begin{cases}\boldsymbol{\chi}_k^0=\hat{\boldsymbol{x}}_{k-1}^{+}\\ \boldsymbol{\chi}_k^j=\hat{\boldsymbol{x}}_{k-1}^{+}\pm\sqrt{L+\lambda}\left(\sqrt{\boldsymbol{P}_{k-1}^{+}}\right)_j,\quad j=1,2,\cdots,2L\end{cases} \tag{6-72}$$

式中，L 为系统状态的维数；$\lambda=\alpha^2(L+\kappa)-L$ 为比例因子，α 为大于 0 且小于 1 的正数，κ 为比例因子，且满足

$$\begin{cases}\kappa=0, L>3\\ \kappa=3-L, L\leqslant 3\end{cases} \tag{6-73}$$

③ 通过状态方程传递 Sigma 点：

$$\overline{\boldsymbol{\chi}}_k^j=f(\boldsymbol{\chi}_k^j,u_{k-1}) \tag{6-74}$$

④ 计算先验状态：

$$\hat{\boldsymbol{x}}_k^{-}=\sum_{j=0}^{2L}\omega_j^{(m)}\overline{\boldsymbol{\chi}}_k^j \tag{6-75}$$

⑤ 计算先验协方差矩阵：

$$\boldsymbol{P}_{xx,k}^{-}=\sum_{j=0}^{2L}\omega_j^{(c)}(\overline{\boldsymbol{\chi}}_k^j-\hat{\boldsymbol{x}}_k^{-})(\overline{\boldsymbol{\chi}}_k^j-\hat{\boldsymbol{x}}_k^{-})^{\mathrm{T}}+\boldsymbol{Q}_{k-1} \tag{6-76}$$

式中，$\omega_0^{(m)}$、$\omega_0^{(c)}$、$\omega_j^{(m)}$ 和 $\omega_j^{(c)}$ 分别满足：

$$\begin{cases}\omega_0^{(m)} = \lambda / (L+\lambda) \\ \omega_0^{(c)} = \lambda / (L+\lambda) + (1-\alpha^2+\beta) \\ \omega_j^{(m)} = \omega_j^{(c)} = 1/[2(L+\lambda)], j=1,\cdots,2L\end{cases} \tag{6-77}$$

式中，在噪声服从高斯分布时，调节参数 $\beta = 2$，是最优的。

（3）测量更新部分：

① 计算测量 Sigma 点：

$$\boldsymbol{Z}_k^j = h(\overline{\boldsymbol{\chi}}_k^j) \tag{6-78}$$

② 计算先验测量：

$$\hat{\boldsymbol{z}}_k^- = \sum_{j=0}^{2L} \omega_j^{(m)} \boldsymbol{Z}_k^j \tag{6-79}$$

③ 计算自相关协方差矩阵和互相关协方差矩阵：

$$\boldsymbol{P}_{zz,k} = \sum_{j=0}^{2L} \omega_j^{(c)} (\boldsymbol{Z}_k^j - \hat{\boldsymbol{z}}_k^-)(\boldsymbol{Z}_k^j - \hat{\boldsymbol{z}}_k^-)^{\mathrm{T}} + \boldsymbol{R}_k \tag{6-80}$$

$$\boldsymbol{P}_{xz,k} = \sum_{j=0}^{2L} \omega_j^{(c)} (\overline{\boldsymbol{\chi}}_k^j - \hat{\boldsymbol{x}}_k^-)(\boldsymbol{Z}_k^j - \hat{\boldsymbol{z}}_k^-)^{\mathrm{T}} \tag{6-81}$$

④ 计算增益：

$$\boldsymbol{K}_k = \boldsymbol{P}_{xz,k} \boldsymbol{P}_{zz,k}^{-1} \tag{6-82}$$

⑤ 计算后验状态：

$$\hat{\boldsymbol{x}}_k^+ = \hat{\boldsymbol{x}}_k^- + \boldsymbol{K}_k (\boldsymbol{z}_{\mathrm{k}} - \hat{\boldsymbol{z}}_k^-) \tag{6-83}$$

⑥ 计算后验协方差矩阵：

$$\boldsymbol{P}_k^+ = \boldsymbol{P}_{xx,k}^- + \boldsymbol{K}_k \boldsymbol{P}_{zz,k} \boldsymbol{K}_k^{\mathrm{T}} - \boldsymbol{P}_{xz,k} \boldsymbol{K}_k^{\mathrm{T}} - \boldsymbol{K}_k \boldsymbol{P}_{xz,k}^{\mathrm{T}} \tag{6-84}$$

6.2.4.2　FDUKF算法

将式（6-15）的解析增益计算方法引入 UKF 算法中，并利用确定性采样点的敏感性传递方法，得到 FDUKF 算法。

考虑具有模型不确定性的非线性系统的状态方程和测量方程：

$$\begin{cases}\boldsymbol{x}_k = f(\boldsymbol{x}_{k-1}, \boldsymbol{p}, \boldsymbol{u}_{k-1}) + \boldsymbol{w}_{k-1} \\ \boldsymbol{z}_k = h(\boldsymbol{x}_k, \boldsymbol{p}) + \boldsymbol{v}_k\end{cases} \tag{6-85}$$

式中，$f(\cdot)$ 是具有不确定参数 $\boldsymbol{p} \in \mathbf{R}^l$ 和控制输入 $\boldsymbol{u}_k \in \mathbf{R}^n$ 的非线性状态方程函数，$h(\cdot)$ 是具有不确定参数 $\boldsymbol{p} \in \mathbf{R}^l$ 的非线性测量方程函数。

FDUKF 算法如下：

（1）设置 $k=0$ 时刻的初始状态为 $\hat{\boldsymbol{x}}_0$，初始协方差矩阵为 $\boldsymbol{P}_0$，初始敏感性为 $\boldsymbol{S}_0$，初始敏感性协方差矩阵为 $\partial \boldsymbol{P}_0^+ / \partial \boldsymbol{p}$。

（2）时间更新部分：

① 分解 $k-1$ 时刻的协方差矩阵 $\boldsymbol{P}_{k-1}^{+}$：

$$\boldsymbol{P}_{k-1}^{+}=\sqrt{\boldsymbol{P}_{k-1}^{+}}\left(\sqrt{\boldsymbol{P}_{k-1}^{+}}\right)^{\mathrm{T}} \tag{6-86}$$

② 计算 Sigma 点及其敏感性：

$$\begin{cases}\boldsymbol{\chi}_k^0=\hat{\boldsymbol{x}}_{k-1}^{+}\\ \boldsymbol{\chi}_k^j=\hat{\boldsymbol{x}}_{k-1}^{+}\pm\sqrt{L+\lambda}\left(\sqrt{\boldsymbol{P}_{k-1}^{+}}\right)_j,\quad j=1,2,\cdots,2L\end{cases} \tag{6-87}$$

$$\begin{cases}\dfrac{\partial\boldsymbol{\chi}_k^0}{\partial\boldsymbol{p}}=\boldsymbol{S}_{k-1}^{+}\\ \dfrac{\partial\boldsymbol{\chi}_k^j}{\partial\boldsymbol{p}}=\boldsymbol{S}_{k-1}^{+}+\dfrac{\partial\left(\sqrt{\boldsymbol{P}_{k-1}^{+}}\right)_j}{\partial\boldsymbol{p}},\quad j=1,2,\cdots,2L\end{cases} \tag{6-88}$$

③ 通过状态方程函数传递 Sigma 点及其敏感性：

$$\overline{\boldsymbol{\chi}}_k^j=f(\boldsymbol{\chi}_k^j,\overline{\boldsymbol{p}},u_{k-1}) \tag{6-89}$$

$$\frac{\partial\overline{\boldsymbol{\chi}}_k^j}{\partial\boldsymbol{p}}=\frac{\partial f(\boldsymbol{\chi}_k^j,\overline{\boldsymbol{p}},u_{k-1})}{\partial\boldsymbol{\chi}_k^j}\frac{\partial\boldsymbol{\chi}_k^j}{\partial\boldsymbol{p}}+\left.\frac{\partial f(\boldsymbol{\chi}_k^j,\boldsymbol{p},u_{k-1})}{\partial\boldsymbol{p}}\right|_{\boldsymbol{p}=\overline{\boldsymbol{p}}} \tag{6-90}$$

④ 计算先验状态估计及其敏感性：

$$\hat{\boldsymbol{x}}_k^{-}=\sum_{j=0}^{2L}\omega_j^{(m)}\overline{\boldsymbol{\chi}}_k^j \tag{6-91}$$

$$\boldsymbol{S}_k^{-}=\frac{\partial\hat{\boldsymbol{x}}_k^{-}}{\partial\boldsymbol{p}}=\sum_{j=0}^{2L}\omega_j^{(m)}\frac{\partial\boldsymbol{\chi}_k^j}{\partial\boldsymbol{p}} \tag{6-92}$$

⑤ 计算先验状态估计误差协方差矩阵及其敏感性：

$$\boldsymbol{P}_{xx,k}^{-}=\sum_{j=0}^{2L}\omega_j^{(c)}(\overline{\boldsymbol{\chi}}_k^j-\hat{\boldsymbol{x}}_k^{-})(\overline{\boldsymbol{\chi}}_k^j-\hat{\boldsymbol{x}}_k^{-})^{\mathrm{T}}+\boldsymbol{Q}_{k-1} \tag{6-93}$$

$$\frac{\partial\boldsymbol{P}_{xx,k}^{-}}{\partial\boldsymbol{p}}=\sum_{j=0}^{2L}\omega_j^{(c)}\left[\left(\frac{\partial\overline{\boldsymbol{\chi}}_k^j}{\partial\boldsymbol{p}}-\boldsymbol{S}_k^{-}\right)(\overline{\boldsymbol{\chi}}_k^j-\hat{\boldsymbol{x}}_k^{-})^{\mathrm{T}}+(\overline{\boldsymbol{\chi}}_k^j-\hat{\boldsymbol{x}}_k^{-})\left(\frac{\partial\overline{\boldsymbol{\chi}}_k^j}{\partial\boldsymbol{p}}-\boldsymbol{S}_k^{-}\right)^{\mathrm{T}}\right] \tag{6-94}$$

（3）测量更新部分：

① 计算测量 Sigma 点及其敏感性：

$$\boldsymbol{Z}_k^j=h(\overline{\boldsymbol{\chi}}_k^j,\overline{\boldsymbol{p}}) \tag{6-95}$$

$$\frac{\partial\boldsymbol{Z}_k^j}{\partial\boldsymbol{p}}=\frac{\partial h(\overline{\boldsymbol{\chi}}_k^j,\overline{\boldsymbol{p}})}{\partial\overline{\boldsymbol{\chi}}_k^j}\frac{\partial\overline{\boldsymbol{\chi}}_k^j}{\partial\boldsymbol{p}}+\left.\frac{\partial h(\overline{\boldsymbol{\chi}}_k^j,\boldsymbol{p})}{\partial\boldsymbol{p}}\right|_{\boldsymbol{p}=\overline{\boldsymbol{p}}} \tag{6-96}$$

② 计算先验测量值及其敏感性：

$$\hat{\boldsymbol{z}}_k^{-}=\sum_{j=0}^{2L}\omega_j^{(m)}\boldsymbol{Z}_k^j \tag{6-97}$$

$$\boldsymbol{\gamma}_k = \sum_{j=0}^{2L} \omega_j^{(m)} \frac{\partial \boldsymbol{Z}_k^j}{\partial \boldsymbol{p}} \tag{6-98}$$

③ 计算自相关协方差矩阵及其敏感性：

$$\boldsymbol{P}_{zz,k} = \sum_{j=0}^{2L} \omega_j^{(c)} (\boldsymbol{Z}_k^j - \hat{\boldsymbol{z}}_k^-)(\boldsymbol{Z}_k^j - \hat{\boldsymbol{z}}_k^-)^{\mathrm{T}} + \boldsymbol{R}_k \tag{6-99}$$

$$\frac{\partial \boldsymbol{P}_{zz,k}}{\partial \boldsymbol{p}} = \sum_{j=0}^{2L} \omega_j^{(c)} \left[\left(\frac{\partial \boldsymbol{Z}_k^j}{\partial \boldsymbol{p}} - \boldsymbol{\gamma}_k \right) (\boldsymbol{Z}_k^j - \hat{\boldsymbol{z}}_k^-)^{\mathrm{T}} + (\boldsymbol{Z}_k^j - \hat{\boldsymbol{z}}_k^-) \left(\frac{\partial \boldsymbol{Z}_k^j}{\partial \boldsymbol{p}} - \boldsymbol{\gamma}_k \right)^{\mathrm{T}} \right] \tag{6-100}$$

④ 计算互相关协方差矩阵及其敏感性：

$$\boldsymbol{P}_{xz,k} = \sum_{j=0}^{2L} \omega_j^{(c)} (\overline{\boldsymbol{\chi}}_k^j - \hat{\boldsymbol{x}}_k^-)(\boldsymbol{Z}_k^j - \hat{\boldsymbol{z}}_k^-)^{\mathrm{T}} \tag{6-101}$$

$$\frac{\partial \boldsymbol{P}_{xz,k}}{\partial \boldsymbol{p}} = \sum_{j=0}^{2L} \omega_j^{(c)} \left[\left(\frac{\partial \overline{\boldsymbol{\chi}}_k^j}{\partial \boldsymbol{p}} - \boldsymbol{S}_k^- \right) (\boldsymbol{Z}_k^j - \hat{\boldsymbol{z}}_k^-)^{\mathrm{T}} + (\overline{\boldsymbol{\chi}}_k^j - \hat{\boldsymbol{x}}_k^-) \left(\frac{\partial \boldsymbol{Z}_k^j}{\partial \boldsymbol{p}} - \boldsymbol{\gamma}_k \right)^{\mathrm{T}} \right] \tag{6-102}$$

⑤ 计算增益：

$$\boldsymbol{K}_k = (\boldsymbol{P}_{xz,k} + \boldsymbol{S}_k^- \boldsymbol{W}_k \boldsymbol{\gamma}_k^{\mathrm{T}})(\boldsymbol{P}_{zz,k} + \boldsymbol{\gamma}_k \boldsymbol{W}_k \boldsymbol{\gamma}_k^{\mathrm{T}})^{-1} \tag{6-103}$$

⑥ 计算后验状态估计及其敏感性：

$$\hat{\boldsymbol{x}}_k^+ = \hat{\boldsymbol{x}}_k^- + \boldsymbol{K}_k (\boldsymbol{z}_{\mathrm{k}} - \hat{\boldsymbol{z}}_k^-) \tag{6-104}$$

$$\boldsymbol{S}_k^+ = \boldsymbol{S}_k^- + \boldsymbol{K}_k \boldsymbol{\gamma}_k \tag{6-105}$$

⑦ 计算后验状态估计协方差矩阵及其敏感性：

$$\boldsymbol{P}_k^+ = \boldsymbol{P}_{xx,k}^- + \boldsymbol{K}_k \boldsymbol{P}_{zz,k} \boldsymbol{K}_k^{\mathrm{T}} - \boldsymbol{P}_{xz,k} \boldsymbol{K}_k^{\mathrm{T}} - \boldsymbol{K}_k \boldsymbol{P}_{xz,k}^{\mathrm{T}} = \boldsymbol{P}_{xx,k}^- - \boldsymbol{K}_k \boldsymbol{P}_{zz,k} \boldsymbol{K}_k^{\mathrm{T}} \tag{6-106}$$

$$\frac{\partial \boldsymbol{P}_k^+}{\partial \boldsymbol{p}} = \frac{\partial \boldsymbol{P}_{xx,k}^-}{\partial \boldsymbol{p}} - \frac{\partial \boldsymbol{P}_{xz,k}}{\partial \boldsymbol{p}} \boldsymbol{K}_k^{\mathrm{T}} - \boldsymbol{K}_k \frac{\partial \boldsymbol{P}_{xz,k}^{\mathrm{T}}}{\partial \boldsymbol{p}} + \boldsymbol{K}_k \frac{\partial \boldsymbol{P}_{zz,k}}{\partial \boldsymbol{p}} \boldsymbol{K}_k^{\mathrm{T}} = \frac{\partial \boldsymbol{P}_{xx,k}^-}{\partial \boldsymbol{p}} - \boldsymbol{K}_k \frac{\partial \boldsymbol{P}_{zz,k}}{\partial \boldsymbol{p}} \boldsymbol{K}_k^{\mathrm{T}} \tag{6-107}$$

6.2.4.3　AFDUKF算法

1. AFDUKF 算法步骤

针对具有不确定参数的非线性系统，本节将自适应滤波技术引入 FDUKF 算法中，得到 AFDUKF 算法。非线性系统的状态方程和测量方程如式（6-70）所示，则 AFDUKF 算法步骤描述如下。

（1）初始化。设置 $k=0$ 时刻的初始状态为 $\hat{\boldsymbol{x}}_0$，初始协方差矩阵为 $\boldsymbol{P}_0$，初始敏感性为 $\boldsymbol{S}_0$，初始协方差矩阵的敏感性为 $\partial \boldsymbol{P}_0^+ / \partial \boldsymbol{p}$，敏感性权重矩阵 $\boldsymbol{W}_0$ 满足 $\boldsymbol{W}_0 = \boldsymbol{P}_{\mathrm{pp}}$，其中 $\boldsymbol{P}_{\mathrm{pp}}$ 是不确定参数的方差矩阵。

（2）时间更新部分：

① 通过式（6-86）分解矩阵 $\boldsymbol{P}_{k-1}^+$。

② 通过式（6-87）和式（6-88）计算 Sigma 点 $\boldsymbol{\chi}_k^j$ 及其敏感性 $\partial \boldsymbol{\chi}_k^j / \partial \boldsymbol{p}$。

③ 通过式（6-89）和式（6-90）传递 Sigma 点 $\overline{\boldsymbol{\chi}}_k^j$ 及其敏感性 $\partial \overline{\boldsymbol{\chi}}_k^j / \partial \boldsymbol{p}$。

④ 通过式（6-91）和式（6-92）计算先验状态估计 $\hat{\boldsymbol{x}}_k^-$ 及其敏感性 $\boldsymbol{S}_k^-$ 。

⑤ 通过式（6-93）和式（6-94）计算先验状态估计误差协方差矩阵 $\boldsymbol{P}_{xx,k}^-$ 及其敏感性 $\partial \boldsymbol{P}_{xx,k}^- / \partial \boldsymbol{p}$ 。

（3）测量更新部分：

① 通过式（6-95）和式（6-96）计算测量 Sigma 点 $\boldsymbol{Z}_k^j$ 及其敏感性 $\partial \boldsymbol{Z}_k^j / \partial \boldsymbol{p}$ 。

② 通过式（6-97）和式（6-98）计算先验测量值 $\hat{z}_k^-$ 及其敏感性 $\boldsymbol{\gamma}_k$ 。

③ 通过式（6-99）和式（6-100）计算自相关协方差矩阵 $\boldsymbol{P}_{zz,k}$ 及其敏感性 $\partial \boldsymbol{P}_{zz,k} / \partial \boldsymbol{p}$ 。

④ 通过式（6-101）和式（6-102）计算互相关协方差矩阵 $\boldsymbol{P}_{xz,k}$ 及其敏感性 $\partial \boldsymbol{P}_{xz,k} / \partial \boldsymbol{p}$ 。

⑤ 通过式（6-49）～式（6-53）计算自适应渐消因子 λ_k，通过式（6-47）计算增益 $\boldsymbol{K}_k$ 。

⑥ 通过式（6-104）和式（6-105）计算后验状态估计 $\hat{\boldsymbol{x}}_k^+$ 及其敏感性 $\boldsymbol{S}_k^+$ 。

⑦ 通过式（6-106）和式（6-107）计算后验状态估计协方差矩阵 $\boldsymbol{P}_k^+$ 及其敏感性 $\partial \boldsymbol{P}_k^+ / \partial \boldsymbol{p}$ 。

2. AFDUKF 算法仿真

例 1 弹道目标再入模型

弹道目标再入模型为三维非线性系统，该系统的弹道目标状态模型为

$$\begin{cases} \dot{x}_1(t) = x_2(t) + w_1(t) \\ \dot{x}_2(t) = x_2^2(t) x_3(t) \exp\{-x_1(t)/c\} - g + w_2(t) \\ \dot{x}_3(t) = w_3(t) \end{cases} \tag{6-108}$$

式中，x_1、x_2 和 x_3 分别表示弹道目标的高度、速度和弹道系数；空气密度与海拔高度之间的关系系数 c 为不确定参数，其真实值服从均匀分布并满足 $c \sim U(3/4\bar{c}, 5/4\bar{c})$，其中给定参数 $\bar{c} = 2\times 10^4$；重力加速度大小 g=32.2ft/s^2，过程噪声 w_i（i=1,2,3）的期望值为零。

雷达测量雷达与弹道目标之间的距离，其测量方程如下：

$$z(t) = \sqrt{M^2 + (x_1(t) - H)^2} + v(t) \tag{6-109}$$

式中，$M = 10^5$ ft，为雷达与弹道目标的水平距离；$H = 10^5$ ft，为雷达的垂直高度；测量噪声 v 服从高斯分布，其均值为零，方差为 $R = 10^4$ ft^2。雷达和弹道目标之间的位置关系如图 6-1 所示。

假设系统初始的真实状态 $\boldsymbol{x}_0$ 和状态估计值 $\hat{\boldsymbol{x}}_0$ 分别为

$$\begin{cases} \boldsymbol{x}_0 = [3\times 10^5 \ \ -2\times 10^4 \ \ 1\times 10^{-3}]^{\mathrm{T}} \\ \hat{\boldsymbol{x}}_0 = [3\times 10^5 \ \ -2\times 10^4 \ \ 3\times 10^{-5}]^{\mathrm{T}} \end{cases} \tag{6-110}$$

系统初始协方差矩阵满足：

$$\boldsymbol{P}_0 = \mathrm{diag}\{1\times 10^6 \mathrm{ft}^2, 4\times 10^6 \mathrm{ft}^2/\mathrm{s}, 10\} \tag{6-111}$$

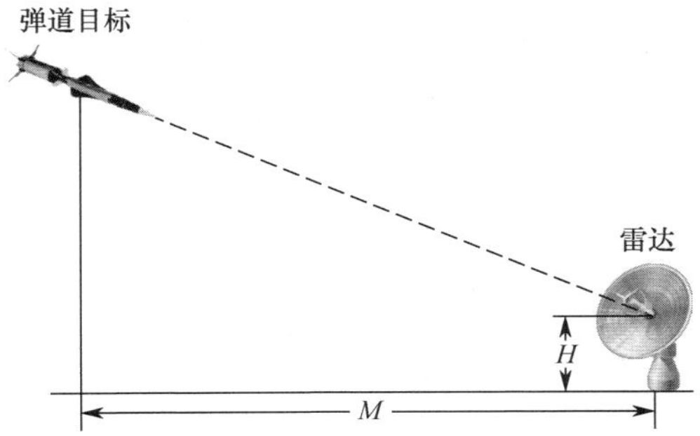

图 6-1　雷达和弹道目标之间的位置关系

该仿真的模拟仿真时间为 60s，采样时间为 0.1s，蒙特卡罗仿真运算次数为 1000 次。该仿真通过四阶 Runge-Kutta 方法将连续的状态方程离散化。仿真结果如图 6-2～图 6-7 所示，其中，PUKF（Perfect UKF）表示系统参数精确已知的 UKF 算法，IUKF（Imperfect UKF）表示系统具有不确定参数的 UKF 算法，KSDUKF 表示学者 Karlgaard 和 Shen 提出的滤波算法[63]。同时，自适应渐消因子 λ_k 的变化如图 6-8 所示，弹道目标再入系统状态的 RMSE 平均值如表 6-1 所示，该仿真的单次仿真平均时间如表 6-2 所示。在该仿真中，IUKF 算法和 AFDUKF 算法的敏感性权重均为 $W=10^4$，而 KSDUKF 算法的敏感性权重为

$$\boldsymbol{W}_{\mathrm{KS}}=\mathrm{diag}[3\times10^4 \quad 6\times10^3 \quad 10^5] \tag{6-112}$$

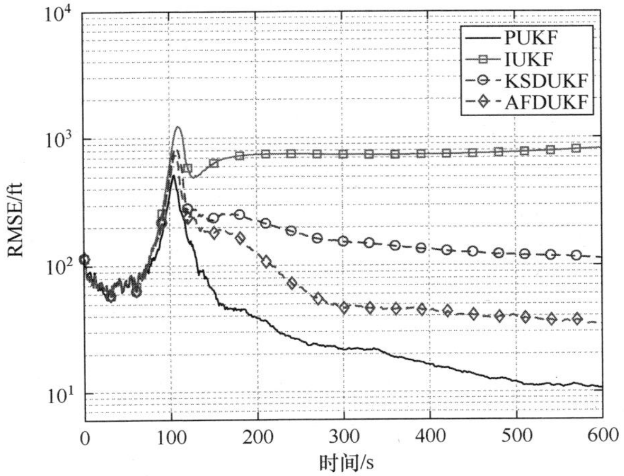

图 6-2　弹道目标状态 x_1 的 RMSE

图 6-2～图 6-4 表示的是弹道目标三个状态的 RMSE，在图 6-2、图 6-3 中，PUKF 算法效果最好，IUKF 算法的 RMSE 最大，其原因是 PUKF 算法已知系统参数的精确值，而 IUKF 算法估计的系统具有不确定参数；AFDUKF 算法的滤波精度优于 KSDUKF 算法，其原因是 AFDUKF 算法解析形式的增益矩阵中引入了自适应渐消因子，能够更加有效地

降低不确定参数的影响。在图 6-4 中，PUKF 算法的 RMSE 最小，而其他三个滤波算法的滤波结果相近。图 6-5～图 6-7 表示三个弹道目标状态估计误差对于参数 c 的敏感性，从图中可以看出，IUKF 算法受不确定参数的影响最大，KSDUKF 算法次之，AFDUKF 算法对不确定参数的敏感性最小。换言之，相对于 IUKF 算法和 KSDUKF 算法，针对具有不确定参数的系统，AFDUKF 算法的滤波精度更高，健壮性也更好。图 6-8 表示 AFDUKF 算法中自适应渐消因子 λ_k 在仿真中的数值变化情况，其平均值为 31.1，由于该图中的自适应渐消因子在不断地变化，证明仅仅凭借初始的敏感性权重，无法有效地在整个滤波过程中都起到良好的作用，因此需要通过自适应渐消因子实时调节敏感性权重，使得滤波效果得到更大的提升。

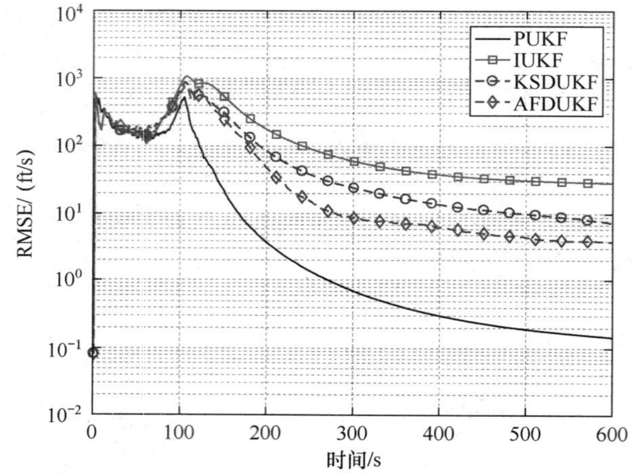

图 6-3 弹道目标状态 x_2 的 RMSE

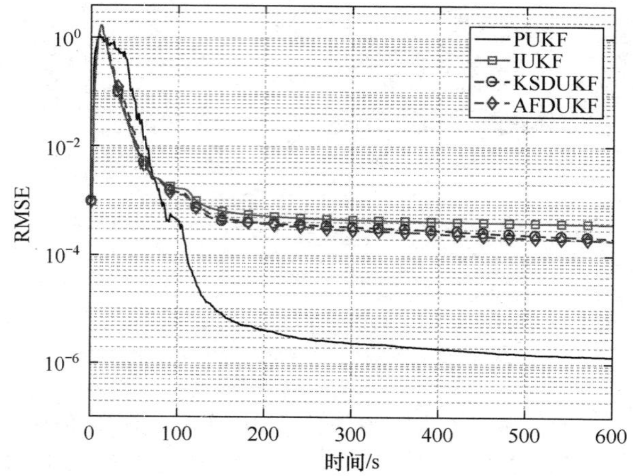

图 6-4 弹道目标状态 x_3 的 RMSE

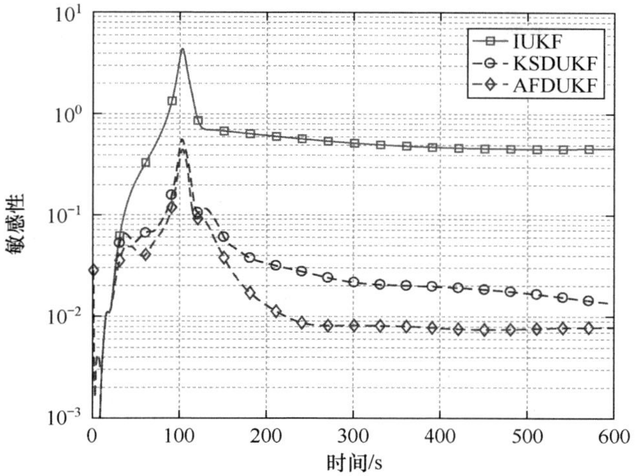

图 6-5　弹道目标状态估计误差 $\tilde{x}_1$ 的敏感性

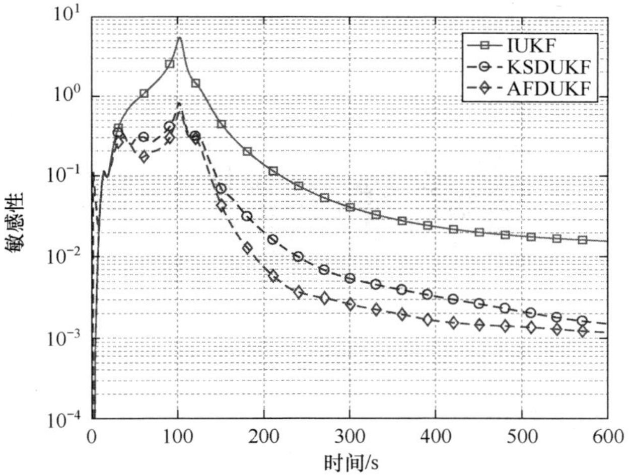

图 6-6　弹道目标状态估计误差 $\tilde{x}_2$ 的敏感性

表 6-2 所示为单次仿真的平均时间，其能够体现四种滤波算法的计算速度和计算量。从表中可以看出，PUKF 算法所用的时间最短，IUKF 算法次之，理论上 PUKF 算法和 IUKF 算法的计算时间应该是一样的，但由于 IUKF 算法需要计算状态估计误差的敏感性，其计算量有所增加。AFDUKF 算法与 IUKF 算法相近，由于 AFDUKF 算法增加了计算敏感性权重的自适应渐消因子，计算量略有增加。而 KSDUKF 算法的计算时间远大于另外三种滤波算法，且在表 6-1 中，其 x_1 和 x_2 的 RMSE 略逊于 AFDUKF 算法，x_3 的 RMSE 与 AFDUKF 算法相当。

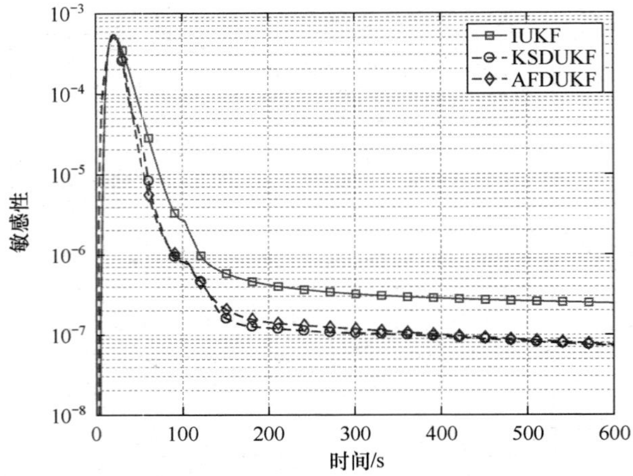

图 6-7 弹道目标状态估计误差 $\tilde{x}_3$ 的敏感性

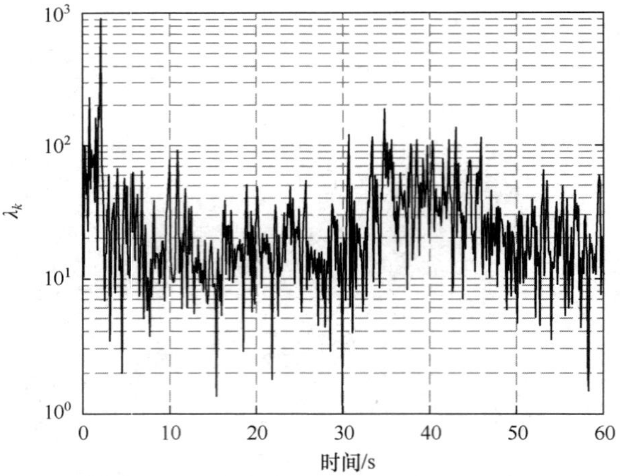

图 6-8 自适应渐消因子 λ_k 的变化

表 6-1 弹道目标再入系统状态的 RMSE 平均值

状　态	PUKF	IUKF	KSDUKF	AFDUKF
x_1 /ft	48.8673	644.3473	166.5303	91.9382
x_2 /(ft/s)	47.9455	171.7319	114.5872	96.4434
x_3	0.0486	0.0319	0.0325	0.0332

表 6-2 弹道目标再入系统单次仿真的平均时间

PUKF	IUKF	KSDUKF	AFDUKF
0.0744s	0.2982s	214.9304s	0.3178s

简而言之，AFDUKF 算法的滤波精度高于 IUKF 算法和 KSDUKF 算法，计算量低于 KSDUKF 算法，并且能够有效地降低不确定参数的不利影响。

例 2　直升机悬停模型

考虑具有两个未知参数的直升机悬停模型，其状态方程和测量方程分别为

$$\dot{\boldsymbol{x}}=\begin{bmatrix} c_1 & c_2 & -0.322 & 0 \\ 1.26 & -1.765 & 0 & 0 \\ 0 & 1 & 0 & 0 \\ 1 & 0 & 0 & 0 \end{bmatrix}\boldsymbol{x}-\begin{bmatrix} 0.086 \\ -7.408 \\ 0 \\ 0 \end{bmatrix}\boldsymbol{K}_{\text{lqr}}\boldsymbol{x}+\boldsymbol{w} \tag{6-113}$$

$$\boldsymbol{z}=\boldsymbol{x}+\boldsymbol{v} \tag{6-114}$$

式中，状态 $\boldsymbol{x}(t)=[x_1(t),x_2(t),x_3(t),x_4(t)]^{\mathrm{T}}$，$x_1(t)$ 为水平速度，$x_2(t)$ 为机身的俯仰角，$x_3(t)$ 为俯仰角角速度，$x_4(t)$ 为扰动；$\boldsymbol{K}_{\text{lqr}}=[1.989,-0.256,-0.7589,1]$ 为常值矩阵；两个不确定参数的经验值分别为 $\bar{c}_1=-0.1$ 和 $\bar{c}_2=0.1$；$\boldsymbol{w}$ 为过程噪声，其均值为零，方差为 $\boldsymbol{Q}=0.15\boldsymbol{I}$；$\boldsymbol{v}$ 为测量的零均值的高斯白噪声，其方差为 $\boldsymbol{R}=0.15\boldsymbol{I}$。

假设不确定参数 c_1 服从均匀分布 $U(-0.15,-0.05)$，不确定参数 c_2 服从均匀分布 $U(0.05,0.15)$，状态的初始真值和初始估计值分别为

$$\left[x_1(0),x_2(0),x_3(0),x_4(0)\right]=[0.7929,-0.0466,-0.1871,0.5780] \tag{6-115}$$

$$\left[\hat{x}_1(0),\hat{x}_2(0),\hat{x}_3(0),\hat{x}_4(0)\right]=[0.7932,-0.0458,-0.1875,0.5775] \tag{6-116}$$

方差的初始值为 $\hat{\boldsymbol{P}}_0=\boldsymbol{I}$。蒙特卡罗仿真的模拟时间为 4s，采样时间为 0.05s，仿真次数为 1000 次。连续状态方程式（6-112）采用四阶 Runge-Kutta 方法进行离散化。在该仿真中，ADUKF 算法的敏感性权重为 $W_1=W_2=4\times10^{-5}$，KSDUKF 算法的敏感性权重矩阵为

$$\boldsymbol{W}_{\text{KS},1}=\boldsymbol{W}_{\text{KS},2}=\text{diag}\left[4\times10^{-4}\quad 6\times10^{-2}\quad 2\times10^{-2}\quad 2\times10^{-2}\right] \tag{6-117}$$

本仿真中 IUKF 算法不再计算状态估计误差对参数的敏感性，因此其不再需要敏感性权重矩阵。仿真结果如图 6-9～图 6-12 所示，图中，PUKF、IUKF、KSDUKF 和 AFDUKF

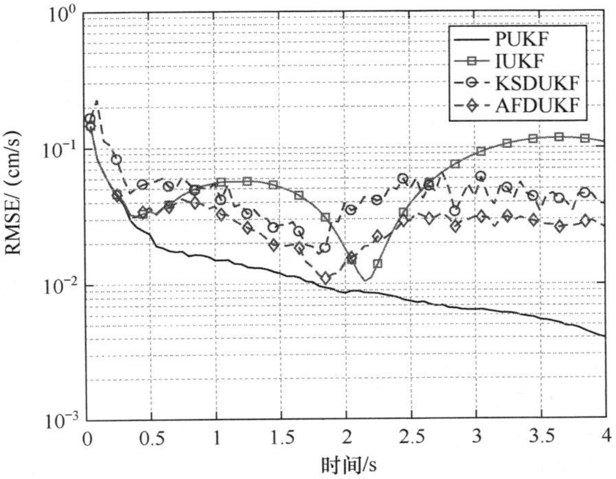

图 6-9　直升机悬停状态 x_1 的 RMSE

所代表的含义与例 1 中一致；图 6-13 为仿真过程中自适应渐消因子 λ_k 的变化，其平均值为 47.4。表 6-3 为系统状态的 RMSE 平均值，表 6-4 为直升机悬停系统单次仿真的平均时间。

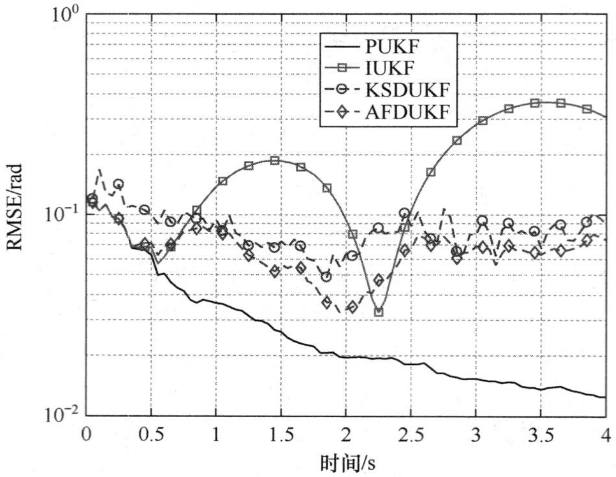

图 6-10　直升机悬停状态 x_2 的 RMSE

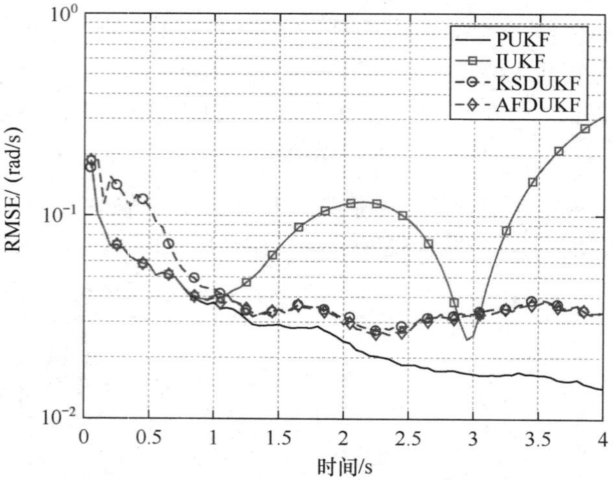

图 6-11　直升机悬停状态 x_3 的 RMSE

由图 6-9～图 6-12 和表 6-3 可以看出，模型参数精确已知的 PUKF 算法的滤波效果最好，而受到不确定参数干扰的 IUKF 算法的状态估计精度最差。在图 6-9 和图 6-10 中，AFDUKF 算法的 RMSE 明显小于 KSDUKF 算法，而在图 6-11 和图 6-12 中，AFDUKF 算法的 RMSE 与 KSDUKF 算法相近，且 KSDUKF 算法的状态估计精度较差。图 6-13 中的自适应渐消因子在整个滤波过程中不断波动，验证了敏感性权重的自适应渐消因子能够起到实时调节的作用。

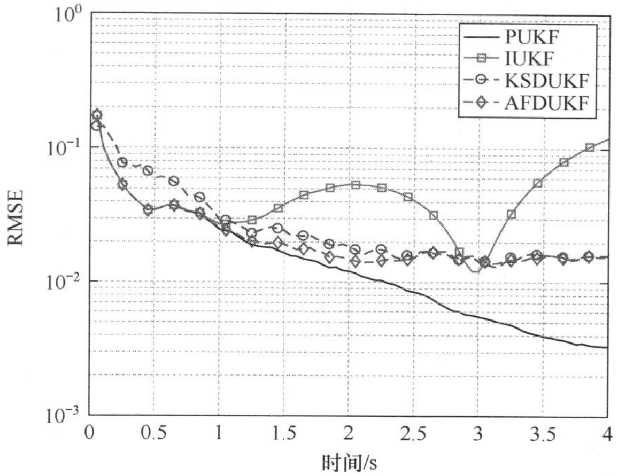

图 6-12　直升机悬停状态 x_4 的 RMSE

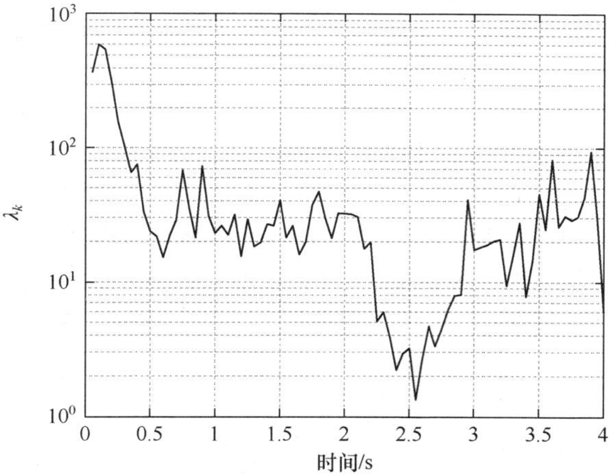

图 6-13　自适应渐消因子 λ_k 的变化

表 6-3　直升机悬停系统状态的 RMSE 平均值

状　态	PUKF	IUKF	KSDUKF	AFDUKF
x_1 /(m/s)	0.0151	0.0628	0.0493	0.0306
x_2 /rad	0.0307	0.1809	0.0858	0.0667
x_3 /(rad/s)	0.0318	0.0978	0.0497	0.0405
x_4	0.0196	0.0477	0.0310	0.0247

由表 6-4 可以看出，对于单次仿真的平均时间，PUKF 算法和 IUKF 算法所用的时间较短，而 KSDUKF 算法的计算时间要远大于其他三种滤波算法；由于 AFDUKF 算法中引

入了敏感性权重的自适应渐消因子，该算法在计算量上略有增加。总之，AFDUKF 算法在面对具有不确定参数的非线性系统时，能够在保持较短计算时间的前提下，有效地降低不确定参数的不利影响，提高状态估计精度。

表 6-4 直升机悬停系统单次仿真的平均时间

PUKF	IUKF	KSDUKF	AFDUKF
0.0236s	0.0236s	64.8910s	0.1325s

6.3 SKF 算法及其在组合导航中的应用

6.3.1 SKF 算法

近年来，基于甚高频无线电信号可以穿透探测器周围的等离子鞘这一最新研究成果，学者们提出了利用火星在轨轨道器或者火星表面信标与探测器之间的无线电通信来增加探测器的导航信息，并提出了火星网络的概念。利用探测器与信标之间无线电通信的测距信息（探测器与信标之间的距离）和 Doppler 效应的测速信息（探测器的速度）可获得新的测量信息。这些新测量信息的增加丰富了导航信息，提高了导航精度。但是，新测量信息中含有的测量偏差会极大地降低导航精度。这些测量偏差包括 IMU 偏差、通信测距偏差与信标的位置偏差，在进行导航滤波设计时必须考虑。

为了降低这些测量偏差对导航精度的影响，本章引入了 SKF 算法。SKF 算法的主要思想是将偏差的统计特性（方差）引入滤波过程中，而不直接估计这些测量偏差，从而达到修正滤波状态估计的目的。本章提出了改进的带有 UD 分解的 SKF（SKF with UD Decomposition，UDSKF）算法，以增强求解增益时的数值稳定性，并基于 UDSKF 算法建立了一种火星进入段的自主导航方法。

1. 导航方法

针对导航系统中的测量偏差，SKF 算法主要将偏差的统计特性（方差）引入滤波过程中来修正滤波增益，而不直接估计测量偏差，从而修正滤波状态估计。下面介绍 UDSKF 算法。

考虑线性离散动力学方程和测量方程：

$$\begin{cases} \boldsymbol{X}_k = \boldsymbol{\Phi}_{k/k-1}\boldsymbol{X}_{k-1} + \boldsymbol{w}_{k-1} \\ \boldsymbol{Z}_k = \boldsymbol{H}_k\boldsymbol{X}_k + \boldsymbol{N}_k\boldsymbol{c} + \boldsymbol{v}_k \end{cases} \tag{6-118}$$

式中，$\boldsymbol{X}_k$ 为 n 维状态向量；$\boldsymbol{Z}_k$ 为 m 维测量向量；$\boldsymbol{c}$ 为测量偏差；$\boldsymbol{\Phi}_{k/k-1}$ 为状态转移矩阵，$\boldsymbol{H}_k$ 为测量矩阵，$\boldsymbol{N}_k$ 为偏差敏感性矩阵；$\boldsymbol{w}_{k-1}, \boldsymbol{v}_k$ 分别表示过程噪声和测量噪声，且二者是独立的零均值高斯白噪声，即满足：

$$\begin{cases} E[\boldsymbol{w}_k] = \boldsymbol{0}, E[\boldsymbol{w}_k\boldsymbol{w}_j^{\mathrm{T}}] = \boldsymbol{Q}_k\delta_{kj} \\ E[\boldsymbol{v}_k] = \boldsymbol{0}, E[\boldsymbol{v}_k\boldsymbol{v}_j^{\mathrm{T}}] = \boldsymbol{R}_k\delta_{kj} \\ E[\boldsymbol{w}_k\boldsymbol{v}_j^{\mathrm{T}}] = \boldsymbol{0} \end{cases} \tag{6-119}$$

下面给出 SKF 算法的线性滤波基本方程。其中要求不确定参数满足如下条件：

$$\begin{cases} E[\boldsymbol{c}]=\overline{\boldsymbol{c}},\ E[(\overline{\boldsymbol{c}}-\boldsymbol{c})(\overline{\boldsymbol{c}}-\boldsymbol{c})^{\mathrm{T}}]=\boldsymbol{P}_{cc} \\ E[\boldsymbol{v}_k(\overline{\boldsymbol{c}}-\boldsymbol{c})^{\mathrm{T}}]=\boldsymbol{0},\ E[\boldsymbol{w}_k(\overline{\boldsymbol{c}}-\boldsymbol{c})^{\mathrm{T}}]=\boldsymbol{0} \end{cases} \tag{6-120}$$

式中，$\overline{\boldsymbol{c}}$ 为参数 $\boldsymbol{c}$ 的名义值。式（6-120）表明不确定参数可以建模为一个随机常值，且具有方差 $\boldsymbol{P}_{cc}$，与过程噪声和测量噪声相互独立。

采用扩维形式对 SKF 算法进行推导，在推导过程中，不对参数进行估计，强制令其增益矩阵为零。将参数 $\boldsymbol{c}$ 扩维进状态向量，将系统模型式（6-119）整理为

$$\begin{bmatrix} \boldsymbol{X}_k \\ \boldsymbol{c} \end{bmatrix}=\begin{bmatrix} \boldsymbol{\Phi}_{k/k-1} & \boldsymbol{0} \\ \boldsymbol{0} & \boldsymbol{I} \end{bmatrix}\begin{bmatrix} \boldsymbol{X}_{k-1} \\ \boldsymbol{c} \end{bmatrix}+\begin{bmatrix} \boldsymbol{w}_{k-1} \\ \boldsymbol{0} \end{bmatrix} \tag{6-121}$$

$$\boldsymbol{Z}_k=[\boldsymbol{H}_k,\boldsymbol{N}_k]\begin{bmatrix} \boldsymbol{X}_k \\ \boldsymbol{c} \end{bmatrix}+\boldsymbol{v}_k \tag{6-122}$$

同时，假设 $\overline{\boldsymbol{c}}-\boldsymbol{c}$ 与状态估计误差 $\tilde{\boldsymbol{X}}_{k/k-1}=\hat{\boldsymbol{X}}_{k/k-1}-\boldsymbol{X}_k$ 的先验协方差 $\boldsymbol{C}_{k/k-1}$ 满足：

$$\boldsymbol{C}_{k/k-1}=E[(\hat{\boldsymbol{X}}_{k/k-1}-\boldsymbol{X}_k)(\overline{\boldsymbol{c}}-\boldsymbol{c})^{\mathrm{T}}] \tag{6-123}$$

且其初始值为 $\boldsymbol{C}_0=\boldsymbol{0}$，则相应的扩维后状态误差的方差为

$$P_{k/k-1}=\begin{bmatrix} \boldsymbol{P} & \boldsymbol{C} \\ \boldsymbol{C}^{\mathrm{T}} & \boldsymbol{P}_{cc} \end{bmatrix} \tag{6-124}$$

考虑扩维后的系统模型式（6-121）和式（6-122），利用标准 KF 的基本方程可得相应的基本方程。

时间更新：

$$\hat{\boldsymbol{X}}_{k/k-1}=\boldsymbol{\Phi}_{k/k-1}\hat{\boldsymbol{X}}_{k-1} \tag{6-125}$$

$$\boldsymbol{P}_{k/k-1}=\begin{bmatrix} \boldsymbol{\Phi}_{k/k-1} & \boldsymbol{0} \\ \boldsymbol{0} & \boldsymbol{I} \end{bmatrix}\begin{bmatrix} \boldsymbol{P}_{k/k-1} & \boldsymbol{C}_{k/k-1} \\ \boldsymbol{C}_{k/k-1}^{\mathrm{T}} & \boldsymbol{P}_{cc} \end{bmatrix}\begin{bmatrix} \boldsymbol{\Phi}_{k/k-1} & \boldsymbol{0} \\ \boldsymbol{0} & \boldsymbol{I} \end{bmatrix}+\begin{bmatrix} \boldsymbol{Q}_{k-1} & \boldsymbol{0} \\ \boldsymbol{0} & \boldsymbol{0} \end{bmatrix} \tag{6-126}$$

测量更新：

$$\overline{\boldsymbol{K}}_k=\begin{bmatrix} \boldsymbol{K}_k \\ \boldsymbol{0} \end{bmatrix}=\boldsymbol{P}_{k/k-1}\begin{bmatrix} \boldsymbol{H}_k^{\mathrm{T}} \\ \boldsymbol{N}_k^{\mathrm{T}} \end{bmatrix}\left\{[\boldsymbol{H}_k,\boldsymbol{N}_k]\boldsymbol{P}_{k/k-1}\begin{bmatrix} \boldsymbol{H}_k^{\mathrm{T}} \\ \boldsymbol{N}_k^{\mathrm{T}} \end{bmatrix}+\boldsymbol{R}_k\right\}^{-1} \tag{6-127}$$

$$\hat{\boldsymbol{X}}_k=\hat{\boldsymbol{X}}_{k/k-1}+\boldsymbol{K}_k(\boldsymbol{Z}_k-\boldsymbol{H}_k\hat{\boldsymbol{X}}_{k/k-1}-\boldsymbol{N}_k\overline{\boldsymbol{c}}) \tag{6-128}$$

$$\begin{aligned} \boldsymbol{P}_k&=\{\boldsymbol{I}-\overline{\boldsymbol{K}}_k[\boldsymbol{H}_k,\boldsymbol{N}_k]\}\boldsymbol{P}_{k/k-1} \\ &=\left\{\boldsymbol{I}-\begin{bmatrix} \boldsymbol{K}_k \\ \boldsymbol{0} \end{bmatrix}[\boldsymbol{H}_k,\boldsymbol{N}_k]\right\}\begin{bmatrix} \boldsymbol{P}_{k/k-1} & \boldsymbol{C}_{k/k-1} \\ \boldsymbol{C}_{k/k-1}^{\mathrm{T}} & \boldsymbol{P}_{cc} \end{bmatrix} \end{aligned} \tag{6-129}$$

式中，$\overline{\boldsymbol{K}}_k$ 中关于参数的增益矩阵强制为零，这主要是因为 SKF 算法中不对参数进行估计。将上述扩维后的基本方程展开，即可得 SKF 算法的基本方程，总结如下。

时间更新（SKF）：

$$\hat{\boldsymbol{X}}_{k/k-1}=\boldsymbol{\Phi}_{k/k-1}\hat{\boldsymbol{X}}_{k-1} \tag{6-130}$$

$$\boldsymbol{P}_{k/k-1}=\boldsymbol{\Phi}_{k/k-1}\boldsymbol{P}_{k-1}\boldsymbol{\Phi}_{k/k-1}^{\mathrm{T}}+\boldsymbol{Q}_{k-1} \tag{6-131}$$

$$\boldsymbol{C}_{k/k-1}=\boldsymbol{\Phi}_{k/k-1}\boldsymbol{C}_{k-1} \tag{6-132}$$

测量更新（SKF）：

$$\boldsymbol{K}_k=(\boldsymbol{P}_{k/k-1}\boldsymbol{H}_k^{\mathrm{T}}+\boldsymbol{C}_{k-1}\boldsymbol{N}_k^{\mathrm{T}})\boldsymbol{\Omega}_k^{-1} \tag{6-133}$$

$$\hat{\boldsymbol{X}}_k=\hat{\boldsymbol{X}}_{k/k-1}+\boldsymbol{K}_k(\boldsymbol{Z}_k-\boldsymbol{H}_k\hat{\boldsymbol{X}}_{k/k-1}-\boldsymbol{N}_k\overline{\boldsymbol{c}}) \tag{6-134}$$

$$\boldsymbol{P}_k=(\boldsymbol{I}-\boldsymbol{K}_k\boldsymbol{H}_k)\boldsymbol{P}_{k/k-1}-\boldsymbol{K}_k\boldsymbol{N}_k\boldsymbol{C}_{k/k-1}^{\mathrm{T}}=\boldsymbol{P}_{k/k-1}-\boldsymbol{K}_k\boldsymbol{\Omega}_k\boldsymbol{K}_k^{\mathrm{T}} \tag{6-135}$$

$$\boldsymbol{C}_k=\left(\boldsymbol{I}-\boldsymbol{K}_k\boldsymbol{H}_k\right)\boldsymbol{C}_{k/k-1}-\boldsymbol{K}_k\boldsymbol{N}_k\boldsymbol{P}_{cc} \tag{6-136}$$

式中，$\boldsymbol{\Omega}_k$ 满足：

$$\boldsymbol{\Omega}_k=\boldsymbol{H}_k\boldsymbol{P}_{k/k-1}\boldsymbol{H}_k^{\mathrm{T}}+\boldsymbol{N}_k\boldsymbol{C}_{k/k-1}^{\mathrm{T}}\boldsymbol{H}_k^{\mathrm{T}}+\boldsymbol{H}_k\boldsymbol{C}_{k/k-1}\boldsymbol{N}_k^{\mathrm{T}}+\boldsymbol{N}_k\boldsymbol{P}_{cc}\boldsymbol{N}_k^{\mathrm{T}}+\boldsymbol{R}_k \tag{6-137}$$

非线性方程线性化截断误差的累积通常会导致在导航滤波过程中，式（6-137）中的 $\boldsymbol{\Omega}_k$ 出现非正定的情况。非正定 $\boldsymbol{\Omega}_k$ 在计算增益矩阵 $\boldsymbol{K}_k$ 时的求逆运算，使得 $\boldsymbol{K}_k$ 可能出现意想不到的情况，甚至发散。为了增强导航过程中的数值稳定性，本章在 SKF 算法中引入 UD 分解技术。

由于 $\boldsymbol{\Omega}_k$ 是对称正定矩阵，故可以分解成如下形式：

$$\boldsymbol{\Omega}_k=\boldsymbol{U}\boldsymbol{D}\boldsymbol{U}^{\mathrm{T}} \tag{6-138}$$

式中，$\boldsymbol{D}$ 是对角矩阵，$\boldsymbol{U}$ 是单位上三角矩阵。

将式（6-138）代入式（6-139），可得

$$\boldsymbol{K}_k\boldsymbol{U}\boldsymbol{D}\boldsymbol{U}^{\mathrm{T}}=\boldsymbol{P}_{k/k-1}\boldsymbol{H}_k^{\mathrm{T}}+\boldsymbol{C}_{k-1}\boldsymbol{N}_k^{\mathrm{T}} \tag{6-139}$$

$$\boldsymbol{U}\boldsymbol{D}\boldsymbol{U}^{\mathrm{T}}\boldsymbol{K}_k^{\mathrm{T}}=(\boldsymbol{P}_{k/k-1}\boldsymbol{H}_k^{\mathrm{T}}+\boldsymbol{C}_{k-1}\boldsymbol{N}_k^{\mathrm{T}})^{\mathrm{T}} \tag{6-140}$$

设 $\boldsymbol{Y}=\boldsymbol{K}_k^{\mathrm{T}}$，则有

$$\boldsymbol{U}\boldsymbol{D}\boldsymbol{U}^{\mathrm{T}}\boldsymbol{Y}=(\boldsymbol{P}_{k/k-1}\boldsymbol{H}_k^{\mathrm{T}}+\boldsymbol{C}_{k-1}\boldsymbol{N}_k^{\mathrm{T}})^{\mathrm{T}} \tag{6-141}$$

则未知变量 $\boldsymbol{Y}$ 可以通过下面的算法得到：

$$\boldsymbol{U}\boldsymbol{Y}_1=(\boldsymbol{P}_{k/k-1}\boldsymbol{H}_k^{\mathrm{T}}+\boldsymbol{C}_{k-1}\boldsymbol{N}_k^{\mathrm{T}})^{\mathrm{T}} \tag{6-142}$$

$$\boldsymbol{D}\boldsymbol{Y}_2=\boldsymbol{Y}_1 \tag{6-143}$$

$$\boldsymbol{U}^{\mathrm{T}}\boldsymbol{Y}=\boldsymbol{Y}_2 \tag{6-144}$$

显然，式（6-142）是一个上三角方程组，解之可得 $\boldsymbol{Y}_1$；式（6-143）是一个独立标量方程，解之得 $\boldsymbol{Y}_2$；式（6-144）是一个下三角方程组，可以通过修正的逆代换得到 $\boldsymbol{Y}$，则增益矩阵 $\boldsymbol{K}_k$ 可以通过式（6-145）得到。

$$\boldsymbol{K}_k=\boldsymbol{Y}^{\mathrm{T}} \tag{6-145}$$

通过将 UD 分解技术引入 SKF 中，增强了增益矩阵的数值稳定性，即可得到 UDSKF 算法。

2. 仿真例子

下面在火星进入段 IMU 和甚高频无线电通信的导航方案下，考虑了测量方程的偏差，设计了一种 UDSKF 自主导航方法。为了检验 UDSKF 算法的有效性，共进行了 500 次蒙特卡罗仿真模拟实验，得到单次的运行误差和 500 次的 RMSE。

火星大气进入段探测器的状态真值和初始值，以及相应的模型参数真值和初始值如表 6-5 所示。表 6-6 给出了有效的在轨信标与火星表面信标的初始位置和速度。在仿真

中，IMU 的偏差、通信偏差和信标的位置偏差作为测量偏差加入测量方程中。IMU 的偏差设为-0.03m/s^2，在轨信标的位置偏差和通信偏差分别设为 60m 和 30m，火星表面信标的位置偏差和通信偏差分别设为 20m 和 10m。仿真中，初始方差矩阵为

$$\boldsymbol{P}_0 = \text{diag}[10^3\,\text{m}^2, 10^2\,(\text{m/s})^2, 5.73\times10^{-7}\,\text{deg}^2, 5.73\times10^{-7}\,\text{deg}^2, 5.73\times10^{-9}\,\text{deg}^2, 5.73\times10^{-6}\,\text{deg}^2] \tag{6-146}$$

其中，为表述方便，本节用 deg 表示单位度（°）。

相应的系统噪声方差矩阵为

$$\boldsymbol{Q}_k = \text{diag}[10\text{m}^2, 1(\text{m/s})^2, 5.73\times10^{-9}\,\text{deg}^2, 5.73\times10^{-11}\,\text{deg}^2, 5.73\times10^{-9}\,\text{deg}^2, 5.73\times10^{-7}\,\text{deg}^2] \tag{6-147}$$

测量噪声方差矩阵为

$$\boldsymbol{R}_k = \text{diag}\left[10^{-6}(\text{m/s})^2, 10^{-6}(\text{m/s})^2, 10^{-6}(\text{m/s})^2, 20\text{m}^2, 20\text{m}^2, 50\text{m}^2\right] \tag{6-148}$$

表 6-5 仿真状态初始条件

状态及参数	真 值	初 始 值
高度 r	3518.2km	3519.2km
速度 v	6490m/s	5900m/s
路径角 γ	−16deg	−15.5deg
经度 θ	−89.872deg	−90.072deg
纬度 λ	−28.02deg	−28.22deg
航向角 ψ	5.156deg	5.356deg
大气密度 ρ_0	$2.0\times10^{-4}\text{kg/m}^3$	$2.2\times10^{-4}\text{kg/m}^3$
升阻比 L/D	0.26	0.24
弹道系数 B	$0.0096\text{m}^2/\text{kg}$	$0.0087\text{m}^2/\text{kg}$

表 6-6 在轨信标与火星表面信标的初始条件

信 标	初 始 位 置	初 始 速 度
在轨信标	(7855.7,−461.8,749.82)km	(66.2,2206.4,−413)m/s
火星表面信标 1	(3300,420,1350)km	(0,0,0)m/s
火星表面信标 2	(3290,570,755)km	(0,0,0)m/s

图 6-14 给出了单次蒙特卡罗仿真的 UDSKF 算法与 EKF 算法的状态估计误差对比。从图 6-14 可以看出，EKF 算法的状态估计误差整体波动较大，而 UDSKF 算法对探测器的状态估计误差较小，整体波动也较小。也就是说，EKF 算法受测量偏差的影响较大，而 UDSKF 算法极大地降低了测量偏差对导航状态估计的影响，很好地估计了探测器的状态。

图 6-15 给出了 500 次仿真中 EKF 算法和 UDSKF 算法的 RMSE（对数尺度）。从图中可以看出，当测量方程具有偏差时，EKF 算法的 RMSE 是有偏的，在整体上大于 UDSKF 算法的 RMSE，特别是在高度、飞行路径角、经度和航向角方面，EKF 算法的 RMSE 更大。表 6-7 进一步给出了火星进入段 IMU/无线电测距组合导航方案下 EKF 算法和

UDSKF 算法 RMSE 的均值和标准差比较。从表 6-7 中可看出，UDSKF 算法的高度和速度估计的 RMSE 的均值和标准差均小于 EKF 算法。这表明 EKF 算法受测量偏差影响较大，无法满足未来火星探测任务的要求，而 UDSKF 算法则有效地降低了这种测量偏差对导航性能的影响，对导航状态提供了精确的估计。

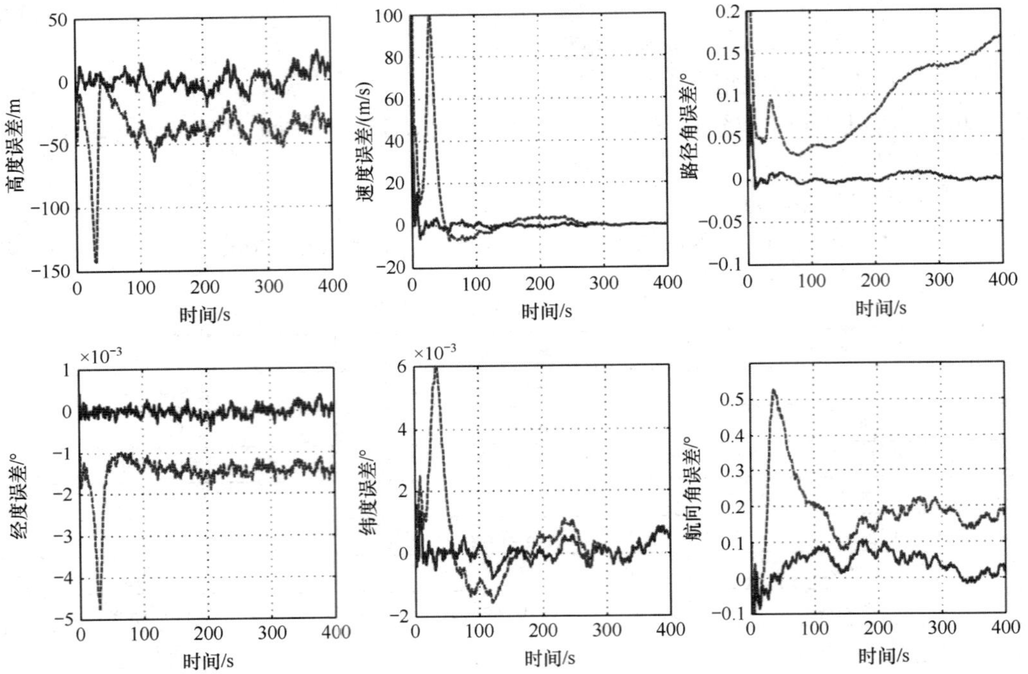

图 6-14　UDSKF 算法和 EKF 算法的状态估计误差比较（虚线代表 EKF 算法，实线代表 UDSKF 算法）

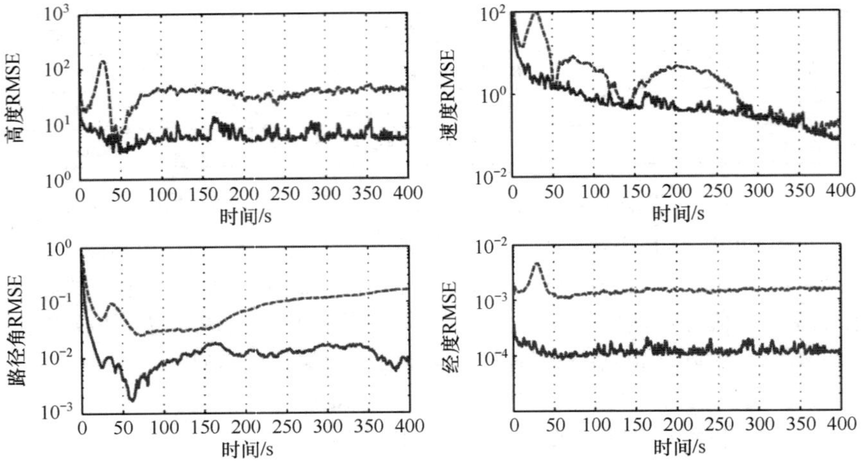

图 6-15　UDSKF 算法和 EKF 算法的 RMSE 比较（虚线代表 EKF 算法，实线代表 UDSKF 算法）

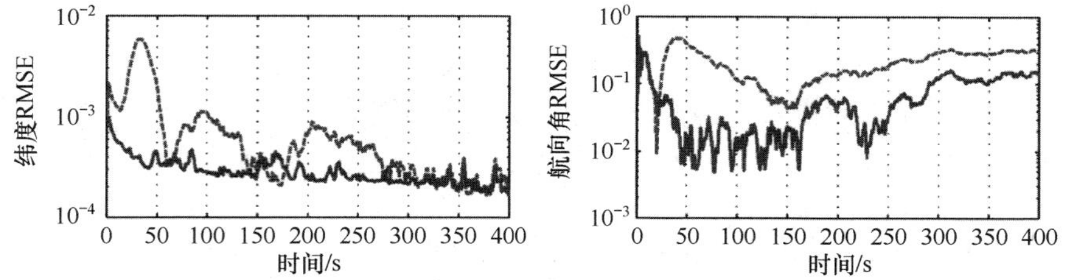

图 6-15　UDSKF算法和EKF算法的RMSE比较（虚线代表EKF算法，实线代表UDSKF算法）（续）

表 6-7　UDSKF算法和 EKF算法 RMSE的均值与标准差比较

状　态	EKF		UDSKF	
	均　值	标　准　差	均　值	标　准　差
高度/m	37.84	17.29	6.32	1.97
速度/(m/s)	24.77	346.06	2.13	18.46
路径角/deg	0.09	0.07	0.01	0.03
经度/deg	1.5e−3	4.84e−4	1.23e−4	2.89e−5
纬度/deg	8.01e−4	1.1e−3	2.94e−4	1.08e−4
航向角/deg	0.21	0.10	0.07	0.06

6.3.2　Consider集合 KF算法

非线性 KF 在通信、控制等许多领域都有重要的应用，如目标跟踪、飞行器导航、故障诊断、化工控制、信号处理和多传感器数据融合等。学者们提出了许多非线性 KF 算法，如 EKF、CDKF、UKF、SKF、RKF 和集合 KF。UKF、CDKF、SKF 和 RKF 属于确定性采样滤波算法，其中 Sigma 点为先验状态分布中抽取的一定数量的确定性样本。集合 KF（Ensemble Kalman Filter，EnKF）算法属于随机采样近似滤波算法，其中概率分布函数（Probability Distribution Functions，PDF）由集合点表示，测量值的时间更新 PDF 和后验 PDF 分别采用集合点集成的随机模型进行建模。EnKF 算法被广泛应用于状态具有极高维度及测量值具有大量数据的非线性系统模型中。对于非线性 KF 而言，其要求系统的状态模型和测量模型可以精确地建模。但是，在工程实践中，系统模型往往存在不确定参数或偏差，而忽略这些不确定性会使滤波效果严重变差，甚至导致发散。

为了解决非线性系统中不确定参数或偏差带来的不利影响，本节基于 SKF 算法和 EnKF 算法提出了 Consider 集合 KF（Consider Ensemble Kalman Filter，CEnKF）算法。在 CEnKF 算法中，利用随机采样的集合点将不确定参数的统计信息引入 EnKF 算法的公式中，并通过计算不确定参数与状态和测量值之间的协方差矩阵来修正增益矩阵，而不直接估计不确定参数或偏差，进而利用增广状态方法推导出 CEnKF 算法的详细公式。

1. EnKF 算法

EnKF 算法最早是由 Evensen 等提出的用一组表示 PDF 的集合来对误差统计量进行近似的算法。EnKF 算法的本质是一种基于蒙特卡罗方法的 KF，计算效率比较高，并对极高维度的非线性系统具有较强的处理能力，因此该算法在天气预报和海洋领域具有广泛的应用。其核心思想为：从系统的状态先验分布中初始化一组随机采样的集合点，并将测量信息融入 KF 中，实现对集合点的更新，然后通过对更新后的集合点进行计算来获得状态后验分布对应的均值和方差，最后通过系统的模型传递来实现集合的重采样，获得下一时刻的集合点数据，从而使集合点估计的状态精度更高。

考虑非线性系统离散形式的状态方程和测量方程：

$$\boldsymbol{x}_k = f(\boldsymbol{x}_{k-1}) + \boldsymbol{w}_{k-1} \tag{6-149}$$

$$\boldsymbol{z}_k = h(\boldsymbol{x}_k) + \boldsymbol{v}_k \tag{6-150}$$

式中，状态和过程噪声满足 $\boldsymbol{x}_k, \boldsymbol{w}_{k-1} \in \mathbf{R}^n$，测量向量和测量噪声满足 $\boldsymbol{z}_k, \boldsymbol{v}_k \in \mathbf{R}^b$，过程噪声 $\boldsymbol{w}_{k-1}$ 和测量噪声 $\boldsymbol{v}_k$ 为相互独立的零均值高斯白噪声，且方差分别为 $\boldsymbol{Q}_k$ 和 $\boldsymbol{R}_k$；f 和 h 分别是非线性状态方程函数和非线性测量方程函数。$\boldsymbol{w}_{k-1}$ 和 $\boldsymbol{v}_k$ 满足：

$$E[\boldsymbol{w}_k \boldsymbol{w}_j^{\mathrm{T}}] = \boldsymbol{Q}_k \delta_{kj};\ E[\boldsymbol{v}_k \boldsymbol{v}_j^{\mathrm{T}}] = \boldsymbol{R}_k \delta_{kj};\ E[\boldsymbol{w}_k \boldsymbol{v}_j^{\mathrm{T}}] = \boldsymbol{0} \tag{6-151}$$

EnKF 算法如下。

首先，在 k 时刻，为了在预测步骤中传递误差分布，生成 m 个带随机样本误差的状态估计集合点，其中集合点 $\boldsymbol{\chi}_{k-1}^{f} \in \mathbf{R}^{n\times m}$ 被定义为

$$\boldsymbol{\chi}_{k-1}^{f} = \{\boldsymbol{x}_{k-1}^{1}, \boldsymbol{x}_{k-1}^{2}, \cdots, \boldsymbol{x}_{k-1}^{i}, \cdots, \boldsymbol{x}_{k-1}^{m}\} \tag{6-152}$$

式中，上标 i 表示第 i 个集合点，并且 $i = 1, 2, \cdots, m$。

集合点的传递，即先验状态的集合点为

$$\boldsymbol{x}_k^i = f(\boldsymbol{x}_{k-1}^i) + \boldsymbol{w}_k^i \tag{6-153}$$

先验状态均值 $\hat{\boldsymbol{x}}_k^- \in \mathbf{R}^n$ 为

$$\hat{\boldsymbol{x}}_k^- = \frac{1}{m}\sum_{i=1}^{m} \boldsymbol{x}_k^i \tag{6-154}$$

式中，先验状态集合点 $\boldsymbol{x}_k^i\,(i = 1, 2, \cdots, m)$ 与其均值 $\hat{\boldsymbol{x}}_k^-$ 之间的集合误差矩阵 $\boldsymbol{M}_k^x \in \mathbf{R}^{n\times m}$ 满足：

$$\boldsymbol{M}_k^x = [\boldsymbol{x}_k^1 - \hat{\boldsymbol{x}}_k^-, \cdots, \boldsymbol{x}_k^m - \hat{\boldsymbol{x}}_k^-] \tag{6-155}$$

测量值的集合点 $\boldsymbol{Z}_k^i\,(i = 1, 2, \cdots, m)$ 可通过以下计算获得：

$$\boldsymbol{Z}_k^i = h(\boldsymbol{x}_k^i) \tag{6-156}$$

测量值集合点的均值，即先验测量值 $\hat{\boldsymbol{z}}_k^-$ 为

$$\hat{\boldsymbol{z}}_k^- = \frac{1}{m}\sum_{i=1}^{m} \boldsymbol{Z}_k^i \tag{6-157}$$

并且测量的误差矩阵 $\boldsymbol{M}_k^z \in \mathbf{R}^{b\times m}$ 被定义为

$$\boldsymbol{M}_k^z = [\boldsymbol{Z}_k^1 - \hat{\boldsymbol{z}}_k^-, \cdots, \boldsymbol{Z}_k^m - \hat{\boldsymbol{z}}_k^-] \tag{6-158}$$

通过计算式（6-155）中的误差矩阵 $\boldsymbol{M}_k^x$ 和式（6-158）中的测量误差矩阵 $\boldsymbol{M}_k^z$，可以得到状态估计协方差 $\boldsymbol{P}_{xx,k}^-$、测量协方差 $\boldsymbol{P}_{zz,k}^-$ 及状态和测量值间的互协方差 $\boldsymbol{P}_{xz,k}^-$，公式如下：

$$\boldsymbol{P}_{xx,k}^- = \frac{1}{m-1}\boldsymbol{M}_k^x (\boldsymbol{M}_k^x)^{\mathrm{T}} \tag{6-159}$$

$$P_{zz,k} = \frac{1}{m-1} M_k^z (M_k^z)^{\mathrm{T}} \tag{6-160}$$

$$P_{xz,k} = \frac{1}{m-1} M_k^x (M_k^z)^{\mathrm{T}} \tag{6-161}$$

其次，由 $P_{xz,k}^-$ 和 $P_{zz,k}^-$ 计算增益矩阵 K_k：

$$K_{x,k} = P_{xz,k} P_{zz,k}^{-1} \tag{6-162}$$

再次，后验状态估计的集合点及其方差为

$$\hat{x}_k^{+i} = \hat{x}_k^{-i} + K_k (z_k - Z_k^i) \tag{6-163}$$

$$P_{xx,k}^+ = P_{xx,k}^- - K_k P_{zz,k} K_k^{\mathrm{T}} \tag{6-164}$$

最后，后验状态估计值 $\hat{x}_k^+$ 为

$$\hat{x}_k^+ = \frac{1}{m} \sum_{i=1}^{m} \hat{x}_k^{+i} \tag{6-165}$$

2. CEnKF 算法

考虑如下具有不确定参数或偏差的非线性离散形式的状态模型和测量模型：

$$x_k = f(x_{k-1}, p) + w_{k-1} \tag{6-166}$$

$$z_k = h(x_k, p) + v_k \tag{6-167}$$

式中，$p \in \mathbf{R}^l$ 为不确定参数向量。

在 CEnKF 算法中，不确定参数被建模为已知先验统计量的常值向量，并且其参考值和协方差被设定为 $\bar{p}$ 和 P_{pp}。根据 SKF 算法，将状态估计 x_k 和不确定参数 p 增广为一个状态 $X_k \in \mathbf{R}^{n+l}$，其描述如下：

$$X_k = [x_k, p_k]^{\mathrm{T}} \tag{6-168}$$

并且它的协方差被定义为

$$P_{XX} = \begin{bmatrix} P_{xx} & P_{xp} \\ P_{px} & P_{pp} \end{bmatrix} \tag{6-169}$$

为了在预测步骤中传递误差分布，在时间步长为第 $k-1$ 步的集合中，生成 m 个带随机误差的状态集合点，集合点 $\chi_{k-1}^f \in \mathbf{R}^{n \times m}$ 被定义为

$$\chi_{k-1}^f = \left\{ X_{k-1}^1, X_{k-1}^2, \cdots, X_{k-1}^i, \cdots, X_{k-1}^m \right\} \tag{6-170}$$

式中，上标 i 表示第 i 个预测集合点，且 $i = 1, 2, \cdots, m$；$X_{k-1}^i = [x_{k-1}^i, p_{k-1}^i]^{\mathrm{T}}$ 为扩维后的集合点。

集合点的一步预测为

$$X_k^i = \begin{bmatrix} f(X_{k-1}^i) \\ \hat{p}_{k-1}^i \end{bmatrix} + \begin{bmatrix} w_k^i \\ \mathbf{0} \end{bmatrix} \tag{6-171}$$

估计的先验状态 $\hat{X}_k^-$ 通过以下方程获得：

$$\hat{\boldsymbol{X}}_k^- = \begin{bmatrix} \hat{\boldsymbol{x}}_k^- \\ \hat{\boldsymbol{p}}_k^- \end{bmatrix} = \frac{1}{m}\sum_{i=1}^{m}\boldsymbol{X}_k^i \tag{6-172}$$

并且状态集合点 $\boldsymbol{X}_k^i(i=1,2,\cdots,m)$ 与其均值 $\hat{\boldsymbol{X}}_k^-$ 之间的集合误差矩阵 $\boldsymbol{M}_k^X \in \mathbf{R}^{(n+l)\times m}$ 被定义为

$$\boldsymbol{M}_k^X = \begin{bmatrix} \boldsymbol{M}_k^x \\ \boldsymbol{M}_k^p \end{bmatrix} = \left[\boldsymbol{X}_k^1 - \hat{\boldsymbol{X}}_k^-, \cdots, \boldsymbol{X}_k^m - \hat{\boldsymbol{X}}_k^-\right] \tag{6-173}$$

从式（6-172）和式（6-173）可以看出：

$$\hat{\boldsymbol{x}}_k^- = \frac{1}{m}\sum_{i=1}^{m}\boldsymbol{x}_k^i \tag{6-174}$$

$$\hat{\boldsymbol{p}}_k^- = \frac{1}{m}\sum_{i=1}^{m}\boldsymbol{p}_k^i \tag{6-175}$$

$$\boldsymbol{M}_k^x = \left[\boldsymbol{x}_k^1 - \hat{\boldsymbol{x}}_k^-, \cdots, \boldsymbol{x}_k^m - \hat{\boldsymbol{x}}_k^-\right] \tag{6-176}$$

$$\boldsymbol{M}_k^p = \left[\boldsymbol{p}_k^1 - \hat{\boldsymbol{p}}_k^-, \cdots, \boldsymbol{p}_k^m - \hat{\boldsymbol{p}}_k^-\right] \tag{6-177}$$

式中，$\hat{\boldsymbol{p}}_k^- \in \mathbf{R}^l$ 是具有 m 个集合点的不确定参数 $\boldsymbol{p}_k$ 的均值；集合误差矩阵 $\boldsymbol{M}_k^x \in \mathbf{R}^{n\times m}$ 是状态集合点与其均值之间的差；误差矩阵 $\boldsymbol{M}_k^p \in \mathbf{R}^{q\times m}$ 是集合点 $\boldsymbol{p}_k^i$ 和其均值 $\hat{\boldsymbol{p}}_k^-$ 之间的差，并且为了减少计算量，$\hat{\boldsymbol{p}}_k^-$ 被不确定参数的常数 $\overline{\boldsymbol{p}}$ 代替。

通过状态估计的协方差和“Consider”方法中的协方差估计预测协方差矩阵 $\boldsymbol{P}_{XX,k}^-$，并且将其定义为

$$\begin{aligned}\boldsymbol{P}_{XX,k}^- &= \begin{bmatrix} \boldsymbol{P}_{xx,k}^- & \boldsymbol{P}_{xp,k}^- \\ \boldsymbol{P}_{px,k}^- & \boldsymbol{P}_{pp,k}^- \end{bmatrix} \\ &= \frac{1}{m-1}\boldsymbol{M}_k^X(\boldsymbol{M}_k^X)^{\mathrm{T}} \\ &= \frac{1}{m-1}\begin{bmatrix} \boldsymbol{M}_k^x \\ \boldsymbol{M}_k^p \end{bmatrix}\begin{bmatrix} (\boldsymbol{M}_k^x)^{\mathrm{T}} & (\boldsymbol{M}_k^p)^{\mathrm{T}} \end{bmatrix} \\ &= \frac{1}{m-1}\begin{bmatrix} \boldsymbol{M}_k^x(\boldsymbol{M}_k^x)^{\mathrm{T}} & \boldsymbol{M}_k^x(\boldsymbol{M}_k^p)^{\mathrm{T}} \\ \boldsymbol{M}_k^p(\boldsymbol{M}_k^x)^{\mathrm{T}} & \boldsymbol{M}_k^p(\boldsymbol{M}_k^p)^{\mathrm{T}} \end{bmatrix}\end{aligned} \tag{6-178}$$

从中可以看出：

$$\begin{aligned}\boldsymbol{P}_{xx,k}^- &= \frac{1}{m-1}\boldsymbol{M}_k^x(\boldsymbol{M}_k^x)^{\mathrm{T}} \\ \boldsymbol{P}_{xp,k}^- &= \frac{1}{m-1}\boldsymbol{M}_k^x(\boldsymbol{M}_k^p)^{\mathrm{T}} \\ \boldsymbol{P}_{pp,k}^- &= \frac{1}{m-1}\boldsymbol{M}_k^p(\boldsymbol{M}_k^p)^{\mathrm{T}}\end{aligned} \tag{6-179}$$

测量值的集合点 $\boldsymbol{Z}_k^i(i=1,2,\cdots,m)$ 是将扩维后的状态集合点 $\boldsymbol{X}_k^i(i=1,2,\cdots,m)$ 代入测量方程并通过计算得出的：

$$\boldsymbol{Z}_k^i = h(\boldsymbol{X}_k^i) = h(\boldsymbol{x}_k^i, \boldsymbol{p}_k^i) \tag{6-180}$$

其均值 $\hat{z}_k^-$ 由式（6-181）计算获得。

$$\hat{z}_k^- = \frac{1}{m}\sum_{i=1}^{m} \boldsymbol{Z}_k^i \tag{6-181}$$

并且测量的误差矩阵 $\boldsymbol{M}_k^z \in \mathbf{R}^{b\times m}$ 被定义为

$$\boldsymbol{M}_k^z = [\boldsymbol{Z}_k^1 - \hat{z}_k^-, \cdots, \boldsymbol{Z}_k^m - \hat{z}_k^-] \tag{6-182}$$

通过使用测量集合点来计算测量方差 $\boldsymbol{P}_{zz,k}$，以及通过使用扩维后的状态集合点和测量集合点来计算状态和测量的互协方差 $\boldsymbol{P}_{Xz,k}$，如下：

$$\boldsymbol{P}_{zz,k} = \frac{1}{m-1}\boldsymbol{M}_k^z(\boldsymbol{M}_k^z)^{\mathrm{T}} \tag{6-183}$$

$$\boldsymbol{P}_{Xz,k} = \frac{1}{m-1}\boldsymbol{M}_k^X(\boldsymbol{M}_k^z)^{\mathrm{T}} \tag{6-184}$$

其中，式（6-184）中状态与测量的互协方差被定义为

$$\boldsymbol{P}_{Xz,k} = \begin{bmatrix} \boldsymbol{P}_{xz,k} \\ \boldsymbol{P}_{pz,k} \end{bmatrix} = \frac{1}{m-1}\begin{bmatrix} \boldsymbol{M}_k^x \\ \boldsymbol{M}_k^p \end{bmatrix}(\boldsymbol{M}_k^z)^{\mathrm{T}} \tag{6-185}$$

并且，从中可以看出：

$$\boldsymbol{P}_{xz,k} = \frac{1}{m-1}\boldsymbol{M}_k^x(\boldsymbol{M}_k^z)^{\mathrm{T}} \tag{6-186}$$

$$\boldsymbol{P}_{pz,k} = \frac{1}{m-1}\boldsymbol{M}_k^p(\boldsymbol{M}_k^z)^{\mathrm{T}} \tag{6-187}$$

然后，扩维后的卡尔曼增益矩阵被定义为

$$\boldsymbol{K}_k = \begin{pmatrix} \boldsymbol{K}_{x,k} \\ \boldsymbol{K}_{p,k} \end{pmatrix} = \boldsymbol{P}_{Xz,k}\boldsymbol{P}_{zz,k}^{-1} = \begin{bmatrix} \boldsymbol{P}_{xz,k} \\ \boldsymbol{P}_{pz,k} \end{bmatrix}\boldsymbol{P}_{zz}^{-1} \tag{6-188}$$

式中，$\boldsymbol{K}_{x,k}$ 和 $\boldsymbol{K}_{p,k}$ 的计算公式如下：

$$\boldsymbol{K}_{x,k} = \boldsymbol{P}_{xz,k}\boldsymbol{P}_{zz,k}^{-1} \tag{6-189}$$

$$\boldsymbol{K}_{p,k} = \boldsymbol{P}_{pz,k}\boldsymbol{P}_{zz,k}^{-1} \tag{6-190}$$

然后，扩维的后验状态估计为

$$\hat{\boldsymbol{X}}_k^{+i} = \hat{\boldsymbol{X}}_k^{-i} + \boldsymbol{K}_k(z_k - \boldsymbol{Z}_k^i) \tag{6-191}$$

并且扩维的后验协方差矩阵为

$$\begin{aligned} \boldsymbol{P}_{XX,k}^+ &= \begin{bmatrix} \boldsymbol{P}_{xx,k}^+ & \boldsymbol{P}_{xp,k}^+ \\ \boldsymbol{P}_{px,k}^+ & \boldsymbol{P}_{pp,k}^+ \end{bmatrix} \\ &= \begin{bmatrix} \boldsymbol{P}_{xx,k}^- & \boldsymbol{P}_{xp,k}^- \\ \boldsymbol{P}_{px,k}^- & \boldsymbol{P}_{pp,k}^- \end{bmatrix} - \begin{bmatrix} \boldsymbol{K}_{x,k}\boldsymbol{P}_{zz,k}\boldsymbol{K}_{x,k}^{\mathrm{T}} & \boldsymbol{K}_{x,k}\boldsymbol{P}_{zz,k}\boldsymbol{K}_{p,k}^{\mathrm{T}} \\ \boldsymbol{K}_{p,k}\boldsymbol{P}_{zz,k}\boldsymbol{K}_{x,k}^{\mathrm{T}} & \boldsymbol{K}_{p,k}\boldsymbol{P}_{zz,k}\boldsymbol{K}_{p,k}^{\mathrm{T}} \end{bmatrix} \end{aligned} \tag{6-192}$$

可以看出，以上公式是 EnKF 算法的一般形式。在“Consider”方法中，不确定参数的增益矩阵 $\boldsymbol{K}_{p,k}$ 被强制为零，即 $\boldsymbol{K}_{p,k} = \boldsymbol{0}$。按照此“Consider”方法，后验估计和协方差矩阵分别为

$$\hat{\boldsymbol{X}}_k^{+i} = \hat{\boldsymbol{X}}_k^{-i} + \begin{pmatrix} \boldsymbol{K}_{x,k} \\ \boldsymbol{0} \end{pmatrix}(z_k^i - \boldsymbol{Z}_k^i) \tag{6-193}$$

$$\boldsymbol{P}_{XX,k}^{+} = \begin{bmatrix} \boldsymbol{P}_{xx,k}^{-} & \boldsymbol{P}_{xp,k}^{-} \\ \boldsymbol{P}_{px,k}^{-} & \boldsymbol{P}_{pp,k}^{-} \end{bmatrix} - \begin{bmatrix} \boldsymbol{K}_{x,k}\boldsymbol{P}_{zz,k}\boldsymbol{K}_{x,k}^{\mathrm{T}} & \boldsymbol{K}_{x,k}\boldsymbol{P}_{pz,k}^{\mathrm{T}} \\ \boldsymbol{P}_{pz,k}\boldsymbol{K}_{x,k}^{T} & \boldsymbol{0} \end{bmatrix} \tag{6-194}$$

从中可以看出：

$$\hat{\boldsymbol{x}}_k^{+i} = \hat{\boldsymbol{x}}_k^{-i} + \boldsymbol{K}_{x,k}(z_k - \boldsymbol{Z}_k^i) \tag{6-195}$$

$$\boldsymbol{P}_{xx,k}^{+} = \boldsymbol{P}_{xx,k}^{-} - \boldsymbol{K}_{x,k}\boldsymbol{P}_{zz,k}\boldsymbol{K}_{x,k}^{\mathrm{T}} \tag{6-196}$$

$$\boldsymbol{P}_{xp,k}^{+} = \boldsymbol{P}_{xp,k}^{-} - \boldsymbol{K}_{x,k}\boldsymbol{P}_{pz,k}^{\mathrm{T}} \tag{6-197}$$

$$\boldsymbol{P}_{pp,k}^{+} = \boldsymbol{P}_{pp,k}^{-} \tag{6-198}$$

最后，后验状态估计和后验不确定参数为

$$\hat{\boldsymbol{x}}_k^{+} = \frac{1}{m}\sum_{i=1}^{m}\hat{\boldsymbol{x}}_k^{+i} \tag{6-199}$$

$$\hat{\boldsymbol{p}}_k^{+} = \hat{\boldsymbol{p}}_k^{-} \tag{6-200}$$

需要注意的是，可以通过设置 $\boldsymbol{P}_{pp} = \boldsymbol{0}$ 获得标准的 EnKF 增益矩阵。

按照上述公式，CEnKF 算法可以由以下方程式概括，包括两个部分。

时间更新：

$$\boldsymbol{x}_k^{i} = f(\hat{\boldsymbol{x}}_{k-1}^{i}, \boldsymbol{p}_{k-1}^{i}) \tag{6-201}$$

$$\hat{\boldsymbol{x}}_k^{-} = \frac{1}{m}\sum_{i=1}^{m}\boldsymbol{x}_k^{i} \tag{6-202}$$

$$\boldsymbol{P}_{xx,k}^{-} = \frac{1}{m-1}\boldsymbol{M}_k^{x}(\boldsymbol{M}_k^{x})^{\mathrm{T}} \tag{6-203}$$

$$\boldsymbol{P}_{xp,k}^{-} = \frac{1}{m-1}\boldsymbol{M}_k^{x}(\boldsymbol{M}_k^{p})^{\mathrm{T}} \tag{6-204}$$

测量更新：

$$\hat{z}_k^{-} = \frac{1}{m}\sum_{i=1}^{m}\boldsymbol{Z}_k^{i}$$

$$\boldsymbol{P}_{zz,k} = \frac{1}{m-1}\boldsymbol{M}_k^{z}(\boldsymbol{M}_k^{z})^{\mathrm{T}}$$

$$\boldsymbol{P}_{xz,k} = \frac{1}{m-1}\boldsymbol{M}_k^{x}(\boldsymbol{M}_k^{z})^{\mathrm{T}}$$

$$\boldsymbol{P}_{pz,k} = \frac{1}{m-1}\boldsymbol{M}_k^{p}(\boldsymbol{M}_k^{z})^{\mathrm{T}}$$

$$\boldsymbol{K}_{x,k} = \boldsymbol{P}_{xz,k}\boldsymbol{P}_{zz,k}^{-1}$$

$$\hat{\boldsymbol{x}}_k^{+i} = \hat{\boldsymbol{x}}_k^{-i} + \boldsymbol{K}_{x,k}(z_k - \boldsymbol{Z}_k^i)$$

$$\hat{\boldsymbol{x}}_k^{+} = \frac{1}{m}\sum_{i=1}^{m}\hat{\boldsymbol{x}}_k^{+i}$$

$$P_{xx,k}^{+}=P_{xx,k}^{-}-K_{x,k}P_{zz,k}K_{x,k}^{\mathrm{T}}$$
$$P_{xp,k}^{+}=P_{xp,k}^{-}-K_{x,k}P_{pz,k}^{\mathrm{T}}$$

式中，

$$\begin{cases}M_k^x=[x_k^1-\hat{x}_k^-,\cdots,x_k^m-\hat{x}_k^-]\\M_k^z=[z_k^1-\hat{z}_k^-,\cdots,z_k^m-\hat{z}_k^-]\\M_k^p=[p_k^1-\hat{p}_k^-,\cdots,p_k^m-\hat{p}_k^-]\end{cases} \tag{6-205}$$

$$Z_k^i=h(x_k^i,p_k^i) \tag{6-206}$$

注意：从步骤 $k-1$ 到步骤 k，“Consider”方法会忽略不确定参数的估计值，并将不确定参数和状态之间的互协方差考虑进状态估计误差矩阵中。但是，标准的 EnKF 算法不会更改集合点，也不会传递协方差，所以上述协方差无法反映到 EnKF 算法中。因此，为了考虑动态系统模型中的不确定参数，应该通过引入扩维后的协方差矩阵 $P_{XX,k-1}$ 来对第 $k-1$ 步的集合点进行重采样。通过 Cholesky 分解方法来分解扩维的协方差矩阵 $P_{XX,k-1}$，以获得低对角平方根 $S_{XX,k-1}$。也就是说，$P_{XX,k-1}=S_{XX,k-1}S_{XX,k-1}^{\mathrm{T}}$，其中 $S_{XX,k-1}$ 可以通过式（6-207）计算得出。

$$S_{XX,k-1}=\begin{pmatrix}S_{xx,k-1} & \mathbf{0}\\ P_{xp,k-1}^{\mathrm{T}}(S_{xx,k-1}^{-})^{\mathrm{T}} & \sqrt{Q_p-P_{xp,k-1}^{\mathrm{T}}(P_{xx,k-1}^{+})^{-1}P_{xp,k-1}}\end{pmatrix} \tag{6-207}$$

式中，$P_{xx,k-1}=S_{xx,k-1}S_{xx,k-1}^{\mathrm{T}}$，并且可以使用平方根矩阵 $S_{XX,k-1}$ 生成新的集合点，如 $X_{k-1}^i\sim N(\hat{X}_{k-1}^+,S_{XX,k-1})$（$i=1,2,\cdots,m$）。

3. 仿真例子

例 1　航天器姿态跟踪系统

航天器姿态跟踪系统用于跟踪航天器的漂移信号，但是该系统始终存在未知偏差，且系统测量信息由陀螺仪测量获得[100]。状态为 $x=[x_1,x_2]^{\mathrm{T}}$ 的状态方程和测量方程如下：

$$x_k=\begin{bmatrix}0 & 1\\-0.85 & 1.70\end{bmatrix}x_{k-1}+\begin{bmatrix}0.0129\\-1.2504\end{bmatrix}p+\begin{bmatrix}0\\1\end{bmatrix}w_{k-1} \tag{6-208}$$

$$z_k=\begin{bmatrix}0 & 1\end{bmatrix}x_k+v_k \tag{6-209}$$

式中，状态 $x_0=[2\quad 1]^{\mathrm{T}}$，设不确定参数为 $p\sim N(0,0.5^2)$，过程噪声 w_{k-1} 和测量噪声 v_k 都满足均值为零的高斯分布，其协方差分别为 diag[0.05^2 , 0.05^2]和 diag[0.5^2 , 0.5^2]。

仿真中，状态估计的初始值和协方差分别是 $\hat{x}_0=[2\quad 1]^{\mathrm{T}}$ 和 $P_0=\mathrm{diag}[0.025,0.025]$。在标准的 EnKF 算法中，不确定参数的参考值为 $\bar{p}=\mathbf{0}$。仿真中每个模拟时间步长为 40s，进行 100 次蒙特卡罗运算，并计算状态估计值的 RMSE，以评估 CEnKF 算法和 EnKF 算法的性能。

图 6-16 和图 6-17 是使用 CEnKF 算法和 EnKF 算法分别对状态 x_1 和 x_2 进行状态估计的结果对比图。从图中可以看出，集合采样点数为 13 和 51 时，CEnKF 算法的状态估计精度均比 EnKF 算法高。图 6-18 和图 6-19 为 CEnKF 算法和 EnKF 算法的状态估计的

RMSE 对比，其中两个算法的集合采样点数均为 13 和 51。从图中可以看出，当集合采样点数为 51 时，CEnKF 算法的 RMSE 值小；当集合采样点数为 13 时，CEnKF 算法的 RMSE 比集合采样点数为 51 时略大，但均比集合采样点数为 13 和 51 时的 EnKF 算法的 RMSE 小，即滤波效果好。

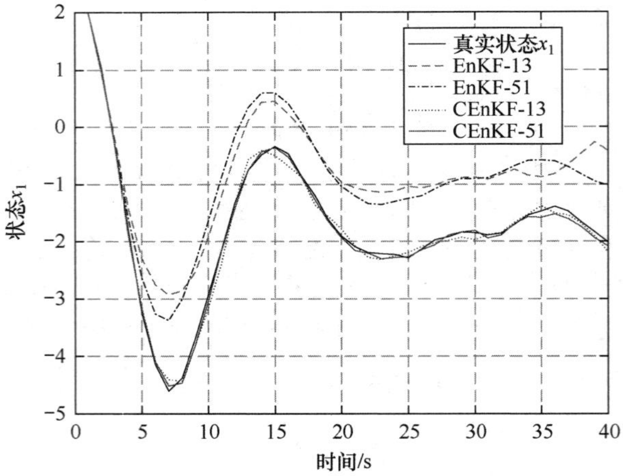

图 6-16 EnKF算法和 CEnKF算法对状态 x_1的状态估计对比

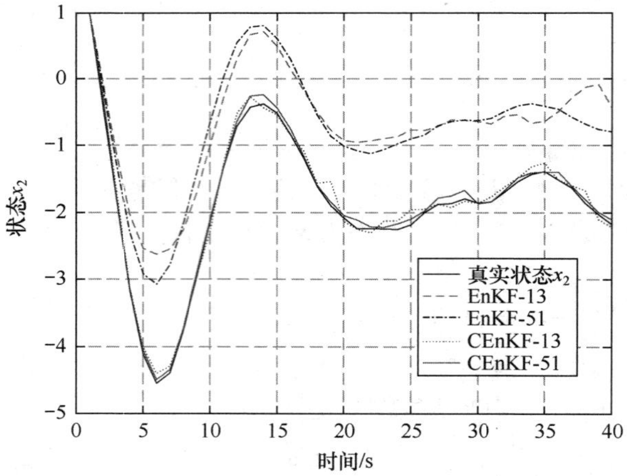

图 6-17 EnKF算法和 CEnKF算法对状态 x_2的状态估计对比

由表 6-8 可以看出，对于状态 x_1，集合采样点数为 13 时，EnKF 算法的 RMSE 为 1.9376，CEnKF 算法的 RMSE 为 0.1313；当集合采样点数为 51 时，EnKF 算法和 CEnKF 算法的 RMSE 分别为 1.9129 和 0.1062。对于状态 x_2，集合采样点数为 13 时，EnKF 算法和 CEnKF 算法的 RMSE 分别为 2.4534 和 0.1705；集合采样点数为 51 时，EnKF 算法和 CEnKF 算法的 RMSE 分别为 2.4406 和 0.1458。可以看出，CEnKF 算法的 RMSE 总体上

比 EnKF 的 RMSE 小得多，并且当集合采样点数从 13 增加到 51 时，两个算法的 RMSE 均减小。简言之，当动态系统的不确定参数或偏差无法准确建模时，标准的 EnKF 算法在仿真中表现较差，而 CEnKF 算法可以有效地降低不确定参数或偏差的不利影响。

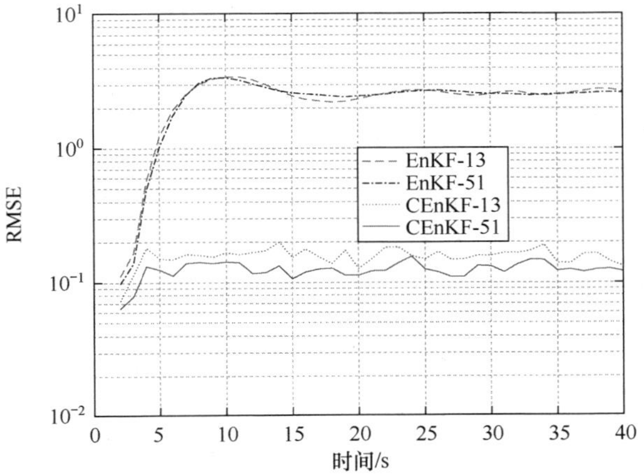

图 6-18　x_1的状态估计的 RMSE 对比

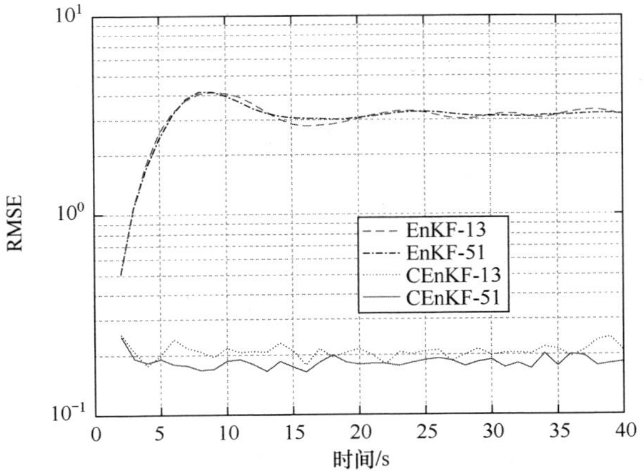

图 6-19　x_2的状态估计的 RMSE 对比

表 6-8　不同集合采样点数的 EnKF 算法和 CEnKF 算法的状态估计的 RMSE 对比

状　态	13 个集合采样点		51 个集合采样点	
	EnKF-13	CEnKF-13	EnKF-51	CEnKF-51
x_1	1.9376	0.1313	1.9129	0.1062
x_2	2.4534	0.1705	2.4406	0.1458

例 2　单变量非平稳增长模型

单变量非平稳增长模型是一个高度非线性方程，常被用来评估非线性滤波算法的性能[101]。其状态方程和测量方程为

$$\boldsymbol{x}_k = 0.5\boldsymbol{x}_{k-1} + \frac{2.5\boldsymbol{x}_{k-1}}{1+\boldsymbol{x}_{k-1}^2} + 8\cos(1.2(k-1)) + \boldsymbol{w}_{k-1} \tag{6-210}$$

$$\boldsymbol{z}_k = \frac{\boldsymbol{x}_k^2}{20} + \boldsymbol{p} + \boldsymbol{v}_k \tag{6-211}$$

式中，$\boldsymbol{w}_{k-1}$ 和 $\boldsymbol{v}_k$ 是方差分别为 $\boldsymbol{Q}_{k-1}=\mathbf{1}$ 和 $\boldsymbol{R}_k=\mathbf{1}$ 的不相关零均值高斯白噪声；初始状态及其方差分别为 $\boldsymbol{x}_0=\mathbf{0}$ 和 $\boldsymbol{P}_0=\mathbf{10}$； $\boldsymbol{p}$ 为未知偏差且 $\boldsymbol{p}\sim N(5,10^2)$。

在仿真中，仿真总数设置为 200 次，进行 50 次蒙特卡罗运算，其中 CEnKF 算法和 EnKF 算法中状态的集合采样点数都设置为 13 和 51。

图 6-20 中给出了 CEnKF 算法和 EnKF 算法在集合采样点数为 13 和 51 时的状态估计对比。图 6-21 为 CEnKF 算法和 EnKF 算法的状态估计 RMSE 对比。由图可以看出，CEnKF 算法的滤波效果更好，增加集合采样点能够进一步提升滤波效果。CEnKF 算法的 RMSE 均小于 EnKF 算法的 RMSE，并且使用 CEnKF 算法时，集合采样点数为 51 的 RMSE 小于集合采样点数为 13 的 RMSE。

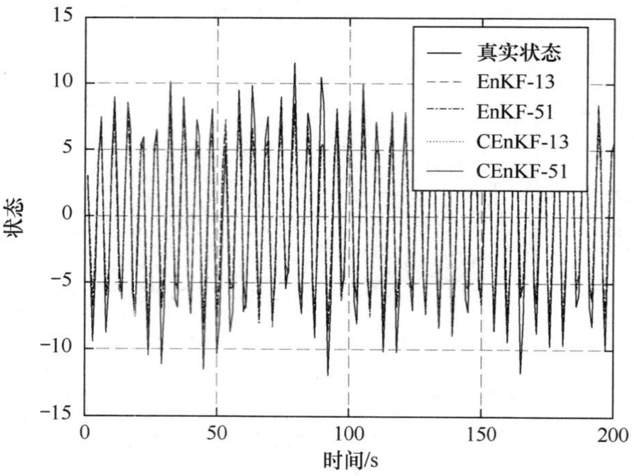

图 6-20　EnKF算法和 CEnKF算法的状态估计对比

表 6-9 为单变量非平稳增长模型中算法的 RMSE，由表能够看出，当集合采样点数为 13 时，EnKF 算法和 CEnKF 算法的 RMSE 分别为 1.8222 和 1.3904。当集合采样点数为 51 时，两个滤波算法的 RMSE 分别为 1.7768 和 1.2443。换言之，当未知偏差的信息不完整时，CEnKF 算法与 EnKF 算法相比可以减少未知偏差的不利影响，并且可以通过增加集合采样点数来提高 CEnKF 算法对高维非线性系统的估计精度。

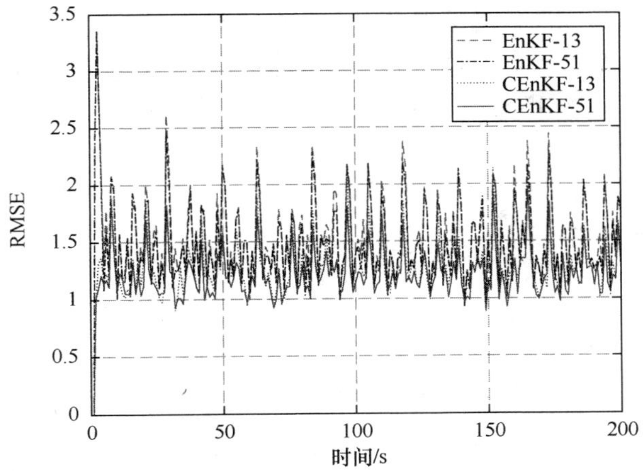

图 6-21　两种算法的状态估计 RMSE

表 6-9　单变量非平稳增长模型中算法的 RMSE

13 个集合采样点		51 个集合采样点	
EnKF-13	**CEnKF-13**	**EnKF-51**	**CEnKF-51**
1.8222	1.3904	1.7768	1.2443

6.3.3　部分强跟踪 Consider SDREF 算法及其应用

INS/GNSS 组合导航系统在导航定位领域有广泛的应用，INS 和 GNSS 两者可以进行优势互补，达到精确定位的目的。组合导航系统在进行导航任务时，常常会面临状态突变性和不确定性，使得导航系统的定位精度受到严重的负面影响，导航精度大幅下降。因此，研究具有较强健壮性和较高滤波精度的组合导航滤波算法是十分必要的。

本节针对非线性系统中的模型不确定性和偏差所带来的导航精度下降的问题，分析了无人机 INS/GNSS 组合导航系统的状态模型和误差模型，并通过考虑状态偏差和测量偏差之间的互相关性，将偏差引入系统方程中而不估计偏差，同时将自适应渐消因子部分引入滤波算法中，得到部分强跟踪 Consider SDREF（Part Strong Tracking Consider SDRE Filter，PSTCSDREF）算法，它可以有效地增强组合导航系统的稳定性，提高导航精度。

6.3.3.1　无人机 INS/GNSS 组合导航系统模型

1. 组合导航系统的状态模型

由于载有 INS/GNSS 组合导航系统的无人机执行任务时的状态一般是非线性的，并且在飞行过程中可能产生状态突变，所以需要对组合导航系统建立非线性模型，以便能够更加准确地分析无人机的运动状态。现以东北天坐标系为组合导航系统的坐标系，选取组合导航系统的状态向量如下：

$$\boldsymbol{x}=[\phi_{\mathrm{e}},\phi_{\mathrm{n}},\phi_{\mathrm{u}},v_{\mathrm{e}},v_{\mathrm{n}},v_{\mathrm{u}},\varphi,\lambda,h]^{\mathrm{T}} \tag{6-212}$$

式中，ϕ_e,ϕ_n,ϕ_u 分别为无人机的偏航角、俯仰角和横滚角；v_e,v_n,v_u 分别为无人机在东向、北向和天向上的速度分量；φ,λ,h 分别为纬度值、经度值和高度值。

假设 Δv_e 和 Δv_n 分别为 INS 和 GNSS 在东向与北向的速度差，$\Delta\varphi$ 和 Δh 分别为 INS 与 GNSS 的纬度差和高度差，f_e、f_n 和 f_u 分别为加速度计在东向、北向和天向的测量值。

无人机 INS/GNSS 组合导航系统的状态量各自的计算方法如下。

（1）无人机的偏航角：

$$\begin{aligned}\dot{\phi}_e=&\frac{v_n\Delta h}{(R_M+h)^2}-\frac{\Delta v_n}{(R_M+h)}+\left(\omega_{ie}\sin\varphi+\frac{v_e\tan\varphi}{R_N+h}\right)\phi_n-\\&\left(\omega_{ie}\cos\varphi+\frac{v_e}{R_N+h}\right)\phi_u+\varepsilon_e+\omega_{\varepsilon_e}\end{aligned}\tag{6-213}$$

式中，$\dot{\phi}_e$ 为 ϕ_e 关于时间的导数；ε_e 和 ω_{ε_e} 分别为陀螺仪在东向上的常值漂移和系统随机误差；R_N 和 R_M 分别为地球椭球模型中的卯西圈曲率半径和子午圈曲率半径。

（2）无人机的俯仰角：

$$\begin{aligned}\dot{\phi}_n=&-\frac{\Delta h}{(R_N+h)^2}v_e-\omega_{ie}\sin\varphi\Delta\varphi+\frac{\Delta v_e}{(R_N+h)}-\\&\left(\omega_{ie}\sin\varphi+\frac{v_e\tan\varphi}{R_N+h}\right)\phi_e-\frac{v_n}{R_M+h}\phi_u+\varepsilon_n+\omega_{\varepsilon_n}\end{aligned}\tag{6-214}$$

式中，ε_n 和 ω_{ε_n} 分别为陀螺仪在北向上的常值漂移和系统随机误差。

（3）无人机的横滚角：

$$\begin{aligned}\dot{\phi}_u=&-\left(\frac{\tan\varphi\Delta h}{(R_N+h)^2}-\frac{\sec^2\varphi\Delta\varphi}{R_N+h}\right)v_e+\omega_{ie}\cos\varphi\Delta\varphi+\frac{\Delta v_e\tan\varphi}{(R_N+h)}+\\&\left(\omega_{ie}\cos\varphi+\frac{v_e}{R_N+h}\right)\phi_e+\frac{v_n}{R_M+h}\phi_n+\varepsilon_u+\omega_{\varepsilon_u}\end{aligned}\tag{6-215}$$

式中，ε_u 和 ω_{ε_u} 分别为陀螺仪在天向上的常值漂移和系统随机误差。

（4）无人机的东向速度分量：

$$\dot{v}_e=\left(\frac{v_e\tan\varphi}{R_N+h}+2\omega_{ie}\sin\varphi\right)v_n-\left(2\omega_{ie}\cos\varphi+\frac{v_e}{R_N+h}\right)v_u-f_u\phi_n+f_n\phi_u+f_e+\varDelta_e\tag{6-216}$$

式中，$\varDelta_e$ 为加速度计在东向上的常值漂移。

（5）无人机的北向速度分量：

$$\dot{v}_n=-\left(2\omega_{ie}\sin\varphi+\frac{v_e\tan\varphi}{R_N+h}\right)v_e-\frac{v_nv_u}{R_M+h}+f_u\phi_e-f_e\phi_u+f_n+\varDelta_n\tag{6-217}$$

式中，$\varDelta_n$ 为加速度计在北向上的常值漂移。

（6）无人机的天向速度分量：

$$\dot{v}_{\mathrm{u}}=\left(2\omega_{ie}\cos\varphi+\frac{v_{\mathrm{e}}}{R_{\mathrm{N}}+h}\right)v_{\mathrm{e}}+\frac{v_{\mathrm{n}}^2}{R_{\mathrm{M}}+h}-f_{\mathrm{n}}\phi_{\mathrm{e}}+f_{\mathrm{e}}\phi_{\mathrm{n}}+f_{\mathrm{u}}-g+\varDelta_{\mathrm{u}} \tag{6-218}$$

式中，$\varDelta_{\mathrm{u}}$ 为加速度计在天向上的常值漂移。

（7）无人机的纬度位置：

$$\dot{\varphi}=\frac{v_{\mathrm{n}}}{R_{\mathrm{M}}+h} \tag{6-219}$$

（8）无人机的经度位置：

$$\dot{\lambda}=\frac{v_{\mathrm{e}}}{(R_{\mathrm{N}}+h)\cos\varphi} \tag{6-220}$$

（9）无人机的高度位置：

$$\dot{h}=v_{\mathrm{u}} \tag{6-221}$$

2. 组合导航系统的误差模型

现以东北天坐标系为组合导航系统坐标系，假设 INS 和 GNSS 在东向、北向和天向的速度误差分别为 Δv_{e}、Δv_{n} 和 Δv_{u}，偏航角、俯仰角和横滚角误差分别为 $\Delta\phi_{\mathrm{e}}$、$\Delta\phi_{\mathrm{n}}$ 和 $\Delta\phi_{\mathrm{u}}$，纬度、经度和高度误差分别为 $\Delta\varphi$、$\Delta\lambda$ 和 Δh。导航系统的误差状态向量如下：

$$\boldsymbol{x}=[\Delta\phi_{\mathrm{e}},\Delta\phi_{\mathrm{n}},\Delta\phi_{\mathrm{u}},\Delta v_{\mathrm{e}},\Delta v_{\mathrm{n}},\Delta v_{\mathrm{u}},\Delta\varphi,\Delta\lambda,\Delta h]^{\mathrm{T}} \tag{6-222}$$

无人机组合导航系统的误差状态量各自的计算方法如下。

（1）偏航角误差：

$$\Delta\dot{\phi}_{\mathrm{e}}=-\frac{\Delta v_n}{(R_{\mathrm{M}}+h)}+\left(\omega_{ie}\sin\varphi+\frac{v_{\mathrm{e}}+\tan\varphi}{R_{\mathrm{N}}+h}\right)\Delta\phi_{\mathrm{n}}-\left(\omega_{ie}\cos\varphi+\frac{v_{\mathrm{e}}}{R_{\mathrm{N}}+h}\right)\Delta\phi_{\mathrm{u}}+\varepsilon_{\mathrm{e}}+\omega_{\varepsilon_{\mathrm{e}}} \tag{6-223}$$

（2）俯仰角误差：

$$\Delta\dot{\phi}_{\mathrm{n}}=-\omega_{ie}\sin\varphi\Delta\varphi+\frac{\Delta v_{\mathrm{e}}}{(R_{\mathrm{N}}+h)}-\left(\omega_{ie}\sin\varphi+\frac{v_{\mathrm{e}}\tan\varphi}{R_{\mathrm{N}}+h}\right)\Delta\phi_{\mathrm{e}}-\frac{v_{\mathrm{n}}}{R_{\mathrm{M}}+h}\Delta\phi_{\mathrm{u}}+\varepsilon_{\mathrm{n}}+\omega_{\varepsilon_{\mathrm{n}}} \tag{6-224}$$

（3）横滚角误差：

$$\begin{aligned}\Delta\dot{\phi}_{\mathrm{u}}=&-\left(\frac{\tan\varphi\Delta h}{(R_{\mathrm{N}}+h)^2}-\frac{\sec^2\varphi\Delta\varphi}{R_{\mathrm{N}}+h}\right)v_{\mathrm{e}}+\omega_{ie}\cos\varphi\Delta\varphi+\frac{\Delta v_{\mathrm{e}}\tan\varphi}{(R_{\mathrm{N}}+h)}+\\&\left(\omega_{ie}\cos\varphi+\frac{v_{\mathrm{e}}}{R_{\mathrm{N}}+h}\right)\Delta\phi_{\mathrm{e}}+\frac{v_{\mathrm{n}}}{R_{\mathrm{M}}+h}\Delta\phi_{\mathrm{n}}+\varepsilon_{\mathrm{u}}+\omega_{\varepsilon_{\mathrm{u}}}\end{aligned} \tag{6-225}$$

（4）东向速度误差：

$$\begin{aligned}\Delta\dot{v}_{\mathrm{e}}=&\left(\frac{v_{\mathrm{n}}\tan\varphi}{R_{\mathrm{N}}+h}-\frac{v_{\mathrm{u}}}{R_{\mathrm{N}}+h}\right)\Delta v_{\mathrm{e}}+\left(2\omega_{ie}\sin\varphi+\frac{v_{\mathrm{e}}\tan\varphi}{R_{\mathrm{N}}+h}\right)\Delta v_{\mathrm{n}}-\\&\left(2\omega_{ie}\cos\varphi+\frac{v_{\mathrm{e}}}{R_{\mathrm{N}}+h}\right)\Delta v_{\mathrm{u}}-f_{\mathrm{u}}\phi_{\mathrm{n}}+f_{\mathrm{n}}\phi_{\mathrm{u}}+\end{aligned}$$

$$\left(2\omega_{ie}v_{\mathrm{u}}\sin\varphi+2\omega_{ie}v_{\mathrm{n}}\cos\varphi+\frac{v_{\mathrm{e}}v_{\mathrm{n}}\sec^{2}\varphi}{R_{\mathrm{N}}+h}\right)\Delta\varphi+\varDelta_{\mathrm{e}} \tag{6-226}$$

（5）北向速度误差：

$$\begin{aligned}\Delta\dot{v}_{\mathrm{n}}=&-\left(2\omega_{ie}\sin\varphi+\frac{v_{\mathrm{e}}\tan\varphi}{R_{\mathrm{N}}+h}\right)\Delta v_{\mathrm{e}}-\frac{v_{\mathrm{u}}}{R_{\mathrm{M}}+h}\Delta v_{\mathrm{n}}-\frac{v_{\mathrm{e}}}{R_{\mathrm{M}}+h}\Delta v_{\mathrm{u}}+\\&f_{\mathrm{u}}\phi_{\mathrm{e}}-f_{\mathrm{e}}\phi_{\mathrm{u}}-\left(2\omega_{ie}\sin\varphi+\frac{v_{\mathrm{e}}\sec^{2}\varphi}{R_{\mathrm{N}}+h}\right)v_{\mathrm{e}}\Delta\varphi+\varDelta_{\mathrm{n}}\end{aligned} \tag{6-227}$$

（6）天向速度误差：

$$\begin{aligned}\Delta\dot{v}_{\mathrm{u}}=&\left(2\omega_{ie}\cos\varphi+\frac{2v_{\mathrm{e}}}{R_{\mathrm{N}}+h}\right)\Delta v_{\mathrm{e}}+\frac{2v_{\mathrm{n}}}{R_{\mathrm{M}}+h}\Delta v_{\mathrm{n}}-\\&f_{\mathrm{n}}\phi_{\mathrm{e}}+f_{\mathrm{e}}\phi_{\mathrm{n}}-2\omega_{ie}v_{\mathrm{e}}\sin\varphi\Delta\varphi+\frac{2g}{R_{\mathrm{M}}}\Delta h+\varDelta_{\mathrm{u}}\end{aligned} \tag{6-228}$$

（7）纬度误差：

$$\Delta\dot{\varphi}=\frac{\Delta v_{\mathrm{n}}}{R_{\mathrm{M}}+h} \tag{6-229}$$

（8）经度误差：

$$\Delta\dot{\lambda}=\frac{\Delta v_{\mathrm{e}}}{(R_{\mathrm{N}}+h)}\sec\varphi+\frac{v_{\mathrm{e}}}{(R_{\mathrm{N}}+h)}\Delta\varphi\sec\varphi\tan\varphi \tag{6-230}$$

（9）高度误差：

$$\Delta\dot{h}=\Delta v_{\mathrm{u}} \tag{6-231}$$

3. 组合导航系统的状态模型和测量模型

一般来说，根据 INS/GNSS 组合导航系统中被估计的系统状态的不同，可以通过直接法或间接法来应用 KF[99,102]。其中，间接法是利用 TAYLOR 级数进行一阶近似来建立导航参数的误差模型，并获得误差量的最优估计，但是间接法不能直接反映组合导航系统的参数变化，只能建立一个近似的导航状态误差模型。直接法是直接将导航参数作为估计的状态，并采用非线性方程描述实际的无人机状态，其避免了间接法中近似导致的精度下降问题，估计的导航参数是真实动态变化的，具有较高的精度。因此，下面采用直接法对导航参数进行估计。

现以东北天坐标系作为组合导航系统坐标系，并基于式（6-212），在导航状态中增加陀螺仪和加速度计的常值漂移，得到导航系统的状态向量为

$$\boldsymbol{x}=[\phi_{\mathrm{e}},\phi_{\mathrm{n}},\phi_{\mathrm{u}},v_{\mathrm{e}},v_{\mathrm{n}},v_{\mathrm{u}},\varphi,\lambda,h,\varepsilon_{\mathrm{e}},\varepsilon_{\mathrm{n}},\varepsilon_{\mathrm{u}},\varDelta_{\mathrm{e}},\varDelta_{\mathrm{n}},\varDelta_{\mathrm{u}}]^{\mathrm{T}} \tag{6-232}$$

组合导航系统的状态方程为

$$\dot{\boldsymbol{x}}=f(\boldsymbol{x},\boldsymbol{w}) \tag{6-233}$$

系统状态方程中的各个状态能够展开为

$$\dot{\phi}_{\mathrm{e}}=\frac{v_{\mathrm{n}}\Delta h}{(R_{\mathrm{M}}+h)^{2}}-\frac{\Delta v_{n}}{(R_{\mathrm{M}}+h)}+\left(\omega_{ie}\sin\varphi+\frac{v_{\mathrm{e}}\tan\varphi}{R_{\mathrm{N}}+h}\right)\phi_{\mathrm{n}}-\left(\omega_{ie}\cos\varphi+\frac{v_{\mathrm{e}}}{R_{\mathrm{N}}+h}\right)\phi_{\mathrm{u}}+\varepsilon_{\mathrm{e}}$$

$$
\begin{aligned}
\dot{\phi}_{\mathrm{n}} &= -\frac{\Delta h}{(R_{\mathrm{N}}+h)^2}v_{\mathrm{e}} - \omega_{ie}\sin\varphi\Delta\varphi + \frac{\Delta v_{\mathrm{e}}}{(R_{\mathrm{N}}+h)} - \left(\omega_{ie}\sin\varphi + \frac{v_{\mathrm{e}}\tan\varphi}{R_{\mathrm{N}}+h}\right)\phi_{\mathrm{e}} - \frac{v_{\mathrm{n}}}{R_{\mathrm{M}}+h}\phi_{\mathrm{u}} + \varepsilon_{\mathrm{n}} \\
\dot{\phi}_{\mathrm{u}} &= -\left(\frac{\tan\varphi\Delta h}{(R_{\mathrm{N}}+h)^2} - \frac{\sec^2\varphi\Delta\varphi}{R_{\mathrm{N}}+h}\right)v_{\mathrm{e}} + \omega_{ie}\cos\varphi\Delta\varphi + \frac{\Delta v_{\mathrm{e}}\tan\varphi}{(R_{\mathrm{N}}+h)} + \\
&\quad \left(\omega_{ie}\cos\varphi + \frac{v_{\mathrm{e}}}{R_{\mathrm{N}}+h}\right)\phi_{\mathrm{e}} + \frac{v_{\mathrm{n}}}{R_{\mathrm{M}}+h}\phi_{\mathrm{n}} + \varepsilon_{\mathrm{u}} \\
\dot{v}_{\mathrm{e}} &= \left(\frac{v_{\mathrm{e}}\tan\varphi}{R_{\mathrm{N}}+h} + 2\omega_{ie}\sin\varphi\right)v_{\mathrm{n}} - \left(2\omega_{ie}\cos\varphi + \frac{v_{\mathrm{e}}}{R_{\mathrm{N}}+h}\right)v_{\mathrm{u}} - f_{\mathrm{u}}\phi_{\mathrm{n}} + f_{\mathrm{n}}\phi_{\mathrm{u}} + f_{\mathrm{e}} + \varDelta_{\mathrm{e}} \\
\dot{v}_{\mathrm{n}} &= -\left(2\omega_{ie}\sin\varphi + \frac{v_{\mathrm{e}}\tan\varphi}{R_{\mathrm{N}}+h}\right)v_{\mathrm{e}} - \frac{v_{\mathrm{n}}v_{\mathrm{u}}}{R_{\mathrm{M}}+h} + f_{\mathrm{u}}\phi_{\mathrm{e}} - f_{\mathrm{e}}\phi_{\mathrm{u}} + f_{\mathrm{n}} + \varDelta_{\mathrm{n}} \\
\dot{v}_{\mathrm{u}} &= \left(2\omega_{ie}\cos\varphi + \frac{v_{\mathrm{e}}}{R_{\mathrm{N}}+h}\right)v_{\mathrm{e}} + \frac{v_{\mathrm{n}}^2}{R_{\mathrm{M}}+h} - f_{\mathrm{n}}\phi_{\mathrm{e}} + f_{\mathrm{e}}\phi_{\mathrm{n}} + f_{\mathrm{u}} - g + \varDelta_{\mathrm{u}} \\
\dot{\varphi} &= \frac{v_{\mathrm{n}}}{R_{\mathrm{M}}+h} \\
\dot{\lambda} &= \frac{v_{\mathrm{e}}}{(R_{\mathrm{N}}+h)\cos\varphi} \\
\dot{h} &= v_{\mathrm{u}} \\
&[\dot{\varepsilon}_{\mathrm{e}}, \dot{\varepsilon}_{\mathrm{n}}, \dot{\varepsilon}_{\mathrm{u}}] = [\omega_{\varepsilon_{\mathrm{e}}}, \omega_{\varepsilon_{\mathrm{n}}}, \omega_{\varepsilon_{\mathrm{u}}}] \\
&[\dot{\varDelta}_{\mathrm{e}}, \dot{\varDelta}_{\mathrm{n}}, \dot{\varDelta}_{\mathrm{u}}] = [\omega_{\varDelta_{\mathrm{e}}}, \omega_{\varDelta_{\mathrm{n}}}, \omega_{\varDelta_{\mathrm{u}}}]
\end{aligned} \tag{6-234}
$$

组合导航系统的测量向量为

$$
\boldsymbol{z} = [v_{\mathrm{ge}}, v_{\mathrm{gn}}, v_{\mathrm{gu}}, p_{\mathrm{ge}}, p_{\mathrm{gn}}, p_{\mathrm{gu}}]^{\mathrm{T}} \tag{6-235}
$$

式中，v_{ge}、v_{gn}和v_{gu}为 GNSS 输出的无人机速度，p_{ge}、p_{gn}和p_{gu}为 GNSS 输出的无人机位置。

系统的测量方程如下：

$$
\boldsymbol{z} = h(\boldsymbol{x}) + \boldsymbol{\theta} + \boldsymbol{v} \tag{6-236}
$$

式中，$\boldsymbol{\theta} = [b_{v_{\mathrm{ge}}}, b_{v_{\mathrm{gn}}}, b_{v_{\mathrm{gu}}}, b_{p_{\mathrm{ge}}}, b_{p_{\mathrm{gn}}}, b_{p_{\mathrm{gu}}}]^{\mathrm{T}}$为测量偏差；测量噪声$\boldsymbol{v}$为

$$
\boldsymbol{v} = [v_{v_{\mathrm{ge}}}, v_{v_{\mathrm{gn}}}, v_{v_{\mathrm{gu}}}, v_{p_{\mathrm{ge}}}, v_{p_{\mathrm{gn}}}, v_{p_{\mathrm{gu}}}]^{\mathrm{T}} \tag{6-237}
$$

式中，$v_{v_{\mathrm{ge}}}$、$v_{v_{\mathrm{gn}}}$和$v_{v_{\mathrm{gu}}}$分别表示 GNSS 在东向、北向和天向的速度测量值的随机误差，$v_{p_{\mathrm{ge}}}$、$v_{p_{\mathrm{gn}}}$和$v_{p_{\mathrm{gu}}}$分别表示 GNSS 在东向、北向和天向的位置测量值的随机误差。

6.3.3.2 非线性组合导航滤波算法

1. SDREF 算法

针对非线性的无人机 INS/GNSS 组合导航系统，需要通过非线性 KF 算法对导航系统

进行状态估计。EKF 算法是一种常用的非线性 KF 算法，其通过一阶近似的方法将非线性系统线性化，但当面对高度非线性的系统时，EKF 算法的滤波结果会严重退化甚至发散。UKF 算法和 CKF 算法采用确定性采样点逼近概率密度函数，避免了计算雅可比矩阵，滤波精度高于 EKF 算法，但是用采样点逼近非线性模型的滤波算法计算量较大[99]。SDREF 算法通过将非线性系统转化为具有 SDC 矩阵的线性系统，求解每一步的代数 Riccati 方程来获得系统的状态估计。因此，SDREF 算法不依赖模型线性化，避免了计算雅可比矩阵。

SDREF 算法利用 SDC 分解将非线性系统转化为状态矩阵和转移矩阵，并通过求解 Riccati 方程得到协方差，然后通过 KF 更新状态的估计[38,99]。SDREF 算法使用的 Riccati 方程有两种：第一种为状态相关代数 Riccati 方程，其通过实时求解协方差矩阵来考虑状态相关 Riccati 方程中非线性控制器的对偶问题，计算量较大；第二种为状态相关微分 Riccati 方程（State Dependent Difference Riccati Equation，SDDRE），其构造方法与传统的线性 KF 算法相同，因此常采用 SDDRE。

考虑非线性系统的状态方程和测量方程：

$$\begin{cases}\boldsymbol{x}_k = f(\boldsymbol{x}_{k-1}) + \boldsymbol{w}_{k-1} \\ \boldsymbol{z}_k = h(\boldsymbol{x}_k) + \boldsymbol{v}_k\end{cases} \tag{6-238}$$

式中，$\boldsymbol{x}_k$ 和 $\boldsymbol{z}_k$ 分别表示状态向量和测量向量；$f(\cdot)$ 和 $h(\cdot)$ 分别表示状态向量函数和测量向量函数；$\boldsymbol{w}_{k-1}$ 表示方差为 $\boldsymbol{Q}_{k-1}$ 的过程噪声；$\boldsymbol{v}_k$ 表示方差为 $\boldsymbol{R}_k$ 的测量噪声。$\boldsymbol{w}_k$ 和 $\boldsymbol{v}_k$ 满足：

$$E[\boldsymbol{w}_k \boldsymbol{w}_j^{\mathrm{T}}] = \boldsymbol{Q}_k \delta_{kj},\ E[\boldsymbol{v}_k \boldsymbol{v}_j^{\mathrm{T}}] = \boldsymbol{R}_k \delta_{kj},\ E[\boldsymbol{w}_k \boldsymbol{v}_j^{\mathrm{T}}] = \boldsymbol{0} \tag{6-239}$$

将式（6-238）中的非线性系统转化为 SDC 形式：

$$\begin{cases}\boldsymbol{x}_k = F(\boldsymbol{x}_{k-1})\boldsymbol{x}_{k-1} + \boldsymbol{w}_{k-1} \\ \boldsymbol{z}_k = N(\boldsymbol{x}_k)\boldsymbol{x}_k + \boldsymbol{v}_k\end{cases} \tag{6-240}$$

式中，

$$f(\boldsymbol{x}_{k-1}) = \boldsymbol{F}(\boldsymbol{x}_{k-1})\boldsymbol{x}_{k-1} \tag{6-241}$$

$$h(\boldsymbol{x}_k) = \boldsymbol{N}(\boldsymbol{x}_k)\boldsymbol{x}_k \tag{6-242}$$

SDREF 算法如下：

（1）时间更新部分：

$$\hat{\boldsymbol{x}}_{k/k-1} = f(\hat{\boldsymbol{x}}_{k-1}) \tag{6-243}$$

$$\boldsymbol{P}_{k/k-1} = \boldsymbol{F}(\hat{\boldsymbol{x}}_{k-1})\boldsymbol{P}_k \boldsymbol{F}(\hat{\boldsymbol{x}}_{k-1})^{\mathrm{T}} + \boldsymbol{Q}_k \tag{6-244}$$

式中，$\boldsymbol{P}_k$ 为 k 时刻的协方差矩阵。

（2）测量更新部分：

$$\boldsymbol{K}_k = \boldsymbol{P}_{k/k-1}\boldsymbol{N}(\hat{\boldsymbol{x}}_{k/k-1})^{\mathrm{T}}(\boldsymbol{N}(\hat{\boldsymbol{x}}_{k/k-1})\boldsymbol{P}_{k/k-1}\boldsymbol{N}(\hat{\boldsymbol{x}}_{k/k-1})^{\mathrm{T}} + \boldsymbol{R}_k)^{-1} \tag{6-245}$$

$$\hat{\boldsymbol{x}}_k = \hat{\boldsymbol{x}}_{k/k-1} + \boldsymbol{K}_k\left(\boldsymbol{z}_k - \boldsymbol{h}(\hat{\boldsymbol{x}}_{k/k-1})\right) \tag{6-246}$$

$$\boldsymbol{P}_k = (\boldsymbol{I} - \boldsymbol{K}_k \boldsymbol{N}(\hat{\boldsymbol{x}}_{k/k-1}))\boldsymbol{P}_{k/k-1} \tag{6-247}$$

2. Consider SDREF 算法

通过将“Consider”方法引入 SDREF 算法中，即通过将偏差的预估计协方差合并到误差协方差中来更新状态估计和协方差，而不直接估计偏差，得到 Consider SDREF（CSDREF）算法，该算法能够降低模型不确定性或偏差对状态估计的负面影响。

考虑具有模型不确定性或偏差的非线性系统的状态方程和测量方程：

$$\begin{cases} \boldsymbol{x}_k = f(\boldsymbol{x}_{k-1}, \boldsymbol{\theta}_{k-1}) + \boldsymbol{w}_{k-1} \\ \boldsymbol{z}_k = h(\boldsymbol{x}_k, \boldsymbol{\theta}_k) + \boldsymbol{v}_k \end{cases} \tag{6-248}$$

式中，偏差 $\boldsymbol{\theta}_k$ 满足 $\boldsymbol{\theta}_k = \boldsymbol{\theta}_{k-1} + \boldsymbol{w}_{k-1}^{\theta}$， $\boldsymbol{w}_{k-1}^{\theta}$ 是方差为 $\boldsymbol{P}_{\theta\theta}$ 的高斯白噪声。

将式（6-248）中的非线性系统转化为 SDC 形式：

$$\begin{cases} \boldsymbol{x}_k = \boldsymbol{F}(\boldsymbol{x}_{k-1}, \boldsymbol{\theta}_{k-1})\boldsymbol{x}_{k-1} + \boldsymbol{G}(\boldsymbol{x}_{k-1}, \boldsymbol{\theta}_{k-1})\boldsymbol{\theta}_{k-1} + \boldsymbol{w}_{k-1} \\ \boldsymbol{z}_k = \boldsymbol{N}(\boldsymbol{x}_k, \boldsymbol{\theta}_k)\boldsymbol{x}_k + \boldsymbol{M}(\boldsymbol{x}_k, \boldsymbol{\theta}_k)\boldsymbol{\theta}_k + \boldsymbol{v}_k \end{cases} \tag{6-249}$$

式中， $\boldsymbol{G}(\boldsymbol{x}_{k-1}, \boldsymbol{\theta}_{k-1})$ 和 $\boldsymbol{M}(\boldsymbol{x}_k, \boldsymbol{\theta}_k)$ 为偏差转移矩阵。

式（6-249）满足：

$$f(\boldsymbol{x}_{k-1}, \boldsymbol{\theta}_{k-1}) = \boldsymbol{F}(\boldsymbol{x}_{k-1}, \boldsymbol{\theta}_{k-1})\boldsymbol{x}_{k-1} + \boldsymbol{G}(\boldsymbol{x}_{k-1}, \boldsymbol{\theta}_{k-1})\boldsymbol{\theta}_{k-1} \tag{6-250}$$

$$h(\boldsymbol{x}_k, \boldsymbol{\theta}_k) = \boldsymbol{N}(\boldsymbol{x}_k, \boldsymbol{\theta}_k)\boldsymbol{x}_k + \boldsymbol{M}(\boldsymbol{x}_k, \boldsymbol{\theta}_k)\boldsymbol{\theta}_k \tag{6-251}$$

为了降低式（6-249）中偏差对状态估计的负面影响，将偏差的统计信息并入状态估计协方差中来处理偏差，而不是直接估计偏差。因此使用增广维数的方法推导 CSDREF 算法。式（6-249）中的状态模型和测量模型可扩充为

$$\begin{bmatrix} \boldsymbol{x}_k \\ \boldsymbol{\theta}_k \end{bmatrix} = \begin{bmatrix} \boldsymbol{F}(\boldsymbol{x}_{k-1}, \boldsymbol{\theta}_{k-1}) & \boldsymbol{G}(\boldsymbol{x}_{k-1}, \boldsymbol{\theta}_{k-1}) \\ \boldsymbol{0} & \boldsymbol{I} \end{bmatrix} \begin{bmatrix} \boldsymbol{x}_{k-1} \\ \boldsymbol{\theta}_{k-1} \end{bmatrix} + \begin{bmatrix} \boldsymbol{w}_{k-1} \\ \boldsymbol{w}_{k-1}^{\theta} \end{bmatrix} \tag{6-252}$$

$$\boldsymbol{z}_k = \left[\boldsymbol{N}(\boldsymbol{x}_k, \boldsymbol{\theta}_k), \boldsymbol{M}(\boldsymbol{x}_k, \boldsymbol{\theta}_k)\right] \begin{bmatrix} \boldsymbol{x}_k \\ \boldsymbol{\theta}_k \end{bmatrix} + \boldsymbol{v}_k \tag{6-253}$$

考虑上述增广动态模型，利用一般的 KF 算法推导过程，可得到 CSDREF 算法如下。

（1）时间更新部分：

$$\hat{\boldsymbol{x}}_{k/k-1} = f(\hat{\boldsymbol{x}}_{k-1}, \bar{\boldsymbol{\theta}}) \tag{6-254}$$

$$\begin{aligned} \begin{bmatrix} \boldsymbol{P}_{k/k-1} & \boldsymbol{C}_{k/k-1} \\ \boldsymbol{C}_{k/k-1}^{\mathrm{T}} & \boldsymbol{P}_{\theta\theta} \end{bmatrix} = & \begin{bmatrix} \boldsymbol{F}(\hat{\boldsymbol{x}}_{k-1}, \bar{\boldsymbol{\theta}}) & \boldsymbol{G}(\hat{\boldsymbol{x}}_{k-1}, \bar{\boldsymbol{\theta}}) \\ \boldsymbol{0} & \boldsymbol{I} \end{bmatrix} \begin{bmatrix} \boldsymbol{P}_{k-1} & \boldsymbol{C}_{k-1} \\ \boldsymbol{C}_{k-1}^{\mathrm{T}} & \boldsymbol{P}_{\theta\theta} \end{bmatrix} \\ & \begin{bmatrix} \boldsymbol{F}(\hat{\boldsymbol{x}}_{k-1}, \bar{\boldsymbol{\theta}}) & \boldsymbol{G}(\hat{\boldsymbol{x}}_{k-1}, \bar{\boldsymbol{\theta}}) \\ \boldsymbol{0} & \boldsymbol{I} \end{bmatrix}^{\mathrm{T}} + \begin{bmatrix} \boldsymbol{Q}_{k-1} & \boldsymbol{0} \\ \boldsymbol{0} & \boldsymbol{0} \end{bmatrix} \end{aligned} \tag{6-255}$$

式中， $\boldsymbol{C}_{k-1}$ 为状态估计误差和偏差的互协方差，该互协方差满足 $\boldsymbol{C}_{k-1}=E\{\tilde{\boldsymbol{x}}_{k-1}\boldsymbol{\theta}^{\mathrm{T}}\}$，且其初始值为 $\boldsymbol{C}_0 = \boldsymbol{0}$。

（2）测量更新部分：

$$\begin{aligned} \bar{\boldsymbol{K}}_k = \begin{bmatrix} \boldsymbol{K}_k \\ \boldsymbol{0} \end{bmatrix} = & \begin{bmatrix} \boldsymbol{P}_{k/k-1} & \boldsymbol{C}_{k/k-1} \\ \boldsymbol{C}_{k/k-1}^{\mathrm{T}} & \boldsymbol{P}_{\theta\theta} \end{bmatrix} \begin{bmatrix} \boldsymbol{N}(\hat{\boldsymbol{x}}_{k/k-1}, \bar{\boldsymbol{\theta}})^{\mathrm{T}} \\ \boldsymbol{M}(\hat{\boldsymbol{x}}_{k/k-1}, \bar{\boldsymbol{\theta}})^{\mathrm{T}} \end{bmatrix} \\ & \left\{ \left[\boldsymbol{N}(\hat{\boldsymbol{x}}_{k/k-1}, \bar{\boldsymbol{\theta}}), \boldsymbol{M}(\hat{\boldsymbol{x}}_{k/k-1}, \bar{\boldsymbol{\theta}})\right] \begin{bmatrix} \boldsymbol{P}_{k/k-1} & \boldsymbol{C}_{k/k-1} \\ \boldsymbol{C}_{k/k-1}^{\mathrm{T}} & \boldsymbol{P}_{\theta\theta} \end{bmatrix} \begin{bmatrix} \boldsymbol{N}(\hat{\boldsymbol{x}}_{k/k-1}, \bar{\boldsymbol{\theta}})^{\mathrm{T}} \\ \boldsymbol{M}(\hat{\boldsymbol{x}}_{k/k-1}, \bar{\boldsymbol{\theta}})^{\mathrm{T}} \end{bmatrix} + \boldsymbol{R}_k \right\}^{-1} \end{aligned} \tag{6-256}$$

$$\hat{\boldsymbol{x}}_k = \hat{\boldsymbol{x}}_{k/k-1} + \boldsymbol{K}_k(z_k - h(\hat{\boldsymbol{x}}_{k/k-1}, \bar{\boldsymbol{\theta}})) \tag{6-257}$$

$$\begin{bmatrix} \boldsymbol{P}_k & \boldsymbol{C}_k \\ \boldsymbol{C}_k^{\mathrm{T}} & \boldsymbol{P}_{\theta\theta} \end{bmatrix} = \left\{ \boldsymbol{I} - \begin{bmatrix} \boldsymbol{K}_k \\ \boldsymbol{0} \end{bmatrix} [\boldsymbol{N}(\hat{\boldsymbol{x}}_{k/k-1}, \bar{\boldsymbol{\theta}}), \boldsymbol{M}(\hat{\boldsymbol{x}}_{k/k-1}, \bar{\boldsymbol{\theta}})] \right\} \begin{bmatrix} \boldsymbol{P}_{k/k-1} & \boldsymbol{C}_{k/k-1} \\ \boldsymbol{C}_{k/k-1}^{\mathrm{T}} & \boldsymbol{P}_{\theta\theta} \end{bmatrix} \tag{6-258}$$

式中，$\bar{\boldsymbol{K}}_k$ 为 CSDREF 算法的增益矩阵，由于 CSDREF 算法只考虑偏差的统计特性而不估计偏差[67]，所以增益矩阵 $\bar{\boldsymbol{K}}_k$ 中偏差 $\boldsymbol{\theta}$ 对应的行元素设置为零。

3. PSTCSDREF 算法

为了进一步降低非线性系统模型不确定性的负面影响，在 CSDREF 算法中引入了具有自适应渐消因子的强跟踪技术。本节只将自适应渐消因子乘以状态估计误差协方差的部分，而不将自适应渐消因子与状态估计误差和偏差的互协方差相乘，即只有式（6-255）的部分乘以自适应渐消因子。这种部分引入自适应渐消因子的方法，既可以提高滤波算法的健壮性，又可以使其计算量小于全部引入自适应渐消因子的方法，有效地缩短了滤波算法的计算时间。

残差正交化原理满足：

$$E[\tilde{z}_{k+j}\tilde{z}_k^{\mathrm{T}}] = 0, k = 1,2,\cdots; j = 1,2,\cdots \tag{6-259}$$

式中，残差序列 $\tilde{z}_k$ 满足 $\tilde{z}_k = z_k - h(\hat{\boldsymbol{x}}_{k/k-1}, \bar{\boldsymbol{\theta}})$ 。

如果滤波算法的状态估计是最优的，则式（6-259）总成立。但如果系统模型存在不确定性，残差序列不能总保持正交，在这种情况下，将自适应渐消因子引入预测误差的协方差中，实时调节增益矩阵并使其满足式（6-259）。

因此，将自适应渐消因子 λ_k 引入误差协方差 $\boldsymbol{P}_{k/k-1}$ 中，根据残差正交化的原理可以得到预测误差协方差如下：

$$\begin{bmatrix} \boldsymbol{P}_{k/k-1} & \boldsymbol{C}_{k/k-1} \\ \boldsymbol{C}_{k/k-1}^{\mathrm{T}} & \boldsymbol{P}_{\theta\theta} \end{bmatrix} = \begin{bmatrix} \begin{matrix} \lambda_k[\boldsymbol{F}(\hat{\boldsymbol{x}}_{k-1}, \bar{\boldsymbol{\theta}})\boldsymbol{P}_{k-1}\boldsymbol{F}(\hat{\boldsymbol{x}}_{k-1}, \bar{\boldsymbol{\theta}})^{\mathrm{T}} + \boldsymbol{F}(\hat{\boldsymbol{x}}_{k-1}, \bar{\boldsymbol{\theta}})\boldsymbol{C}_{k-1}\boldsymbol{G}(\hat{\boldsymbol{x}}_{k-1}, \bar{\boldsymbol{\theta}})^{\mathrm{T}} + \\ \boldsymbol{G}(\hat{\boldsymbol{x}}_{k-1}, \bar{\boldsymbol{\theta}})\boldsymbol{C}_{k-1}^{\mathrm{T}}\boldsymbol{F}(\hat{\boldsymbol{x}}_{k-1}, \bar{\boldsymbol{\theta}})^{\mathrm{T}} + \boldsymbol{G}(\hat{\boldsymbol{x}}_{k-1}, \bar{\boldsymbol{\theta}})\boldsymbol{P}_{\theta\theta}\boldsymbol{G}(\hat{\boldsymbol{x}}_{k-1}, \bar{\boldsymbol{\theta}})^{\mathrm{T}}] \end{matrix} & \boldsymbol{F}(\hat{\boldsymbol{x}}_{k-1}, \bar{\boldsymbol{\theta}})\boldsymbol{C}_{k-1} + \boldsymbol{G}(\hat{\boldsymbol{x}}_{k-1}, \bar{\boldsymbol{\theta}})\boldsymbol{P}_{\theta\theta} \\ [\boldsymbol{F}(\hat{\boldsymbol{x}}_{k-1}, \bar{\boldsymbol{\theta}})\boldsymbol{C}_{k-1} + \boldsymbol{G}(\hat{\boldsymbol{x}}_{k-1}, \bar{\boldsymbol{\theta}})\boldsymbol{P}_{\theta\theta}]^{\mathrm{T}} & \boldsymbol{P}_{\theta\theta} \end{bmatrix} + \begin{bmatrix} \boldsymbol{Q}_{k-1} & \boldsymbol{0} \\ \boldsymbol{0} & \boldsymbol{0} \end{bmatrix} \tag{6-260}$$

若式（6-257）成立，则式（6-261）成立[45]。

$$\begin{bmatrix} \boldsymbol{P}_{k/k-1} & \boldsymbol{C}_{k/k-1} \\ \boldsymbol{C}_{k/k-1}^{\mathrm{T}} & \boldsymbol{P}_{\theta\theta} \end{bmatrix} \begin{bmatrix} \boldsymbol{N}(\hat{\boldsymbol{x}}_{k/k-1}, \bar{\boldsymbol{\theta}})^{\mathrm{T}} \\ \boldsymbol{M}(\hat{\boldsymbol{x}}_{k/k-1}, \bar{\boldsymbol{\theta}})^{\mathrm{T}} \end{bmatrix} - \bar{\boldsymbol{K}}_k\boldsymbol{V}_k = \boldsymbol{0} \tag{6-261}$$

式中，$\boldsymbol{V}_k$ 为残差序列协方差矩阵，其计算方法为

$$\boldsymbol{V}_k = \begin{cases} \tilde{z}_k\tilde{z}_k^{\mathrm{T}}, \ k = 1 \\ \dfrac{\rho\boldsymbol{V}_{k-1} + \tilde{z}_k\tilde{z}_k^{\mathrm{T}}}{1+\rho}, \ k > 1 \end{cases} \tag{6-262}$$

式中，ρ 为遗忘因子，该遗忘因子的值通常取 0.95。

将式（6-256）代入式（6-261）得到：

$$[\boldsymbol{N}(\hat{\boldsymbol{x}}_{k/k-1},\bar{\boldsymbol{\theta}})\quad \boldsymbol{M}(\hat{\boldsymbol{x}}_{k/k-1},\bar{\boldsymbol{\theta}})]\begin{bmatrix}\boldsymbol{P}_{k/k-1} & \boldsymbol{C}_{k/k-1}\\ \boldsymbol{C}_{k/k-1}^{\mathrm{T}} & \boldsymbol{P}_{\theta\theta}\end{bmatrix}\begin{bmatrix}\boldsymbol{N}(\hat{\boldsymbol{x}}_{k/k-1},\bar{\boldsymbol{\theta}})^{\mathrm{T}}\\ \boldsymbol{M}(\hat{\boldsymbol{x}}_{k/k-1},\bar{\boldsymbol{\theta}})^{\mathrm{T}}\end{bmatrix}=\boldsymbol{V}_k-\boldsymbol{R}_k \tag{6-263}$$

将式（6-260）代入式（6-263）可以得到：

$$\begin{aligned}&\lambda_k\boldsymbol{N}(\hat{\boldsymbol{x}}_{k/k-1},\bar{\boldsymbol{\theta}})[\boldsymbol{F}(\hat{\boldsymbol{x}}_{k-1},\bar{\boldsymbol{\theta}})\boldsymbol{P}_{k-1}\boldsymbol{F}(\hat{\boldsymbol{x}}_{k-1},\bar{\boldsymbol{\theta}})^{\mathrm{T}}+\boldsymbol{F}(\hat{\boldsymbol{x}}_{k-1},\bar{\boldsymbol{\theta}})\boldsymbol{C}_{k-1}\boldsymbol{G}(\hat{\boldsymbol{x}}_{k-1},\bar{\boldsymbol{\theta}})^{\mathrm{T}}+\\&\boldsymbol{G}(\hat{\boldsymbol{x}}_{k-1},\bar{\boldsymbol{\theta}})\boldsymbol{C}_{k-1}^{\mathrm{T}}\boldsymbol{F}(\hat{\boldsymbol{x}}_{k-1},\bar{\boldsymbol{\theta}})^{\mathrm{T}}+\boldsymbol{G}(\hat{\boldsymbol{x}}_{k-1},\bar{\boldsymbol{\theta}})\boldsymbol{P}_{\theta\theta}\boldsymbol{G}(\hat{\boldsymbol{x}}_{k-1},\bar{\boldsymbol{\theta}})^{\mathrm{T}}]\boldsymbol{N}(\hat{\boldsymbol{x}}_{k/k-1},\bar{\boldsymbol{\theta}})^{\mathrm{T}}\\&=\boldsymbol{V}_k-\boldsymbol{M}(\hat{\boldsymbol{x}}_{k/k-1},\bar{\boldsymbol{\theta}})[\boldsymbol{F}(\hat{\boldsymbol{x}}_{k-1},\bar{\boldsymbol{\theta}})\boldsymbol{C}_{k-1}+\boldsymbol{G}(\hat{\boldsymbol{x}}_{k-1},\bar{\boldsymbol{\theta}})\boldsymbol{P}_{\theta\theta}]^{\mathrm{T}}\boldsymbol{N}(\hat{\boldsymbol{x}}_{k/k-1},\bar{\boldsymbol{\theta}})^{\mathrm{T}}-\\&\boldsymbol{N}(\hat{\boldsymbol{x}}_{k/k-1},\bar{\boldsymbol{\theta}})[\boldsymbol{F}(\hat{\boldsymbol{x}}_{k-1},\bar{\boldsymbol{\theta}})\boldsymbol{C}_{k-1}+\boldsymbol{G}(\hat{\boldsymbol{x}}_{k-1},\bar{\boldsymbol{\theta}})\boldsymbol{P}_{\theta\theta}]\boldsymbol{M}(\hat{\boldsymbol{x}}_{k/k-1},\bar{\boldsymbol{\theta}})^{\mathrm{T}}-\\&\boldsymbol{M}(\hat{\boldsymbol{x}}_{k/k-1},\bar{\boldsymbol{\theta}})\boldsymbol{P}_{\theta\theta}\boldsymbol{M}(\hat{\boldsymbol{x}}_{k/k-1},\bar{\boldsymbol{\theta}})^{\mathrm{T}}-\boldsymbol{N}(\hat{\boldsymbol{x}}_{k/k-1},\bar{\boldsymbol{\theta}})\boldsymbol{Q}_{k-1}\boldsymbol{N}(\hat{\boldsymbol{x}}_{k/k-1},\bar{\boldsymbol{\theta}})^{\mathrm{T}}-\boldsymbol{R}_k\end{aligned} \tag{6-264}$$

然后获得计算自适应渐消因子的方法如下：

$$\lambda_k=\begin{cases}c_k,\ c_k\geqslant 1\\ 1,\ c_k<1\end{cases} \tag{6-265}$$

其中，c_k 满足：

$$c_k=\frac{\mathrm{Tr}(\boldsymbol{O}_k)}{\mathrm{Tr}(\boldsymbol{U}_k)} \tag{6-266}$$

式中，矩阵 $\boldsymbol{O}_k$ 和 $\boldsymbol{U}_k$ 分别满足：

$$\begin{aligned}\boldsymbol{O}_k=&\boldsymbol{V}_k-\boldsymbol{M}(\hat{\boldsymbol{x}}_{k/k-1},\bar{\boldsymbol{\theta}})[\boldsymbol{F}(\hat{\boldsymbol{x}}_{k-1},\bar{\boldsymbol{\theta}})\boldsymbol{C}_{k-1}+\boldsymbol{G}(\hat{\boldsymbol{x}}_{k-1},\bar{\boldsymbol{\theta}})\boldsymbol{P}_{\theta\theta}]^{\mathrm{T}}\boldsymbol{N}(\hat{\boldsymbol{x}}_{k/k-1},\bar{\boldsymbol{\theta}})^{\mathrm{T}}-\\&\boldsymbol{N}(\hat{\boldsymbol{x}}_{k/k-1},\bar{\boldsymbol{\theta}})[\boldsymbol{F}(\hat{\boldsymbol{x}}_{k-1},\bar{\boldsymbol{\theta}})\boldsymbol{C}_{k-1}+\boldsymbol{G}(\hat{\boldsymbol{x}}_{k-1},\bar{\boldsymbol{\theta}})\boldsymbol{P}_{\theta\theta}]\boldsymbol{M}(\hat{\boldsymbol{x}}_{k/k-1},\bar{\boldsymbol{\theta}})^{\mathrm{T}}-\\&\boldsymbol{M}(\hat{\boldsymbol{x}}_{k/k-1},\bar{\boldsymbol{\theta}})\boldsymbol{P}_{\theta\theta}\boldsymbol{M}(\hat{\boldsymbol{x}}_{k/k-1},\bar{\boldsymbol{\theta}})^{\mathrm{T}}-\boldsymbol{N}(\hat{\boldsymbol{x}}_{k/k-1},\bar{\boldsymbol{\theta}})\boldsymbol{Q}_{k-1}\boldsymbol{N}(\hat{\boldsymbol{x}}_{k/k-1},\bar{\boldsymbol{\theta}})^{\mathrm{T}}-\boldsymbol{R}_k\end{aligned} \tag{6-267}$$

$$\begin{aligned}\boldsymbol{U}_k=&\boldsymbol{N}(\hat{\boldsymbol{x}}_{k/k-1},\bar{\boldsymbol{\theta}})[\boldsymbol{F}(\hat{\boldsymbol{x}}_{k-1},\bar{\boldsymbol{\theta}})\boldsymbol{P}_{k-1}\boldsymbol{F}(\hat{\boldsymbol{x}}_{k-1},\bar{\boldsymbol{\theta}})^{\mathrm{T}}+\boldsymbol{F}(\hat{\boldsymbol{x}}_{k-1},\bar{\boldsymbol{\theta}})\boldsymbol{C}_{k-1}\boldsymbol{G}(\hat{\boldsymbol{x}}_{k-1},\bar{\boldsymbol{\theta}})^{\mathrm{T}}+\\&\boldsymbol{G}(\hat{\boldsymbol{x}}_{k-1},\bar{\boldsymbol{\theta}})\boldsymbol{C}_{k-1}^{\mathrm{T}}\boldsymbol{F}(\hat{\boldsymbol{x}}_{k-1},\bar{\boldsymbol{\theta}})^{\mathrm{T}}+\boldsymbol{G}(\hat{\boldsymbol{x}}_{k-1},\bar{\boldsymbol{\theta}})\boldsymbol{P}_{\theta\theta}\boldsymbol{G}(\hat{\boldsymbol{x}}_{k-1},\bar{\boldsymbol{\theta}})^{\mathrm{T}}]\boldsymbol{N}(\hat{\boldsymbol{x}}_{k/k-1},\bar{\boldsymbol{\theta}})^{\mathrm{T}}\end{aligned} \tag{6-268}$$

通过将自适应渐消因子 λ_k 部分引入 CSDREF 算法中，得到 PSTCSDREF 算法，以进一步提高滤波算法的健壮性，具体如下。

（1）时间更新部分：

$$\hat{\boldsymbol{x}}_{k/k-1}=f(\hat{\boldsymbol{x}}_{k-1},\bar{\boldsymbol{\theta}}) \tag{6-269}$$

$$\begin{aligned}\boldsymbol{P}_{k/k-1}=&\lambda_k[\boldsymbol{F}(\hat{\boldsymbol{x}}_{k-1},\bar{\boldsymbol{\theta}})\boldsymbol{P}_{k-1}\boldsymbol{F}(\hat{\boldsymbol{x}}_{k-1},\bar{\boldsymbol{\theta}})^{\mathrm{T}}+\boldsymbol{F}(\hat{\boldsymbol{x}}_{k-1},\bar{\boldsymbol{\theta}})\boldsymbol{C}_{k-1}\boldsymbol{G}(\hat{\boldsymbol{x}}_{k-1},\bar{\boldsymbol{\theta}})^{\mathrm{T}}+\\&\boldsymbol{G}(\hat{\boldsymbol{x}}_{k-1},\bar{\boldsymbol{\theta}})\boldsymbol{C}_{k-1}^{\mathrm{T}}\boldsymbol{F}(\hat{\boldsymbol{x}}_{k-1},\bar{\boldsymbol{\theta}})^{\mathrm{T}}+\boldsymbol{G}(\hat{\boldsymbol{x}}_{k-1},\bar{\boldsymbol{\theta}})\boldsymbol{P}_{\theta\theta}\boldsymbol{G}(\hat{\boldsymbol{x}}_{k-1},\bar{\boldsymbol{\theta}})^{\mathrm{T}}]+\boldsymbol{Q}_{k-1}\end{aligned} \tag{6-270}$$

式中，自适应渐消因子 λ_k 可以通过式（6-265）～式（6-268）计算。

$$\boldsymbol{C}_{k/k-1}=\boldsymbol{F}(\hat{\boldsymbol{x}}_{k-1},\bar{\boldsymbol{\theta}})\boldsymbol{C}_{k-1}+\boldsymbol{G}(\hat{\boldsymbol{x}}_{k-1},\bar{\boldsymbol{\theta}})\boldsymbol{P}_{\theta\theta} \tag{6-271}$$

（2）测量更新部分：

$$\boldsymbol{K}_k=[\boldsymbol{P}_{k/k-1}\boldsymbol{N}(\hat{\boldsymbol{x}}_{k/k-1},\bar{\boldsymbol{\theta}})^{\mathrm{T}}+\boldsymbol{C}_{k/k-1}\boldsymbol{M}(\hat{\boldsymbol{x}}_{k/k-1},\bar{\boldsymbol{\theta}})^{\mathrm{T}}]\boldsymbol{\Omega}_k^{-1} \tag{6-272}$$

$$\hat{\boldsymbol{x}}_k=\hat{\boldsymbol{x}}_{k/k-1}+\boldsymbol{K}_k[z_k-h(\hat{\boldsymbol{x}}_{k/k-1},\bar{\boldsymbol{\theta}})] \tag{6-273}$$

$$\boldsymbol{P}_k=[\boldsymbol{I}-\boldsymbol{K}_k\boldsymbol{N}(\hat{\boldsymbol{x}}_{k/k-1},\bar{\boldsymbol{\theta}})]\boldsymbol{P}_{k/k-1}-\boldsymbol{K}_k\boldsymbol{M}(\hat{\boldsymbol{x}}_{k/k-1},\bar{\boldsymbol{\theta}})\boldsymbol{C}_{k/k-1}^{\mathrm{T}} \tag{6-274}$$

$$\boldsymbol{C}_k=[\boldsymbol{I}-\boldsymbol{K}_k\boldsymbol{N}(\hat{\boldsymbol{x}}_{k/k-1},\bar{\boldsymbol{\theta}})]\boldsymbol{C}_{k/k-1}-\boldsymbol{K}_k\boldsymbol{M}(\hat{\boldsymbol{x}}_{k/k-1},\bar{\boldsymbol{\theta}})\boldsymbol{P}_{\theta\theta} \tag{6-275}$$

式（6-272）中矩阵 $\boldsymbol{\Omega}_k$ 的计算方法为

$$\begin{aligned}\boldsymbol{\Omega}_k &= \boldsymbol{N}(\hat{\boldsymbol{x}}_{k/k-1},\bar{\boldsymbol{\theta}})\boldsymbol{P}_{k/k-1}\boldsymbol{N}(\hat{\boldsymbol{x}}_{k/k-1},\bar{\boldsymbol{\theta}})^{\mathrm{T}} + \boldsymbol{N}(\hat{\boldsymbol{x}}_{k/k-1},\bar{\boldsymbol{\theta}})\boldsymbol{C}_{k/k-1}\boldsymbol{M}(\hat{\boldsymbol{x}}_{k/k-1},\bar{\boldsymbol{\theta}})^{\mathrm{T}} + \\ &\quad \boldsymbol{M}(\hat{\boldsymbol{x}}_{k/k-1},\bar{\boldsymbol{\theta}})\boldsymbol{C}_{k/k-1}^{\mathrm{T}}\boldsymbol{N}(\hat{\boldsymbol{x}}_{k/k-1},\bar{\boldsymbol{\theta}})^{\mathrm{T}} + \boldsymbol{M}(\hat{\boldsymbol{x}}_{k/k-1},\bar{\boldsymbol{\theta}})\boldsymbol{P}_{\theta\theta}\boldsymbol{M}(\hat{\boldsymbol{x}}_{k/k-1},\bar{\boldsymbol{\theta}})^{\mathrm{T}} + \boldsymbol{R}_k\end{aligned} \tag{6-276}$$

6.3.3.3 仿真与分析

为了验证 PSTCSDREF 算法的有效性，本节以东北天坐标系为无人机组合导航系统坐标系，采样 MATLAB 进行仿真。系统的状态方程和测量方程分别为式（6-233）和式（6-236）。仿真中无人机的初始位置为东经 116.31°、北纬 39.96°，高度为 10m，无人机的初始速度为 0。无人机组合导航系统中陀螺仪的常值漂移为 0.03°/h，其随机噪声为 $0.001°/\sqrt{\mathrm{h}}$；加速度计的常值漂移为 $10^{-4}g$（g 为重力加速度），其随机噪声为 $10^{-5}g/\sqrt{\mathrm{s}}$，两种传感器的随机噪声均为高斯白噪声。

GNSS 的水平位置、高度和速度的均方根分别为 4m、8m 和 0.3m/s。测量偏差 $\boldsymbol{\theta}$ 服从零均值正态分布，其标准差满足 $[0.1,0.1,0.9,1\times10^{-6},1\times10^{-8},5]^{\mathrm{T}}$。INS 的采样周期是 0.01s，GNSS 的采样周期是 1s，仿真的模拟总时间是 1932s。该仿真中无人机的飞行轨迹如图 6-22 所示。

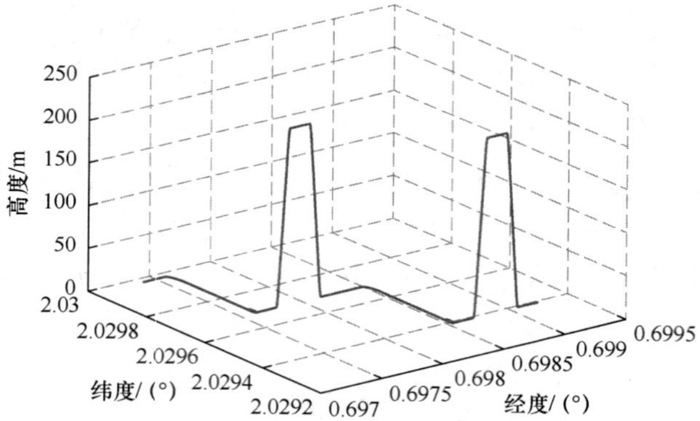

图 6-22　无人机飞行轨迹

为了验证 PSTCSDREF 算法的健壮性，将未知输入引入无人机运行过程中。该未知输入被添加到状态函数向量之后，如下：

$$\Delta\boldsymbol{x} = \begin{cases}[\boldsymbol{0}_{1\times15}]^{\mathrm{T}}, 0 < t < 700\text{ , } 900<\mathrm{t}<1500,\ t > 1750 \\ [\boldsymbol{0}_{1\times3},1,1,1,10/\mathrm{Re},10/\mathrm{Re},10,\boldsymbol{0}_{1\times6}]^{\mathrm{T}}, 700 \leqslant t \leqslant 900 \\ [\boldsymbol{0}_{1\times3},-1,-1,-1,-10/\mathrm{Re},-10/\mathrm{Re},-10,\boldsymbol{0}_{1\times6}]^{\mathrm{T}}, 1500 \leqslant t \leqslant 1750\end{cases} \tag{6-277}$$

该仿真通过状态误差的均方根分析算法的性能，其计算公式为

$$\mathrm{RMS} = \sqrt{\sum_{i=1}^{N}\tilde{x}_i^2 \Big/ N} \tag{6-278}$$

式中，N 为模拟仿真的采样率。

分别采用 EKF、SDREF、CSDREF 和 PSTCSDREF 算法对无人机 INS/GNSS 组合导航系统进行仿真验证，得到四种算法的位置误差和速度误差的对比，如图 6-23～图 6-28 所示。PSTCSDREF 算法中，在滤波过程中自适应渐消因子 λ_k 的变化如图 6-29 所示。表 6-10 表示四种滤波算法的位置误差和速度误差的均方根。

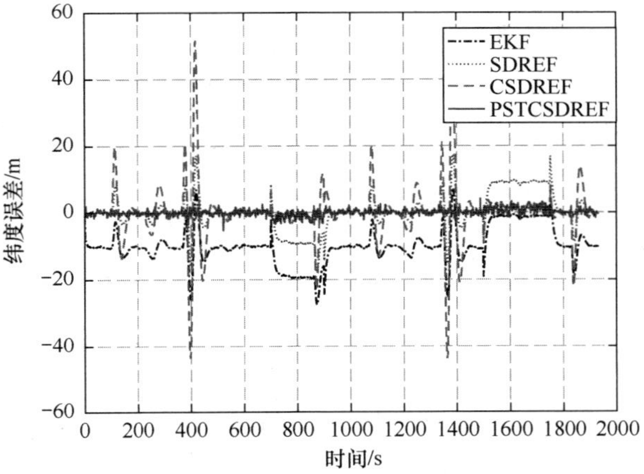

图 6-23　纬度误差对比

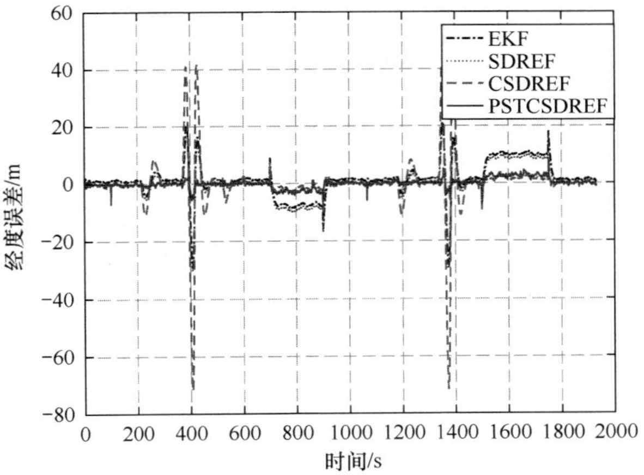

图 6-24　经度误差对比

图 6-23～图 6-25 表示的是 EKF、SDREF、CSDREF 和 PSTCSDREF 四种算法的位置误差对比，由图中可以看出，EKF 算法的导航滤波结果有误差，尤其是高度误差最大；通过求解 Riccati 方程，SDREF 算法具有比 EKF 算法更好的滤波效果；CSDREF 算法通过“Consider”方法将偏差的统计信息并入状态估计方程，可以减少偏差的负面影响，获得比 SDREF 算法更好的状态估计结果，但是 CSDREF 算法的导航滤波输出在无人机进行飞行时会出现较大的误差；PSTCSDREF 算法的滤波效果最好，其能够通过自适应渐消因子来降低无人机飞行时的不确定性产生的不利影响，提高滤波算法的健壮性。

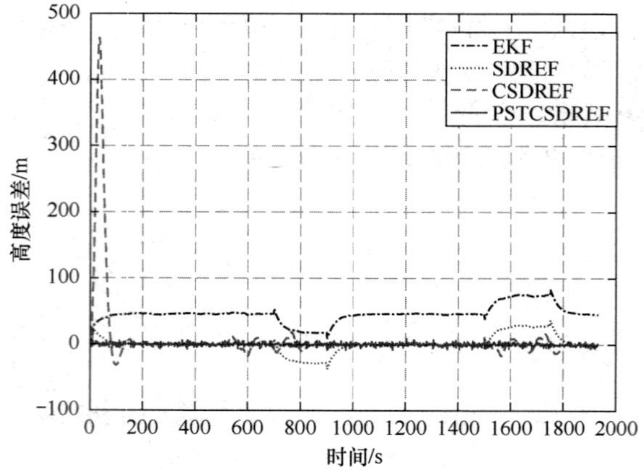

图 6-25　高度误差对比

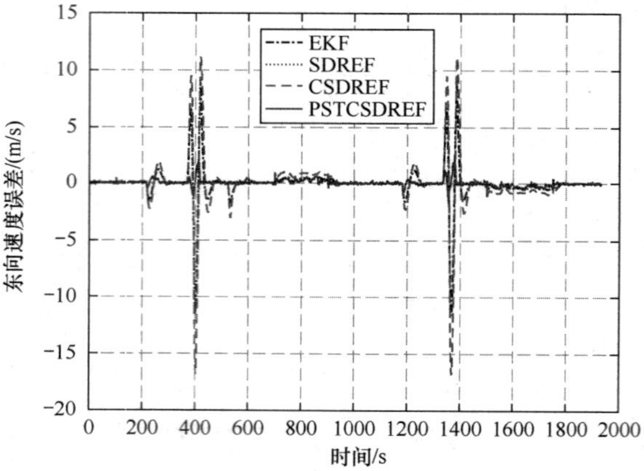

图 6-26　东向速度误差对比

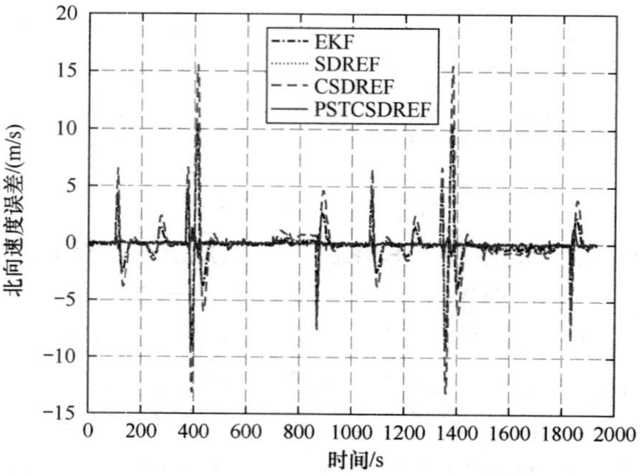

图 6-27　北向速度误差对比

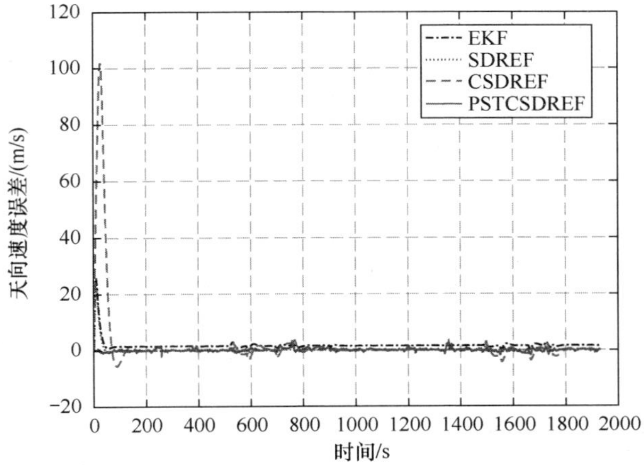

图 6-28　天向速度误差对比

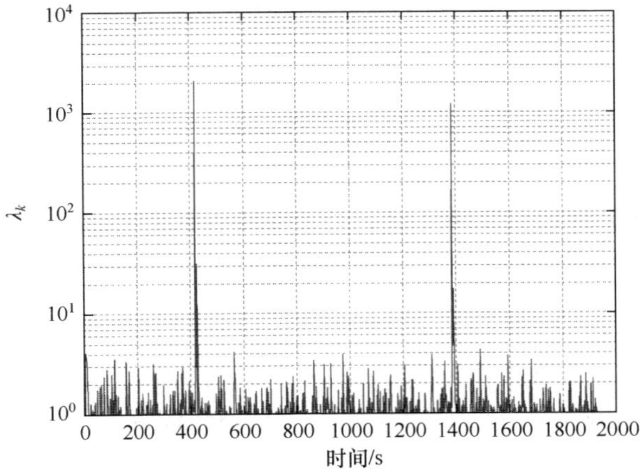

图 6-29　在滤波过程中自适应渐消因子 λ_k 的变化

表 6-10　位置误差和速度误差的均方根

算　法	位置误差/m			速度误差/（m/s）		
	纬　度	经　度	高　度	东　向	北　向	天　向
EKF	9.8949	6.3807	13.9229	1.6538	1.7397	1.9045
SDREF	5.4186	6.0757	13.2017	1.6539	1.7364	1.8986
CSDREF	9.0196	10.2919	52.6359	2.4266	2.6414	11.6131
PSTCSDREF	0.9755	1.5435	2.1682	0.2780	0.2260	0.5233

图 6-26～图 6-28 为四种算法的速度误差对比，从图中可以看出，EKF 算法的状态估计结果较差，而在处理 700～900s 和 1500～1750s 这两个时间段中的动态扰动偏差时，

SDREF 算法和 CSDREF 算法的滤波效果均优于 EKF 算法；虽然 CSDREF 算法能够降低偏差的不利影响，但该算法处理不确定性的效果并不好；在四种滤波算法中，PSTCSDREF 算法在估计无人机的速度信息方面有较好的性能。

由图 6-29 可以看出，自适应渐消因子在滤波过程中有明显的变化，尤其是在状态突变时更能够体现其效果，因此其能够在 PSTCSDREF 算法的滤波过程中减少系统不确定性的不利影响。通过表 6-10 可以看出，PSTCSDREF 算法的位置误差和速度误差的均方根均小于其他三种滤波算法，以纬度误差为例，PSTCSDREF 算法的均方根相较于 EKF 算法、SDREF 算法和 CSDREF 算法分别降低 90.14%、82.00%和 89.19%。

总之，PSTCSDREF 算法能够降低测量偏差和模型不确定性的不利影响，提高组合导航系统的导航精度和稳定性。

为了降低模型不确定性和偏差对组合导航系统状态估计精度的不利影响，本节分析了无人机 INS/GNSS 组合导航系统的非线性模型和误差模型，通过将“Consider”方法引入 SDREF 算法中，即将偏差统计信息并入状态估计公式而不直接估计偏差，得到 CSDREF 算法；然后，通过将自适应渐消因子部分引入 CSDREF 的状态预测协方差中，得到 PSTCSDREF 算法；最后，利用 MATLAB 对具有测量偏差和模型不确定性的无人机 INS/GNSS 组合导航系统进行仿真，验证了 PSTCSDREF 算法的性能。

参考文献

[1] 秦永元. 卡尔曼滤波与组合导航原理[M]. 西安: 西北工业大学出版社, 2001.

[2] 史忠科. 最优估计的计算方法[M]. 北京: 科学出版社, 2001.

[3] KALMAN R E. A new approach to linear filtering and prediction problems[J]. Journal of Basic Engineering, 1960, 82(1):35-45.

[4] SUNAHARA Y, YAMASHITA K. An approximate method of state estimation for non-linear dynamical systems with state-dependent noise[J]. International Journal of Control, 1970, 11(6):957-972.

[5] CRASSIDIS J L, JUNKINS J L. Optimal estimation of dynamic systems[M]. 2nd ed. Boca Raton, FL: Chapman & Hall\CRC Press, 2012.

[6] JAFARI R, RAZVARZ S, VARGAS-JARILLO C, et al. Blockage detection in pipeline based on the extended Kalman filter observer[J]. Electronics, 2020, 9(1):91.

[7] ALPAGO D, DÖRFLER F, LYGEROS J. An extended Kalman filter for data-enabled predictive control[J]. IEEE Control Systems Letters, 2020, 4(4):994-999.

[8] 甘清. 基于 EKF 的室内机器人定位技术研究[D]. 哈尔滨: 哈尔滨工业大学, 2013.

[9] 杨泽斌, 樊荣, 孙晓东, 等. 基于 EKF 的无轴承异步电机无速度传感器控制[J]. 仪器仪表学报, 2015, 36(05):1023-1030.

[10] 刘振华, 陈国平, 朱强. 基于扩展卡尔曼滤波的锂电池 SOC 估计[J]. 农业装备与车辆工程, 2017, 55(8): 45-48.

[11] LU F, TIAN G, LIU G, et al. A composed global localization system for service robot in intelligent space based on particle filter algorithm and WIFI fingerprint localization[J]. Robot, 2016, 38(2):178-

184.

[12] ZHANG B, XU W, LI J. Particle filter-based AUV integrated navigation methods[J]. Robot, 2012, 34(1):78-83.

[13] CARON F, DAVY M, DUFLOS E, et al. Particle filtering for multisensor data fusion with switching observation models: application to land vehicle positioning[J]. IEEE Transactions on Signal Processing, 2007, 55(6):2703-2719.

[14] 薛长虎, 聂桂根, 汪晶. 扩展卡尔曼滤波与粒子滤波性能对比[J]. 测绘通报, 2016(4):10-14.

[15] JULIER S, UHLMANN J, DURRANT-WHYTE H F. A new method for the nonlinear transformation of means and covariances in filters and estimators[J]. IEEE Transactions on Automatic Control, 2000, 45(3):477-482.

[16] JULIER S J, UHLMANN J K. Unscented filtering and nonlinear estimation[J]. Proceedings of the IEEE, 2004, 92(3): 401-422.

[17] 杨波，秦永元，柴艳. UKF 在 INS/GPS 直接法卡尔曼滤波中的应用[J]. 传感技术学报，2007(4):842-846.

[18] ARASARATNAM I, HAYKIN S. Cubature Kalman filters[J]. IEEE Transactions on Automatic Control, 2009, 54(6): 1254-1269.

[19] LOU T, LIU J, JIN P, et al. MACV/Radio integrated navigation for Mars powered descent via robust desensitized central difference Kalman filter[J]. Advances in Space Research, 2017, 59(1):457-471.

[20] 左朝阳, 王跃钢, 陈坡, 等. 基于高斯过程的中心差分卡尔曼滤波在 BDS/INS 组合导航中的应用[J]. 中国惯性技术学报, 2020, 28(2):193-198.

[21] 傅惠民, 肖强, 吴云章, 等. 秩滤波方法[J]. 机械强度, 2014, 36(4):521-526.

[22] EVENSEN G, VAN LEEUWEN P J. Assimilation of geosat altimeter data for the agulhas current using the ensemble Kalman filter with a quasigeostrophic model[J]. Monthly Weather Review, 1996, 124(1):85-96.

[23] KHAMSEH H B, GHORBANI S, JANABI-SHARIFI F. Unscented Kalman filter state estimation for manipulating unmanned aerial vehicles[J]. Aerospace Science and Technology, 2019, 92:446-463.

[24] HU G, NI L, GAO B, et al. Model predictive based unscented Kalman filter for hypersonic vehicle navigation with INS/GNSS integration[J]. IEEE Access, 2019, 8:4814-4823.

[25] LEVEN W F, LANTERMAN A D. Unscented Kalman filters for multiple target tracking with symmetric measurement equations[J]. IEEE Transactions on Automatic Control, 2009, 54(2):370-375.

[26] SCHOPP P, KLINGBEIL L, PETERS C, et al. Design, geometry evaluation, and calibration of a gyroscope-free inertial measurement unit[J]. Sensors and Actuators A: Physical, 2010, 162(2):379-387.

[27] 陈国良, 张言哲, 汪云甲, 等. WiFi-PDR 室内组合定位的无迹卡尔曼滤波算法[J]. 测绘学报, 2015, 44(12):1314-1321.

[28] 贾瑞才. 重力/地磁辅助的欧拉角无迹卡尔曼滤波姿态估计[J]. 光学精密工程，2014, 22(12):3280-3286.

[29] 张龙, 崔乃刚, 王小刚, 等. 强跟踪-容积卡尔曼滤波在弹道式再入目标跟踪中的应用[J]. 中国惯性技术学报, 2015, 23(2):211-218.

[30] SHEN C, ZHANG Y, GUO X, et al. Seamless GPS/inertial navigation system based on self-learning

square-root cubature Kalman filter[J]. IEEE Transactions on Industrial Electronics, 2020, 68(1):499-508.

[31] XU W, XU J, YAN X. Lithium-ion battery state of charge and parameters joint estimation using cubature Kalman filter and particle filter[J]. Journal of Power Electronics, 2020, 20(1):292-307.

[32] ARASARATNAM I, HAYKIN S, HURD T R. Cubature Kalman filtering for continuous-discrete systems: theory and simulations[J]. IEEE Transactions on Signal Processing, 2010, 58(10):4977-4993.

[33] 徐博, 王艺菲, 单为. 基于 CKF 的非线性船体变形惯性测量方法[J]. 哈尔滨工程大学学报, 2017, 38(02): 247-252.

[34] 袁莉芬, 张悦, 何怡刚, 等. 一种基于 CKF 的改进 LANDMARC 室内定位算法[J]. 电子测量与仪器学报, 2017, 31(5):739-745.

[35] 孙枫, 唐李军. 基于 CKF 的 SINS 大方位失准角初始对准[J]. 仪器仪表学报, 2012, 33(2):327-333.

[36] 孙枫, 唐李军. Cubature 卡尔曼滤波与 Unscented 卡尔曼滤波估计精度比较[J]. 控制与决策, 2013, 28(2): 303-308.

[37] Çimen T. Systematic and effective design of nonlinear feedback controllers via the state-dependent Riccati equation (SDRE) method[J]. Annual Reviews in Control, 2010, 34(1):32-51.

[38] BEIKZADEH H, TAGHIRAD H D. Robust SDRE filter design for nonlinear uncertain systems with an performance criterion[J]. ISA Transactions, 2012, 51(1):146-152.

[39] XIE L, SOH Y C, DE SOUZA C E. Robust Kalman filtering for uncertain discrete-time systems[J]. IEEE Transactions on Automatic Control, 1994, 39(6):1310-1314.

[40] ZHU X, SOH Y C, XIE L. Design and analysis of discrete-time robust Kalman filters[J]. Automatica, 2002, 38(6): 1069-1077.

[41] ZHU X, SOH Y C, XIE L. Robust Kalman filter design for discrete time-delay systems[J]. Circuits, Systems and Signal Processing, 2002, 21(3):319-335.

[42] LIU W. Optimal estimation for discrete-time linear systems in the presence of multiplicative and time-correlated additive measurement noises[J]. IEEE Transactions on Signal Processing, 2015, 63(17):4583-4593.

[43] FENG J, WANG Z, ZENG M. Distributed weighted robust Kalman filter fusion for uncertain systems with autocorrelated and cross-correlated noises[J]. Information Fusion, 2013, 14(1):78-86.

[44] WANG F, BALAKRISHNAN V. Robust Kalman filters for linear time-varying systems with stochastic parametric uncertainties[J]. IEEE Transactions on Signal Processing, 2002, 50(4):803-813.

[45] LOU T, CHEN N, CHEN Z, et al. Robust partially strong tracking extended consider Kalman filtering for INS/GNSS integrated navigation[J]. IEEE Access, 2019, 7:151230-151238.

[46] ASADI E, BOTTASSO C L. Delayed fusion for real-time vision-aided inertial navigation[J]. Journal of Real-Time Image Processing, 2015, 10(4):633-646.

[47] SUN S, LI X, YAN S W. Estimators for autoregressive moving average signals with multiple sensors of different missing measurement rates[J]. IET Signal Processing, 2012, 6(3):178-185.

[48] 李川, 魏世玉, 刘星, 等. 顾及有色噪声的卡尔曼滤波在多路径误差削弱中的应用[J]. 全球定位系统, 2019, 44(1):62-67.

[49] 张潮. GPS/SINS 组合导航数据融合算法研究[D]. 郑州:郑州大学, 2015.

[50] 宁凯文，张小跃，张春熹. 有色噪声作用下的机载 INS/GPS 组合导航方法[J]. 导航与控制，2018, 17(2): 46-52.

[51] 范旭，陈国光，白敦卓，等. 卡尔曼弹道滤波状态初值的最优估计方法研究[J]. 弹箭与制导学报，2018, 38(1):139-143.

[52] 周东华，席裕庚，张钟俊. 一种带多重次优渐消因子的扩展卡尔曼滤波器[J]. 自动化学报，1991, 17(6): 689-695.

[53] 周东华，叶银忠. 现代故障诊断与容错控制[M]. 北京：清华大学出版社, 2000.

[54] 张浩. 基于强跟踪无迹卡尔曼滤波的结构时变参数识别[D]. 兰州：兰州理工大学, 2016.

[55] 马彦，李军伟，王琳，等. 基于强跟踪无迹卡尔曼滤波的内置式永磁同步电机转子位置估计[J]. 现代电子技术, 2020, 43(13):130-133.

[56] 王宏健，傅桂霞，李娟，等. 基于强跟踪 CKF 的无人水下航行器 SLAM[J]. 仪器仪表学报，2013, 34(11): 2542-2550.

[57] 刘晓光，胡静涛，王鹤. 基于自适应 H_∞滤波的组合导航方法研究[J]. 仪器仪表学报，2014, 35(5):1013-1021.

[58] 吴晓晓. 基于信息融合的室外移动机器人定位理论及技术研究[D]. 北京：首都师范大学, 2006.

[59] KARLGAARD C D, SHEN H. Desensitized Kalman filtering[J]. IET Radar, Sonar & Navigation, 2013, 7(1):2-9.

[60] KARLGAARD C D, SHEN H. Robust state estimation using desensitized divided difference filter[J]. ISA transactions, 2013, 52(5):629-637.

[61] LOU T, WANG L, SU H, et al. Desensitized cubature Kalman filter with uncertain parameters[J]. Journal of the Franklin Institute, 2017, 354(18):8358-8373.

[62] ISHIHARA S, YAMAKITA M. Adaptive robust UKF for nonlinear systems with parameter uncertainties[Z]. Florence, Italy: IEEE, 2016:48-53.

[63] SHEN H, KARLGAARD C D. Sensitivity reduction of unscented Kalman filter about parameter uncertainties[J]. IET Radar, Sonar & Navigation, 2015, 9(4):374-383.

[64] LOU T. Desensitized Kalman filtering with analytical gain[J]. arXiv:1504.04916. 2015.

[65] LOU T. Consider uncertain parameters based on sensitivity matrix[J]. arXiv:1503.08379. 2015.

[66] SIMON D. Optimal state estimation: Kalman, H infinity, and nonlinear approaches[M]. New Jersey: Wiley-Interscience, 2006.

[67] LOU T, FU H, WANG Z, et al. Schmidt-Kalman filter for navigation biases mitigation during Mars entry[J]. Journal of Aerospace Engineering, 2015, 28(4):4014101.

[68] WOODBURY D, JUNKINS J. On the consider Kalman filter[C]. Toronto, Canada: AIAA, 2010.

[69] 杨宁. 基于 Kalman 滤波的多旋翼无人机导航控制跟踪技术研究[D]. 郑州：郑州轻工业大学, 2019.

[70] JAZWINSKI A H. Stochastic processes and filtering theory[M]. New York: Academic Press, 1970.

[71] SCHUTZ B, TAPLEY B, BORN G H. Statistical orbit determination[M]. New York: Academic Press, 2004.

[72] LIMA F V, RAJAMANI M R, SODERSTROM T A, et al. Covariance and state estimation of weakly observable systems: application to polymerization processes[J]. IEEE Transactions on Control Systems Technology, 2013, 21(4):1249-1257.

[73] LOU T, FU H, ZHANG Y, et al. Consider unobservable uncertain parameters using radio beacon navigation during Mars entry[J]. Advances in Space Research, 2015, 55(4):1038-1050.

[74] YANG Y, YUE X, DEMPSTER A G. GPS-based onboard real-time orbit determination for LEO satellites using consider Kalman filter[J]. IEEE Transactions on Aerospace and Electronic Systems, 2016, 52(2):769-777.

[75] PAFFENROTH R. Mitigation of biases using the Schmidt-Kalman filter[J]. Proceedings of Spie the International Society for Optical Engineering, 2007, 6699:22.

[76] SHAKED U, dE SOUZA C E. Robust minimum variance filtering[J]. IEEE Transactions on Signal Processing, 1995, 43(11):2474-2483.

[77] GARULLI A, VICINO A, ZAPPA G. Conditional central algorithms for worst case set-membership identification and filtering[J]. IEEE Transactions on Automatic Control, 2000, 45(1):14-23.

[78] PETERSEN I R, TEMPO R. Robust control of uncertain systems: Classical results and recent developments[J]. Automatica, 2014, 50(5):1315-1335.

[79] DESOUZA G N, KAK A C. Vision for mobile robot navigation: a survey[J]. IEEE Transactions on Pattern Analysis and Machine Intelligence, 2002, 24(2):237-267.

[80] SHEN Z, GEORGY J, KORENBERG M J, et al. Low cost two dimension navigation using an augmented Kalman filter/fast orthogonal search module for the integration of reduced inertial sensor system and global positioning system[J]. Transportation Research Part C: Emerging Technologies, 2011, 19(6):1111-1132.

[81] 张欣. 多旋翼无人机的姿态与导航信息融合算法研究[D]. 长春: 中国科学院研究生院(长春光学精密机械与物理研究所), 2015.

[82] 刘帅. GPS/INS 组合导航算法研究与实现[D]. 郑州: 解放军信息工程大学, 2012.

[83] 郭银景, 孔芳, 张曼琳, 等. 自主水下航行器的组合导航系统综述[J]. 导航定位与授时, 2020, 7(5):107-119.

[84] 孙长银, 吴国政, 王志衡, 等. 自动化学科面临的挑战[J]. 自动化学报, 2021, 47(2):464-474.

[85] 郭楠楠, 申亮亮, 邵会兵, 等. 车载捷联惯导双里程计组合导航方法研究[J]. 导航定位与授时, 2020, 7(6): 86-93.

[86] 袁利, 李骥. 航天器惯性及其组合导航技术发展现状[J]. 导航与控制, 2020, 19(Z1):53-63.

[87] 樊静, 陈起金, 唐海亮, 等. MEMS INS/GNSS 组合导航系统在车辆和机器人载体上的性能对比分析[J]. 传感技术学报, 2020, 33(8):1216-1222.

[88] 陈海明, 熊智, 乔黎, 等. 天文-惯性组合导航技术在高空飞行器中的应用[J]. 传感器与微系统, 2008(9): 4-6.

[89] 李睿佳, 李荣冰, 刘建业, 等. 跨音速大气/惯性攻角两步融合算法[J]. 应用科学学报, 2010, 28(1):99-105.

[90] 熊智, 陈方, 王丹, 等. SAR/INS 组合导航中基于 SURF 的鲁棒景象匹配算法[J]. 南京航空航天大学学报, 2011, 43(1):49-54.

[91] 郭才发, 赵星, 蔡洪. 有色噪声作用下的 INS/地磁组合导航算法研究[J]. 飞行器测控学报, 2010, 29(4): 84-88.

[92] 李荣冰, 王智奇, 廖自威. 激光雷达/MEMS 微惯性组合室内导航算法研究[J]. 传感器与微系统, 2020, 39(12):14-17.

[93] HAO Y, XU A, SUI X, et al. A modified extended Kalman filter for a two-antenna GPS/INS vehicular navigation system[J]. Sensors, 2018, 18(11):3809.
[94] 胡建宇, 侯书铭. UKF 在 INS/GPS 组合导航直接法滤波中的应用[J]. 计算机与数字工程, 2015, 43(2): 252-255.
[95] 汪秋婷, 胡修林. 基于 UKF 的新型北斗/SINS 组合系统直接法卡尔曼滤波[J]. 系统工程与电子技术, 2010, 32(2):376-379.
[96] HU G, WANG W, ZHONG Y, et al. A new direct filtering approach to INS/GNSS integration[J]. Aerospace Science and Technology, 2018, 77:755-764.
[97] 韩林, 陈帅, 陈德潘, 等. 弹载 BDS/SINS 深组合自适应 CKF 滤波方法研究[J]. 电光与控制, 2019, 26(4): 6-10.
[98] 熊鑫, 黄国勇, 王晓东. 基于卡方检验的自适应鲁棒 CKF 组合导航算法[J]. 探测与控制学报, 2019, 41(5): 125-131.
[99] 任珊珊, 赵良玉, 娄泰山. 基于强跟踪 SDRE 滤波的 GPS/INS 组合导航[J]. 弹箭与制导学报, 2017, 37(5): 43-46.
[100] LOU T, WANG Z, XIAO M, et al. multiple adaptive fading Schmidt-Kalman filter for unknown bias[J]. Mathematical Problems in Engineering, 2014, 2014:8.
[101] LOU T S. Research on self-calibration filtering method of the dynamic model and measurement model during Mars entry[D]. Beijing: Beihang University, 2015.
[102] QI H, MOORE J B. Direct Kalman filtering approach for GPS/INS integration[J]. IEEE Transactions on Aerospace and Electronic Systems, 2002, 38(2):687-693.

反侵权盗版声明

举报电话：（010）88254396；（010）88258888

传　　真：（010）88254397

E-mail：　dbqq@phei.com.cn

通信地址：北京市万寿路 173 信箱

电子工业出版社总编办公室

邮　　编：100036